환경시리즈

15

폐기물처리

정재춘 · 김교근 · 김남찬 · 김정대 · 박석환
양태두 · 이남훈 · 이성기 · 이의상 · 장성호
전기일 · 정일현 · 조진규

도서출판 동화기술

머리말

근래 폐기물의 처리 및 관리분야가 환경공학분야 중에서도 대단히 중요한 학문분야로서 자리잡게 되었다. 이 분야에 대한 사회적 및 학문적 수요는 급증하고 있지만 아직까지 이에 대한 체계적이고 종합적으로 잘 쓰여진 우리말 교재가 없었던 것이 사실이다. 이에 대학의 강단에서 오랫동안 이 분야의 과목을 담당해왔던 필자들은 그동안 틈틈이 모아 두었던 국내외 자료들을 집대성하여 이 교재를 출판하게 되었다.

이 교재를 집필하는 데 있어서 특히 폐기물학의 최신이론과 연구동향을 빠짐없이 소개함은 물론 우리나라의 현황과 자료들을 적절한 부분마다 삽입하고자 각별한 노력을 기울였다. 나름대로 정성을 다하여 집필하였지만 아직도 부족한 부분이 많을 것이다. 이러한 부분은 판을 거듭해 나가면서 보완할 계획이다. 이 책으로 가르치는 교수분들과 배우는 환경공학도들의 건승을 기원한다.

저자 일동

차 례

Part 1 Residential Waste

생활폐기물

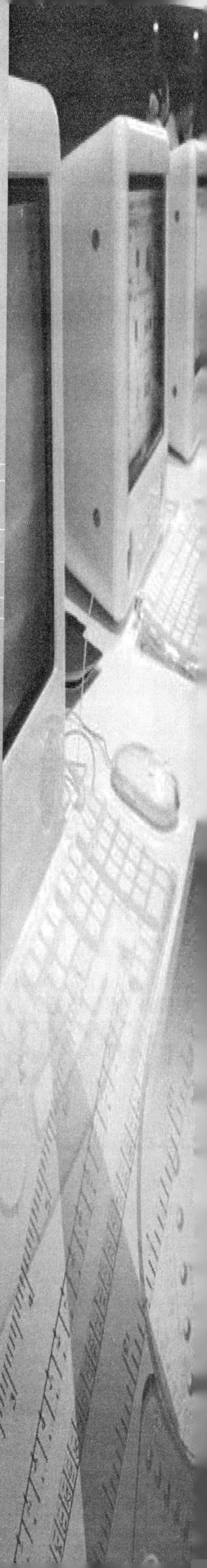

Chapter 1

고형폐기물 서론

1.1 폐기물의 정의

폐기물은 우리 인류가 생을 영위해 나가면서 자연스럽게 발생된다. 폐기물에 대한 일반적인 정의를 내려보면 "인간 및 동물의 활동에 의해 야기되는 것으로 대개 고체이며 소용이 없거나 원치 않아서 내버리는 물질"이라 할 수 있다. 이러한 정의에 입각하여 볼 때 "원치 않아서 내버리는 물질"도 폐기물이 되므로 주관적인 성격이 강하며 현대사회에서는 특히 이러한 주관적인 판단에 의해서 발생되는 폐기물이 급속히 증가하고 있다.

세상에 있는 모든 물질은 언젠가는 폐기물이 되며 인간이 만든 모든 제품도 제조될 때부터 폐기물이 될 운명을 가지고 태어나는 것이다. 아래의 그림을 보면 이러한 사실을 더 실감나게 인식할 수 있다. 여기에서 볼 때 음식찌꺼기는 식사 후에 곧바로 쓰레기가 되며 식탁이나 가구, 가전제품 등은 몇 십년 후, 그리고 사람과 가옥자체도 40~60년 후면 쓰레기로 변하는 것이다(그림 1-1).

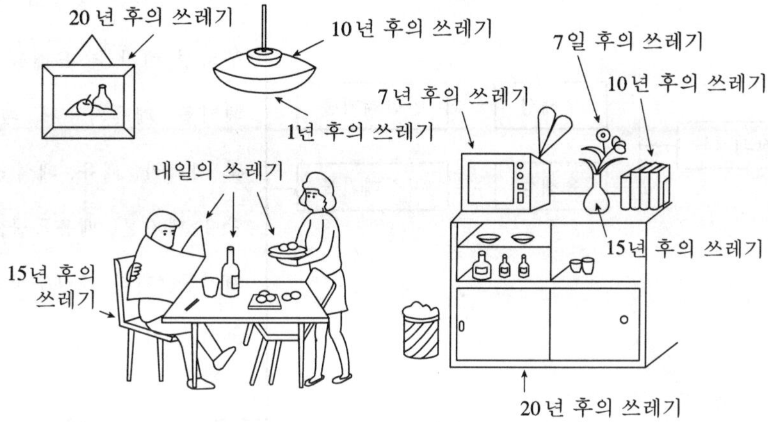

그림 1-1 시간에 따른 쓰레기의 생성

우리나라 폐기물관리법(1991년 개정)에서는 폐기물을 다음과 같이 정의한다. "폐기물이라 함은 쓰레기, 연소재, 슬러지(sludge), 폐유, 폐산, 폐알칼리, 동물의 사체 등으로서 사람의 생활이나 사업활동에 필요하지 아니하게 된 물질을 말한다"하고 되어 있다. 또한 폐기물관리법 시행규칙에 보면 폐기물을 고형물의 함량에 따라 다음과 같이 액상, 반고체, 고체폐기물로 구분하고 있다.

- 액체 폐기물 : 고형물의 함량이 5 % 미만인 것
- 반고체 폐기물 : 고형물의 함량이 5 % 이상 15 % 미만인 것
- 고체 폐기물 : 고형물의 함량이 15 % 이상인 것

또한 1995년에 개정된 폐기물 관리법에서는 이전까지 폐기물을 일반폐기물과 산업폐기물로 구분하던 것을 이를 생활폐기물과 사업장폐기물로 구분하였다. 그리하여 사업장 폐기물 중에서도 유해성이 있는 폐기물은 지정폐기물로 분류된다(그림 1-2).

폐기물관리법에 규정된 지정폐기물의 정의를 보면 다음과 같다. "지정폐기물이라 함은 사업활동에 수반하여 발생하는 슬러지(sludge), 폐유, 폐산, 폐알칼리, 폐고무, 폐합성수지 등 환경 및 국민보건에 유해한 물질로서 대통령령이 정하는 물질을 말한다"라고 되어 있다.

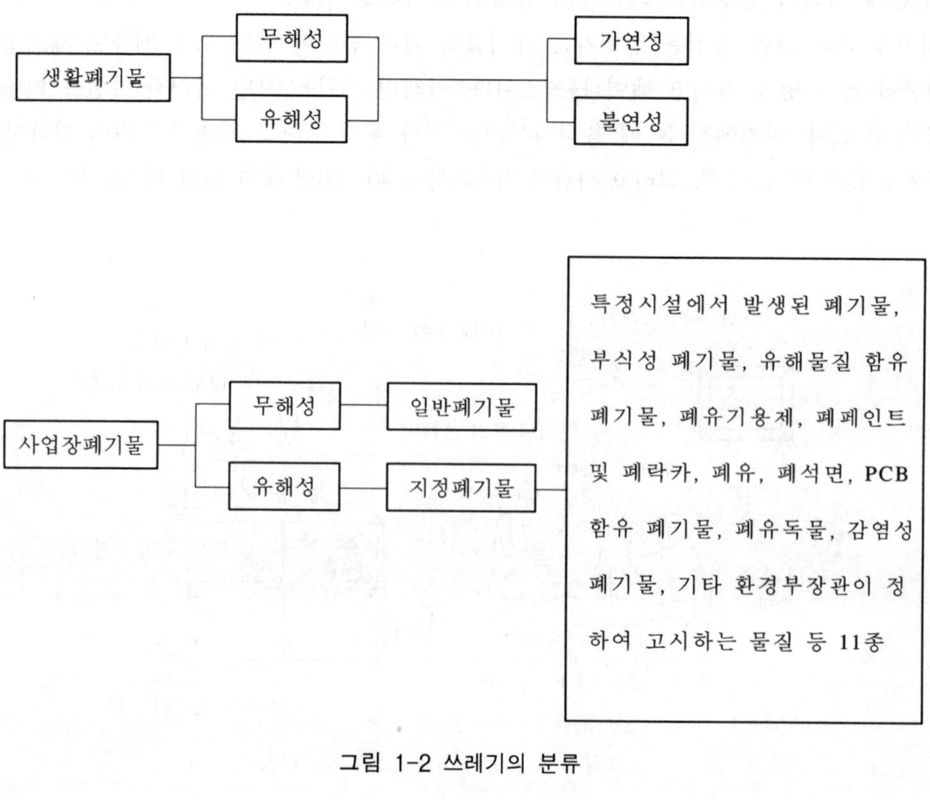

그림 1-2 쓰레기의 분류

"생활 폐기물"이란 지정폐기물이외의 폐기물로서 주로 일상생활에서 배출되는 쓰레기이다. 한편 방사성 폐기물과 오수(분뇨가 섞인 물), 분뇨, 축산폐수 등은 폐기물관리법의 적용을 받지 않고 별도의 관리법이 제정되어 있어서 이에 의한 규제를 받는다.

한편 우리보다 폐기물관리가 앞서있는 미국의 경우를 보면 자원보존 및 재회수법(Resource Conservation and Recovery Act, RCRA, 1976)에 고체폐기물(Solid Waste)을 다음과 같이 정의하고 있다. "고체폐기물이란 공업, 상업, 광산, 농업활동, 지역사회의 활동으로부터 생성된 고체상, 반고체상, 액체상 및 가스를 포함한 물질로서 ① 버려져서 퇴적, 저장되거나, 버리기 전에 물리학적, 생물학적, 화학적으로 처리된 것, ② 원래 의도한 용도에 사용된 후 버려진 것, ③ 제조 또는 광산작업의 부산물로 버려진 것을 말한다"라고 되어 있다. 이러한 정의도 우리나라의 정의와 비슷한데 고체폐기물이란 고체성의 폐기물은 물론이고 액상 및 기체상 폐기물도 포함하고 있음을 알 수 있다.

폐기물은 영문으로 solid waste라고 표시하는 경우가 많으나 간혹 refuse, garbage, rubbish 등의 표현도 사용된다.

Refuse는 solid waste와 같은 뜻이며 garbage와 rubbish 및 재(ash)를 모두 포함하는데, garbage는 음식물, 채소 등의 부엌쓰레기를 말하고 rubbish는 깡통, 종이, 빈병 등 부엌쓰레기를 제외한 쓰레기를 말한다. 또한 trash는 rubbish와 같은 뜻이다.

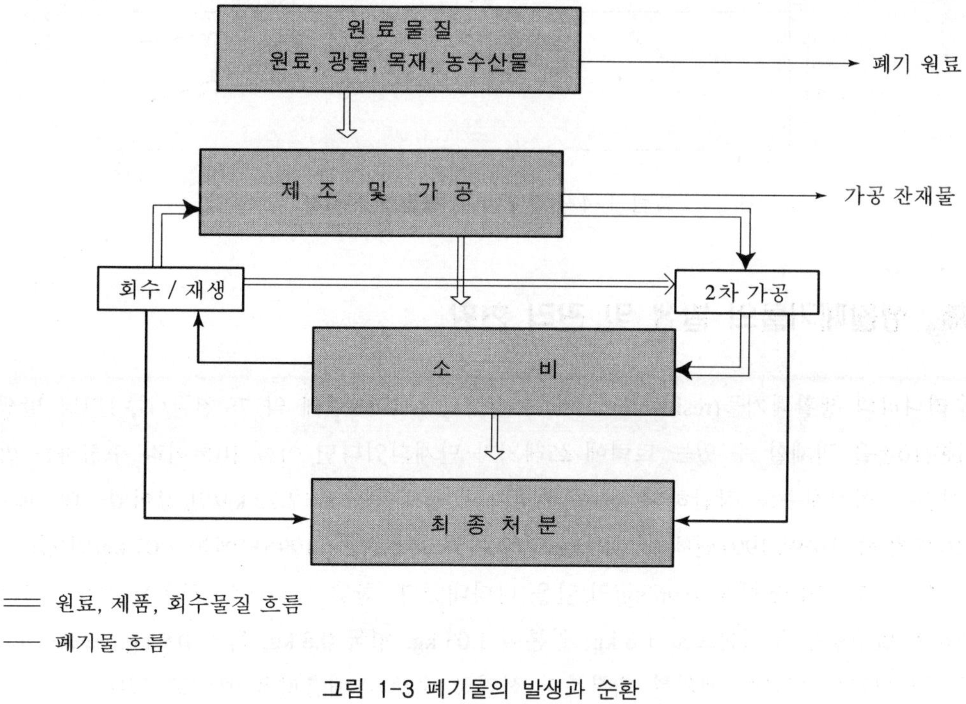

그림 1-3 폐기물의 발생과 순환

1.2 물질의 흐름과 폐기물의 발생

폐기물은 인간의 생산활동과 소비활동의 모든 단계에서 발생되고 있다. 폐기물은 원료물질의 취급과 저장에서부터 제조, 가공, 소비, 최종처분, 그리고 재회수와 재생과정에서도 발생된다. 폐기물학의 측면에서 볼 때 인간의 생활은 "쓰레기를 발생시키는 하나의 과정"이라 할 수 있다. 그림 1-3에 폐기물의 발생과 순환과정을 나타내었다.

그림 1-4에서는 시간경과에 따른 물질의 가치하락을 나타내고 있다. C점 이후에는 재활용물질이 되고, D점 이후에는 주관적인 평가에 의해 중고품으로 매각되며, E점 이후에는 주관적인 가치는 물론 객관적인 가치에 있어서도 완전히 폐기되는 쓰레기로 된다.

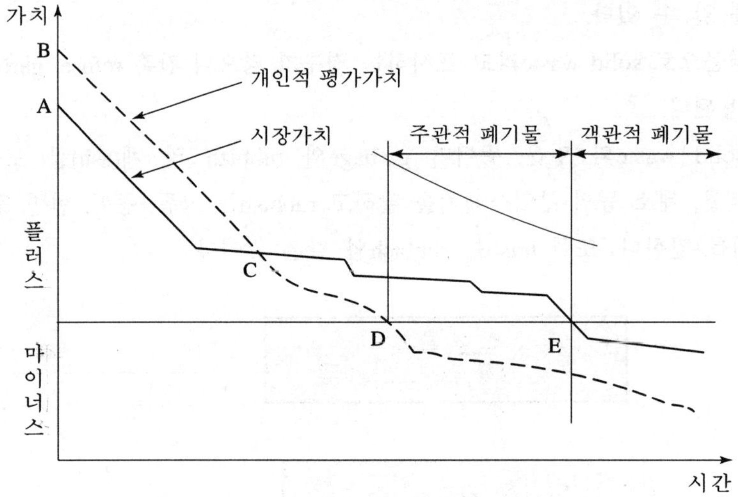

그림 1-4 시간에 따른 물질의 가치하락

1.3 생활폐기물의 발생 및 관리 현황

우리나라의 생활폐기물(residential waste) 발생량은 1989년에 약 78 천톤/일, 1인당 발생량은 용적톤(10톤을 적재할 수 있는 트럭에 쓰레기가 만재되었다면 이를 10톤이라 추정하는 방법인데 이것은 적재계수를 감안하지 않은 부정확한 방법임)으로 2.22 kg/인/일이었는데, 매년 약 6～10 %씩 증가하여 1991년에는 2.40 kg/인/일이었고(용적톤) 1995년에는 1.07 kg/인/일(무게톤)로 감소되었고 2010년에도 0.96 kg/인/일을 나타내었다. 참고로 외국의 경우를 보면 미국의 생활쓰레기 발생량은 무게톤으로 1.8 kg, 일본이 1.03 kg, 영국 0.8 kg, 독일 0.9 kg, 프랑스 0.75 kg으로 우리나라도 미국을 제외한 대부분의 선진국 수준의 배출량을 보이고 있다.

생활폐기물의 배출양은 1992년 이후에는 연탄사용이 줄면서(표 1-2) 1989년 일인당 배출량이 2.22 kg/인/일 이었던 것이 1995년 1.07 kg/인/일로 줄었들었고 그 이후로는 크게 변화하지 않았다. 하지만 사업장폐기물은 1991년 66.4 천톤/일에서 2010년 325.5 천톤/일로 빠르게 증가하고 있다(표 1-1).

표 1-1 폐기물의 발생량추이

년도	생활폐기물		사업장폐기물 (천톤/일)				계 (천톤/일)
	(천톤/일)	(kg/인/일)	시설배출계 폐기물	건설폐기물	지정폐기물	소계	
1989	78.0	2.22	55.3		2.3	57.6	135.7
1990	84.0	2.32	58.8		2.7	61.5	145.4
1991	92.2	2.40	47.7		18.7	66.4	158.7
1992	75.1	1.80	48.1		21.4	69.5	144.5
1993	62.9	1.48	56.0		22.5	78.5	141.4
1994	58.1	1.33	85.2		3.7	88.9	147.1
1995	47.8	1.07	95.8		4.4	100.3	148.1
1996	49.9	1.11	97.0	28.4	5.2	130.9	180.8
1997	47.9	1.05	93.5	48.7	6.1	146.8	194.7
1998	44.6	0.96	92.7	46.0	5.3	144.0	188.6
1999	45.6	0.97	103.9	62.2	7.5	173.8	219.4
2000	46.4	0.98	101.5	78.7	7.6	187.8	234.2
2001	48.5	1.01	95.9	108.5	7.8	212.2	260.7
2002	49.9	1.04	99.5	120.1	8.0	227.6	277.5
2003	50.7	1.05	98.9	145.4	8.0	252.3	303.0
2004	50.0	1.03	105.0	158.5	8.2	271.7	321.7
2005	48.4	0.99	112.4	134.9	8.6	255.9	304.3
2006	48.8	0.99	101.1	169.0	10.0	280.1	328.9
2007	50.3	1.02	114.8	172.0	9.5	296.3	346.6
2008	52.1	1.04	130.8	176.4	9.6	316.8	368.9
2009	50.9	1.02	123.6	183.4	9.1	316.1	367.0
2010	49.2	0.96	137.9	178.1	9.5	325.5	374.7

표 1-2에는 우리나라 생활쓰레기의 조성과 재활용 정도를 나타내었다. 이 표에 의하면 가연성폐기물이 1991년까지 그 양(52.6 천톤/일)이 계속 증가하다 그 이후로 양이 감소하여 2005년에는 29.2 천톤/일이었고, 2006년에는 음식물쓰레기의 재활용률이 증가하여 가연성쓰레기의 양이 18.5 천톤/일로 대폭 감소하였다.

불연성쓰레기는 연탄의 사용이 감소하고 재활용률이 증가하면서 1989년 40.1 천톤/일에서 1996년 7.5 톤/일로 감소하였고 2010년 현재 3.7 천톤/일 이다.

표 1-2 폐기물의 조성 (단위 : 천톤/일, 습량기준)

년도	가연성					불연성				재활용품[1]	계
	음식물	종이류	목재류	기타류	소계	연탄재	유리류, 금속초자류	기타류	소계		
1989	19.8	9.6	2.8	5.6	37.8	30.4	3.7	6.1	40.1	–	77.9
1990	23.0	11.9	2.8	7.2	44.9	28.1	4.2	6.8	39.1	–	84.0
1991	26.3	12.7	3.5	9.1	52.6	26.3	4.9	8.5	39.6	–	92.2
1992	21.8	13.1	3.1	9.2	47.2	17.8	5.0	5.2	27.9	–	75.1
1993	19.8	11.5	2.8	10.4	44.6	9.8	3.7	4.9	18.4	–	63.0
1994	18.1	12.5	2.4	9.3	42.3	5.5	3.3	7.0	15.8	–	58.1
1995	15.1	11.2	1.9	8.0	36.2	3.2	3.6	4.7	11.6	–	47.8
1996	14.5	6.4	1.9	7.5	30.3	1.9	1.5	4.1	7.5	12.1	49.9
1997	13.1	6.1	1.9	7.7	28.7	1.3	1.4	4.0	6.7	12.5	47.9
1998	11.8	5.6	1.9	7.2	26.5	0.9	1.1	3.3	5.3	12.8	44.6
1999	11.6	5.8	1.9	8.0	27.3	0.8	1.0	3.3	5.1	13.2	45.6
2000	11.4	5.6	2.0	8.7	27.7	0.7	1.0	3.4	5.1	13.7	46.4
2001	11.2	5.7	2.4	9.3	28.7	0.6	1.0	4.0	5.6	14.3	48.5
2002	11.4	5.6	2.4	10.6	30.1	0.5	0.9	3.8	5.2	14.6	49.9
2003	11.4	5.6	2.5	10.6	30.1	0.6	0.9	4.2	5.7	15.0	50.7
2004	11.5	5.7	2.4	9.8	29.4	0.6	0.8	4.3	5.7	14.9	50.0
2005	13.0	5.5	2.3	8.5	29.2	0.6	0.7	3.1	4.5	14.7	48.4
2006	1.9	5.2	2.3	9.1	18.5	0.6	0.7	2.9	4.2	14.6+11.5	48.8
2007	0.7	5.6	2.4	9.8	18.1	–	0.4, 0.6	2.8	3.8	14.7+13.8	50.3
2008	1.1	5.1	2.4	9.8	18.5	–	0.4, 0.4	4.1	4.9	14.6+14.0	52.1
2009	0.4	4.9	2.3	10.3	18.0	–	0.4, 0.4	2.9	3.7	15.5+13.7	50.9
2010	0.2	4.8	2.2	10.0	17.3	–	0.4, 0.3	2.9	3.7	14.8+13.4	49.2

참고 1) 재활용품+(재활용 음식물쓰레기)

표 1-3은 폐기물 처리방법에 따른 폐기물처리량을 나타낸 것이다. 생활폐기물은 매립은 감소하고 소각과 재활용에 의한 처리량이 증가하였으며, 건설폐기물은 매립과 소각에 의한 비율이 줄고 재활용양이 증가하였다.

표 1-3 폐기물처리방법에 따른 일일 처리량 (단위 : 천톤/일)

년도	생활폐기물					사업장일반폐기물				
	매립	소각	재활용	기타	계	매립	소각	재활용	기타	계
2000	21.8	5.4	19.2		46.4	19.0	8.0	67.5	7.0	101.5
2001	21.0	6.6	20.9		48.5	18.5	7.9	61.7	7.8	95.9
2002	20.7	7.2	21.9		49.9	15.5	7.1	67.5	9.5	99.5
2003	20.5	7.3	22.9		50.7	14.2	7.7	66.7	10.2	98.9
2004	18.2	7.2	24.6		50.0	13.6	7.0	73.2	11.1	105.1
2005	13.4	7.8	27.2		49.4	16.6	7.3	77.0	11.5	112.4
2006	12.6	8.3	27.9		48.8	8.9	7.7	74.8	9.7	101.1
2007	11.9	9.3	29.1		50.3	22.5	7.5	76.7	8.1	114.8
2008	10.6	10.3	31.1		52.1	24.3	6.9	92.6	6.9	130.8
2009	9.5	10.3	31.1		50.9	27.5	6.9	82.2	7.0	123.6
2010	8.8	10.6	29.8		49.2	23.3	8.0	99.6	7.0	137.9

년도	건설폐기물					지정폐기물				
	매립	소각	재활용	기타	계	매립	소각	재활용	기타	계
2000	10.0	2.1	66.7		78.8	0.3	0.6	1.4	0.5	2.8
2001	12.9	2.4	93.1		108.5	0.3	0.7	1.5	0.4	2.9
2002	17.5	2.5	100.2		120.1	0.5	0.5	1.7	0.2	2.9
2003	13.7	2.2	129.5		145.4	0.5	0.5	1.7	0.2	2.9
2004	11.0	2.9	134.6		148.5	0.5	0.5	1.9	0.1	3.0
2005	3.5	0.9	130.5	0.1	134.0	0.6	0.5	2.0	0.1	3.2
2006	4.0	1.2	163.9		169.0	0.7	0.7	2.0	0.3	3.7
2007	3.2	1.1	167.7		172.0	0.8	0.6	1.9	0.2	3.5
2008	2.9	1.4	172.1		176.4	0.8	0.6	2.0	0.1	3.5
2009	2.8	1.3	179.3		183.4	0.7	0.6	1.9	0.1	3.3
2010	2.2	0.9	175.0		178.1	0.7	0.6	2.0	0.2	3.5

표 1-4에는 쓰레기의 처리방법을 나타내었다. 2010년에 들어서 매립의 비율이 낮아져서 17.9 %, 소각은 21.6 %로 점차 높아지고 있다. 외국의 경우를 보면 미국과 영국이 역시 매립에 의존하고 있고 일본, 스웨덴, 싱가폴 등의 국가는 소각 처리의 비율이 50 % 이상을 차지하고 있음을 알 수 있다.

표 1-4 생활쓰레기의 처리방법(각국) (단위 : %)

구 분	매 립	소 각	재활용	기 타
한 국(2010)	17.9	21.6	56.3	
미 국(2000)	75.0	14.0	11.0	
일 본(2000)	30.0	74.7	12.3	
영 국(2000)	88.0	11.0	1.0	
스 웨 덴(2000)	35.0	55.0	10.0	
싱 가 폴(2000)	36.5	63.2	0.3	
프 랑 스(2000)	39.7	41.9	8.2	9.2
이탈리아(2000)	73.5	24.0	0.5	2.0

참고 : 한국(2005) − 매립(27.7%) 소각(16.0%) 재활용(60.5%)

표 1-5에는 매립시설 현황을 나타내었다. 2010년 전국에는 300개의 매립지가 산재되어 있다. 표 1-6에는 소각시설의 설치 현황을 나타내었다. 2010년 가동 중인 처리용량은 28,457톤/시간이다.

표 1-5 매립시설 현황(2010)

구 분	매립지수 (개소)	총매립용량 (만 m^3)	매립량 (만톤)	잔여매립용량 (만 m^3)
계	300	55,969	2,239	27,196
지방자치단체	229	41.092	758	21,016
자가처리업체	38	12,217	1,041	5,099
처리업체	33	2,660	439	1,081

표 1-6 소각시설 현황(2010)

구 분	시설수(개소)	시설용량(톤/시간)
지방자치단체	176	16,081
자가처리업체	425	6,339
처리업체	71	6,037
계	672	28,457

표 1-7 처리주제별 생활쓰레기 처리현황 (단위 : 톤/일)

연 도 \ 구 분	계	자치단체	처리업체	자가처리
2005	48398	29909	17809	680
2006	48844	28654	19487	703
2007	50346	26784	22907	655
2008	52072	25796	24604	1672
2009	50906	27240	23394	272
2010	49159	29215	19763	181

표 1-8 폐기물 처리업체 현황(2010) (단위 : 개소)

년도 \ 구분	계	자치단체	처리업체	자가처리
계	6267	4842	1392	33
생활폐기물	1204	1204		
사업장폐기물	3262	2282	947	33
건설폐기물	1801	1356	4445	

표 1-7에는 처리주체별 처리비용을 나타내었다. 2010년 자치단체가 발생량의 59.2 %를 처리하고 있다.

표 1-8에는 폐기물처리업체 현황을 나타내었다. 폐기물 업체의 대부분이 수집 · 운반업체이다.

표 1-9에는 수거인원 및 장비현황을 나타내었다. 표에서 볼 수 있듯이 아직도 손수레가 수거장비의 중요한 부분을 차지하고 있음을 알 수 있다.

표 1-10에는 생활폐기물 처리비 내역을 나타내었다. 총 비용 중에서 수집운반비가 82.4 %를 차지하고 있다.

표 1-9 수거운반차량 및 장비현황(2010)

구 분	차 량(대)						손수레(대)	중장비(대)
	계	압축 · 압착	압롤	덤프	카고	기타		
대수	11020	3601	1361	1101	1126	3831	9216	509

표 1-10 생활폐기물 처리비 내역(2010) (단위 : 백만원)

계	시설설치비(매립 및 기타)	처리비(수집 · 운반)
28,037 (100 %)	4,935 (17.6 %)	23,102 (82.4 %)

1.4 폐기물 재활용 현황

1.4.1 개 요

우리나라의 생활쓰레기 재활용률을 보면 2003년 45 %에서 2010년 68%로 조금씩 증가하고 있다. 이러한 재활용률은 선진국에 비해 양호한 수준이다. 재활용업체는 민간수집상과 수집운반업체 및 재생업체로 구분되는데, 대부분 소규모 영세업체이다. 표 1-11에는 주요 품목별 회수 · 재활용 현황을 나타내었다. 2010년 현재 폐지의 회수율은 92.7 %, 고철은 28.9 %, 금속캔은 39.2 %, 폐유리는 75.0 %, 폐타이어는 79.8 %, 폐윤활유는 65.8 %이다.

표 1-11 주요 품목별 회수 · 재활용 현황

품 목	재활용율(%)			
	2004년	2006년	2008년	2010년
폐지	69.4	75.4	83.3	92.7
고철	38.9	38.3	36.0	28.9
금속캔	44.2	48.2	64.3	39.2
폐유리	71.6	70.1	73.0	75.0
폐타이어	80.3	82.3	71.4	79.8
폐윤활유	64.2	65.3	67.3	65.8

연·습·문·제

1. 우리나라의 1인당 쓰레기 발생량을 외국과 비교하여 설명하시오.

풀이

우리나라의 1인당 발생률 0.99 kg/인/일(2005), 미국 1.8 kg, 일본 1.0 kg, 유럽평균 0.9 kg
우리나라의 1인당 쓰레기 발생량은 선진국 수준과 비슷하다.

2. 우리나라 쓰레기의 질적 특성을 외국과 비교하여 설명하시오.

풀이

과거에는 연탄재와 음식쓰레기에 의해 수분과 회분함량이 높고, 발열량이 낮았으나, 소득수준의 향상과 음식쓰레기 직매립 금지조치 이후 종이와 플라스틱의 함량이 대부분을 차지하면서 폐기물의 발열량이 급격히 높아지고 있는 추세이다.

Chapter 2 쓰레기의 조사분석법

2.1 쓰레기의 발생원

표 2-1에 도시쓰레기의 배출원과 종류를 나타내었다. 도시쓰레기는 주택지역, 상업지역, 개방지역, 공장지역 등에서 발생하며 발생지역마다 쓰레기가 달라진다. 가장 관리하기 어려운 배출원은 개방지역인데 이러한 곳에서의 쓰레기는 주위로 퍼지기 때문이다.

표 2-1 도시 쓰레기의 일반적 배출원

배출원	대표적 시설, 활동 또는 쓰레기가 발생하는 장소	쓰레기의 종류	비 고
주택지역	단독 및 연립주택, 저층 및 고층 아파트, 기타	부엌쓰레기, 종이류, 의류, 나무, 고무류, 플라스틱류, 연탄재, 가구 등의 조대쓰레기	종이류, 연탄재, 음식물 쓰레기가 많다.
상업지역	상점, 레스토랑, 시장, 사무실 빌딩, 호텔, 모텔, 인쇄소, 자동차 수리점, 의료설비 및 기관, 기타	식품쓰레기, 생활쓰레기, 연탄재, 건축폐기물, 캔, 병, 종이류, 자동차 등	야채류, 과일 등의 식물성 쓰레기와 육류, 생선류, 포장재료, 끈, 상자 등이 발생한다.
개방지역	도로, 골목, 공원, 공지, 운동장, 해변, 고속도로, 산, 위락지구 등	휴지, 흙, 나뭇잎, 동물의 배설물, 일반쓰레기, 기타	
공장지역	용수, 폐수 및 산업처리 공정, 기타	처리 플랜트 폐기물, 주로 잔류 슬러지(sludge) 등	
농업지역	농장 및 축사	작물의 잔류물, 축산폐기물	

2.2 쓰레기의 성상분석

쓰레기의 성질은 수분함량, 겉보기 비중, 조성, 원소분석치, 발열량 등의 물리·화학적 성질에 따라 그 특성이 규정된다.

쓰레기의 분석에는 많은 노력과 시간을 요하며, 그 지역의 쓰레기 성상을 파악하는 데는 적어도 연 4회(춘하추동의 각 계절마다 1회)의 측정이 필요하다. 그리고 수분의 평균치를 알기 위해서는 비 오는 날은 수집을 피하는 것이 바람직하다. 쓰레기 채취는 될 수 있는 한 신속하게 작업해야 하며 1회의 채취는 적어도 쓰레기의 축소작업 개시부터 30분 이내에 완료하는 것이 바람직하다.

2.2.1 시료의 채취

(가) 수집 · 운반차에서 채취

수집운반차로부터 시료의 채취는 가능한 한 대표적인 시료를 채취하여야 하며, 이를 위하여 무작위 채취방식(random sampling)을 택하여야 한다. 즉, 수집운반차의 2대 간격 또는 3대 간격으로 시료를 채취한다. 또한 수거차마다 배출지역이 다르면 층별채취법이 더욱 바람직하다. 이 경우에는 상가지역, 주택지역, 공장지역 등으로 구분하여 그것들의 배출량의 비율에 비례하는 차량대수를 선정하는 것이 바람직하다.

1대의 차량으로부터 대표적인 시료를 10 kg 이상 채취하고 원시료의 총량을 200 kg 이상 되도록 시료를 채취하도록 한다. 기계식 압축차의 경우 폐기물 배출초기, 중간 및 마지막 단계에서 균등하게 채취하는 것이 바람직하다.

(나) 쓰레기 저장용기에서 채취

용기내의 쓰레기를 충분히 섞은 다음 200 kg 이상 채취한다.

2.2.2 시료의 조정

(가) 원추 4분법

채취한 시료는 건조한 콘크리트 등의 바닥 또는 대단히 넓은 비닐시트 위에서 소형 삽으로 잘 혼합하고, 포장되어 있는 쓰레기는 꺼내어 적당히 세분하고, 대형폐기물은 적당히 파쇄한 후 충분히 혼합교반하여 시료를 균일하게 한다.

시료는 원추 4분법에 의하여 여러번 축소시키고 시료로서 5～10 kg을 채취한다. 다음은 원추 4분법에 대한 설명이다.

시료를 원추형으로 적재시키고 맨 위의 정점으로부터 수직으로 밀어내리는 것 같이 하여 원추대를 만들며, 이러한 조작을 2～3회 반복한다. 평평하게 만든 원추대를 4등분하고 아래 그림과 같이 상응되는 2개의 부분을 무작위로 선정하여 시료로 한다(그림 2-1). 축분도중 조대형폐기물(粗大形, bulky wastes ; 모포, 타이어, 나무류, 석유드럼통 등) 등 파쇄하기 어려운 것은 미리 별도로 추출하여 놓고, 최후에 이것들을 잘게 잘라 시료에 추가하도록 하는 것이 바람직하다. 예를 들면, 원추 4분법으로 4회 축분하는 경우 2회 축분이 완료된 후 모포를 선별해내게 되면 이 모포는 또다시 2회 축분으로 $1/2^2 = 1/4$로 감량되기 때문에 모포 진중량의 1/4을 시료에 추가하는 것이 된다. 따라서 대형쓰레기는 원추 4분법을 실시하기 전에 선별하여 $(1/2)^n$만큼만 시료로 채취한다. 여기서 n은 원추 4분법을 실시하는 횟수이다.

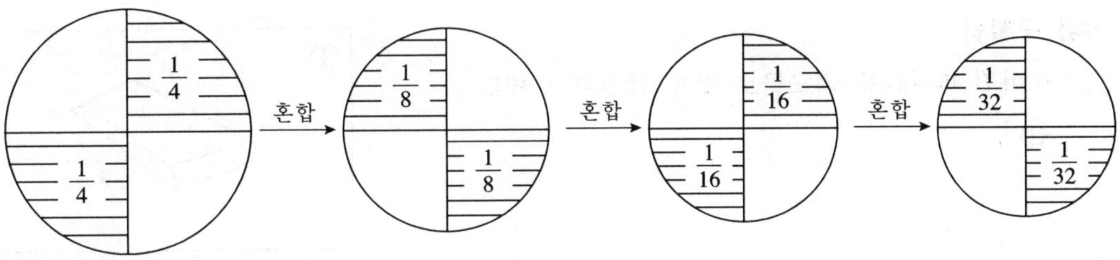

그림 2-1 원추 4분법에 의한 시료화

(나) 교호삽법

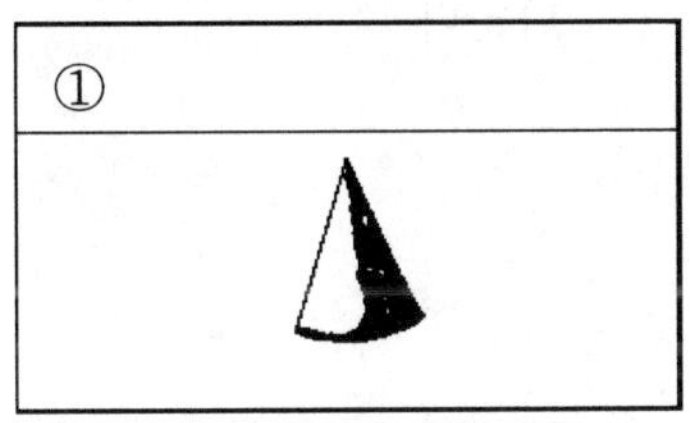

① 분쇄한 대시료를 단단하고 깨끗한 평면 위에 원추형으로 쌓는다.

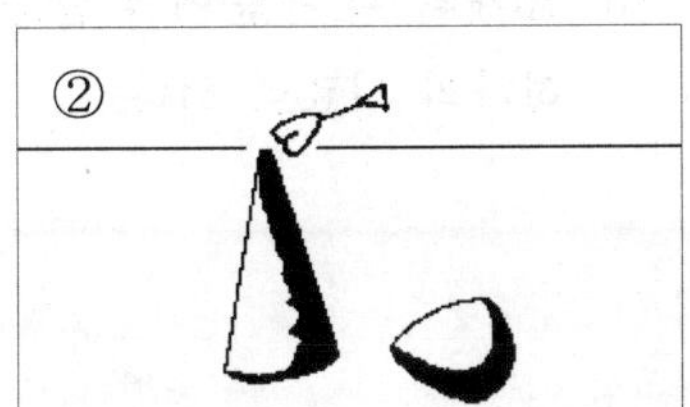

② ①의 원추를 장소를 바꾸어 다시 쌓는다.

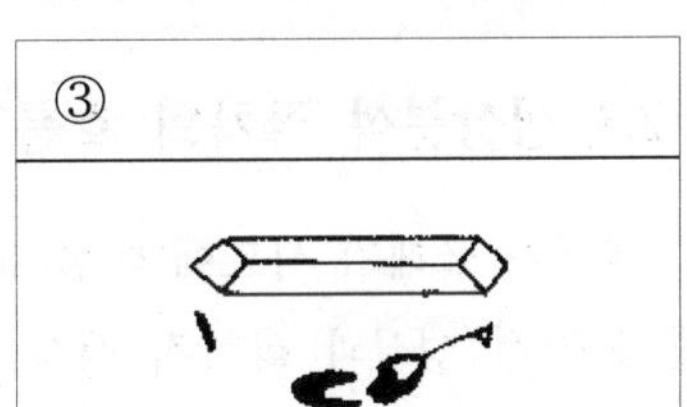

③ 원추에서 일정량을 취하여 장방형으로 도포하고 계속해서 일정량을 취하여 그 위에 입체로 쌓는다.

④ ③의 육면체의 측면을 교대로 돌면서 균등량

씩을 취하여 두 개의 원추를 쌓는다.

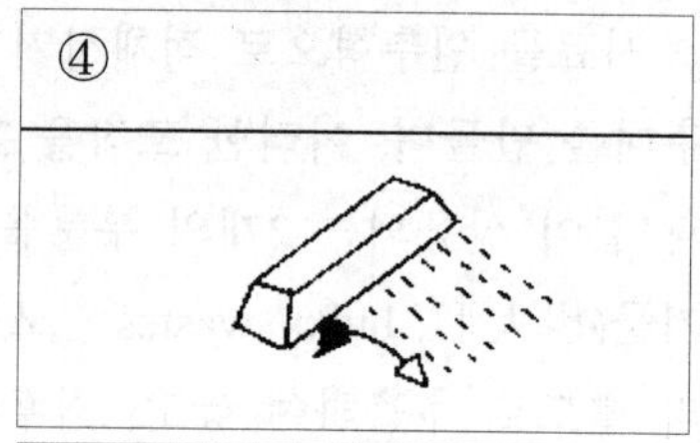

⑤ 하나의 원추는 버리고 나머지 원추를 ①~④의 조작을 반복하면서 적당한 크기까지 줄인다.

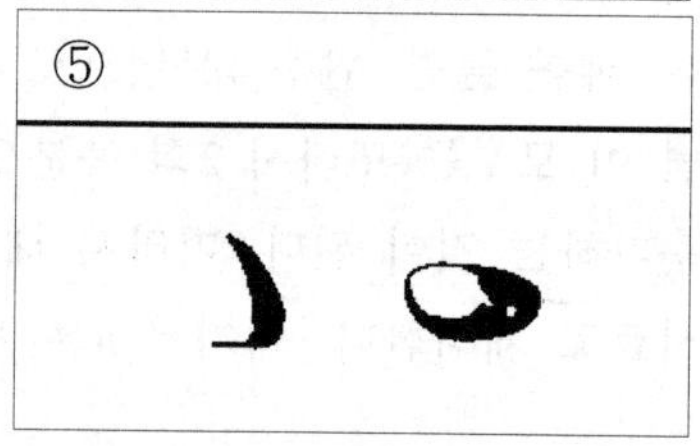

(다) 구획법

① 모아진 대시료를 네모꼴로 엷게 균일한 두께로 편다.

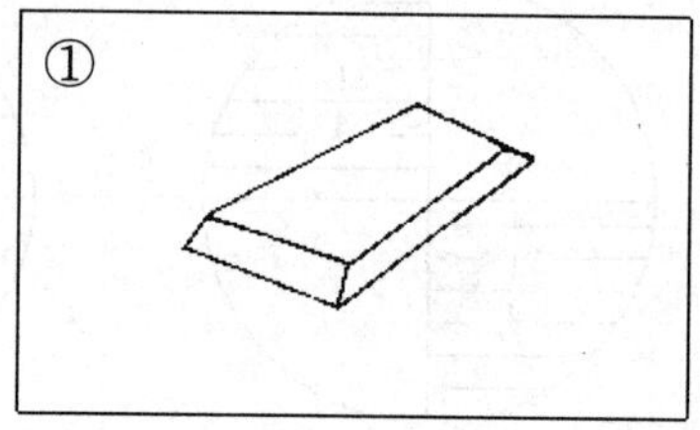

② 이것을 가로 4등분 세로 5등분하여 20개의 덩어리로 나눈다.

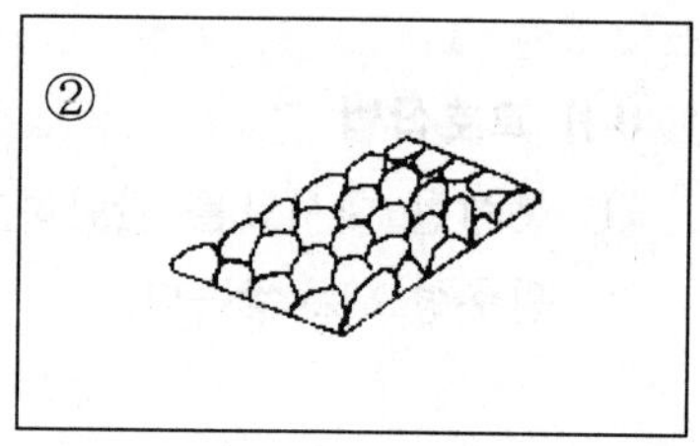

③ 20개의 각 부분에서 균등량씩을 취하여 혼합하여 하나의 시료로 한다.

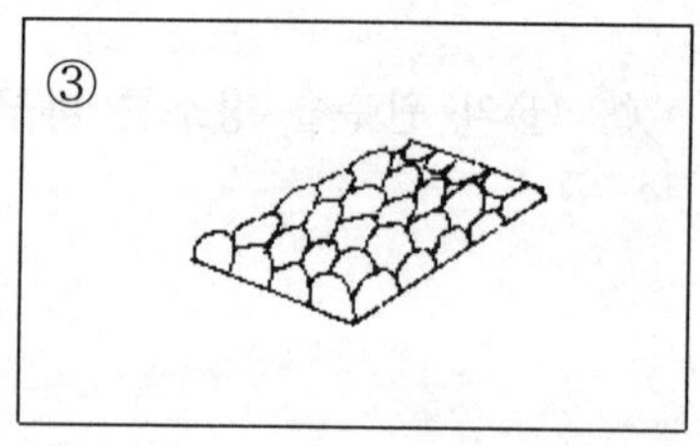

2.2.3 성상분석 절차의 흐름도

채취한 쓰레기 시료에 대한 분석절차는 그림 2-2에 따라 진행된다. 쓰레기 성상의 분석은 크게 물리적 성상과 화학적 성상으로 구분된다.

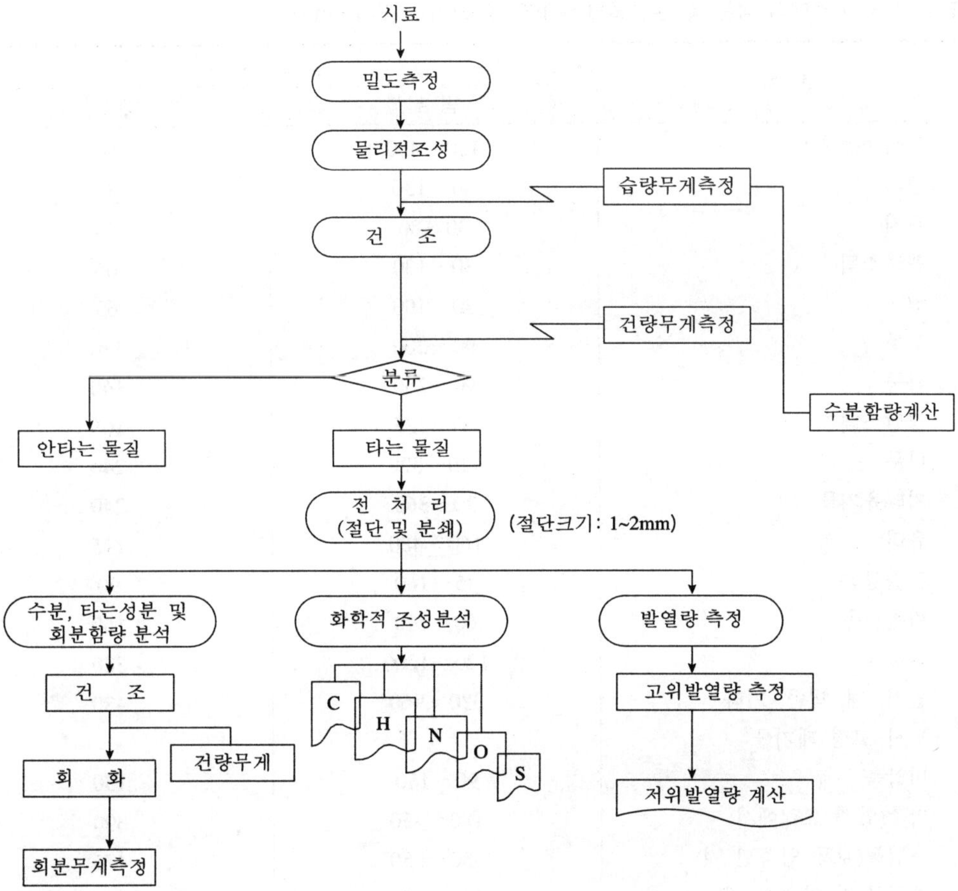

그림 2-2 성상분석 절차도

2.2.4 물리적 성상분석

쓰레기의 물리적 성상은 타는 성분과 안타는 성분 물질의 구분뿐만 아니라 가연성 물질의 종류 및 발열량 계산 등의 폐기물 특성을 추정할 수 있는 가장 중요한 자료로서 쓰레기의 자원 및 에너지 회수와 처리계통에 절대적으로 요구되는 자료이다.

(가) 겉보기 비중(단위용적당 중량)

미리 부피를 알고 있는 용기에 시료를 넣고 30 cm 높이의 위치에서 3회 낙하시키고 눈금이 감소하면 감소된 분량만큼 시료를 추가하며, 이 작업을 눈금이 감소하지 않을 때까지 반복한다. 겉보기 비중 또는 단위부피당 중량은 다음의 식으로 산출된다(표 2-2).

$$\text{겉보기 비중}(\text{kg/m}^3 \text{ 또는 ton/m}^3) = \frac{\text{시료의 중량(kg 또는 ton)}}{\text{용기의 부피}(\text{m}^3)} \tag{2.1}$$

표 2-2 도시 쓰레기 성분 및 혼합물의 대표적 밀도(미국 도시쓰레기)

항 목*	밀 도(kg/m³)	
	범 위	대표값
음식물쓰레기	120~480	290
종이	30~130	85
판지	30~80	50
플라스틱	30~130	65
천	30~100	65
고무	90~200	130
가죽	90~260	160
정원쓰레기	60~225	105
나무	120~320	240
기타유기물	90~360	240
유리	160~480	195
양철깡통	45~160	90
비철금속	60~240	160
철금속	120~1200	320
먼지, 재, 벽돌, 기타	320~960	480
도시 고형 폐기물		
비압축	90~180	130
압축(압축 트럭에서)	180~450	300
매립물(보통 압축된 것)	350~550	475
매립물(잘 압축된 것)	600~750	600

* 성분에 관한 자료는 폐기 상태 기준
우리나라의 도시 고체폐기물의 밀도는 미국의 경우(60~120 kg/m³)보다 약간 높은 값이다.

(나) 종류별 성상분석

축소시료 전량을 비닐시트 위에서 다음의 10종류의 조성으로 손선별(hand sorting)하고 각 조성별로 무게를 측정하여 습량기준으로 중량비(P_{wf})를 구한다.

① 음식물쓰레기(부엌쓰레기)
② 종이류
③ 섬유류
④ 비닐, 플라스틱류
⑤ 목재류
⑥ 고무, 가죽류

⑦ 유리, 도자기류

⑧ 금속류

⑨ 연탄재(우리나라의 경우는 이것이 대표적인 타지 않는 성분으로 별도로 분별하여 측정하고 있다.)

⑩ 기타

분별하는 과정에서 유리, 도자기류, 금속 등은 비교적 대형이면서 그 양이 적어 4분법과정에서 어느 정도 배분되기 때문에, 실제로는 주방쓰레기, 종이류, 비닐 · 플라스틱류에 신경을 써서 분별하여야 한다. 습량기준의 중량비를 구할 때에는 쓰레기 중에 함유되어 있는 수분이 발산되어 소실되지 않도록 하여야 하며, 가급적으로 분별한 즉시 무게를 측정하는 것이 바람직하다.

$$\sum_{i=1}^{10} P_{wi} = 100\ \% \tag{2.2}$$

수분량을 제외시킨 건량기준 중량비는 다음 식으로 산출한다.

$$P_{di} = \frac{\text{조성 } i\text{의 고형물량}}{\text{전체 건조중량}} \times 100(\%) = \frac{P_{wi} \times (100 - W_i)}{\sum P_{wi} \times (100 - W_i)} \times 100(\%) \tag{2.3}$$

여기서, P_{di} : 조성 i의 건량기준 중량비(%)

P_{wi} : 조성 i의 습량기준 중량비(%)

W_i : 조성 i의 수분함량(%)

(다) 수분함량

종류별 성상 측정에 사용한 시료의 무게를 측정한 후 물중탕에서 수분을 거의 날려 보내고 건조기를 이용하여 105±5℃에서 시료의 중량이 일정하게 될 때까지 약 4시간 건조시킨다. 중량이 일정하게 유지되는 시점에서 시료의 무게를 측정하며, 각 시료의 수분함량은 다음 식에 의하여 산출된다.

$$W_i(\%) = \frac{\text{건조전 } i\text{시료의 중량(kg)} - \text{건조후 } i\text{시료의 중량(kg)}}{\text{건조전 } i\text{시료의 중량(kg)}} \times 100 \tag{2.4}$$

전체 쓰레기의 수분함량은 결과적으로 다음 식으로 산출된다.

$$W(\%) = \frac{\text{전체 수분중량}}{\text{전체 습윤중량}} \times 100(\%) = \frac{\sum P_{wi} \times W_i}{\sum P_{wi}} \tag{2.5}$$

쓰레기의 수분은 장마철을 포함한 여름철의 비가 많을 때와 김장철 등의 채소류가 많을 때에는 높은 값을 나타내며 겨울에는 비교적 마른 쓰레기가 발생되기 때문에 적다. 표 2-3에 도시쓰레기 성분중 대표적 수분함량을 나타내었다.

표 2-3 도시 쓰레기 성분중 대표적 수분함량

성 분	수 분(%)	
	범 위	대표값
음식물쓰레기	50～80	70
종이	4～10	6
판지	4～8	5
플라스틱	1～4	2
천	6～15	10
고무	1～4	2
가죽	8～12	10
정원쓰레기	30～80	60
나무	15～40	20
기타유기물	10～60	25
유리	1～4	2
양철깡통	2～4	3
비철금속	2～4	2
철금속	2～6	3
먼지, 재, 벽돌, 기타	6～12	8
도시 고체 폐기물	15～40	20

자료 : Tchobanoglous et al., Integrated Solid Waste Management, McGraw-Hill, New York, 1993.

(라) 회분함량

수분 측정 후의 건조시료를 분쇄기로 2 mm 이하로 분쇄한 후 일부분을 다시 105±5℃에서 2시간 가열 건조한 다음 다시 일정량을 채취하여 무게를 측정하고, 전기로 내에서 600±25℃로 가열한다. 완전연소한 시료를 방냉한 후 105±5℃에서 2시간 건조한 후 약 30분간 건조용기에서 방냉하고 무게를 측정한다. 각 조성의 회분은 다음 식으로 산출한다.

$$A_i = \frac{\text{강열후} \quad i\,\text{시료의} \quad \text{중량(kg)}}{\text{강열전} \quad i\,\text{시료의} \quad \text{중량(kg)}} \times 100 \tag{2.6}$$

전체 쓰레기의 건량기준 회분함량은 다음 식으로 나타낼 수 있다.

$$A_d(\%) = \frac{\text{전체} \quad \text{회분중량}}{\text{전체} \quad \text{건조중량}} \times 100(\%) = \frac{\sum P_{di} \times A_i}{\sum P_{di}} \tag{2.7}$$

또한, 습량기준의 회분은 다음 식으로 계산할 수 있다.

$$A_w(\%) = A_d \times \frac{100 - W}{100} \tag{2.8}$$

(마) 타는 성분 함량

습량기준의 타는 성분은 다음과 같이 구할 수 있다.

$$\text{타는 성분}(C,\ \%) = 100 - \text{수분}(W,\ \%) - \text{습량기준의 회분}(A,\ \%) \tag{2.9}$$

(바) 개략분석(근사분석, Proximate analysis)

도시 폐기물의 개략분석은 다음 4가지 성분으로 구성된다.

① 수분함량(moisture)으로서, 건조기(105±5℃)에서 약 4시간 건조후 수분손실량

② 휘발성 고형물(volatile solids)로서, 완전연소(600±25℃)한 후 손실된 양, 미국에서는 950℃의 폐쇄로에서 완전연소한다.

③ 고정탄소(fixed carbon)로서, 시료가 들어있는 도가니의 뚜껑을 덮고서 완전연소하여, 휘발성 고형물의 증발된 후 남는 물질로서 연소될 수 있는 탄소성분으로 구성되어 있다.

④ 회분(ash)으로서, 도가니의 뚜껑을 열고서 완전연소하여 남은 잔류물로서 흙, 돌, 모래, 철금속 등 안타는 성분 물질이 포함되어 있다.

타는 성분 물질은 보통 종이류, 목재류, 음식물쓰레기, 플라스틱류, 섬유류, 고무류 등으로 구성되고 안타는 성분 물질은 연탄재, 금속류, 유리, 도자기류 등으로 구성된다. 혼합 쓰레기가 타는 성분인가 또는 안타는 성분인가를 판정하는 기준은 다음과 같다.

즉, 타는 성분이 25 % 이상, 회분이 60 % 이하, 수분함량이 50 % 이하일 때 이를 타는 성분으로 판정한다.

2.2.5 화학적 성상 분석(Chemical analysis, Ultimate analysis)

쓰레기 타는 성분의 화학적 성분분석 항목은 대개 탄소(C), 수소(H), 질소(N), 산소(O) 및 황(S)으로서, 이러한 원소들의 분석은 자동원소분석기에 의한 방법과 재래식 방법에 의하여 분석될 수 있으나, 근자에는 거의 자동원소분석기를 이용하기 때문에 이에 대해서만 설명하기로 한다. CHNOS 자동원소분석기를 사용하면 유기화합물 중의 탄소, 수소, 질소, 산소 및 황성분을 자동적으로 간단하게 분석할 수 있다. 이때 C, H, N은 동시 분석이 가능하나, O와 S는 연소관, 환원관 및 흡수관의 충전물을 교환함으로써 분석이 가능하다. 또한, 황성분(S)은 별도로 황분석장치(sulfur analyzer)를 이용하여 분석할 수 있다.

표 2-4 도시쓰레기 중 타는 성분 부분의 개략분석

성분	중량(%)
수분	15～35
휘발성 고형물	20～30
고정탄소	40～55
회분	3～10

2.2.6 발열량(Heating value) 분석

소각로를 설계할 때 가장 기본이 되는 쓰레기 질적 특성으로, 쓰레기 1 kg을 완전히 연소할 때 발생하는 열량(kcal)을 말한다. 쓰레기(연료)를 연소했을 때에는 쓰레기(연료) 속의 수분은 수증기로 되어 연소가스 속에 포함하게 된다. 열량계로 발열량을 측정할 때는 쓰레기(연료)속의 수분 및 연소에 의해 생성된 수분의 凝縮熱을 포함한 열량으로 측정된다. 이 값을 高位發熱量(H_h)이라 한다. 그러나 실제의 연소 시설에서는 연소 배출가스 속의 수분은 통상 수증기 그대로 배출되기 때문에 응축열은 이용되지 않는 일이 많으므로 고위발열량에서 응축열을 빼고 남는 열량이 유효하게 이용되는 열량이며, 이것을 低位發熱量(H_l)이라 한다. 쓰레기 속의 주된 타는 성분으로는 종이류, 섬유류, 나무조각과 같은 셀룰로오스계 물질과 플라스틱 등의 석유화학제품이 있다. 셀룰로오스계 물질의 저위발열량은 일반적으로 4,500～4,600(kcal/kg)이며 플라스틱류는 6,000～10,000(kcal/kg)이다(표 2-5 참조). 따라서 쓰레기 조성에서 대략 그 발열량을 추정할 수 있다. 고위발열량 H_h와 저위발열량 H_l과의 사이에는 다음의 관계가 있다.

$$H_l = H_h - 6\,W\,(\text{kcal/kg}) \quad (2.10)$$

여기서 W : 수분(%)

표 2-5 도시쓰레기의 불활성 슬러지 및 에너지 함유량

성 분	불활성 슬러지(%)		에너지(kJ/kg)+	
	범 위	대표값	범 위	대표값
음식물쓰레기	2～8	5	3,500～7,000	4,650(1,110)
종이	4～8	6	11,600～18,600	16,750(4,000)
판지	3～6	5	13,950～17,450	16,300(3,800)
플라스틱	6～20	10	27,900～37,200	32,600(7,790)
천	2～4	2.5	15,100～18,600	17,450(4,170)
고무	8～20	10	20,900～27,900	23,250(5,560)
가죽	8～20	10	15,100～19,800	17,450(4,170)
정원쓰레기	2～6	4.5	2,300～18,600	6,500(1,550)
나무	0.6～2	1.5	17,450～19,800	18,600(4,450)
기타유기물	2～8	6	11,000～26,000	18,000(4,300)
유리	96～99+	98	100～250	150(30)
양철깡통	96～99+	98	250～1,200	700(170)
비철금속	90～99+	96		
철금속	94～99+	98	250～1,200	700(170)
먼지, 재, 벽돌, 기타	60～80	70	2,300～11,650	7,000(1,670)
도시 고체 폐기물				

* 연소후　　** 1 Joule = 0.239 cal　　*** ( )안은 cal/kg　　+폐기 상태 기준

(가) 삼성분의 조성비

쓰레기의 저위발열량은 소위 쓰레기의 3성분(타는 성분, 수분, 회분)의 조성비를 바탕으로 다음 식에 의하여 추정할 수 있다.

$$\text{쓰레기의 저위발열량(LHV, } H_l\text{) (kcal/kg)} = 4{,}500 \times V/100 - 600 \times W/100 = 45V - 6W \quad (2.11)$$

여기서, V : 쓰레기 중 타는 성분의 조성비(%)

W : 쓰레기 중 수분의 조성비(%)

이 식은 저위발열량의 간이식으로서 타는 성분, 수분 및 회분의 분석치를 이용함으로써 시간이나 인력을 절약할 수 있는 방식이다. 그러나 쓰레기 자체가 불균일성 물질이고 수분을 50% 이상 함유하고 있는 경우에는 상당한 오차가 발생할 수 있는 문제점을 가지고 있다.

$$\text{또는 } H_l = 4500V - 6000W \text{ (kcal/kg)} \quad (2.12)$$

$$H_l = (4500\ V_l + 8000\ V_2) - 600W \text{ (kcal/kg)} \quad (2.13)$$

여기서, V : 타는 성분(건조기준) kg/kg

V_1 : 플라스틱류 이외의 타는 성분 중량비(건조기준) kg/kg

V_2 : 플라스틱류의 중량비(건조기준) kg/kg

기타 일본에서 쓰이고 있는 저위발열량 추정 제안식은 표 2-6과 같다.

(나) 물리적 조성분석치로부터 구하는 방법

물리적 조성 분석치로부터 구하는 방법은 보통 다음의 추정식을 쓴다.

$$H_l = 88.2R + 40.5(G+P) - 6W \text{ (kcal/kg)} \quad (2.14)$$

표 2-6 저위발열량 추정 제안식

제안자	제안식	
후생성	4,500V～600W	V : 生쓰레기중 타는 성분함량(kg/kg), 건조기준
요꼬하마시	4,591V～600W	
廢工硏	4,800V～600W	W : 生쓰레기중 수분함량(kg/kg)
동경都	αV～600W	α : Bomb 열량계로 잰 타는 성분의 연간 저위발열량 평균치 ＝ 4,500 kcal/kg
本多	4,475V～585W+21.2	
	6,185V～468.8W	

여기서, R : 플라스틱 함유율(건조기준)(%)

G : 쓰레기(건조기준) (%)

P : 종이(건조기준) (%)

W : 수분(%)

본 식을 이용하는 경우 각 성분 비율(%)은 각 성분의 수분량을 구하여 건조무게로 환산해야 하며 저위발열량 데이터를 기준으로 한 실험식이다. 이외에도 일본에서 사용되는 추정식을 보이면 표 2-7과 같다.

(다) 단열열량계(Bomb calorimeter)에 의한 방법

이 방법에 의한 쓰레기의 발열량 측정은 건조된 쓰레기를 2 mm 이하로 분쇄한 후 일정량을 취하여 열량계로써 발열량을 측정한다. 이때 분쇄하는 과정에서 약간의 수분이 다시 흡수·함유(약 1~4%)되므로 측정된 발열량은 풍건식(air dry base)이 된다. 따라서 측정할 시료의 수분 함량을 다시 측정하여 보정하여 줌으로써 정확한 건식(dry base)의 발열량을 얻는다. 이렇게 하여 각 조성별 건기준발열량을 구하고 건조쓰레기의 발열량과 생쓰레기의 발열량은 다음과 같이 계산한다.

$$\text{건조쓰레기의 발열량(kcal/kg)} = \frac{\Sigma C_i E_i}{\Sigma C_i} \tag{2.15}$$

여기서, C_i : 조성 i의 타는 성분 조성(%)

E_i : 조성 i의 열량계 발열량(kcal/kg)

$$\text{생쓰레기의 발열량(kcal/kg)} = \frac{\Sigma A_i F_i}{\Sigma A_i} \tag{2.16}$$

여기서, A_i : 조성 i의 회분조성(%)

F_i : 조성 i의 습기준발열량(kcal/kg)

= (건조쓰레기 발열량) × (100－수분%)/100

표 2-7 물리적 조성에 의한 저위발열량 추정식 P_a

제안자	제안식	비 고
都 立 大	$8{,}000P_i+4{,}100(P_n+G)-600W$	P_i : 플라스틱 함량 %
小 林	$8{,}820P_i+4{,}050(P_n+G)-600W$	P_a : 종이 함량 %
日 環	$370P_i+180P_n-380G-480W+1{,}530$	G : 음식물쓰레기 함량
보 정 식	$13\times\{(P_i+(P_a)/W\}$	

이상과 같은 측정법은 쓰레기의 조성별로 분류한 단일 성분 시료를 열량계로 측정하여 생쓰레기의 발열량을 추산한 것이며, 분류하기 전의 쓰레기를 건조하여 열량계를 이용하여 직접 측정할 수 있다. 이 발열량으로부터 고위발열량과 저위발열량은 다음의 식으로 산출할 수 있다.

$$H_h(\text{kcal/kg}) = H_d \times (100 - \text{W})/100 \tag{2.17}$$

$$H_l(\text{kcal/kg}) = H_h - 600(9\text{H} + \text{W})/100 = H_h - 6(9\text{H} + \text{W})$$

여기서, H_h : 고위발열량(kcal/kg)

H_d : 열량계로 측정한 건조쓰레기 발열량(kcal/kg)

H_l : 저위발열량(kcal/kg)

H : 원소분석에 의한 수소의 조성비(%)

W : 수분함량(%)

(라) 원소분석에서 구하는 방법

① Dulong의 식

Dulong식은 다음과 같다.

$$H_h = 81\text{C} + 342.5\left(\text{H} - \frac{\text{O}}{8}\right) + 22.5\text{S}(\text{kcal/kg}) \tag{2.18}$$

$$\begin{aligned} H_l &= 81\text{C} + 342.5\left(\text{H} - \frac{\text{O}}{8}\right) + 22.5\text{S} - 6(9\text{H} + \text{W}) \\ &= H_h - 6(9\text{H} + \text{W}) \end{aligned} \tag{2.19}$$

여기에서 C : 탄소(%) H : 수소(%) O : 산소(%) S : 황(%) W : 수분(%)

H분을 (H－O/8)로 한 것은 O/8분은 이미 H_2O로서 연료 속의 결합수분으로 되어 연소에 사용되지 않는다고 생각하기 때문이다. 목재나 쓰레기와 같은 셀룰로오스 질의 연료에서는 발열량이 낮게 추정되는 경향이 있다.

② Steuer의 식

$$H_h = 81\left(\text{C} - 3\times\frac{\text{O}}{8}\right) + 56\times\left(3\times\frac{\text{O}}{8}\right) + 345\left(\text{H} - \frac{\text{O}}{16}\right) + 25\text{S} - 6(9\text{H} + \text{W})(\text{kcal/kg}) \tag{2.20}$$

O의 절반이 H_2O의 형, 나머지 절반이 CO_2의 형이라고 가정한 경우이다.

③ Scheurer-Kestner의 식

$$H_h = 81\left(\text{C} - 3\times\frac{\text{O}}{4}\right) + 342.5\text{H} + 22.5\text{S} + 57\times3\times\frac{\text{O}}{4} - 6(9\text{H} + \text{W})(\text{kcal/kg}) \tag{2.21}$$

O의 모든 것이 CO_2의 형이라고 가정한 경우이다.

④ Dulong의 보정식

$$H_l = (\alpha D + \beta)\, B - 6W \ \ \text{(kcal/kg)} \tag{2.22}$$

여기에서 αD : Dulong의 식으로 구한 타는 성분 저위발열량(kcal/kg)

β : Bomb 열량계로 구한 타는 성분 발열량(α)과 αD의 차(kcal/kg)

이 식은 Dulong의 식으로 구한 발열량을 Bomb 열량계로 구한 발열량에 근사시키기 위해 사용한다. 기타 원소조성에 의한 저위발열량 추정식을 보이면 표 2-8과 같다.

표 2-8 원소조성에 의한 저위발열량 추정식

제안자	제안식
Kunle	8100C + 3400(H − O + N/8) + 2250S − 600(9H + W)
Mahler	8140C + 34500H − 3000(O + N)
Gumz	8130C + 2970H + 1500N + 4560S − 2350D − 600(9H + W)

2.3 도시 쓰레기의 생물학적 특성

2.3.1 유기성 부분

도시쓰레기의 유기성 부분중 플라스틱과 고무, 가죽 등을 제외한 대부분의 유기물질은 다음과 같이 분류될 수 있다.

1. 수용성 성분 : 당, 전분, 아미노산, 유기산 등
2. 헤미셀룰로오스 : 5탄당과 6탄당의 중합체
3. 셀룰로오스 : 6탄당의 중합체
4. 지질, 오일 및 왁스 : 알콜과 긴 사슬 지방산의 에스터(ester)
5. 리그닌 : 방향환과 메톡실기($-OCH_3$)를 포함한 중합체
6. 리그노 셀룰로오스 : 리그닌과 셀룰로오스의 복합체
7. 단백질 : 아미노산의 중합체

유기성 물질의 가장 중요한 성질은 대부분의 유기성분이 미생물에 의해 가스와 불활성 유기 및 무기 고형물로 변화된다는 사실인 것이다. 저장과정에서 악취의 발생과 모기, 파리의 서식, 쥐 등의 서식도 이러한 유기성 부분과 관련되어 있다. 또한 매립지에서 침출수를 발생시키고 지반침하, 가스 및 악취발생도 이것과 관련되어 있으며 매립지의 안정화는 실제로 유기성 물질의 완전분해를 의미하는 것이다.

2.3.2 유기성 폐기물의 생물분해성

휘발성 고형물(600±25℃에서 연소후 중량손실로 측정)의 함량이 종종 유기성 폐기물의 생물분해성 척도로 이용된다. 그러나 어떤 유기성분은 휘발성이 큰 반면에 생물 분해성은 낮기 때문에 (예 : 신문지 및 벌초물) 이것을 가지고 생물분해성을 추정함은 부정확하다. 그러나 폐기물중의 리그닌 함량은 생물분해성 부분을 추정하는 데 사용된다. 추정 방정식은 다음과 같다.

$$BF = 0.83 - 0.028\,LC \tag{2.23}$$

여기서, BF : 생물분해성 분율(휘발성 고형분함량 기준) $= \dfrac{\text{생물분해성 휘발성 고형물량}}{\text{전체 휘발성 고형물량(VS)}}$

0.83 : 경험적 상수

0.028 : 경험적 상수

LC : 휘발성 고형분중 리그닌 함량(건조무게 %로 표시)

도시폐기물 중 몇몇 유기성 폐기물의 생물분해성을 리그닌 함량에 기준하여 표 2-9에 나타내었다. 이 표를 보면 신문지와 같이 리그닌 함량이 많은 것은 생물분해성이 떨어짐을 알 수 있다.

표 2-9 리그닌 함량에 기준한 몇몇 유기성 폐기물의 생물분해성

조 성	총 고형분(TS)중 휘발성 고형분(VS)이 차지하는 %	VS에 대한, 리그닌 함량(LC)%	생물분해성 분율[a]
음식물쓰레기	7~15	0.4	0.82
종이류			
신문지	94.0	21.9	0.22
사무용지	96.4	0.4	0.82
골판지	94.0	12.9	0.47
정원폐기물	50~90	4.1	0.72

[a] 방정식 (2.23)에 의거

2.3.3 파리의 번식

알에서 부화	8~12시간
1령층 구더기	20시간
2령층 구더기	24시간
3령층 구더기	3 일
번데기	4~5 일
계	9~11 일

온대지방에서는 여름철, 그리고 더운 지방에서는 쓰레기에서 연중 파리가 발생한다. 파리는 알을 깐 후 2주일 내에 성충이 될 수 있다. 집파리가 알에서 성충이 될 때까지의 생활환은 다음과 같다.

2.3.4 악취의 발생

쓰레기를 쓰레기통에서 오랫동안 저장하거나 수집, 운반 또는 매립과정에서 시간이 경과하면 악취가 발생한다.

악취는 대체로 유기성 폐기물 중 쉽게 분해될 수 있는 부분이 혐기성 세균에 의해 분해되면서 발생한다. 한 예를 들면 혐기성(환원성) 조건에서 황산염은 황화수소이온(S^{2-})으로 환원되며 수소와 결합하여 H_2S를 형성한다. H_2S의 형성은 다음과 같은 일련의 반응으로 나타낼 수 있다.

$$2CH_3CHOHCOOH + SO_4^{2-} \rightarrow 2CH_3COOH + S^{2-} + H_2O + CO_2 \quad (2.24)$$

$$4H_2 + SO_4^{2-} \rightarrow S^{2-} + 4H_2O \quad (2.25)$$

$$S^{2-} + 2H^+ \rightarrow H_2S\uparrow \quad (2.26)$$

황화수소이온은 철 등 존재하는 금속염과 결합하여 황화수소의 금속화합물을 만든다.

$$S^{2-} + Fe^{2+} \rightarrow FeS\downarrow$$

매립지에서 혐기성 분해가 진행될 때 폐기물의 색깔이 검게 변하는 것은 황화수소의 금속화합물이 생성되기 때문인 것이다. 이렇게 되면 냄새문제가 저감된다.

유황을 함유하고 있는 유기화합물이 생물화학적으로 환원되면 메테인 싸이올이나 aminobutyric acid과 같은 악취성 물질을 생성할 수 있다. 아미노산의 일종인 methionine의 환원이 그 한 가지 예가 될 것이다.

$$\underset{\text{methionine}}{CH_3SCH_2CH_2CH(NH_2)COOH} \xrightarrow{+H_2} \underset{\text{methylmercaptan}}{CH_3SH} + \underset{\text{aminobutyric acid}}{CH_3CH_2CH_2(NH_2)COOH}$$

메테인 싸이올은 다시 생물화학적으로 가수분해하여 메틸알콜과 황화수소로 변환될 수 있다.

$$CH_3SH + H_2O \rightarrow CH_3OH + H_2S$$

2.4 쓰레기의 발생량 및 성상 변동

일반적으로 쓰레기의 발생량과 성상은 여러 가지 인자에 따라서 변동하는데, 이러한 발생량과 성상의 파악 및 예측은 쓰레기처리 장비의 선택, 처리계통의 설정 및 관리계획의 입안에 있어서 중요한 사항이 된다.

쓰레기의 발생량과 성상에 영향을 주는 요소는 다음과 같다.

① 장소
상업지역, 주택지역, 공업지역, 공원 등에 따라 발생량과 성상이 달라진다.

② 도시규모
일반적으로 도시의 규모가 커질수록 쓰레기의 발생량이 증가한다.

③ 생활수준
대체로 생활수준이 증가되면 쓰레기의 발생량도 증가하며 다양화된다. 그러나 경제수준이 전반적으로 상승하기 때문에 증가율은 10 % 내외가 되는 수가 많다.

④ 기후 및 계절
추운지방에서 연료로 동절기에 석탄을 이용하는 경우에는 재의 발생량이 증가하며 우리나라에서도 겨울철에는 연탄재의 함량이 증가된다.

⑤ 수집빈도 및 쓰레기통의 크기
일반적으로 수집빈도가 높을수록, 그리고 쓰레기통이 클수록 쓰레기의 발생량은 증가한다.

⑥ 재활용품의 회수 및 재이용
재활용품의 회수 및 재이용률이 증가할수록 쓰레기의 발생량은 감소한다.

⑦ 법규
포장용기나 1회용품의 규제에 관한 법과 종량제(쓰레기의 배출량에 따라서 수거료를 부과하는 제도) 등이 철저히 실시될수록 쓰레기의 양은 감소한다.

2.5 우리나라 쓰레기의 배출량 및 성상 변동

2.5.1 발생량

우리나라 쓰레기는 과거 20년간 그 배출량이 6~10 %씩 증가되어 왔는데, 1992년에는 감소하였으며 앞으로 그 증가율은 3~5 %로 둔화되리라 예상된다. 발생량은 계절적 변동이 과거에 비하여 크게 줄었고(표 2-10), 앞으로 그 폭이 감소될 것으로 예상된다.

표 2-10 계절별 쓰레기 발생량('96 ~ 2003 대표치)

	봄	여 름	가 을	겨 울
발생량(kg/인/일)	1.0	1.2	1.1	1.3

2.5.2 조성

우리나라의 쓰레기는 계절적 변동이 있는 편이고, 음식물쓰레기의 함량이 매우 높다. 이는 아직도 대도시를 제외한 대부분의 중소도시와 농촌에서 겨울철에 연탄을 때기 때문이다. 또한 겨울철에 일시적으로 김장쓰레기가 다량 배출되는 것도 한 가지 특징이다. 그러나 이러한 경향은 점차 사라지고 있다.

우리나라의 계절별 쓰레기의 조성을 보면 여름철에는 음식물쓰레기의 조성이 높고 겨울에는 연탄재 등 안타는 성분의 조성이 약간 높다.

2.6 쓰레기의 발생량 조사방법

발생되는 쓰레기의 양을 조사하는 것은 관리체계의 설계 및 조작에서 극히 중요한 사항이다. 쓰레기 발생량은 부피와 중량으로 나타낼 수 있으나, 부피를 이용한 경우에는 그 압축정도에 따라 큰 오차를 나타낼 수가 있다. 예를 들어 $1m^3$를 나타낼 때 압축시킨 경우와 압축시키지 않은 경우, 큰 차이를 보이기 때문에 쓰레기의 양을 부피로 나타낼 경우에는 압축 정도를 반드시 함께 명시하여 주어야 한다. 그러므로 이러한 혼란을 방지하기 위하여 쓰레기 배출량은 질량으로 표현하는 것이 바람직하다. 쓰레기 발생량은 각 지역의 규모나 특성에 따라 많은 차이를 나타내기 때문에, 총 발생량보다는 주로 단위 발생량(즉, kg/인 · 일)으로 표기한다.

쓰레기 발생량을 조사하는 방법에는 여러 가지가 있을 수 있으며 어떤 방법이든지 한계를 가지고 있다. 대표적인 몇 가지 방법을 소개하면 다음과 같다.

(가) 적재차량 계수분석(load-count analysis)

일정기간동안 특정지역의 쓰레기 수거·운반차량의 댓수를 조사하여, 이 결과를 밀도로 이용하여 질량으로 환산하는 방법이다. 이때, 조사 장소는 중간적하장이나 중계처리장이 적합하다. 이 방법의 문제점은 쓰레기의 밀도 또는 압축정도를 정확하게 파악하기가 어렵다는 점이다.

(나) 직접계근법(direct weighting method)

이 방법은 일정기간동안 특정지역의 쓰레기 수거·운반차량을 중간적하장이나 중계처리장에서 직접 계근하는 방법이다. 입구에서 쓰레기가 적재되어 있는 차량과 출구에서 쓰레기를 적하한 공차량을 각각 계근하여 그 차이로서 쓰레기량을 산출한다. 이 방법은 비교적 정확한 쓰레기 발생량을 파악할 수 있다는 장점이 있으나, 적재차량 계수 분석에 비하여 작업량이 많고 번거롭다는 단점을 가지고 있다.

(다) 물질수지법(material balance method)

이 방법은 주로 산업폐기물 발생량을 추산할 때 이용하는 방법으로 먼저 조사하고자 하는 계의 경계(boundary of system)를 정확하게 설정한 다음, 그 시스템으로 유입되는 모든 물질들과 유출되는 모든 물질들간의 물질수지를 세움으로써 폐기물 발생량을 추정한다.

이 방법은 물질수지를 세울 수 있는 상세한 데이터가 있는 경우에만 가능하며 비용이 많이 든다. 그러므로 특수한 경우에만 사용된다.

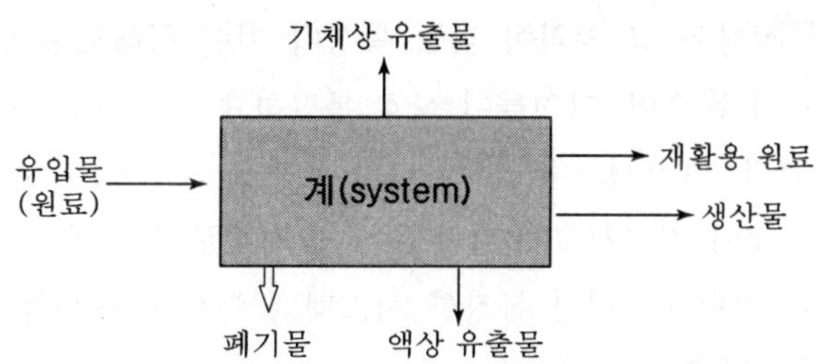

2.7 쓰레기의 발생량 예측

쓰레기 관리시설의 용량결정 등 폐기물 관리 중·장기계획의 수립에 있어, 가장 먼저 선행되어야 하는 것이 쓰레기의 발생량 및 성상의 예측이며, 그 결과의 정확도가 후단계획의 성패를 좌우하게 된다.

쓰레기의 발생량 및 성상을 예측하는 방법은 여러 가지가 있으나, 그 중에서 통상적으로 주로 사용하는 방법은 경향법(trend method)법과 다중회귀모델(multiple regression model) 및 동적 모사모델(dynamic simulation model)이 있다.

2.7.1 목표년차

목표년차는 5년, 10년, 15년 등 5년 간격으로 함을 원칙으로 한다. 국가 경제계획이 대개 5년 단위이므로 이에 맞추는 것이 합리적이기 때문이다. 일반적으로 계획 목표년차가 10년 이상일 경우를 장기계측, 10년 이하일 경우를 단기예측으로 구분한다.

2.7.2 예측방법

(가) 경향법(Trend method)

최저 5년 이상의 과거 처리실적을 수식 model에 대입하여 과거의 경향을 가지고 장래를 예측하는 방법이다. 이 방법은 단지 시간과 그에 따른 쓰레기 발생량(또는 성상)간의 상관관계만을 고려한다. 이를 수식으로 표현하면 다음과 같다.

$$X = f(t)$$

이 때, 수식은 선형, 지수형, 대수형 등 여러 가지의 형태 중 가장 근사한 형태를 택한다.

(나) 다중회귀모델(multiple regression model)

쓰레기의 발생량이나 성상은 그 지역이 갖는 특성이 어떤 형태로든 반영되기 때문에, 지역의 특성을 나타내는 인자가 많으며, 그것들이 상호 복잡하게 작용하고 있어 단순한 상관관계만을 고려하는 것은 곤란하다. 따라서, 각 인자마다의 효과를 파악하기 보다는 전체인자의 효과를 총괄적으로 파악하는 것이 간편하고 유용하다. 다중회귀분석은 하나의 수식으로 각 인자들의 효과를 총괄적으로 나타내어 이러한 복잡한 시스템의 분석에 유용하게 사용할 수 있다. 이를 수식으로 표현한다면 다음과 같다.

$$X = f(X_1, X_2, X_3 \ldots\ldots X_n)$$

또는, $X = aX_1 + bX_2 + cX_3 \ldots\ldots zX_n$

이 때에도 역시, 수식은 선형 또는 비선형 등 여러 가지 형태 중에서 가장 근사한 형태를 택한다. X_1, X_2, $X_3 \ldots\ldots X_n$은 쓰레기의 발생량에 영향을 주는 인자들로서 인구, 지역소득, 자원회수량 등의 변수가 사용된다.

(다) 동적모사모델(dynamic simulation model)

쓰레기 배출량(또는 성상)은 시간과 다른 영향인자들이 동시에 고려되어야 하며, 다른 영향인자들 역시 시간에 대한 함수이기 때문에, 시간만을 고려하는 Trend법과 시간을 단순히 하나의 독립적인 종속인자로 고려하는 다중회귀모델은 모두 문제점을 가지고 있다.

동적모사모델은 이러한 문제점을 보완할 수 있도록 모든 인자를 시간에 대한 함수로 나타낸 후, 시간에 대한 함수로 표현된 각 영향인자들간의 상관관계를 수식화하는 방법이다.

동적모사모델의 하나인 Dynamo 모델을 소개하면 다음과 같다.

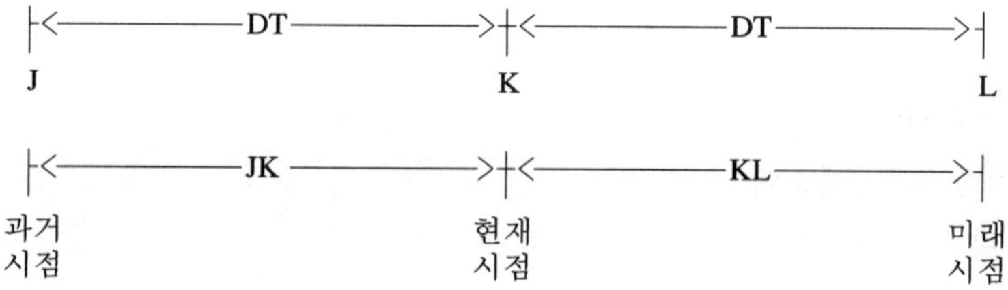

그림 2-3 Dynamo 모델에서 시간의 고려

Dynamo에서는 시스템을 모사하기 위한 미적분방정식을 기초로 모델식을 작성하며, 미적분방정식의 개요는 다음과 같다.

$$\frac{dY(t)}{dt} = \lim_{t \to 0} \frac{\Delta Y(t)}{\Delta t} = \lim_{t \to 0} \frac{Y(t+\Delta t) - Y(t)}{\Delta t} = I(t) - O(t)$$

즉, $Y(t+\Delta t) = Y(t) + (\Delta t)[I(t) - O(t)]$

이 식으로부터 t기간의 수준변수값(여기에서는, 폐기물 배출량 또는 조성)이 주어지고 동시에 유입과 유출에 관한 관계식(증감방정식)이 함수형태로 주어진다면, 단위시간 후의 수준변수값을 구할 수 있다.

Dynamo 모델에서는 그림 2-3에서 보는 바와 같이 시스템이 현재 처해 있는 시간을 표시하기 위하여 시간 첨자 J, K, L을 이용하며, 단위시간 dt를 의미하는 DT가 사용된다. 여기서 DT는 simulation을 행하는 계산기간을 의미하기도 한다. 만약 J시점의 수준변수 값이 주어지고 증감변수(영향인자)에 대한 JK 구간의 함수형태가 알려진다면 단위시간 DT후 K시점에서의 수준변수 값을 구할 수 있다. 이러한 과정을 반복함으로써 모델내 수준변수의 값을 각 시간별로 도출해 낼 수 있다.

여기에서의 영향인자도 보통 인구, 자원회수량 등이 사용된다.

2.7.3 영향인자의 선택

쓰레기의 발생량 및 성상을 예측하고자 할 경우, 이들은 대상지역의 기후나 면적과 같은 자연적 특성, 인구가 생활상태와 같은 사회적 특성, 그리고 경제활동 및 주민의 쓰레기에 대한 의식 등 여러 가지 인자에 따라 영향을 받게 되기 때문에, 대상지역의 특성 및 시대적 상황을 고려하여 적절한 영향인자를 선택하여야 한다.

이러한 이유로 쓰레기 발생량 및 성상의 예측에는 상황에 따라 다른 인자들이 선택되고 있어, 일반적으로 영향인자를 규정하기는 어려우나 보편적으로 과거 자료의 축적성 및 자료 확보의 용이성 등을 감안하여 대체적으로 다음과 같은 인자들 중에서 선택되어진다.

① 인구
② GNP 또는 GRP
③ 상품 소비량 또는 매출액
④ 자원회수량

2.8 폐기물의 관리체계

2.8.1 폐기물 관리체계의 기능적 요소

폐기물의 발생원에서부터 최종처분지까지 폐기물관리체계를 다음과 같이 여섯 개의 기능적 요소로 나눌 수 있다 : (1) 폐기물 발생, (2) 발생원에서의 취급, 분리, 저장 및 처리, (3) 수거, (4) 선별, 가공 및 처리, (5) 적환 및 수송, (6) 최종처분. 그림 2.4는 각 요소별 상호관계를 도표로 나타낸 것이다.

(1) 폐기물발생 : 폐기물발생이란 물질이 더 이상 쓸모없게 되어 버려지거나 최종처분을 위해 수집되는 것을 말한다. 예를 들면 과자포장지는 내용물을 소비한 후에는 쓸모없는 것이 되어 버려지게 된다. 폐기물이 발생되는 단계는 폐기물에 따라 다양하게 나타난다.

(2) 발생원에서의 폐기물 취급, 분리, 저장 및 처리 : 폐기물관리 체계의 여섯 요소 중 두 번째 단계는 발생원에서의 폐기물 취급, 분리, 저장 그리고 처리이다. 폐기물의 취급과 분리는 폐기물을 수거하여 컨테이너로 운반하기까지의 작업을 말한다. 폐기물취급은 컨테이너가 위치한 수거지점까지 적재된 가정용 쓰레기통을 운반하는 것을 포함한다. 폐기물을 발생원에서 각 성분별로 분류하는 것은 매우 중요하다. 분리된 물질의 판매로부터 얻은 수입금과 회수물질의 품질을 고려할 때 재이용과 재활용을 위한 물질선별의 최적 장소는 폐기물 발생원이다. 일반 가정에서 신문지, 골판지, 병, 정원쓰레기, 알루미늄캔, 철

분 등의 발생원분리에 대한 중요성을 최근 들어 깨닫기 시작했다. 현재 일반가정에서 발생되는 유해물질을 발생원에서 분리하는 것에 대한 중요성이 많이 거론되고 있으며 정도에 차이는 있지만 상당부분 시행되고 있다. 발생원저장은 공공건강과 미관상 측면에서 큰 중요성을 갖는다. 일부 주거지역이나 상가지역에서 쓰레기를 비위생적인 컨테이너나 아무런 시설없이 땅위에 그대로 방치하는 경우가 있는데, 이는 공공건강이나 미관상 바람직하지 못하다. 발생원에서의 저장에 소요되는 비용은 일반적으로 개인인 경우에는 각 가정에서, 상업 또는 공업지역인 경우에는 지역관리자가 부담한다. 발생원에서의 처리는 쓰레기압축이나 정원쓰레기의 퇴비화 등이 있다.

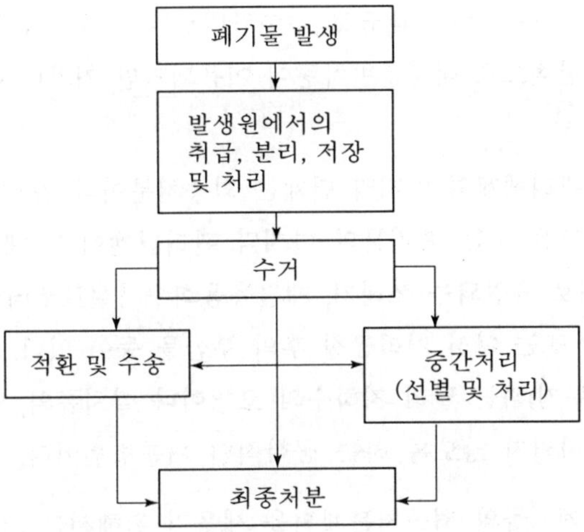

그림 2-4 폐기물관리체계의 각 요소별 상호관계

(3) 수거 : 수거는 쓰레기와 재활용가능한 물질을 모으는 것뿐만 아니라 수거 후 어느 특정 장소에 수거차량에 모아진 쓰레기를 버리는 행위를 말한다. 특정장소라 함은 폐기물처리시설이나 적환장 또는 소규모 도시일 경우에는 최종매립지까지 포함된다. 소규모 도시에서의 최종매립지는 보통 도시근교에 위치하고 있어 수거차량으로 쓰레기를 매립지까지 운반하는 데 큰 어려움은 없다. 그러나 대도시인 경우 최종매립지까지 운반거리가 24 km(15마일) 이상이 되면 수거차량에 의한 운반은 경제성이 떨어지는 문제가 있다. 이러한 문제 때문에 운반거리가 장거리일 경우 일반적으로 적환장 및 운반설비가 필요하게 된다.

(4) 폐기물의 선별 : 폐기물의 선별, 처리는 폐기물관리체계의 네 번째 요소이다. 이 요소와 관련된 공정은 일반적으로 발생원으로부터 멀리 떨어진 곳에 위치하는 것이 보통이다.

혼합폐기물로부터의 물질선별은 대개 재활용품회수시설, 적환장, 소각장, 매립지 등에서 이루어진다. 물리적 처리에는 스크린선별, 인력선별, 자력선별, 파쇄 그리고 압축 등이 있다. 폐기물의 화학적 및 생물학적 처리공정을 이용하면 폐기물의 부피와 무게를 감소시킬 뿐만 아니라 에너지와 부산물도 회수할 수 있다. 도시폐기물 중 음식찌꺼기는 화학적, 생물학적 공정에 의하여 다른 물질로 전환될 수 있다. 가장 일반적으로 사용되고 있는 화학적 처리공정은 소각공정이며, 이 공정은 열에너지의 회수에 이용될 수 있다. 그리고 가장 일반적인 생물학적 처리공정은 호기성퇴비화공법이다. 이러한 처리공정의 선택은 의도하는 폐기물관리의 목적에 따라 좌우될 것이다.

(5) 적환장 및 수송 : 적환 및 운반의 기능적 요소는 다음의 두 단계로 나누어 볼 수 있다 : ① 소규모 수거차량으로부터 대규모 수송장비로의 적환, ② 최종처분지까지 장거리수송, 수송장비는 일반적으로 대형운반차량이 이용되지만 기차나 바지선을 이용할 수도 있다.

(6) 최종처분 : 폐기물관리체계의 마지막 단계는 최종처분이다. 오늘날 매립이나 토양살포와 같은 폐기물의 처분은 모든 폐기물의 마지막 관리단계이다. 매립되는 폐기물에는 수거된 후 직접 매립지로 유입되는 쓰레기, 재활용품회수시설로부터의 잔류물, 소각장으로부터의 소각재, 퇴비 또는 여러 처리공정 후의 부산물 등이 있다. 현대의 위생매립은 과거의 단순매립(노천투기)과는 달리 지하수의 오염이나 설치류의 서식으로 인한 공공의 해나 불쾌감을 유발시키지 않도록 하는 공학적인 처분방법이다.

대부분의 도시에서는 폐기물의 최종처분계획을 세우기 위해서는 그 지역의 시, 군 또는 기타 행정단위의 위원회나 기관(관청)과의 협의를 거쳐야 한다. 따라서 폐기물처리시설이나 매립지의 설계 및 운영을 시작하기에 앞서 부지이용계획이 먼저 결정되어야 한다. 매립지에 대한 환경영향평가는 앞으로 건설될 매립지가 공공건강과 미관상의 문제 그리고 장래의 부지활용에 적합한지 여부를 조사하기 위하여 필요하다.

2.8.2 폐기물의 통합관리

폐기물의 관리에 있어서 중점을 두어야 할 우선순위를 적으면 다음과 같다.

① 감량화
② 재회수 및 재활용(재이용 포함)
③ 소각 및 처리
④ 최종처분

즉, 폐기물의 관리에서 첫 번째 우선순위가 주어져야 할 것은 발생원에서의 감량화를 도모하여 폐기물을 원천적으로 적게 발생시키는 것이다.

일반 폐기물에 있어서 감량화는 포장용기의 사용억제, 1회용품의 사용억제, 음식물 남기지 않기, 불필요한 물품의 구매억제 등의 방법이 있다.

다음 단계는 재회수 및 재활용을 통하여 일단 발생된 폐기물 중에서 재활용품을 회수함으로써 폐기되는 양을 줄이는 것이다. 다음에는 처리단계에서 소각열을 이용하거나 기타 처리를 할 수 있다. 마지막 단계는 단순소각(폐열을 회수하지 않는 연소)이나 매립 등 최종처분을 하게 된다.

쓰레기의 관리에서는 감량화 다음으로 분리수거가 가장 중요한 사항이 된다. 그러므로 그림 2-5와 같이 가장 먼저 유해물질을 분리해야 하며 음식물쓰레기는 특히 수분이 많고 6시간이 지나면 곧바로 부패하여 악취를 풍기고 다른 재활용품을 오염시키므로 우선적으로 분리수거해야 한다. 분리된 음식물쓰레기는 수거하여 퇴비화, 메탄발효 등을 통하여 에너지 및 유용한 물질로 회수하는 것이 바람직하다. 쓰레기를 배출원에서부터 완전하게 분리수거함으로써 종이, 병, 금속 등의 재활용성 쓰레기를 회수하고, 그리고 적환장에서 다시 쓰레기를 분리, 회수한 후, 분리된 쓰레기를 가장 적합한 방법으로 처리하는 것이 중요하다.

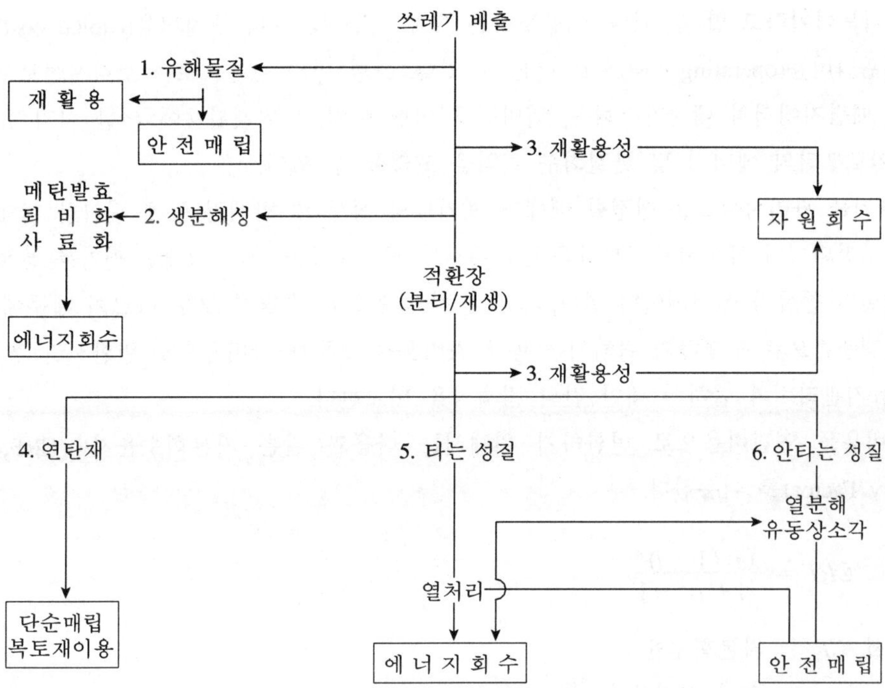

그림 2-5 쓰레기의 관리체계

우리나라의 특성상 배출량은 많지만 환경적으로 거의 무해한 연탄재는 단순매립으로 처분하거나, 매립지의 복토재로 활용하고, 종이류 등의 타는 성분은 소각 처리하여 부수적으로 발생되는 여열을 회수하고 소각재는 안전매립한다(그림 2-5). 그리고 소각시에 유해가스를 배출하거나 소각로에 손상을 줄 수 있는 고무류, 비닐 · 플라스틱류는 열분해 등을 이용하여 처리함으로써 에너지 또는 물질을 회수한다.

2.8.3 경제성 평가

폐기물의 중 · 장기계획에는 반드시 경제성 평가가 동반되어야 하며, 경제성 평가의 결과는 최적 폐기물 관리체계의 선택에 있어 가장 중요한 의사결정 요소의 하나로 이용된다.

경제성 평가에는 크게, ① 관리시설 자체에 대한 경제성 평가 ② 전체 관리체계에 대한 경제성 평가로 나눌 수 있다. 전자는 관리시설 자체에 대한 비용/이익 분석으로 미시적 분석이라고 볼 수 있고, 후자의 경우에는 각각 관리시설들에 대한 미시적 분석을 포함한 전체적인 관리시스템의 비용/이익 분석으로 거시적인 분석이라고 할 수 있다.

(가) 미시적 분석

미시적 경제성 분석은 결국 어떤 시설의 설치로 인하여 발생되는 비용과 이익을 분석하는 비용/이익분석이라고 할 수 있다. 비용항목은 크게 시설 및 장비 투자비용(capital cost)과 운영 및 유지관리비용(operating cost)으로 나눌 수 있다. 또한 이익 항목으로는 소각시설로부터의 폐열회수, 매립지에서의 메탄가스회수, 퇴비화에 의한 이익, 자원재활용에 의한 이익 등 폐기물 관리시설로부터의 에너지 및 물질회수 이익을 고려할 수 있다.

각 폐기물 관리시설들을 선정할 때에는 폐기물의 성상 및 발생량 등에 적합한 형태가 우선적으로 고려되어야 하겠지만, 그 다음 단계에서는 시설대안들 간의 경제성 평가를 통하여 최종적인 시설의 종류가 선정되어야 한다. 그러나 각 대안들은 수명이 모두 다르기 때문에, 경제성 평가를 객관적으로 수행하기 위해서는 총 투자비용을 모두 년간비용으로 변환시킨 후 이를 운영 및 유지관리비와 합하여 대안 간의 경제성을 비교한다.

투자비용을 연간비용으로 변환하기 위해서는 다음과 같은 자본회수율지수(CRF, Capital Recovery Factor)를 이용한다.

$$CRF = \frac{(i)(1+i)^n}{(1+i)^n - 1}$$

여기서, CRF : 자본회수율

i : 연간 이자율

n : 시설의 수명

(나) 거시적 분석

거시적 분석은 수립된 폐기물 관리체계 내에 포함되는 모든 폐기물 관리시설의 미시적인 분석들뿐만이 아니라, 운송비용 등 관리체계에 필요한 모든 비용을 고려하기 때문에 처리시설의 종류는 물론 설치위치까지도 최적화할 수 있다. 여기에서는 거시적인 경제성 평가를 통하여 폐기물 관리체계를 최적화할 수 있는 컴퓨터 모델인 WRAP(Waste Resources Allocation Program)를 소개함으로써 거시적 분석을 설명하기로 한다.

(다) 거시적 분석의 예 ; WRAP(Waste Resources Allocation Program)

WRAP 모델은 미국 EPA의 재정적 투자를 바탕으로 MITRE Corp.에서 개발되었다.

처리비용의 증가, 신기술의 개발, 환경규제의 강화 및 매립용지의 고갈 등으로 인하여 폐기물의 관리가 복잡해짐에 따라 점차 폐기물 관리가 광역화의 방향으로 진행되고 있는데, 이러한 광역화에서 폐기물 관리체계의 경제적 최적화를 통하여 정책결정에 도움을 주고자 WRAP 모델이 개발되었다.

WRAP 모델의 가장 중요한 능력은 처리규모의 증가로 야기되는 운송비용과 처리비용 간의 상반현상(trade-offs)을 그림 2-6과 같이 적절하게 조화시켜 총비용을 최소화하는 적정위치 및 용량을 찾아 최적화할 수 있다는 데 있다.

또한 WRAP 모델은 고정비용(fixed charge)을 고려할 수 있도록 혼합정수계획법(mixed integer program)의 알고리즘을 사용하고 있으며, 곡선형태로 변화하는 처리비용을 선형계획법(linear program)으로 풀기 위하여 그림 2-7과 같이 여러개의 직선을 이용하여 연속적 선형근사화(piecewise linear approximate)를 함으로써 실제 처리비용에 효과적으로 접근할 수 있다.

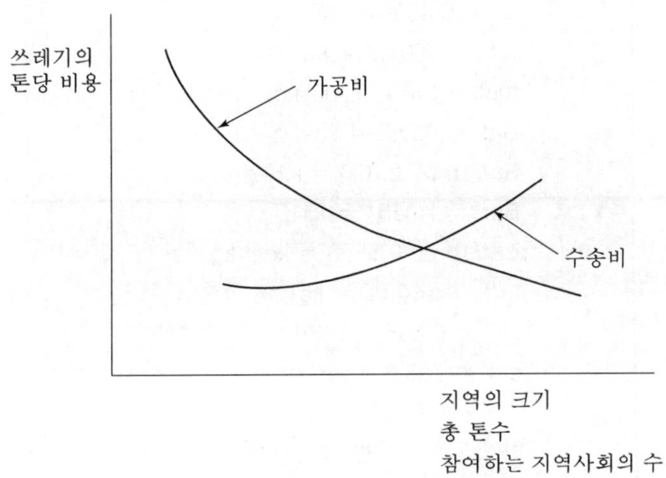

그림 2-6 운송비용과 처리비용간의 상반현상

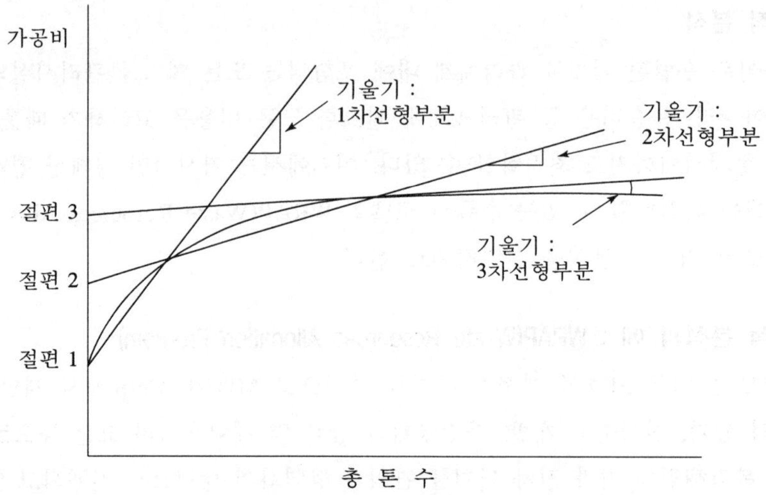

그림 2-7 비용곡선의 연속적 선형근사화

WRAP 모델을 이용하기 위해서는 폐기물 발생원 및 최종처리장의 위치, 운송거리, 폐기물의 발생량, 처리시설의 형태, 운송 및 처리비용 등의 자료가 필요하다. 특히 비용자료를 입력시킬 경우, 연간 이자율, 처리시설의 사용연한, 부지의 매입가격 등 비용에 영향을 미칠 수 있는 요소들이 포함된다.

폐기물학에서 자주 쓰이는 환산인자

lb/yd^3 × 0.5933 = kg/m^3
lb × 0.4536 = kg
tons × 907.2 = kg
metric ton = 1000 kg
Btu × 0.252 = kcal
Btu/1b × 2.326 = kJ/kg
Btu × 1.0551 = kJ
Btu/1b × 0.5556 = kcal/kg
lb/ft^3 × 16.02 = kg/m^3
psi × 6.895 = kN/m^2
psi × 703.8 = kg/m^2
psi × 0.0704 = kg/cm^3
1kgf/cm^3 × 98.07 = kN/m^2
atm × 14.7 = psi

연·습·문·제

1. 어느 도시의 1주일 쓰레기 수거상황이 다음과 같을 때 1인 1일 쓰레기 발생량은?
   수거 대상인구 : 150,000명, 수거용적 : 3,500 m^3, 적재시 밀도 : 500 kg/m^3

풀이

$$1인\ 1일\ 쓰레기\ 발생량 = \frac{3,500\ m^3 \times 500\ kg/m^3}{150,000명 \times 7일} ≒ 1.7\ kg/인/일$$

2. 폐기물의 발생량 추정시 고려되는 주요 인자는?

풀이

인구, 지역소득 또는 국민소득, 자원회수량, 상품판매량

3. 다음과 같은 조성을 가진 쓰레기의 수분함량을 계산하시오.

조 성	습중량%	수분함량%	건조중량(파운드)
유기물			
음식물쓰레기	9.0	70	2.7
종이류	34.0	6	32.0
골판지	6.0	5	5.7
플라스틱류	7.0	2	6.9
섬유류	2.0	10	1.8
고무	0.5	2	0.5
가죽	0.5	10	0.4
정원쓰레기	18.5	60	7.4
목재류	2.0	20	1.6
기타 유기물류	-	-	-
무기물			
유리	8.0	2	7.8
주석캔	6.0	3	5.8
알루미늄캔	0.5	2	0.5
기타금속	3.0	3	2.9
흙, 재, 기타	3.0	3	2.8
계	100.0	198	78.8

풀이

$$수분함량(\%) = \left(\frac{100 - 78.8}{100}\right) \times 100 = 21.2\ \%$$

4. 폐기물의 화학적 조성분석시 절단 크기는?

풀이

1～2 mm로 절단한 후 회분, 타는 성분(휘발성 고형분), 화학적 조성, 발열량 등을 측정한다.

5. 수분함량이 30 %인 쓰레기의 수분함량을 10 %로 감소시키면 전체중량은 처음 중량의 몇 %가 되는가?

풀이

10 %의 수분함량을 가지는 쓰레기의 중량비 $= 70 \times \dfrac{100}{100-10} = 77.8\%$

6. 고형분이 45 %인 음식물쓰레기 10톤을 소각하기 위해 수분함량을 20 %가 되도록 건조시켰다. 이 건조쓰레기의 중량은?

풀이

건조쓰레기중의 고형분함량 : 10t × 0.45 = 4.5t

건조후에는 고형분만 남게 된다.

20%의 수분함량을 가지는 쓰레기의 중량비 :

$45 \times \dfrac{100}{100-20} = 56.25\%$

∴ 4.5t × 0.5625 = 2.53t

7. 어느 도시 쓰레기의 성분중 안타는 성분이 중량비로 약 60% 차지하였다. 지금 밀도가 $400 kg/m^3$인 쓰레기가 $8m^3$가 있을 때 타는 성분 물질의 양은 얼마인가?

풀이

$400\ kg/m^3 \times 8m^3 = 3.2t$

가연성분 = 100－60＝40 % 이므로 3.2t × 0.4 = 1.28t

8. 쓰레기를 건조시켜 원래의 수분함량이 50 %이었던 것이 29 %로 감소하였다. 이 때 전중량은 어떻게 변하는가?

풀이

원래 쓰레기의 무게를 1이라 하면 완전건조시 고형물의 무게는 0.5가 된다. 수분함량이 20 %일 때 물의 무게를 X라 하면

$0.2 = X/(0.5 + X) \qquad X = 0.125$

∴ 20 %의 수분함량을 가지는 쓰레기의 무게 = 0.5 + 0.125 = 0.625 원래의 62.5 %로 감소된다.

9. 어떤 쓰레기의 입도를 분석한 바 입도누적곡선상의 10 %, 40 %, 60 %, 90 %의 입경이 각각 1, 5, 10, 20 mm이었다고 한다. 이때 유효입경과 균등계수는 얼마인가?

풀이

유효입경 $= d_{10} = 1.0\,\text{mm}$

균등계수 $U = d_{60} / d_{10} = 10/1 = 10.0$

10. 다음은 아파트단지 쓰레기의 조성을 나타낸 것이다.

성 분		함량(wt%)	삼성분 분석		저위발열량 (kcal/kg)	겉보기 밀도 (kg/m³)
			수분(%)	V.S.(%)		
타는 성분	주개류(주방쓰레기)	46.4	75.9	18.2	700	288
	종이류	27.2	11.4	78.5	2,980	82
	플라스틱류	7.2	10.9	77.6	7,260	64
	나무, 천 기타	9.6	16.7	77.8	3,620	128
안타는 성분	금속류	2.8	-	-	-	240
	도자기편류	6.8	-	-	-	192
총		100%				

(1) 평균 3성분 분석치는 얼마인가?

(2) 쓰레기의 평균발열량은 얼마인가? (건량기준, 습량기준)

(3) 겉보기 밀도와 톤당 부피는 얼마인가?

(4) 분리수거로서 종이의 50 %, 플라스틱의 40 %, 금속류와 도자기류를 완전회수하였다면 남은 쓰레기의 (1), (2), (3)은 어떻게 변하는가?

(5) 만약 어떤 구의 1인 쓰레기의 발생량을 2.0 kg/인 • 일로 정하면 분리수거한 후 남은 일반쓰레기의 1일 총량과 용량을 구하라. 단, 구민의 수는 300,000명이다.

(6) 겉보기 밀도를 900 kg/m^{3}으로 압축할 수 있는 압축차인 20톤 용량의 콘테이너를 이용하여 김포로 수송할 경우 콘테이너의 대수를 추산하라.

풀이

① 평균치는 가중평균치로 다음과 같다.

$M_{av} = \sum_{i=1}^{n} (MiXi)$ M_i : i 성분의 물성(수분, V.S., LHV, 겉보기 밀도)

X_i : i 성분의 중량분율

② 건량기준 LHV = 습량기준 LHV $\left(\dfrac{\text{kcal}}{\text{kg.습중량}}\right) \times \dfrac{1}{1-H_2O\ \text{함량\%}}$

(예, 주개류 : $288 \times \dfrac{1}{1-0.759} = 1,195\text{kcal/kg}$임)

③ 종이 : 플라스틱, 금속류, 도자기 편류를 일정량 분리 제거한 후에는 남은 쓰레기의 성분별 함량이 달라짐.

계산의 기준 : 원 쓰레기 100 kg

성 분	분리전의 양	분리후의 양	분리후의 함량(%)
주개류	16.4	46.4	62.6
종이류	27.2	13.6	18.4
플라스틱류	7.2	4.3	5.8
나무기타	9.6	9.6	13.2
금속류	2.8	-	-
도자기편류	6.8	-	-
총 계	100	73.9	100

④ 분리 후에는 무게비로 73.9%만 남으므로

2kg/인 · 일 × 300,000인 × 0.739 = 443.400kg/인

쓰레기의 평균 밀도를 $250kg/m^3$라 가정하면,

$$\frac{443,400\text{kg/일}}{250\text{kg/m}^3} = 1773.6\text{m}^3\text{/일}$$

⑤ 1일 총 발생량은 443.4톤이다.

$$\frac{443.4\text{톤}}{20\text{톤}} = 22.17 \quad \frac{22.17}{0.9} = 24.6$$

∴ 1일 25대의 콘테이너가 필요하다.

Chapter

3 폐기물의 수집

3.1 폐기물 발생원에서의 저장

일반폐기물은 주로 아파트 밀집지역이나 집단급식소, 상가, 유원지 등 인구밀집지역에서 다량으로 발생하는데, 미관과 악취, 공중위생 등에 큰 영향을 미치므로 발생원에서 저장시설의 관리, 분리수거작업 및 현지 가공시에 위생적으로 취급해야 한다.

쓰레기에는 파리, 모기 등 해충이나 기생충, 쥐 등이 서식하기 쉽고 병의 잠재적 발상지가 되므로 쓰레기를 저장하는 쓰레기통은 반드시 덮개를 하고 용기를 주기적으로 세척하며 쓰레기통이 놓이게 되는 저장지역도 주기적으로 청소해야 한다. 특히 부패성 물질이 섞인 쓰레기는 적어도 1주일에 1회(가능하면 1주일에 2회) 수거하도록 해야 한다.

3.1.1 쓰레기통의 형태

(가) 소용량

① 콘테이너 : 플라스틱, 금속으로 제작되며 설치지역은 쓰레기 발생량이 적은 곳, 문전수거지역, 저층주거지역, 소규모 상업시설 등이다. 무게 증가에 따른 인력운반의 어려움, 용기파손의 우려가 있다. 중량이 20 kg 이하로 수거인이 들어올릴 수 있는 정도의 크기여야 한다.

② 1회용 종이봉투 : 중저층 주거지역, 문전수거지역에 사용할 수 있으며 쓰레기통 내부라이너 용으로 사용되기도 한다. 비용이 많이 들며 봉투가 잘 찢어짐에 따른 폐기물이 누출 등의 단점이 있다.

③ 1회용 플라스틱 봉투 : 문전수거 단독주택지역, 상업지역, 저 · 중 · 고층 주거지역, 상업지역, 산업지역 등에 사용할 수 있으며 쓰레기통 내부라이너용으로 사용가능하다. 비용이 많이 들고 찢어질 경우 폐기물의 누출우려가 있으며 최종처분시 봉투의 반감기가 길어 매립장의 안정화를 저해하는 요소로 작용한다.

(나) 중용량

① 콘테이너 : 고밀도 주거지역, 상업지역, 산업지역 등에 설치한다. 용량은 $0.8 \sim 8m^3$이다. 수거차량에 쓰레기를 그대로 부릴 수 있게 되어 있게 되어 있거나 콘테이너 교체식, 또는 견인식으로 되어있다.

(다) 대용량

대량 배출원인 상업지역, 산업지역에 주로 설치되며 용량은 $15 \sim 30m^3$정도이다. 종류는 상부 개방형 콘테이너, 고정압축기를 장착한 콘테이너로서 차량견인 가능지역에 설치한다.

a) 재활용 분리수거 쓰레기통(아파트용)
종이 · 의류함은 90×90×75 cm,
기타는 90×45×75 cm의 크기임

b) 재활용 분리수거 쓰레기통(소형)
종이류 및 병류 · 캔류함은 45×45×90 cm,
기타 쓰레기함은 40×30×58 cm의 크기임

c) 견인용 쓰레기통
2.43 m×1.35 m×1.8 m의 크기임

d) 길가의 쓰레기통
직경 50 cm, 높이 70 cm의 크기임

e) 길가의 쓰레기통
45 cm×45 cm×60 cm의 크기임

f) 길가의 쓰레기통 직경
40 cm, 높이 60 cm의 크기임

그림 3-1 각종 쓰레기통의 형태

3.1.2 보관용기의 종류 및 용량결정

쓰레기의 현지 저장(on-site storage)에서는, ① 사용하고자 하는 용기의 종류, ② 용기의 위치, ③ 공중 보건 및 미관, ④ 사용하고자 하는 수거 방법 등의 인자를 고려하여야 한다. 대체적으로, 사용되는 용기(container)의 종류와 용량은 수거하고자 하는 쓰레기의 종류, 수거 빈도, 용기를 놓아둘 공간의 크기에 따라서 달라진다. 쓰레기의 현지 저장에 현재 일반적으로 사용되는 용기의 종류와 용량을 표 3-1에 요약하였다.

표 3-1 쓰레기의 현지 저장에 쓰이는 용기의 종류와 크기에 관한 자료

용기의 종류	용 량		
	단 위	범 위	대표값
소형 용기			
플라스틱 또는 금속(사무실형)	L	16~40	28
플라스틱 또는 도금 금속	L	75~150	120
배럴(barrel) : 플라스틱, 알루미늄, 또는 섬유	L	75~250	120
바퀴 달린 플라스틱 용기	L	300~380	340
1회용 종이 봉지 : 새지 않는 표준형	L	75~210	120
1회용 플라스틱 봉지	L	50~150	120
중형 용기			
옆 또는 위에서 넣는다.	m^3	0.75~9	3
대형 용기			
위에서 뚜껑을 밀어 여는 것(debris box라 한다)	m^3	9~38	27
고정 압착기와 같이 사용하는 것	m^3	15~30	23
압착 기구가 내장되어 있는 것	m^3	15~30	23
트레일러에 올려놓은 것, 위가 열려있다.	m^3	15~38	27
상자에 넣은 것, 압착 기구 내장	m^3	15~30	27

* 노동력을 비교하는 man/hour의 계산

서로 다른 작업간의 노동력을 비교하는 데는 종종 man/hour란 단위가 쓰인다.

예1

쓰레기 10톤을 치우는 데 6명의 인부가 5시간 걸렸다. 이 때의 톤당 man·hour는 얼마인가?

풀이 6 man × 5 hour/10ton

30 man · hour/10ton

3 man · hour/ton, (MHT)

∴ 톤당 소요되는 노동력은 3 man · hour이다.

3.1.3 용기의 위치

① 단독주택지역

단독 주택지역은 주택내 소형용기를 두어 쓰레기를 저장후 수거시 대문 앞에 내놓아 수거하거나 수거차량에 직접 부리는 방법과 공동보관장소에 소형용기나 중 · 대형 콘테이너를 설치하는 방법이 있다.

② 공동주택

공동주택은 지하실이나 별도 지정된 옥외 저장지역에 콘테이너를 설치한다.

③ 상업 · 산업지역

접근이 용이하고 충분한 공간이 있는 지역에 설치한다.

3.2 쓰레기의 분리수거

3.2.1 분리수거 체계

우리나라의 쓰레기 분리수거는 현재 연탄을 때는 곳에서는 연탄재, 재활용성, 음식 및 기타 쓰레기로, 연탄을 때지 않는 곳에서는 재활용성, 음식물쓰레기, 기타 쓰레기로 실시되고 있다. 장래에 소각시설이 많이 가동 · 운영되면 유해물질, 재활용성, 연탄재, 음식물쓰레기, 가연성, 불연성의 6원분리로 할 수 있을 것이다. 재활용 쓰레기는 현재 아파트 단지에서는 종이, 의류, 병류, 플라스틱류, 캔류, 고철류로 분리하여 수거되며 수거함은 철제상자나 농산물상자 등으로 되어 있다.

3.2.2 재활용 쓰레기의 분리수거

표 3-2에는 재활용 쓰레기의 종류를 나타내었다. 종이류, 유리병류, 금속류, 플라스틱류 및 기타 쓰레기로 구분되는데, 이 중에서 종이류가 가장 양이 많고 중요한 품목이며 다음으로는 병류와 금속류(특히 캔류)가 된다.

(가) 종이류

표 3-3에 폐지 재활용실적을 나타내었다. 우리나라 종이원료 중 가장 많은 비중을 차지하고 있는 것은 폐골판지(상자용)이고 폐신문지, 기타 폐지의 순이다.

표 3-2 재활용 쓰레기의 종류

종 류	내 용
1. 종이류	신문, 잡지, 종이상자, 골판지, 종이팩
2. 유리병류	다회용병, 1회용병
3. 금속류	철, 스테인레스, 구리, 놋쇠, 캔(알루미늄, 철), 기타
4. 플라스틱류	PETE, HDPE, PVC, LDPE, PP, PS, 기타
5. 기타	의류, 가구, 전지, 기타

표 3-3 연도별 폐지 재활용 실적

구 분			'99	2000	2001	2002	2003
종이생산량			9,614	10,078	9,948	10,660	10,999
종이소비량(A)			7,943	8,366	8,521	9,339	9,965
원료사용량	합 계		9,777 (100%)	10,398 (100%)	10,316 (100%)	10,540 (100%)	10,897 (100%)
	펄 프		2,908 (29.7%)	3,213 (30.9%)	3,108 (30.1%)	2,943 (27.9%)	2,955 (27.1%)
	폐지	소 계	6,869 (70.3%)	7,185 (69.1%)	7,208 (69.9%)	7,597 (72.1%)	7,942 (72.9%)
		국내(B)	4,687	5,003	5,251	5,999	6,611
		수입	2,182	2,182	1,957	1,598	1,331
국내폐지사용률(B/A)			59.0%	59.8%	61.6%	64.2%	66.3%

자료 : 한국제지공업연합회

(나) 유리병류

유리병류의 재활용율은 2003년 현재 70.1 %(1회용병 및 잡병포함)로 IMF이후 증가하였다(표 3-4). 유리병이 무겁고 수집과 세척에 노동력이 많이 들며 가벼운 플라스틱 병 및 종이팩이 시중에 값싸게 유통되기 때문에 현재 재활용율은 거의 상위수준에 있다.

표 3-4 연도별 유리병 재활용율 (단위 : 천톤)

구 분	'99	2000	2001	2002	2003
유리병 소비량	692	731	738	794	756
폐유리 사용량	456	492	504	587	530
재활용율(%)	65.9	67.4	68.3	73.9	70.1

표 3-5 고철의 재활용 현황(2003) (단위 : 천톤, %)

철재소비량	국내고철 사용율	철강재중고철 사용량	고철수입량
45,370	73.4%	23,394	6,234

(다) 고철

2003년도에 국내 고철사용율이 73.4 % 정도에 이르고 있다. 철강재 생산량의 52 %가 고철로 충당되는데, 이중에 국내에서 회수된 고철이 73.4 %를 점유하고 나머지 26.6 %는 수입고철에 의존하고 있다(표 3-5).

(라) 음식물 쓰레기

음식물 쓰레기는 2005년 1월 1일부터 유기성 폐기물의 직매립이 금지됨에 따라 분리수거율이 전국적으로 97%에 달하고 있으며, 2005년도의 음식물쓰레기의 발생량은 13,028톤/일로 사료화, 퇴비화 등의 방법으로 재활용이 추진되고 있다,

'05년말 현재 음식물류폐기물 처리시설 중 사료제조와 비료생산시설은 225개소이며 하루 제품 생산량 2,556톤에 달하고 있다. 사료 · 퇴비 등 재활용제품의 품질 제고 및 유통체계 구축을 통하여 음식물쓰레기 재활용제품의 소비를 확대하는 한편, 처리방법의 다양화를 통한 재활용제품에 대한 신규수요를 창출하게 되면 재활용률은 더욱 높아질 것이다.

3.3 생활쓰레기의 감량화

생활쓰레기의 감량화는 발생원 대책과 발생 후 대책으로 구분된다.

3.3.1 발생원 대책

이는 쓰레기가 발생원에서 발생되지 않도록 사전에 조치하는 것이다.

(가) 적정 저장량 관리

이것은 저장기간이 길게 되면 자연 변질되거나 상하는 것이 많게 되어 쓰레기가 많이 발생된다. 그러므로 식량이나 조리용 음식재료를 저장과 조리에 적당한 만큼만 적기에 구입하여(just in time, JIT) 가정에서의 물품저장량을 항상 적정수준으로 유지하는 것이다.

(나) 포장용기 및 포장재의 절약

이것은 상품을 구입할 때 매번 무료 비닐봉지에 넣어주지 말고 비닐봉지를 유료로 제공하거나 장바구니를 이용하도록 하는 것이다. 또한 백화점 등의 대형상가에 무포장센터를 설치하거나 독일을 비롯한 유럽국가들의 경우와 같이 상품을 구입한 후 즉시 겉포장을 벗겨버릴 수 있는 수집통을 입구에서 설치하는 방법도 포장쓰레기의 감량화에 도움이 된다.

일본의 일부 지방자치단체에서 실시하고 있듯이 1주일에 1회 정도 무포장 일을 실시하여 이

날에는 소비자들이 포장용기를 가지고 오도록 하면 포장쓰레기가 줄게 된다. 이중포장을 억제하고 상품의 포장공간비율을 줄이는 것도 포장쓰레기를 줄일 수 있는 방법이다. 최근 우리나라에서 입법화된 포장관계 법규를 보면 상품의 포장공간비율 및 포장횟수를 줄이도록 되어 있다.

포장폐기물의 감량화 방법을 표 3-6에 나타내었다.

표 3-6 포장폐기물의 감량화 방법

1. 포장지의 유료제공
2. 장바구니의 이용
3. 백화점 등에 무포장센터 설치
4. 무포장일의 제정
5. 백화점 등에서 즉시 겉포장을 벗겨버릴 수 있는 회수통 설치
6. 상품의 이중포장억제 및 포장공간비율 감소화
7. 백화점에서 화장품과 샴푸 등을 한 번 쓴 통에 다시 채워갈 수 있도록 제도화

(다) 중고품시장 및 알뜰시장의 활용

가전제품과 가구, 의류, 도서 등은 이사시에 대량으로 발생하는데, 이를 중고품시장이나 알뜰시장에 팔아 다른 소비자들이 이용하도록 하면 이러한 내구용제품의 쓰레기 발생량이 줄게 된다.

(라) 가정용품의 적절한 정비

가정에서 사용하는 가전제품, 난방용기기, 자동차 등을 정기적으로 청소하고 정비를 철저히 하게 되면 고장이 적고 수명이 연장되어 쓰레기가 적게 배출된다.

(마) 채소 등을 원산지나 공급업체에서 깨끗하게 다듬어서 판매함

채소 등은 원산지나 공급업체에서 군더더기가 없이 가능한 깨끗하게 다듬은 후 시장으로 반입하면 소비자들이 가정에서 이를 소비할 때 쓰레기가 적게 배출된다.

(바) 잔반 등 남기는 음식의 최소화 및 주문식단제의 실시

가정에서 음식을 조리할 때 필요한 만큼만 조리하여 남기는 음식이 없도록 하고 일반음식점에서도 주문식단제를 철저히 실시하여 과잉의 음식물을 제공하지 않는 것이다.

(사) 철저한 분리수거의 실시

가정 등 생활쓰레기의 발생원에서 분리수거를 철저히 실시하여 재활용품을 오염시키는 유해폐기물과 음식물쓰레기를 분리하고 재활용품을 분리선별하여 수집업체가 가져가도록 하면 쓰레기의 양이 감소된다.

3.3.2 발생 후 대책

(가) 중량 및 부피감소화

발생된 쓰레기의 중량과 부피를 감소시키기 위하여 압축 · 파쇄 등의 현지가공을 하는 것이다. 여러 가지 형태의 압축 · 파쇄기가 있으며 압축이나 파쇄에 의해 중량 및 부피가 감소되면 쓰레기의 취급과 운반이 용이해진다.

음식물 쓰레기의 경우 가정에서 디스포저(disposer)를 사용하여, 분쇄 후 하수관거를 통해 이송되어 하수처리장에서 처리하는 방식으로 감량화 및 처리가 가능할 수 있다. 그러나 우리나라의 경우는 아직까지 디스포저의 사용이 법적으로 금지되고 있어 향후 이에 대한 논의 및 기술개발이 활발하게 될 것이다.

(나) 재생이용

이는 재활용품 쓰레기를 가공하여 이용하는 방법으로 빈병과 같이 세척 후에 재이용하는 것과 다시 처리 · 가공하여 이용하는 것(고철, 캔류, 파유리 등)으로 구분된다.

(다) 에너지 회수

에너지 회수는 소각시에 발생하는 에너지를 이용하는 것으로 재활용이 불가능한 폐기물을 소각하여 폐열을 이용한 발전이나 난방열원으로서 재이용하는 것으로 생활폐기물에 대한 소각처리 비율이 높아질수록 확대될 것이다. 우리나라의 신 · 재생에너지 보급실적('04년)은 총 1차 에너지 소비의 2.3% 수준이며 이중 폐기물에너지가 72.4%를 차지하고 있으며, 신재생에너지 보급률을 2011년까지 5%로 높이기 위해 소각폐열, RDF(Refuse Derived Fuel) 등 폐기물을 대대적으로 에너지화 할 계획이다.

3.3.3 쓰레기 종량제

(가) 종량제의 개념

종량제란 쓰레기의 배출량에 따라 돈을 부과하는 방식으로 많이 배출하는 사람일수록 그만큼 더 많이 수거료를 내도록 하는 것이다. 배출량은 부피 또는 중량을 기준으로 하며 우리나라에서는 부피를 기준으로 하고 있다. 종량제는 쓰레기의 감량화나 재활용에 경제적인 인센티브를 부여하는 방식으로서 보통 규격봉투나 스티커의 가격을 정하여 판매함으로써 실시한다. 우리나라에서는 규격봉투를 사용하고 있지만, 음식물 쓰레기의 경우에는 세대별로 일정금액을 부과하고, 봉투대신 용기를 사용하여 배출하는 경우도 있다.

(나) 우리나라의 실시현황

우리나라는 1995년 1월 1일부터 쓰레기 종량제를 전국적으로 실시하였다. 봉투는 다음과 같이 가정용과 사업장용, 공공용의 3종으로 구분되어 있다.

① 가정용(흰색) : 단독 및 공동주택에서 사용

② 사업장용(오렌지색) : 다량배출자가 아닌 일반사업장에서 사용

③ 공공용(검은 청색) : 골목길 등 공동청소용

봉투의 종류는 현재 10종으로 1, 2, 3, 5, 10, 20, 30, 50, 75, 100 L로 구분하고 있다. 봉투의 용량, 규격 및 용도를 표 3-7에 나타내었다.

표 3-7 봉투의 용량별 규격 및 용도

용 량	규격(가로×세로cm)	두께(mm)	용 도	비 고
1~5 L	26×31	0.02	가정용	※ 2005. 12월 현재 20 L 들이 가정용 봉투가격은 평균 641원, 음식물 전용 봉투는 661원, 사업자용은 1,150원)
10 L	33×40	0.020	가정용	
20 L	41×49	0.025	가정용, 사업장용	
50 L	56×67	0.030	가정용, 사업장용, 공공용	
75 L	67×77	0.035	가정용, 공공용	
100 L	71×85	0.040	가정용, 공공용	

봉투의 재질은 자치단체별로 선정할 수 있으며, 다음의 종류로 구분되고 있다.

① HDPE봉투

② LLDP봉투

③ 생분해성봉투

④ 탄산칼슘봉투

한편, 종량제 제외대상 폐기물로는 재활용품, 연탄재, 대형폐기물, 다량배출자의 폐기물 등이 있다.

(다) 문제점

종량제 시행의 문제점은 다음과 같이 열거될 수 있다.

1) 규격봉투

① 봉투에 과다하게 담는 경향이 있고 봉투가 찢어지는 경우가 많다.

② 봉투가 생분해되지 않고 봉투자체가 쓰레기가 된다.

2) 감량화 및 재활용 효과

① 실시초기에는 30 % 이상까지 감량화 효과가 있다. 그러나 시간이 가면 사람들이 비용에 무감각하게 되어 감량화효과가 감소된다.

② 재활용품의 수집, 보관 등의 문제가 발생한다.

3) 기타

① 일부 영세민과 저소득층에게 규격봉투 비용이 부담이 될 수 있다.

② 쓰레기의 양을 줄이기 위한 불법소각과 투기가 일어날 수 있다.

(라) 개선방안

1) 규격봉투 : 규격봉투에 대한 개선방안을 제시하면 다음과 같다.

① 반투명한 규격봉투의 사용 : 이렇게 하면 내용물을 가리기 위해 검은 비닐봉투로 내용물을 싼 다음 다시 규격봉투로 싸는 것을 방지할 수 있다.

② 썩는 비닐봉투의 개발 : 썩는 비닐봉투를 개발하면 비닐 자체가 쓰레기가 되는 것을 막을 수 있다. 현재의 기술은 전분을 약 5 % 정도 비닐에 섞어서 전분분해시 비닐이 수많은 조각으로 분해되어 표면석을 넓힘으로써 생분해를 촉진시키는 방법이 개발되어 있다. 그러나 이러한 비닐도 완전분해되는 데는 시간이 걸린다.

③ 용기나 마대사용의 검토 : 독일과 같이 규격봉투 대신 용기를 사용한다든지 도시 외곽주변 달동네에서는 마대 등을 사용하여 수집하면 규격봉투 자체의 쓰레기화를 막을 수 있을 것이다.

2) 슈퍼마켓 등에서 포장쓰레기 등의 감량화 정책을 병행 실시 : 포장 쓰레기의 감량화를 위하여 유통업체에게도 포장쓰레기를 감량화하는 방법을 강구하도록 한다. 예를 들면 다음과 같은 방법들이 있다.

① 무포장일의 실시 : 이때는 소비자들이 봉투를 지참해야 한다.

② 포장을 즉시 벗겨버리는 코너 및 재충전(refill) 코너 실시

③ 포장재 반환코너 설치

3) 음식물쓰레기의 퇴비화 추진 : 음식물쓰레기는 가정쓰레기 중에서 재활용품을 제외하면 50 % 이상을 차지하는 성분이므로 이를 퇴비화하여 토양환원시키면 감량화 효과가 크게 증대한다. 그러므로 소형퇴비화통의 보급, 아파트 지역의 공동퇴비장 운영 등의 시책이 요구된다. 생산된 퇴비는 아파트 주변의 녹지에 살포하거나 토양에 복토·객토하는 방법이 가장 비용 효과적이라고 판단된다.

4) 불법 투기 및 소각의 감시 : 불법투기나 소각의 감시에는 환경경찰 및 명예감시원 제도를 이용할 수 있을 것이다.

5) 영세민과 극빈자 문제 : 영세민과 극빈자에 대해서는 각 자치구별로 지방자치단체의 장이 재량권을 행사하여 봉투값을 면제하도록 한다.

3.4 수거작업

3.4.1 우리나라의 쓰레기 수거형태

(가) 폐기물 수거형태

(1) 단독주택

① 도로변 수거 : 거주자가 쓰레기용기를 지정된 도로변에 옮기고 수거인이 수거차량에 적재 후 도로변에 놓아둔 후 수거자가 주택 안으로 원위치하는 수거방법이다.

② 골목수거 : 수거자가 골목을 다니면서 대분 앞에 있는 쓰레기용기 내의 쓰레기를 수거하는 방법이다.

③ 청소원 반출, 반입수거(Set-out/Set-back) : 주택 내에 위치한 쓰레기용기를 수거인에 의하여 비우고 주택 내로 원위치 시키는 방법이다.

④ 청소원 반출, 주민반입 수거 : 주택 내의 쓰레기용기를 수거인에 의하여 비우고 거주자가 주택 내로 원위치 시키는 방법이다.

(2) 중저층 아파트

도로변 수거가 일반적이며 관리인이나 거주자가 쓰레기용기를 도로변으로 운반하면 인력·기계적 방법에 의하여 수거차량에 적재하는 방법이다.

(3) 고층 아파트

일반적으로 중·대형 콘테이너가 이용되며 콘테이너 교환식으로 수거하는 방법이다.

(4) 상업 및 산업시설

견인식 콘테이너, 압축기 장착 콘테이너, 상부개방형 콘테이너를 사용하며 인부에 의한 인력수거를 하기도 한다.

(나) 재활용품 수거

(1) 주거지역

직접운반이 곤란하므로 대부분 도로변 수거가 이루어지고 있다.

(2) 상업지역

대부분이 개인 수거업자에 의해 콘테이너 수거, 도로변 수거되고 있으며 압축베일러나 캔압착기 등이 사용되기도 한다.

(3) 재활용품 수거차량 종류

표준압축트럭, 이동형 용기 시스템, 변형평상형 트럭, 상부개방형 트럭, 상부밀폐형 리사이클링 트럭(음식점용)이 사용된다.

3.4.2 수송수단에 따른 수거형태

한편 수송수단과 방법에 따라서도 수거형태를 다음과 같이 구분할 수 있다.

(1) 차량수송

이것은 트럭, 트레일러, 세미트레일러, 압축차(compactor) 등을 이용하여 수송하는 것을 말한다. 차량으로 고속도로를 주행할 때는 아래의 조건들이 충족되어야 한다.

① 폐기물은 최소비용으로 수송되어야 한다.
② 수송 중 폐기물은 복개되어야 한다.
③ 차량은 고속도로 운행에 맞게 설계되어야 한다.
④ 차량의 용량이 알맞게 설계되어 중량초과가 없어야 한다.
⑤ 적하작업이 간단하고 실용적이어야 한다.

(2) 철도수송

이것은 고속도로 수송이 어렵고 상당히 먼 거리에 이용된다. 과거에 미국이나 소련에서 많이 이용되었던 것으로 현재는 몇몇 지역에서만 이용된다.

(3) 선박수송

거룻배나 나룻배, 또는 기선을 이용하여 수송하는 방법인데 현재는 일부 특수한 경우에만 사용된다.

(4) 기타

기타 공기나 수력을 이용하여 수송하는 방식이 있다.

3.4.3 외국의 수거작업

유럽을 중심으로 쓰레기 수거계통을 보면 크게 다음과 같이 2가지로 구분할 수가 있다.

(가) 용기(bin)로부터 수집하는 방법

각 쓰레기통으로부터 수집하는 방법을 말한다.
용기로부터 수집하는 방법에는 수집서비스의 종류에 따라 다음의 6가지 형태가 존재한다.

① 노변수거(curb service) : 이것은 거주자가 수집당일 쓰레기통을 노변에 놓아두고 쓰레기통이 비워진 후 다음 수집일이 되기 전에 거주자가 다시 쓰레기통을 원래의 위치로 되가져가는 것이다.
② 블록수거(block service) : 이것은 수집차량이 사전계획에 의해 일정한 노선에 따라 정해

진 시간에 교차로 등 예고된 지점에 정차하여 일정 지역(block)에 대하여 타종이나 음악 신호를 보내면, 주민들이 쓰레기를 들고 나와 차에 적재하는 수거방식으로 우리나라에서 볼 수 있는 타종수거와 그 방법이 같다.

③ 골목수거(alley service) : 이것은 골목길 안에 있는 주거지역에서 행해지는 수거방식으로 폐기물 수거담당자와 주민간의 계약에 의하여 골목길 안에 있는 가정에서 수거차가 있는 도로변까지 쓰레기통을 들고 나오거나 원래의 위치대로 들어가는 작업을 어느 쪽이 담당할 것인가가 결정된다.

④ 청소원 반출, 반입수거(set-out and set-back service) : 이것은 청소원이 각 가정에서 쓰레기통을 들고 나와 비운 후에 다시 원래의 위치로 가져다주는 형태이다.

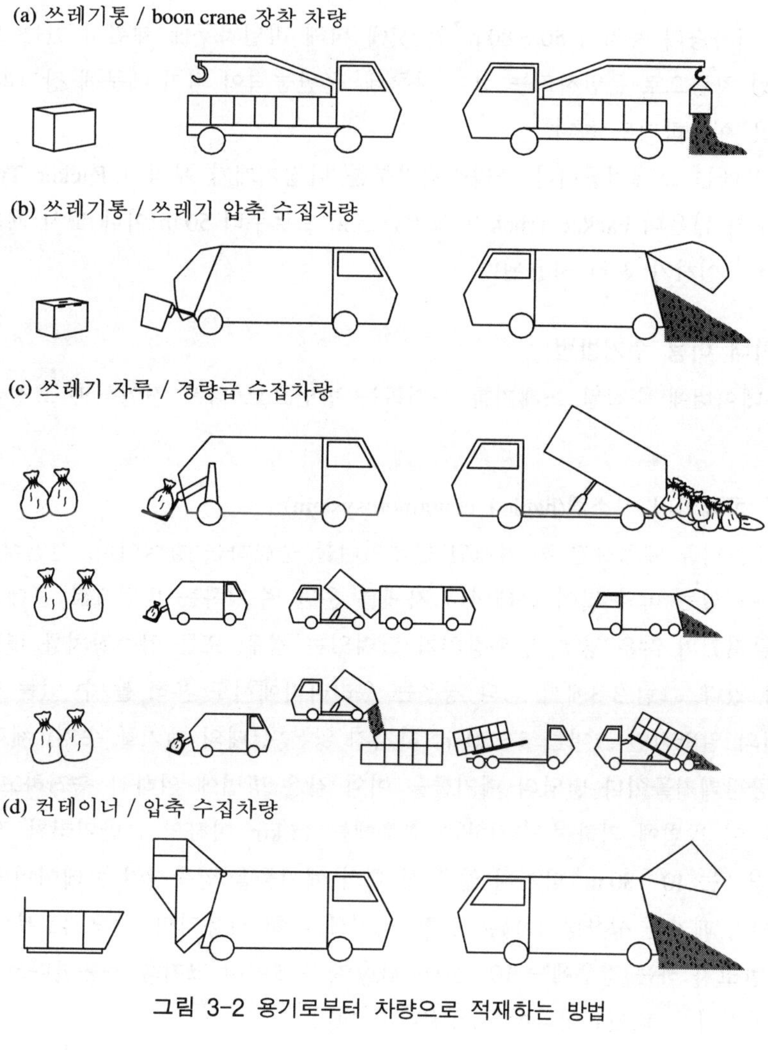

그림 3-2 용기로부터 차량으로 적재하는 방법

⑤ 청소원 반출, 주민 반입수거(set out service) : 이것은 청소원이 각 가정에서 쓰레기통을 가지고 나와 비운 후 도로변에 두면 주민이 나와서 원래의 위치로 가져가는 형태이다.
⑥ 뒤뜰수거(back-yard service) 및 문전수거(door-to-door collection) : 이것은 청소원이 가정 안에까지 들어와 쓰레기를 치워가는 형태로 주민의 협조가 전혀 필요없는 방법이다.

용기로부터 차량으로 적재하는 방법은 그림 3-2에 소개되어 있는 바와 같이 대체로 1~5 m^3 이하의 쓰레기통이나 쓰레기자루를 수거차량에 기계적 혹은 인위적으로 적재시킨 후, 쓰레기통을 다시 원위치로 옮겨 놓고 쓰레기를 목적지로 운반하는 방법을 말하는데, 운반차량에는 압축기능이 있는 경우도 있고 없는 경우도 있다. 그림 3-3에서 ⓐ 방법은 큰 쓰레기통을 크레인으로 들어올려 쓰레기를 쏟은 후, 다시 원위치에 놓는 방법으로 소련에서 사용되며, Finland에서는 폐지수거에 사용된다. ⓑ 방법은 압축기가 달린 수거트럭을 이용하는 방법이다. ⓒ 방법은 ⓑ에서 수거차량의 용적이 50~80 m^3인 것에 비해 비닐자루에 채워져 있는 쓰레기를 용적이 5~10 m^3인 차량으로 운반시키는 점이 다른데, 운반능력이 적기 때문에 장거리가 되는 경우에는 적환장을 이용하기도 한다.

미국의 경우에는 쓰레기통이나 플라스틱자루를 다짐기계가 부착된 Packer Truck에 의하여 수거하는 경우가 많은데 Packer Truck의 크기는 5 m^3으로부터 50 m^3이나 도시 폐기물의 수거를 위해서는 20 m^3 이하가 흔히 사용된다.

(나) 콘테이너 이용 수거방법

이것은 콘테이너에 수집된 쓰레기를 수거하는 방법으로 다시 견인식과 고정식으로 구분된다.

① 견인식 콘테이너 시스템(hauled container system)
빈 콘테이너를 예치시킨 후 적재된 콘테이너를 운반하는 방식이다. 견인식은 그림 3-4에서 볼 수 있는 바와 같이 콘테이너 자체를 운반, 수거하는 방법으로 콘테이너에 압축장치가 달려있지 않은 경우, 압축장치가 달려있는 경우, 또는 압축장치를 별도로 설치하는 경우가 있다. 그림 3-3에서 ⓐ의 경우는 우리나라에서도 흔히 볼 수 있는 방법으로서 콘테이너의 일반적인 크기는 5~20 m^3(다지지 않은 상태의 폐기물 수거) 체적이며, 유럽에서는 공장폐기물이나 빌딩의 폐기물을 이와 같은 방법에 의하여 수거하고 있다. 도시폐기물을 이 방법에 의하여 수거하는 경우에는 15 km 이하의 운반거리가 적용되고 있다. ⓑ의 경우는 40~80 m^3(다지지 않은 상태)의 폐기물을 압축시켜 콘테이너에 넣는 경우를 말하는데, 폐기물 생산량이 많은 공장, 상가에 흔히 사용되며, 주택지로부터 폐기물을 수거, 운반코자 하는 경우에는 10~50 m^3/day의 콘테이너 크기를 사용한다고 한다. 이 방법은 운반거리가 30 km 이하에 사용된다고 한다.

ⓒ의 경우는 ⓑ의 경우와는 달리 압축장치를 콘테이너와 별도로 설치하여 사용하는 것으로 5～10 m^3의 폐기물을 다져서 보다 장거리인 30～40 km의 거리를 운반시키는 방법이다.

② 고정식 콘테이너 시스템(stationary container system)

적재된 콘테이너 안에 있는 쓰레기를 수집차량에 실은 후 콘테이너를 제자리에 다시 놓는 방식이다.

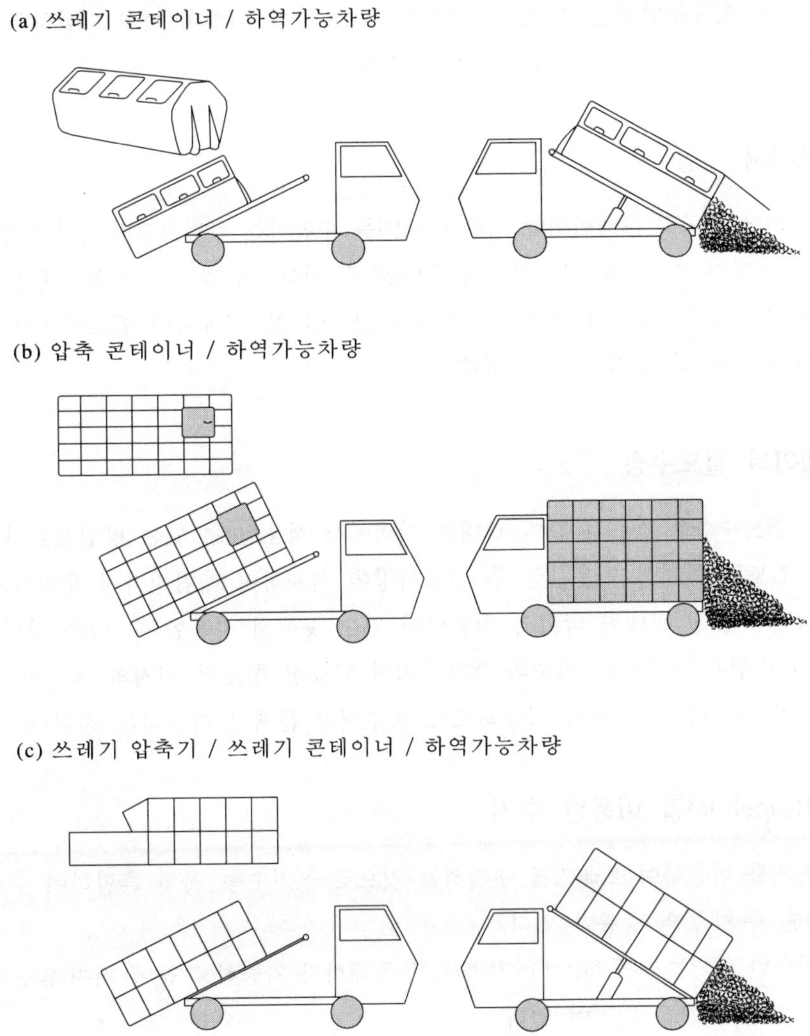

그림 3-3 콘테이너 자체를 수거하는 견인식

3.5 새로운 수집 시스템

새로운 수집 시스템에는 다음과 같은 것들이 있다.

3.5.1 모노레일 수송

모노레일 수송은 쓰레기를 적환장(transfer station)에서 최종처분장까지 수송하는 데 적용할 수 있다. 이것은 자동무인화할 수 있는 장점이 있는 반면에 가설이 어렵고 설치비가 높으며 시설완료후에는 경로변경이 곤란하다는 단점이 있다.

3.5.2 콘베이어 수송

이것은 지하에 설치된 콘베이어에 의해 쓰레기를 수송하는 방법으로서 수송망을 하수도처럼 설치하면 각 가정의 쓰레기를 처분장까지 운반할 수 있다. 이 방법은 악취문제를 해결하고 경관을 보전할 수 있다는 장점이 있으나 시설비가 고가인 점, 콘베이어 벨트가 마모되므로 정기적인 정비가 필요한 점 등의 단점이 있다.

3.5.3 콘테이너 철도수송

콘테이너 철도수송은 소련과 같이 광대한 지역에서 적용될 수 있는 방법으로서 수집차량이 콘테이너를 철도역 기지까지 운반한 후 철도차량에 적재하여 매립지까지 운반하는 방법이다. 소련이나 남미국가 등 광대한 국토와 철도망이 있는 곳에서 사용할 수 있는 방법이다.

이 방법의 단점은 수집차의 집중과 청결유지가 가능한 철도역 기지의 선정이 어렵고 사용 후 콘테이너의 세정에 많은 물을 사용하므로 폐수처리 문제가 따른다는 점이다.

3.5.4 관거(pipeline)를 이용한 수거

이것은 관거를 이용하여 쓰레기를 수거하는 것으로 공기수송, 물과 혼합하여 수송하는 슬러리 수송, 캡슐 수송 등의 종류가 있다.

관거를 이용한 수거는 자동화, 에너지절약, 무공해화가 가능하고 눈에 띄지 않는다는 장점이 있는 반면에 다음과 같은 단점이 있다.

① 가설 후에 경로변경이 곤란하고 설치비가 높다.
② 쓰레기의 발생밀도가 높은 인구밀집지역 및 아파트 지역 등에서 만이 현실성이 있다.
③ 잘못 투입된 물건은 회수하기가 곤란하다.

④ 조대쓰레기는 파쇄, 압축 등의 전처리를 해야 한다.

⑤ 2.5 km 이내의 거리에서만 이용되며 그 이상의 장거리에서는 이용이 곤란하다.

⑥ 사고발생시(쓰레기에 의한 폐색, 화재, 폭발 등)는 시스템 전체가 마비되며 대체 시스템으로의 전환이 필요하다.

(가) 공기수송(pneumatic collection system)

공기수송은 공기의 동압에 의해 쓰레기를 수송하는 것으로서(그림 3-4) 진공수송과 가압수송이 있다. 수송조건과 현장의 상황에 따라 한쪽을 선정하게 된다. 공기수송은 고층주택밀집지역에 적합하며 쓰레기가 수송관내를 통과할 때의 소음, 펌프의 배기음, 기계음 등의 소음이 발생하므로 소음방지시설을 해야 한다.

진공수송은 쓰레기를 받는 쪽에서 흡인하여 수송하는 것으로 진공도는 최대 0.5 kg/cm^{2}Vac.이고 경제적인 수집거리는 약 2 km 정도이다. 가압수송은 송풍기로 쓰레기를 불어서 수송하는 방법으로 진공수송보다는 수송거리를 더 길게 할 수 있으나(최고 5 km가 경제거리이다) 연속수송을 하고자 할 경우에는 크기가 불균일해서 부착되기 쉽고 유동성이 나쁜 쓰레기를 정압으로 연속정량 공급하는 것이 곤란하다. 이 점이 최대의 기술적인 난점이 되며 특수한 주입기의 개발이 요망된다.

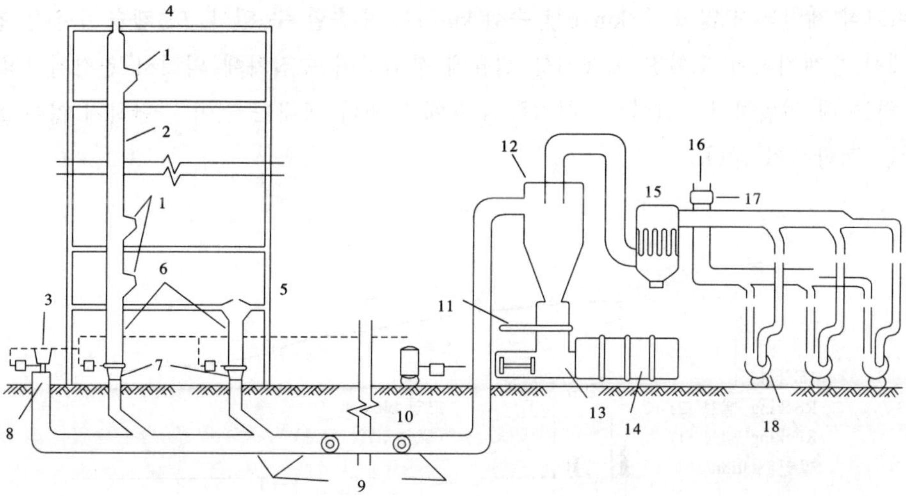

(1) 폐기물 주입, (2) 수거관리, (3) 공기입구, (4) 압력조절용 공기입구, (5) 바닥에 설치된 폐기물 주입구, (6) 폐기물 저장지역, (7) 폐기물 배출밸브, (8) 공기유입구 조절밸브, (9) 관거연결부분, (10) 공기압축기, (11) 개폐밸브, (12) 싸이크론 분진제거, (13) 폐기물압축장치, (14) 운반용콘테이너, (15) 공기여과기, (16) 배기가스, (17) 소음방지기, (18) 배기송풍기

그림 3-4 주택지역의 공기식 폐기물 수거계통

(나) 현탁물(slurry) 수송

쓰레기를 파쇄 또는 분쇄하여 현탁물상으로 하여 펌프로 수류에 투입하거나 하수도에 흘려 보내는 방식이다. 현탁물수송은 물과 쓰레기의 비중이 비슷하기 때문에 쓰레기가 뜨거나 현탁이 쉽게 된다. 따라서 관의 마모도 적고 대체로 동력이 적게 소모된다는 장점이 있다.

반면에 혼입되는 고형물의 양에 한도가 있고(약 8 %), 쓰레기의 파쇄장비가 필요하며 상당량이 물이 확보되어야 하고 폐수처리 등의 문제가 있다.

폐수처리용 하수관망이 확보되면 음식물 쓰레기 현탁물 수송은 충분히 검토할 가치가 있다.

(다) 캡슐수송

캡슐 수송에는 쓰레기를 충전한 캡슐을 수송관내에 삽입하여 공기나 물의 흐름을 이용하여 수송하는 방식과 각 캡슐에 구동장치를 설치한 수송방식이 있다.

공기와 수력 캡슐은 각각 압송식과 제트 펌프식으로 대별한다. 압송식은 파이프라인 입구에 있는 송풍기(blower) 또는 펌프에 의해서 대기압 이상의 공기 또는 물을 파이프 라인 중에 넣어 캡슐을 밀어보내는 방법이며(그림 3-5), 제트 펌프식은 파이프라인 중간에 설치된 몇 개의 제트펌프에 의해서 간접적으로 파이프라인 중의 유체의 일부가 빠져나와 송풍기 또는 펌프에 의해서 가압된 후 제트 노즐을 통해서 파이프라인 중에 분사되도록 되어 있다.

캡슐 수송에 소요되는 동력은 공기수송에 소요되는 동력보다도 훨씬 적게 소요되며 수송거리는 비교적 제약되지 않고 수 km에서 수십 km까지 수송할 수 있다. 또 캡슐 수송은 진공수송에 의해서 중계기지에 모아진 쓰레기를 캡슐에 봉입하여 수집차에 의해서 원격처리장으로 대량수송하는 데 적합하다. 그러나 쓰레기를 캡슐에 넣거나 꺼내는 것이 간단하지 않아 쓰레기의 수집에는 적합하지 않다.

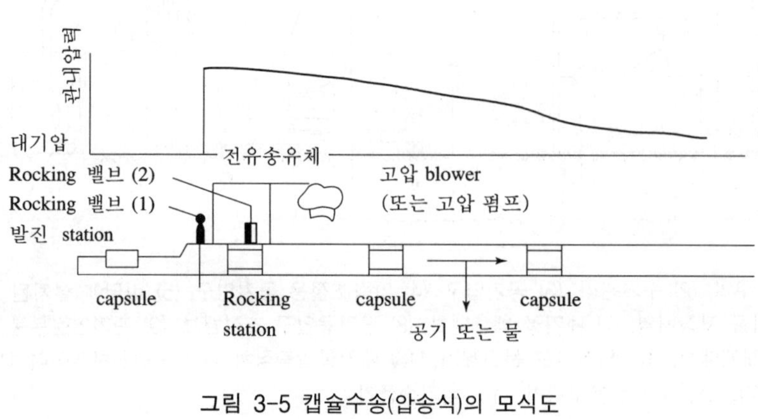

그림 3-5 캡슐수송(압송식)의 모식도

3.6 청소상태의 평가법

쓰레기를 수거하는 작업, 즉 청소작업이 끝나면 이에 대한 상태를 평가하는 방법이 있다. 이러한 방법에는 가로의 청소상태를 기준으로 하는 지역사회 효과지수(Community Effects Index, CEI)와 서비스를 받는 사람들의 만족도를 설문조사하여 계산되는 사용자 만족도 지수(User Satisfaction Index)가 있다.

3.6.1 지역사회 효과지수(CEI)

지역사회 효과지수는 다음 식으로 계산된다.

$$CEI = \frac{\sum_{i=1}^{N}(S-P)_i}{N}$$

여기서 N : 가로의 총수

S : 가로의 청결상태, 0~100점

P : 가로 청소상태의 문제점 여부, 1개에 10점씩 계산한다.

S의 Scale은 1~4로 정하여 각각 100, 75, 50, 25, 0점으로 한다.

① 100점인 경우
아주 깨끗하고 버려진 쓰레기가 보이지 않는 경우

② 75점의 경우
수거를 위한 것이 아닌 쓰레기가 한 곳에 버려져 있는 경우

③ 50점의 경우
대체로 쓰레기가 거리에 보이고 또한 모아 놓은 것도 보이는 경우

④ 25점의 경우
약 60l 이상의 쓰레기가 흩어져 있는 경우

그리고 다음과 같은 문제점이 관찰되는 경우에는 10점씩 감한다.

① 공한지에 쓰레기가 버려져 있는 경우
② 건강에 위해를 미치는 경우
③ 화재유발이 가능한 경우
④ 수거 1일 이전, 혹은 1일 이후에 쓰레기통이 도로상에 나와 있는 경우
⑤ 자동차와 같은 큰 폐기물이 버려져 있는 경우

⑥ 채워진 쓰레기통이나 빈 쓰레기통이 너무 오래 방치될 때

⑦ 쓰레기통이 넘칠 때

⑧ 빗자루 더미가 존재할 때

3.6.2 사용자 만족도 지수(USI)

사용자 만족도 지수는 다음 식으로 계산된다.

$$USI = \frac{\sum_{i=1}^{N} R_i}{N}$$

여기서 N : 총 설문회답자 수

R : 설문지 점수의 합계

설문지의 문항은 6개로 구성되어 있으며 총점은 100점이다. 6개 문항은 다음과 같다.

① 당신의 주변은 어느 정도 깨끗합니까? (30점)

i) 깨끗하다 ii) 어느 정도 깨끗하다 iii) 어느 정도 더럽다 iv) 더럽다

② 폐기물의 수집 서비스를 어떻다고 평가하십니까? (30점)

i) 매우 좋다 ii) 좋다 iii) 괜찮다 iv) 나쁘다

③ 쓰레기를 어느정도 자주 치웁니까? (10점)

i) 별로 ii) 자주

④ 수집시 소음이 있습니까? (10점)

i) 예 ii) 아니오

⑤ 수집시 쓰레기를 흘립니까? (10점)

i) 예 ii) 아니오

⑥ 수집시 먼지나 악취가 심하게 납니까? (10점)

i) 예 ii) 아니오

지역사회 효과지수(CEI)와 사용자 만족도지수(USI)의 관계를 참고적으로 나타내면 그림 3-7과 같으며, 80점 이상의 경우는 청소상태가 특출히 양호한(Excellent)상태, 60점 이상은 좋은(Good) 상태, 40점 이상은 보통인(Fair) 상태, 20점 이상은 불량한(Poor) 상태, 20점 이하는 용납할 수 없는(Unacceptable) 상태를 나타낸다.

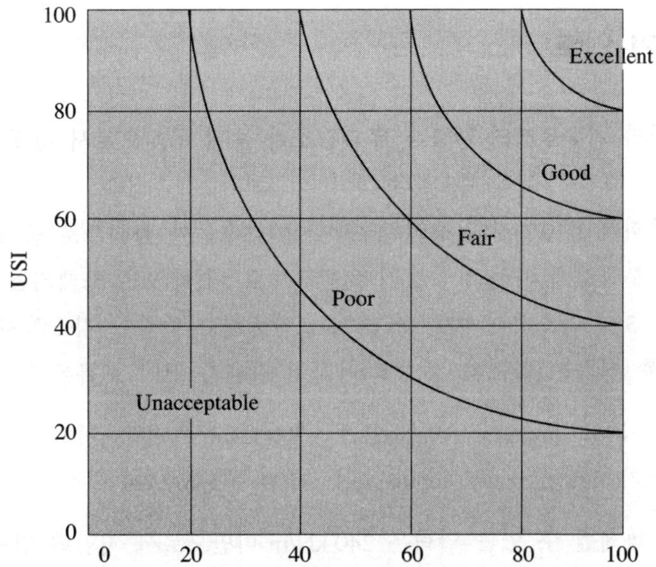

그림 3-6 CEI와 USI의 관계

3.6.3 가로청소물

가로청소물은 흙과 먼지류가 대부분을 차지하는 독특한 조성을 가지고 있다. 그러나 낙엽이 심한 가을철에는 낙엽이 60~80 %를 차지한다. 가로청소물의 조성에 대해서는 우리나라에서 조사된 바 없으나 미국에서 조사된 자료를 소개하면 다음과 같다.

표 3-8 가로청소물의 조성(중량 %)

발생지역	천류(Rags)	종이류	흙・먼지류	풀 및 나뭇잎	유리 및 돌
일반주택가 1*	0.2	4.7	72.0	11.1	12.0
일반주택가 2	0.2	4.1	63.0	21.2	10.3
중정도주택가	2	13	53	23	9
인구밀집지역	4	49	24	7	16
공업지역	3	19	54	20	4
상업지역	1	19	34	37	9

* 낙엽이 심한 달은 제외

자료 : Wilson, 1977, Handbook of Solid Waste Management

3.7 쓰레기의 압축

폐기물 중간 처리 기술로서의 압축은 부피감소가 주된 목적으로서 매립장의 수명을 연장시킬 수 있고 운반비 절감을 꾀할 수 있다.

압축에 의해 부피를 1/10까지 감소시킬 수 있으며 수분이 빠지므로 중량도 감소시킬 수 있다. 중량감소는 수분함량에 따라서 다른데 일반적으로 비에 젖은 쓰레기는 35 %, 보통 정도로 젖은 쓰레기는 1～3 % 감소하며 마른 쓰레기는 압축해도 중량이 감소하지 않는다.

일반적으로 압축 장치는 압력의 강도에 따라서 다음과 같이 분류된다.

① 저압력 압축기(low pressure compactor) : 700 kN/m^2(7기압) 이하

② 고압력 압축기(high pressure compactor) : 700～35,000 kN/m^2

캔이나 병류가 파쇄될 수 있는 압력은 240 kN/m^{2}미만으로서 저압력 압축기로 파쇄됨을 알 수 있다. 고압력 압축기에 의하면 폐기물의 밀도를 1,600 kg/m^{3}까지 압축시킬 수 있다. 그러나 경제적인 압축밀도는 통상 물의 밀도인 1,000 kg/m^3 정도가 된다.

쓰레기의 구조는 공기가 채워진 빈 공간(voids)을 가진 입자들의 집합체로 볼 수 있다. 이러한 빈 공간들은 크고 많은 입자들이 흡수제(absorbent)로 작용하므로 수분이 흡수되어도 빈 공간까지 채우기는 어렵다. 쓰레기의 총부피는 고형물(solids)과 빈공간(voids)들로 구성되어 있다. 이를 식으로 나타내면 다음과 같다.

$$V_m = V_s + V_v$$

여기서, V_m : 물질의 부피

V_s : 고형물의 부피(수분 포함)

V_v : 빈 공간의 부피

빈 공간의 比(void ratio), e는 다음과 같이 정의된다.

$$e = \frac{V_v}{V_s}$$

공간도(porosity), n은 다음과 같이 정의된다.

$$n = \frac{V_v}{V_m}$$

물질도 전체 무게는 고형물과 수분의 합계이며 다음과 같이 표시된다.

젖은 밀도(wet density)는 다음과 같이 정의된다.

$$\rho_w = \frac{W_m}{V_m}$$

건조 밀도(dry density)는 다음과 같이 정의된다. 건조 밀도는 본체 밀도(bulk density)라고도 한다. 압축에서 자주 사용되는 것은 건조밀도이다.

$$\rho_d = \frac{W_s}{V_m}$$

여기서, W_m : 물질의 무게(수분 포함)

W_s : 고형물의 건조무게

W_w : 수분의 무게

쓰레기를 압축시키면 밀도가 증가한다. 빈병이나 캔류와 같이 속이 빈 것들은 부숴지거나 찌그러진다. 예를 들어서 캔류는 0.1～0.3 N/m^2(10～30 psi)의 압력에서 찌그러지고 빈 병은 0.05～0.35 N/m^2(5～35psi)의 압력에서 부숴진다. 어떤 물질은 압축되어도 불어나지 않지만 보통은 압축후에 시간이 경과하면 불어난다. 한 연구에 의하면 정상적인 압축 압력 사용시, 압축후 수 초가 경과하면 20 %가 불어나고 수분이 지나면 50 %가 불어난다고 한다.

3.7.1 압축기

압축기 형태는 다음 4가지로 구별할 수 있다.

(가) 고정식 압축기(Stationary compactors)

고정압축기는 주로 수압에 의해 압축시키고 압축의 방법에 따라 수평식 압축기(horizontal compactor), 수직식 압축기(vertical compactor)로 나눌 수 있다. 폐기물은 호퍼(hopper)로 투입시키며 수동식, 반자동식, 자동식 등으로 운전이 가능한 압축 피스톤(ram)은 그림 3-7에서와 같이 강철로 된 적재함으로 폐기물을 밀어 넣는다. 폐기물이 적재함에 완전히 채워지면 압축피스톤은 후진하고 다시 폐기물을 넣고 압축을 하는 반복동작을 실시한다.

(나) 백 압축기(bag compactors)

백 압축기는 다종 다양하며 수동식과 자동식, 수평식과 수직식, 다단식과 1단식(multi- type or single type), 연속식과 회분식(Continuous type or batch type) 등으로 구분할 수 있다. 여기서 회분식(batch type)이란 투입량을 일정량씩 수회 분리하여 간헐적인 조작을 행하는 것을 말한다. 통상 이용되는 용량의 백 압축기는 처리능력이 5～34 m^3/hr인 것이 대부분이다. 물론 동일한 기계라도 작업자의 능력에 따라 처리능력이 달라지며 기계의 능력 평가는 작업 가능한 내구성과 조업시간에 좌우된다.

그림 3-8에 낱개 백 압축기(single bag compactor)의 형태를 나타내었다. 낱개 백 압축기는 백을 하나하나씩 새로 부착하여 작동시켜야 한다. 이러한 불편을 없애주는 것이 복수 백 압축기(multi-bag compactor)인데 이것은 압축상자(casettes)를 제거시키면서 충전시킬 상자를 공급할 수 있어서 계속 작업이 가능하다. 원래 쓰레기 부피의 12.5 %～25 %까지 감소시키기 위해 소요되는 압력은 288～961 kg/cm^{2}이다.

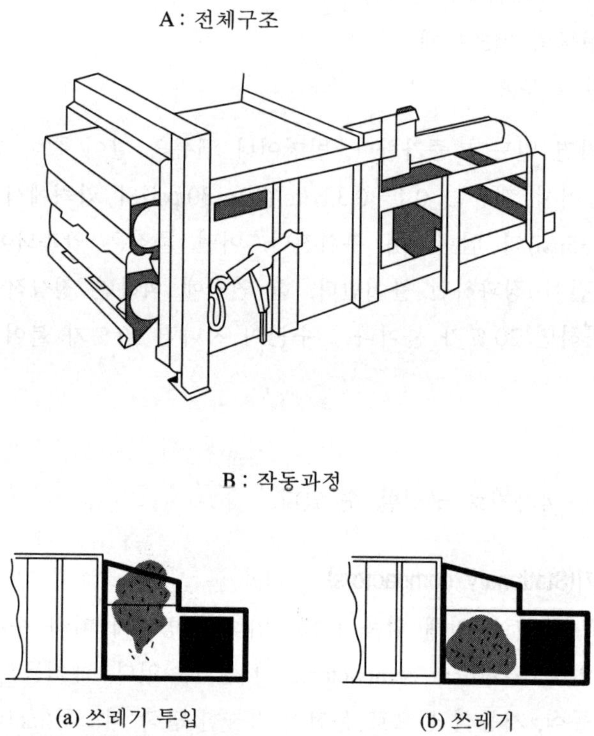

그림 3-7 고정식 압축기의 형태

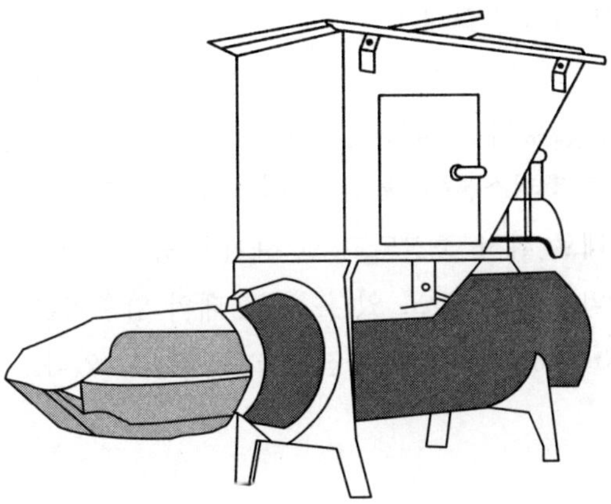

그림 3-8 날개 백 압축기

(다) 수직식 또는 소용돌이식 압축기(Vertical or Console Compactor)

이 형태에 속하는 압축기는 기계적 작동이나 유압 또는 공기압에 의해 작동하는 압축피스톤(Compacting ram)을 갖고 있다.

그림 3-9에 수직식 압축기를 나타내었다. 이것은 언제나 손으로 쓰레기를 공급시키도록 만들어져 있으며 압축이 끝난 폐기물들은 종이로 만든 상자나 플라스틱 또는 종이로 된 백(bag)에 모아진다.

압축 가능한 포장부피는 0.08～0.17 m^3이고 이 때 요구되는 압력은 192～481 kg/cm^2로 1/10까지 부피 감소가 가능하다.

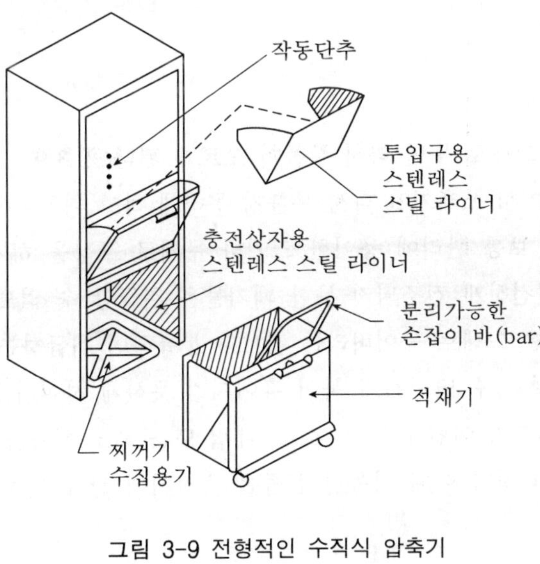

그림 3-9 전형적인 수직식 압축기

(라) 회전식 압축기(Rotary Compactor)

회전식 압축기는 회전판 위에 열려진 상태로 놓여 있는 종이나 휴지로 만든 백(bag)인데 비교적 부피가 적은 폐기물을 넣어 포장하는 압축 피스톤의 조합으로 구성되어 있다(그림 3-10). 그림에 보인 것과 같이 압축피스톤(packing ram)아래 위치한 백이 충전되면 회전하기 때문에 빈상자가 압축피스톤 아래로 와서 충전되고 그 사이에 충전이 끝난 상자는 포장이 이루어진다.

1개의 백은 약 0.4 m^3의 부피를 갖고 있다. 이 형태의 압축기는 표준형으로 8～10개의 백을 갖고 있으며, 큰 것은 20～30개의 백에 충전가능한 종류도 있다.

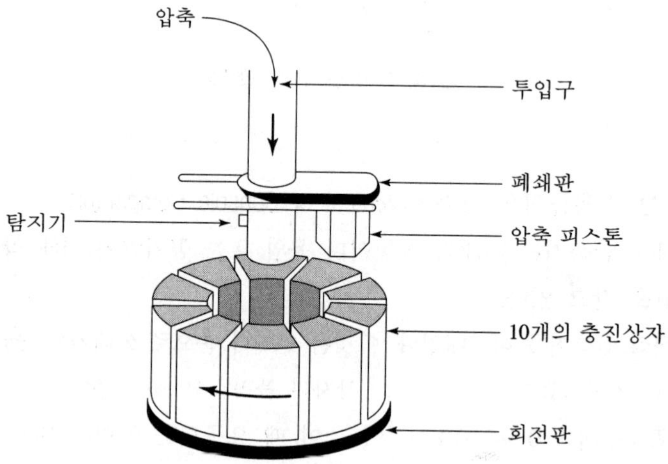

그림 3-10 회전식 압축기의 모식도

3.7.2 포장기(Baler)

(가) 기능

쓰레기를 압축한 후 그대로 두면 다시 부풀어 오르게 된다(표 3-9). 그러므로 압축후 삼베나, 가죽 또는 철끈으로 묶어서 쓰레기가 다시 부풀지 못하게 하고 취급과 운반이 용이하도록 하는 기계를 포장기라 한다. 보통 관리에 용이한 크기나 무게로 포장을 하게 된다.

포장기를 쓸 때는 완전하게 건조되지 못한 폐기물은 취급할 수 없으며 포장시 다른 성분으로 구성된 고형 폐기물은 그대로 묶어버리는 것보다 분류하여 취급하는 것이 좋다. 또 마구 다루어지는 것을 고려하여 아주 단단하게 묶어 흩어지지 못하게 하여야 한다. 하지만 자원을 회수할 때는 이 때문에 회수가 어렵게 된다. 소각, 매립 또는 최초 처분을 하는 데에서 취급상 완전한 포장을 유지하여야 하나 이때 사용한 끈들은 소각시에 잘 끊어지는 것을 선택해야 한다.

표 3-9 분쇄쓰레기를 압축한 후 시간에 따른 부피증가

시 료	경과시간(분)	부피증가(%)	압축압력*	
			psi	kN/m²
1	1 5 30 1,440	44 49 58 71	3,400	23,443
2	1 5 30 1,440	60 69 82 95	1,850	12,756

*1 psi = 6.895 kN/m^2

표 3-10 포장기(baler)의 압축에 의한 주택가 폐기물의 밀도변화(미국)

시료수	압축전 밀도 (kg/m^3)	압축한지 1~2분 지난후의 밀도(kg/m^3)		압축압력 **	
		범 위	평 균	kN/m²	kg/cm²
31 29	107.5 172.8	1,248~1,728 1,248~1,632	1,568 1,568	20,685~24,133	211~246
14 28	110.4 172.8	1,312~1,664 1,344~1,648	1,440 1,440	12,756~17,238	130~176
3 5	108.8 169.6	1,232~1,376 1,328~1,520	1,312 1,375	9,308~10,342	95~106
8 13	121.6 160.4	1,120~1,232 66~90	1,184 1,184	4,482~6,895	46~70

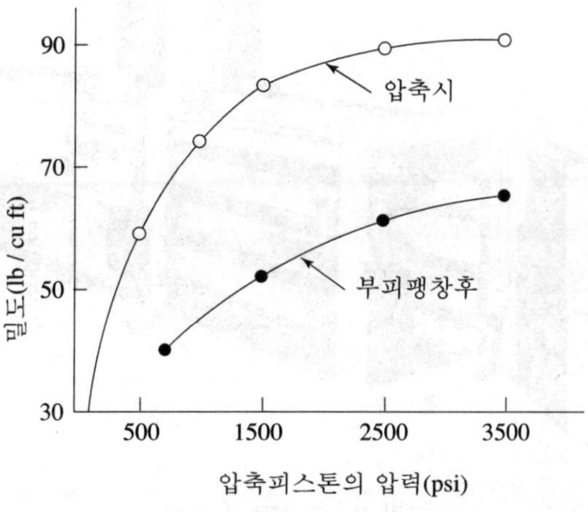

그림 3-11 압축압력과 밀도와의 관계(미국의 주택가 폐기물)

포장기를 사용하면 230 kg/cm^2 정도의 고압력 압축기를 사용하여 1,500 kg/m^{3}까지 압축된 쓰레기의 밀도를 그대로 유지시킬 수 있다. 표 3-10에 포장기의 압축에 의한 폐기물의 밀도변화를 나타내었다. 그림 3-11에는 압축압력과 밀도와의 관계를 나타내었다.

포장기로 여러 가지 크기의 쓰레기 더미를 만들 수 있는데, 보통 1 m × 1 m × 1.2 m의 크기로 1~1.2톤 정도의 무게를 가진다. 포장한 쓰레기는 특히 매립방법이 단순해지고 분진발생이 적다.

(나) 포장기의 종류

포장기는 이동식과 고정식으로 나누고 다시 1단형(single)과 다단형(multistage) 또는 수직식, 수평식 등으로 분류한다. 이러한 포장기들의 성격상 차이는 압축 피스톤의 작동방식에 따라 달라진다. 1단형의 수평식 포장기는 연속적 처리에 적합하며 폐기물을 빨리 처리하거나 포장규격의 여러 형태에 사용될 수 있는 이점을 가지고 있고, 다단형은 폐기물을 고밀도로 포장처리 할 수 있다는 장점이 있다.

① 이동식 포장기(Portable Balers)

이동식 포장기는 수직식이든 수평식이든 간에 편리하게 제작하여 사용할 수 있으며 들어올리는 장치를 이용하여 운반시킬 수 있다. 대형인 경우, 트럭 또는 트레일러에 의해 폐기물이 있는 곳으로 쉽게 이동이 가능하다. 포장에 사용하는 동력은 소형일 때에는 전기 또는 가솔린을 사용할 수 있지만 대형일 때는 주로 유압을 이용한다. 전기를 사용하는 것은 처리 능력이 평균 0.3~0.4 m^3(45~136 kg)씩 1일 10~15회 정도 포장이 가능하다. 수평식 포장기는 중량이 680~907 kg이며 3 m×0.9 m×0.9 m의 규격이 되도록 설계된 것

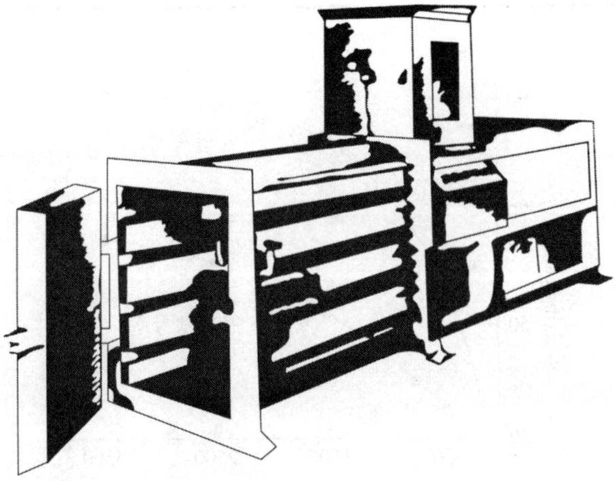

그림 3-12 이동식 포장기

이 보통이다(그림 3-12). 수직식 포장기는 압착 프레스까지 합쳐 중량이 약 3 t이고 3.7 m×2.4 m×4 m의 규격이 대부분이다.

② 고정식 포장기(Stationary Balers)

이 형식의 포장기는 규격이나 형식에 있어 매우 다양하게 설계될 수 있으며 대부분 한번 작동으로(the single stroke) 혼합폐기물을 건조, 포장되도록 설계하였다.

다단식포장기(multi-stage baler)는 처음에 사용하기 시작한 것이 금속제품의 포장이며 2~3개의 방향에서 압축이 가능하도록 되어 있다. 포장시킬 수 있는 1개의 단위는 68~907 kg(부피로 약 0.2~1.4 m^3)이 가능하다. 물론 포장에 대한 규격이나 형식은 정해진 것은 없지만 악취를 감소시키고 파리나 쥐 등의 번식을 방지하기 위해 플라스틱 백에 포장

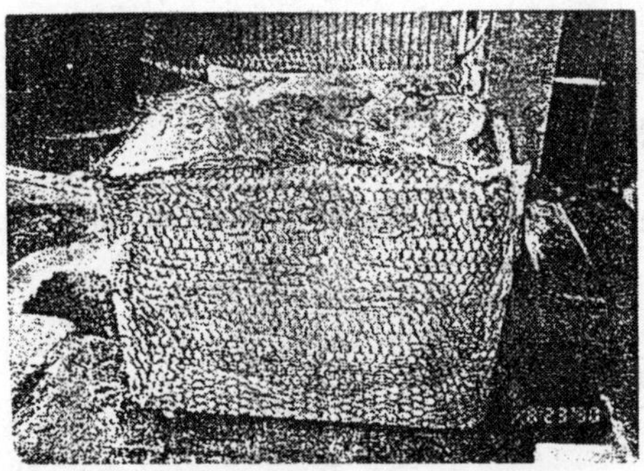

사진 3-1 철끈으로 포장된 쓰레기

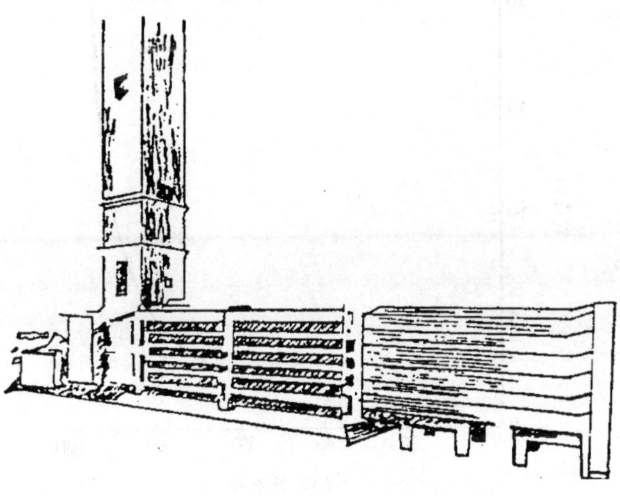

그림 3-13 연속식 자동포장기

물을 넣어야 한다. 수평식인 경우 투입방식이 다양하며 슈트, 컨베이어 및 기타의 기계적 방식이 사용된다. 그림 3-13에는 연속식 자동포장기를 나타내었다.

3.7.3 부피감소의 지표

압축의 주요목적은 부피감소에 있고 부피감소 정도를 표현하는 지표로는 아래의 압축비(compaction ratio)와 부피감소율(volume reduction)이 있다.

$$\text{압축비(compaction ratio, } CR) = \frac{V_i}{V_f}$$

$$\text{부피감소율(volume reduction, } VR) = \left(\frac{V_i - V_f}{V_i}\right) \times 100$$

여기서 V_i : 압축전 초기 부피

V_f : 압축후 최종 부피

압축비를 CR로 부피감소율을 VR로 표현하였을 경우 두 지표의 관계식을 유도해 보면 아래와 같다.

$$VR = \left(\frac{V_i - V_f}{V_i}\right)\times 100 = \left(1 - \frac{V_f}{V_i}\right)\times 100 = \left(1 - \frac{1}{CR}\right) \times 100$$

CR을 y축으로 VR을 x축으로 한 관계그래프를 생각할 때 위 식을 아래와 같이 변형시킬 수 있다.

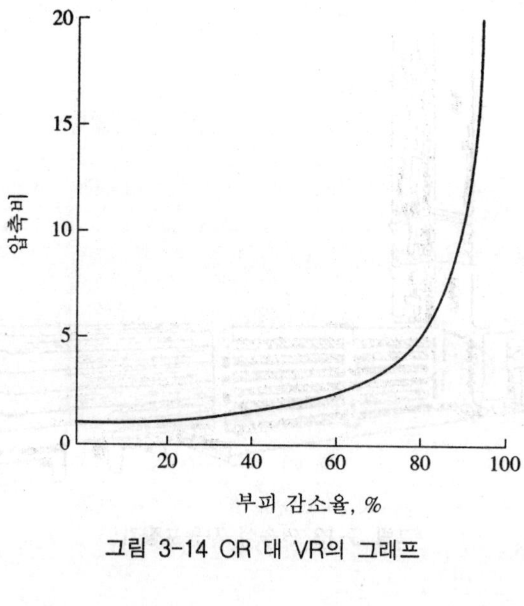

그림 3-14 CR 대 VR의 그래프

$$\frac{VR}{100} = 1 - \frac{1}{CR}, \quad \frac{1}{CR} = \frac{100 - VR}{100}$$

$$CR - \frac{100}{100 - VR} = - \frac{100}{(VR - 100)}$$

이 식은 점근선이 x축의 양의 방향으로 100 이동하고 2사분면에 그래프가 나타나는 역함수 관계로서 그림 3-14에 그 관계가 나타나 있다. 그림에서 보는 바와 같이 부피감소율(VR)이 증가함에 따라 압축비(CR)의 증가율은 비례적으로 증가하는 것이 아니고 처음에는 서서히 증가하나 나중에 80 % 이상이 되면 매우 급작스럽게 증가함을 알 수 있다.

3.8 쓰레기의 파쇄(shredding)

3.8.1 파쇄의 이점

파쇄는 폐기물을 가공하여 원래 형태보다 작게 함으로써 폐기물 크기를 비교적 균일한 형태로 만들기 위한 공정이다. 파쇄후 부피가 감소하는 것이 대부분이나 때로는 파쇄후의 부피가 파쇄전 보다 커질 수도 있다(예 : 종이). 파쇄는 흔히 소각 및 매립시 전처리공정으로 채용된다. 파쇄의 이점은 다음과 같다.

① 압축시에 밀도증가율이 크므로 운반비가 감소된다.
② 서로 다른 크기 및 이질적 조성의 폐기물을 균일한 상태로 해준다. 그러므로 보통 저장, 소각, 압축, 자력선별 등의 전처리로 이용된다. 조대(粗大)쓰레기에 의한 소각로의 손상을 방지해준다.

파쇄는 매립시에 특히 다음과 같은 이점을 가진다.

① 매립작업이 용이하고 압축장비가 없어도 매립작업만으로 고밀도의 매립이 가능하다.
② 곱게 파쇄하면 매립시 복토가 필요없거나 복토요구량이 절감된다.
③ 폐기물 입자의 표면적이 증가되어 미생물작용이 촉진되므로 매립시 조기 안정화를 꾀할 수 있다.
④ 매립시 폐기물이 잘 섞여서 호기성 조건을 유지하므로 냄새가 방지된다.
⑤ 병원균의 매개체인 쥐나 해충의 섭취가능 음식이 없어져 이들의 서식이 불가능하다.
⑥ 폐기물의 밀도가 증가되어 바람에 멀리 날아갈 염려가 없으며 화재발생의 위험이 없다.

3.8.2 입자크기의 분포

(가) 평균입자크기(average particle size)

입자의 무게기준으로 50 %가 통과할 수 있는 체의 눈의 크기를 말한다.

(나) 특성입자크기(characteristic particle size)

입자의 무게기준으로 63.2 %가 통과할 수 있는 체의 눈의 크기를 말한다.

$$(0.632 = 1 - \frac{1}{e}, \quad e = 2.7182 \cdots)$$

입자의 크기 이외에 입자크기분포에 대한 이해도 필요한데 입자크기분포에 대한 한 예가 그림 3-15에 나타나 있다. 그림의 경우 x좌표는 입자의 크기를, y좌표는 입자의 크기가 x보다 작은 폐기물의 총 누적무게를 나타낸다.

도시폐기물의 입자크기분포에 대하여 여러 가지 수식적 모델이 제안되어 왔는데, 그중 대표적인 모델은 Rosin-Rammler model이다. 본 모델은 아래와 같이 표현할 수 있다.

$$y = f(x) = 1 - \exp\left[-\left(\frac{x}{x_0}\right)^n\right]$$

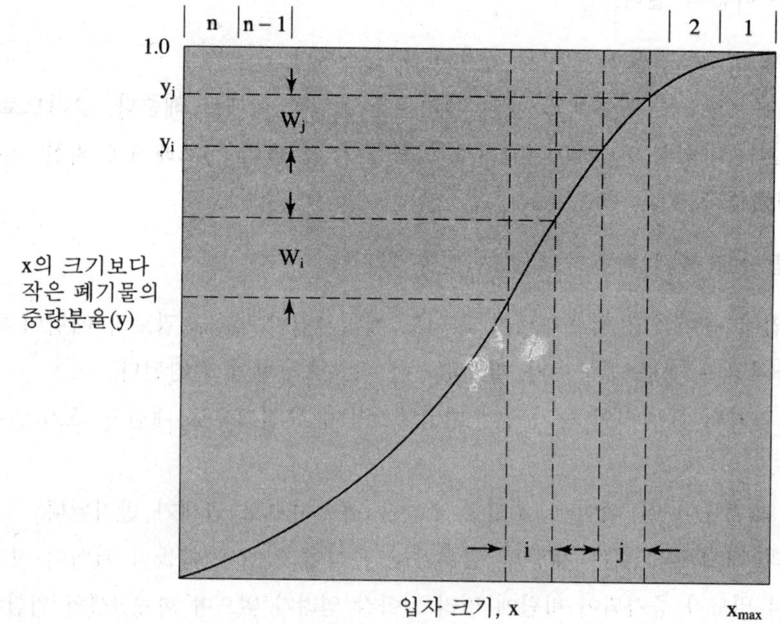

그림 3-15 입자크기분포 그래프

여기서 y : 크기가 X보다 작은 폐기물의 총 누적무게분율

x : 폐기물의 입자크기

x_0 : 특성입자크기(characteristic particle size)

n : 상수

위 식을 변형시켜 직선화하면 아래와 같이 된다.

$$\exp\left[-\left(\frac{x}{x_0}\right)^n\right]=1-y$$

$$\ln(1-y) = -\left(\frac{x}{x_0}\right)^n$$

$$\ln\left(\frac{1}{1-y}\right)=\left(\frac{x}{x_0}\right)^n$$

양변에 로그를 취하면

$$\log[\ln(1/1-y)]=n(\log x-\log x_0)$$

이 식을 $y=ax+b$의 형태로 표현하면 플롯(plot)하면 기울기가 n인 직선이 된다. x_0는 $\log[\ln(1/1-y)]$이 0이 되는 입자의 크기를 의미한다. $\ln\left(\frac{1}{1-y}\right)=1$ 즉, $\frac{1}{1-y}=e$에서 $y=1-\frac{1}{e}=0.632$인 입자의 크기이며, 이는 곧 앞에서 정의한 특성입자크기(Characteristic Particle Size)를 말한다.

예2

x_{90} = 3.8 cm로 도시 폐기물을 파쇄하고자 할 때, 즉 90% 이상을 3.8 cm보다 작게 파쇄하고자 할 때 Rosin−Rammler 모델에 의한 특성입자크기, x_0를 구하시오. 단, n=1로 가정한다.

풀이

$$y=1-\exp\left[-\left(\frac{x}{x_0}\right)^n\right]$$

$$0.9=1-\exp\left[-\left(\frac{3.8}{x_0}\right)^n\right]$$

$$-\frac{3.8}{x_0}=\ln 0.1=-2.3 \quad \therefore x_0=\frac{3.8}{2.3}=1.65\,\text{cm}$$

$$x_0 = 3.8/2.3 = 1.65\text{ cm}$$

3.8.3 에너지 소모량

파쇄시의 에너지 소모량은 다른 중간처리 과정에 비하여 훨씬 높으며 파쇄시의 에너지 소모량을 예측하기 위한 여러 가지 모델이 제시되고 있는데, 그 중의 하나를 소개하면 다음과 같다.

$$\frac{dE}{dL} = -CL^{-n}$$

여기서 E : 폐기물 파쇄에너지

L : 입자의 크기

n, C : 상수

만일 $n=1$이라면 위 식을 적분할 경우 아래의 식을 얻을 수 있다.

$$E = C\ln(L_1/L_2)$$

여기서 L_1 : 초기 폐기물크기

L_2 : 최종 폐기물크기

이 공식을 흔히 Kick의 법칙이라고 한다.

위의 공식은 폐기물 입자의 크기를 작게(대개 3 cm 미만) 파쇄할 때 즉, 고운 파쇄(fine shredding) 또는 2차파쇄(secondary shredding)에 잘 적용되는 공식으로 알려져 있다. 여기서 L_1/L_2는 크기감소율이고 , E는 입자의 크기를 L_1에서 L_2로 줄이는 데 사용된 일의 양이다. 이 방정식에서 볼 때, 사용된 일의 양(에너지)은 큰 입자들로부터 파쇄된 새로운 입자들의 수에 비례함을 뜻한다.

만약에 $n=2$라면 상기 방정식은 다음과 같이 된다.

$$E = C\left(\frac{1}{L_2} - \frac{1}{L_1}\right)$$

이것은 Rittinger의 법칙으로 알려져 있다. 이 방정식은 소요에너지가 크기 감소 공정에 의해 생성된 새로운 표면의양에 비례함을 의미하고 있다. Rittinger의 법칙은 거칠게 파쇄하는 공정에 잘 맞고, Kick의 법칙은 곱게 파쇄하는 공정에 잘 맞는다.

만약에 $n > 1$이고 어느 정도의 크기인가는 알려져 있지 않을 때 상기 식의 적분형은 다음과 같은 일반식이 된다.

$$E = \frac{C}{n-1}\left(\frac{1}{L_2^{n-1}} - \frac{1}{L_1^{n-1}}\right)$$

상기와 같은 일반식에서 $n=1.5$이고 파쇄시 사용된 일의 양은 크기 감소 작업시에 새로 생성된 새로운 균열(cracks)의 길이에 비례한다고 가정하면 이것은 Bond의 작업지수(E_i)가 되며 다음 식으로 표시된다.

$$E = E_i \frac{\sqrt{L_F} - \sqrt{L_P}}{\sqrt{L_F}} \sqrt{\frac{100}{L_P}}$$

여기서, E = 입자 직경의 80 %가 일정한 직경, $L_F(\mu m)$ 이하에 있는 어떤 물질의 일정 중량을 입자직경의 80 %가 어떤 일정한 직경, $L_P(\mu m)$ 이하에 있는 물질로 만드는 데 소요되는 일의 양(kWh/ton)을 말한다. E_i = 작업지수로서 분쇄되는 물질의 함수이다. 이 값은 또한 입자직경의 80 %를 100 μm 이하로 줄일 때 소요되는 일의 양(kWh/ton)이다.

상기 방정식을 다음과 같이 간단히 표시할 수 있다.

$$E = 10E_i\left(\frac{1}{\sqrt{L_P}} - \frac{1}{\sqrt{L_F}}\right)$$

표 3-11은 통상적인 공업용 재료의 작업지수이다.

Bond의 작업지수는 다음과 같은 경험식으로 추정될 수 있다.

$$E_i = 2.59\frac{C_s}{SG}$$

여기서, E_i : 작업지수(kWh/ton)

C_s : 충격파쇄저항(ft/lb/파쇄가능두께(in))

SG : 중력

표 3-11 몇몇 물질의 평균작업지수

물 질	작업지수(kWh/ton)
점 토	7.1
석 탄	11.4
유 리	3.1
화강암	14.4
자 갈	25.2
사 암	11.5
규소모래	16.5
광 재	15.7

강철이나 알루미늄, 구리같이 늘어나는 성질(전성)이 있는 물질이 파쇄될 때의 에너지 소요량은 크기 감소비율인 L_1/L_2에는 거의 무관하고 주입률과 관계가 있다.

이 경우, 파쇄작업은 물질의 변형을 일으켜 마침내는 균열을 일으킨다. 그러나 변형 에너지에 비하면 균열자체에 소요되는 에너지는 미미하다. 지금 힘을 받고 있는 강철 조각의 변형에 대해서 생각해 보자. 변형시키는 데 소요되는 일의 양은 다음과 같이 표시된다.

$$W = \int F\ dl$$

여기서 F=힘, l=힘 F가 전달되는 거리이다. 이 방정식을 stress($S=F/A$)와 Strain($d\varepsilon = dl/l$)의 항으로 다시 쓰면 다음과 같이 된다.

$$W = \int A\,l\,S\ d\varepsilon$$

작업전후의 부피는 대략 일정하므로 변형된 부피와 수행된 일은 stress-strain 곡선 하의 면적이 된다. 또한 상기 식은 다음과 같이 된다.

$$\frac{W}{V} = \int S \quad d\varepsilon$$

그리고 ton당 파쇄하는 데 소요되는 일의 양은 다음 식으로 나타낼 수 있다.

$$\frac{W}{T} = C_1 \quad \rho \int S \quad d\varepsilon$$

여기서 ρ는 물질의 밀도, C_1은 사용된 단위에 관계되는 상수이다.

만약에 이 방정식이 유효하다면 *dW/dt*(전형적인 단위는 마력임) 대 주입률(전형적인 단위는 tons/h)을 적정(plot)하면 $C_1\rho \int S \, d\varepsilon$의 기울기를 가진 직선이 될 것이다. 이러한 직선들을 그림 3-16에 나타내었다.

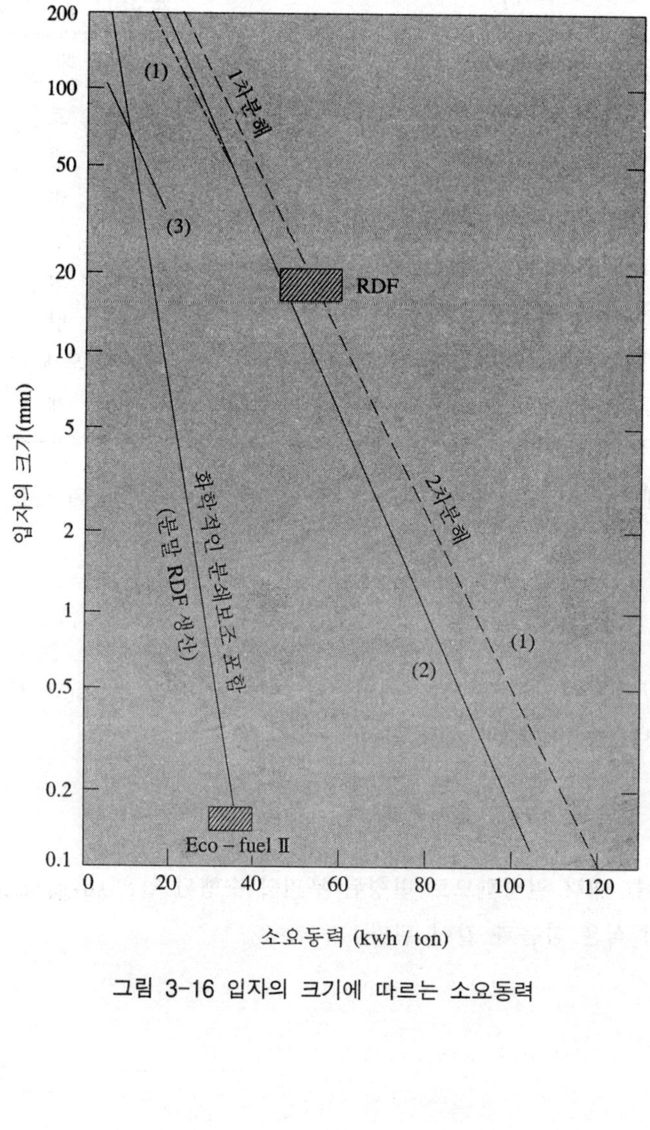

그림 3-16 입자의 크기에 따르는 소요동력

파쇄기에 있어서 에너지 효율은 매우 저조하다. 이는 분쇄자체보다는 폐기물의 형상을 변화시키고, 운반시키는 데 많은 에너지가 소모되는데, 그림 3-16은 이 사실을 보여주고 있다. 그림 3-17은 각종 분쇄장치의 소요동력의 크기를 나타내고 있는데, 일반적으로 도시폐기물 1 ton/hr 당 15 kWh 가량 된다. 대체로 분쇄기의 소요동력은 Rotor의 회전속도가 증가됨에 따라 증가되며, 아울러 입자의 크기는 작아진다. 이와 같은 에너지 소요량은 수분함량과도 관계가 있으며, 또한 입자의 크기와도 관계가 있다.

분쇄기가 작동할 때에는 95～100 dB(A)의 소음이 발생되는데, 그 이유는 그림 3-20에서 보는 바와 같이 중앙부분에 회전하는 Hammer가 폐기물중 병과 같은 물체를 파괴하기 때문이다. 또한 분쇄기가 작동할 때에는 마찰에 의한 폭발도 가능한 것으로 알려지고 있다. 참고로 미국의 소음규제한도는 작업 중에 있어서 85 dB(A)로 정하고 있다.

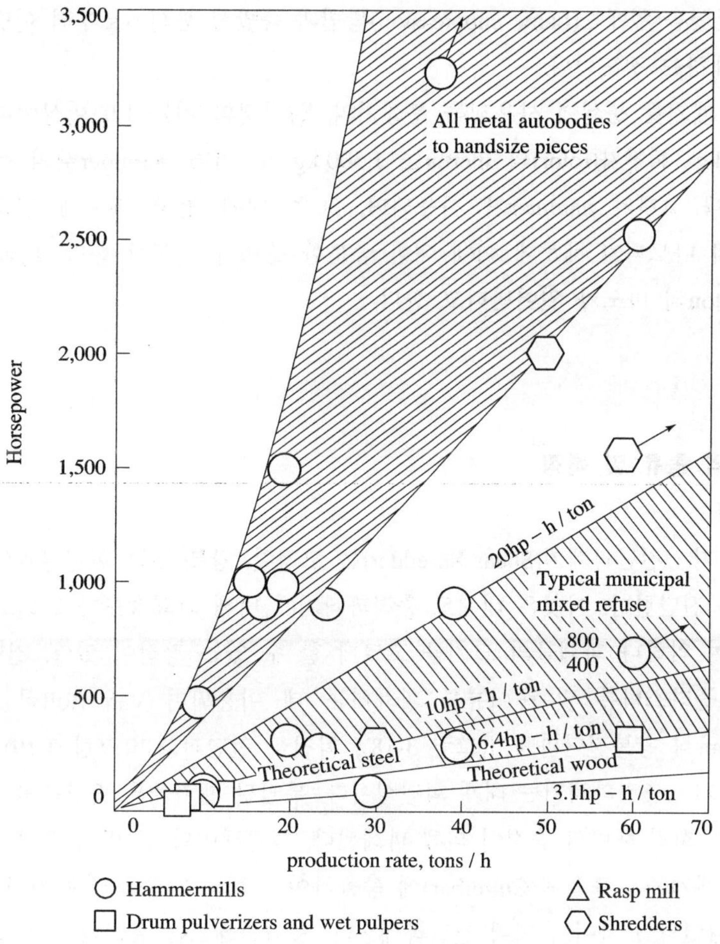

그림 3-17 각종 분쇄기에 있어서의 소요동력의 비교

분쇄기로부터의 먼지는 병원균을 옮길 수 있으며 또한 폭발의 가능성을 가지고 있는데, 미국의 OSHA(Occupational Safety and Health Association ; 산업안전보건협회)의 허용범위보다 무려 7~13배나 더 많은 먼지가 나는 것으로 나타나고 있다. 먼지내의 박테리아수는 일반적인 경우보다 20배나 많은 880마리/m^3였다.

연속되는 분쇄작업은 분쇄기의 온도를 높이며, 주위의 폭발성 먼지로 인하여 가끔 폭발을 일으키기 때문에 연속운전은 불가능하며 각별한 주의를 요한다. 특히 화약류나 섬유류가 담긴 병 등이 폭발을 일으키게 된다. 폭발을 위해서는 충분한 산소가 있어야 하므로 산소농도를 10 % 이하로 유지시키기 위하여 간혹 불활성가스를 분쇄기에 주입시키는 경우도 있으나 그렇게 성공적이지는 못한 것 같다. 무엇이 분쇄기에 주입되고 있는지에 대한 철저한 감시가 더 효과적일 것으로 생각되나 흘린 기름을 먹은 쓰레기와 일반적인 쓰레기를 분리하는 것이 어려운 만큼 감시 또한 어려운 문제이다. 따라서 현재 사용되는 방법을 보면, 충분한 환기와 아울러 불이 나는 경우에 불꽃을 없애는(flame suppression)방법과 폭발시 분쇄기로부터 어떤 부분이 떨어지지 않도록 설계하는 정도이다.

일반적으로 폐기물 분쇄에 사용되는 분쇄기의 폭/직경의 비는 1.0 이상이며, 해머(hammer)의 무게는 70 kg, 회전자(rotor)의 inertia는 1,500 kg · m^2이며, hammer끝의 속도(tip speed)는 4,260 m/min이다. 4개의 hammer가 사용되며, 30초 내에 정상 속도에 달하고 있다. 또한 hammer가 쉽게 마모되기 때문에 이에 대한 충분한 준비가 있어야 한다. 미국의 경우 대체로 0.05~0.10 lbs/ton의 마모가 일어난다고 한다.

3.8.4 파쇄기

(가) 파쇄기의 종류 및 특징

(1) 건식파쇄

① 전단파쇄기 : 전단파쇄기(Shear Shredder)는 고정칼, 왕복 또는 회전칼과의 교합에 의하여 폐기물을 전단한다. 이것은 대체로 충격파쇄기에 비해 파쇄속도가 느리고 이물질의 혼입에 대하여 약하나 파쇄물의 크기를 고르게 할 수 있는 장점이 있다. 전단파쇄기는 주로 목재류, 플라스틱류 및 종이류를 파쇄하는 데 이용되며 Van Roll식 왕복전단파쇄기, Lindemann식 왕복전단파쇄기(그림 3-18), 회전식 전단파쇄기(그림 3-19) 등이 있다.

② 충격파쇄기 : 충격파쇄기는 대개 회전식이다. 투입된 폐기물은 중심축의 주위를 고속회전하고 있는 회전 해머의 충격에 의해 파쇄된다. 회전해머의 한 번의 충격에 의해서 파쇄되지 않은 폐기물은 충돌관(Cutterbar)에 충돌하여 파쇄되고 충돌시에 튕겨 돌아온 것은 다시 회전해머와의 사이에 끼어 전단파쇄된다. 충격파쇄기는 유리나 목질류 등을 파쇄하는데 이용된다.

회전식 충격파쇄기에는 해머밀(hammermill) (그림 3-20)이 대표적이며 이밖에 B.J.D식 회전충격파쇄기(그림 3-21) 및 도리깨식 해머(flail mill) (그림 3-22) 등이 있다.

충격파쇄기로 도시폐기물을 파쇄할 때 소요되는 최소동력은 15 kWh/ton이며 보통 평균적으로 20 kWh/ton으로 알려져 있다. 충격파쇄기는 Hammer나 Impeler의 마모가 심하고 금속, 고무, 연질플라스틱류의 파쇄가 어렵다.

③ 압축파쇄기 : 기계의 압착력을 이용하여 파쇄하는 장치로써 나무나 플라스틱류, 콘크리트 덩이, 건축폐기물의 파쇄에 이용되며 Rotary Mill식, Impact crusher 등이 있다.

압축파쇄기는 파쇄기의 마모가 적고 비용이 적게 소요되는 장점이 있으나 금속, 고무, 연질플라스틱류의 파쇄는 어렵다.

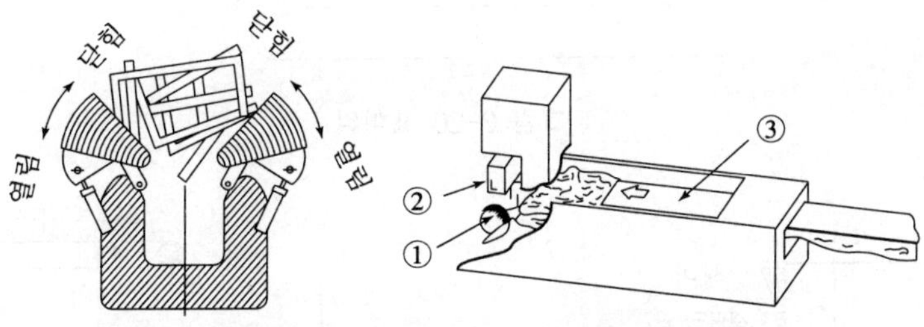

(a) 자비압축기 (b) 전단기

그림 3-18 Lindemann식 왕복전단 파쇄기

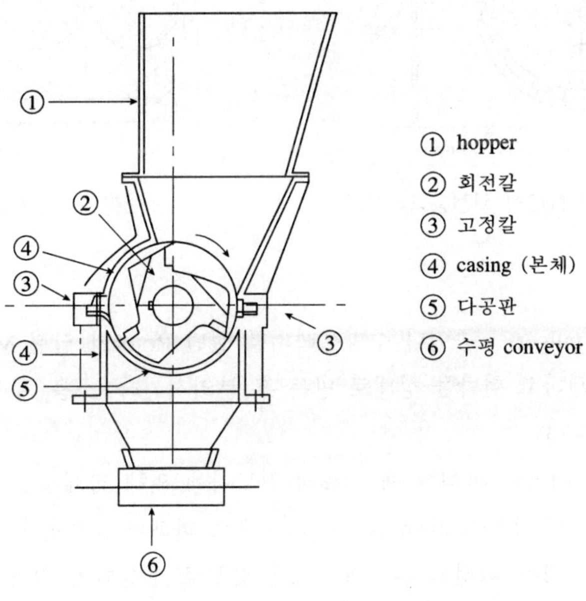

그림 3-19 회전식 전단 파쇄기

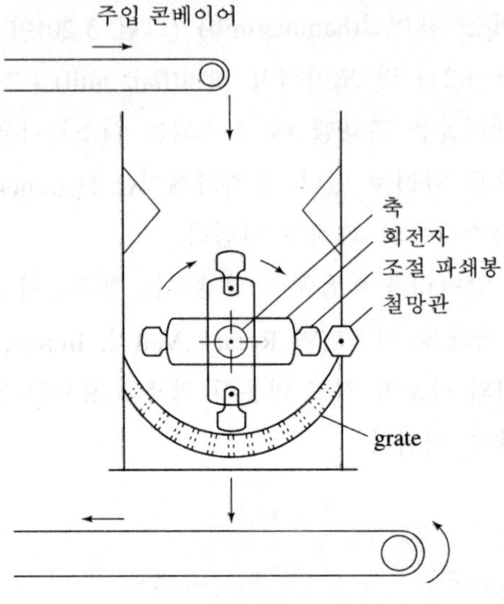

그림 3-20 해머밀

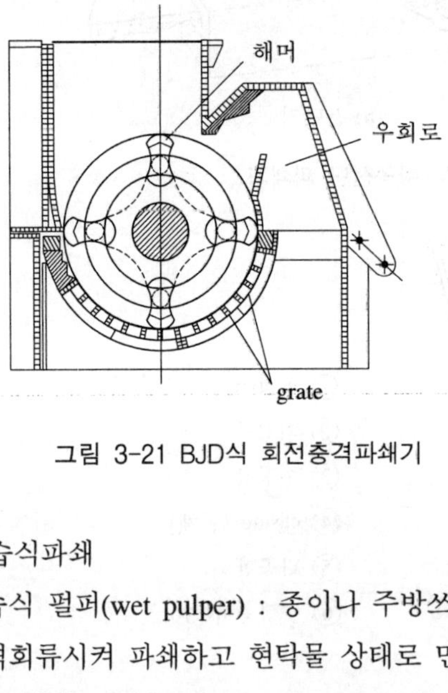

그림 3-21 BJD식 회전충격파쇄기

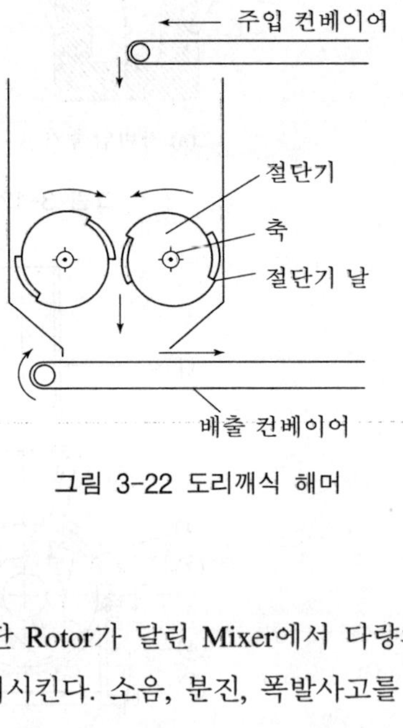

그림 3-22 도리깨식 해머

(2) 습식파쇄

① 습식 펄퍼(wet pulper) : 종이나 주방쓰레기를 절단 Rotor가 달린 Mixer에서 다량의 물과 격회류시켜 파쇄하고 현탁물 상태로 만든 후 분리시킨다. 소음, 분진, 폭발사고를 방지할 수 있다(그림 3-23).

② 회전드럼식 : 쓰레기를 파쇄할 때 재료의 강도차에 의해 파쇄정도가 달라지는 점을 이용하여 일체화된 파쇄 Mechanism과 Screening으로 파쇄와 분별을 동시에 행하는 방식으로 2종의 스크린을 가진 회전드럼과 내부 구동장치로 구성되어 있다.

종이, 주방쓰레기, 플라스틱의 3 그룹으로 선택적 분별이 가능하다. 종이를 선택적으로 회수하는 경우 가하는 물은 100% 종이에 흡수되므로 분별장치로부터 배수는 없다.

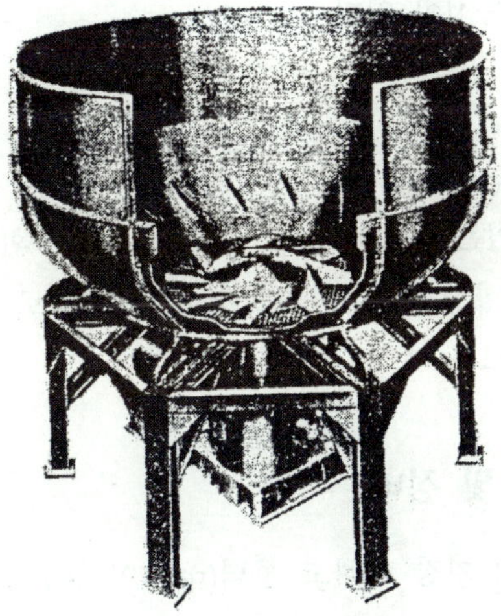

그림 3-23 습식펄퍼의 모양

③ 냉각파쇄기 : 냉각파쇄기는 드라이아이스(dry Ice)를 냉매로 하는 것과 액체질소를 냉매로 하는 것 2가지가 있다. 냉각파쇄기는 상근에서 연성을 가지고 있어 파괴에너지가 큰 물질을 저온 열화시켜 적은 에너지로 충격파쇄하는 방법으로서 응축수증기에 의한 부식대책이나 단열 보냉에 적합한 구조이어야 하는데, 오스테나이트계 스테인레스가 기계적 특성, 우수한 내식성, 비자성, 낮은 열전도도 등의 장점이 있어서 많이 사용되고 있다. 모터류, 자동차 타이어, 피복전선, 플라스틱류 파쇄에 주로 이용된다. 특징으로는 ① 상온에서 파쇄하기 어려운 물질 파쇄가능 ② 복합재질의 선택 파쇄가능 ③ 유기물을 고순도·고회수율로 회수가능 ④ 파쇄에 소요되는 동력이 적다. ⑤ 소음진동을 줄일 수 있다. ⑥ 입도를 작게 할 수 있다. ⑦ 파쇄기의 발열 및 열화를 방지한다. ⑧ 투자비가 크므로 특수용도로 주로 활용된다.

3.8.5 파쇄와 관련된 건강 및 안전문제

(가) 먼지

미국의 산업안전보건협회(OSHA)의 기준에 의하면 8시간 작업시 15 mg/m^3 이하의 먼지를 흡입하도록 되어 있다. 미국 내에서 몇 개의 파쇄시설을 조사한바 이러한 기준보다 7～13배나 높았다. 파쇄작업시 미생물의 생균수 계수는 1 m^3의 공기 중에 880개체였다. 그리고 자원재회수시설들을 조사해 본 바 대장균군은 1 m^3의 공기당 0개체에서 2,500개체로, 그리고 분원성 연쇄상구균은 0개체에서 1.8×10^4개체로 증가하였다. 그러므로 도시폐기물의 파쇄작업 중 공기를 통해서 병균이 전파될 가능성이 있다.

(나) 폭발

파쇄작업시 금속과 금속이 부딪히고 다량의 열이 발생하기 때문에 폭발이 일어날 가능성이 있다. 폭발을 일으킬 수 있는 물질은 연소성 먼지, 폭약, 휘발유통, 뷰테인가스통, 스프레이류 등이다. 폭발을 막으려면 항상 산소의 농도가 10 % 이하로 혼입되도록 억제하여야 하며 폭발성 물질이 들어가지 못하도록 계속 감시하여야 한다.

3.8.6 Hammer의 마모 및 정비

해머의 마모는 밑부분이 가장 심하고 동력(rpm)이 높을수록 심하다. 해머의 마모를 감소시키려면 해머를 내마모선 합금으로 피복하고 파쇄의 속도를 줄여야 한다. 해머가 마모될수록 파쇄의 성능은 감소된다. 한 연구에 의하면 파쇄 후 체(sieve)를 통과하는 물질의 %는 파쇄되는 쓰레기의 톤수, T에 관계되어 있으며 다음 식으로 표시될 수 있다고 한다.

$$Y = b_0 + b_1 \exp(-b_2 T)$$

여기서 b_0, b_1 및 b_2는 모두 상수이다.

입자의 크기가 0.185 in인 경우 상기 식은 다음과 같이 된다.

$$Y = 8 + 35e^{-.0081T}$$

도시폐기물의 파쇄시 마모율은 통상 0.05～0.10 lb/ton 범위에 있으나 이보다 더 높은 마모율도 종종 발생된다.

3.8.7 굴림통 분쇄기(Roll Crusher)

굴림통 분쇄기는 재회수과정에서 유리같이 깨지기 쉬운 물질을 분쇄할 때 이용된다. 퍼짐성이 있는 금속캔류 등은 단순히 납작하게 되므로 다음 단계에서 체로 분리할 수 있다. 그러므로 유리와 금속류가 섞인 폐기물을 굴림통 분쇄기에 투입하면 분쇄된 유리를 체로 쳐서 쉽게 분리할 수 있고 철캔류는 자석으로 분리된다.

분쇄는 투입물을 포집하는 과정과 이것을 굴림통 사이로 통과시키는 두 가지 과정으로 구성된다. 포집은 입자의 크기와 특성 및 굴림통(roller)의 크기, 틈 및 특성에 따라 좌우된다.

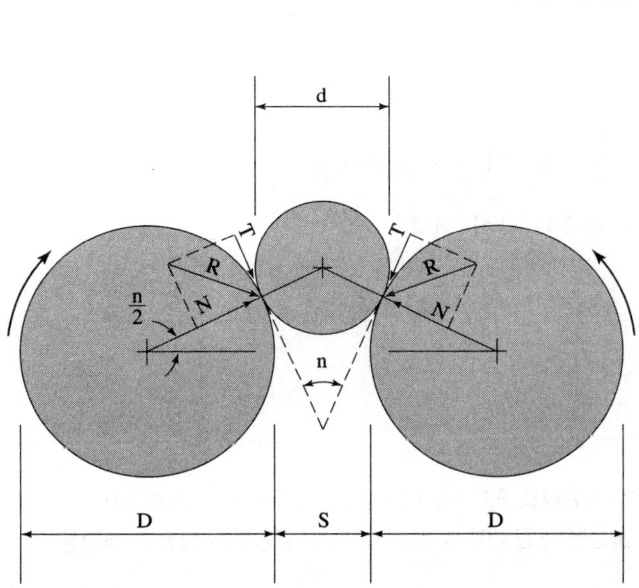

그림 3-24 굴림통 분쇄기

굴림통 분쇄기의 공정 해석에 사용되는 변수들을 그림 3-24에 나타내었다. 두 개 굴림통의 직경은 *D*이고 분쇄되는 입자의 직경은 *d*이다. 입자와 굴림통 사이의 정상적인 힘은 *N*이고 탄젠트 방향의 힘은 *T*이다. 이 두 가지 힘의 합력인 *R*이 아래쪽으로 향하면 이 입자는 포집되어 분쇄된다.

만약에 이 힘의 위쪽으로 향하면 포집되지도 않고 분쇄되지도 않는다(예 : 야구공).

*N*의 수직방향 성분은 다음과 같이 표시된다.

$$N_v = N\sin\frac{n}{2}, \quad T_v = T\cos\frac{n}{2}$$

분쇄가 가능한 지점에서는 다음과 같은 관계가 성립한다.

$$N_v = T_v$$

$$N\sin\frac{n}{2}, \quad T_v = T\cos\frac{n}{2}$$

또는 $$\tan\frac{n}{2} = \frac{T}{N} = \phi$$

이 때 각도 *n*은 "무는 각도(angle of nip)"라고 알려져 있다.

T/*N*는 마찰계수(ϕ)이므로 분쇄가 일어나는 데 필요한 조건은 다음과 같다.

$$\tan\frac{n}{2} \leqq \phi$$

그림 3-25에서

$$\frac{S}{2}+\frac{D}{2}=\left(\frac{D}{2}+\frac{d}{2}\right)\cos\frac{n}{2}$$

이것을 정리하면 다음과 같이 된다.

$$\cos\frac{n}{2}=\frac{D+S}{D+d}$$

예13

평균직경이 5 cm인 파유리를 최대직경이 0.5 cm가 되도록 분쇄하고자 한다. 강철과 유리의 마찰계수는 0.4이다. 이러한 물질을 포집하여 분쇄할 수 있는 굴림통(roller)의 직경을 구하시오.

풀이

$$\tan\frac{n}{2}=\phi=0.4$$

$$\frac{n}{2}=21.8°$$

$$\cos\frac{n}{2}=\frac{D+S}{D+d}=\frac{D+0.5}{D+5}$$

$$D=59.3\,\text{cm}$$

- 굴림통 분쇄기의 용량(Capacity)
  굴림통 분쇄기의 용량을 굴림통 사이로 통과할 수 있는 최대부피로서 추정할 수 있다(그림 3-25).

$$C = kMDWS\rho$$

여기서, C : 용량(tonnes/h)

k : 척도상수(dimension constant) = 모든 척도단위가 다음과 같을 때는 60이다.

M : 굴림통의 속도(rpm)

D : 굴림통의 직경(m)

S : 굴림통 사이의 간극(m)

ρ : 물질의 밀도(g/cm³)

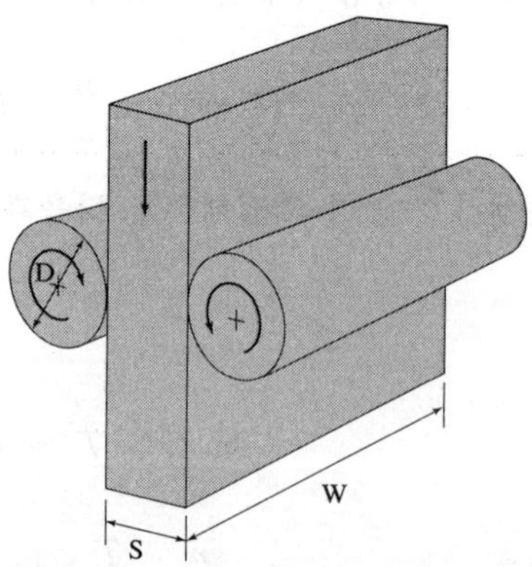

그림 3-25 굴림통 분쇄기의 용량

예제

앞의 예제에서 M = 60 rpm, W = 0.5 m, ρ =2.5 g/cm^{3}라고 할 때 용량(capacity)을 구하시오.

풀이

$$C = kMDWS\rho$$
$$= 60\times60\times0.159\times0.5\times0.005\times2.5$$
$$= 3.6 \text{ tonnes/h}$$

3.8.8 파쇄기의 설계

파쇄기의 설계시에 중요한 두 가지 인자는 모터의 관성력과 Torque이다.

모터의 관성력은 다음 식으로 표시된다.

모터의 관성력 = WR^2(보통 2,000~6,000 kg/m^2(5만~15만 1b/ft^2 범위임)

여기서, W : 회전자에 미치는 중량

R : 해머밀의 반경

Torque는 다음 식으로 표시된다.

$$\text{Torque(ft/lb)} = \frac{WR^2(\text{lb/ft}^2)}{9.6\times g\times t}$$

여기서, g : 중력가속도(32.2 ft/s^2)

t : 시동시간(starting time) (sec)

마력수는 다음과 같은 식으로 표시된다.

$$\text{마력수(horsepower)} = \frac{T\times2\pi\times\text{rpm}}{33,000}$$

여기서 T는 torque(ft/lb)이다.

일반적으로 도시폐기물에 사용되는 파쇄기는 폭과 직경의 비가 1보다 크고 해머의 중량이 70 kg이며 회전자(rotor)의 관성력은 1,500 kg/m^2, 해머의 첨단속도는 4,260 m/min, 네 줄의 해머로 되어 있고, 시동 시간은 30초이다. 도시폐기물용 파쇄기는 적어도 15 kWh/ton 이상의 동력이 소요된다.

수직형 해머밀에 있어서 격자판(grate)의 구멍크기는 원하는 특성입자크기, x_0와 소요에너지(specific energy)는 격자판의 구멍크기와 그림 3-26과 같은 관계가 있음을 발견하였다. 이 그래프는 중첩되는 부분이 있어서 아직은 불완전하지만 특성입자크기에 따른 격자판의 구멍크기 및 소요에너지를 추정하는 데 이용된다.

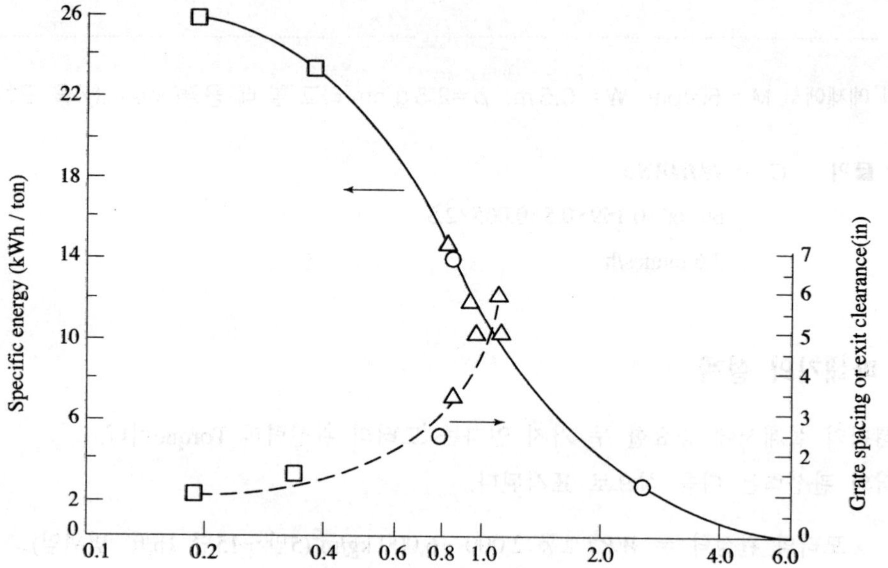

그림 3-26 특성입자크기와 격자관의 구멍크기 및 소요에너지와의 관계

예5

x_0 = 0.64 in. (1.62 cm)이고 주입율은 5 ton/h일 때 격자판의 구멍크기를 구하시오. (단, n=1이라고 가정한다.)

풀이 그림 3-27에서 $x_0 = 0.64$일 때 소요에너지(specific energy)는 18 kWh/ton임을 알 수 있다. 또한 주입률이 5 ton/h이므로 18 kWh/ton×5ton/h = 90 kW(120 hp)가 된다.

Bond의 작업지수 또한 파쇄기의 설계에 이용될 수 있다. 이 방법은 Rosin-Rammler 방정식을 변형하여, 이를 Bond 작업지수 방정식에 대입하고 이 방정식을 이용하는 것이다. Rosin-Rammler 방정식은 다음과 같이 표시된다.

$$Z = \exp\left(\frac{-x}{x_0}\right)^n$$

여기서, Z : 입자크기가 x보다 큰 입자의 누적분율

x_0 : 특성입자크기

n : 상수

또한 $Z = 1 - Y$이며, Y는 입자크기가 x보다 작은 입자의 누적분율이다.

$Z = 0.2$일 때(투입물 입자크기의 20 %가 x보다 클 때) x는 Bond 작업지수의 L_p라 하고 L_p에 대해서 푼다. 여기서 x, 즉 L_p는 파쇄물의 80 %가 통과하는 체눈의 크기(screen size)이다. 그러면 Rosin-Rammler 방정식은 다음과 같이 된다.

$$0.2 = \exp\left(\frac{-L_P}{x_0}\right)^n$$

$$L_P - x_0(1.61)^{1/n}$$

이 값을 Bond 작업지수 방정식에 대입하면 다음과 같다.

$$E = \frac{10E_i}{[x_0(1.61)^{1/n}]^{1/2}} - \frac{10E_i}{L_F^{1/2}}$$

이 방정식으로 원하는 파쇄물의 크기를 얻기 위해 소요되는 동력과 작업지수를 추정할 수 있나. 통상 도시 쓰레기의 작업지수는 약 430 kWh/ton이다.

예6

$E_i = 430$, $x_0 = 1.62$ cm, $n = 1.0$이고, $L_F = 25$ cm일 때 처리율이 5 tons/h인 파쇄기의 에너지 소요량을 구하시오.

풀이

$$E = \frac{10E_i}{[x_0(1.61)^{1/n}]^{1/2}} - \frac{10E_i}{L_F^{1/2}}$$

여기서 x_0와 L_F의 단위는 μm임을 주의하라.

$$E = \frac{10(430)}{[16,200(1.61)^{1/1}]^{1/2}} - \frac{10(430)}{(250,000)^{1/2}} = 18\text{kWh/ton}$$

또는, $18\dfrac{\text{kWh}}{\text{ton}} \times 5\dfrac{\text{tons}}{\text{h}} = 90\,\text{kW}$

3.9 효율적 및 경제적인 수거노선의 결정

3.9.1 일반적 원칙

폐기물 관리의 비용면에서 볼 때 가장 중요한 것이 수거인데, 우리나라는 약 70 %가 수거비용이고 일본은 73 %가 수거비용이며, 미국의 경우에는 70~87 %가 수거비용이고, Finland는 60~80 %가 수거비용이다. 그러므로 효과적인 수거는 그만큼 비용면에서도 효과적인 것이 된다. 또한 폐기물 수거과정은 다른 작업장과는 달리 사고가 많이 나는 것으로 알려져 있어 장비선정과 작업관리에 있어서 특별한 유의가 필요하다. 효과적인 수거를 위해서는 무엇보다도 차량의 이동거리를 단축시켜야 하므로 수거노선을 설정할 때에 다음 사항을 유의할 것이 권장된다.

① 수거지점과 수거빈도를 정하는 데 있어서 기존정책이나 규정을 참고한다.

② 수거인원 및 차량형식이 같은 기존 시스템의 조건들을 서로 관련시킨다.

③ 가능한 한 지형지물 및 도로 경계와 같은 장벽을 사용하여 간선도로부근에서 시작하고 끝나도록 배치하여야 한다.

④ 언덕지역에서는 언덕의 꼭대기에서부터 시작하여 적재하면서 차량이 아래로 진행하도록 한다.

⑤ 출발점은 차고와 가깝게 하고 수거된 마지막 콘테이너가 처분지의 가장 가까이에 위치하도록 배치한다.

⑥ 교통이 혼잡한 지역에서 발생되는 쓰레기는 가능한 출퇴근 시간을 피하여 새벽에 수거한다.

⑦ 아주 많은 양의 쓰레기가 발생되는 발생원은 하루 중 가장 먼저 수거한다.

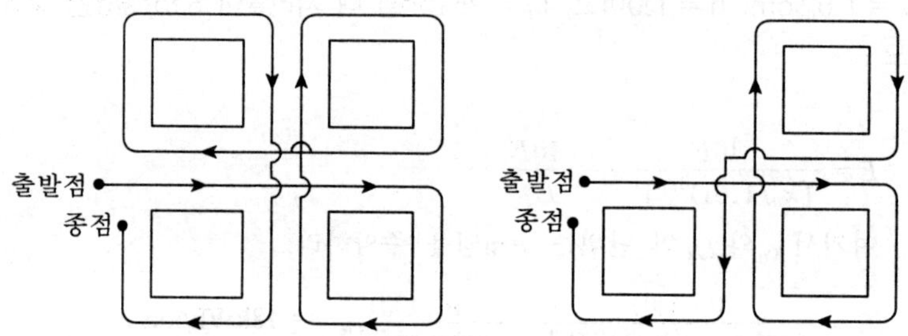

그림 3-27 소규모 지역에 있어서의 전형적인 수거노선

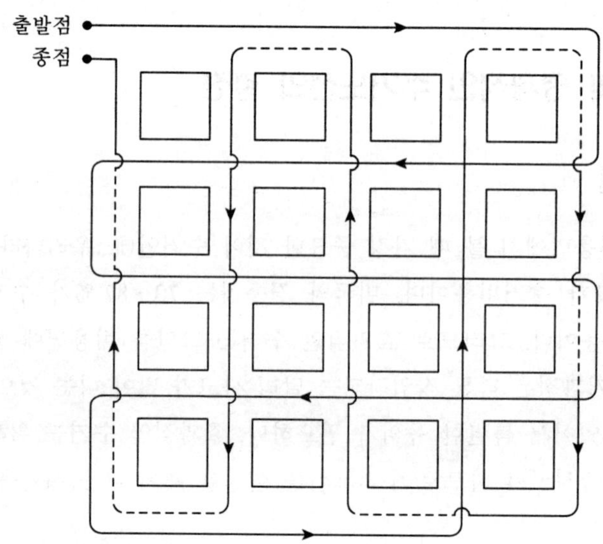

그림 3-28 대단위 지역에 있어서의 전형적인 수거노선

⑧ 적은 양의 쓰레기가 발생하나 동일한 수거빈도를 받기를 원하는 적재지점은 가능한한 같은 날 왕복(trip)내에서 수거하도록 한다.

⑨ 될 수 있는 한 한번 간 길은 다시 가지 않는다.

⑩ U자형 회전을 피하여 수거한다.

⑪ 가능한 한 시계방향으로 수거노선을 정한다(그림 3-28).

3.9.2 수거노선 결정 모델

수거노선을 결정하는 수학적인 모델이 개발되어 있으나 컴퓨터 모델을 사용하는 것보다는 인위적인 시행오차법에 의한 노선결정이 보다 효과적인 것으로 나타나고 있다. 즉 수거지역을 같은 면적, 또는 같은 인구수로 나누어 수거차량과 인원을 적절히 분해하여 이미 설명된 수거에 영향을 주는 요소에 유의하여 수거노선을 결정한 후, 수거효율을 서로 비교검토하여 노선을 조정하는 방법이다.

수거효율을 결정하기 위하여 동작시간조사(Time-Motion Study)를 통한 다음과 같은 자료가 흔히 사용된다.

① **services/day/truck,** 1일에 수거트럭(또는 손수레)당 수거 주택수

② **services/man/hr,** 수거인부 시간당 수거가옥수

③ **tons/day/truck,** 수거트럭(손수레) 일당 수거량

④ **tons/man/hr,** 수거인부 시간당 수거량

수학적인 모델을 이용하여 수거계획을 수립할 때 필요한 자료는 처리시설의 위치, 수거지역내의 현재와 미래의 인구 등이며 Transport Algorithm을 사용하여 최적화시키는 경우가 대부분으로 그 하나의 예를 들면 다음과 같다.

폐기물이 4개 지역에서 생산되며 1, 2, 3, 4는 각 지역의 도심이라고 가정하고, 다음과 같은 조건하에서 가장 염가인 노선을 결정한다.

① 처리장의 처리능력은 제한되어 있다.

② 처리되는 양은 폐기물 생산량과 같다.

③ 1, 2, 3, 4는 처리장이 될 수 없으며 각 지점으로부터 수거되는 폐기물의 양은 0이거나 또는 이보다 크다.

x_{ik} : 시간당 발생원으로부터 처리장 k까지의 수거된 폐기물의 양

c_{ik} : 발생원으로부터 처리장 k까지의 폐기물 수거비용

F_k : 처리장 k에 있어서의 폐기물의 처리비용(시설 및 유지관리비)

B : 처리장 k의 처리능력, 시간당 폐기물 처리능력

W : 발생원 i에서 총 생산 가능한 시간당 폐기물량

N : 발생원 i의 수

K : 처리장 k의 수라고 할 때에

관리비용을 최소로 하기 위해서는 다음 목적함수를 최소로 하여야 한다.

$$\underbrace{\sum_{i=1}^{N}\sum_{k=1}^{K} x_{ik}C_{ik}}_{\text{운반비용}} + \underbrace{\sum_{k=1}^{K} F_k \sum_{i=1}^{N} x_{ik}}_{\text{처리비용}}$$

단, k에 대해서는 $\sum_{k=1}^{K} x_{ik} \leqq B_k$

i에 대해서는 $\sum_{k=1}^{K} x_{ik} = W_i$

i나 k에 대해서는 $x_{ik} = 0$

상기 식을 다시 쓰면

$$\text{Minimize } [x_1c_1 + x_{21}c_{21} + x_{31}c_{31} + x_{41}c_{41} + x_{12}c_{12} + x_{22}c_{22} + x_{32}c_{32} + x_{42}c_{42} + F_1(x_{11} + x_{21} + x_{31} + x_{41}) + F_2(x_{12} + x_{22} + x_{32} + x_{42})]$$

단, $x_{11} + x_{21} + x_{31} + x_{42} \leqq B_1$

$x_{12} + x_{22} + x_{32} + x_{42} \leqq B_2$

$x_{11} + x_{21} + x_{31} + x_{41} \leqq W_1$

$x_{12} + x_{22} + x_{32} + x_{42} \leqq W_2$

$x_{11} \geqq 0, x_{12} \geqq 0, \cdots x_{23} \geqq 0, x_{24} \geqq 0$

상기 식은 선형 프로그램 알고리즘(linear programming algorithm)을 사용하여 풀 수가 있다.

실제로 그림 3-29와 같은 운반의 예는 제한되어 있는 예이며, 처리장에 운반시키기 전에 소각장이 있거나 또는 적환장과 같은 중간단계가 있는 경우에는 상기 식에 이를 추가 하지 않으면 안될 것이다. 폐자원의 자원화와 재료회수를 고려한 모델로는 WRAP(Waste Resource Allocation Program)가 있는데, 이 모델은 고정비율 선형 프로그램 모형(fixed Charge Linear Programming Model)이다.

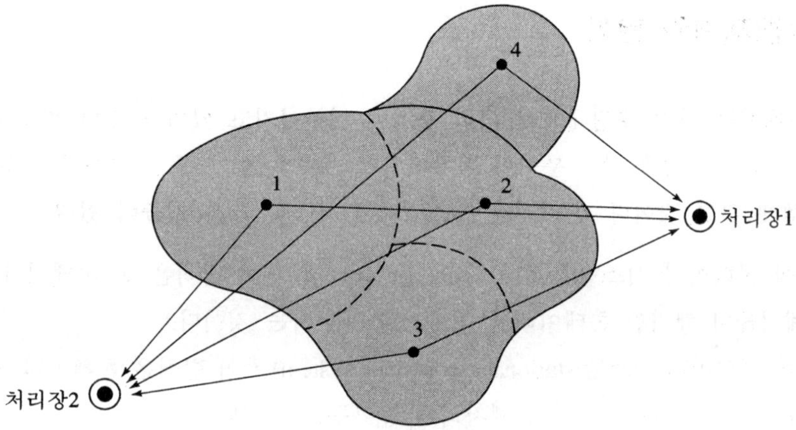

그림 3-29 수거모델의 예

예7

이미 설명한 그림 3-29와 같은 수거지역에 있어서의 자료가 다음과 같을 때 비용을 최소화하시오.

발생원	폐기물 생산량 W_i(tons/주)	운반비용, c_{ik}	
		처리장1까지의 비용($/ton)	처리장2까지의 비용($/ton)
1	100	5	12
2	130	7	5
3	125	4	8
4	85	13	6

처리장, k	처리능력, B_k	비용, F_k
1	250	4
2	200	6

풀이 교통 알고리즘 프로그램(transportation algorithm program)을 사용하여 다음과 같은 결과를 얻을 수 있다.

발생원, i	처리장, k	폐기물수거량(ton/주)	운반비용($/주)	처리비용($/주)
1	1	100	500	400
2	1	25	175	100
2	2	105	525	630
3	1	125	500	500
4	2	85	510	510
총비용			2,210	2,140

3.10 수집체계의 분석

우리나라에서는 아직 수집체계에 대한 분석이 이루어지고 있지 않으나 미국에서는 시간·동작 연구를 통하여 이에 대한 분석이 이루어지고 있는데, 이는 주로 장거리 수송을 위한 콘테이너 시스템에 관한 것이다. 콘테이너 시스템에는 다음과 같은 것들이 있다.

① 견인식 콘테이너 시스템(hauled container system) : 이 방식은 빈 콘테이너를 갖다 놓은 후 폐기물이 채워진 콘테이너를 처분지로 운반하는 것이다.

② 고정식 콘테이너 시스템(stationary container system) : 이 방식은 콘테이너 채워진 폐기물을 적재차량에 비운 후 다시 제자리에 놓아두는 것이다.

3.10.1 견인식 콘테이너 시스템

이에는 다시 재래식 방법과 교환 콘테이너 방식이 있는데, 재래식 방법은 그림 3-30과 같다.

여기에서의 적재시간(P_{hcs})은 빈 콘테이너를 예치시킨 후 다음 콘테이너로 운전하는 데 소모된 시간 + 적재된 콘테이너를 싣는 데 소모된 시간 + 그리고 그 내용물을 내린 후 다시 예치하는 데 걸리는 시간이다.

견인식 콘테이너의 콘테이너 1왕복당(trip) 소요되는 시간은 적재시간 + 처분장에서 내리는 데 걸리는 시간 + 내리기 위하여 기다리는 시간 및 운반시간을 포함하며 식 (3.1)과 같이 구할 수 있다.

$$T_{hcs} = (P_{hcs} + s + h)/(1 - W) \tag{3.1}$$

여기서, T_{hcs} : 견인식 콘테이너 1왕복당 소요되는 시간(h/trip)

P_{hcs} : 견인식 콘테이너 1왕복당 적재시간(h/trip)

s : 처분장에서 걸리는 시간(h/trip)

h : 1왕복당 운반시간(h/trip)

W : 정비 및 수리, 차고, 입반출 점심 및 휴식시간 등이 차지하는 비율(0.10~0.25 (대표치 0.15)

운반시간 h는 왕복운반거리 x와 근사적으로 식 (3.2)와 같이 나타낼 수 있다.

$$h = a + bx \tag{3.2}$$

여기서 a, b는 실험상수이다.

적재시간 P_{hcs}는 식 (3.3)과 같다.

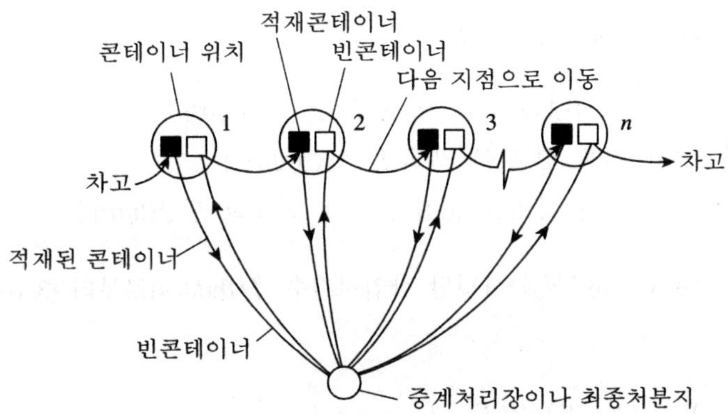

(1) 재래식 방식

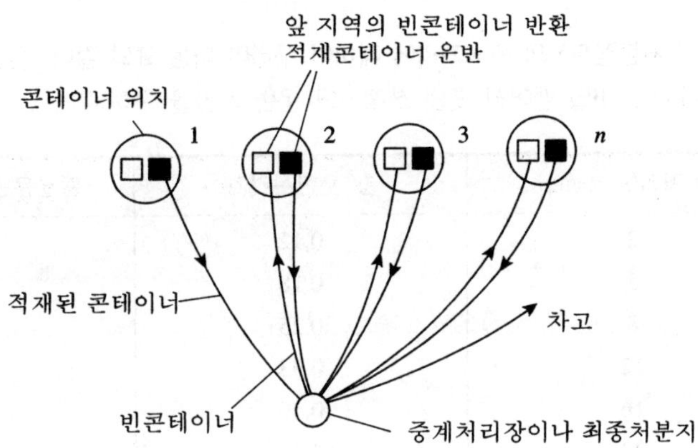

(2) 교환콘테이너 방식

그림 3-30 견인식 콘테이너의 연속조작

표 3-12 콘테이너 시스템 설계를 위한 주요 자료

수거 시스템			적재된 콘테이너를 싣는 시간과 콘테이너를 내려놓는 시간(h/trip)	적재된 콘테이너의 내용물을 비우는데 걸리는 시간 (h/콘테이너)	처분장에서 걸리는 시간(h/trip)
차 량	적재방법	압축율 (γ)			
견인콘테이너 시스템					
hoist truck	기계식	-	0.067		0.053
tilt frame	기계식	2.0～4.0	0.4		0.130
고정콘테이너 시스템					
압축차	기계식	2.0～2.5		0.050	0.10
압축차	수 동	2.0～2.5			0.10

$$P_{hcs} = pc + uc + dbc \tag{3.3}$$

여기서, pc : 적재된 콘테이너를 싣는 데 필요한 시간(h/trip)

uc : 빈 콘테이너를 싣는 데 필요한 시간(h/trip)

dbc : 콘테이너 위치 사이를 운전하는 데 필요한 시간(h/trip)

따라서 1일 왕복수송수(trip) N_d는 1일당 작업시간수 H(hr/day)로부터 (3.4)식으로 얻을 수 있다.

$$N_d = (1 - W)H/(P_{hcs} + s + a + bx) \tag{3.4}$$

여러 가지 수거차량에 따른 콘테이어 시스템 설계를 위한 주요 자료를 표 3-12에 나타내었다.

예8

평균속도를 여러 처분장까지의 왕복거리에 대하여 구하면 다음 표와 같다. 운반시간을 계산하기 위한 상수 a, b를 구하고 11마일 떨어진 곳의 쓰레기의 운반 시간을 구하시오.

왕복거리(x, mi/trip)	총 운반시간(h)	평균운반속도, y(mi/h)
2	0.12	17
5	0.18	28
8	0.25	32
12	0.33	36
16	0.40	40
20	0.48	42
25	0.56	45

풀이

1) 평균속도 $y = \dfrac{x}{a + bx}$

운반시간 $h = \dfrac{x}{y} = a + bx$

2) 따라서 운반시간 h와 왕복운반거리(x) 사이를 점철하여 그림을 그리면 다음과 같다.

3) 기울기 b = 0.020 h/mi

절편 a = 0.080 h/trip

4) 편도 11마일은 왕복 22마일이므로 이때 운반시간은

h = 0.080 + (0.020)(22) = 0.52 h/trip이 된다.

이때 1주일에 필요한 수송일자의 수(D_w)는 (3.5) 식으로 얻어야 하며

$$D_w = N_w(P_{hcs} + s + a + bx)/(1 - W)H \quad (3.5)$$

이때 일주일에 필요한 왕복(trip)의 수 N_w는 (3.6) 식으로 얻는다.

$$N_w = V_w / cf \quad (3.6)$$

여기서, V_w : 1주일간 쓰레기 발생량(yd^3/주)
c : 평균콘테이너의 크기
f : 콘테이너 이용인자

3.10.2 고정콘테이너 시스템

적재과정의 차이 때문에 기계식 및 인력식 적재고정콘테이너 시스템이 별도로 다루어져야 한다. 그 수거과정을 간단히 나타내면 그림 3-31과 같다.

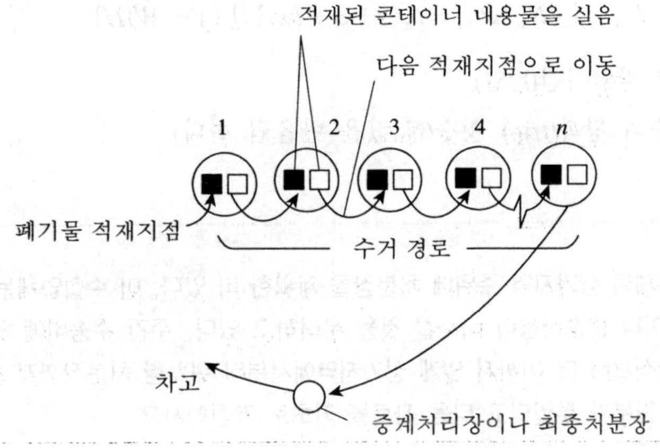

그림 3-31 고정콘테이너 시스템의 수거과정

(가) 기계식 적재차량

자동적재 압축차에 대한 1왕복(trip) 시간 T_{scs}는 (3.7)식과 같이 나타낼 수 있다.

$$T_{scs} = (P_{scs} + s + a + bx)/(1 - W) \quad (3.7)$$

견인식의 (3.1)식과 고정식의 (3.7)식과의 차이는 적재시간 P_{scs}뿐이다. 이때 P_{scs}는 (3.8)식으로 얻을 수 있다.

$$P_{scs} = C_t(uc) + (n_p - 1)(dbc) \quad (3.8)$$

여기서, C_t : 1왕복당 비우는 콘테이너의 수(콘테이너/trip)

u_c : 고정콘테이너 시스템에서 콘테이너당 평균 비우는 시간(h/콘테이너)

n_p : 1왕복당 콘테이너 적재지점의 수(적재지점/trip)

dbc : 콘테이너 적재시점 사이를 운전하는 데 걸리는 평균시간(h/적재지점)

1왕복당 비우게 되는 콘테이너 수는 수거차량의 부피(v), 압축비(r), 콘테이너의 부피(c)로부터 (3.9)식과 같이 얻어진다.

$$C_t = vr/cf \tag{3.9}$$

여기서 f는 콘테이너 이용인자이다.

일주일에 필요한 왕복(trips) 횟수 N_w는 (3.10)식과 같다.

$$N_w = V_w/(vr) \tag{3.10}$$

일주일당 요구되는 총 소요일수 D_w(일/주)는 (3.11)식과 같다.

$$D_w = [(N_w)P_{scs} + t_w(s + a + bx)]/[(1 - W)H] \tag{3.11}$$

여기서, H : 1일 작업시간(h/일)

t_w : 정수의 왕복(trip) 횟수(N_w값을 반올림 한다)

예9

개인쓰레기 수집업체가 상가지역 주위에 처분장을 계획한 바 있다. 이 수집업체는 견인식 콘테이너 시스템을 도입할 생각이나 운송비용이 비싸질 것을 우려하고 있다. 주간 수송비에 있어 견인식 콘테이너가 고정식 콘테이너방식보다 더 비싸지 않게 상가지역에서부터 위치할 처분장까지 최대거리를 산출하시오. 단, 운전사와 수거인부가 투입되고 다음 자료를 기초로 계산하시오.

1. 견인 콘테이너 시스템

(1) 쓰레기 용량 = 300 m^3/wk

(2) 콘테이너 크기 = 8 m^3/trip

(3) 콘테이너 사용인자(f) = 0.67

(4) 콘테이너 적재시간 = 0.033 h/trip

(5) 콘테이너 하역시간 = 0.33 h/trip

(6) 처분장에서 소모시간 = 0.053 h/trip

(7) 운전비용 = 12,000 원/h

(8) 기타비용 = 320,000 원/wk

2. 고정 콘테이너 시스템

(1) 쓰레기 용량 = 300 m^3/wk

(2) 콘테이너 크기 = 8 m^3/콘테이너

(3) 콘테이너 사용인자(f) = 0.67
(4) 수거차량 용량 = 30 m^3/trip
(5) 수거차량 압축률 = 2
(6) 콘테이너 하역시간 0.10 h/콘테이너
(7) 처분장에서의 소모시간 = 0.05 h/콘테이너
(8) 운전비용 = 12,000 원/h
(9) 기타비용 = 600,000 원(wk)

3. 배열 특성치
(1) 콘테이너와 콘테이너 사이의 평균거리 0.2 km
(2) 고정식 및 견인식 콘테이너 시스템의 경우 콘테이너 사이의 운전시간 추정상수
a' = 0.060 h/trip b' = 0.042 h/km
(3) 고정식 및 견인식 콘테이너의 운반시간 추정상수
a = 0.022 h/trip b = 0.014 h/km

풀이 1. 견인 콘테이너 시스템

(1) 1주일 왕복(trip)횟수 (3.6식)

$N_w = V_w / cf =$ (300 m^3/wk)/(8 m^3/trip)×0.67 = 56 trips/wk

(2) (3.11)식의 t_w 결정

t_w = 56 trips/wk

(3) 적재시간 계산(3.3식)

$$Phcs = pc + uc + dbc = pc + uc + a' + b'x'$$
$$= 0.033\ h/trip + 0.033\ h/trip + 0.060\ h/trip + 0.042\ h/km \cdot 0.2\ km$$
$$= 0.134\ h/trip$$

(4) 견인식 콘테이너의 경우 1주일에 요구되는 총시간(D_w) 계산 (3.5식)

$$D_w = t_w(Phcs + s + a + bx)/[(1-W)H]$$
$$= 56\ trips/wk(0.134\ h/trip + 0.053\ h/trip + 0.022\ h/trip + 0.014\ h/km \times km)$$
$$/[(1-0.15)(8\ h/day)]$$
$$= (1.72 + 0.115/km \cdot x)\ days/wk$$

(5) 1주일간 운영비 = (12,000원/h)(8 h/day)(1.72 + 0.115x)day/wk
= (165,120 + 11,040x)원/wk

2. 고정식 콘테이너

(1) 1왕복당 콘테이너 수(C_t)를 결정 (3.9식)

$C_t = vr/cf =$ (30m^3/trip)(2)/(8m^3/콘테이너)(0.67)

(2) 콘테이너당 적재시간 계산 (3.8식)

$P_{scs} = C_t(uc) + (n_p - 1)(dbc)$

$= C_t(uc) + (n_p - 1)(a' + b'x')$

= (11콘테이너/trip)(0.050h/콘테이너) + (11 − 1지점/trip)[0.06h/지점 + (0.042 h/km)(0.2km/지점)]

= 1.23 h/trip

(3) 일주일에 필요한 왕복(trip) 횟수 (3.10식)

$N_w = V_w/vr = (300\text{ m}^3/\text{wk})/(30/\text{m}^3/\text{trip}) \cdot (2) = 5\text{trips/wk}$

(4) 일주일당 요구되는 총시간(D_w) 계산 (3.11식)

$D_w = [N_w P_{scs} + t_w(s + a + bx)]/[(1 - W)H]$

= {(5trips/wk)(1.23h/trip) + 5trip/wk×[0.1h/trip + 0.22h/trip + (0.014h/km)×km]/[(1 − 0.15)(8h/day)]

= [0.99 + (0.010)/km · x] day/wk

(5) 1주일간 운영비 계산

= (12,000원/h)(8h/day)[0.99 + 0.01/km · x]day/wk

= 95,040 + 960x원/wk

3. 총 경비가 같아지는 거리는

320,000 + [165,120 + 11,040x] = 600,000 + [95,040 + 960x]

$11{,}040x - 960x = (600{,}000 + 95{,}040) - (320{,}000 + 165{,}120)$

$10{,}080x = 209{,}920$

x = 20.8 km(일방거리 − 10.4 km)

10.4 km 이상에서는 고정식 콘테이너 방식이 유리하다.

(나) 수동식 적재차량

수동식 적재차량 운영의 경우 1왕복당 폐기물을 수거할 수 있는 적재지점의 수는 (3.12)식과 같이 계산된다.

$$N_p = 60 P_{scs} \cdot n / t_p \qquad (3.12)$$

여기서, N_p : 1왕복당 적재지점의 수(수거지점/trip)

60 : 60 min/h

P_{scs} : 1 왕복당 적재시간(h/trip)

n : 수거인부의 수(수거인부)

t_p : 적재지점당 적재시간(인부 · min/수거지점)

적재지점당 적재시간은 각 적재지점에서의 콘테이너의 평균수량(C_n)과 문전수거의 백분율 (RPH)로부터 (3.13)식과 같이 얻어진다.

$$t_p = 0.72 + 0.18(C_n) + 0.014(\mathrm{PRH}) \tag{3.13}$$

RPH : rear-of-house pickup locations, %

또한 1일 노동시간 H(시간/day)는 1일 수거왕복수 N_d(trip/day)로부터 (3.14) 식과 같이 구할 수 있다.

$$H = N_d(P_{scs} + s + a + bx)/(1 - W) \tag{3.14}$$

또한 1왕복당 적재지점의 수가 알려져 있을 때 적절한 수거차량의 크기는 (3.15)식으로 계산되며,

$$v = V_p \cdot N_p / r \tag{3.15}$$

여기서, v : 적재차량의 부피(m^3/터럭)

V_p : 적재지점당 수거된 쓰레기 부피(m^3/지점)

N_p : 1왕복당 적재지점의 수(적재지점/trip)

r : 압축률

1왕복당 적재지점의 수가 알려지면 주당 노동력 요구량(수거인부 · day/wk)은 (3.11)식에 수거인부의 수(n)을 곱하여 계산할 수 있고, 1주일당 왕복수는 (3.16)식으로 계산된다.

$$N_w = T_p F / N_p \tag{3.16}$$

여기서, N_w : 1주일당 수거왕복수(trip/wk)

T_p : 전체 적재지점의 수(적재지점)

F : 1주일당 수거빈도(회수/wk)

N_p : 1왕복당 적재지점의 수(지점수/trip)

예10

1,000가구가 살고 있는 주거지역의 쓰레기 수거시스템을 아래 조건에서 설계하라. 수거인부는 2명이다.

(1) 가구당 평균식구수 = 4인/가구

(2) 1인당 쓰레기 발생률 = 1.5 kg/인 · 일

(3) 고형폐기물의 밀도(콘테이너) = 120 kg/m^3

(4) 각 가정당 수거용기 = 120L 용기, 2개

(5) 수거서비스 = 50 % 문전수거
(6) 수거빈도 = 1회/wk
(7) 수거차량 = 압축차(압축비=2)
(8) 왕복수거거리 = 24 km
(9) 노동시간 = 8 h/day
(10) 1일 왕복수 = 2 trips/day
(11) 공시간(break time)율 W = 0.15
(12) 운반시간 결정상수 a = 0.016 h/trip, b = 0.011 kg/h
(13) 처분지의 소모시간 = 0.10 h/trip
(14) 적재수거지점당 평균적재시간(3.13식)

풀이

1. 적재시간계산(3.14식) = 3.01 h/trip
2. 적재수거지점당 평균적재시간(3.13식) = 1.76 수거인부, min/수거지점
3. 1왕복당 적재수거지점수 결정(3.12식) = 205 수거지점/trip
4. 1주일간 수거지점당 발생한 쓰레기 부피 = 1.5kg/인 · 일×4인/수거지점×7일/wk/120 kg/m^3=0.35 m^3/수거지점
5. 수거차량 용량결정 (3.15식)
   = 0.35(m^3/수거지점) × 205(수거지점/trip) × 1/2 = 35.9 m^3/trip
6. 1주일당 필요한 왕복수 (3.16식)
   = (1,000적재지점)(1wk)/(205 지점/trips) = 4.88 trips/wk
7. 노력인력요구량

$$D_w = n[(N_w)P_{scs} + t_w(S+a+bx)]/[(1-W)H]$$

$$=(2)\{(4.88\text{trips/wk})(3.01\text{h/trip})+(5\text{trips/wk})$$
$$[0.1\text{h/trip} + 0.016\text{h/trip} + (0.011\text{h/km})(24\text{km/trip})\}/(1-0.15)(8\text{h/day})$$
$$= 4.89 \text{ 수거인부} \cdot \text{day/wk}$$

따라서 2인 인부의 경우 주당 2.45일이 요구된다.

3.11 적환장(Transfer station)

3.11.1 적환장의 필요성

적환장은 비교적 수집차량에서 큰 차량으로 옮겨 싣고 장거리 수송을 할 경우에 필요한 시설이다. 적환장은 보통 다음과 같은 경우에 설치된다.

① 처분지가 수집장소로부터 16 km(10mile) 이상 멀리 떨어져 있을 때

② 작은 용량의 수집차량(15 m^3 이하)을 사용할 때
③ 불법투기와 다량의 어지러진 쓰레기들이 발생할 때
④ 저밀도 거주지역이 존재할 때
⑤ 상업지역에서 폐기물 수집에 소형용기를 많이 사용할 때
⑥ 슬러지(sludge) 수송이나 공기수송 방식을 사용할 때

등이다.

얼마전까지만 해도 손수레로 쓰레기를 수거하여 5톤 트럭으로 옮겨 싣고 난지도 매립지를 수송하여 매립하였다. 최근에는 도로의 확장, 유가의 하락 및 소형차량의 개발로 직접 차량 수거하여 난지도로 직수송하는 경우도 많았다. 그런 1992년 11월부터는 약 50 km 떨어진 김포 해안매립지(총 면적 20,750천m^2, 총 매립량 409,620천m^2, 25년간 사용예정)로 수송하여 위생매립하고 있다. 따라서 이와 같은 장거리 수송일 경우에는 그림 3-32에서와 같이 고정콘테이너(압축차) 시스템이 견인용 콘테이너보다 경제적이며 또한 중계처리장을 만들어 대형콘테이너를 이용하는 것이 보다 경제적이라는 것을 알 수 있다. 이때 적환장은 소형차량에서 대형차량으로 이송하거나 이를 분리 압축하여 효율적인 수송을 촉진시키는 데 이용된다.

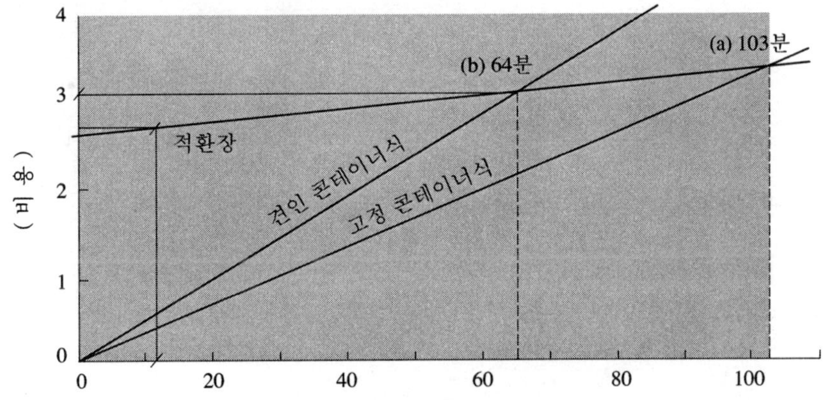

(a) 고정 콘테이너식의 손익분기점
(b) 견인 콘테이너식의 손익분기점
(c) 적환장의 운용비

그림 3-32 쓰레기의 수송수단에 따른 경제성 비교

3.11.2 적환장의 형식

이 적환장에는 1일 100톤 이하의 소형, 100톤~500톤 사이의 중간크기, 500톤 이상의 대형이 있다. 또한 소형 수송차량에서 대형 수송차량으로 적재하는 데 사용하는 방법에 따라 ① 직접 투하방식 ② 저장 투하방식 ③ 직접과 저장의 결합방식이 있다. 이들의 모식도를 그림 3-33에 나타내었다.

(가) 직접 투하(direct discharge)방식

이는 소형차에서 대형차로 직접 투하하여 싣는 방법으로 주택가와 거리가 먼 교외지역에 설치 가능한 적환장 방식이다. 이는 노천형으로 하거나 위에 지붕을 한 경우도 있다. 이 중계처리장은 건설비나 운영비가 적어 소도시에서 택하기 쉬운 장점은 있으나 압축이 되지 않는 단점도 있다. 우리나라에서 실시하고 있는 투하식 적환장이 이런 형태에 해당하며 수거차가 대형차에 어느 정도 상차한 이후에는 포집기(clamshell)와 같은 기계식 상차장치 대신 미화원이 직접 상

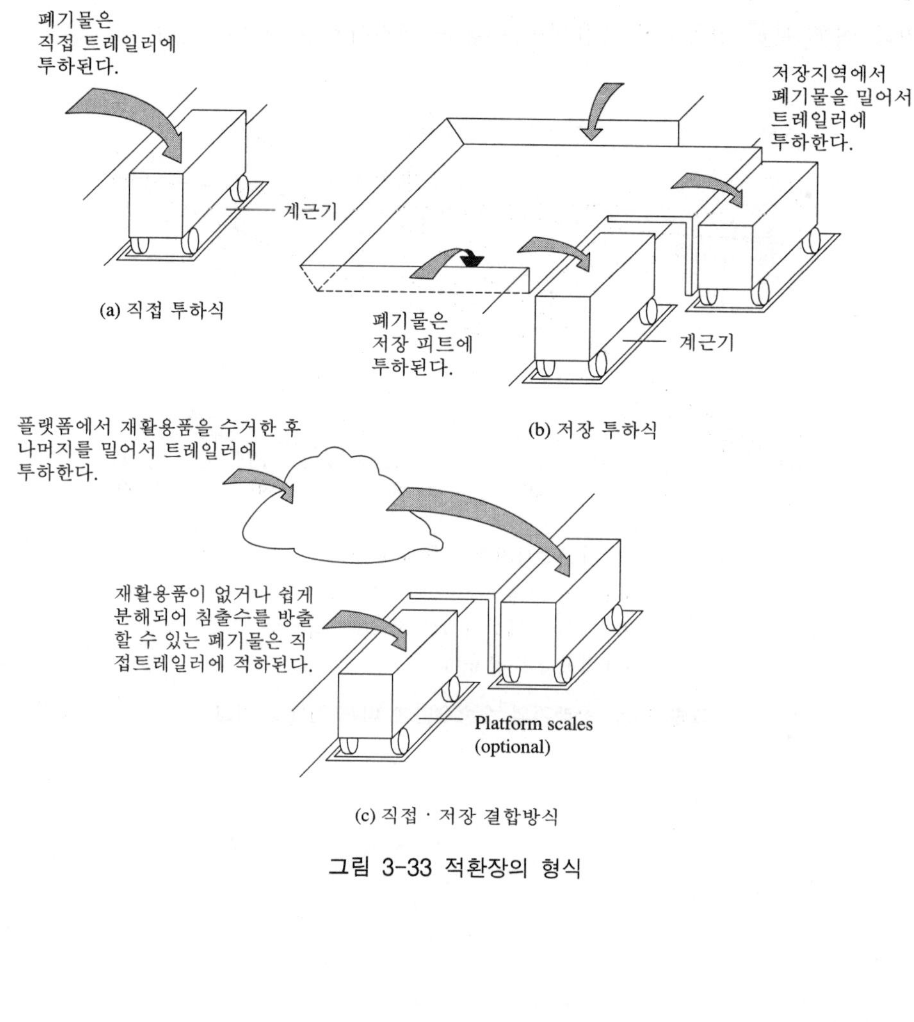

그림 3-33 적환장의 형식

차작업을 끝낸다. 또 다른 직접 투하방식으로 고정압축차(stationary compactor)가 있다. 이것은 쓰레기 중 부피가 작은 것을 3개의 투입구 중 B, C 투입구로 투입하여 아래층에 설치된 고정압축차로 콘테이너 트레일러에 압축상차하고 별도로 상부개방형 콘테이너 트레일러에 싣게 된다.

이와 같은 적환방식을 채택하기 위해서는 주민들이 쓰레기를 배출할 때 쓰레기 크기별로 배출해 주지 않으면 적환장에서 이를 다시 분리해야 되는데, 이 경우 작업량이 많아져 적환작업이 어려워진다. 고정압축차의 단점은 콘테이너 트레일러의 끝부분의 쓰레기 밀도가 높고 앞부분은 상대적으로 낮아 차하중이 불균형하고, 심한 경우는 끝부분이 파열되어 잦은 콘테이너 트레일러의 수리를 요한다. 직접 투하방식보다 적환횟수는 다소 줄일 수 있지만 작업이 어려워 소도시 등 기능인력이 부족한 경우는 채택하기 어렵다.

(나) 저장 투하(storage discharge)방식

이 방식은 쓰레기를 저장피트에 저장한 후 불도저-압축기로 적환하는 방식으로 대도시의 대용량 쓰레기에 적합하다. 수거차에 의하여 수거된 쓰레기는 계근기를 거쳐 적환 건물내로 들어오고 건물내의 투하 가능한 지점에서 쓰레기를 내려놓고 다시 수거작업을 행한다. 투하가능 지점은 수거차량이 20분 이상을 기다리지 않게 충분히 확보한다. 쓰레기 저장피트는 보통 2～5 m의 깊이로 되어 있으며 계획 처리량의 0.5～2일분의 쓰레기를 저장할 수 있는 저장능력을 갖춘다.

이 방식은 직접 투하방식에 비하여 수거차의 대기시간이 없이 빠른 시간 내에 적하를 마치므로 적환 내외의 교통체증 현상을 없애주는 효과가 있다. 일단 쓰레기 저장피트에 저장된 쓰레기는 불도저에 의해 상부개방형 콘테이너 트레일러에 상차되며 상차 종료시에는 크레인으로 쓰레기를 골라주고 작업을 끝낸다. 최근에는 불도저로 상부개방형 콘테이너 트레일러에 쓰레기를 상차하는 방식에서, 사전 압축한 후 콘테이너 트레일러에 쓰레기를 상차하는 예비압축기(preload compactor)가 개발되어 미국의 서부와 캐나다에서 성공적으로 사용되고 있다. 이는 사전에 지시된 무게만큼 압축실에서 압축되고 압축된 쓰레기더미를 콘테이너 내부에 쉽게 들어갈 수 있도록 10 m×2.1 m×2.1 m의 크기로 하는 것이다. 기능을 보면 쓰레기 저장피트내의 쓰레기를 불도저로 투입구에 밀어 넣으면 압축기의 압축피스톤(ram)이 쓰레기를 압축시키고 후퇴한다. 이것을 몇 번 반복하여 압축행정에 따라 압축되어 전자장치에 미리 입력된 압력(1,500 psi)에까지 도달되면 한 사이클이 끝나 압축피스톤은 자동적으로 되돌아 간다.

이와 같이 완성된 쓰레기더미는 압축피스톤에 의하여 콘테이너 내부로 상차된다. 보통 25톤 압축쓰레기 한 개 더미를 압축하여 콘테이너에 상차하기까지는 12분 정도 걸린다. 일반 압축기나 압출기와는 달리 특수 열처리된 고 내마모성 특수강 재질의 쓰레기 절단기(shear knife)가 설치되어 있어 가구형 쓰레기와 같은 대형 쓰레기도 절단 압축이 가능하므로 분리형 소형쓰레기와 중대형 쓰레기를 분리수거 하지 않아도 압축처리가 가능한 압축기라 할 수 있다.

최근 독일이나 미국 등지에서 수송거리가 멀고, 매립지 구입이 어려우며, 바람이 심하게 불어 흩날리는 수가 많고 까마귀 등 날짐승의 번식 등으로 매립장의 위생적인 관리가 곤란하게 되어 쓰레기를 압축한 후 이 쓰레기 더미를 철끈으로 묶어 매립하는 경우가 있다. 이를 포장(baling) 시스템 또는 포장압축(baling press)방식이라고 부르며 이 장치를 포장기(baler)라 한다. 여러 가지 크기로 쓰레기더미를 만들 수 있는데, 보통 1 m×1 m×1.2 m 크기로 1～1.2톤 정도의 무게를 가진다. 이 방법은 매립지에서 별도의 압축기 없이 지게차에 의한 매립방식을 사용할 수 있으며 토지 이용도 다른 방식에 비해 양호하다. 특히 매립방법이 단순하며 분진 발생이 적다. 그러나 쓰레기 함수율이 60%가 넘어서면 침출수 발생문제가 뒤따르고 쓰레기를 차량에 상차할 때 쓰레기가 노출되어 주택가에 근접된 적환장 장비로서는 좋은 방식이라 할 수 없다.

(다) 직접 · 저장(direct and storage) 투하 결합방식

이 방식은 직접 상차하는 방식과 쓰레기를 저장 후 적환하는 방식 두 가지 모두를 한 적환장 내에 설치 운영하는 방식이다. 일반 부패성 쓰레기는 계근장을 거쳐 곧바로 직접 상차 투입구로, 재활용품이 많이 포함된 쓰레기는 계근장을 거쳐 별도로 마련된 투하지점에 쓰레기를 하차하게 되면 재활용품을 선별한 뒤 불도저나 포집기(clamshell)로 콘테이너 트레일러에 상차하여 매립지로 수송하는 방식이다. 이는 재활용품의 회수율을 증대시키기 위한 방식이라고 할 수 있다.

3.11.3 적환장의 용적(capacity) 소요

적환장의 용적 소요는 주의깊게 설계되어 수집차량의 쓰레기 적하시 지체시간이 적어야 한다. 용적 소요의 산출에는 보통 경제적인 절충분석(economic trade-off analysis)이 행해진다. 즉 적하하려고 기다리는 수집차량이 보낸 시간에 대한 연간 경비와 더 큰 적환장을 사용하거나 적환장비를 사용할 때의 연간 증가비용 사이에서 적절한 절충(trade-off)이 이루어져야 한다.

또한 수송비(수송장비, 노동경비)의 증가 때문에 적환장의 용적과 수송비 사이에도 적절한 절충이 이루어져야 한다. 적환장의 용적을 늘리고 작업시간을 늘려서 수송차량을 줄이는 것이 작은 적환장과 더 많은 수송차량을 구입하는 것보다 효과적일 수 있다.

적환장의 용적은 수송차량에 짐을 적재하는 보조장비의 유형에 의해서도 달라진다. 통상 적환장의 저장용량은 2일간의 폐기물 발생량을 초과하지 않도록 하는 것이 하나의 표준이 된다.

3.11.4 적환장의 위생요구도

적환장은 적절한 건축과 운용으로 악취발생을 최소화하여야 한다. 보통 적환장은 밀폐된 구조로 되어 있으며 청결하게 유지·관리하도록 설계된다. 그리고 방화재 건축이 요구되며 직접 배출식 적하시 종이가 날리지 않도록 방충망을 설치해야 한다. 기타 흘려진 폐기물은 바로 수거하고 1~2시간 이상 체류하지 못하도록 해야 하며 위생도를 주기적으로 점검해야 한다.

우리나라에서도 폐기물관리법에서 적환장의 설치 및 유지·관리기준을 다음과 같이 정하고 있다.

① 적환장에서는 이동식 콘테이너를 비치하여 쓰레기가 야적되지 않도록 하여야 한다. 다만, 면적 또는 도로의 사정상 이동식 콘테이너를 비치하기가 어려운 경우에는 그러하지 아니하다.

② 적환장에는 울타리를 설치하고 물뿌리는 장비 등을 비치하여 쓰레기·먼지 등이 날리지 않도록 하여야 한다.

③ 적환장은 4월부터 9월까지는 1일 1회 이상, 10월부터 3월까지는 주1회 이상 소독을 실시하여 악취의 발산과 쥐 및 파리·모기 등 해로운 벌레의 발생·번식을 방지하여야 한다.

3.11.5 적환장의 위치결정

적환장의 위치는 다음과 같은 곳에 자리잡아야 한다.

① 수거해야 할 쓰레기 발생지역의 무게 중심에 가까운 곳

② 쉽게 간선도로에 연결될 수 있고 2차 보조 수송수단에의 연결이 쉬운 곳

③ 적환장의 운용에 있어서 공중의 반대가 적고 환경적 영향이 최소인 곳

④ 건설과 운용이 가장 경제적인 곳이 이상적이다.

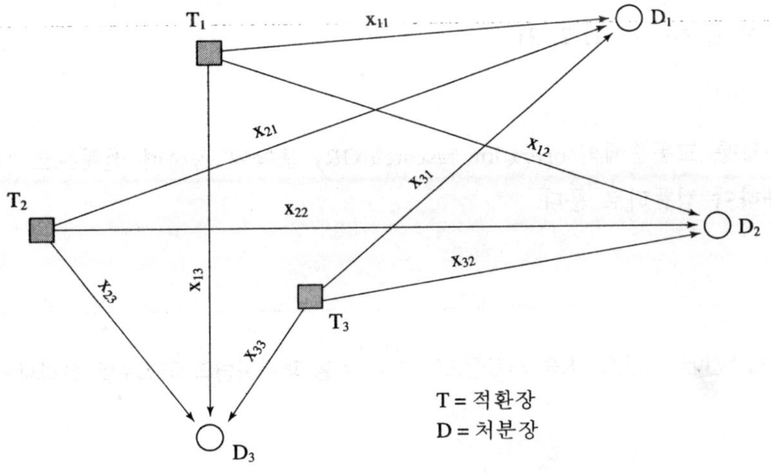

그림 3-34 세 곳에 적환장에서 세 곳의 최종처분지로의 쓰레기 할당 모형

만약 적환장이 물질회수, 소각 등의 중간처리시설로 활용될 경우에는 이들 조작에 요구되는 모든 사항에 부합되어야 한다. 여러 개의 적환장과 최종 처분지가 한 지역에 위치할 경우 이상적인 최적할당 방법을 얻는 것이 중요하고 그 풀이 방법은 복잡하나, 쓰레기 할당 문제는 다음과 같이 분석될 수 있다. 한 예로 쓰레기의 총량을 세 곳의 적환장에서 세 곳의 최종처분지로 운반하여 처리되는 것으로 가정한다(그림 3-34 참조). 총 운반비가 가능한 최소의 값을 가지게 할당하는 것이 좋다.

또한 (1) 모든 처분장으로 운반되는 폐기물의 총량은 적환장으로 이송된 폐기물의 총량과 같다(물질수지). (2) 각 처분지에서 수용할 수 있는 폐기물의 양은 제한적이다. (3) 각 적환장에서 운반된 쓰레기의 양은 0보다 적지 않다는 것을 가정한다.

이들을 기호로 나타내면 다음과 같다.

1. 적환장을 i로 나타낸다.
2. 최종처분장을 j로 나타낸다.
3. X_{ij}는 적환장 i에서 최종처분장 j로 운반된 쓰레기의 양이다.
4. C_{ij}는 적환장 i에서 최종처분장 j로 쓰레기를 운반하는 경우의 비용이다.
5. R_i는 적환장 i로 운반된 쓰레기의 총량이다.
6. D_j는 적환장 j에서 수용할 수 있는 쓰레기의 총량이다.
7. 총비용을 나타내는 목적함수가 최소가 되는 값을 찾아야 한다.

   즉, 목적함수의 최소값 = $\left[\sum_{j=1}^{3}\sum_{i=1}^{3}(X_{ij}Cij)\right]$ 최소값

   이때 제약조건은 다음과 같다.

   $\sum X_{ij} = R_i$ $(i = 1,\ 2,\ 3)$

   $\sum X_{ij} \leq D_j$ $(j = 1,\ 2,\ 3)$

   $X_{ij} \geq 0$

이것은 보통 교통문제의 operation research(OR) 분야에 속하며 선형프로그래밍 알고리즘을 이용하여 컴퓨터로 푼다.

예12

다음과 같은 조건에서 4곳의 최종 처분장으로 보내야 할 폐기물량의 단위수를 정하시오.

조건

(1) 각 적환장에서 처분될 수 있는 폐기물의 양

적환장(i)	폐기물량(단위수/일)
1	2
2	4
3	3
4	2
총 계	11

(2) 처분지의 용량

적환장(j)	폐기물량(단위수/일)
1	5
2	5
3	6
4	6
총 계	22

(3) 각 적환장에서의 처분까지의 왕복거리

적환장	처분장까지의 운반거리(km)			
	1	2	3	4
1	40	16	12	18
2	30	30	10	28
3	40	24	40	24
4	20	40	30	36

풀이 (1) 적환장에서 처분장으로의 할당량

중계처리장(i)	처분장(j)			
	D_1	D_2	D_3	D_4
T_1	0	0	2	0
T_2	0	0	4	0
T_3	0	0	0	3
T_4	2	0	0	0

(2) 가격평가

운반조건			운반비용	
총계장	처분장	단위수	단위당비용(원)	총비용(원)
T_1	D_3	2	6,080	12,160
T_2	D_3	4	5,280	21,120
T_3	D_4	3	10,880	32,640
T_4	D_2	2	9,280	18,560
총 계			31,520	84,480

Chapter 4

물질의 회수

4.1 물질회수

4.1.1 서 론

물질의 회수는 폐기물을 처리 또는 처분하기 전에 재활용 가능한 성분을 선별 · 수집하는 것을 말한다. 전형적인 도시 폐기물은 아래의 9가지 성분들로 이루어져 있다.

① 음식물류 ② 종이류
③ 플라스틱류 ④ 금속류
⑤ 유리류 ⑥ 고무/가죽류
⑦ 목재류 ⑧ 섬유류
⑨ 연탄재

위의 성분중 주요 자원회수를 위한 선별 대상은 종이류, 금속류, 유리, 플라스틱 등 4가지이다. 음식물류는 퇴비화나 사료화 등으로 자원화할 수 있으며 연탄재는 매립지 복토재로 사용할 수 있을 것이다. 기타 고무/가죽류, 목재류, 섬유류는 그 양이 비교적 미미한 편이다. 우리나라의 경우(2003) 성분별 평균 구성비율을 개략적으로 살펴보면 아래와 같다.

① 음식물류 : 23.4 %
② 연탄재 : 1.2 %
③ 종이류 : 11.1 %
④ 금속 · 유리류 : 6.6 %
⑤ 고무 · 가죽류, 목재 · 섬유류 : 5 % 미만

선별 대상 물질이 각기 상이한 성질을 가지고 있기 때문에 선별 방법을 선택하는 데 있어서도 가벼운 것과 무거운 것으로 나눈다거나 자석으로 분리할 수 있는 것과 없는 것으로 세분하거나 각각 폐기물의 크기에 따라 분류하는 등의 방법이 있을 수 있다. 또한 선별 장치는 손으로 하는 방법(manual separation)과 기계로 하는 방법(mechanical separation)으로 나눌 수 있는데, 기계적인 방법으로는 공기선별 자석선별, 스크린선별 등이 있으며 전처리 단계로 흔히 파쇄가 필요하다.

4.2 인력선별

4.2.1 개요

인력선별은 콘베이어 벨트(conveyer belt)를 이용하여 손으로 종이류, 플라스틱류, 금속류, 유리류 등을 분류하는 방법이다. 인력선별은 사람이 직접 손으로 분류하기 때문에 정확도가 높고 파쇄공정으로 유입되기 전에 폭발가능성이 있는 위험물질을 분류할 수 있다는 장점이 있다. 반면에 사람이 더러운 작업에 직접 노출되기 때문에 먼지흡입, 악취, 뾰족한 물체로 인해 다치는 수가 있고 기계적인 선별보다 작업량이 떨어질 수 있다는 것이 단점이다.

인력선별은 9 m/min 이하의 속도로 이동하는 콘베이어 벨트의 한쪽 또는 양쪽에서 사람이 서서 선별하는 것으로 벨트폭은 한쪽에서만 작업할 경우는 60 cm, 양쪽 작업시에는 90～120 cm로 한다. 작업효율은 0.5 ton/인 · 시간 정도이다. 이는 현재 네덜란드 등 몇몇 유럽국가에서 실시하고 있다.

4.2.2 콘베이어

콘베이어에는 ① 고무벨트식 ② 진동식 ③ 공기식 ④ 나사식의 4가지 유형이 존재한다.

(가) 고무벨트식

고무벨트식 콘베이어는 생쓰레기를 운반하는 데는 부적합하지만 공기선별한 쓰레기 등 비교적 고운 물질의 운반에는 적합하다(그림 4-1). 벨트의 경사각은 통상 20° 이하로 한다.

벨트 콘베이어의 동력요구도는 다음과 같은 경험식으로 추정할 수 있다.

$$\text{마력수(horsepower)} = \frac{LSF}{1000} + \frac{LTC}{990} + \frac{TH}{990} + P$$

여기서, L : 콘베이어 벨트의 길이(ft)

S : 벨트의 속도(ft/min)

T : 용량(tons/h)

H : 운송높이(ft)

F : 속도인자

C : 연동저항인자(idle resistance factor)

P : 견인차의 마찰도(pulley friction)

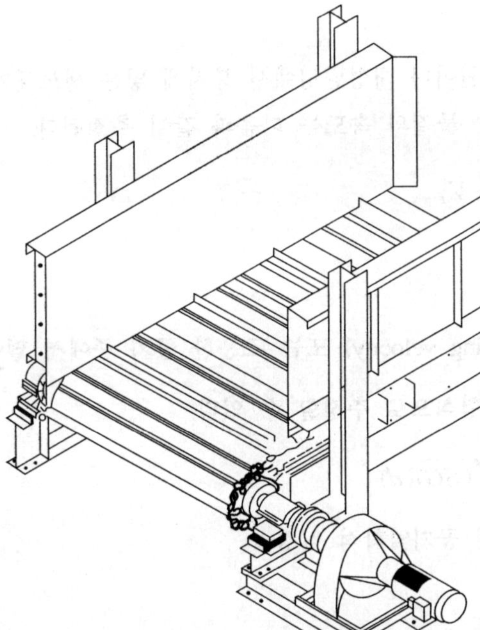

그림 4-1 전형적인 콘베이어의 모양

상기 방정식에 첫번째와 두번째 항은 짐을 수평으로 이동시키는 데 필요한 힘이고 세 번째 항은 수직으로 이동시키는 데 필요한 힘이다. 마지막 항은 마찰로 인한 동력손실이다.

다음과 같은 방정식도 마력수 추정에 사용된다.

$$마력수 = \frac{P(1.07L+50)(1.25T+0.03QS)}{1000} \pm \frac{1.25(TH)}{1000}$$

여기서, P : 베아링의 마찰계수

L : 콘베이어의 길이(ft)

T : 콘베이어의 용량(tons/h)

Q : factor

H : 물질의 수직이동거리(ft)

S : 콘베이어의 속도(ft/min)

마찰계수와 factor, Q값은 실험으로 결정해야 한다.

진동형 콘베이어는 물질의 흐름을 고르게 해주는 이점이 있다. 생쓰레기는 상당량의 에너지를 흡수할 수 있으므로 물질의 수송에 충분한 정도의 에너지가 공급되어야 한다. 통상 진폭이 2 cm, 분당 900회 진동(strokes)으로 가동된다.

(나) 공기식

공기식 콘베이어는 주로 병원이나 대형빌딩에서 봉지에 넣은 생쓰레기를 수송하는 데 사용되며 이 방법에 의해 운반되는 물질의 속도는 다음과 같이 추정된다.

$$V_m = V_a - V_f$$

여기서, V_m : 물질의 속도

V_a : 공기의 속도

V_f : 들뜸속도(floating velocity) 또는 조용한 공기 중에서 떨어지는 종말속도

들뜸속도는 다음과 같은 경험식으로 추정할 수 있다.

$$V_f = 3250\sqrt{(SG)(d)}$$

여기서, d : 대표적 입자의 공기역학적 직경

SG : 물질의 비중

또한 물질을 운반시킬 때에 관이 막혀서는 안되므로 최소한의 속도는 $V_m = 585\sqrt{W}$ 이어야 하는데, 여기서 W는 운반시키려는 물질의 밀도(1b/ft^3)이다. 물질의 이질성으로 인해 SG를 결정하는 것이 어려운 경우에는 SG = 0.1(W)$^{2/3}$을 사용하며, 추천되는 공기속도는 다음 식과 같다.

$$V_a = 1030\sqrt[3]{W}\sqrt{d} + 585\sqrt{W}$$

상기 식은 대표적 입자의 직경을 결정하기가 어렵기 때문에 통상 실제적인 적용은 어렵다. 수직관계에 있어서 요구되는 공기의 속도는 대체로 1,400 m/min이다. 경험적 자료에 의하면 물질/공기의 比를 0.1(예 : 0.1 kg 종이/1 kg 공기)로 유지시키면 되는 것으로 알려져 있다.

도관 내에서 물질의 흐름으로 인한 마찰손실은 10 % 미만이다. 표 4-1에 공기식 콘베이어 사용시 추천되는 공기의 속도를 나타내었다.

(다) 스크류형

스크류형 콘베이어는 쓰레기 저장시설에서 흔히 이용된다.

스크류 콘베이어에 의해 운반되는 물질의 양을 결정하기 위한 이론식은 아래 방정식과 같다. 이것은 스크류 전체가 충분히 많은 폐기물로 채워져 있는 상태(flooded)에 한한 공식이며, 그렇지 못한 경우에는 이론적으로 운반되는 양을 결정할 수 없고 실측에 의하여 측정하여야 한다.

표 4-1 공기식 콘베이어 사용시의 추천되는 공기의 유속

물 질	최소유속(m/min)
석회, 분말	1,200
면직물	4,350
철산화물(Iron Oxide)	1,950
종 이	1,500
걸 레	1,350

$$Q = CNRV$$

여기서, Q : 분당 운반되는 물질의 양

C : 효율계수로서 얼마만큼 물질이 흘려지는가(sippage)에 달려 있다.

N : Conveyor Lead의 수

R : rpm

V : 각 pitch당 운반되는 물질의 체적

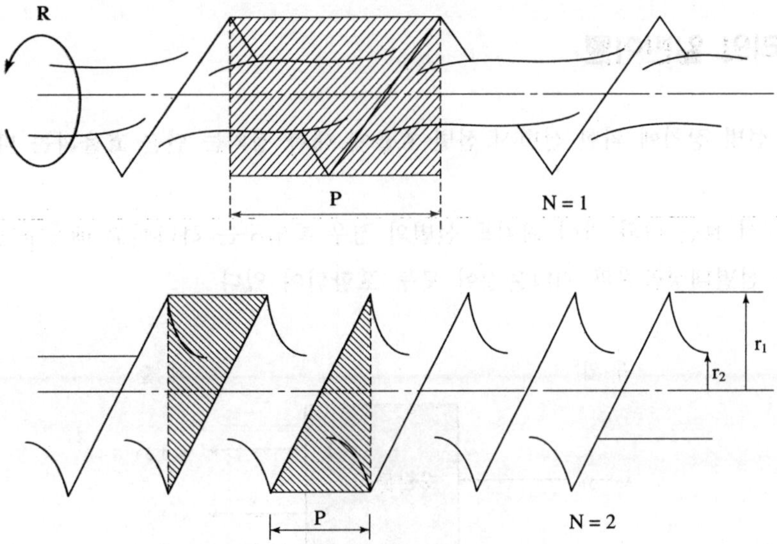

그림 4-2 Screw Conveyor 용량을 나타내는 변수의 정의

다시,

$$V = P\pi(r_1^2 - r_2^2)$$

여기서, P : pitch를 나타내는데, N=1과 N=2인 경우가 각각 그림 4-2에 주어져 있다.

r_1 : 콘베이어 끝까지의 반경

r_2 : 콘베이어 중심(hub)까지의 반경

예 I

r_1 = 15 cm, r_2 = 6 cm, N = 1, P = 50 cm, R = 10 rpm인 스크류 콘베이어가 8대 있다. 이들에 의해 운반되는 물질의 총량을 구하시오. 단, C = 0.5로 가정한다.

풀이 $V = P\pi(r_1^2 - r_2^2) = 50\times3.14\times(225\text{-}36) = 39.673\ \text{cm}^3$

개개 콘베이어에 대해서

$Q = CNRV = 0.5\times1\times10\times29,106\times10^{-6} = 0.14\ \text{m}^3/\text{min}$

8개의 콘베이어가 있으므로 운반되는 총량은

$8\times0.14 = 1.12\ \text{m}^3/\text{min}$

4.3 분리의 일반이론

기계적인 선별 장치에 의한 선별시 선별 효율에 대한 정의는 단순 효율과는 다소 차이가 있다.

그림 4-3에서 보는 바와 같이 폐기물 선별의 경우 투입구는 하나이고 배출구는 둘이며 각각의 흐름에는 선별대상물질과 기타물질이 모두 포함되어 있다.

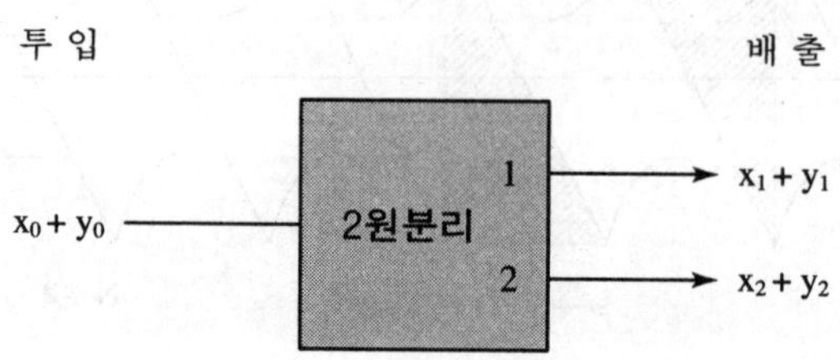

x : 회수 대상 물질　　첨자 0 : 투입
y : 기타 도시 폐기물　　1 : 회수
2 : 제거

그림 4-3 2원 분리(Binary Separation)를 위한 물질 흐름도

이 때의 선별효율을 나타내는 지표로는 아래의 두 가지 방법이 주로 이용된다. 우선 Worrell의 제안식에 의하면 회수율은 아래와 같이 정의된다.

$$x \text{ 회수율} = \frac{x_1}{x_0}$$

여기서, x_1 : 회수된 x의 순량

x_0 : 투입된 x의 총량

회수율이 아무리 높아도 기타 도시폐기물(y)이 회수된 물질 내에 많이 포함되어 있을 경우 선별의 의미는 없어진다. 따라서 기타 도시폐기물이 선별되는 양(y_1)이 적어야 한다. 이는 다시 말하면 기타 도시폐기물이 제거되는 양(y_2)이 커야 함을 의미한다.

따라서 y기각률(= y거부율)을 아래와 같이 정의할 수 있다.

$$y\text{기각률} = 1 - \frac{y_1}{y_0} = \frac{y_0 - y_1}{y_0} = \frac{y_2}{y_0}$$

여기서, y_0 : 투입된 기타 폐기물의 양

y_1 : 회수되는 기타 도시 폐기물의 양

y_2 : 제거되는 기타 폐기물의 양

다시 말해서 x 회수율과 y 기각율이 동시에 높을 때 선별효율이 높아지는 것이다. 따라서 선별효율(E)은 아래와 같이도 정의할 수 있다.

$$\text{선별효율}(E) = (x \text{ 회수율})(y \text{ 기각률}) \times 100(\%)$$

$$= \frac{x_1}{x_0} \cdot \frac{y_2}{y_0} \times 100(\%) \qquad \text{(Worrell 식)}$$

또한, 선별효율은 아래와 같이 정의할 수도 있다.

$$\text{선별효율}(E) = (x \text{ 회수율}) - (y \text{ 회수율})$$

왜냐하면 x 회수율은 높을수록 바람직하고, y 회수율은 낮을수록 바람직하기 때문이다. 이와 같은 정의에 의해 선별효율을 수식으로 표현하면 아래와 같다.

$$E = |(x \text{ 회수율}) - (y \text{ 회수율})| \times 100(\%) = \left| \frac{x_1}{x_0} - \frac{y_1}{y_0} \right| \times 100(\%) \qquad \text{(Rietema 식)}$$

절대치 기호를 이용한 것은 선별효율이 음의 값을 가지는 것은 의미가 없기 때문이다. 이 식을 Rietema의 제안식이라고 한다.

예2

투입량이 1 ton/h이고, 회수량이 600 kg/h(그 중 회수대상물질은 550 kg/h)이며 제거량은 400 kg/h(그 중 회수대상물질은 70 kg/h)일 때 회수율을 위의 두 가지 방법으로 계산하시오.

풀이 x_1이 **550 kg/h**이므로 y_1은 **50 kg/h**

x_2가 **70 kg/h**이므로 y_2는 **330 kg/h**

$x_0 = x_1 + x_2$이므로 **620 kg/h**

$y_0 = y_1 + y_2$이므로 **380 kg/h**

$$E=\left(\frac{550}{620}\times\frac{330}{380}\right)\times 100=77\%\ \text{(Worrell식)}$$

$$E=\left|\frac{550}{620}-\frac{50}{380}\right|\times 100=76\%\ \text{(Rietema식)}$$

4.4 스크린 선별

4.4.1 서론

스크린 선별은 구성의 폐기물을 스크린의 크기에 따라 분류하는 방법으로 유리를 회수하거나 재 등의 미세물질을 제거하는 것이 주요 목적이다. 또한 스크린은 파쇄된 폐기물에서 종이나 플라스틱 등 크기가 큰 유기물질을 회수하는 데 이용될 수도 있다.

스크린의 종류는 아래와 같이 두 가지로 대별된다.

① 회전 스크린(rotating screen) : 일반적으로 도시폐기물 선별에 많이 사용하는 스크린이다(trommel screen이 대표적).

② 진동 스크린(vibrating screen) : 주로 골재 분리에 많이 이용한다. 체경이 막히는 문제가 발생할 수 있다.

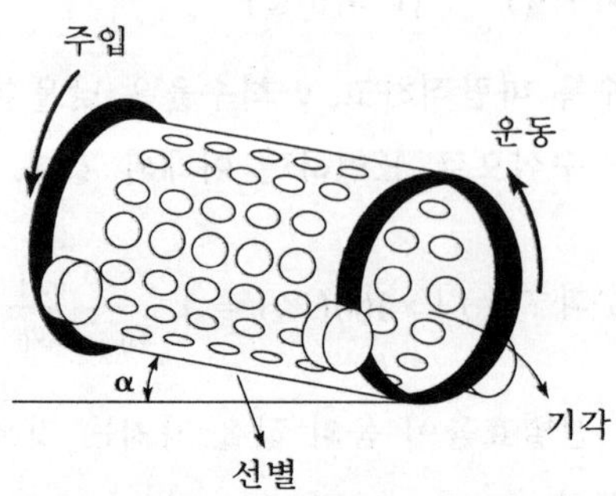

그림 4-4 트롬멜 스크린

스크린의 위치는 아래와 같이 두 가지로 대별될 수 있는데, Post-screening(파쇄 후 스크린 선별)의 선별효율의 증진을 목적으로, Pre-screening(파쇄 전 스크린 선별)의 경우는 파쇄설비의 보호를 목적으로 많이 이용된다. 그림 4-4는 회전 스크린의 대표적인 형태인 트롬멜 스크린(trommel screen, 회전식)을 보여주고 있다. 원통은 경사지게 설치되어 10∼30rpm으로 회전한다.

Post-screening : 파쇄 → 스크린

Pre-screening : 스크린 → 파쇄

4.4.2 트롬멜 스크린

트롬멜 스크린이 스크린 중에서 선별효율이 가장 좋고 또한 유지관리상의 문제가 적은 것으로 알려져 있다. 트롬멜 스크린의 선별효율에 영향을 주는 인자는 아래와 같다.

① 체의 눈 크기

② 폐기물의 부하와 특성

③ 직경(길이가 길면 효율은 증진되나 동력소모가 많다.)

④ 경사도(경사도가 크면 효율도 떨어지고 부하율도 커진다. 대개 2∼3°)

⑤ 회전속도(rpm)

회전 속도의 경우 어느 정도까지는 증가할수록 선별효율이 증가하나 그 이상이 되면 원심력에 의해 막힘 현상이 일어날 것이다. 이때의 회전속도를 임계속도(critical speed)라 하며 임계속도와 최대선별효율을 위한 속도사이에는 경험적으로 아래의 관계가 있는 것으로 알려져 있다.

$$n_c(\text{임계속도}) \times 0.45 = \text{최적속도}$$

임계속도를 구하는 식은 아래와 같이 유도될 수 있다.

$$n_c = \sqrt{\frac{g}{4\pi^2 r}} = \frac{1}{2\pi}\sqrt{\frac{g}{r}}$$

트롬멜(Trommel) 스크린은 회전하기 때문에 원심력에 의하여 큰 입자가 구멍을 막히게 하므로 스크린에 폐기물을 주입하기 이전에 분쇄기를 두는 것이 효과적인 것으로 알려지고 있으며 일반적으로 평면식 스크린은 쉽게 막히는 결함이 있다.

그림 4-5에서 보는 바와 같이 스크린내의 한 폐기물 입자 P를 생각할 때 입자 P에 작용하는 힘은 스크린 중심 O로부터 멀어져 가려는 원심력 F_c와 중력에 의한 힘 W를 생각할 수 있다. 만약 중력에 의한 힘 W의 OP 방향 분력 W cos α가 F_c보다 작으면 입자 P는 스크린벽에 붙어 있어 스크린벽의 구멍들을 막아 선별이 더 이상 일어나지 않을 것이다. 다시 말해 F_c와 W cos α가 같을 때 아래의 식이 유도된다.

$$F_c = W\cos\alpha$$

$$F_c = m\frac{v^2}{R} = m\frac{R(\omega)^2}{R} = mR\omega^2$$

$$\omega = 2\pi n$$

n은 단위 시간당 회전수

$$F_c = mr(2n)^2 = 42mrn^2 = Wcosa = mgcosa$$

n으로 정리하면

$$n = \sqrt{\frac{mg\cos\alpha}{4\pi^2 mr}} = \sqrt{\frac{g\cos\alpha}{4\pi^2 r}}$$

$\alpha = 0$ 즉, $\cos\alpha = 1$일 때에도 입자 P가 스크린 벽면에서 떨어지지 않는다면 문제가 되므로

임계속도 $n_c = \sqrt{\frac{g}{4\pi^2 r}} = \frac{1}{2\pi}\sqrt{\frac{g}{r}}$

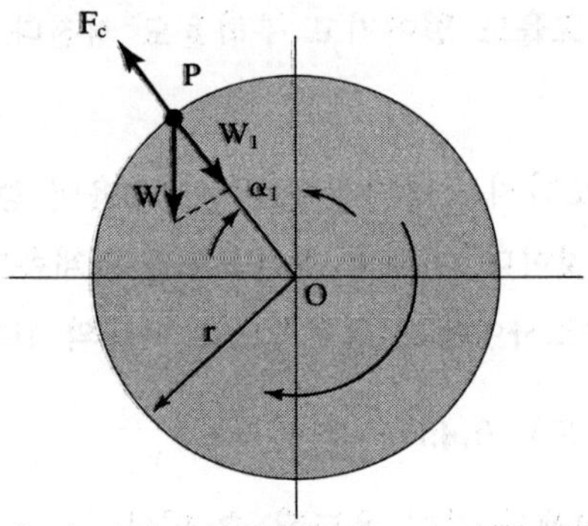

그림 4-5 트롬멜 스크린에서 임계속도 분석을 위한 스크린 단면

예3

직경이 2.7 m인 trommel screen의 임계속도 n_c를 구하라.

풀이

$$n_c = \sqrt{\frac{g}{4\pi^2}r}$$

$$= \sqrt{\frac{9.8}{4(3.14)^2(2.7/2)}}$$

$= 0.43$회/sec×60sec/min $= 26$ rpm

또 하나의 운용변수는 회전통의 경사도이다. 대체로 경사도가 증가하면 고형물의 체류시간은 감소되며 mesh를 통해서 회수되는 물질의 양이 적어진다. 그림 4-6에 이러한 관계를 나타내었다.

Alter와 Crawford는 파쇄하지 않은 도시고형폐기물에 대한 트로멜 스크린의 최적성능은 고형물의 체류시간이 적어도 25~30분이고, 회전통 안에서 5~6회 회전할 때 이루어진다고 하였다.

회전통의 직경 또한 중요한 설계변수인데 이에 대해서는 별로 연구된 것이 없다. 광석의 선광 과정에서는 아래의 공식이 제안되고 있다.

$$D = 7.66\sqrt{\frac{Q}{\gamma}}$$

여기서, D : 회전통의 직경(in)

Q : 용량(tons/h)

γ : 주입되는 물질의 비중

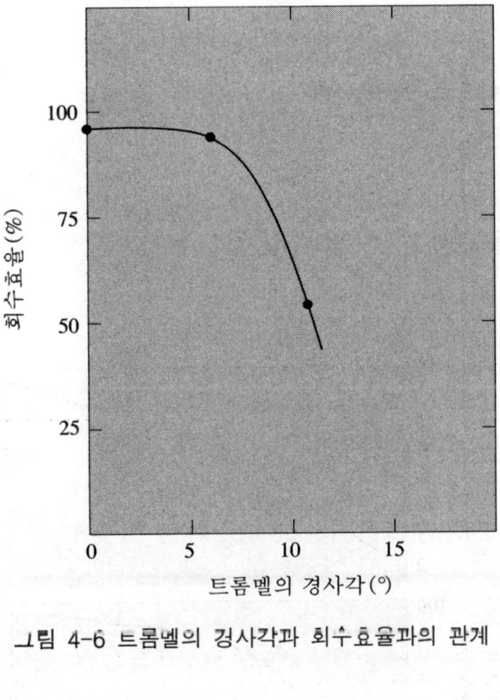

그림 4-6 트롬멜의 경사각과 회수효율과의 관계

4.4.3 진동스크린

그림 4-7에 진동스크린의 모양을 나타내었다.

진동 스크린에서 통과하는 물질의 무게(%) 대 체류시간의 그래프는 두 개의 영역으로 구분된다(그림 4-8). 제1영역은 전대수 방안지에서 직선의 형태를 가지며 다음 관계식으로 표시된다.

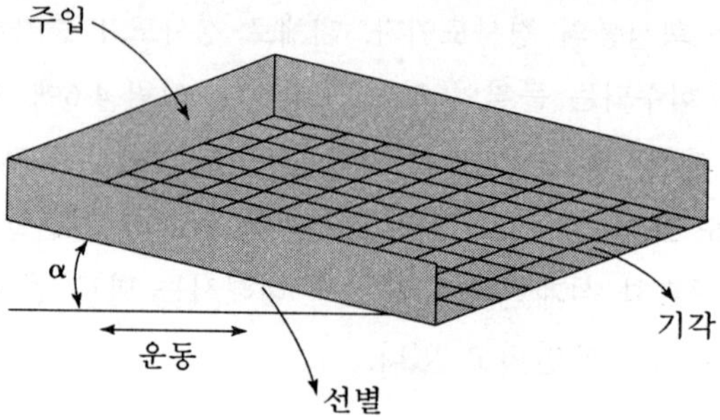

그림 4-7 진동식 스크린의 모양

$$C = atb$$

여기서, C : 체를 통과한 물질의 중량분율

a : 체의 통과율 상수(Sieving rate constant)

b : 상수

t : 시간

제2영역은 다음 관계식으로 표시된다.

$$\frac{dN}{dt} = kN$$

여기서, N : 체의 눈을 통과할 수 있는 입자의 수

K : 상수

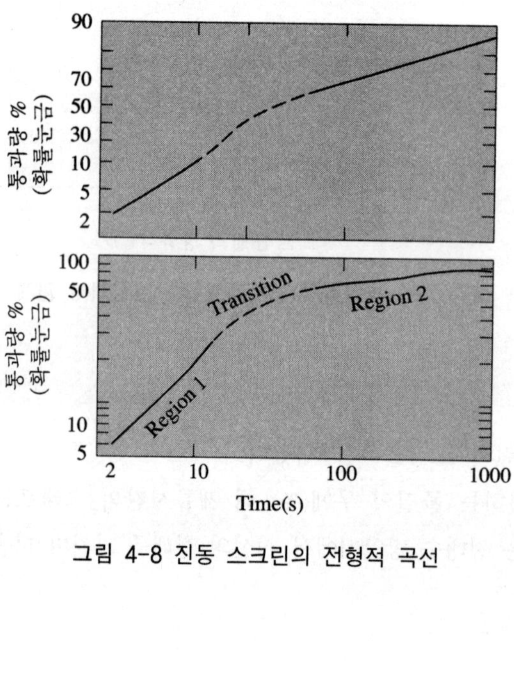

그림 4-8 진동 스크린의 전형적 곡선

상기 식과는 다른 방법이 있는데, 이는 다음과 같은 경험식에 의해 스크린의 소요넓이를 구한다.

$$A = \frac{Q}{C_u} F$$

여기서, A : 스크린의 넓이(ft^2)

Q : 스크린의 부하(tons/h)

C_u : 단위용량($ton/h/ft^2$)

F : 생산품 보정 계수(product correction factor)

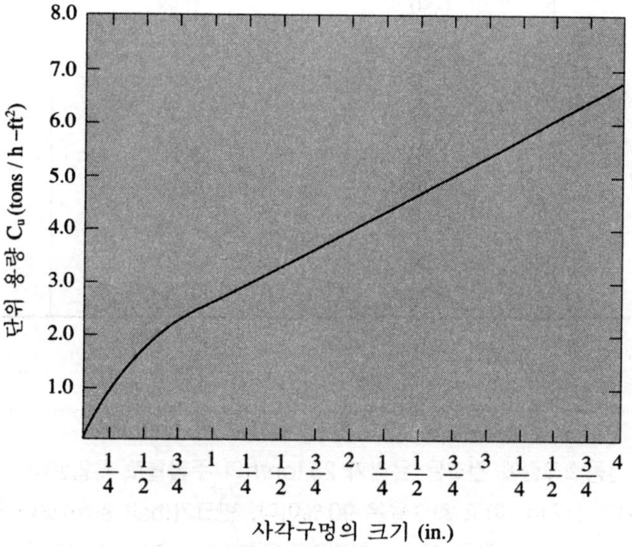

그림 4-9 진동 스크린의 단위 용량

표 4-2 진동 스크린의 보정계수

계수	데이타	참 조	비 고
F_f	통과 크기의 반이 되는 입자 %(% half size)	표 4-3	반크기 %(% half size)
F_o	통과 크기보다 큰 입자 %(% oversize)	표 4-3	큰 입자의 %가 증가할수록 체눈은 막히고 용량은 감소한다.
F_l	원하는 효율 %	표 4-3	원하는 효율이 증가할수록 소요면적도 증가한다.
F_d	deck의 수	표 4-4	낮은 위치에 있는 deck는 높은 위치에 있는 것보다 효율이 떨어진다.
F_m	사각 구멍의 크기 및 수분	표 4-5	구멍크기가 작을수록 수분함량이 작아져야 한다.
F_a	개방면적 %(% open area)	-	-
F_w	물질의 비중	-	무거운 물질이 더 쉽게 걸러진다.

생산품 보정계수 *F*는 여러 가지 변수의 합이다. 몇몇 표준물질에 있어서 *F*값은 인자크기의 분포, 수분함량, 개방영역(open area)에 있는 스크린 면적의 비율 및 기타 인자들을 곱하여 산출된다. 표 4-2에 생산품 보정계수들을 나타내었다. 단위 용량을 그림 4-9에서 구할 수 있다.

표 4-3 작은 크기, 큰 크기 및 회수율

%	작은 크기, F_f	큰 크기, F_o	회수율, F_e
0	0.44		
10	0.55	1.05	
20	0.70	1.01	
30	0.80	0.98	
40	1.00	0.95	
50	1.20	0.90	
60	1.40	0.86	
70	1.80	0.80	
80	2.20	0.70	1.75
85	2.50	0.64	1.50
90	3.00	0.55	1.25
95	3.75	0.40	1.00

예제

deck 하나로 된 진동스크린에 건조된 유리가 25 ton/h의 주입률로 투입된다.
스크린의 구멍크기는 1/2 in. 이고 회수율은 90 %이다. 반크기(half size)보다 작은 입자의 %는 30 % 이고 큰 크기(over size)의 비율은 20 %, 개방면적은 80 %일 때 소요넓이를 구하시오.

풀이 $Q = 25\text{ton/h}$ $\qquad C_u = 2\text{tons/h-ft}^2$

$F_f \times F_o \times F_e \times F_d \times F_a \times F_w$

$F_f = 0.80$ 표 4-2에서

$F_o = 1.01$ 표 4-2에서

$F_e = 1.25$ 표 4-2에서

$F_c = 1.0$ 표 4-3에서

$F_a = 0.80$

$$F_w = \frac{2.7 \times 64}{100} = 1.73$$

여기서, 유리의 비중 = 2.7

물의 비중은 64(1b/ft^3)

$$F = 0.8 \times 1.01 \times 1.25 \times 1.0 \times 0.8 \times 1.73 = 1.40$$

$$A = \frac{25}{2} \times 1.40 = 17.5\,\text{ft}^2$$

표 4-4 deck 인자

deck의 수	F_d
꼭대기	1.0
두번째	0.9
세번째	0.75

표 4-5 최대허용수분함량

구멍의 크기 (in.)	최대허용 수분함량(%), F_m
$\frac{1}{16}$	1
$\frac{1}{8}$	1
$\frac{3}{16}$	2
$\frac{5}{16}$	4
$\frac{3}{8}$	4
$\frac{1}{2}$	6
$\frac{3}{4}$	6
1	6
$1\frac{1}{2}$	제한없음
2 이상	제한없음

4.4.4 디스크 스크린

디스크 스크린(disc screen)은 그림 4-10과 같이 디스크가 연결된 평행 수평축들로 되어 있고 미소물은 디스크 사이의 틈으로 떨어져서 분리된다. 잔류물은 콘베이어와 같이 디스크의 윗부분을 타고 넘어가게 되고 미소물 크기 입자 조절은 디스크 사이의 공간을 조절함으로써 할 수 있다.

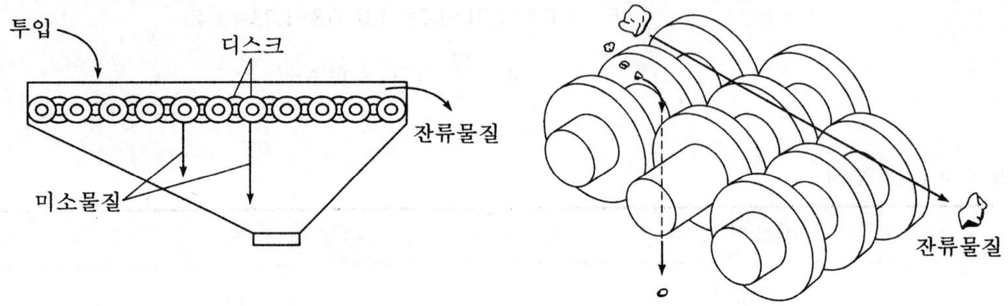

그림 4-10 디스크 스크린

4.5 공기 선별

공기 선별은 폐기물내의 가벼운 물질인 종이나 플라스틱류를 기타 무거운 물질로부터 선별해내는 방법으로서 대표적인 장치를 그림 4-11과 4-12에 나타내었다.

공기 선별장치의 종류에는 크게 나누어 수직 공기 선별기(vertical air classifier)와 경사 공기 선별기(inclined air classifier)가 있으며 그림 4-11은 수직 공기 선별기를 보여주고 있다. 이 선별기에서는 슈트 아래에서 위로 공기를 주입시켜 가벼운 것은 위로 뜨고 무거운 것은 아래로 떨어뜨린다.

수직 공기선별기를 약간 개선시킨 Zigzag 공기 선별기는 칼럼(column)의 난류를 높여줌으로써 선별율을 증진시키고자 고안된 형태이다. 선별챔버(separation chamber)의 형태, 공기 속도, 폐기물 유입속도 등의 적절한 설계에 의해 최상의 선별 효율을 기할 수 있다.

경사 공기 선별기의 경우(그림 4-12 참고) 중력에 의해 입구로 들어온 폐기물을 진동판(vibrater)에 의해 가벼운 것과 무거운 것으로 분리된다. 이어서 무거운 것은 아래로 떨어지고 가벼운 것은 공기주입에 의해 위로 날아가도록 설계되어진 형태이다.

공기 선별기의 수평관과 수직관에서 입자상 물질의 공기 역학적 이동을 위한 최소운반속도(minimum carrying velocity)를 추정하는 데 있어서 다음과 같은 경험식이 이용될 수 있다.

수평관의 경우 $V = 6000\frac{S}{S+1}d^{2/5}$

수직관의 경우 $V = 13300\frac{S}{S+1}d^{3/5}$

여기서, V : 공기속도(ft/min)

S : 비중

d : 입자최대직경(inch)

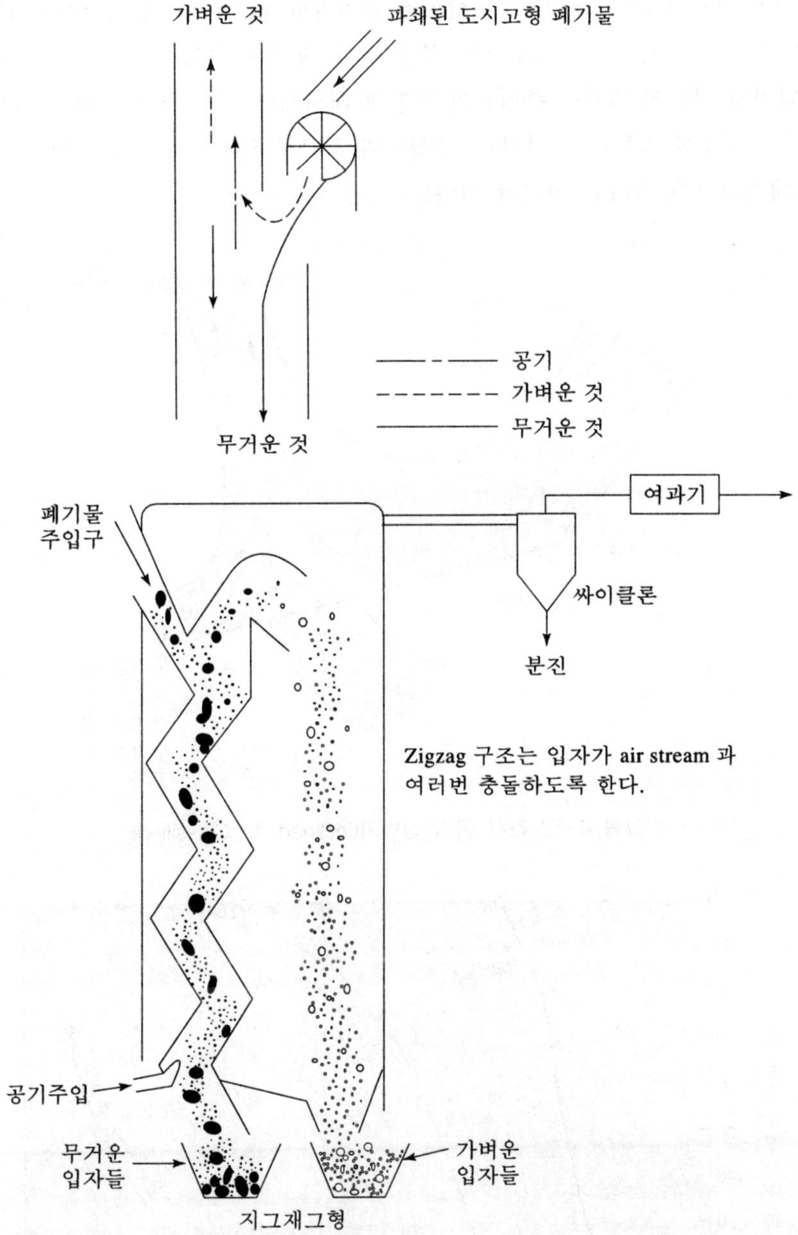

그림 4-11 수직 공기 선별기(Vertical Air Classifier)

경험적으로 볼 때 종이류와 비닐류를 선별하기 위한 공기속도는 4～10 m/sec이며 평균 7 m/sec이면 만족스러운 것으로 알려져 있다. 그러나 폐기물의 특성이 지역에 따라 다르므로 실제 공기 선별기 설계시에는 파일럿 규모(pilot scale)에 의한 처리 가능성 실험 후 판단하는 것이 바람직하다. 그림 4-13에 폐기물 각 성분별 공기속도 및 회수율의 한 예가 나타나 있다. 공기선별기의 에너지 소모율은 파쇄보다는 훨씬 낮아 대개 4 kWh/ton 정도로 알려져 있다.

공기 선별기의 성능에 미치는 주입률의 영향에 대해서는 별로 연구된 바가 없으나 일반적으로 주입율이 커질수록 성능이 떨어진다. 주입률과 목부분에서의 평균 체류시간 사이에는 다음과 같은 관계식이 성립한다고 알려져 있다.

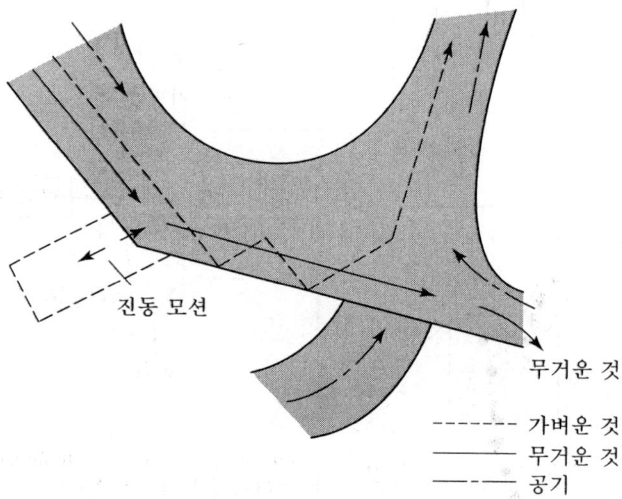

그림 4-12 경사 공기 선별기(Inclined Air Classifier)

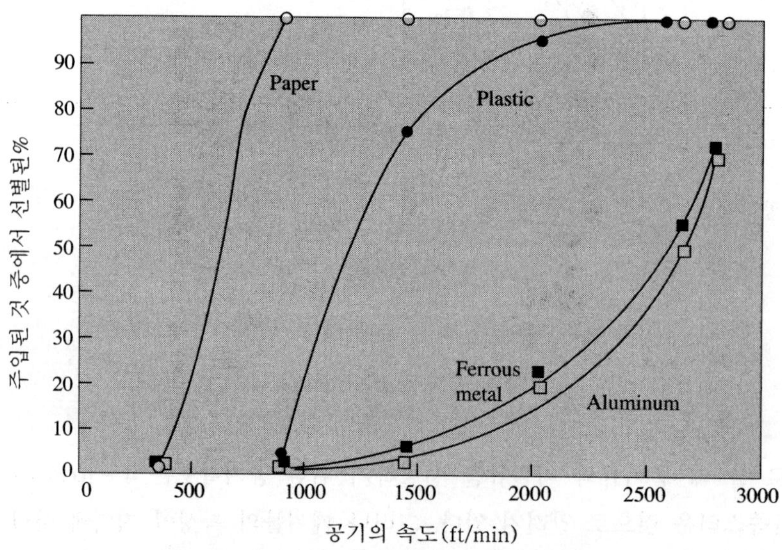

그림 4-13 폐기물 각 성분별 공기속도 및 회수율

$$t = \left(\frac{V}{Q}\right)^n$$

여기서, t : 입자의 평균 체류시간

V : 목부분 내부의 부피

Q : 주입율(feed flow rate)

n : 목부분 내부에서 막힘(congestion)을 설명하는 인자 $n > 1.0$

4.6 공기선별의 이론

공기선별은 실제로 두 가지의 독립적인 작용으로 구성되어 있다. 즉,

① 무거운 입자로부터 가벼운 입자가 공기역학적으로 분리하는 과정과
② 기류로부터 가벼운 입자들을 분리하는 과정으로 구성된다.

기류와 같은 유체중에서 부유하는 입자들의 움직임은 다음 3가지 힘의 영향을 받는다.

F_E : 중력이나 원심력 같은 외부적인 힘

F_B : 부력

F_D : 항력(drag force)

입자의 운동은 다음 식으로 나타낼 수 있다.

$$\frac{dv}{dt} = (F_E - F_D)\frac{1}{\rho_s}V$$

여기서, V : 입자의 부피(m^3)

ρ_s : 입자의 밀도(kg/m^3)

$\frac{dv}{dt}$: 입자의 가속도(m/s^2)

중력의 영향을 받는 유체 중에서 낙하하는 입자는 가속도와 종말속도를 가진다. 종말 속도는 세 가지 힘, 즉 F_E, F_D, F_B가 균형되고 가속도 $dv/dt = 0$ 일 때 얻어진다. 이리하여 종말속도가 나타나는 정상상태의 낙하(steady fall)에서는 다음 식이 성립한다.

$$F_B = F_D + F_E$$

다시 이러한 3가지 힘은 다음 식으로 표시된다.

$$F_E = \rho_s \cdot V \cdot a$$

$$F_B = \rho \cdot V \cdot a$$

$$F_D = \frac{C_D v^2 \rho A}{2}$$

여기서, ρ_s : 고형물입자의 밀도(kg/m^3)

V : 입자의 부피(m^3)

a : 외부적 힘에 의한 가속도(m/s^2)

ρ : 유체의 밀도(kg/m^3)

C_D : 항력계수

v : 입자와 유체사이의 속도차(m/s)

A : 입자의 투영면적(m^2)

편의상 입자를 완전한 공의 형태라고 가정하면,

$$A = \frac{\pi d^2}{4} \text{ 그리고 } V = \frac{\pi d^3}{6}$$

여기서, d : 입자의 직경

가속도를 일으키는 외부적인 힘이 중력의 법칙을 따른다고 가정하면(a=g), 우리는 상기 방정식을 다음과 같이 정리할 수 있다.

$$v = \left\{ \frac{4(\rho_s - \rho)gd}{3C_D\rho} \right\}^{1/2}$$

이것은 잘 알려진 뉴톤의 법칙이다. 만약에 우리가 층류(laminar flow)를 가정한다면 $C_D = 24/N_R$가 된다. 여기서 N_R=레이놀드수= $vd\rho/\mu$이고, μ는 유체의 점도이다.

상기 식에 이것을 대입하면 우리에게 친근한 Stokes 법칙이 된다.

$$v = \frac{d^2 g(\rho_s - \rho)}{18\mu}$$

이 식은 공기 선별기에는 적용할 수 없다. 그러나 레이놀드수가 약 10,000 정도 되는 난류흐름에서는 이 식이 적용된다.

예5

항력 계수가 2.5라 가정하고 직경 2 cm인 알루미늄 입자를 부유시키는 데 필요한 속도를 구하시오. 단, ρ_s = 2.70, ρ = 0.0012이다.

풀이

$$v = \left\{ \frac{4(2)(2.7 - 0.0012)980}{(3)(2.5)(0.0012)} \right\}^{1/2} = 1.53 \times 10^3 \text{cm/s}$$

4.7 기타 선별 방법

4.7.1 관성 선별(Inertial separation)

유럽에서 광범위하게 사용되는 방식으로 분쇄된 폐기물을 가벼운 것(유기물)과 무거운 것(무기물)으로 분리하기 위하여 중력이나 탄도학을 이용한다(그림 4-14 참조).

(a) 탄도식 분리기

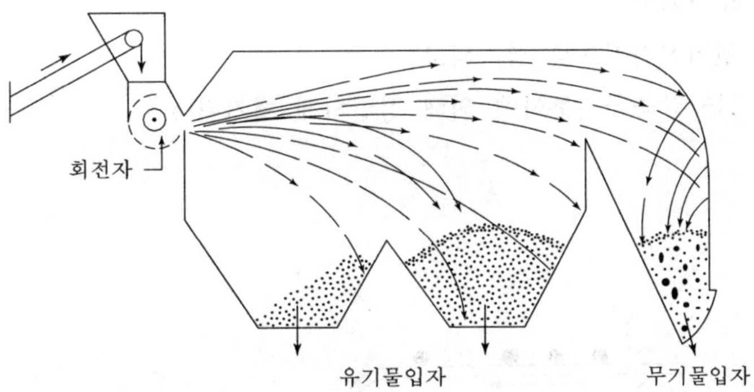

(b) 경사 콘베이어 분리기

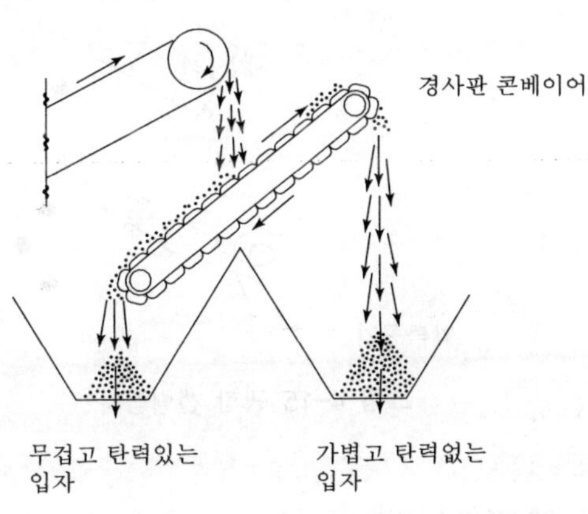

그림 4-14 관성 선별장치

4.7.2 부상(flotation)

이것은 대상 폐기물을 물에 넣어 밀도차에 의해 뜨는 것을 선별하는 방법이다. 유리조각, 뼈 등은 바닥에 가라앉고 가벼운 유기물은 표면에 부상한다. 유기물과 미세한 무기물의 부상을 촉진시키기 위해 화학첨가제를 넣기도 한다.

4.7.3 광학 선별(optical sorting)

돌, 코르크 등의 불투명한 것과 유리같은 투명한 것의 분리에 이용되는 방식으로 아래와 같이 4단계로 이루어진다(그림 4-15 참조).

① 입자는 기계적으로 투입되고
② 광학적으로 조사되며
③ 조사결과는 전기전자적으로 평가되고
④ 선별대상입자는 압축공기분사에 의해 정밀하게 제거된다.

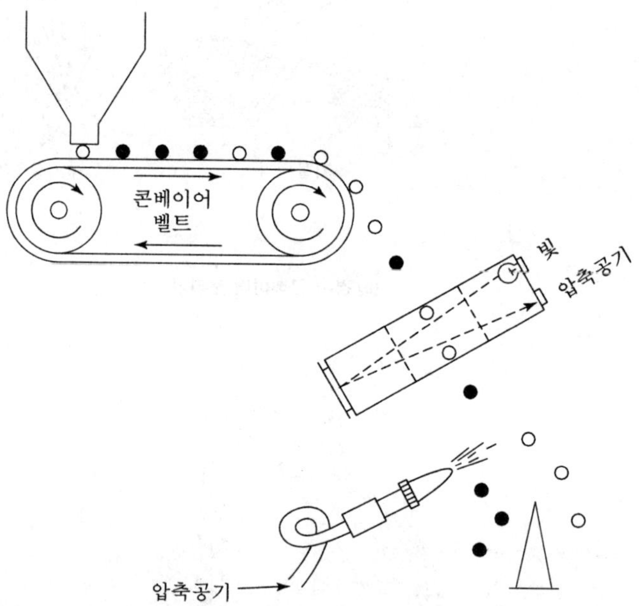

그림 4-15 광학 선별장치

4.7.4 Heavy media separation

철성분과 유리가 제거된 후에 공기선별된 폐기물처럼 알루미늄 성분이 많은 폐기물은 높은 비중을 가진 유체 속에 투입하여 알루미늄 성분을 분리할 때 사용하는 방법이다. 여기서 알루미늄 성분은 부상하고 다른 성분은 가라앉도록 비중을 유지하는 것이 중요하다.

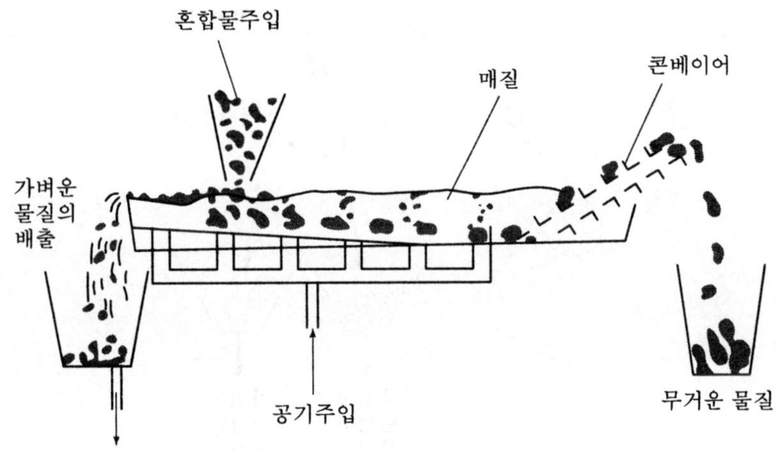

그림 4-16 Fluidized Bed Separator

4.7.5 Stoners

Stoner는 Pneumatic Table이라고도 부르는데, 수용액 중에서 무거운 것을 고르는 Jig(그림 4-18 참조)의 원리와 유사하다. 약간 경사진 판(Table)에 진동을 줄 때 무거운 것이 빨리 판의 경사면 위로 올라가는 원리를 이용한 것이다. 쌀에서 돌을 고르는 기계를 연상하면 될 것이다. 아직 실제 처리장에서 적용된 예는 적은 공기로 진동을 주며, 알루미늄을 회수하거나 또는 퇴비로부터 유리조각을 고르는 데 사용되고 있다.

4.7.6 Fluidized Bed Separators

이 방법은 그림 4-16과 같이 분쇄시킨 전기줄로부터 금속류를 회수하거나 분쇄시킨 자동차나 또는 연소기의 재로부터 알루미늄이나 구리를 회수하는 데 사용되고 있다.

Ferrosilicon이라는 매질이나 쇳가루(Iron Powder)속에 폐기물을 넣고 공기를 불어 넣으면 가벼운 것은 위로 올라가고 무거운 것은 아래로 내려가는 원리를 이용한 것이다. 이 방법은 대체로 회수하려는 물질의 크기가 0.2～10 cm 정도여야 하며, 최소한 비중 차이가 0.2 이상이어야 한다.

4.7.7 Secators

Secators는 물렁거리는 가벼운 물질로부터 딱딱한 물질을 선별하는 데 사용하며 경사진 콘베이어를 통해 폐기물을 주입시켜 천천히 회전하는 드럼 위에 떨어뜨려서 분류한다(그림 4-17 참조). 이 방법은 퇴비 중의 유리나 돌을 고르는데 어느 정도 성공적인 것으로 알려지고 있다.

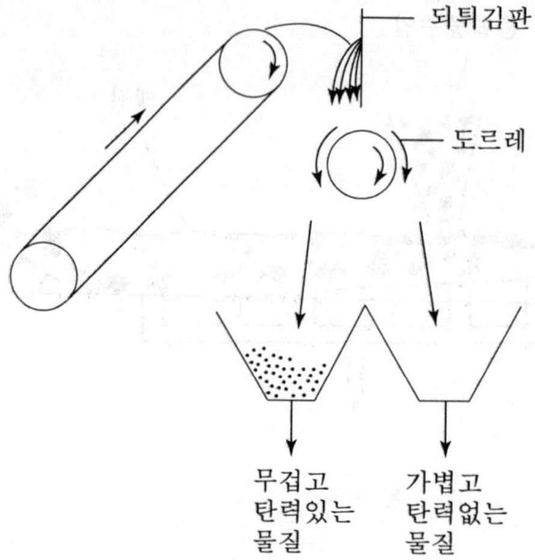

그림 4-17 secator

4.7.8 Electrostatic Separator

전기 분리장치(electrostatic separator)에서와 같이 고전압(10～220 kV)을 폐기물에 부하시키면 도체와 부도체가 분류된다. 폐기물에 수분을 공급하면 이 장치에 의하여 종이와 플라스틱이 분류되며(종이는 수분이 있으면 전기를 통한다), 유리내의 알루미늄을 분류할 수 있게 된다.

4.7.9 Jigs(수중 체)

이 방법은 사금을 선별하기 위하여 오래전부터 사용되던 방법으로 그림 4-18과 같이 물에 잠겨진 스크린 위에 분류하려는 폐기물을 넣고 수위를 1초당 2.5회 가량 0.5～5 cm의 폭으로 변화시키면 무거운 물질과 가벼운 물질이 분류된다. 이 방법은 진동식 Table이나 공기중에서 운전되는 Jig과 Stoner로 대체되고 있다.

4.7.10 Table

이 방법은 각 물질의 비중 차이를 이용한 것이다. 즉 그림 4-19와 같이 약간 경사진 판에 물체를 흐르게 한 뒤에 화살표 방향으로 각각 빠른 진동과 느린 진동을 주면 가벼운 것은 왼쪽으로, 무거운 것은 오른쪽으로 분류된다.

그림 4-18 Jigs

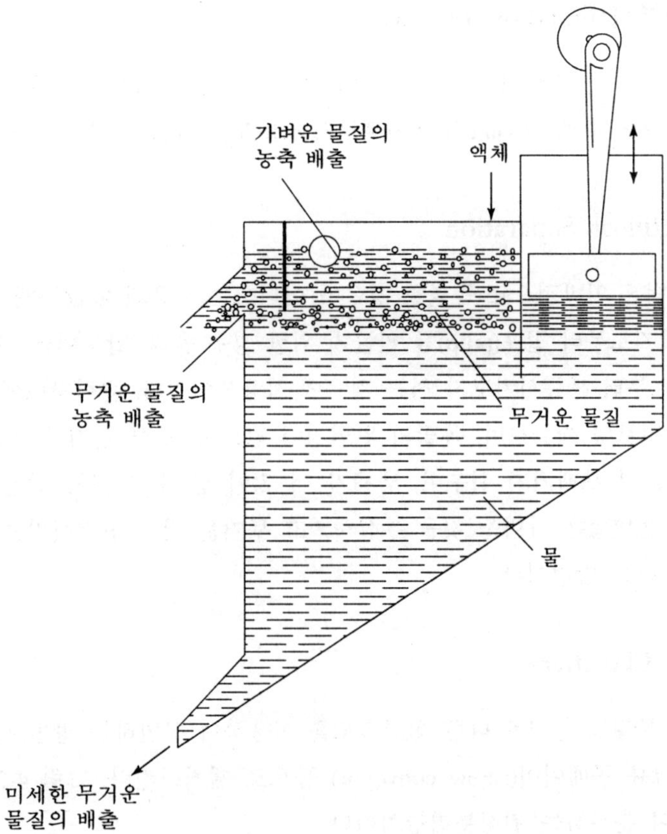

그림 4-19 Table

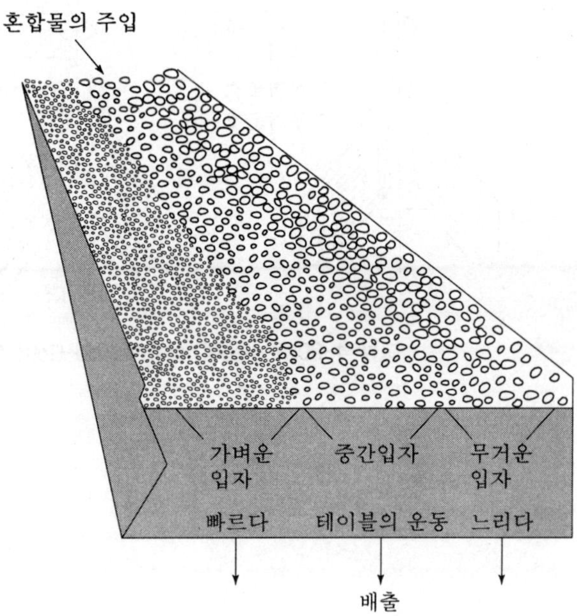

4.7.11 공기부상(Flotation by air)

이 방법은 공기를 주입시켜 입자와 접촉시켜서 가볍게 하여 무거운 물질과 분류시키는 방법으로 제지 공장에서 백수(white water)로부터 cellulose fiber를 회수하는 데 이 방법이 사용된다.

4.7.12 Sink/Float Separation

습식 분류법은 일반적으로 특별한 경우가 아니고는 사용되지 않는데 유기물을 분류시키고자 하는 경우, 폐지로부터 펄프(pulp)를 만들기 위한 경우 유리, 알루미늄, 비철금속과 같은 무기물질을 폐기물로부터 분류시키고자 하는 경우에 사용되어진다. 습식방법에 의하여 분류된 물질은 건식에 의한 것보다 깨끗하며, 폭발의 위험성이 없으며, 또한 먼지가 없는 장점이 있다. 그러나 비싸고, 폐기물이 부패되기 쉬우며, 냄새가 더 많이 날 수 있다는 단점을 가지고 있다.

Sink/Float 선별법은 가벼운 것을 부상시키고 무거운 것을 침전시키는 방법으로 폐기물을 물에 넣어 분류하는 방법이다.

4.7.13 Wet Classifiers

크고 작은 물질들의 서로 다른 침전속도를 이용하여 선별하는 방법으로 침전된 물질은 바닥으로부터 스크류 콘베이어(screw conveyor) 등으로 제거시킨다. 그림 4-20은 서로 다른 침전속도를 이용하여 분류하는 원심분리장치이다.

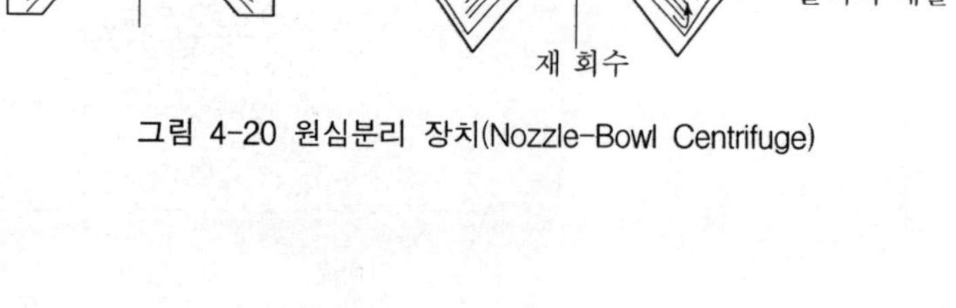

그림 4-20 원심분리 장치(Nozzle-Bowl Centrifuge)

4.8 자석 선별

자석 선별은 처음에는 광산에서 많이 이용했던 선별방식으로 그 이용은 2가지 범주로 요약될 수 있다.

첫째, 원료로부터 철성분의 제거
둘째, 철 성분의 회수

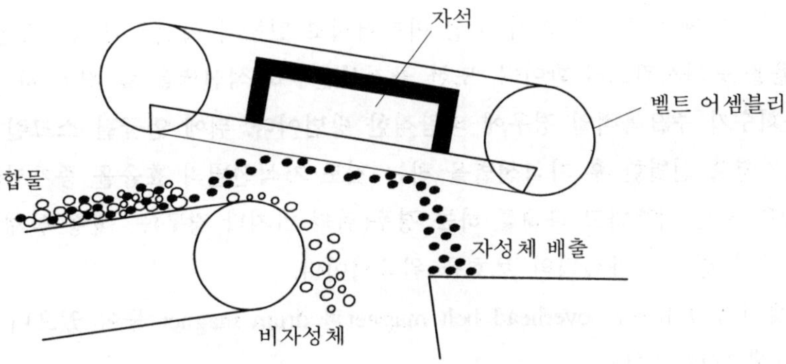

(a) 상부 벨트형 자석(Overhead Belt Magnet)

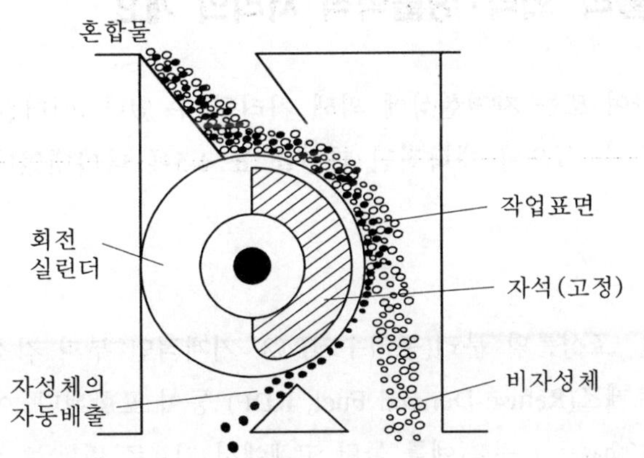

(b) 드럼형 자석(Drum Magnet)

그림 4-21 자석 선별장치

첫 경우의 산물은 자석에 붙지 않는 물질이고 둘째의 산물은 원하는 철성분이다. 일반적으로 자석선별은 도시 폐기물에서 철성분을 회수하는 데 이용되는 방법으로 높은 회수율을 얻기 위해 고도의 기계적 설계 및 여러 가지 형태의 장치로 발전되어 가고 있다. 자석선별기의 위치는 선별목적 등에 따라 차이가 있으나 대개 아래와 같이 배치된다.

① 파쇄 → 자석 선별 → 공기 선별
② 파쇄 → 공기 선별 → 자석 선별
③ 자석 선별 → 파쇄
④ 스크린 선별 → 자석 선별 → 공기 선별

첫 번째와 두 번째의 경우 파쇄가 우선 이루어지고 있는데 이것은 후속공정인 자석선별이나 공기선별효율을 증가시키고자 함이다. 또한 공기선별후 자석선별을 할 경우 자석선별의 효율이 높아져 철분회수가 주요목적일 경우에 바람직한 방법이다. 뒤에 언급될 스크린 선별에 의하여 폐기물을 크기별로 선별한 후 자석선별을 하는 것도 자석선별의 효율을 증가시키는 한 방법이다. 자석선별을 우선 시행하고 파쇄를 하는 경우(위의 마지막 경우)는 대형 철재류가 많이 포함된 도시폐기물의 경우 파쇄설비의 보호를 위해서이다.

자석선별장치의 종류에는 overhead belt magnet과 drum magnet 등이 있으며 이들의 모식도를 그림 4-21에 나타내었다.

4.9 폐기물의 물리·화학·생물학적 처리의 개요

폐기물은 인간의 관여 또는 자연현상에 의해 처리될 수 있다. 이러한 처리는 물리·화학·생물적 처리로 구분될 수 있으며 개략적인 과정을 표 4-5에 나타내었다.

4.9.1 물리적 처리

물리적 처리에는 ① 조성분의 분리(분리수거) ② 기계적인 부피 감소화 ③ 기계적인 크기 감소화 ④ 쓰레기 연료제조(Refuse-Derived Fuel, RDF) 등이 포함된다. 이 과정은 화학적 및 생물적 처리와는 달리 相(phase)의 변화(예를 들면 고체에서 기체로 변환)는 수반하지 않는다.

(가) 조성분의 분리

이는 주로 쓰레기로부터 재활용 가능한 것과 유해한 것들을 분리하는 과정이다. 재활용 가능한 품목에는 종이류, 금속류, 유리류, 플라스틱류, 유기성 쓰레기 등이 중요한 부분을 차지한다. 또한 도시폐기물로부터 우선적으로 분리해야 할 것은 가정에서 배출되는 유해물질이나, 이를

표 4-5 고형 폐기물의 처리방법

처리유형	처리방법	결 과
물리적 처리		
조성분의 분리	손분리 또는 기계적 분리	개별성분의 분리
부피의 감소화	압축 등 에너지 투입	원 폐기물의 부피 감소
크기 감소화	쇄절, 마쇄, 분쇄 등의 형태로 에너지 투입	원 폐기물의 형태가 변하고 크기가 감소된다.
쓰레기 연료화 (Refuse-Derived Fuel)	압축과 건조에 의해 일정한 크기의 Pellet형으로 만든다.	폐기물은 수분과 재의 함량이 조절되어 취급과 수송이 간편한 일종의 소형쓰레기 장작이 된다.
화학적 처리		
연소	열에 의한 산화	CO_2, SO_2, 기타 산화물, 재 등으로 변화
열분해	공기를 공급하지 않은 상태에서 가열	가스, 오일 · 타르, 숯(char)으로 3상분리
가스화	공기결핍연소(공기를 양론이하의 양으로 공급)	낮은 열량가의 가스가 다량 생성되고 오일과 숯이 부산물로 생성된다.
생물적 처리		
친산소성 퇴비화	친산소성 퇴비화 미생물에 의한 분해	퇴비의 생산
피산소성 소화	피산소성 미생물에 의한 액상 폐기물의 분해	CH_4, CO_2, 소화된 슬러지(sludge) 및 부식(humus)생성
피산소성 퇴비화[a]	피산소성 미생물에 의한 고상폐기물의 분해	CH_4, CO_2, 소화된 폐기물

a. 혐기성 퇴비화는 매립지에서 일어난다.

우선적으로 분리해야 다음 단계의 폐기물 관리에 지장을 주지 않기 때문이다. 가정에서 배출되는 유해물질의 종류는 다양하며 다음과 같은 것들이 있다.

① 가정용 청결제 : 마쇄용 분말(부식성), 에어로졸(발연성), 암모니아 및 암모니아성 청결제(부식성), 염소 표백제(부식성), 하수구 세척제(부식성), 가구 광택제(부식성), 유리 세척제(자극성), 오븐 세척제(부식성), 구두 광택제(발연성), 은수저 광택제(발연성), 얼룩제거제(발연성), 변기청결제(발연성), 천 및 카펫 세척제(발연성, 부식성)

② 개인용품 : 무스(독성), 의약성 샴푸(독성), 매니큐어 지우기(독성, 발연성), 세척용 알콜(독성)

③ 자동차 용품 : 부동액(독성), 브레이크 및 변속기 용액(발연성), 자동차 배터리(부식성), 디젤유(발연성), 등유(발연성), 가솔린(발연성, 독성), 폐유(발연성)

④ 페인트용품 : 유성페인트 · 수성페인트(발연성), 페인트 용매 및 신나(thinner)(발연성)

⑤ 살충제, 제초제, 비료, 날짜 지난 의약품(독성) : 가정용 농약(좀약, 쥐약, 살충제 포함), 비료, 의약품(독성)

⑥ 기타제품 : 밧데리(부식성), 사진용품(부식성, 독성), 수영장용 산 및 염소(부식성, 독성), 연료용 부탄가스

(나) 기계적인 부피 감소화

이는 보통 압축장비에 의해 수행되며 종이류, 플라스틱류, 알루미늄, 철 캔류 등에 적용된다. 이렇게 압축하면 수송비가 절약되고 취급이 간편해지며 매립지의 공간을 절약시켜 준다.

(다) 기계적인 크기 감소화

이는 쇄절, 마쇄, 분쇄 등에 의해 폐기물의크기를 감소화시키는 작업니다. 이러한 작업에 의해 보통 크기와 부피가 감소하지만 어떤 때는 오히려 부피가 증가할 수 있다(예: 사무용지의 쇄절). 기계적인 크기 감소화는 화학적 처리(예: 연소)나 생물학적 처리시 접촉표면적을 증대시켜 반응을 신속하게 해준다.

(라) 쓰레기 연료화

이는 쓰레기의 가연성 부분을 선별하여 압축・건조과정을 거쳐 수분 및 재의 함량을 조절하고 이를 Pellet 형태로 만들어 연료로 쓰는 것이다. 이렇게 하면 저장과 수송이 용이해지고 쓰레기로부터 폐열을 회수할 수 있다는 장점이 있다. 그러나 가공과정이 복잡하다는 단점이 있다.

4.9.2 화학적 처리

(가) 연소(화학적 산화)

연소는 산소가 유기물질과 화학적으로 반응하여 빛과 열을 내는 현상이다. 충분한 공기가 공급되면 도시폐기물 중의 유기성분은 다음과 같이 반응한다.

$$\text{유기물} + \text{충분한 공기} \rightarrow N_2 + CO_2 + H_2O + O_2 + \text{재} + \text{열}$$

이외에도 소량의 NH_3와 SO_2, NO_x가 생성된다.

(나) 열분해(500~900℃)

유기물질을 산소의 공급없이 가열하여 가스, 액체 및 고체의 3성분으로 분리하는 것이다. 이것은 연소가 고도의 발열반응(exothermic)임에 비해 고도의 흡열반응(endothermic)이다. 생성되는 물질은 다음과 같다.

① 기체 : H_2 , CH_4 , C , CO_2 및 기타 가스의 혼합체
② 액체 : 타르와 오일(식초산, 아세톤, 메탄올 등)
③ 고체 : 숯(char) 및 불활성 물질

셀룰로오스($C_6H_{10}O_5$)의 열분해는 다음과 같은 반응식으로 표시될 수 있다.

$$3(C_6H_{10}O_5) \rightarrow 8H_2O + C_6H_8O + 2CO + 2CO_2 + CH_4 + H_2 + 7C$$

(다) 가스화(1100~1500℃)

가스화는 유기물질을 공기결핍 상태하에서 부분연소시킴으로써 CO, H_2 포화탄화수소(주로 CH_4) 등 태울 수 있는 가스를 생성하는 것이다. 생산된 가스는 내연기관이나 보일러에 사용될 수 있다. 가스화의 최종산물은 다음과 같다.

① CO_2, CO, H_2 , CH_4 , N_2 등을 함유하는 저열량가스
② 탄소를 함유하는 숯(char) 및 불활성 물질
③ 열분해에서 생성되는 오일 비슷한 응축성 액체

4.9.3 생물학적 처리

(가) 친산소성 퇴비화

이것은 유기성 폐기물에 적당한 수분과 영양분 및 공기를 공급하여 친산소성 미생물에 의해 안정한 물질인 퇴비를 만드는 것이다. 호기성 퇴비화 과정은 다음 방정식으로 나타낼 수 있다.

$$\text{유기물질} + O_2 + \text{영양물질} + \text{미생물} \rightarrow \text{새로운 세포} + \text{퇴비} + CO_2 + H_2O + NO_3^- + SO_4^{-2} + \text{열}$$

퇴비는 난분해성 유기물질로서 대개 높은 %의 리그닌을 함유하고 있어서 단기간에 분해되기는 어렵다.

(나) 피산소성 소화

이것은 피산소성 상태에서 미생물을 이용하여 유기물질을 CO_2와 CH_4를 생성하는 공정이다. 이 과정은 다음 방정식으로 나타낼 수 있다.

$$\text{유기물질} + H_2O + \text{영양물질} + \text{미생물} \rightarrow \text{새로운 세포} + \frac{\text{난분해성}}{\text{유기물질}} + CO_2 + CH_4 + NH_3 + H_2S + \text{열}$$

피산소성 소화에 있어서는 CO_2와 CH_4가 발생가스의 99 %를 점하는 것이 보통이다. 난분해성 유기물질(소화된 슬러지)은 토지살포 또는 매립전에 탈수해야 한다.

Chapter 5

폐기물의 연소

5.1 연소계산

5.1.1 연소계산의 기초

(가) 연소의 정의

연소는 빛과 열이 있는 급격한 산화 현상이며, 일종의 화학반응이므로 일반 화학반응의 원리와 법칙이 적용된다. 연소계산은 이 법칙에 따라서 연소 반응계와 생성계 사이에 존재하는 양적관계를 계산하는 일이다.

연료의 연소는 연료조성에 따라 여러 가지로 다르지만 연료 조성 중의 타는 성분 원소, 즉 탄소(C), 수소(H) 및 황(S)의 연소라고 할 수 있다. 이들 타는 성분 원소의 연소 반응은 양적 관계로 연소에 필요한 공기량과 연소 가스량 등을 계산할 수 있다. 또 연소 과정에서는 열이 발생하게 되고, 이 열은 물질의 가열용이나 동력으로 이용된다. 기체연료의 경우에는 일산화탄소(CO), 수소(H_2), 각종 탄화수소(C_mH_n) 및 황화합물로 이루어진다.

타는 성분 원소의 연소반응식 및 양적 관계를 명시하면 다음과 같다.

타는 성분 원소의 연소반응식 및 양적 관계

(1) 고체 및 액체연료의 연소

- 탄소 : $C+O_2 = CO_2 + 8{,}100$ [kcal/kg]
- 수소 : $2H_2 + O_2 = 2H_2O$(기체) $+ 34{,}000$ [kcal/kg]
- 황 : $S + O_2 = SO_2 + 2{,}500$ [kcal/kg]

(2) 기체연료의 연소

- 수 소 : $2H_2 + O_2 = 2H_2O$(기체) $+ 3{,}050$ [kcal/Sm^3]
- 일산화탄소 : $2CO + O_2 = 2CO_2 + 3{,}035$ [kcal/Sm^3]
- 메 탄 : $CH_4 + 2O_2 = CO_2 + 2H_2O$(기체) $+ 9{,}530$ [kcal/Sm^3]

· 아 세 틸 렌 : $2C_2H_2 + 5O_2 = 4CO_2 + 2H_2O$(기체) + 14,080 [kcal/Sm^3]
· 에 틸 렌 : $C_2H_4 + 3O_2 = 2CO_2 + 2H_2O$(기체) + 15,280 [kcal/Sm^3]
· 에 탄 : $2C_2H_6 + 7O_2 = 4CO_2 + 6H_2O$(기체) + 16,810 [kcal/Sm^3]
· 프 로 필 렌 : $C_3H_6 + 9O_2 = 6CO_2 + 6H_2O$(기체) + 22,540 [kcal/Sm^3]
· 프 로 판 : $C_3H_8 + 5O_2 = 3CO_2 + 4H_2O$ (기체) + 24,370 [kcal/Sm^3]
· 부 틸 렌 : $C_4H_8 + 6O_2 = 4CO_2 + 4H_2O$(기체) + 29,170 [kcal/Sm^3]
· 부 테 인 : $2C_4H_{10} + 13O_2 = 8CO_2 + 10H_2O$(기체) + 32,010 [kcal/Sm^3]
· 벤 졸 증 기 : $2C_6H_6 + 15O_2 = 12CO_2 + 6H_2O$(기체) + 34,960 [kcal/Sm^3]
· 일반탄화수소 : $C_xH_y + \left(x + \frac{y}{4}\right)O_2 = xCO_2 + \frac{y}{2}H_2O$

또, 연소는 연소반응에 의하여 생기는 열이 매우 많으며, 상온에서는 연료와 공기의 접촉이 많으나 반응하지 않는다. 그리고 일단 연소가 시작되면 지속력이 강해진다.

단위시간에 연소하는 양 또는 연소에 의하여 단위시간에 발생하는 열량으로 표시되는 속도를 연소속도라고 하고, 연소실 내에서의 연소속도는 보통, 연소실의 단위 부피당 단위시간에 발생하는 열량(kcal/m^3 · h)으로 표시한다.

(나) 열량단위와 온도

(1) 열량(cal)

열은 에너지의 한 형태로 그 물리량을 열량이라 하며, 단위는 cal 또는 kcal로 나타내며, 1 kcal란 표준 대기압(760mmHg)에서 순수한 물 1 kg을 1℃(14.5～15.5℃)만큼 올리는 데 필요한 열량을 말한다.

BTU(British Thermal Unit) : 60°F에 있어서 1lb의 물을 1°F 상승시키는 데 소요되는 열량을 1BTU라고 한다. (p. 42 참조)

(2) 온도

온도란 물질의 냉온의 정도를 나타내는 척도로서 보통 쓰여지는 눈금에 다음과 같은 것들이 있다.

① 섭씨눈금 Celsius scale : Centigrade scale, 약호 ℃: 760 mmHg의 압력하에 물의 빙점을 0℃, 비등점을 100℃로 하고 그 사이를 100 등분한 것

② 화씨온도 Fahrenheit's scale : 약호 °F : 760 mmHg의 압력하에 소금물의 빙점을 0°F, 인체의 체온을 100°F라 하고 그 사이를 100 등분한 것이다. 0℃는 32°F, 100℃는 212°F에 상당한다. 이것을 식으로 나타내면,

$$t\,°F = \frac{9}{5}t\,℃ + 32 \qquad t\,℃ = \frac{5}{9}(t\,°F - 32)$$

③ 절대온도(absolute temperature)

위의 눈금은 물질의 온도특성을 이용하고 있으므로 빙점이나 끓는점과 같은 표준온도 이외에는 엄밀히 일치하지 않는다. 절대온도 눈금은 열역학 제2법칙에서 유도된 것으로 실용 눈금과의 관계를 표시한다.

섭씨의 절대온도(Kelvin's scale) 약호 °K

$$T\,^{\circ}K = t\,℃ + 273$$

화씨의 절대온도(Rankin's scale) 약호 °R

$$T\,^{\circ}R = t\,^{\circ}F + 460$$

(다) 반응열(heat of reaction)

화학반응이 일어날 때에는 열의 발산이나 흡수가 일어나는 데 이 열을 반응열이라 한다. 반응열의 양은 반응이 일어나는 과정에는 무관하고, 반응 전후에 있어서의 물질 및 그 상태에 의하여 결정된다. 이를 Hess의 법칙이라 하고, 이 법칙에 의하여 직접 측정되지 않는 반응열량을 계산할 수 있다. 이와 같이 반응열을 다음과 같은 화학방정식으로 표시하는 것을 열화학방정식(thermochemical equation)이라 하고, 반응물 및 반응생성물의 상태에 따라서 반응열량이 다르므로 발열반응의 경우에는 정기호(+), 흡열반응의 경우에는 부기호(−)로 나타낸다.

$$C + O_2 = CO_2 + 94.4\text{kcal}$$

$$CO + \frac{1}{2}O_2 = CO_2 + 68\text{kcal}$$

(라) 착화온도(ignition temperature)와 착화점

충분한 공기의 공급하에서 고체연료를 가열해 가면 어떤 온도에 달하여 더 가열하지 않아도 연료 자신의 연소열에 의하여 연소를 계속하게 된다. 이 온도를 착화온도라 하며, 또한 착화점, 발화점, 발화온도라고도 한다. 착화온도는 연료의 종류 및 형상 또는 주위의 여건에 따라 다르다. 즉 분자구조가 간단할수록 착화온도가 높아지고, 화학적으로 발열량, 화학결합의 활성도, 화학반응성이 클수록 착화온도는 낮다.

(마) 인화점(flash point)

유류(액상연료)를 일정조건 하에서 가열하면 油에서 증기가 나오게 된다. 이 때 그 油의 표면에 불꽃에 대어 처음 소폭발을 일으킬 때의 온도를 인화점이라 한다. 석유류의 착화온도는 종류에 따라 큰 차가 없지만, 인화점은 휘발유에서는 0℃ 이하부터 -50℃ 정도, 등유는 30~70℃, 중유는 90~120℃ 정도이다. 인화점 이상으로 연료를 더 가열하여 그것에 불꽃을 점근시킴으로써 油가 지속적으로 연소가 계속될 때의 온도를 연소점(fire point or burning point)이라고 한다.

(바) 정상 연소와 비정상 연소

(1) 정상 연소

탄소를 예로 연소를 생각해 보면, 탄소와 산소의 반응은 발열반응으로 산화반응의 속도와 온도와의 관계는 그림 5-1의 곡선 R′KR로 표시된다. 그렇지만 이는 탄소 주위에 생긴 연소가스막을 확산에 의하여 통과한 공기(산소원)가 충분히 공급된 경우이며, 산소의 확산속도는 D′KD로 표시된다. 양 곡선의 교점 K 이하의 온도에서는 산소의 공급속도 D′K가 크므로 열의 발생속도는 R′K에 대응하여 증대하지만, K점 이상의 온도에서는 산소의 공급속도 KD쪽이 산화속도 KR보다 적어져서 산화반응은 억제되고 열의 발생속도는 KD에 따르게 된다.

위에서 기술한 R'KD에 대응하는 열의 발생곡선 A와 연소반응에 의하여 생긴 열의 일산속도를 나타내는 곡선 B와는 일반적으로 그림 5-2에 표시한 것처럼 교차한다. $T_0''\sim T_1$에서는 A쪽이 B보다 아래, $T_1\sim T_2$에 있어서 A쪽이 B보다 위이며, T_2 이상에서는 다시 A쪽이 B보다 아래에 있다. 즉, 상온 이하에서는 사실상 열발생 속도는 0으로 편의상 고려치 않는다.

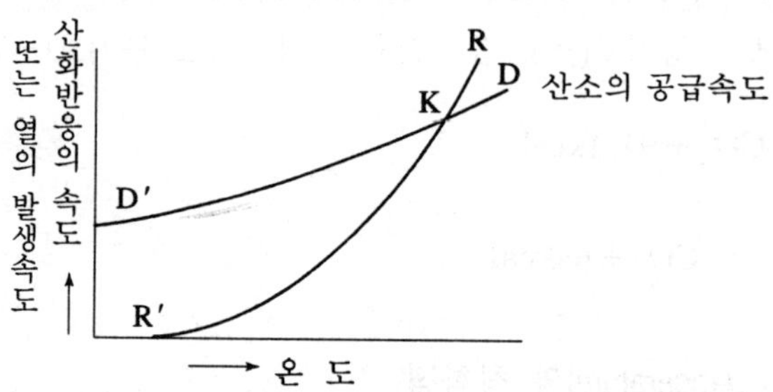

그림 5-1 산화반응의 속도와 온도의 관계

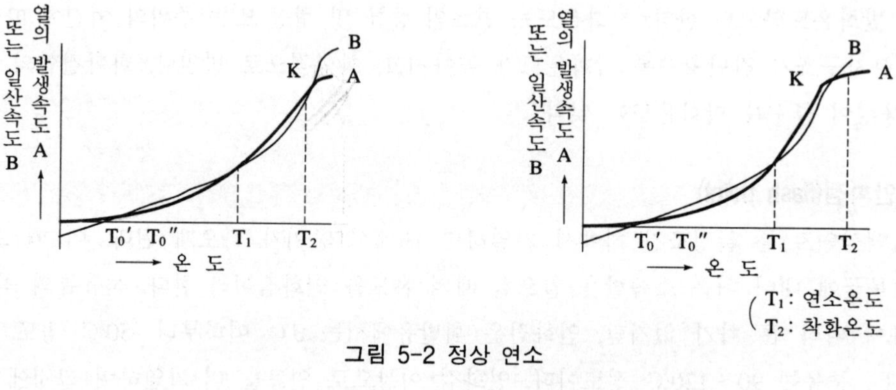

그림 5-2 정상 연소

지금 가열한 온도를 T라고 하면, $T_0'' < T < T_1$에 있어서는 탄의 일부분을 온도 T까지 가열을 계속하는 사이에는 그 부분을 T도에 상당하는 속도로 산화를 계속 받지만 일단 열원을 제거하면 차차 냉각되어 T_0''도까지 내려간다. $T_1 < T < T_2$에서는 열발생 속도 쪽이 일산속도보다 크므로 차차 축적되어 온도가 상승하여 T_2도까지 올라가면 열발생 속도와 일산속도가 같게 되므로 이 온도를 유지하면서 연소가 진행된다. 이와 같은 연소를 정상 연소라 한다. 여기에서 T_1은 착화온도, T_2는 연소온도이다. $T_2 < T$에 있어서는 열발생 속도가 일산속도(逸散速度)보다 작아지므로 T도까지 가열하는 사이에는 T에 상당하는 속도로 연소가 진행되지만, 열원을 제거하면 연소 온도 T_2까지 내려와서 정상연소를 하게 된다.

이상 각 온도 범위에 있어서의 연소 상황을 간단히 설명하였으나, T_1, T_3 등의 온도는 연소물질의 종류에 따라 변화하지만 환경에 따라서도 변화한다. 예컨대 열의 일산속도 곡선 B는 탄의 주위 온도에 의하여 그 위치가 바뀌므로 주위 온도를 높이면 B곡선은 내려가고, 따라서 착화온도는 내려가는 반면에 연소온도는 상승한다. 이를 보아도 연소용 공기를 예열하면 연소온도가 높아짐을 알 수 있다.

(2) 비정상 연소

밀폐용기 중의 화약의 연소라든가 휘발유·증기와 공기의 혼합체 등이 착화하는 경우에는 열의 일산곡선 B는 아래 그림과 같이 A곡선과는 T_0''점 이외 착화온도 T_1에 있어서만이 서로 교차한다. 이 경우 T_1 이상이 되어 연소가 시작되면 연소온도에 따라서 연소속도는 가연성 물질이 있는 한 급속히 올라간다. 이와 같은 연소를 비정상 연소 또는 폭발이라고 하며, 이 경우의 T_1을 기폭온도(priming temperature)라 한다.

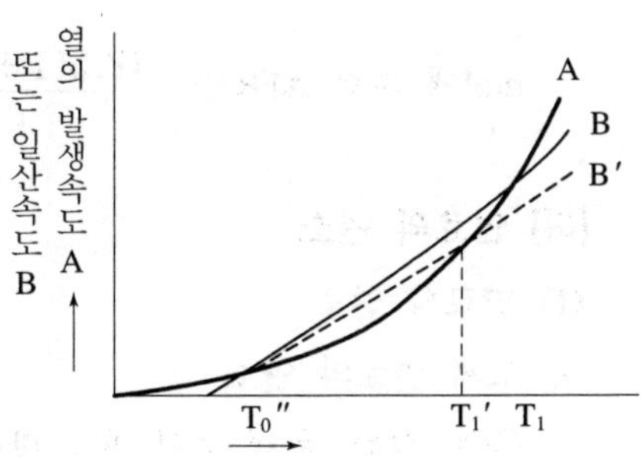

그림 5-3 비정상 연소

(사) 연료에 따른 연소의 종류

고체, 액체 및 기체 연료의 연소이다. 다음과 같은 형태로 나누어 생각할 수 있다.

① 증발 연소

연료 자체가 증발하여 타는 경우이며, 휘발유와 같이 끓는점이 낮은 기름의 연소나 왁스가 액화하여 다시 기화되어 연소하는 것이 여기에 속한다.

② 분해 연소

석탄, 목재 또는 고분자의 가연성 고체는 열분해하여 발생한 가연성 가스가 연소하며, 이 열로서 다시 열분해를 일으킨다. 이 연소 과정도 증발연소와 같이 불꽃을 발생하며, 기체

연료의 연소와 비슷하다.

③ 표면 연소

코오크스 또는 분해연소가 끝난 석탄은 열분해가 일어나기 어려운 탄소가 주성분으로, 그것 자체가 연소하는 과정이다. 연소되면 적열할 따름이지 화염은 없다.

④ 확산 연소

기체연료와 같이 공기의 확산에 의한 연소를 말한다.

⑤ 자기 연소(내부연소)

나이트로 글리세린 등은 공기중 산소를 필요로 하지 않고, 분자 자신 속의 산소에 의해서 연소하는 반응이다.

⑥ 혼합기 연소

기체 연료와 공기를 알맞은 비율로 혼합(AFR)하여, 혼합기에 넣어 점화하여 연소하는 반응이다. 여기서 AFR(air/fuel ratio, 공기 연료비)은 공기와 연료와의 혼합비율을 말한다. Octane C_8H_{18}에서 완전연소의 경우 방정식은,

$$C_8H_{18} + 12.5O_2 + 12.5 \times 3.76N_2 \rightarrow 8CO_2 + 9H_2O + 3.76 \times 12.5N_2$$

mol에 의한 AFR은 $\dfrac{12.5(1+3.76)}{1} = 59.5$이다.

(아) 연료의 연소

(1) 연료의 연소

① 고체 연료의 연소

목탄, 석탄, 목재 등의 연소 방법에는 화격자 연소와 미분탄 연소가 있는데, 화격자 연소는 착화와 연소 속도가 느린 것이 결점이며, 미분탄 연소의 착화와 연소 속도는 미분탄 입자가 작을수록 빠르다.

② 액체 연료의 연소

휘발유, 등유, 경유, 중유는 대부분 분무화하여 연소시키는데, 고체 연료와 같이 분무입경이 작을수록 착화와 연소 속도가 빨라진다. 그 외에도 연소 속도는 기름방울과 공기의 혼합률, 분친무각도, 연료의 예열온도 등에 의해 크게 지배를 받는다.

③ 기체 연료의 연소

기체 연료는 공기와의 혼합율이 알맞으면 착화와 동시에 연소를 일으키는데, 이 때 가스의 유출속도가 너무 빠르면 취소(吹消)가 일어나고, 늦으면 역화(逆火)가 발생한다.

(2) 연소 및 연료의 특성

1) 로에서 고체 · 액체 · 기체의 연료가 잘 연소되기 위한 조건

① 공기 · 연료비(AFR)가 잘 맞아야 한다.
② 공기와 연료의 혼합이 잘 되어야 하며, 충분한 산소가 공급되어야 한다.
③ 연료의 점화를 위하여 혼합도가 높아야 한다.
④ 완전 연소를 위한 충분한 체류시간이 제공되어야 한다.
⑤ 점화온도가 유지되고, 재(ash)의 방출이 최소가 될 수 있는 충분한 소각로의 형태가 요구된다.

2) 고체 연료와 액체 연료의 특성

① 석유계 연료는 석탄계 연료에 비하여 발열량이 높다(석탄의 발열량은 5,000～8,000 kcal/kg, 석유의 발열량은 10,000 kcal/kg 이상이다).
② 석유계 연료의 연소시는 회분이 없으며 열효율이 높다.
③ 석유계 연료는 동일 중량의 석탄계 연료보다 용적이 35～50 % 정도이다.
④ 석유계 연료의 연소시는 과잉 공기량이 적고 쉽게 완전 연소되며 연소후 현탁액(slurry)이 없다.
⑤ 석유계 연료는 연소의 조절이 간단하고 용이하며, 운반과 적재도 간단하고 신속하다.

3) 연료의 연소이론

연료의 연소에 필요한 공기량 및 연소하여 발생된 연소가스량은 연료를 구성하는 가연원소 즉, 탄소(C), 수소(H) 및 황(S) 등 3원소의 연소에 필요한 산소량에 의해서 계산할 수 있다.

이들 가연성 원소의 연소방정식, 중량 및 체적비를 0℃ 1기압상태로 표시하면 다음과 같다.

$$\begin{array}{ccccc} C & + & O_2 & = & CO_2 \\ 12\ \text{kg} & & 32\ \text{kg} & & 44\ \text{kg} \\ & & 22.4\ \text{Sm}^3 & & 22.4\ \text{Sm}^3 \end{array} \tag{5.1}$$

$$\begin{array}{ccccc} H_2 & + & \frac{1}{2}O_2 & = & H_2O \\ 2\ \text{kg} & & 16\ \text{kg} & & 18\ \text{kg} \\ & & 11.2\ \text{Sm}^3 & & 22.4\ \text{Sm}^3 \end{array} \tag{5.2}$$

$$\begin{array}{ccccc} S & + & O_2 & = & SO_2 \\ 32\ \text{kg} & & 32\ \text{kg} & & 64\ \text{kg} \\ & & 22.4\ \text{Sm}^3 & & 22.4\ \text{Sm}^3 \end{array} \tag{5.3}$$

위 식 중에 연료의 주요 타는 성분인 탄소와 수소의 연소 계산법의 예를 들기도 한다. 우선 연소란, 연료 중의 가연성분이 공기 중의 산소와의 화학 반응이므로 공기 중 산소의 양을 알아야 한다.

– 탄소의 연소

탄소가 연소해서 탄산가스로 되는 변화를 화학식으로 표시하면 다음과 같다.

① 중량으로 표시

C	+	O_2	$(+N_2)$	= CO_2	$(+N_2)$
12 kg		32 kg	107 kg	44 kg	107 kg
∴ 1 kg		2.67 kg	8.90 kg	3.67 kg	8.90 kg

소요공기량 = 11.6 kg　　연소가스량 = 12.6 kg

탄소 1 kg에 대하여 연소에 필요한 산소량은 2.67 kg이며, 연소가스량(CO_2)은 3.67 kg이다. 그러나 연소반응을 하는 데는 순수한 산소를 사용하는 일은 극히 드물고, 보통은 공기 중의 산소를 사용하므로 위의 식에서 명시한 것과 같이 공기 중의 질소도 계산에 들어간다.

이 공기 중의 질소는 연소에는 불필요한 것으로 아무런 변화도 하지 않고(일부 변화하지만 미량으로 고려하지 않음) 그대로 연소가스 중에 혼합된다. 따라서 탄소의 연소에 의해서 생성되는 연소가스량은 탄산가스＋질소가스의 합인 12.6 kg이고, 이 때 필요한 공기량은 11.5 kg 이다.

② 용적으로 표시

산소나 탄산가스는 기체이므로 중량으로 표시하는 것보다는 용적(부피)으로 표시하는 것이 더 명확하다.

C	+	O_2	$(+N_2)$	= CO_2	$(+N_2)$
12 kg		22.4 Sm^3	84.4 Sm^3	22.4 Sm^3	84.4 Sm^3
∴1 kg		1.87 Sm^3	7.03 Sm^3	1.87 Sm^3	7.03 Sm^3

소요공기량 = 8.90 Sm^3　　연소가스량 = 8.90 Sm^3

여기서, S는 표준상태(Standard)를 나타낸다.

표 5-1 공기의 조성과 공기중 산소의 양

공기의 조성		산소 1kg(1m^3)에 대해	
중 량(%)	용 적(%)	중량비	용적비
산소 23 질소 77	산소 21 질소 79	공기 4.31 질소 3.31	공기 4.77 질소 3.77

– 수소의 연소

수소가 연소하여 수증기가 되는 변화를 화학식으로 표시하면 다음과 같다.

<용적으로 표시>

H_2	+ $\frac{1}{2}O_2$	$(+N_2)$	= H_2O	$(+N_2)$
2 kg	11.2 Sm^3	42.22 Sm^3	22.4 Sm^3	42.22 Sm^3
∴ 1 kg	5.6 m^3	21.11 Sm^3	11.2 Sm^3	21.11 Sm^3

소요공기량 = 26.71 Sm^3 연소가스량 = 습윤연소가스량 = 32.3 Sm^3 (습윤배기가스)

건조연소가스량 = 21.11 Sm^3 (건조배기가스)

연소되어 형성된 수증기는 온도가 높을 때만 존재할 수 있다. 온도가 냉각하면 응축해서 물방울이 된다. 수증기 상태인 경우 그 부피가 22.4 Sm^3인 것이, 물방울로 되면 부피는 매우 작아진다.

이와 같이 수증기를 함유한 연소가스를 습윤연소가스 또는 습윤배기가스라고 하고, 물방울이 되어 수증기를 포함하지 않은 건조한 연소가스를 건조연소가스 또는 건조배기가스라고 하는데, 건조배기가스라고 해서 절대로 건조한 가스라는 의미는 아니다. 다만, 과포화 수증기를 포함하지 않은 가스라는 뜻이다.

5.1.2 연소에 필요한 공기량

(가) 이론공기량

연료가 완전 연소하는 데 필요한 가장 적은 공기량을 이론공기량이라고 한다. 실제 공기량과 기타 계산의 기초로서 매우 중요하다.

(1) 기체 연료의 연소에 필요한 공기량

연료 1 Sm^3 중의 수소, 일산화탄소, 메탄, 에탄, 아세틸렌, 벤졸증기, 기타 기상 탄화수소, 산소, 탄산가스, 질소 등의 부피(Sm^3) 분율을 각각 H_2, CO, CH_4, C_2H_4, C_2H_2 ⋯ C_xH_y, O_2, CO_2, N_2로 나타내면, 이론공기량 A_o는

$$A_o = \frac{O_o}{0.21}$$

$$= \frac{1}{0.21}\left\{0.5(H_2)+0.5(CO)+2(CH_4)+3(C_2H_4)\cdots+(C_xH_y)+\left(x+\frac{y}{4}\right)O_2\right\}\ \frac{Sm^3}{Sm^3} \quad (5.4)$$

로서 구할 수 있다. 그러나 O_o는 이론산소량을 나타내며, 이론산소량(O_o)은 연료를 이론적으로

완전 연소시키는 데 필요한 최소한의 산소의 양을 말하고, 공기 중의 산소의 비율은 용적을 0.21=21.0 %로 하고 나머지를 질소(79%)로 간주한다. 연소에 필요한 이론공기량의 근사치를 소개하면 표 5-2와 같다.

표 5-2 각종 연료의 이론공기량의 근사치

연 료	$A_o\left(Sm^3/Sm^3=\frac{(stp)}{m^3(stp)}\right)$	연 료	$A_o\left(Sm^3/Sm^3=\frac{(stp)}{m^3(stp)}\right)$
천연가스	8.0~9.5	연료유	10~13
오일가스	4.5~11.0	역청탄	7.5~8.5
고로가스	0.6~8.0	무연탄	9.0~10.0
석탄가스	4.5~5.5	코크스	8.0~8.7
발생로가스	0.9~1.2	탄소	8.9

예1

분자식이 C_mH_n인 탄화수소가스 $1m^3$(STP) (=$1Sm^3$)의 연소에 필요한 이론공기량을 구하시오.

풀이 i) 연소반응식에 의하여 구하는 방법

$$C_mH_n+\left(m+\frac{n}{4}\right)O_2 \rightarrow mCO_2+\frac{n}{2}H_2O$$

위 식에 의하여 기체연료 $1Sm^3$에 필요한 이론산소량은 $\left(m=\frac{n}{4}\right)Sm^3$이다.

따라서 $A_o=\frac{O_o}{0.21}=\frac{1}{0.21}\left(m+\frac{n}{4}\right)=4.76m+1.19n\ [Sm^3/Sm^3]$

ii) 여기에서 C_mH_n의 1(kmol)을 생각하자. 이 중에 C가 m(kmol), H_2가 $\frac{n}{2}$(kmol)이 포함되어 있다.

$$\underset{1kmol}{C}+\underset{22.4Sm^3}{O_2}\longrightarrow CO_2,\qquad \underset{1kmol}{H_2}+\underset{11.2Sm^3}{\frac{1}{2}O_2}\longrightarrow H_2O$$

위 식에서 연료 1kmol당 이론산소량 $[Sm^3]$은,

$22.4m+11.2\left(\frac{n}{2}\right)=22.4m+5.6m$이며, 기체연료 1kmol의 부피는 $22.4Sm^3$이므로 연료 $1Sm^3$당 이론산소량 (O_o)은,

$$O_o=\frac{22.4m+5.6n}{22.4}=(m+0.25n)\ [Sm^3]$$

따라서 이론공기량 (A_o)은,

$$A_o=\frac{1}{0.21}(m+0.25n)=4.76m+1.19n\ [Sm^3/Sm^3]$$

(2) 액체 및 고체연료의 경우

액체 또는 고체 연료 1 kg 중에 탄소, 수소, 질소, 황, 회분 및 수분의 중량 분율을 각각 C, H, O, N, S, A 및 W라 하면 1 kg 연소에 필요한 이론공기량 A_o는,

$$A_o = \frac{O_o}{0.21} = \frac{1}{0.21}\left\{\frac{22.4}{12}C + \frac{11.2}{2}\left(H - \frac{O}{8}\right) + \frac{22.4}{32}S\right\}$$
$$= \frac{1}{0.21}\left\{1.867C + 5.6\left(H - \frac{O}{8}\right) + 0.7S\right\}$$
$$= 8.89C + 26.7\left(H - \frac{O}{8}\right) + 3.33S[Sm^3/kg] \quad (5.5)$$

로서 구할 수 있다. 실제로 O, S는 무시되는 경우가 많다. 이 때는 A_o = 8.89C + 26.7H가 된다. 식 중의 (H−O/8)은 연료 중의 산소가 결합수의 상태로 있고, 그 수소분은 연소에 이용되지 않음으로서 전수소에서 공제한 수소이며, 유효수소라고 한다.

즉, 연료 중 처음부터 산소가 포함되어 있을 경우, 이 산소는 연료 중의 수소와 H_2O의 형태로 결합한다고 본다. H와 O와는 1 : 8의 중량비로 결합하기 때문에 O(kg)의 산소는 O/8 [kg]의 수소와 결합하기 때문에 실제로 (H−O/8)의 수소가 연소한다고 보고 이 수소량을 유효수소라고 한다.

예2

탄소 85 %, 수소 13 %, 황 2 %로 조성된 중유의 연소에 필요한 이론공기량을 구하시오.

풀이 C = 0.85, H = 0.13, S = 0.02

식에서 이론공기량

$$A_o = \frac{1}{0.21}[1.867(0.85) + 5.6(0.13) + 0.7(0.02)]$$
$$\fallingdotseq 11.1 \ [Sm^3/kg]$$

예3

탄소, 수소, 산소, 황의 중량 %가 86.6 %, 4 %, 8 %, 1.4 %인 중유의 연소에 필요한 이론산소량과 이론공기량을 구하시오.

풀이 C = 0.866, H = 0.04, O = 0.08, S = 0.014

식 $A_o = \frac{1}{0.21}\left[1.867C + 5.6\left(H - \frac{O}{8}\right) + 0.7S\right]$에서,

이론산소량 $= 1.867\times0.866+5.6\left(0.04-\frac{0.08}{8}\right)+0.47\times0.014$

$= 1.791 \fallingdotseq 1.79$ **[Sm³/kg]**

이론공기량 $A_o = \frac{O_o}{0.21} = \frac{1.79}{0.21} \fallingdotseq 8.52\,[Sm^3/kg]$

예4

메탄올(CH_3OH) 1 kg이 연소하는 데 필요한 이론공기량을 구하시오.

풀이 CH_3OH의 조성은 $C+H_4+O = 12+4+16 = 32$

여기서, $C=\frac{12}{32}=0.375$, $H=\frac{4}{32}=0.125$, $O=\frac{16}{32}=0.500$

$\therefore A_o = 8.89C+26.7\left(H-\frac{O}{8}\right)+3.33S = 8.89(0.375)+26.7\left(0.125-\frac{0.500}{8}\right)$

$= 3.33+1.67 = 5$ **[Sm³/kg]**

(나) 소요공기량

(1) 공기비의 정의와 계산

① 공기비 : 연료를 연소 장치에서 연소시킬 때에 이론공기량만큼을 공급해서는 완전 연소가 불가능하므로 실제로는 이론공기량보다 많은 양의 공기를 공급하지 않으면 완전 연소가 불가능하다. 실제로 공급된 공기량을 A라 하면

$$A = mA_o \tag{5.6}$$

$$m = \frac{A}{A_o}$$

으로 표시하며 m을 공기비 또는 과잉공기계수(과잉공기량/이론공기량)라고 하고, 과잉공기율은

$$(A-A_o)/A_o = A_o(m-1)/A_o = m-1 \tag{5.7}$$

일반적으로 과잉공기량의 산출은 연소 가스의 조성으로부터 근사적으로 구한다(여기서 액체연료에서 연료 중 N성분은 무시한다). 건조 배기가스 중 각 성분의 부피 %를 (N_2), (O_2), (CO)로서 표시한다.

$$m = \frac{21N_2}{21N_2-79[O_2-0.50CO]} \fallingdotseq \frac{N_2}{N_2-3.76O_2} \tag{5.8}$$

여기서, $(N_2)\% = 100-[(CO_2)+(O_2)+(CO)]$이다.

또 기체연료에서 H분이 적고 큰 과잉공기를 사용하는 경우 즉 완전 연소되는 경우는 $N_2=79$로,

$$m = \frac{21}{21-(O_2)} \tag{5.9}$$

공기비가 클 때는 연소실 내의 연소온도가 낮아지고, 통풍력이 강하여 배기가스에 의한 열손실이 증대되고, SO_2, NO_2 함량이 증가하여 부식이 크게 된다. 반면 공기비가 작을 경우에는 열손실에 큰 영향을 주며, 불완전연소로 연소가스의 폭발위험과 매연의 발생이 크다.

예5

연소가스 중 질소, 산소의 부피 %가 각각 (N_2), (O_2)일 대 과잉공기계수를 구하라.

풀이 연소가스 중 O_2는 과잉공기량의 21%에 상당하기 때문에,

연소가스 중 O_2 부피 % 즉, $(O_2) = 0.21(A-A_o) = 0.21(m-1)A_o$ [Sm^3]이다.

또 연소가스 중의 N_2는 공급공기량의 79%에 상당하기 때문에,

연소가스 중 N_2 부피 % 즉, $(N_2) = 0.79A = 0.79\,mA_o$이다.

따라서, $\frac{(O_2)}{(N_2)} = \frac{0.21(m-a)A_o}{0.79mA_o} \rightarrow \frac{m-1}{m} = \frac{79(O_2)}{21(N_2)}$

$\therefore m = \frac{21(N_2)}{21(N_2)-79(O_2)}$ 이다.

(단, 연료 중에는 N과 O분은 없다고 가정한다.)

예6

탄소, 수소의 중량 조성이 각각 86 %, 14 %인 액체 연료를 매시 100 kg 연소한 경우 배기가스의 분석치는 다음과 같다. CO_2 12.5, O_2 3.5, N_2 84 %

이 경우 시간당 필요한 공기량은 얼마인가?

풀이 이론공기량

$$A_o = \frac{1}{0.21}\left[1.867C+5.6\left(H-\frac{O}{8}\right)+0.7S\right] = \frac{1}{0.21}[1.87(0.86)+5.6(0.14)]$$

$$= 11.39[Sm^3/kg]$$

$$\text{공기비}(m) = \frac{(N_2)}{(N_2)-3.76(O_2)} = \frac{84}{84-3.76(3.5)} = 1.9$$

따라서 매시 공급공기량(실제공기량)은 $A = mA_o = 1.19 \times 11.39 = 13.55$ [Sm^3/kg]
∴ 연료 100kg당 매시 필요한 실제 공기량은 $1.55 \times 100 = 1355$ [Sm^3/h]

(2) 연소 방법과 공기비

여러 종류의 연료를 연소시킬 때에 가능한 한 적은 과잉 공기로 완전 연소시키는 것이 열 경제상으로 바람직하다. 그러나 연료의 종류나 연소 방법에 따라서 연소용 공기와의 접촉, 혼합 정도가 다르다. 예를 들면, 가스 연료는 공기와 혼합이 급속하게 이루어지므로 적은 과잉 공기로서 완전 연소시키는 것이 용이하다. 유류나 미분탄의 연소 역시 연료입자가 작고 공기와의 접촉면이 크기 때문에 비교적 소량의 과잉 공기로서 완전 연소가 가능하다. 덩어리 상태의 석탄을 연소하는 화격자 연소에서는 상당한 양의 과잉 공기가 필요하다.

표 5-3은 여러 종류의 연소 장치에 따른 적정 공기비의 개략적인 값을 나타냈다. 또, 그 때 생성한 연소 가스 중 탄산가스(%)를 나타냈다.

표 5-3 연소 방법과 공기비

연소방법	가스버너	유류버너	미분탄버너	이동화격자	수동수평화격자
m의 값	1.1 ~ 1.2	1.2 ~ 1.4	1.2 ~ 1.4	1.3 ~ 1.6	1.5 ~ 2.0
CO_2(%)	8 ~ 20	11 ~ 14	11 ~ 15	10 ~ 14	8 ~ 10

(3) 공기 연료비(air/fuel ratio, AFR)

연소반응에서 산화제로 작용하는 산소는 공기 중에서 얻어진다. 건조한 공기는 부피비로서 N_2 : 78.9 %, O_2 : 20.95 %, Ar : 0.93 %, CO_2 : 0.03 %의 혼합물로 분자량이 약 28.95이다. 연소반응에서 Argon과 탄산가스는 직접 반응에 참가하지 않으므로 질소와 산소만을 고려하면 건조한 공기는 부피가 79 %의 N_2와 21 %의 O_2로 구성되며 N_2와 O_2는 3.76 : 1의 부피비를 갖는다. 또한, 건조한 공기는 무게비로서 76.8 %의 N_2와 23.2 %의 O_2로 구성된 것으로 생각한다.

자동차의 내연기관에서 휘발유(C_8H_{18} : 옥탄)를 연소시키는 경우 다음과 같은 반응이 일어난다.

$$C_8H_{18} + 12.5O_2 + 12.5 \times 3.76N_2 \rightarrow 8CO_2 + 9H_2O + 12.5 \times 3.76N_2$$

위와 같이 이상적으로 일어나는 경우 이를 화학적 이상(완전)연소(stoichiometric combustion)라 하며, 모든 산소가 연료와 반응하여 완전히 소모된다. 이 경우 공기 연료비(air/fuel ratio, AFR)는 다음과 같다.

부피기준 : AFR = (12.5 + 3.76×12.5)/1 = 59.5 mols air/mol fuel

무게기준 : AFR = 59.5×28.95/114 = 15 units air/unit fuel

그림 5-4에서와 같이 화학적으로 연소에 소요되는 이론적인 산소량과 연료의 관계를 살펴보면, 이론적으로 실선과 같은 관계가 성립되나 완전한 혼합을 이룰 수 없기 때문에 실제는 점선의 관계가 일어난다. 공기의 양이 적으면 배기가스 내에는 CO가 많고, 공기가 많게 되면 완전연소가 되고, 또한 희석이 되어 CO의 양이 적게 된다. 이론적으로 소요되는 공기량보다 더 넣어 주는 과잉공기(excess air)라고 하며, 화학적 이상연소에 필요한 공기량을 이론공기량(theoretical air)이라 한다. 과잉공기는 통상 이론공기량의 %로 표시된다. 과잉공기에 의해서 CO가 CO_2로 산화되지만 동시에 연소온도가 감소되어 열손실이 일어난다. 보통의 경우에 0.5~5 %의 열손실이 이루어지면 최적이라고 한다. 표 5-4는 연료의 종류와 연소방법에 따른 과잉공기율을 보여주고 있다.

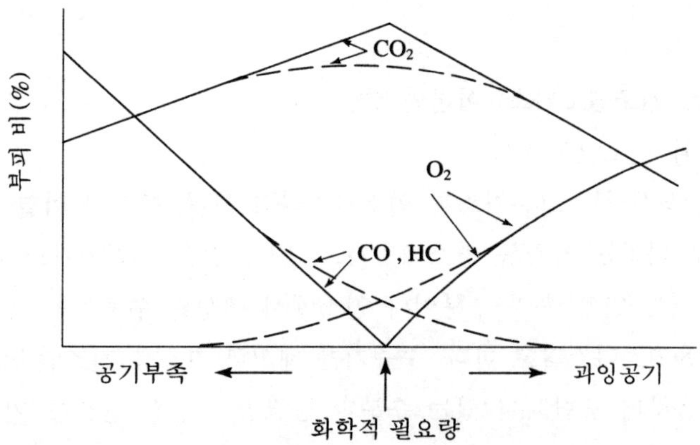

그림 5-4 연소시 AFR에 따르는 배기가스 중 HC, CO, CO_2의 발생량

표 5-4 각종 연료의 연소방식에 따른 과잉공기율(%)

연소방식 / 연료의 종류	손으로 땔 때	기계로 땔 때	버너(burner)
무연탄, 코오크스	50	4	
유연탄	50~150	30~70	
미분탄			15~30
중 유			15~25
기체연료			10~30

(4) 등가비(ϕ Equivalent ratio)

연소과정의 여러 가지 복잡한 단계를 이해하기는 곤란하나, 이의 평형을 이해하는 데는 등

가비를 알아야 한다.

$$\phi = \frac{\text{실제의 연료량/산화제}}{\text{완전연소 이상적연료량/산화제}}$$

$\phi = 1$일 때 완전연소

$\phi < 1$일 때 과잉공기

$\phi > 1$일 때 연료의 과잉

을 나타낸다. 즉, 등가비 ϕ에서는 $\phi \langle 1$인 상태에서 완전연소를 기대할 수 있으므로 CO는 최소가 되고, 질소산화물(NO)은 증가한다. 연소온도가 저하되었을 때 CO와 NO는 감소되고, 내연기관 등은 압축비를 줄여야 한다. 연소온도가 1500°K 이하인 경우에서만 오염물 생성이 낮은 것으로 보이나 실제는 잘 맞지 않는다.

(다) 연소가스량

(1) 습윤연소가스, 건조연소가스, 이론연소가스량

1) 습윤연소가스와 건조연소가스

연료가 연소해서 생성되는 고온가스를 연소가스라고 하며, 이것이 피열물에 열을 전도한 다음 연도나 굴뚝으로 나가는 가스를 연소배출가스, 또는 단순한 배기가스라고 한다.

연소배출가스 중에는 연료 속의 수분이나 연소에서 생성된 수증기를 불포화 상태로 함유하고 있다. 이것을 습윤연소가스라고 한다. 수증기를 제거한 가스를 건조연소가스라고 한다. 엄밀하게는 연료 중 처음부터 포함되어 있는 수분과 공급공기 중의 습도를 가해 주어야 하나, 그 양은 비교적 적어서 무시한다.

연소가스 조성은 보통 건조연소가스를 기준으로 해서 표시하며 습윤연소가스량을 G [Sm^3/kg 연료]로, 건조연소가스량을 G'[Sm^3/kg 연료]로 표시하기로 한다. 과잉공기량이 일정하더라도 연료의 조성이 다르면 배기가스의 조성도 달라지며, 흡수식 가스분석 즉, Orsat 분석에서 SO_2는 CO_2와 함께 측정된다. 따라서 분석치 CO_2 [%]에서는 SO_2 [%]도 포함된다.

① 건조연소가스량(G') 구하는 공식

액체, 고체 연료 중의 C, S의 중량분율을 C, S로 하고, 연소가스 중의 CO_2, CO의 부피분율을 (CO_2)(CO)로 하면 다음과 같은 식이 성립한다.

$$G' \times [(CO_2) + (CO)] = \frac{22.4}{12}C + \frac{22.4}{32}C$$

CO_2부피 SO_2부피

$$\therefore G' = \frac{1.867C + 0.7S}{[(CO_2)+(CO)]} \ [Sm^3/kg] \quad (5.10)$$

cf : C+O → CO_2, C+0.5O_2 → CO 이기 때문에 C의 12kg로부터는 CO_2 혹은 CO도 22.4m^3를 생성한다. 따라서 불완전연소에 의하여 CO가 생성하더라도 부피수지 관계는 CO_2와 똑같이 취급할 수 있다.

② 습윤연소가스량(G) 구하는 공식

연료 1kg 중에 수소분이 H(kg) 포함된다고 보면 이로부터 H_2O가 $\left(\frac{22.4}{2} = 11.2\right)H$ [Sm^3/kg] 생성하기 때문에 일반적으로 다음 관계식이 성립된다.

$$G = G' + 11.2H \ [Sm^3/kg] \quad (5.11)$$

예17

탄소 86 %, 수소 13 %, 황 1 %의 중유를 연소했을 때, 배기가스의 분석치는 다음과 같다. CO_2(SO_2 포함) 13 %, O_2 2 %, CO 1 %일 때, 건조가스량 및 습윤가스량을 구하라.

풀이 C=0.86, H=0.13, S=0.01, CO_2=0.13, C_0=0.01

$$\therefore G' = \frac{1.867C + 0.7S}{[(CO_2)+(CO)]} = \frac{1.867\times(0.86)+0.7\times(0.01)}{0.13+0.01} \fallingdotseq 11.5 \ [Sm^3/kg]$$

$$G = G' + 11.2H = 11.5 + 11.2 \fallingdotseq 0.13 \fallingdotseq 13.0 \ [Sm^3/kg]$$

2) 이론연소 가스량

연료가 이론공기량으로 완전연소되었다고 가정했을 때에 생성되는 가스량을 이론 연소가스량이라고 한다. 연료 조성을 알면 계산에 의해 구할 수 있다. 이론연소 가스량에도 이론습윤연소가스량과 이론건조연소가스량이 있으며, 각각 G_o 및 G_o'로 하고 실제 연소가스량, 즉 습윤연소가스량과 건조연소가스량을 각각 G와 G'라 하면,

$$G = G_o + (m-1)A_o \quad (5.12)$$

$$G' = G_o' + (m-1)A_o \quad (5.13)$$

로서 나타낼 수 있다.

(2) 연소가스의 계산

1) 액체 및 고체연료의 이론산소량, 이론습윤연소가스량, 이론건조연소가스량, 습윤연소가스량, 건조연소가스량

액체 · 고체 연료 1 kg 중의 C, H, O, S, N 성분의 중량분율을 C, H, O, S, N라고 할 때,

① 이론공기량(Sm^3/kg 연료) 또는 (m^3(stp)/kg연료)은

$$A_o = \frac{1}{0.21}\left[\frac{22.4}{12}C + \frac{11.2}{2}\left(H - \frac{O}{8}\right) + \frac{22.4}{32}S\right]$$

$$\text{이론산소량} = \frac{1}{0.21}\left[1.867C + 5.6\left(H - \frac{O}{8}\right) + 0.7S\right] \tag{5.14}$$

$$= 8.89 + 26.7\left(H - \frac{O}{8}\right) + 3.3S \tag{5.15}$$

단, 연료 중에 O성분이 포함되지 않을 때는

$$A_o = \frac{1}{0.21}(1.867C + 5.6H + 0.7S) \fallingdotseq 8.9C + 26.7H + 3.3S \tag{5.16}$$

또 연소가스 중 질소량은 이론공기량의 79 %이다.

즉, 연소가스 중 질소량은 0.79 A_o이다.

② 이론습윤연소가스량은 이론연소가스량의 합

즉, $G_o = 1.867C + 11.2H + 0.7S + 0.8N + 0.79\,A_o + 1.24W$

$$= A_o + 1.867C + 11.2H + 0.7S + 0.8N - (0.21\,A_o) + 1.24W \tag{5.17}$$

$$= A_o + 1.867C + 11.2H + 0.7S + 0.8N$$

$$- \left\{1.867C + 5.6\left(H - \frac{O}{8}\right) + 0.7S\right\} + 1.24W \quad \text{(5.14식에서 유도)}$$

$$= A_o + 5.6H + 0.7O + 0.8N + 1.24W\ [Sm^3/kg] \tag{5.18}$$

단, 연료 중에 O, N이 포함되지 않을 때는,

$G_o = A_o + 5.6H$가 된다. 단, 보통 수분 1.24W은 무시한다. (5.19)

③ 이론건조연소가스량[Sm^3/kg]은 수분을 포함하지 않으므로 식 (5.17)에서,

$$G_o' = 1.867C + 0.7S + 0.8N + 0.79A_o \tag{5.20}$$

$$= A_o - 5.6H + 0.7O + 0.8N \tag{5.21}$$

단, 연료중에 O, N가 포함되지 않을 때는,

$$G_o' = A_o - 5.6\mathrm{H} \tag{5.22}$$

①②③은 이론공기량으로 연료가 완전연소할 때이다. 다음은 과잉공기계수(=공기비) m으로 연소할 때, 이론연소가스량을 구하여 보기로 한다.

④ 연소가스 중의 N_2+O_2량

이론공기량 A_o와 과잉공기량, 공급공기량 A 및 과잉공기계수 m의 관계를 우선 살펴 보면,

- 공급공기량 → $A = mA_o$ [Sm^3/kg 연료]
- 과잉공기량 → $A - A_o = mA_o - A_o = (m-1)A_o$
- 연소가스 중 잔존 O_2는 과잉공기량의 21%에 해당 → $0.21(m-1)A_o$
- 연소가스 중의 N_2는 공급공기량의 79%에 해당 → $0.79mA_o$

따라서, 연소가스 중의 N_2+O_2량은 과잉산소와 연소가스 질소와의 합이다.

즉, $$N_2 + O_2 = 0.21(m-1)A_o + 0.79mA_o = (m-0.21)A_o \tag{5.23}$$

⑤ 습윤연소가스량(G) [Sm^3/kg]

$$\begin{aligned} G &= G_o + (m-1)A_o\ [Sm^3/kg] \\ &= G_o + mA_o - A_o \\ &= A_o + 5.6\mathrm{H} + 0.7\mathrm{O} + 0.8\mathrm{N} + mA_o - A_o + 1.24\mathrm{W} \quad \leftarrow \text{(5.18)식에서 유도} \\ &= mA_o + 5.6\mathrm{H} + 0.7\mathrm{O} + 0.8\mathrm{N} + 1.24\mathrm{W} \end{aligned} \tag{5.24}$$

또는,

$$\begin{aligned} G &= G_o + mA_o - A_o \\ &= 1.867\mathrm{C} + 11.2\mathrm{H} + 0.7\mathrm{S} + 0.8\mathrm{N} + 0.79A_o + mA_o - A_o + 1.24\mathrm{W} \\ &= 1.867\mathrm{C} + 11.2\mathrm{H} + 0.7\mathrm{S} + 0.8\mathrm{N} + (m-0.21)A_o + 1.24\mathrm{W} \end{aligned} \tag{5.25}$$

(보통 수분 1.24W는 무시한다.)

⑥ 건조연소가스량(G')[Sm^3/kg]

$$\begin{aligned} G' &= G_o' + (m-1)A_o \\ &= mA_o - 5.6\mathrm{H} + 0.7\mathrm{O} + 0.8\mathrm{N} \end{aligned} \tag{5.26}$$

또는, $$G' = 1.867\ \mathrm{C} + 0.7\mathrm{S} + 0.8\mathrm{N} + (m-0.21)A_o \tag{5.27}$$

그리고, $G_o = G_o' + 11.2\mathrm{H}$이고, $G = G' + 11.2\mathrm{H}$ 관계식도 성립된다.

2) 액체연료의 이론산소량과 이론가스량

표 5-5 액체연료연소 1kg당 필요한 성분부피 이론산소량

액체, 고체 연료의 반응식	각 성분 1kg연소에 필요한 이론산소O_2[Sm^3]	연료 1kg 당		
		각 성분의 중량분율	이론산소량 O_2[Sm^3]	이론연소가스량
C + O_2 → CO_2 12kg 22.4m^3 22.4m^3	$\frac{22.4}{12}=1.867$	C	1.887C	CO_2…1.867C
H_2 + 1/2O_2 → H_2O 2kg 11.2m^3 22.4m^3	$\frac{11.2}{2}=5.607$	*H	5.6H	**H_2O… 11.2H
S + O_2 → SO_2 32kg 22.4m^3 22.4m^3	$\frac{22.4}{32}=0.70$	S	0.7S	SO_2… 0.7S
연료중에 N_2 → N_2 28kg 22.4m^3		N		N_2… $\frac{22.4}{28}$ =0.8N

·참고·

* 연료 중에 산소가 포함되어 있을 경우에는 그 중량분율을 O [kg/kg 연료]로 하면 유효수소는 $H-\frac{O}{8}$ 이다.
왜냐하면, H_2O가 2+16=18이기 때문에 산소 O [kg]와 결합하는 수소량은 $\frac{O}{8}$ [kg]이다.
** 연료 및 공기 중에 있는 수분은 무시한다.

예18

탄소 86 %, 수소 12 %, 황 2 % 조성의 중유를 연소시켜 그의 배기가스를 분석했더니, 다음과 같은 결과를 얻었다. (CO_2)+(SO_2) = 13[%], (O_2) = 3[%], (CO) = [%]이다. 이때, 건조연소가스 중의 SO_2의 농도(부피, %)는 얼마인가?

풀이 C=0.86, H=0.12, S=0.02

우선 건조연소가스량(G')을 구하려면 $G'=mA_o-5.6\text{H}+0.7\text{O}+0.8\text{N}$ ≒ $1.9\text{C}+0.7\text{S}+(m-0.21)A_o$에서 이론공기량 A_o와 과잉공기계수 m을 구해야 한다.

A_o = 8.89C+26.7H+3.3S = 8.89(0.86)+26.7(0.12)+3.3(0.02) ≒ 10.92 [Sm^3/kg]

배기가스 중의(N_2)는 100−(13+3) = 84 [%]

과잉공기계수 $m=\frac{21(N_2)}{21(N_2)-79[(O_2)-0.5(CO)]}=\frac{21(84)}{21(84)-79(3)}≒1.16$

∴ G' = 1.9(0.86)+0.7(0.02)+(1.16−0.21)(10.92) = 12.0 [Sm^3/kg]

SO_2의 생성량 0.7S = 0.7(0.02) = 0.014 [Sm^3/kg]

따라서 건조연소가스 중의 SO_2농도(부피, %)는

$$\frac{0.7S}{G'} \times 100 = \frac{0.014}{12.0} \times 100 \fallingdotseq 0.12\ [\%]$$

예9

탄소 86 %, 수소 13 %, 황 1 %의 조성의 중유를 연소하고 배기가스 분석을 했더니, $(CO_2)+(SO_2)$가 13 %, (O_2)가 3 %, (CO)가 0.5 %였다. 건조연소가스 중의 SO_2의 농도는 몇 ppm인가?

풀이 C = 0.86, H = 0.13, S = 0.01

이론공기량 $A_o = \frac{1}{0.21}(0.867C + 5.6H + 0.7S) \fallingdotseq 8.9c + 26.7h + 3.3s$

$\fallingdotseq 8.9(0.86) + 26.7(0.13) + 3.3(0.01) \fallingdotseq 11.16m^3/kg$

배기가스 중의(N_2) = 100 − (13 + 3 + 0.5) ≒ 84 %

과잉공기계수 $m = \frac{21(N_2)}{21(N_2) - 79[(O_2) - 0.5(CO)]} = \frac{21(84)}{21(84) - 79(3 - 0.5\times0.5)} \fallingdotseq 1.14$

∴ $G' = 1.9C + 0.7S + (m - 0.21)$

$A_o = 19(0.86) + 0.7(0.01) + (1.14\text{-}0.21)(11.16) \fallingdotseq 12.3$

SO_2의 생성량은 0.7S = 0.7(0.01) = 0.007 m^3/kg

따라서 SO_2의 농도(ppm)는 $\frac{0.7S}{G'} \times 10^6 = \frac{0.007}{12.3} \times 10^6 \fallingdotseq 569[ppm]$

예10

탄소 85 %, 수소 15 %로 된 경유를 과잉공기계수 1.1로 연소했더니, 탄소 1%가 그을음으로 된다. 건조 배기가스 1S m^3 중 그을음의 농도[g/Sm^3]는 얼마인가?

풀이 C = 0.85, H = 0.15

이론공기량 A_o = 8.89C + 26.7H = 8.89(0.85) + 26.7(0.15) ≒ 11.6[Sm^3/kg]

건조연소가스량 $G' = mA_o - 5.6H$ = 1.1(11.6) − 5.6(0.15) = 11.9[Sm^3/kg]

연소 1 kg(=1000g)당 그을음의 양 1000×(0.85)×(0.01)=8.5[g]

$$\therefore \text{그을음 농도} = \frac{\text{그을음양}}{G'} = \frac{8.5}{11.9} = 0.71[g/Sm^3]$$

예11

프로판 1 kg을 과잉공기계수 1.1로 완전연소시킬 경우에 발생하는 연소가스의 중량을 구하라.

풀이 기체연소방정식 $C_3H_8 + 5O_2 \rightarrow 3CO_2 + 4H_2O$

44 5×32 3×44 4×18

·참고·

$$\left\{ C_xH_y + \left(x + \frac{y}{4}\right)O_2 \rightarrow xCO_2 + \frac{y}{2}H_2O \right\}$$

프로판 1kg당 이론산소량 = $\frac{160}{44}$ = 13.64[kg], 이론공기량은 공기중량조성 중 O_2가 약 23.2 %이므로 이론공기량 = $\frac{3.64}{0.232}$ = 15.69[kg], 과잉공기계수 1.1의 경우의 공급 공기량은 1.1(15.69) = 17.26[kg], 중량불변법칙(입량=출량)에 의하여 연소가스량은 연료와 공급공기의 중량의 합과 같다.

즉, 1 kg + 17.26 kg = 18.26 kg

3) 탄화수소 연소시 연소반응식의 계수에 의한 계산법

기체연료 중 특히 탄화수소의 가스연소 일반식은 다음과 같다.

$$C_xH_y + \left(x + \frac{y}{4}\right)O_2 \rightarrow xCO_2 + \frac{y}{2}H_2O$$

· 이론공기량 $A_o = \frac{1}{0.21}\left(x + \frac{y}{4}\right) = 4.76x + 1.19y$ [Sm^3] (5.28)

· 이론연소가스량
- 이론습윤연소가스량 $G_o = 0.79A_o + x + \frac{y}{s}$ [Sm^3] (5.29)
- 이론건조연소가스량 $G_o = 0.79A_o + x$ [Sm^3] (5.30)

· 과잉공기계수 m일 때 연소가스량
- 습윤연소가스량
  $G = (m-1)A_o + G_o = (m-0.21)A_o + x + \frac{y}{2}$ [Sm^3] (5.31)
- 건조연소가스량
  $G' = (m-1)A_o + G_o' = (m-0.21)A_o + x$ (5.32)

예12

프로판(C_3H_8) 1 Sm^3를 연소시킬 때 이론건조 연소가스량은 얼마인가?

풀이 $C_3H_8 + 5O_2 \rightarrow 3CO_2 + 4H_2O$

이론공기량 $A_o = \frac{1}{0.21}\left(3+\frac{8}{4}\right) = 23.8$ [Sm³]

∴ 이론건조연소가스량 $G_o' = 0.79A_o + x = 0.79(23.8) + 3 = 21.8$ [Sm³]

예13

메탄 1 Sm³를 과잉공기계수 1.2로 연소시킬 경우 습윤연소가스량을 구하라.

풀이 $CH_4 + 2O_2 \rightarrow CO_2 + 2H_2O$

$$A_o = \frac{1}{0.21}\left(1+\frac{4}{4}\right) = 9.52$$

$$\therefore G = (m-0.21)A_o + x + \frac{y}{2} = (1.2-0.21)(9.52) + 1 + \frac{4}{2} = 9.42 + 3 = 12.42[\text{Sm}^3]$$

예14

프로판 1 Sm³를 과잉공기계수 1.1로 완전연소시킬 때 건조연소가스량을 구하라.

풀이 $C_3H_8 + 5O_2 \rightarrow 3CO_2 + 4H_2O$

$$A_o = \frac{1}{0.21}\left(3+\frac{8}{4}\right) = 23.8$$

$$G' = (m-0.21)A_o + x = (1.1-0.21)(23.8) + 34.2\ [\text{Sm}^3]$$

예15

CH_4 92 %, O_2 4 %, N_2 4 %의 조성가스 1 Sm³를 연소시키는 데 필요한 이론공기량을 구하라.

풀이

$$A_o = \frac{1}{0.21}\left[0.5(H_2) + 0.5(CO) + 2(CH_4)\cdots\left(x+\frac{y}{4}\right)\right][(C_xH_y) - (O_2)]$$

$$= \frac{1}{0.21}[2(CH_4) - O_2)] = \frac{1}{0.21}[2(0.92) - (0.04)] = 8.57[\text{Sm}^3]$$

(3) 최대 이산화탄소량$(CO_2)_{max}$ %

연료의 주성분은 탄소 및 그 화합물이지만, 이것이 연소하면 탄산가스가 된다. 공기를 충분히 송입하여 연소가 양호해지면 (CO_2)%는 상승하지만, 부여하는 공기가 이론양을 초과하면 연소가스 중에 과잉공기가 들어가기 때문에 (CO_2)%는 낮아져서 감소한다. 따라서 연료에 부여하는 공기량이 부족되거나, 최적량이 과잉됨에 따라 (CO_2)%는 상승, 최대, 하강이 되는데 (CO_2)%가 최대가 되도록 연소를 조절하는 것이 가장 이상적인 연소 방법이다.

예를 들면, $C + O_2 + 3.76N_2 \rightarrow CO_2 + 3.76N_2$의 완전 연소식에서,

$(CO_2)_{max}$는 $\dfrac{1}{1+3.76}$의 비가 된다.

즉, $(CO_2)_{max}\% = \dfrac{(CO_2)}{(CO_2)+(N_2)} \times 100(\%)$

이와 같이 연료가 이론공기량으로 완전연소한다고 가정할 경우, 이론건조 연소가스 중 CO_2의 부피분율(용량%)을 최대 탄산가스량이라고 하고 $(CO_2)_{max}$%로 표시한다. 이 값은 연료조성, 즉 탄소분량으로 결정하는 고유치이며, 이와 실제의 CO_2 농도와 비교함으로써 과잉 공기율을 알 수 있다. $(CO_2)_{max}$%의 이론값은 결국 이론 연소한 경우의 이론연소가스 중의 (CO_2)% 이므로 간단히 계산할 수 있다.

① 고체 및 액체 연료의 경우

$$(CO_2)_{max}\% = \frac{1.867C}{G_o'} \times 100 \fallingdotseq \frac{187C}{G_o'} \tag{5.33}$$

보통의 분석법으로는 (SO_2)도 KOH 용액에 흡수되므로

$$(CO_2)_{max}\% = \frac{1.867C + 0.7S}{G_o'} \times 100 \tag{5.34}$$

② 기체연료의 경우

$$(CO_2)_{max}\% = \frac{(CO)+(CO_2)+(CH_4)+2(C_2H_4)+x(C_xH_y)}{G_o'} \times 100\% \tag{5.35}$$

③ 완전연소일 경우

$$(CO_2)_{max}\% = \frac{(CO_2)\times 100}{100 - \dfrac{(O_2)}{0.21}} = \frac{21(CO_2)}{21-(O_2)} \tag{5.36}$$

표 5-6 연료의 $(CO_2)_{max}$%의 개략치

연 료	$(CO_2)_{max}$%	연 료	$(CO_2)_{max}$%
탄 소	21%	코크스	20 ~ 20.5%
장 작	19 ~ 21%	연료유	15 ~ 16%
갈 탄	19 ~ 19.5%	코크스로가스	11 ~ 11.5%
역청탄	18.5 ~ 19%	발생로가스	18 ~ 19%
무연탄	19 ~ 20%	고로가스	24 ~ 25%

④ 불완전 연소일 경우

$$(CO_2)_{max}\% = \frac{21[(CO_2)+(CO)]}{21-(O_2)+0.395(CO)} \tag{5.37}$$

⑤ 공기비와 $(CO_2)_{max}$ %의 관계

- 완전연소시 : $\frac{21}{21-(O_2)} \fallingdotseq m, \quad m \fallingdotseq \frac{(CO_2)_{max}\%}{(CO_2)\%}$ (5.38)
- 불완전연소시 : $m = \frac{21(N_2)}{21(N_2)-79[O_2-0.5(CO)]} \fallingdotseq \frac{(N_2)}{(N_2)-3.76(O_2)}$ (5.39)

예16

일산화탄소의 최대 탄산가스량은 얼마인가?

풀이

$CO \quad + \quad \frac{1}{2}O_2$

$1Sm^3 \quad 0.5Sm^3$ $\quad \left(CO+\frac{1}{2}O_2+xN_2 \rightarrow CO_2+xN_2\right)$

CO 1 Sm^3당 이론산소량은 0.5 Sm^3, 여기에 수반되는 N_2는 $0.5\times\left(\frac{79}{21}\right)=1.88\,Sm^3$

생성하는 CO_2는 1 Sm^3, 따라서 연소가스량은 1+1.88 = 2.88 [Sm^3]

$\therefore (CO_2)_{max}\% = \frac{1}{2.88}\times 100 \fallingdotseq 34.7[\%]$

예17

공기를 사용하여 C_3H_8를 연소시킬 때 건조가스 중의 $CO_{2\,max}$%를 구하라.

풀이 $C_3H_8 + 5O_2 \rightarrow 3CO_2 + 4H_2O$

(실제화학반응식 $C_3H_8 + 5O_2 + xN_2 \rightarrow 3CO_2 + 4H_2O + xN_2$)

C_3H_8 1 Sm^3 당 이론산소량은 5 Sm^3, 여기에 수반되는 N_2는 $5\times\left(\frac{79}{21}\right) = 18.8\,Sm^3$

생성하는 CO_2는 5 Sm^3, 따라서 건조연소가스량이므로 수분을 제외시키고 3 + 18.8 = 21.8

$\therefore (CO_2)_{max}\% = \frac{(CO_2)}{(CO_2)+(N_2)}\times 100 = \frac{3}{3+18.8}\times 100 = 13.76\%$

5.1.3 발열량(Heating Value)

(가) 발열량의 정의와 종류

연료의 단위량(기체 연료에서는 1 Sm^3, 고체 연료와 액체 연료는 1 kg)이 완전 연소 할 때 발생하는 열량(kcal)을 발열량이라고 한다. 단위는 고체 · 액체의 연료일 경우 kcal/kg이고, 기체연료인 경우는 kcal/Sm^3이다. Sm^3는 표준상태에서 단위체적을 나타내며, 발열량 산정방식은 고위발열량일 경우 발열량 측정기로, 저위발열량일 경우 원소 분석치 또는 연소 관계식으로 산출한다. 기체의 발열량은 부피당의 발열과 중량당의 발열량이 현저히 다르기 때문에 주의를 요한다.

연소에 의하여 생성된 연소가스 중에는 일반적으로 수분이 포함된다. 이것은 연료중의 수소분이 타서 생성되는 것과 연료중에 처음부터 수분이 포함되어 있는 것으로 되어 있다. 코오크스와 CO의 연소에서는 H_2O를 생성하지 않는다. 또한 연소가스 중의 H_2O를 액상의 물로 하는가 수증기 그대로 하느냐에 따라 발열량은 다르다.

연료의 조성에 따른 발열량은 표 5-7과 같다.

표 5-7 타는 성분의 발열량(완전연소의 경우)

타는 성분	화학식	발열량(kcal/kg)		발열량(kcal/Sm^3)	
		H_h	H_l	H_h	H_l
탄 소	C	8,100	8,100	-	-
수 소	H	3,400	2,860	3,050	2,570
황	S	2,500	2,500	-	-
일산화탄소	CO	2,430	2,430	3,035	3,035
메 탄	CH_4	13,320	11,970	9,530	8,570
에 탄	C_2H_6	12,410	11,330	16,820	15,380
프로판	C_3H_8	12,040	11,070	24,370	22,350
부 탄	C_4H_{10}	11,840	10,920	32,010	29,610
아세틸렌	C_2H_2	12,030	11,620	14,080	13,600
에틸렌	C_2H_4	12,130	11,360	15,280	14,320
프로필렌	C_3H_6	11,770	11,000	22,540	21,070
부틸렌	C_4H_8	11,630	10,860	29,110	27,190
벤졸증기	C_6H_6	10,030	9,620	34,960	33,520

열량계로 측정되는 열량은 고위발열량이다. 고위발열량은 총발열량이라고도 하고, H_h로 표시한다. 이것은 연료 중의 수분 및 연소에 의해 생성된 수분의 응축열(일명 증발잠열 : H_s)을 함유한 열량이다. 그러나 실제 연소에서는 연소배출가스 중의 수분은 보통 수증기(과열) 상태로 배출되기 때문에 응축열은 이용 불가능할 경우가 많으므로 고위발열량에서 응축열을 공제한 잔여 열량이 유효하게 이용된다(표 5-8). 이것을 저위발열량 또는 진발열량(순발열량)이라고 하고, H_h로 표시한다.

표 5-8 물의 증발잠열(응축열) [kcal/kg]

0℃	597≒600
10℃	592
15℃	589
20℃	586
25℃	583
100℃	539

고위발열량(H_h)과 저위발열량(H_l)의 관계는 다음과 같다.

$$H_h = H_l + H_s \quad \left(\begin{array}{l} H_s\text{는 수증기의 증발잠열로 0℃ 기준으로 하면,} \\ H_s = 596 \fallingdotseq 600 \text{ kcal/kg (물)} \\ H_s = 478.99 \fallingdotseq 480 \text{ kcal/Sm}^3\text{(수증기)} \end{array} \right. \tag{5.40}$$

(나) 발열량 계산

(1) 기체연료의 경우(기준 $1Sm^3$)

수소(H_2), 메탄(CH_4), 에틸렌(C_2H_4) 외의 각종 탄화수소 C_xH_y로 된 기체 연료에 관하여 각 성분의 부피분율을 각각 H_2, CH_4, C_2H_4, C_xH_y로 표시하면 기체반응에서는 반응식의 계수가 그대로 부피분율을 나타낸다. 표 5-9에서와 같이 메탄 $1\ Sm^3$으로부터 수증기 $2\ Sm^3$을 생성한다. 수증기 $1\ Sm^3$당 응축열은 $\fallingdotseq 597 \times \frac{18}{22.4} \fallingdotseq 480\ [kcal/m^3]$이므로 다음 식이 성립된다.

$$H_l = H_h - 480\,[\,(H_2) + 2(CH_4) + \cdots\cdots + \frac{y}{2}(C_xH_y)\,]\ [kcal/Sm^3] \tag{5.41}$$

표 5-9 부피관계

$H_2 + 0.5O_2$	$\rightarrow H_2O$	
1 부피	1 부피	
$CH_4 + 2O_2$	$\rightarrow CO_2 + 2H_2O$	
1 부피		2 부피
$C_2H_4 + 3O_2$	$\rightarrow 2CO_2 + 2H_2O$	
1 부피		2 부피
$C_xH_y + (x+\frac{y}{4})O_2$	$\rightarrow xCO_2 + (\frac{y}{2})H_2O$	
1 부피		$\frac{y}{2}$ 부피

예18

메탄의 고위발열량이 9,500[kcal/Sm³]이면 저위발열량은?

풀이 $H_l = 9{,}500 - 480 \times 2 = 8{,}540$[kcal/Sm³]

(2) 액체 및 고체연료의 경우

연료 중 수소와 수분의 중량분율을 가각 H, W로 하면 연료 1 kg당 9H+W [kg]의 H_2O가 생성된다.

$$H_2 + \frac{1}{2}O_2 \rightarrow H_2O$$

$$2\text{kg} \qquad \rightarrow 18\text{ kg} = \frac{18}{2}\text{H} = 9\text{H}$$

물 1kg의 증발잠열(=응축열)은 약 600 kcal이기 때문에 다음 식이 성립한다.

$$H_l = H_h - 600(9\text{H} + \text{W}) \text{ [kcal/kg]} \tag{5.42}$$

예19

수소 12.0 %, 수분 0.3 %인 중유의 고위발열량이 10,600[kcal/kg]일 때, 저위발열량을 구하라.

풀이 $H = 0.12$, $W = 0.003$

$H_l = H_h - 600(9\text{H} + \text{W}) = 10{,}600 - 600(9 \times 0.12 + 0.003) = 9{,}950$[kcal/kg]

표 5-10 저위발열량인 H_l과 G_o 및 A_o의 관계 (Rosin 식)

연 료	G_o	A_o
고체연료	$\frac{0.89H_l}{1000} + 1.65\text{Sm}^3/\text{kg}$	$\frac{1.01H_l}{1000} + 0.5\text{Sm}^3/\text{kg}$
액체연료	$\frac{1.11H_l}{1000} + \text{Sm}^3/\text{kg}$	$\frac{0.85H_l}{1000} + 2.0\text{Sm}^3/\text{kg}$
저열량기체연료 (H_l = 500~3000kcal/m³)	$\frac{0.725H_l}{1000} + 1.0\text{Sm}^3/\text{Sm}^3$	$\frac{0.875H_l}{1000}\text{Sm}^3/\text{Sm}^3$
고열량기체연료 (H_l = 4000~7000kcal/m³)	$\frac{1.14H_l}{1000} + 0.25\text{Sm}^3/\text{Sm}^3$	$\frac{1.09H_l}{1000} - 0.25\text{Sm}^3/\text{Sm}^3$

(다) 개략적 계산방법

이론공기량(A_o) 및 이론연소가스량(G_o)은 연료 종류에 따라 특유한 값을 취한다.

연료 중의 탄소분은 저위발열량에 대략 비례되며, 수소 및 수분은 연료에 특유한 값을 취하므로

$$A_o = aH_l + b$$

$$G_o = a'H_l + b' \quad (5.43)$$

의 관계가 대략 성립된다고 생각할 수 있다(Rosin). a, a', b, b'는 연료 중의 탄소, 수소에 대한 정수이다. 이들 값과 H_l을 알면 연료 조성 또는 원소 분석의 결과를 기다릴 것 없이 A_o, G_o의 개략적인 값을 알 수 있다. 각 연료에 대한 이런 관계를 표 5-10에 나타내었다(일명 Rosin 식이라 한다).

예20

저위발열량이 10000 kcal/kg의 중유를 연소시키는 데 필요한 이론공기량은 얼마인가?

풀이

$$H_l = 10000,\ A_o = 0.85\left(\frac{H_l}{1000}\right) + 2.0 = 0.85\left(\frac{10,000}{1000}\right) + 2.0 = 10.5[\mathrm{Sm^3/kg}]$$

예21

중유의 저위발열량 1,000 kcal당의 이론공기량을 구하라.

풀이

단, 중유의 저위발열량이 H_l ≒ 10,000kcal/kg

$$A_o = 0.85\left(\frac{H_l}{1,000}\right) + 2.0 \rightarrow \text{Rosin식}$$

$$= 10.5\ \mathrm{Sm^3/kg}$$

∴ 저위발열량 1,000 kcal당 이론공기량은 $A_o = 10.5 \times \left(\frac{1,000}{10,000}\right) = 1.05\,\mathrm{Sm^3}$

(라) 최고연소속도와 이론연소온도

① 최고연소속도

기벽의 영향이 없는 상태에서 대량의 가연 혼합물 중 화염전파속도를 말한다. 기체연료의 연소속도는 1차 공기의 혼합비에 따라서 다르며, 이론 혼합비 정도일 때 최고연소속도는 다음과 같다.

H_2 : 292 cm/sec, CH_4 : 37 cm/sec, C_2H_6 : 44 cm/sec, CO : 43 cm/sec, C_3H_8 : 43 cm/sec

② 이론연소온도

단위량의 연료 (1 kg, 1 Sm^3)를 이론공기량으로 연소시킬 때, 연소가스가 도달하는 이론상 최고 온도를 말한다.

$$H_l = G_o C_P (t_2 - t_1) \tag{5.44}$$

$$\therefore \ t_2 = \frac{H_l}{G_o \cdot C_p} + t_1 \tag{5.45}$$

H_l : 저위 발열량 [kcal/Sm^3]
G_o : 이론연소가스량 [m^3/Sm^3]
C_P : 연소가스량의 평균 정압 비율 [kcal/Sm^3℃]
t_1 : 실제온도 [℃]
t_2 : 이론온도 [℃]

예22

저위발열량이 7,000 kcal/Sm^3의 가스연료의 이론연소온도는 몇 ℃인가?
단, 이론연소가스량은 10 Sm^3/Sm^3, 연료연소가스의 평균정압비열은 0.35 kcal/Sm^3℃, 기준온도는 실온(15℃)으로 한다. 지금 공기는 예열되지 않으며, 연소가스는 해리되지 않는 것으로 한다.

풀이 $H_l = G_o \cdot C_p(t_2 - t_1)$에서 $7{,}000 = 10(0.35)(t_2 - 15)$ $\therefore \ t_2 = 2015$[℃]

예23

메탄의 이론연소온도를 구하여라. 단, 메탄과 공기도 18 ℃에서 공급되는 것으로 한다. 또한, CO_2, H_2O(g), N_2의 평균정압 몰비열(상온~2,100℃)은 각각 13.1, 10.5, 8.0 [kcal/kmol℃]이다. 단, 메탄의 저위발열량 H_l ≒ 8,600[kcal/Sm^3]

풀이 $H_l = G_o C_p(t_2 - t_1)$에서 G_o와 C_p를 구해야 한다.

우선 이론연소가스 비열이 몰로 되었으니 부피비열로 바꾸면 CO_2는 $\frac{13.1}{22.4}$≒0.59, H_2O(g)는 $\frac{10.5}{22.4}$≒0.47, N_2는 $\frac{8.0}{22.4}$≒0.36이다. 그 다음 G_o를 구하여 보자.

메탄의 화학반응식 $CH_4 + 2O_2 \rightarrow CO_2 + 2H_2O$에서 메탄 1 Sm^3의 이론산소량은 2 Sm^3, 여기에 동반하는 N_2는 $2\left(\frac{79}{21}\right) = 7.52\ Sm^3$,

$$\therefore \ 8{,}600 = [(1\times0.59) + (2\times0.47) + (7.52\times0.36)](t - 18)$$

$$t - 18 = \frac{8{,}600}{0.59 + 0.94 + 2.71} \fallingdotseq 2{,}028 \quad \therefore \ t = 2{,}046 \ [℃]$$

5.1.4 배출가스의 분석과 오염성분의 농도 계산

(가) 연소와 가스분석

(1) 완전연소와 불완전연소

기체, 액체, 고체연료의 어느 경우이든 연료 속의 탄소와 수소가 완전 연소하면 각각 CO_2와 H_2O가 된다. 그러나 연소 과정의 열분해로 유리 탄소가 발생하고 연소배출 가스 속에 검댕이나 CO, H_2 또는 CH_4를 생성하며 불완전 연소될 때가 있다. 검댕의 발생은 굴뚝에서 배출되는 것이 전부가 아니라 굴뚝 내면이나 연도에 퇴적되는 것이 있고 그 양의 정확한 측정은 비교적 곤란한 일이다. CO, H_2 및 CH_4 등은 가스 분석으로 구할 수 있다. 보통 연소 배출가스 중의 H_2나 CH_4의 양은 극히 소량이므로 CO의 양으로 불완전연소의 정도를 판정한다.

(2) 배출가스의 분석

① 가스 분석치 : 가스 분석치는 건조연소가스 속에 함유되는 조성 비율로 표시된다. 보통 탄산가스(CO_2), 아황산가스(SO_2), 일산화탄소(CO), 산소(O), 및 질소(N_2) 등으로 구성된다. 배출가스 분석에 사용되는 오르자트 분석 장치로는 CO_2를 흡수할 때에 SO_2도 동시에 흡수하기 때문에 겉보기에 의한 CO_2로 간주된다. 따라서 보통의 측정은 (CO_2), (CO), (O_2)를 실측하고 나머지는 (N_2)로 본다.

가스 분석은 연소 상태 판정상 중요하고 또 연소 계산에 의해 여러 가지 양을 구할 수가 있다.

② 배출가스 속의 SO_2 : 위에서 말한 것처럼 연소가스 속의 SO_2 농도는 보통의 가스 분석장치로서는 실측하지 못한다. 그러나 연료 속의 황(가연성)의 원소조성을 알 수 있으면 연소 배출가스 중의 SO_2 농도나 그 양을 구할 수 있다.

(나) 연소가스 중 오염성분의 농도계산

(1) 황화합물

① 생성량을 구하는 계산

연료 중의 황분은 연소에 의하여 대부분은 이산화황이다. 이 양적 관계는 다음과 같다.

S	+	O_2	→	SO_2
32kg		32 kg		64 kg
		22.4 Sm^3		22.4 Sm^3

연료 중의 황의 중량 분율(연료 1kg당 포함된 S분의 kg수)을 S라 하면, SO_2의 생성량은 다음 식으로 계산된다.

$$\frac{64}{32}S = 2S[\text{kg/kg연료}], \quad \frac{22.4}{32}S = 0.7S[\text{Sm}^3/\text{kg연료}] \tag{5.46}$$

배기가스 중의 SO_2의 분율은 건조가스에 대한 ppm(부피비)으로 표시된다.

예24

탄소, 수소, 황의 중량%가 각각 85 %, 12 %, 3 %인 중유를 과잉공기계수 1.2로 완전연소시킬 때 습윤연소가스 중 SO_2의 부피 %는 얼마인가?

풀이 C=0.85, H=0.12, S=0.03, m=1.2

$$A_o = \frac{1}{0.21}[1.867C+5.6H+0.7S]$$

$$= \frac{1}{0.21}[1.867(0.85)+5.6(0.12)+0.7(0.03)] = 10.86\ (Sm^3/kg)$$

습윤연소가스량 $G = mA_o + 5.6H = 1.2(10.86) + 5.6(0.12) = 13.7(Sm^3/kg)$

SO_2의 농도 $\frac{0.7S}{G}\times 100 = \frac{0.7(0.03)}{13.7}\times 100 \fallingdotseq 0.15[\%]$(부피)

예25

탄소 84 %, 수소 13.0 %, 황 2.0 %, 질소 1.0 %의 중유 l kg당 15 Sm^3의 공기로 완전 연소시킬 경우, 습윤배기가스 중의 황산화물은 부피분율로 몇 ppm인가?

풀이 C=0.84, H=0.13, S=0.02, N=0.01, $mA_o = 15\ Sm^3$

습윤연소가스량, $G = mA_o + 5.6H + 0.8N = 15 + 5.6(0.13) + 0.8(0.01) = 15.7[Sm^3]$

SO_2의 생성량, $\frac{22.4}{32}S = 0.7(0.02) = 0.014[Sm^3/kg]$

예26

황화수소 0.5 %를 포함하는 메탄가스를 과잉공기계수 1.05로 연소하면 건조연소 가스 중 이산화황은 몇 ppm인가?

풀이 $CH_4 + 2O_2 \rightarrow CO_2 + 2H_2O$

황화수소가 미량이기 때문에 연소가스량은 메탄만의 연소로 생각해도 좋다.

이론공기량, $A_o = 2/0.21 = 9.52[m^3/Sm^3]$

여기에 동반하는 $N_2 = 9.52(0.79) = 7.52$,

과잉공기량 $(m-1)A_o = (1.05-1)(9.52) = 0.48$, 생성하는 CO_2는 $1Sm^3$이다.

$\therefore\ G = 7.52 + 0.48 + 1 = 9.0\ [m^3/Sm^3]$

또는 $G = (m-0.21)A_o + 1 = 9.0\ [m^3/Sm^3]$

$$H_2S + \frac{3}{2}O_2 \rightarrow H_2O + SO_2$$

메탄 1Sm^3 중에 H_2S가 0.005[Sm^3] 포함되면 SO_2를 0.005Sm^3 생성한다.

$$\therefore \ \frac{0.005}{9.0} \times 10^6 \fallingdotseq 556[\text{ppm}](\text{부피분율})$$

(2) 중유연소시 SO_2의 농도계산

① Rosin식

액체연료(보통 중유)에 있어서 이론공기량 A_o, 이론연소가스량 G_o를 구하는 데는 다음 근사식 즉 Rosin의 식이 있다.

$$A_o = \frac{0.85H_l}{1,000} + 2 \ [\text{Sm}^3/\text{kg}], \tag{5.47}$$

$$G_o = \frac{1.11H_l}{1,000} \ [\text{Sm}^3/\text{kg}] \tag{5.48}$$

단, H_l은 저위발열량[kcal/kg]이며, 중유의 경우는 $H_l \fallingdotseq$ 10,000[kcal/kg]로 해도 좋다.

윗 Rosin식을 이용해서 액체 연료 연소시 SO_2의 농도를 계산할 수 있다.

중유연소에 있어서, 적정과잉공기계수 m=1.1~1.2일 때, 배기가스 중의 SO_2의 농도는 중유의 황함유율이 1 %(S=0.01)이면 약 600 ppm이며, 2 %(S=0.02)이면 1,200 ppm이다. 이 관계는 암기해 두면 편리하다.

예27

황 2 %를 포함하는 저위발열량 10,000 kcal/kg의 액체연료를 과잉공기계수 1.2로 완전연소시킬 때 습윤연소 가스 중의 황산화물의 농도는 얼마인가?

풀이 Rosin의 근사식을 사용한다.

이론공기량 $A_o = \frac{0.85(10,000)}{1,000} + 2 = 10.5[\text{Sm}^3/\text{kg}]$

이론습윤연소 가스량 $G_o = \frac{1.11(10,000)}{1,000} = 11.1[\text{Sm}^3/\text{kg}]$

과잉공기계수 1.2일 때 습윤연소 가스량

$G = G_o + (m-1)A_o = 11.1 + (1.2-1)(10.5) = 13.2[\text{Sm}^3/\text{kg}]$,

연소가스 중 황산화물(SO_2)의 양은 $0.7s = 0.7(0.02) = 0.014[\text{Sm}^3/\text{kg}]$,

SO_2 부피농도는 $\frac{0.014}{13.2} \times 100 = 0.106[\%]$(부피)

예128

탄소 85 %, 수소 13 %, 황 2 %의 중유를 과잉공기계수 1.2로 연소시킬 때 건조 배기가스 중의 이산화황의 부피분율은 얼마인가?

풀이 이론공기량 : $A_o = \frac{1}{0.21}[1.87(0.85)+5.6(0.13)+0.7(0.02)] = 11.1[Sm^3/kg]$

건조연소 가스량 : $G' = mA_o - 5.6h = 1.2(11.1) - 5.6(0.13) \fallingdotseq 12.6[Sm^3/kg]$

또는 $G' = 1.867c + 0.7s + (m-0.21)A_o = 1.867(0.85) + 0.7(0.02) + (1.2-0.21)(11.1)$

$= 1.59 + 0.014 + 10.99 = 12.59 \ m^3/kg$

SO_2의 부피분율은,

$\frac{0.7s}{G'} = \frac{0.7(0.02)}{12.6} = 0.001[Sm^3/Sm^3]$ or $[m^3/m^3(stp)]$

또는 0.111[%] = 1,110[ppm](부피)

② 보상케-사툰식에 의한 황 배출량의 표시법

ⓐ 황산화물의 허용배출량(보상케 사툰의 식)

$$q = K \times 10^{-3} H_e^2 \ [Sm^3/h] \tag{5.49}$$

q : 황산화물의 허용배출량$[Sm^3/h]$

K : 지역에 따라 정해지는 값(황산화물의 배출기준)

H_e : 유효 굴뚝의 높이, 굴뚝의 부상효과에 의한 보정을 한 배출구의 높이(m)

ⓑ 황산화물의 배출량

중유보일러의 황 배출량은 근사적으로 다음 식으로 구한다.

$$Q = 0.0067 \times S \times W \ [Sm^3/h] \tag{5.50}$$

Q : 황산화물의 배출량 $[Sm^3/h]$

S : 중유 중 황함유율 [%]

W : 연료 사용량 [L/h]

위 식의 계수를 유도하면 중유의 평균비중을 0.96이라 보면 소비량이 매시 $W[l]$인 중유의 무게는 $0.96W$[kg], 이준 S분은 $0.96W \times (S/100)$[kg], 또는 32kg의 S로부터 $22.4Sm^3$의 SO_2를 생성하기 때문에

$$Q = \frac{22.4}{32} \times 0.96W \times \frac{S}{100} = 0.0067SW \ [S m^3/h] \tag{5.51}$$

예29

서울의 황산화물의 배출기준 K값은 3.5로 정해져 있다. 지금 H_e=100[m]의 굴뚝을 가진 시설에서 중유가 5 kL /h의 율로 연소될 경우, 연료 중의 황분의 함유율은 몇 %이하의 것을 사용하지 않으면 안 되겠는가?

풀이 황산화물의 허용배출량은, $q = 3.5\times10^{-3}(100)^2 = 35[Sm^3/h]$

연료사용량 $W = 5[kL/h] = 5000[L/h]$

황산화물의 배출량 Q가 35 이하로 되지 않으면 안되기 때문에 $35 = 0.0067\times S\times5,000$

$\therefore\ S = 1.05\ [\%]$

즉, 황분이 1% 이하의 중유를 사용하지 않으면 배출기준을 위반하게 된다.

예30

황산화물 배출의 K의 값이 11.7의 지역에서 다음 시설 중 개선을 필요로 하는 것은 어느 것인가?

	(1)	(2)	(3)	(4)
H_e [m]	200	100	50	40
$Q[Sm^3/h]$	400	110	35	10

풀이 $q = 11.7\times10^{-3}\times H_e^2$에 의해 허용한도를 계산하면 각각 다음과 같다.

	(1)	(2)	(3)	(4)
$q[m^3/h]$	468	117	29.57	18.72

즉, (3)의 시설은 $Q > q$이기 때문에 개선이 필요하다.

예31

K값이 6.42의 지역에서 황분 2%의 중유를 매시 1kL 사용하는 보일러의 유효굴뚝높이는 몇 m가 되지 않으면 안 되겠는가?

풀이 $Q = 0.0067SW = 0.0067(2)\cdot(1,000) = 13.4[Sm^3/h]$

$q = k\times10^{-3}\times H_e^2$

$$H_e = \sqrt{\frac{q}{K\times10^{-3}}} = \sqrt{\frac{13.4}{6.42\times10^{-3}}} = \sqrt{2087} = 45.7[m]$$

(3) 연소실의 열발생율

① 연소실 열발생률$[kcal/m^3/h]$과 화격자 연소율$[kg/m^2/h]$

연소실 열발생율은 연소실의 단위 부피당 단위시간에 발생하는 열량을 말하며 연소실 열부하 또는 단순히 열부하라고 하며, 연소 속도, 로의 크기, 로재의 내열도, 연료의 종류, 버너의 형식 등에 따라 다르다. 화격자 연소율은 석탄연소로에서 화격자의 단위넓이당, 단위시간에 연소하는 석탄의 중량이다.

② 유압식 버너의 유량과 유압의 관계

오리피스 공(孔)에 있어서 유량과 유압과의 관계로 다음 식이 있다.

$$q = CA\sqrt{2g\left(\frac{P}{\gamma}\right)} = C\pi r^2\left(\frac{2gP}{\gamma}\right)^{0.5} \tag{5.52}$$

q : 단위시간에 분출하는 연료油의 부피[m^3/s]

P : 유압[mmH_2O] = [kg/m^2]

γ : 기름의 비중량 = [kg/m^3]

r : 분출공(nozzle)의 반경(m)

c : 유량계수(분사각, 관의 안지름, 유입공의 넓이 등에 관계된다)

g : 중력가속도(≒ 9.8 [m/s^2])

예32

가로 1.2 m, 세로 2.0 m, 높이 11.5 m의 연소실에서 저위발열량 10000[kcal/kg]의 중유를 1시간에 100 kg 연소한다. 연소실 열발생률은 얼마인가?

풀이 연소실의 부피, 1.2×2.0×11.5 = 27.6[m^3]

매시 열발생량 10,000×100 = 10^6[kcal]

연소실 열발생률 $\frac{10^6}{27.6} = 3.6\times10^4$[kcal/$m^3$h]

예33

중유 300 kg/h를 과잉공기계수 1.2로 연소시키는 연소실이 있다. 이 연소실의 공기의 온도를 220 ℃로 올리면 연소실 열발생률은 상온의 공기(20 ℃)의 경우보다도 몇% 증가하겠는가? 단, 중유의 저위발열량은 10,000 kcal/kg, 이론공기량은 10 Sm^3/kg, 공기의 평균비열은 0.31 kcal/Sm^3이라 한다.

풀이 이론공기량 A_o = 10[Sm^3/kg] 공급공기량= A = 1.2(10) = 12[Sm^3/kg]

중유 300kg당의 공급공기량 300×12 = 3,600[Sm^3]

이것을 20℃ → 220℃로 올린 열량은, 3,600(0.31)(220 − 20) = 223,200 ≒ 2.23×10^6 [kcal]

연료의 발생열량 300×10,000 = 3×10^6 [kcal]

따라서 입열의 증가율은,

$$\frac{2.23\times10^5}{3\times10^6}\times100 = 7.43 \fallingdotseq 7.4\ [\%]$$

결국 연소실 열발생률도 7.4 [%] 증가한다.

5.2 연소의 조건

충분한 산소와 접촉시간을 통하여 완전히 산화시키는 것을 연소라 한다. 연소의 장점은 위생적이며 폐기물의 무게가 13～20 %로, 부피는 5～6 %로 감소되어 매립에 소요되는 넓이가 크게 감소된다는 점이다.

유기물질을 높은 온도에서 산화시키는 과정은 다음과 같이 식으로 설명될 수 있다.

$$\text{유기물질} + \text{산소} \xrightarrow[\text{시간}]{\text{열}} CO_2 + H_2O + SO_x + Cl_2 + \text{열}$$

유기물질을 완전연소시키기 위해서는 산소 이외에 충분한 온도(Temperature)와 연소시간(Time), 충분한 혼합(Turbulence)의 3T가 있어야 한다.

5.2.1 산소

유기물질을 완전 연소시키기 위한 이론적인 산소량은

$$C \cdot H + O_2 \rightarrow CO_2 + H_2O$$

로부터 쉽게 계산할 수 있는데 공기 중에 산소는 부피의 비로 21 %(무게의 비로는 23.15 %)이다. 만약 충분한 산소를 공급시키지 않는 경우에는 불완전 연소가 된다. 연소기에 공기를 공급하는 대신에 순산소를 공급하여 연소가스 내에 NO_x의 생산을 방지하자는 아이디어도 있는데 폐기물의 성질이 복잡하여 성공적이지는 않았다.

Overfeed나 Underfeed 형식의 일반적인 연소과정에서 필요이상의 여분의 공기를 50～200 % 가량 공급시켜 주고 있는데 이 여분의 공기는 유기물질의 완전연소와 아울러 연소기의 연소온도를 감소시키기 위함이다. 따라서 열 회수를 목적으로 사용되는 수냉벽 연소기에서는 일반적인 경우보다 적은 50 % 정도의 여분의 공기로 운전된다.

5.2.2 온도

연소온도는 연소시키는 물질의 발화온도, 수분함량, 사용되는 공기량, 연소기의 모양에 따라 변화되는데 도시폐기물의 발화온도(ignition temperature)는 260～370℃ 가량 되나 필요한 연소기의 최소 온도는 650℃ 정도이다. 연소온도가 너무 높아지면 NO_x나 O_x가 형성되며, 공기를 보다 많이 주입하여 냉각시켜야 하며, 온도가 낮으면 불완전 연소에 의한 HC, CO 등이 발생되며 냄새가 난다. 연소기로부터 에너지를 회수하는 방법의 하나로 스팀을 생산하는 경우에는 스팀생산을 효과적으로 하기 위해 연소온도를 1,600°F(870℃)로 높여 연소기의 규모와 증기 발생기의 규모를 적게 하는 경우가 많다.

수분함량이 크면 연소온도가 저하된다. 연소온도가 높게 되면 일반적으로 연소시키는 데 소요되는 시간을 짧아져도 되므로 어느 정도 이상의 온도에서는 연소시간이 그리 중요하지 않게 된다. 그러나 연소과정에서 생산되는 재가 짧은 체류시간으로 연소가스와 함께 외부로 나가지 않도록 유속을 줄여서 내부에 침전되도록 하여야 할 것이다. 한편 연소시간은 연소물질의 입자가 크면 클수록 장시간이 소요된다.

5.2.3 혼합

연소기내의 혼합은 투입되는 공기나 화격자의 이동에 의해 이루어지면, 연소기내에 단회로가 형성되면 불완전 연소된 가스가 외부로 나가서 문제가 되므로, 이때에는 격벽(baffle)을 설치하여 단회로를 방지하도록 하여야 할 것이다.

단회로가 발생하면 다이옥신류의 전구물질인 클로로페놀, 클로로벤젠류 등이 형성되어 다이옥신류가 배출될 가능성이 높아지게 된다.

5.2.4 체류시간

폐기물의 완전연소를 위해서는 연소가스가 연소실내에서 충분한 시간동안 체류되어야 하며, 체류시간이 짧을 경우에는 미연소된 가스가 외부로 배출되어 대기오염을 유발하게 된다. 연소가스의 체류시간은 연소실 내부온도가 850℃ 이상으로 유지되는 상태에서 폐기물 소각량에 따라 다음과 같은 시간이상이 유지되어야 한다.

① 200 kg/일 이하 : 0.5초 이상
② 200 kg/일 ~ 1 ton/hr : 1.0초 이상
③ 2 ton/hr 이상 : 2초 이상

5.3 연소공정

연소공정은 ① 폐기물의 주입 ② 연소 ③ 연소가스 처분 ④ 재의 처분 ⑤ 기타 정의로 구성

되어 있다. 여기서 기타 공정이라 함은 폐기물의 분쇄나 또는 선별 공정, 또는 에너지 회수공정을 말한다. 에너지 회수공정은 최근 각광을 받고 있는 공정 중의 하나인데 스팀을 생산하여 인근에 스팀을 공급하거나, 또는 생산된 스팀으로 전기를 생산하는 공정을 포함할 수도 있다.

5.3.1 주입 시스템

폐기물을 연소기에 주입시키는 방법에는 회분식으로 주입하는 방법과 연속적인 주입방법이 있다.

1990년 초에 미국에는 200개 이상의 도시 폐기물 연소공정이 설치되었는데 절반 이상이 현재 운전되지 않고 있다. 운전되고 있지 않는 이유 중의 하나는 회분식으로 주입되도록 설계되어 있어 보조연료비가 막대하게 소요되기 때문이었으므로 결국 1950년대부터는 전부 연속주입에 의한 방법으로 설치되고 있다. 연소기의 연속주입을 위해서는 충분한 폐기물을 확보하여 저장시킬 수 있어야 하며, 또한 연소기의 고장이나 정기적인 점검에 대비하여 최소한 예비 연소기가 있어야 할 것이다. 일반적인 통계로 연간 약 2개월가량은 고장이나 점검에 소요되고 있다.

연소기의 설계시에 계획년도의 폐기물의 생산량의 과다추정에 의하여 실제 연소기의 설치 후에는 폐기물의 생산이 적어서 연소기를 운전시키지 못하는 경우도 미국에서 볼 수 있다. 연속주입을 위한 폐기물의 저장시설의 크기는 2～3일분으로 하는 경우가 많으나 5～7일이 필요한 경우도 있다. 만약 저장탱크의 크기가 2～3일 이상이 되면 부패성 폐기물에 의하여 냄새가 나므로 공기를 주입하여 호기성 상태로 만들고 냄새나는 공기를 연소기에 주입시키는 경우도 있다.

강우에 의하여 폐기물이 젖는 것이 좋지 않으므로 일반적으로 지붕을 씌우는 것이 상례이다. 저장탱크의 크기의 결정시에는 수거트럭내의 폐기물의 밀도나 저장탱크에 하역 후의 밀도에 차이가 있는 것에 주의하여 결정하여야 할 것이다. 예를 들면 Packer Truck 내의 폐기물 밀도는 미국의 경우에 327 kg/m^3이나 저장탱크에서는 200 kg/m^3에 불과하다. 또한 저장탱크에는 물이 빠지도록 설계하여야 하며 배수관이 폐쇄되지 않도록 해야 한다.

저장탱크로부터의 폐기물은 그림 5-5에서와 같이 크레인에 의해 연소기에 자연 유하식으로 주입되는데 이 크레인에는 Bucket형과 Grapple형, 또는 혼합형이 있는데 그 크기는 1.5～4.5 m^3 가량이다. 저장탱크로부터 폐기물을 연소기까지 운반하는 데는 약 3분이 소요된다.

연소기 입구는 크레인에 의해 운반된 폐기물로 밀봉되므로 별다른 물이 필요치 않으나 Hydraulic Door가 설치되는 경우도 있다. 경우에 따라 불이 문밖으로 나오는 경우도 있으므로 방화수를 사용할 수 있도록 하여야 하며 화재시에는 크레인을 피하여 놓을 수 있도록 설계되어야 한다. 소형 연소기에 있어서는 연소기의 입구가 적어 폐쇄되는 경우도 많다. 일반적으로 연소기의 입구는 1.2 m×1.2 m 또는 1.2 m×2.4 m이다.

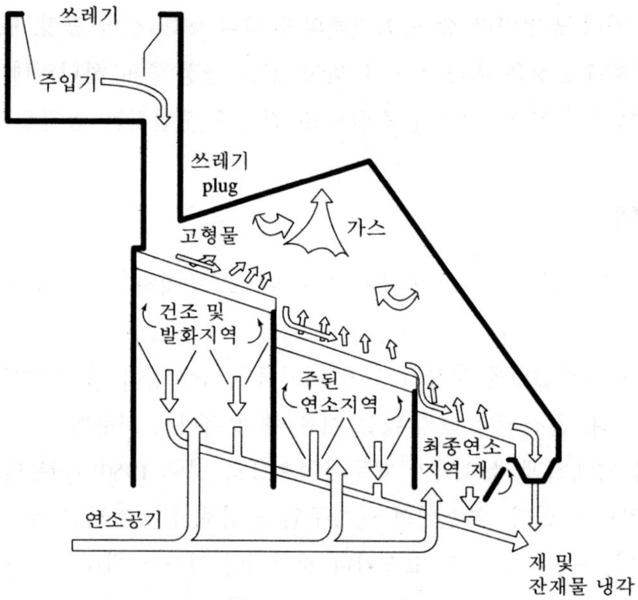

그림 5-5 연소실의 기본적인 구조

5.3.2 연소실(Combustion Chamber, Furnace)

연소실은 연소로, 또는 소각로라고도 불리는데 연속적으로 연료를 주입시키는 경우에 내화재를 충전한 연소로와 기다란 물파이프가 충전된 경우의 수냉벽 연소기로 구분된다. 내화재로 충전된 연소로의 경우에는 벽에 슬래그가 생기지 않도록 여분의 공기를 주입하여 냉각 배출하므로 가스량이 많아 대기오염물질의 제거시설의 크기가 커져야 한다.

수냉벽 연소기의 경우는 여분의 공기가 많이 소요되지 않으므로 대기오염물질의 제거장치의 규모는 그리 크지 않다. 연소실의 운전척도는 Air/Fuel의 비, 혼합정도, 연소온도 등인데 연소실의 크기는 충분히 커야 할 것이다. 연소실은 주입된 폐기물을 건조, 휘발, 점화시켜 연소시키는 1차 연소실(primary combustion)과 1차 연소실에서 미연소된 부분을 연소시키는 2차 연소실(secondary combustion)로 구성되어 있다. 연소실의 연소온도는 600～1,000℃이며 연소실의 크기는 주입 폐기물 ton당 0.4～0.6 m^3/day, 또는 4.6～9.2×10^5 kJ/hr로 설계되고 있다.

연소로의 모양은 직사각형, 수직원통형, 혼합형, 로타리킬론형 등이 있는데 대부분 직사각형인 Box형식이다. 그림 5-5는 연소실의 기본적인 구조를 보여 주고 있다. 대체로 주입되는 공기량은 폐기물 주입량의 13～17배가량이 생산되고 있다.

(가) 연소실의 크기

연소실의 최대 크기는 과거에 15 ton/day의 규모였으나 연속주입을 수행하는 현재에는 25

0~350 ton/day의 규모도 있으며, 수냉벽인 경우에는 300 ton/day의 규모까지 생산되고 있다. 연소실이 아주 적은 경우에는 입구가 폐쇄될 가능성이 있으며, 또한 폐기물이 휘발되어 연소될 여유없이 그대로 외부로 배출되어 대기오염 문제를 유발시킬 수도 있다. 또한 연소실이 너무 크면 연소 효율이 저하되는 것으로 나타나고 있다. 운전문제와 시설비를 고려할 때에 연소실의 최대 규모는 60 ton/day 가량으로 고장시를 고려하여 2개가 있어야 하므로 최소한 폐기물의 생산량이 120 ton/day 이상인 지역에 연소기를 설치하여야 한다.

(나) 화상부하율

폐기물을 연속적으로 공급하여 화층을 형성하는 영역을 화상이라고 하며 소각로의 구조, 화상의 종류, 피소각물의 성상, 통풍방법에 따라 차이가 난다.

$$\text{화상부하율}(kg/m^2 \cdot hr) = \frac{\text{연소량}(kg/hr)}{\text{화상넓이}(m^2)}$$

화상부하율을 크게 하려면 화상넓이를 줄이거나 연소량을 늘리면 되지만 화상부하율이 크면 로내 온도저하로 불완전 연소를 초래하므로 연소율이 떨어지므로 화상부하율을 약간 작게 하는 것이 연소효율의 안정성이 있다고 할 수 있으나 동일한 소각물에 대하여 화상부하율이 높은 소각로가 Compact하고 경제성이 있다고 할 수 있다. 도시 폐기물의 화상부하율은 고정상식 화격자일 경우 120~150 kg/m^2 · hr, 기계식 가동화격자의 경우 150~200 kg/m^2 · hr의 범위에서 운영되고 있다. 슬러지(sludge)류는 유동상 소각로 350~450 kg/m^2 · hr, 회전로 60~200 kg/m^2 · hr, 로타리 킬른 30~35 kg/m^2 · hr, 다단로 35~40 kg/m^2 · hr이다.

(다) 열부하율

소각로 내에서 가연물이 연소하여 열을 발생시킬 경우 단위 부피당 1시간동안 발생되는 평균 열량을 말한다.

$$\text{열부하율}(K, kcal/m^3 \cdot hr) = \frac{Q}{V} = \frac{G(H_{l1} + A \cdot C_a(t_a - t_o) + F \cdot H_{l2})}{V}$$

여기서 G : 소각량(kg/h)

H_{l1} : 소각물의 저위발열량(kcal/kg)

A : 소요공기량(kg/kg, Sm^3/kg)

C_a : 공기의 정압비열(kcal/kg℃, 또는 kcal/Sm^3℃)

t_a : 공급공기온도(℃)

t_o : 외기공기온도(℃)

F : 보조 연료 공급량(kg/h, Sm^3/h)

H_{l2} : 보조 연료 저위 발열량(kcal/kg)

열부하가 과다하면 국부적인 과열에 의한 로 손상 및 불완전 연소를 야기시킨다. 보조 연료는 소각물의 저위발열량이 낮아 적정연소온도 유지가 어려울 때 사용되며 특히 가연성 휘발분이 적고 착화성이 나쁘거나 난연성 물질의 경우 많이 소요된다.

열부하율은 가능한 범위 내에서 크게 하는 것이 연소실 부피를 작게할 수 있어 경제적이며 연소실 외부로의 열손실을 방치할 수 있는 구조로 설치하여야 적정 열부하율을 유지할 수 있고 보조연료 사용량을 줄일 수 있다.

열부하율은 화상부하율과 마찬가지로 소각로의 구조, 형식, 피소각물의 성상 및 특성에 따라 다르며 폐기물 종류에 따른 적정 열부하율은 다음과 같다.

① 도시쓰레기 : 화격자로($8 \sim 20 \times 10^4$ kcal/m^3 · hr)
② 슬러지 : 고정상로($15 \sim 45 \times 10^4$ kcal/m^3 · hr)
다단로($7 \sim 15 \times 10^4$ kcal/m^3 · hr)
로타리킬른($7 \sim 10 \times 10^4$ kcal/m^3 · hr)
유동상로($7 \sim 15 \times 10^4$ kcal/m^3 · hr)

(라) 로 본체의 형식

폐기물의 이송방향과 연소가스의 흐름방향에 따라 쓰레기의 건조 및 연소상황에 차이가 발생하게 되는데 로본체의 형식에는 역류식, 병류식, 교류식, 복류식 등이 있으며 소각대상 폐기물의 성상 및 수분함유량에 따라 형식을 달리하게 된다.

① 역류식

폐기물의 이송방향과 연소가스 흐름방향이 반대로 되어 있는 형식으로 연소가스에 의한 방사열이 폐기물에 유효하게 작용하므로 수분이 많고 저위발열량이 낮은 쓰레기에 적합하나 후연소내의 온도저하 및 불완전 연소가 발생할 수 있다.

② 병류식

폐기물의 이송방향과 연소가스의 흐름방향이 같은 형식으로서 수분이 적고 저위발열량이 높은 폐기물에 적합하나 건조대에서의 건조 효율이 저하될 수 있다.

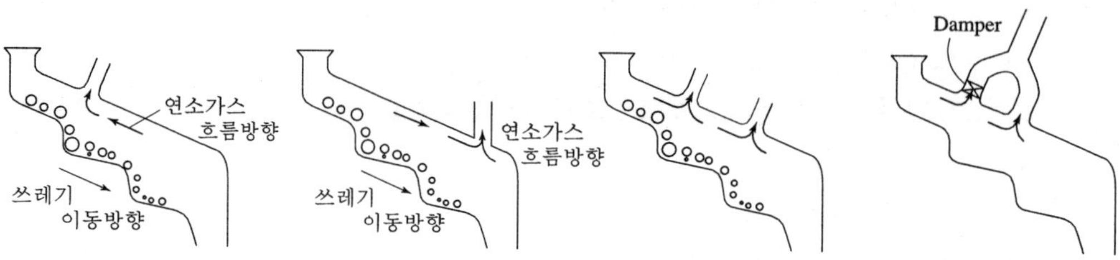

<역류식> <병류식> <병류식> <복류식>

③ 교류식

역류식과 병류식의 중간적인 형식으로 중간정도의 폐기물에 적합하다.

④ 복류식

2개의 출구를 가지고 있고 댐퍼의 개폐로 역류식, 병류식, 교류식으로 조절할 수 있어 폐기물의 질이나 저위발열량의 변동이 심할 경우에 사용한다.

5.3.3 주입 공기량

연소실 내로는 필요한 산소공급과 혼합, 그리고 연소온도의 저하를 위해서 공기가 주입되는데 그림 5-6은 연소실로부터 배출가스의 온도유지에 따른 여분의 소요 공기량을 나타내 주고 있다. 수분함량이 0인 경우에 배출가스를 1,000 ℃로 해주기 위해서는 약 160 %의 여분의 공기가 필요한 것으로 나타나고 있다.

공기가 연소실에 주입되면 불꽃 근처에서 1,650 ℃까지 그 온도가 급격히 상승할 수도 있다. 그러나 연소실로부터 배출되는 가스의 온도는 760~1,000 ℃ 가량이어야 하며, 굴뚝 유입온도는 540 ℃ 이하이어야 한다. 만약 대기오염 방지시설을 설치하는 경우에는 그 온도가 260~370 ℃의 범위라야만 한다. 이러한 온도의 조절, 즉 온도를 감소시키는 방법에는 건식과 습식이 있는데 물을 살포하며 온도를 저하시키는 경우에는 수질오염 방지시설이 필요함은 물론이다.

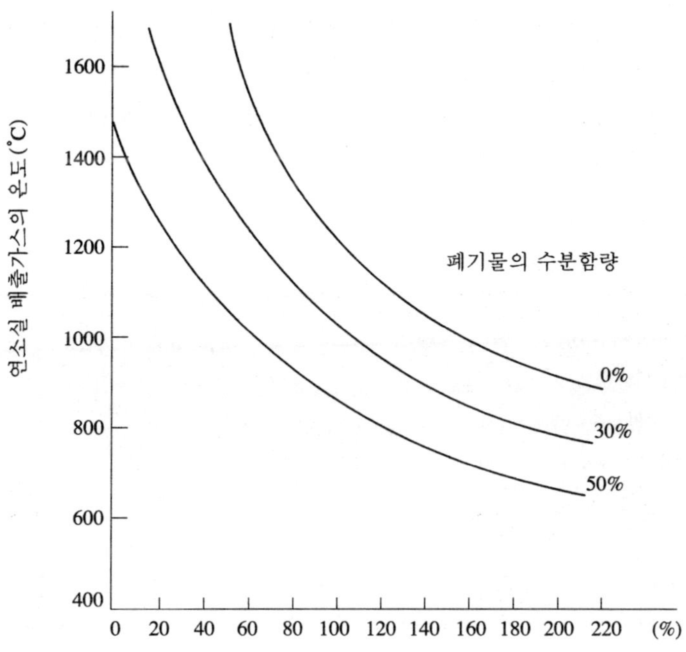

그림 5-6 배출가스의 온도유지에 따른 소요 여분의 공기량(과잉공기량)

5.3.4 굴뚝

연소실로부터 배출되는 뜨거운 가스는 자연적인 부력을 가지고 굴뚝으로 배출되는데 그 부력의 크기는 다음과 같이 계산된다.

$$D_t = 3.04 \times 10^{-2} \times P_b H_s \left(\frac{1}{T_o} - \frac{1}{T_s} \right)$$

여기서, D_t : 이론적인 부력의 크기, 기압(atm)

P_b : 대기압

H_s : 굴뚝의 높이, m

T_o : 주위의 공기 온도, °K

T_s : 굴뚝에 유입되는 가스의 온도, °K

자연적인 부력의 크기는 시간당 1~10톤을 연소시키는 경우에 약 0.8~1 atm에 불과하며 대기오염 방지시설을 설치하는 경우에는 인위적으로 가스를 굴뚝으로 배출시키지 않으면 안된다. 또한 자연적인 부력의 크기는 굴뚝으로부터 가스의 배출 속도에 영향을 받으며, 또한 굴뚝으로 배출될 때의 마찰손실에 의하여 그 크기가 실제적으로 감소된다.

5.3.5 재

연소 후에 생산되는 재의 양과 그 성질이 각각 표 5-11과 표 5-12에 주어져 있다. 재에는 약 5~15 %의 미연소된 폐기물이 포함되어 있으며 냉각 후의 폐수는 경도가 매우 높고 pH가 낮은 부식성의 폐수임을 보여주고 있다. 이 폐수는 대체로 침전시킨 후에 다시 냉각수로 재사용되고 있다.

표 5-11 연소후의 재의 성질

무게감량비	
건조무게(%)	70
젖은무게(%)	55
부피감소비(%)-젖은 상태기준	90~95
젖은 재의 밀도, kg/m^3	890
재의 열량 J/g	2,328~4,656
재중의 연소 가능한 물질(%)	5~15(건조무게비)

표 5-12 연소후의 폐수의 성질 Cl^-

	냉각수	재가 포함된 물
pH	10.4～11.0	4.6～4.8
용해성 물질, mg/L	2,551～4,283	5,882～8,838
부유물질, mg/L	372～879	325～1,351
총고형물질(% VS)	27～36	24
경도($CaCO_3$), mg/L	739～904	2,632～3,437
SO_4^{-2}, mg/L	242～371	725～1,250
PO_4^{-3}, mg/L	23.3～33.8	13～51
Cl^-, mg/L	393～868	2,297～3,543
알칼리도($CaCO_3$), mg/L	465～671	1.33～23.3

5.3.6 완전연소가능량 및 연소효율

(1) 완전연소가능량

완전연소가능량은 연소율 및 소각잔사의 무해화를 판단하는 척도로서 소각재 잔사 중에 존재하는 미연소 분량을 백분율로 표시한 것이다.

측정방법은

① 1회 1～2 kg의 소각잔사를 4～5회 채취하여 총 5～10 kg을 준비한다.

② 105±5℃에서 함량이 될 때까지 건조후 건조용기에서 방냉하여 평량한다.

③ 10 mm체를 이용하여 안타는 물질을 제거 후 평량한다.

$$\text{안타는 물질}(A, \%) = \frac{\text{안타는 물질 중량}}{\text{건조후 시료중량}} \times 100$$

④ 체를 통과한 시료만으로 원추사분법으로 축소하여 20～50 g을 취하고 평량한다.

⑤ 시료를 전기로에서 600±25℃의 온도로 3시간 강열후 건조용기에서 방냉후 평량한다.

$$\text{안타는 물질 제거후 완전연소가능량 } I' = \frac{\text{강열전 중량} - \text{강열후 중량}}{\text{강열전 중량}} \times 100(\%)$$

$$\text{완전연소가능량 } I = I' \times \frac{100 - A}{100}$$

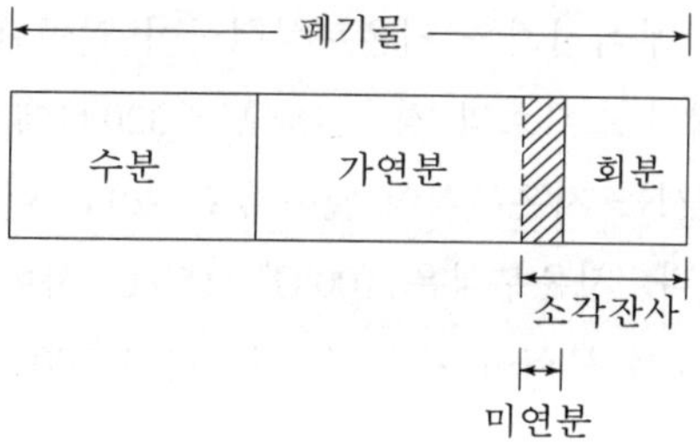

소각잔사 중의 미연분 중에는 부패성 유기물 뿐만아니라 비 부패성 탄소, 즉 고무, 플라스틱 등을 포함하고 있기 때문에 완전연소가능량 만을 가지고 위생상태를 판단하여서는 안된다.

(2) 연소효율

가연성 물질을 연소할 때 완전연소량에 비하여 실제 연소되는 양의 백분율을 연소효율이라고 하는데 완전연소가능량이 크면 연소효율이 낮다는 것을 의미하게 되며 다음 식으로 표현할 수 있다.

$$\text{연소효율 } \eta_o = \frac{H_i - (L_c + L_i)}{H_i} \times 100(\%)$$

여기서 H_i : 저위발열량

L_c : 미연소 손실

L_i : 불완전연소 손실

(3) 완전연소가능량과 연소효율과의 관계

연소효율에 대응하는 미연분과 회잔사의 강렬감량과는 반드시 일치하지 않는데 이는 연소효율이 동일하더라도 폐기물에 함유된 타는 성분 함량이 크면 완전연소가능량은 커지고 안타는 성분의 비율이 크면 완전연소가능량은 작아지게 되기 때문이다.

$$\text{완전연소가능량 } I(\%) = \frac{C\left(1 - \frac{\eta_o}{100}\right)}{A + C\left(1 - \frac{\eta_o}{100}\right)} \times 100$$

여기서 A : 회분(안타는 성분, %)

C : 타는 성분(%)

η_o : 연소효율(%)

5.3.7 쓰레기 소각로의 부식

일반적인 보일러에서는 배기가스 중에 SO_3가 존재하므로 노점이 상승하게 되는데 가스가 저온부인 관벽과 접촉하면 이슬을 맺고 수분에 부식성 가스가 용해되어 산을 형성함에 따라 철재류를 부식시키는 저온부식현상이 일어난다.

쓰레기 소각로의 경우 150℃～320℃에서는 부식이 잘 일어나지 않고 노점인 150℃ 이하의 온도에서는 저온부식이 일어나고 320℃ 이상에서는 소각재가 침착된 금속면에서는 고온부식이 일어난다. 저온부식은 100℃～150℃ 사이에서 부식속도가 가장 빠르며 고온부식은 600℃～700℃에서 부식이 가장 잘 일어나며 700℃ 이상의 온도에서는 가스층에서의 부식속도와 같이 완만한 속도로 부식이 진행된다.

저온부식은 결로로 생성된 수분에 산성가스 등 부식성 가스가 용해되어 이온으로 해리되면서 금속부와 전기화학적 반응에 의하여 금속염을 생성함에 따라 부식이 진행되며 고온부식은 320℃ 이상에서 가스성분과 소각재 성분의 반응에 의하여 부식이 진행되는데 480℃까지는 염화철 또는 알칼리철 황산염 생성에 의한 부식이고 700℃ 까지는 염화철 또는 알칼리철 황산염의 분해에 의한 부식으로써 650℃에서 피크를 이루며 700℃ 이상에서는 퇴적물이 완전히 분해되어 기상에 의한 부식속도와 같은 속도로 된다.

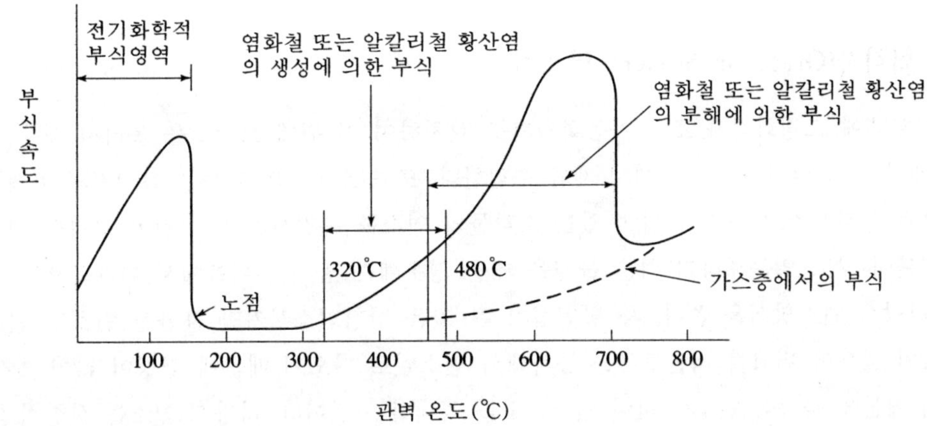

그림 5.7 쓰레기 소각로에 있어서의 온도와 부식의 관계

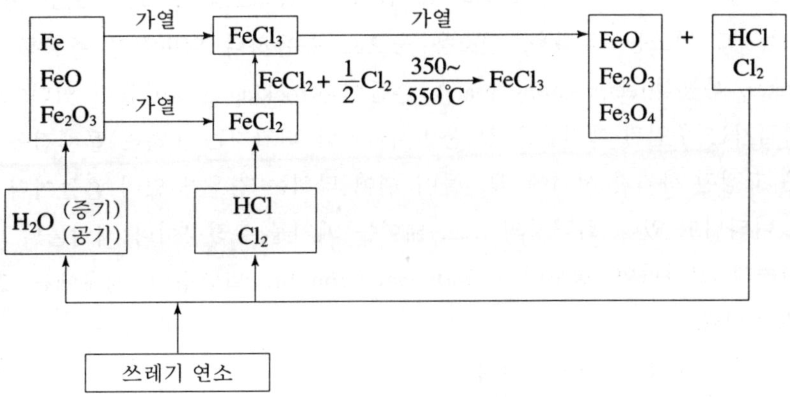

그림 5.8 쓰레기 소각로에 있어서의 고온부식 메카니즘

화격자에서 고온부식은 국부적으로 연소가 심한 장소에서 화격자의 온도가 상승함에 따라 발생하는데 방식대책으로는 ① 화격자의 냉각률을 올린다. ② 공기주입량을 늘려 화격자를 냉각시킨다. ③ 부식되는 부분에 고온공기를 주입하지 않는다 ④ 화격자의 재질을 고 크롬, 저니켈강으로 한다. 저온부식은 대체도 배기가스 세정장치, 온수열교환기, 가스덕트, 굴뚝 등에서 발생하는데 부식방지를 위하여 내부식성 재질 사용, 연소가스와의 접촉 방지(온수 열교환기의 경우 예열공기 이용), 가스의 재가열로 가스온도를 노점 이상으로 상승시킨다.

5.4 연소기의 종류

5.4.1 화격자(Grate or Stoker) 연소기

소각로내에 고정화격자 또는 가동화격자를 설치하여 이 위에 소각물을 올려서 태우는 방식으로 재가 쉽게 낙하하여 하부에서 재를 수집한다. 또 연소공기의 유동은 화격자의 아래쪽에서 위쪽으로 통과시키고 화격자 위에 있는 소각물의 연소를 촉진시킨다. 이것이 상향식 연소인데 휘발성분이 많고 열분해하기 쉬운 물질을 태울 경우에는 공기를 위쪽에서 아래쪽으로 통과시키는 하향식 연소방식을 쓴다. 즉 발연성이 큰 것을 상향연소시키면 불완전 연소로 연소가스 발생량이 많으며 비교적 저온부근을 통과해서 연소실로 나오기 때문에 검댕이 많이 발생한다. 그렇기 때문에 하향식 연소를 하여 연소속도를 억제하는 것이다. 하향식 연소는 상향식 연소에 비해 소각물의 양은 절반정도로 감소된다.

화격자(grate 또는 stoker)는 주입된 폐기물을 운반시켜 적절히 연소되게 하는 역할을 하며, 또한 화격자사이로 공기가 유통되도록 하는 기능을 가지고 있다. 과거의 화격자는 정지상태에서 인위적으로 움직이게 하였으나 현대의 화격자는 자동적으로 연속운전되고 있다. 화격자는 기능적으로 볼 때 건조용, 점화용, 연소용 등으로 분류하나 일반적인 종류를 보면 이동식(traveling grate), 복동식(reciprocating grate), 흔들이식(rocking grate) 등이 있다(그림 5-9).

이동식 화격자는 주입된 폐기물을 잘 운반시키거나 뒤집지는 못하는 문제점을 가지고 있으며, 복동식은 고정된 화격자 사이에 폐기물이 끼어 막히는 경우가 있어 흔들이식 화격자가 양호한 것으로 나타나고 있다. 화격자의 소요 넓이는 폐기물 부하량이나 폐기물의 발열량으로부터 구하여지는데 부하량인 경우에는 240～340 $kg/m^2/hr$, 발열량인 경우에는 $2.8 \sim 3.4 \times 10^6$ $kJ/m^2/hr$로 설계된다.

화격자 연소기의 장점은 다음과 같다.

① 연속적인 소각과 배출이 가능하다.

② 경사 Stoker 방식의 경우, 수분이 많은 것이나 발열량이 낮은 것도 어느 정도 소각이 가

능하다.

화격자 연소기의 단점은 다음과 같다.

① 수분이 많은 것이나 플라스틱과 같이 열에 쉽게 용해되는 물질은 화격자가 막힐 염려가 있다.
② 체류시간이 길고 교반력이 약하여 국부가열이 발생할 염려가 있다.
③ 고온 중에서 기계적으로 구동하기 때문에 금속부의 마모손실이 심하다.

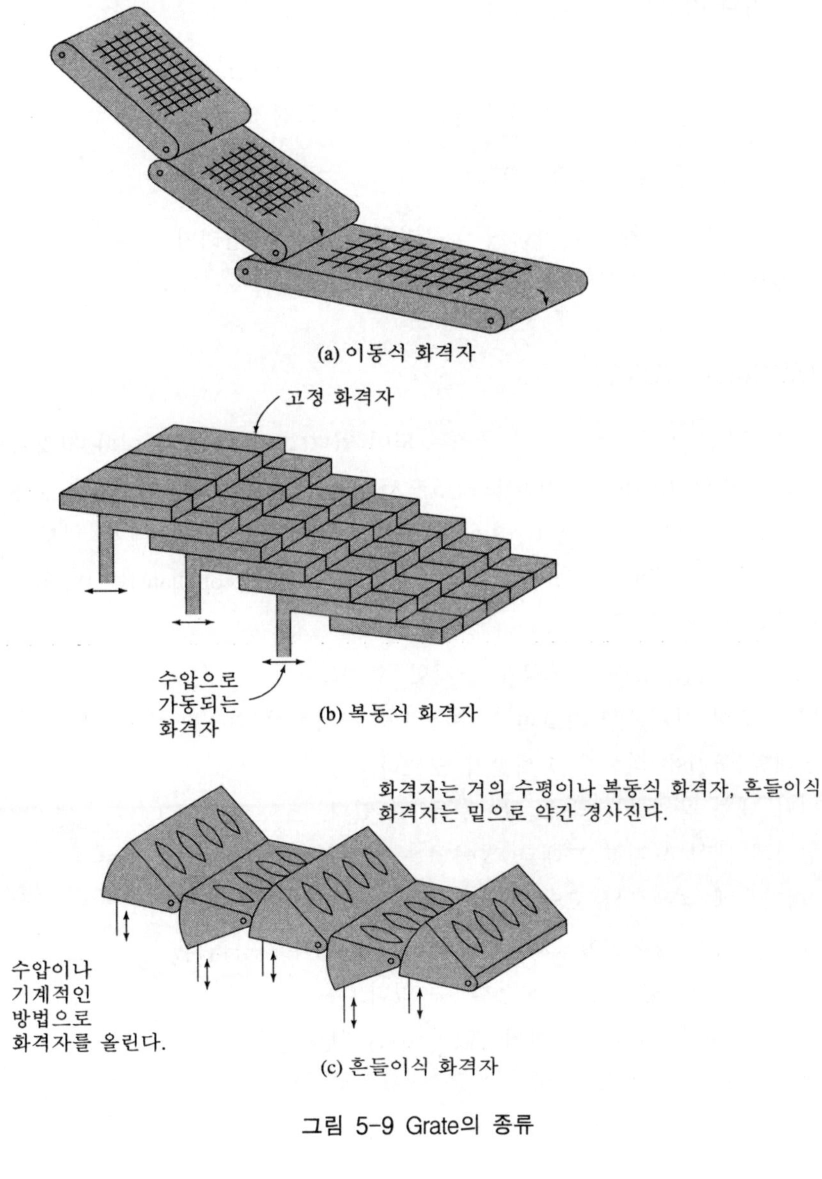

그림 5-9 Grate의 종류

5.4.2 고정상 연소기(Fixed Bed Incinerator)

소각로내의 화상위에서 소각물을 태우는 방식으로서 화격자로서는 적재가 불가능한 슬러지(sludge), 입자상 물질, 열을 받아 용융해서 착화연소하는 물질의 연소에 적당하다. 구조에 따라 경사식, 수평식, 원호곡면식으로 구분되며 경사식은 소각물의 건조와 연소에 있어서 기계적인 가동부분이 없고 건설비가 싸지만 소각물의 성상이 일정하고 접착성이 없어야 한다. 수평식은 회분이 적은 고분자계 폐기물의 소각에 알맞고 소각로 밖에 설치된 공기송풍기에 의해 연소공기를 균등하게 분산해서 강제 주입한다.

고정상 연소기의 장점은 다음과 같다.

① 플라스틱과 같이 열에 열화, 용해되는 것을 잘 소각시킬 수 있다.
② 화격자에 적재가 불가능한 폐기물(슬러지, 입자상 물질)을 소각할 수 있다.

고정상 연소기의 단점은 다음과 같다.

① 체류시간이 길고 교반력이 약하며 국부가열이 발생할 염려가 있다.
② 연소효율이 나쁘고 잔사의 용량이 많아진다.

5.4.3 회전로(Rotary Kiln)

회전하는 원통형 소각로로서 경사진 구조로 되어 있다(그림 5-10). 길이와 직경의 비는 2～10이고, 회전속도는 0.3～1.5 rpm, 주변속도는 5～25 mm/sec 정도이다. 처리율은 보통 45 kg/hr～2 ton/hr로 설계되며, 연소온도는 800～1,600 ℃이다. 목재상자, 도시쓰레기, 철도침목의 소각에는 각각 5, 15, 60분이 요구되는데 비하여 잘 분리된 추진제(propellant)는 0.5초가 요구된다.

회전로의 장점은 다음과 같다.

① 넓은 범위의 액상, 고상 폐기물을 소각할 수 있다.
② 액상이나 고상 폐기물을 따로따로 수용하거나 섞어서 수용할 수 있다.
③ 용융상태의 물질에 의하여 방해받지 않는다.
④ 드럼이나 대형 용기를 그대로 집어넣을 수 있다.
⑤ 공급장치의 대형 용기를 그대로 집어넣을 수 있다.
⑥ 고형 폐기물에 높은 난류도와 공기에 대한 접촉을 크게 할 수 있다.
⑦ 폐기물의 소각에 방해됨이 없이 연속적인 재배출이 가능하다.
⑧ 습식가스 세정시스템과 함께 사용할 수 있다.
⑨ 대체로 예열, 혼합, 파쇄 등 전처리없이 주입 가능하다.
⑩ 로의 회전속도를 조절함으로써 폐기물의 체류시간을 조절할 수 있다.
⑪ 1,400℃ 이상에서 가동할 수 있어서 독성물질의 파괴에 좋다.

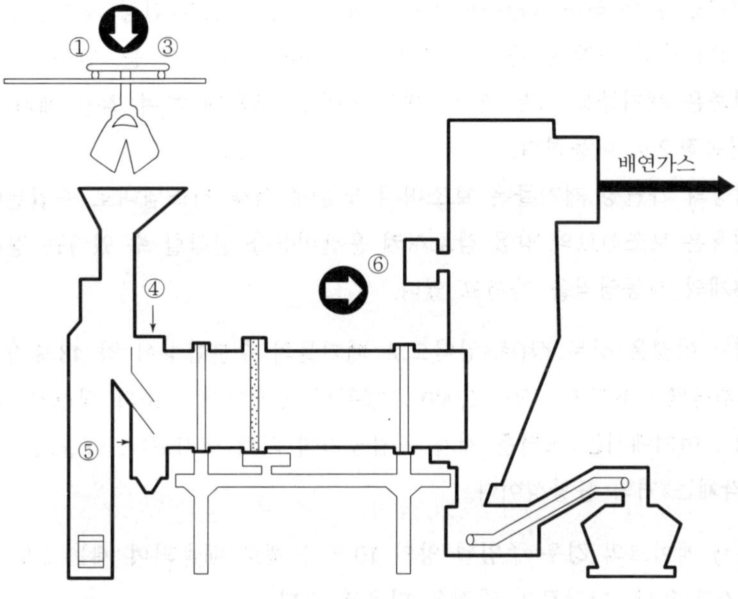

① 고형폐기물　② 배럴식 충진(Barrel Charging)
③ 슬러지　④ 생산공정과 탱크로부터의 배기가스
⑤ 연료용 오일

그림 5-10 회전로의 모식도

회전로의 단점은 다음과 같다.

① 설치비가 높다. 이는 특히 처리량이 적을 때 현저하다.
② 대형폐기물로 인한 내화재의 파손 때문에 운용에 주의를 요한다.
③ 완전연소되기 전에 대기 중으로 부유성 물질이 배출될 수 있다.
④ 구형 및 원통형 물질은 완전연소가 끝나기 전에 굴러 떨어질 수 있다.
⑤ 로에서의 공기유출이 크므로 종종 대량의 과잉공기가 필요하다.
⑥ 대기오염 제어시스템에 분진부하율이 높다.
⑦ 비교적 열효율이 낮은 편이다.

5.4.4 다단로(Multiple Hearth)

다단로는 내화물을 입힌 가열판, 중앙의 회전축, 일연의 평판상(床)을 구성하는 교반팔(rabble arms)로 구성되어 있다. 이밖에 공기 송풍기, 연료버너, 소각재 배출설비, 폐기물 공급설비가 부착되어 있다(그림 5-11). 이 장치는 1934년에 하수 슬러지를 소각하기 위하여 설계되었으나 하수 슬러지는 물론 하수, 타르와 같은 고상, 액상, 기상, 가연성 폐기물의 연소에 사용할 수 있다. 슬러지나 입상 고형폐기물이 나선형 공급장치나 벨트식 문, 날개식 문(flapgate)으로 공급된다. 회전축은 폐기물을 상부 상(床)에서 하부로 이동케 하여 최종 재가 배출될 때까지 다음 상으로 연속적으로 이동한다.

액상이나 기상의 가연성 폐기물은 보조버너 노즐에 의해 시스템내로 주입된다. 액상 및 기상 폐기물의 이용은 보조연료의 양을 감소시켜 운전비용을 절감할 수 있다는 경제적 이점이 있다. 다단로는 3개의 가동영역을 가지고 있다.

① 건조영역 : 이것은 상부 상(床)영역으로 폐기물의 수분함량이 약 48 %까지 건조된다.

② 연소, 탈취영역 : 온도가 750～1,000 ℃범위의 영역이며 연소와 탈취가 일어난다.

③ 냉각영역 : 여기에서는 뜨거운 재가 유입공기에 의해 냉각된다. 배출가스는 250～600℃이며 소각재는 거의 불활성이다.

슬러지(sludge) 케이크의 경우 주입된 양의 10 %가 재로 배출되며 재는 1 % 미만의 휘발성 연소성분을 가지고 있다. 다단로의 장점은 다음과 같다.

① 체류시간이 기므로 특히 휘발성이 적은 폐기물의 연소에 유리하다.

② 다량의 수분이 증발되므로 수분함량이 높은 폐기물도 연소가 가능하다.

③ 물리·화학적 성분이 다른 각종 폐기물을 처리할 수 있다.

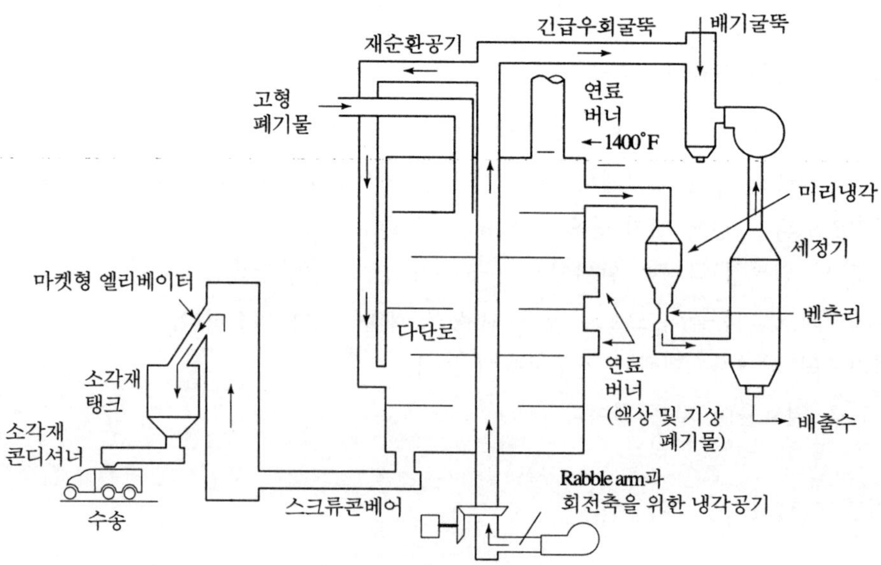

그림 5-11 다단로의 모식도

④ 천연가스, 변형가스, 프로판, 뷰테인, 오일, 석탄가루, 폐유, 용매 등 다양한 연료를 사용할 수 있다.
⑤ 많은 연소영역이 있으므로 연소효율을 높일 수 있다.

다단로의 단점은 다음과 같다.

① 체류시간이 길기 때문에 온도반응이 더디다.
② 늦은 온도반응 때문에 보조연료사용을 조절하기가 어렵다.
③ 움직이는 부분(교반팔, 중심축)이 있으므로 유지비가 높다.
④ 빈번한 유입방해와 과도한 수분함량에 의하여 열적충격이 쉽게 발생하고 내화물이나 상에 손상을 초래한다.
⑤ 유해폐기물의 완전분해를 위해서는 2차 연소실이 필요하다.
⑥ 용융성 재를 포함한 폐기물이나 높은 분해온도를 가진 것, 불규칙적인 대형 폐기물의 처리에는 부적합하다.
⑦ 분진발생율이 높다.

5.4.5 유동층 소각로(Fluidized Bed Incinerator)

유동층 소각로는 밑에서 가스를 주입하여 불활성층(모래)을 띄운 후 이를 가열시키고 상부에서 폐기물을 주입하여 태우는 것이다(그림 5-12). 상의 온도는 760～870℃이고 불활성층이 미리 가열된 상태에서 태우기 때문에 폐기물은 순간적으로 연소하고 열효율이 좋다. 다만 폐기물을 주입하기 전에 파쇄하여야 한다.

유동층 열용량은 1.42×10^5 kcal/m^3 정도로 보유열량이 높아 폐기물 연소에 있어 최적연소 조건을 형성한다. 유동층 내의 층은 항상 700～800 ℃에 해당되는 열을 보유하고 있으므로 층물질은 다음과 같은 특성을 갖는 것이 좋다.

① 불활성일 것
② 열충격이 강하고 융점이 높을 것
③ 내마모성이 있을 것
④ 비중이 작을 것
⑤ 공급이 안정될 것
⑥ 쉽게 구입할 수 있고 가격이 저렴할 것
⑦ 입도 분포가 균일할 것

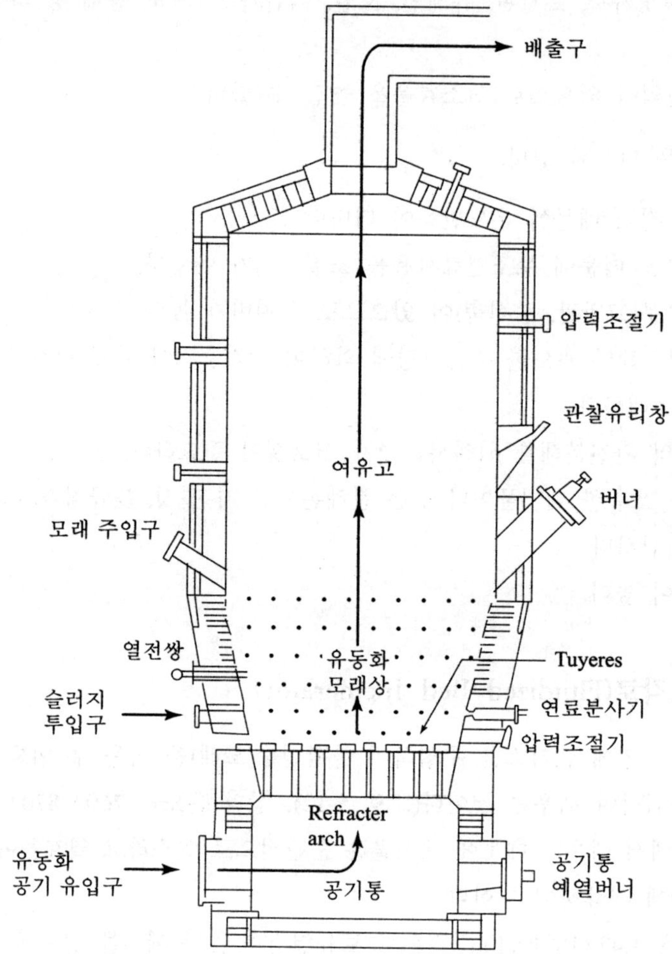

그림 5-12 유동층 소각로

이러한 유동층 소각로는 일반적인 소각로로 소각이 어려운 난연성 폐기물 소각에 적합한 것으로서 특히 하수슬러지 및 폐유, 폐윤활유 계통소각에 탁월한 성능을 가진다. 폐기물 소각에 있어 대상 폐기물을 살펴보면 플라스틱제조, 화학공정, 석유정제공정, 의약제조공정, 나일론제조공정, 자동차 공업, 펄프제지공정 및 양모세척공정 폐기물로 광범위하게 적용할 수 있으며 특히, 유동층 소각로는 혼소가 가능하다는 장점이 있다.

유동층 소각로의 장점은 다음과 같다.

① 유동매체의 열용량이 커서 액상, 기상 및 고형폐기물의 전소 및 혼소가 가능하다.

② 반응시간이 빨라 소각시간이 짧다(로 부하율이 높다).

③ 연소효율이 높아 미연소분이 배출이 적고 2차 연소실이 불필요하다.
④ 가스의 온도가 낮고 과잉공기량이 낮다. 따라서 NO_x도 적게 배출된다.
⑤ 기계적 구동부분이 적어 고장율이 낮다.
⑥ 로내 온도의 자동제어로 열회수가 용이하다.
⑦ 유동매체의 축열량이 높은 관계로 단기간 정지 후 가동시에 보조연료 사용없이 정상가동이 가능하다. 야간에 운전정지한 후 이튿날 가동해도 온도는 50℃ 밖에 내려가지 않는다.

유동층 소각로의 단점은 다음과 같다.

① 床으로부터 슬러지의 분리가 어렵다.
② 투입이나 유동화를 위해 파쇄가 필요하다.
③ 유동상의 마련과 정비, 유동매체의 손실로 인한 보충이 필요하다.
④ 상재료의 용융을 막기 위해 연소온도는 816 ℃를 초과할 수 없다.
⑤ 운전비, 특히 동력비가 높다.

5.4.6 액체 주입형 연소기(liquid injection incinerator)

액체 주입형 연소기는 액상 폐기물의 연소에 많이 이용된다. 이 연소기의 핵심은 미세분사 장치인 노즐버너이다. 미립화(atomization)는 보통 회전컵이나 압력 미립화 장치와 같은 기계적 방법이나 고압증기, 수증기를 사용한 기체 유동노즐에 의해 얻을 수 있다. 액체 주입형 연소기의 가장 일반적인 형식은 그림 5-13과 같은 수평점화식이다. 이밖에도 상방점화 및 하방점화 방식이 있다. 회전로식 연소기와 그 원리는 유사하나 액체 주입형 연소기에는 소각재의 배출설비가 없으므로 회분함량이 낮은 액상폐기물에만 사용이 가능하다. 또한 하방점화방식의 경우에는 염이나 입상물질을 포함한 폐기물의 소각도 가능하다. 이 염은 연소실 바닥에 용융상태로 모아 소각로 밖에서 급냉시킨다.

액체주입형 연소기의 장점은 다음과 같다.

① 광범위한 종류의 액상폐기물을 연소할 수 있다.
② 대기오염 방지시설 이외에도 소각재의 처리설비가 필요없다.
③ 구동장치가 없어서 고장이 적다.
④ 운영비가 적다.
⑤ 기술개발이 잘 되어 있다.

액체 주입형 연소기의 단점은 다음과 같다.

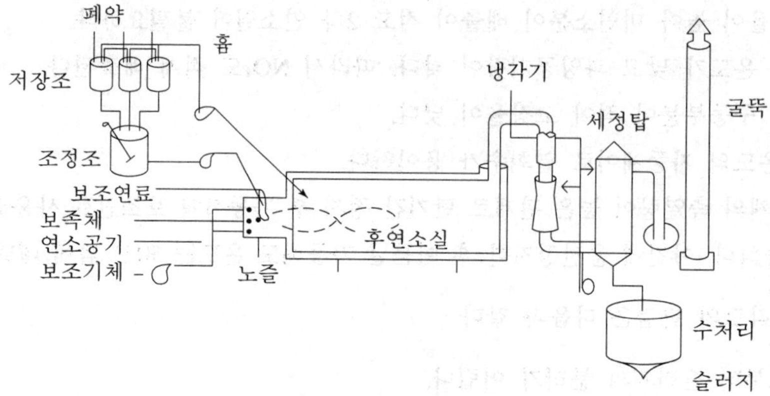

그림 5-13 수평점화식 액체주입형 연소기

① 버너 노즐을 통해 액체를 미립화하여야 한다.

② 완전히 연소시켜 주어야 하며 내화물의 파손을 막아주어야 한다.

③ 고형분의 농도가 높으면 버너가 막히기 쉽다.

④ 대량 처리가 불가능하다.

5.5 폐열회수 및 이용설비

폐기물을 소각할 경우에는 이들의 발열량에 해당하는 양의 열량이 발생하므로 배기가스의 온도가 올라가게 되어 이를 냉각시켜 배출하여야 한다. 그 이유는 배기가스 처리설비의 장치를 보호하고 외부로의 열오염(thermal pollution)을 줄이기 위함이다. 보통 배기가스의 온도를 250~300 ℃로 정하고 있다. 하한온도는 배출가스에 의한 저온 부식이 발생하지 않는 온도이며 상한온도는 분진의 부착에 의한 고온부식을 억제할 수 있는 온도이다.

이 냉각설비에는 ① 폐열 보일러식 ② 물 분사식 ③ 공기 혼입식 ④ 간접공냉식이 있으나 폐열 보일러식은 폐열을 회수하여 이를 이용할 수 있으므로 보다 바람직하다고 본다. 이외 폐열회수하는 장치로 각종 열교환기가 있고 발생한 증기를 이용하여 증기 터어빈을 돌려 발전도 할 수 있다.

5.5.1 보일러

보일러는 연료의 연소열을 압력용기 속의 물로 전달하여 소요압력의 증기를 발생시키는 장치이다. 보일러에서 발생한 증기는 그대로 저압 포화 증기로서 공장생산용 열원 및 난방용 등 광범위하게 사용되는 경우와 보일러에서 고압과열 증기로 만들어 증기터어빈으로 보내어 동력을 발생시킨 다음 그 배기를 생산용 열원으로 사용하는 경우가 있다.

보일러는 본 체의 구조형식, 물의 순환방식, 가열방식, 증발하는 유체나 연료의 종류 등에 따라 다음과 같이 분류한다.

(가) 보일러의 용량 및 효율

보일러의 용량 표시는 정격증발량으로 나타내는 경우와, 환산증발량으로 나타내는 경우가 있다. 정격증발량이란 보일러 연속운전이 가능한 한 최대부하상태에서 단위시간에 발생할 수 있는 증발량을 말하며 이 때 증기의 보유열량은 증기의 온도와 압력에 따라 달라지므로 증기압력, 온도 및 급수온도를 함께 나타낼 필요가 있다. 그래서 발생증기를 일정한 기준으로 환산하여 용량을 비교할 수 있는 표시법이 환산증발량 또는 상당증발량이다. 이것은 실제로 급수로부터 소정의 증기를 발생시키는 데 소요되는 매시 유효열량을 373.15°K의 포화수가 같은 온도의 건포화 증기로 상변화 할 때의 증발열 2,257 kJ/kg으로 나눈 값이다. 따라서 환산증발량(W_e)은 (5.53)식과 같다.

$$W_e = \frac{W_1(h_2 - h_1)}{2,257}\ (\mathrm{kg/h}) \tag{5.53}$$

여기서, h_1, h_2 : 급수 및 발생증기의 비 엔탈피(kJ/kg)
W_1 : 실제 증발량(kg/h)

보일러 효율은 연료의 연소에 의한 화학에너지가 어느 정도 보일러에서 열에너지로 전달되었는가를 나타내는 것으로서 증기발생에 소요된 열량의 연료의 발열량으로 나누어 얻어진다.

- ① 원통 보일러
  - 직립형 보일러(횡관식, 다관식)
  - 노통 보일러(코오시니, 랭커셔 보일러)
  - 연관 보일러(횡연관, 기관차 보일러)
  - 노통연관복합 보일러
  - 자연순환 보일러(직관형, 곡관형, 방사형)
- ② 수관 보일러
  - 강제순환 보일러
  - 관류 보일러
  - 간접가열 보일러
  - 배열 보일러
- ③ 특수 보일러
  - 특수연료 보일러
  - 특수유체 보일러
  - 기타 보일러(온수보일러, 전기보일러 등)

이때 보일러의 배출가스 온도는 대략 423～623°K(150～350℃)이므로 가스 중의 수분은 수증기 상태이기 때문에 이용가능한 연료의 발열량은 저위발열량이다.

따라서 보일러 효율(η)은 (5.54)식으로 표현된다.

$$\eta = \frac{\text{실제로 증기발생에 소요한 열량}}{\text{소비한 연료가 완전연소할 때의 발생열량}} = \frac{W_1(h_2 - h_1)}{G_f \times H_l} \tag{5.54}$$

여기서, W_1 : 실제 증발량(kg/h)

h_1, h_2 : 보일러 급수 및 증기의 비 엔탈피(kJ, kcal/kg)

G_f : 연료소비량(kg/h)

H_l : 연료의 저위발열량(kJ, kcal/kg)

(나) 보일러의 특성

보일러의 화실크기는 연료를 완전 연소시키는 데 적합한 구조와 충분한 크기를 필요로 하며 보일러의 형식, 연료의 종류, 연소방식, 통풍방식, 노벽의 구조 등에 따라 다르다. 폐기물 소각의 경우는 별도의 화실은 없다. 수냉벽은 로내의 화염의 방사열을 직접 받아 로벽이 고온화 하는 동시에 수관에 의해 다량의 방사열을 효율적으로 흡수할 수 있다.

최근의 수냉벽은 그림 5-14와 같이 로속 전둘레가 용접벽(welded wall)에 의한 기밀 구조로 되어 있으며, 가압연소 보일러에서의 연소가스 누설이 전혀 없는 구조로 되어 있다.

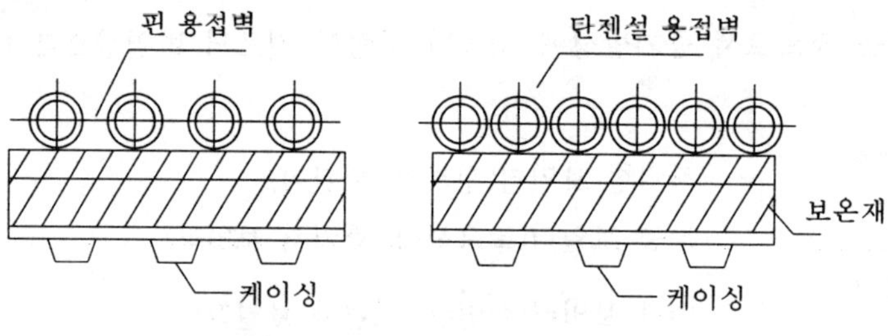

그림 5-14 수냉벽의 보기

5.5.2 열 교환기

폐열을 회수, 이용하는 데 있어 열교환기도 중요한 일부를 차지한다. 그러나 열교환기는 폐열을 전량 흡수하기에는 부피가 상당히 커야 하므로 독자적인 폐열회수 시설이기보다는 보일러 등에 설치, 보조적으로 폐열을 회수하는 데 주로 이용된다. 열교환기에는 과열기, 재열기, 이코노마이저(절탄기) 및 공기예열기 등이 있다.

(가) 과열기

과열기는 보일러에서 발생하는 포화증기에 다수의 수분이 함유되어 있으므로 이것을 과열하여 수분을 제거하고 과열도가 높은 증기를 얻기 위해 설치한다. 과열증기는 온도가 높을수록 효과가 크며 과열도는 사용재료에 따라 제한된다. 따라서 과열기의 재료는 탄소강을 비롯 니켈, 크로뮴, 몰리브덴, 바나듐 등을 함유한 특수 내열 강관을 사용하고 있다.

과열기는 그 부착 위치에 따라 전열 형태가 다르며, 방사형 과열기, 대류형 과열기 및 방사, 대류형 과열기로 분류된다. 그림 5-15는 각종 과열기의 배치를 예시한 것이다. 방사형 과열기는 화실의 천정부 또는 로벽에 배치되고, 주로 화염의 방사열을 이용하는 과열기이다.

대류형 과열기는 보통 제1, 제2연도의 중간에 설치하고 연소가스의 대류에 의한 전달열을 받는 과열기이다. 방사, 대류형 과열기는 대류 전달면 입구 가까이에 설치하고 방사열과 대류 전달열을 동시에 이용하는 과열기이다. 일반적으로 보일러의 부하가 높아질수록 대류 과열기에 의한 과열 온도가 상승하고 방사 과열기에서는 반대로 저하하는 경향이 있다. 그래서 그림 5-16과 같이 대류 및 방사 과열기를 조합하여 사용함으로써 보일러의 부하변동에 대해 과열증기의 온도변화를 비교적 균일화할 수 있다.

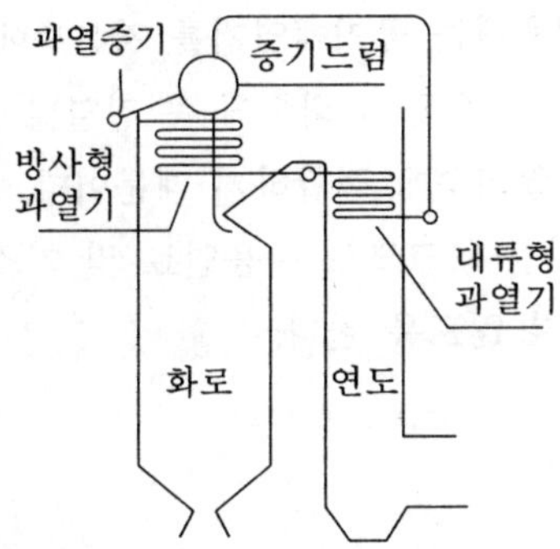

그림 5-15 각종 가열기의 설치위치

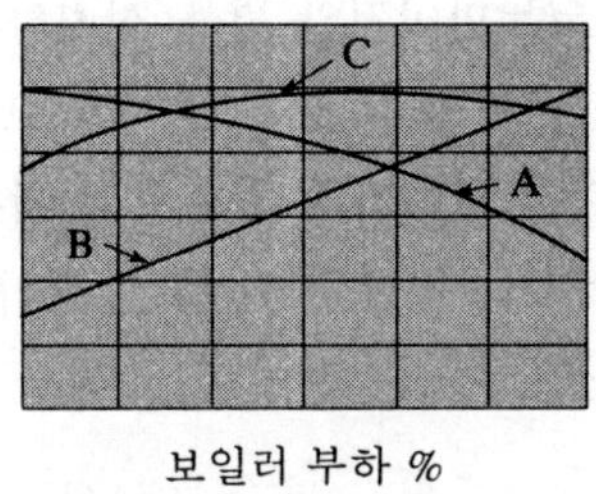

A : 방사과열기 B : 대류과열기
C : 방사대류과열기

그림 5-16 과열기의 온도특성

(나) 재열기

재열기는 과열기와 같은 구조로 되어 있으며 대개는 과열기의 중간 또는 뒤쪽에 배치된다. 재열기는 증기 터어빈 속에서 소정의 팽창을 하여 포화증기에 가까워진 증기를 도중에서 이끌어내어 그 압력으로 재차 가열하여 터어빈에 되돌려 팽창시키는 경우에 사용된다.

(다) 이코노마이저(절탄기)

이코노마이저는 연도에 설치되며, 보일러 전열면을 통하여 연소가스의 여열로 보일러 급수를 예열하여 보일러의 효율을 높이는 장치이다(그림 5-17). 그 부대 효과로 급수 예열에 의해 보일러수와의 온도차가 감소하므로 보일러 드럼에 발생하는 열응력이 경감되는 것을 들 수 있다. 또 주의할 점은 급수온도가 낮은 경우, 굴뚝가스 온도가 저하하면 이코노마이저 저온부에 접하는 가스 온도가 노점에 달하여 이코노마이저를 부식시키는 것이다. 그밖에 통풍저항이 증가하고, 굴뚝의 가스온도의 저하로 인한 굴뚝 통풍력의 감소 등에 대해서도 주의를 요한다.

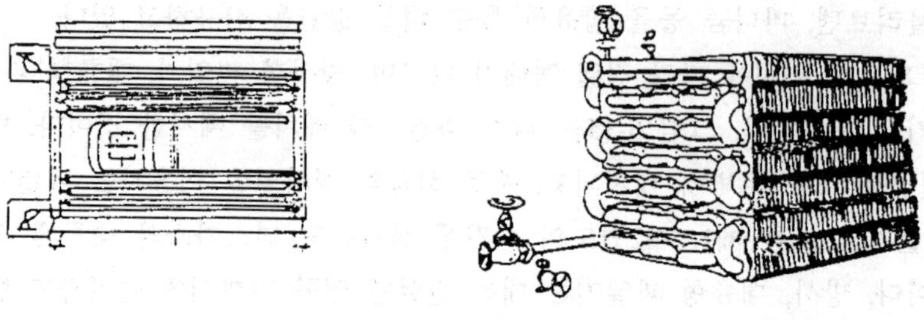

그림 5-17 강관식 이코노마이저

(라) 공기예열기

공기예열기는 굴뚝 가스 여열을 이용하여 연소용 공기를 예열하여 보일러의 효율을 높이는 장치이다. 이의 부대 효과로서는 연료의 착화와 연소를 양호하게 하고 연소온도를 높이는 효과가 있다. 공기예열기는 이코노마이저와 병용 설치하는 경우에는 공기예열기를 저온측에 설치한다. 그것은 공기에의 열전달이 물의 경우보다 작으므로 같은 열량의 회수에 큰 전열넓이를 요하나, 전열면의 온도가 그다지 내려가지 않으므로 저온의 열회수에 적합하기 때문이다. 그러나 굴뚝가스 온도가 가장 낮아지는 부분이고, 노점 부식의 위험이 크므로 사용연료 및 가스 성분에 알맞은 출구 배기가스 온도를 설정하여 지나치게 내리지 않도록 한다.

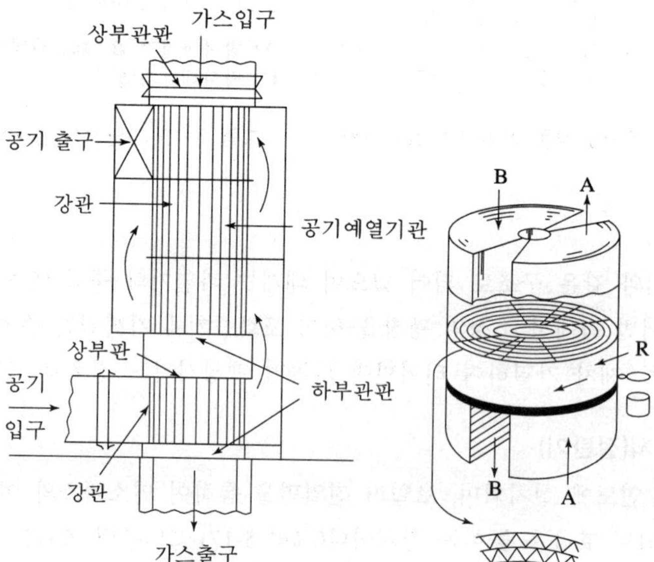

(a) 관형 공기예열기 (b) 재생식 공기예열기

그림 5-18 공기 예열기

소형 보일러에서는 이코노마이저로 충분히 배기가스의 여열을 회수할 수 있는 경우가 많으나 대형 보일러에서는 굴뚝 입구 또는 과열기 출구에서의 가스 온도가 높아, 이코노마이저만으로는 흡수열량이 비교적 미흡하므로 공기예열기에 의한 열회수도 필요하다.

공기예열기의 대표적인 것으로는 판상 공기예열기, 관형 공기예열기 및 재생식 공기 예열기 등이 있으며 그림 5-18에 구조를 나타내었다.

5.5.3 증기 터어빈

증기터어빈에서는 증기의 열에너지를 회전운동으로 변환시키는 과정에서 먼저 증기의 속도에너지 변환을 필요로 한다. 증기터어빈의 작동원리는 이 속도에너지를 어떤 형태로 사용하느냐에 따라 충동식과 반동식으로 대별된다. 다단 충동식에 있어서는 각 단이 소화해야 할 열에너지 전체를 노즐로 속도에너지로 변환하고, 분출하는 고속증기를 회전날개가 받아 증기류를 방향 전환시킴으로써 생기는 충동력에 의해 회전력을 얻는다.

한편, 반동식 단에서는 소화시켜야 할 열낙차의 일부만이 노즐안에서 속도에너지로 변하고 회전날개 내에 있어서도 증기팽창을 일으켜 그 반동력도 함께 이용하여 회전력을 얻는다.

터어빈의 단이 분담하는 단열 열낙차를 h_t, 회전날개 부분이 분담하는 단열 열낙차를 h_b라고 했을 때 양자의 비, r을 반동도라고 한다. 즉,

$$r = \frac{h_b}{h_t}$$

r의 값은 0～1의 범위에 있고, r=0일 때는 순충동 터어빈인 것을 의미한다. 일반적으로 r ≥0.5인 것이 반동 터어빈으로 호칭되고 있다.

증기 터어빈은 여러가지 관점에서 분류되며, 호칭의 종류도 많다. 증기의 작동방식에 따라 분류한 것이 앞에서 설명한 충동, 반동, 혼합식의 각 터어빈이다. 기타 분류 관점으로서는 증기의 이용방식, 피구동기, 증기의 유동 방향, 케이싱수, 흐름 수 등이 있는데 이들을 간추려 보면 표 5-13과 같다.

산업계에서는 피구동기를 구동시키는 목적 이외에 터어빈 설비를 계획하는 경우도 적지 않으므로 증기의 이용 방식이란 관점에서 본 터어빈의 분류에 대해 좀 더 자세히 설명한다. 제조업체의 현장에서 자가용 발전설비를 계획하는 경우, 주된 목적은 값싸고 확실한 전력을 얻는데 있으나, 대개의 경우 제조업체에서는 공장 프로세스용으로 증기를 필요로 함으로 발전과 프로세스 증기공급을 유효하게 결합시킨 열병합발전을 추진하는 경우가 많다.

배압 터어빈(back pressure turbine)은 산업용 전체의 70 %를 점할 정도이며, 증기를 다량으로 소비하는 산업 분야에서 널리 쓰이고 있다. 터어빈 배기가 프로세스 증기로 유효하게 이용되기 때문에 열효율은 90 % 가까운 평가를 기대할 수 있다. 단, 이 방식은 증기 부하에 상당한 발전 밖에 할 수 없다는 점에 주의할 필요가 있다.

표 5-13 증기터어빈의 여러 가지 형식

분류관점	터어빈형식
증기작동방식	A. 충동 터어빈(impulse turbine) B. 반동 터어빈(reaction turbine) C. 혼합식 터어빈(combination turbine)
증기이용방식	A. 배압 터어빈(back pressure turbine) B. 추기 배압 터어빈(back pressure extraction turbine) C. 복수 터어빈(condensing turbine) D. 추기 복수 터어빈(condensing extraction turbine) E. 혼합 터어빈(mixed pressure turbine)
피구동기	A. 발전용 직결형 터어빈(directly coupled turbine) 감속형 터어빈(geared turbine) B. 기계 구동형 급수 펌프 구동 터어빈(feedwater pump drive turbine) 압축기 구동 터어빈(compressor drive turbine)
증기유동방향	A. 축류 터어빈(axial flow turbine) B. 반경류 터어빈(radial flow turbine)
케이싱수	A. 1케이싱 터어빈(single casing turbine) B. 1케이싱 터어빈(two casing turbine)
흐름수	A. 단류 터어빈(single flow turbine) B. 복류 터어빈(double flow turbine)

이때 터어빈 용량은 현장에 있어서의 증기부하와 전력부하의 장기예측에 근거를 두고 설계 계획을 결정하지 않으면 사회 정세의 변화에 따라서 생산 품목이나 조업도에 차이가 생길 경우에 운영상 불편을 겪게 되는 경우가 있다.

5.5.4 소각발전기술

(가) 폐기물 발전시스템

폐기물 발전 Scheme은 일반적으로 그림 5-19, 5-20과 같다.

보일러에서 발생한 증기는 고압증기헤더에 저장되고 현장에서 사용하고 남은 모든 증기가 증기터빈으로 유입되면 터빈의 회전을 전동기에 전달하여 발전을 수행한다. 증기터빈을 거치면서 에너지가 소비된 증기는 저압증기복수기에서 복수되어 복수탱크에 저장된 후 다시 기체제거기에서 수중의 용존산소가 제거되며 보일러에 급수된다. 또한 터빈이 정지하고 있는 경우의 잉여증기는 고압증기복수기에서 복수되어 복수탱크로 되돌아간다. 보일러 수질을 유지하기 위한 보일러수의 블로우(Blow)를 정기적으로 수행하기 때문에 보일러수가 부족하며 이에 따른 보일러수의 보급이 필요하다. 보일러수로는 순수를 사용하기도 하고 연수를 사용하기도 한다. 폐기물소각발전은 폐기물의 소각장 및 저위발열량에 따른 증기의 발열량, 압력, 온도 등과 직접적인 관계가 있으며 발전가능량과 발전설비의 용량결정을 위한 참고자료로서 국내의 생활폐기물 소각시설 현황은 표 5-14와 같다.

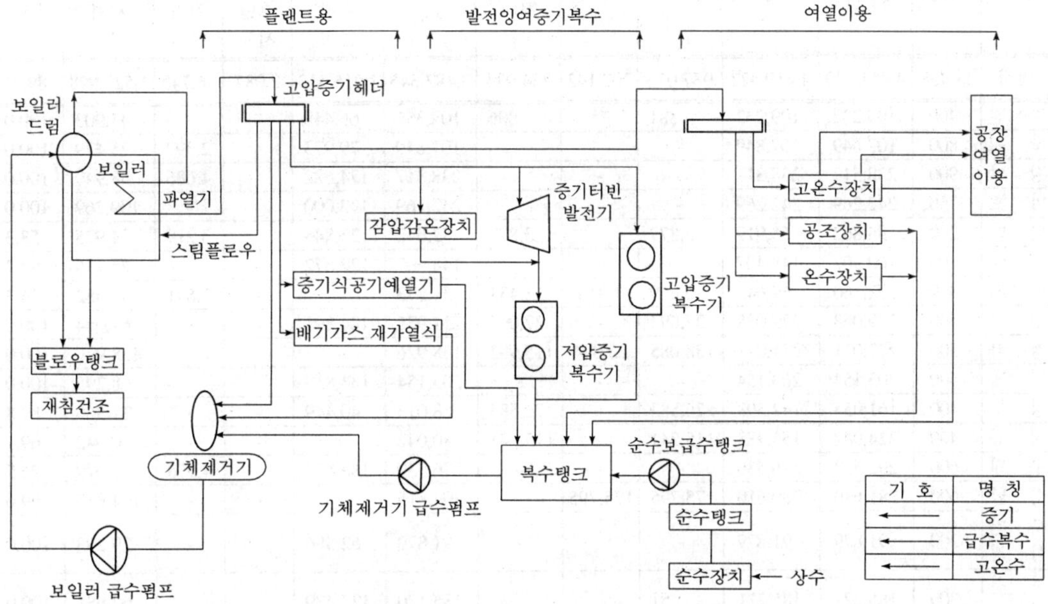

그림 5-19 폐기물 소각발전플랜트의 기본 Scheme

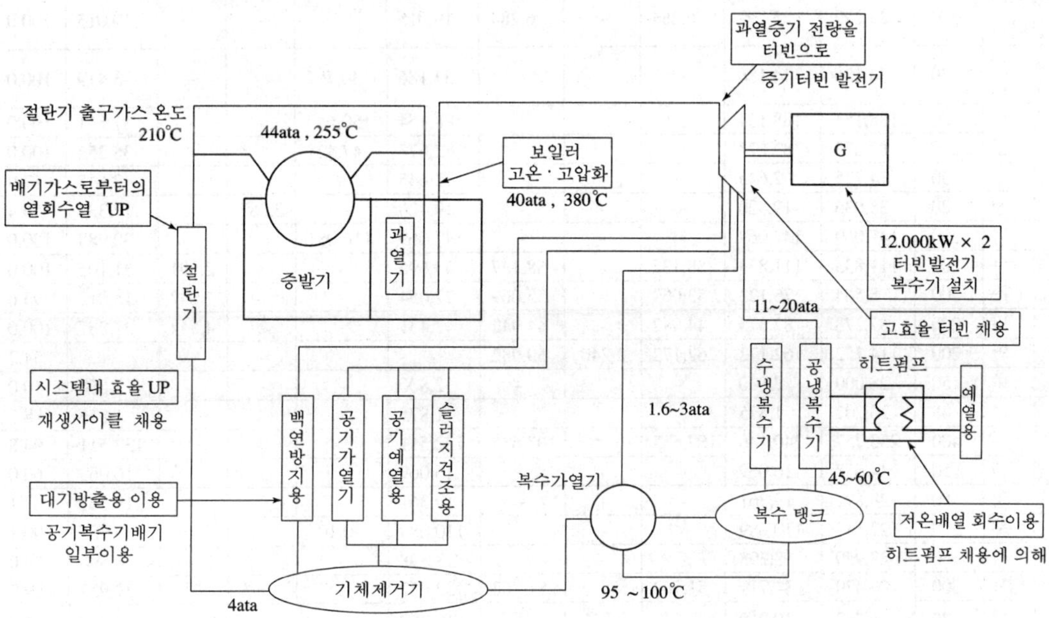

그림 5-20 고효율 폐기물 소각발전플랜트의 기본 Scheme

표 5-14 생활폐기물 소각시설 폐열이용현황(2005년 12월 기준)

시설명	용량(톤/일)	폐열 발생량(Gcal/년)	폐열 이용량(Gcal/년)									폐열 이용율(%)
			계	발전			열공급					
				소계	판매	자체이용	소계	지역난방	주민지원	편익시설	자체이용	
38개	11,468	4,951,080	4,419,422	937,076	202,142	734,934	3,482,346	1,915,513	2,087	36,748	1,527,998	89.3
양천	400	109,232	109,232	881	75	806	108,351	66,448	-	-	41,903	100.0
노원	800	107,849	107,849	-	-	-	107,849	79,973	-	2,397	25,479	100.0
강남	900	238,317	238,317	-	-	-	238,317	174,682	-	4,686	58,949	100.0
마포	750	242,269	242,269	-	-	-	242,269	133,000	-	-	109,269	100.0
다대	200	95,862	55,919	3,877	-	3,877	52,042	23,848	-	3,219	24,975	58.3
해운대	400	160,902	148,407	-	-	-	148,407	122,672	-	-	25,735	92.2
명지	400	202,160	69,642	15,369	1,938	13,431	54,273	-	-	7,691	46,582	34.4
성서	600	279,068	279,068	27,093	-	27,093	251,975	184,891	-	-	67,084	100.0
청라	500	277,011	277,011	138,085	22,094	115,991	138,926	-	-	-	138,926	100.0
대덕	400	203,154	203,154	-	-	-	203,154	134,859	-	-	68,295	100.0
상무	400	161,058	144,598	76,583	-	76,583	68,015	40,449	-	-	27,566	89.8
성암	400	224,982	155,383	115,341	-	115,341	40,042	-	-	-	40,042	69.1
수원	600	292,532	276,530	-	-	-	276,530	188,873		4,578	83,079	94.5
성남	600	281,610	280,610	175,795	175,795	-	104,815	-	-	-	104,815	99.6
부천 삼정	200	91,879	91,879	-	-	-	91,879	62,586	-	-	29,293	100.0
부천 대장	300	185,221	185,221	51	-	51	185,170	122,489	-	-	62,681	100.0
안양	200	96,213	96,213	-	-	-	96,213	81,781	-	-	14,432	100.0
안산	200	127,747	127,747	-	-	-	127,747	83,948	-	-	43,799	100.0
용인 금어리	300	25,299	25,299	6,284	-	6,284	19,015	-	-	-	19,015	100.0
용인 수지	70	34,186	34,186	-	-	-	34,186	30,767	-	-	3,419	100.0
광명	300	188,154	188,154	-	-	-	188,154	150,643	-	-	37,511	100.0
군포	200	82,673	82,673	-	-	-	82,673	47,421	-	-	35,252	100.0
안성	50	14,775	2,645	-	-	-	2,645	-	-	-	2,645	17.9
과천	80	35,036	19,420	-	-	-	19,420	-	2,087	-	17,333	55.4
고양	300	147,069	147,069	-	-	-	147,069	116,081	-	-	30,988	100.0
의정부	200	111,833	111,833	58,137	-	58,137	53,696	-	-	2,591	51,105	100.0
파주	200	78,564	75,123	53,069	-	53,069	22,054	-	-	7,042	15,012	95.6
구리	200	87,373	87,373	44,942	-	44,942	42,431	-	-	4,544	37,887	100.0
천안	200	114,752	62,172	62,172	2,240	59,932	-	-	-	-	-	54.2
공주	50	28,000	2,800	-	-	-	2,800	-	-	-	2,800	10.0
상주	48	23,202	1,875	-	-	-	1,875	-	-	-	1,875	8.1
창원	400	253,257	240,146	107,635	-	107,635	132,511	-	-	-	132,511	94.8
진해	50	44,637	16,069	-	-	-	16,069	-	-	-	16,069	60.0
통영	50	28,871	19,361	-	-	-	19,361	-	-	-	19,361	67.1
김해	200	122,147	110,089	-	-	-	110,089	70,102	-	-	39,987	90.1
밀양	50	28,959	8,398	-	-	-	8,398	-	-	-	8,398	29.0
산북	200	94,479	84,719	51,762	-	51,762	32,957	-	-	-	32,957	89.7
산남	70	30,749	10,969	-	-	-	10,969	-	-	-	10,969	35.7

(나) 발전가능량과 발전설비용량의 선정

① 발전가능량

보일러가 부착된 폐기물소각시설에서 소비되는 전력은 일반적으로 폐기물(1시간 기준) 1톤당 70～150 kWh인 것으로 알려져 있다. 이를 기준으로 발전가능량을 예측해 보면 폐기물발열량이 1,500 kcal/kg인 경우 폐기물연소에 의해 발생하는 열을 효율적으로 흡수하고 발생된 증기의 전부를 발전에 사용한다면 발전가능량은 폐기물소각시설에서 기기를 운전하기 위하여 필요로 하는 전력량의 약 3～4배가 된다고 할 수 있다.

폐기물소각시설의 발전가능량은 다음과 같이 개략적으로 계산할 수 있다.

발전가능량(kWh) ＝ 터빈입구증기량(t/h)×단위증기량당발전량(kWh/t)

여기서, 터빈입구 증기량(t/h) = 증기발생량(t/h) － 발전 이외의 소비 총증기량(t/h)*이며, 이때

$$증기발생량(t/h) = \frac{보일러효율(\%) \times 폐기물소각량(t/h) \times 폐기물발열량(kcal/kg)}{발생증기열량(kcal/kg)}$$ 이다.

*발전 이외의 소비증기 : 고압증기콘덴서 소비증기, 난방급탕용 소비증기, 증기식가스가열기 소비증기, 배기가스재가열 소비증기 등

② 발전설비용량의 선정

폐기물소각시설의 발전설비용량을 어떻게 선정해야 하는가 하는 문제에 대해서는 개략적으로 다음과 같은 2가지 방법이 있다.

㉠ 잉여증기의 전부를 이용하여 발전하고, 시설내에서 소비하고 남은 잉여전력에 대해서는 매각하는 경우 : 폐기물소각시설에서는 자가발전설비와 전력회사로부터 공급받는 전력을 병렬로 운전해 온 것이 일반적이며 현재까지 전력의 매각은 수행하지 않았다. 발전기용량을 최대발생증기량에 맞추어 결정하면 폐기물소각량과 폐기물의 질이 계절적으로 변동하기 때문에 발전기의 운전은 평균적으로 저부하운전이 된다. 또한 발전기용량의 20～25%를 하회하는 운전은 터빈 저압단의 드레인 어택(Drain Attack) 등을 일으키는 원인이 되기도 하며 평균증기발생량을 기준으로 발전기의 용량을 선정한 쪽이 연간발전량에서 보면 큰 변화없이 전체적으로는 경제적인 운전이 되는 경우도 있다.

㉡ 시설내 소비전력을 조달하기 위한 설비로 계획하는 경우 : 전력의 매각이 불가능한 경우에는 시설내 최대전력부하에 대하여 약간의 여유를 갖는 용량의 발전기를 설치한다. 이 경우 발생증기량이 충분히 있으면 역송하면서 병렬운전을 수행하거나 매전(買電)없이 단독운전을 수행할 수도 있어 그 결과 매전량을 최소로 할 수 있다. 한편

역송이 곤란한 경우에는 발전기의 출력을 항상 시설내 사용전력보다 작게 하여 약간의 수전을 하도록 운전하지 않으면 안 된다. 따라서 발전기 용량도 반드시 사용전력에 맞는 것으로 할 필요는 없고 적절한 규모로 선정하면 된다.

③ 발전량의 제어

증기터빈의 운전방식에는 단독운전과 병렬운전이 있다. 각각에 대한 특징을 살펴보면 다음과 같다.

㉠ 단독운전(속도조절 제어운전) : 폐기물소각시설내의 모든 전력부하를 터빈발전기로 해결하기 때문에 전력회사로부터의 배전량은 Zero가 되고 역송(逆送)도 없다. 그러나 단독운전의 경우에는 항상 터빈에의 안정된 증기공급이 전제조건이 되기 때문에 단시간 동안의 폐기물 질의 변화에 의한 증발량의 변동과 자동화되어 있지 않은 시설 특유의 증발량 변동의 영향을 제거하는 것이 필요하며, 이를 위해서는 2개 이상의 소각로를 운전하여 변동을 극히 최소화하여야 한다. 소각로내 전력부하의 변화는 터빈 회전수의 변화량으로 검출되고 속도조정률에 따른 특성으로서 속도조절변이 제어되며 일정한 주파수 및 전동기의 자동전압조정장치(AVR)에 의해 일정전압이 얻어진다. 이 방식은 보일러의 발생증기량과 소내전력량이 균형을 이루는 경우와 증기량이 많은 경우에만 성립하며 잉여증기는 고압복수기로 흘러가게 된다.

㉡ 병렬운전 : 병렬운전에도 2가지의 형식이 있다. 하나는 발전량이 폐기물소각시설장내의 부하보다 작아 그 부족분을 전력회사로부터 수전하는 형식이며 또 하나는 발전전력이 충분하여 소내부하 이상의 잉여전력을 전력회사로 역송하는 형식이다.

ⓐ 병렬(속도조절 제어운전)

단독운전의 경우와 마찬가지로 발전기의 부하를 일정하게 제어하며 잉여증기는 복수기로 보내어 티빈입구증기의 압력제어에 사용하는 속도조절제어(부하일정제어) 방식이다. 터빈의 회전수는 매전사이클에 맞추고 매전사이클의 변동에 의해 속도조정률에 따른 양만큼 터빈출력이 변화한다. 이 경우에 거버너 모터(Governor Mortor)에 의한 부하의 증감수정을 수행하지 않는 한 매전사이클에 대응하는 고정부하에 따르며 소각로내의 일정한 전력의 변동은 모두 매전측에서 부담한다. 증기는 이 발전량이 대응하는 양만큼 흘러가게 되고 잉여증기는 고압복수기로 돌린다. 이 운전방법은 소내전력의 대부분을 터빈발전기가 공급하고 있고, 매전량이 적어서 대용량의 부하가 정지 또는 트립했을 경우에는 역송될 위험성이 있기 때문에 역송방지장치를 설치한다. 또한 병렬운전시에 주압(主壓 : 압력조절)제어 또는 속도조절제어의 어느 경우에도 역송방지를 위하여 설정한 매전량이하로 매전량이 감소하지 않도록 자동전력조정장치(APC)를 설치한다.

ⓑ 병렬(압력조절 제어운전)

잉여증기를 복수기로 보내지 않고 전량 터빈으로 보낸다. 이 경우 터빈입구의 증기압력은 터빈유입 증기량의 제어에 의해 일정하게 유지되며(압력조절제어방식), 보일러 발생증기의 변동은 그대로 발전전력의 변동으로 나타난다.

이 방식은 발전량이 일정하지 않은 단점이 있지만 유효열이용 및 증발량의 변동에 대하여 통상 특수한 조작없이 대체가능하기 때문에 운전이 용이하다는 장점이 있다. 터빈의 회전수는 매전사이클에 맞추어져서 매전사이클의 변동에 대응하는 회전수로 되지만 증기부하의 변동은 압력조절제어에 의해 터빈에서 흡수되기 때문에 이 변동이 전력량 변화로 나타나고 발전량과 소내전력의 변동차는 모두 매전측에서 부담하는 방식이다.

단, 발생증기량이 터빈발전기의 정격용량을 상회하는 경우에 대해서는 발생전력을 검출하여 터빈의 부하제한기를 제어함으로써 정격출력이 되도록 유입증기량을 제한하고 있다. 터빈의 압력조절제어는 일시적으로 구속되고 잉여증기는 고압복수기로 유입된다. 또한 발전량이 소내전력을 상회하는 경우에는 역송되고 하회시에는 수전된다.

④ 소형 열병합 발전설비

발전설비와 온수공급설비를 병행 설치하여 발전후의 복수열을 온수공급설비에 합병으로 공급할 수 있는 설비를 채택할 수 있으며 그 일례는 그림 5-21과 같다.

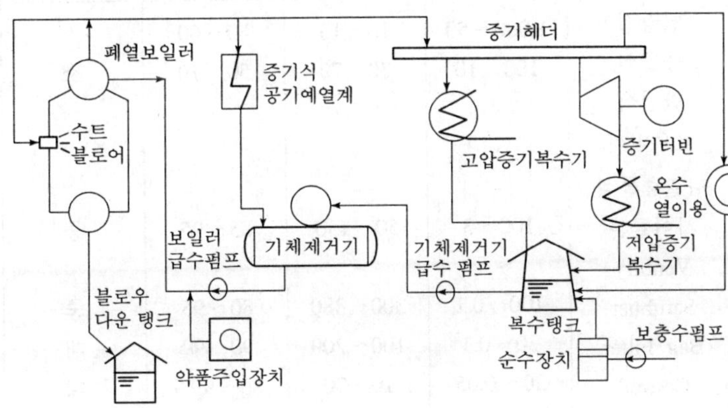

그림 5-21 발전 및 온수 열이용을 병행한 소형 열병합발전설비의 예

5.6 대기오염제어 설비

폐기물을 소각할 경우는 이론 공기량보다 과잉의 공기가 필요하므로 소각처리시설의 배출가스량은 상당히 많아진다. 특히 열량이 높아 이론공기량이 많은 지정폐기물은 더욱 그렇다. 폐기물 중에 포함된 유황이나 염소성분은 소각하면 각각 황산화물(SO_2)과 염화수소(HCl)가 발생되고, 연소과정에서 폐기물과 연소공기 중의 질소는 고온조건에서 질소산화물(NO_2)로 되어서 배출가스 중에 포함되어 밖으로 배출된다. 이외에도 다이옥신류나 수은, 카드뮴 같은 중금속류도 섞여 배출될 가능성도 있다. 따라서 이들을 완벽하게 처리·제거하지 않으면 아니된다. 또 소각은 가연성 성분만을 연소시키므로 불연소분이 타지 않고 남게 되고 가연성 성분 가운데도 불완전연소분은 남아 재가 발생된다. 재에는 바닥재(bottom ash)와 비산재(fly ash)가 있어 이를 완벽하게 매립처분 하여야 한다. 또한 최근에는 온도, 압력, 유량 등으로 계량하는 계측기와 이들을 자동으로 조절하는 자동화 장치가 설치된다.

5.6.1 배기가스 처리설비

배기가스 처리설비에는 크게 먼지제거설비와 유해가스 제거설비가 있다.

표 5-15 각종 먼지제거설비 특징

원 리	설비명칭	처리입경 (μm)	압력손실 (mmH_2O)	먼지제거율 (%)	시설비	운전비
중 력	침강실	1,000～50	10～15	40～60	소	소
관성력	충돌식	100～10	30～70	50～70	소	소
	반전식	-	-	-		
	로우버식	-	-	-		
	다열충돌식	-	-	-		
원심력	사이클론	100～3	50～150	85～95	중	중
세 정	Ventury	-	-	-		
	Scrubber	100～0.1	300～380	80～95	중	대
여 과	Bag Filter	20～0.1	100～200	90～99	대	대
전기식먼지 제거장치	Cottrell	20～0.05	10～20	80～99.9	대	중

(가) 먼지제거설비

배출가스 중의 분진을 제거하는 먼지제거설비에는 여러 종류가 있으나 크게 분류하면 1) 중력식 먼지제거장치 2) 관성력 먼지제거장치 3) 원심력 먼지제거장치 4) 세정식 먼지제거장치 5) 여과식 먼지제거장치 6) 전기식먼지제거장치가 있다. 이들의 특징은 표 5-15에 나타나 있고 이들 각각에 대한 장치의 구조는 그림 5-22～그림 5-27에 각각 나타나 있다.

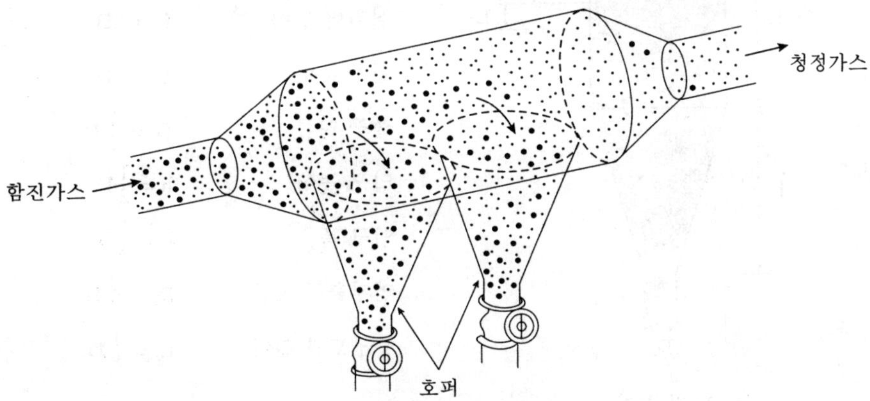

그림 5-22 중력식 먼지제거장치

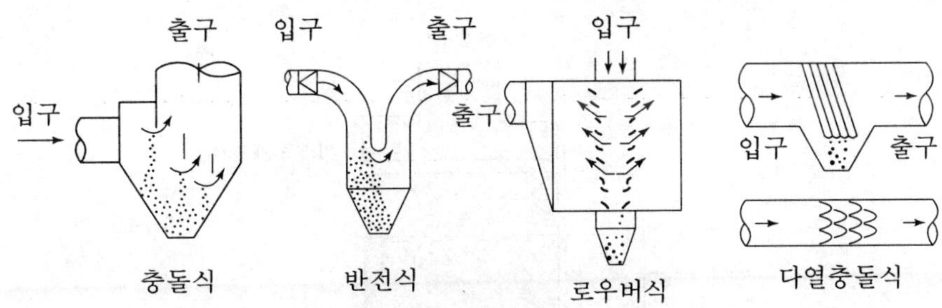

그림 5-23 관성력식 먼지제거장치

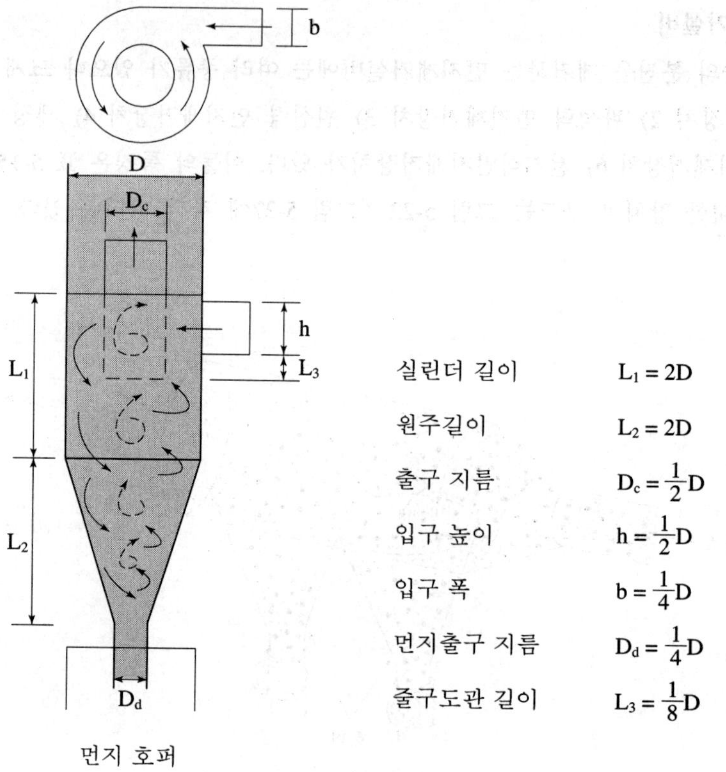

그림 5-24 원심력식 먼지제거장치

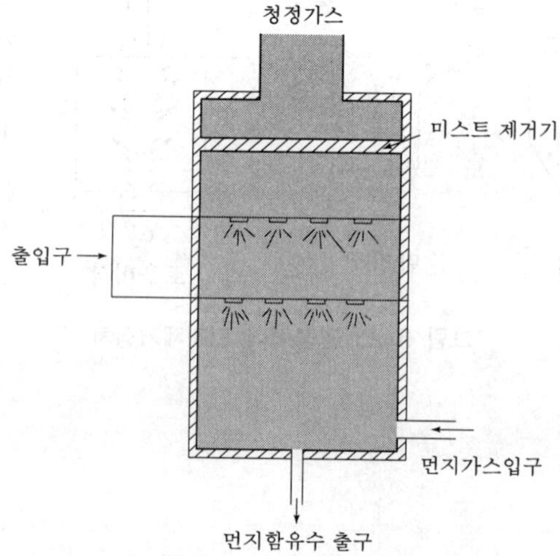

그림 5-25 세정식 먼지제거장치(Wet Scrubber)

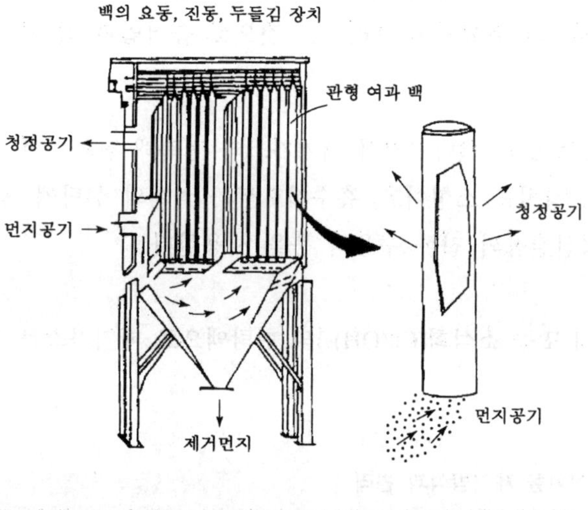

그림 5-26 여과식 먼지제거장치(Bag Filter)

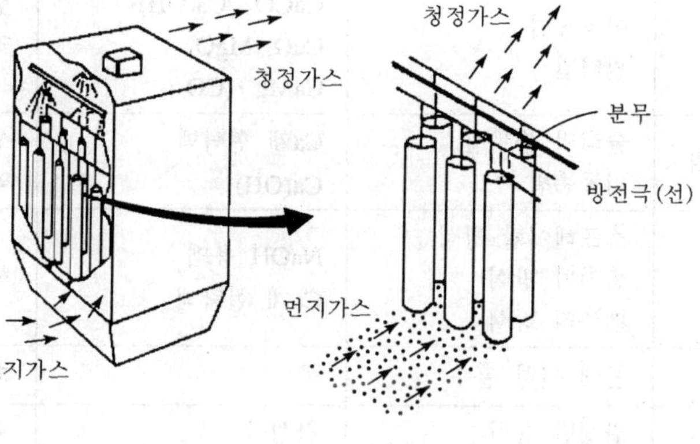

그림 5-27 전기식 먼지제거장치

5.6.2 유해가스 제거설비

(가) 개요

유해가스인 염화수소(HCl)와 황산화물(SO_x)의 제거방법은 물리적 흡수와 화학적 흡수 방식이 있으며 그 내용은 표 5-16과 같다. 질소산화물의 경우는 연소조건(온도, 공기비)을 제어하는 방법과 건식 및 습식 처리법이 있으며 그 내용을 표 5-17에 나타내었다.

(나) 유해가스 대책

(1) 흡수법(SO_x, NO_x, 염소화합물, 플루오린화합물 등을 흡수제거)

아황산가스와 화학적으로 반응하기 쉬운 화합물을 흡수제로서 배기가스와 접촉시켜 아황산가스를 액체 또는 고체의 화합물로 분리하는 것으로 습식법과 건식법이 있다.

1) 습식흡수법

흡수제를 물에 용해 또는 현탁시켜서 배기가스와 접촉해 탈황하며 배기가스의 온도는 저하하나 탈황률은 높다. 장치는 소형이고, 흡수제로서는 석회의 현탁액, 암모니아 수용액, 아황산나트륨 수용액, 아황산칼륨의 진한 수용액 등을 사용한다.

① 석회법

석회석[$CaCO_3$] 또는 소석회[$Ca(OH)_2$]의 현탁액으로 배기가스를 세정하여 SO_2를 흡수 제거한다.

표 5-16 HCl 및 황산화물 제거방식과 원리

구 분		방 식	사용약품	생산물(배출물)
화학 흡수	건식법	분체분사법 이동층법 필터법	Ca, Mg계 분말 ; $CaCO_3$, $Ca(OH)_2$ CaO, MgO, $CaMg \cdot (CO_3)_2$	생성염, 미반응 약품의 건조분체
	반건식법	슬러리 분무탑 이동층법	Ca계 현탁액 $Ca(OH)_2$	생성염, 미반응 약품의 건조분체
	습식법	스프레이탑 방식 충전탑 방식 벤추리 방식	NaOH 용액 Ca계 현탁액	생성염 용액
물리 흡수	습 식	물에 의한 흡수	물	폐수(산)
	건 식	활성탄 흡착	활성탄	폐활성탄

표 5-17 질소산화물 제거방식

구 분	방 식	사용약품	생성물
연소제어법	저산소연소법 로내 물 분사법 배기가스 재순환법	- 물 -	
건식법	고온 무촉매 환원법 촉매 환원법	암모니아수 및 요소수	N_2, H_2O
습식법	산화흡수법	산화제(O_3) 알칼리제(가성소다 등)	질산염 용액

$$CaCO_3 + SO_2 \rightarrow CaSO_3 + CO_2$$
$$Ca(OH)_2 + SO_2 \rightarrow CaSO_3 + H_2O$$
$$[CaO + H_2O \rightarrow Ca(OH)_2]$$
$$Ca(OH)_2 + CO_2 \rightarrow CaCO_3 + H_2O$$
$$CaCO_3 + CO_2 + H_2O \rightarrow Ca(HCO_3)_2$$
$$Ca(HCO_3)_2 + SO_2 + H_2O \rightarrow CaSO_3 \cdot 2H_2O \downarrow + 2CO_2$$
$$CaSO_3 \cdot 2H_2O + \frac{1}{2}O_2 \rightarrow CaSO_4 \cdot 2H_2O \downarrow$$

이 때의 배기가스가 50℃로 저하되기 쉬우므로 항상 온도유지는 120~150℃로 하고 pH 6.5~7.0으로 유지한다.

그림 5-28에서 습식흡수법은 SO_2와 화학적으로 반응하기 쉬운 화합물질을 용해 또는 현탁화하여 접촉시킬 때 화학적으로 인한 흡수를 이행하는 방법으로서 흡수제의 취급이 용이하다. 그러나 배연의 온도가 노점(55~60℃)까지 저하하여 백연이 생기는 결점이 있다. 따라서 대용량의 배기가스를 처리할 때에는 탈황을 한 후 재가열해 줄 필요가 있고 보통 중유연소탈황에서는 재가열에 3% 이상의 중유가 소요된다.

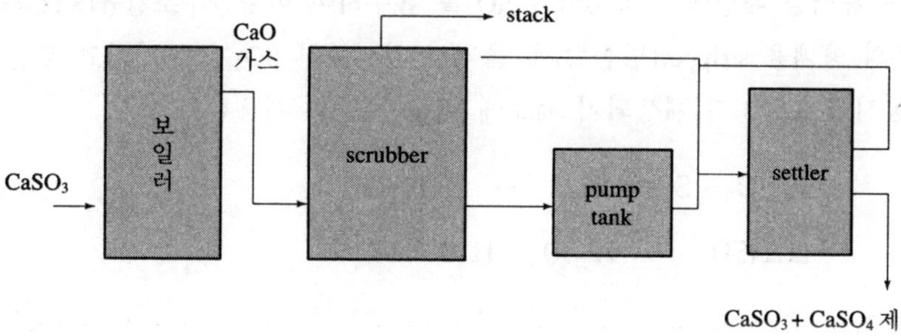

그림 5-28 습식 굴뚝 배기가스의 공정도(SO_2 제거)

a. 석회석을 사용한 습식공정의 분류

i) 석회석의 흡수탑 첨가법 : 가장 간단한 방법으로 탑 내에 석회석의 현탁액(slurry, 부스러기)를 이용하여 SO_2와 반응해 처리되는 방법으로 반응이 늦고 석회석분쇄가 어렵다.

ii) 알칼리성 석회석법 : SO_2의 흡수제로서 알칼리염인 NH_4^+, Na^+, K^+를 사용해 높은 흡수효율을 얻을 수 있는 방법이다. 탑 외에서 CaO 및 $CaCO_3$와 반응시켜 알칼리염을 재생하여 사용할 수도 있다.

iii) 석회수[$Ca(OH)_2$]의 흡수탑 첨가법 : 석회수를 사용하면 석회석($CaCO_3$)보다 SO_2의 처리효율은 좋으나 소성이 되어 나쁜 방법이다.

iv) 석회석의 보일러 주입법 : 보일러 내에 주입하면 탑 내에 소성의 퇴적이 심하고 fouling effect를 일으킨다.

b. 석회법의 특징

i) 장점

· 흡수제가 수용액이기 때문에 SO_2와 잘 반응하며 흡수효율이 좋다.

ii) 단점

· 흡수탑 내에 결정의 퇴적과 배기가스의 냉각 등의 문제가 있다.

· 흡수탑 등을 부식시키며 탑 내에 심한 압력강하가 발생된다.

② 암모니아 수용액을 흡수제로 이용하는 법

$$(NH_4)_2SO_3 + SO_2 + H_2O \rightarrow 2NH_4HSO_3$$

$$NH_4HSO_3 + NH_3 \rightarrow (NH_4)_2SO_3$$

이는 NH_3의 분압이 크고 배연과 같이 손실이 크므로 $(NH_4)_2SO_4$를 수용액으로 사용한다.

③ 아황산칼륨법

K_2SO_3 수용액을 배연에 접촉시키면 SO_2를 흡수하여 아황산수소칼륨($KHSO_3$)으로 된다. 흡수 후의 용액을 stripper(방산탑)에 옮겨서 가열하면 SO_2가 분리되고 부산물로서 회수된다. 동시에 K_2SO_3가 재생되기 때문에 이를 재순환 사용한다.

$$K_2SO_3 + SO_2 + H_2O \rightarrow 2KHSO_3$$

$$2KHSO_3 \rightarrow K_2SO_3 + H_2O + SO_2$$

2) 건식흡수법

흡수제에 의하여 최적흡수온도가 다르므로 석회분의 로 내 첨가내에서 1,050℃, 알칼리성 알루미나법에서는 330℃, 활성산화망가니즈법에서는 135~150℃의 배기가스와 접촉한다. 건식흡수법에서는 흡수제의 재생공정에 문제가 많고 시험단계를 거치지 않는 단점이 있다.

① 석회흡수법

$CaCO_3$의 분말을 1,000℃ 이상의 보일러 연소실에 직접 혼입해 열분해에 의하여 SO_2를 황산칼슘($CaSO_4$)으로서 먼지제거장치로 채취한다.

$$CaCO_3 \rightarrow CaO + CO_2$$

$$CaO + SO_2 + \frac{1}{2}O_2 \rightarrow CaSO_4\downarrow$$

석회흡수법의 장점은 다음과 같다.

i) 석회석 값이 저렴하고 재생시 부대시설이 필요 없다.

ii) 배기가스의 온도가 떨어지지 않는다.

iii) 소규모 및 노후 보일러에 많이 사용된다.

석회흡수법의 단점은 다음과 같다.

i) 석회석과 배기가스 중 회분이 응결해 압력손실과 열전달을 감소시킨다.

ii) 미반응 석회석분말이 전기먼지제거장치의 효율을 감소시킨다.

iii) 연소로 내에서 짧은 접촉시간과 SO_2가 석회석 분말표면에 침투하기가 어려워 제거 효율이 아주 낮다.

② 활성망가니즈법

활성산화망가니즈($MnOx \cdot nH_2O$)의 분말을 흡수탑 내에서 기류상태로 수송해 SO_2와 O_2를 반응하여 황산망가니즈($MnSO_4$)을 생성한다.

$$MnO_x \cdot nH_2O + SO_2 + \left(1 - \frac{x}{2}\right)O_2 \rightarrow MnSO_4 + nH_2O$$

$$MnSO_4 + 2NH_3 + \frac{1}{2}(x-1)O_2 + (n+1)H_2O \rightarrow MNO_x \cdot nH_2O + (NH_4)_2SO_4$$

여기서 생성한 $MnSO_4$에 암모니아 및 공기 중의 산소를 반응시키면 활성산화망가니즈가 재생된다. 이때 부산물로서 황산암모늄[$(NH_4)_2SO_4$]이 얻어진다.

(2) 흡착장치의 분류

흡착의 시설방법에는 고정층, 이동층, 유동층의 3가지가 있다. 가스의 흡착은 가스중의 특정 성분을 고체 흡착제에 흡착시켜 분리하는 조작이다. 특히, 물리흡착은 가역적이고 가스중의 분자상호 인력보다 고체표면의 인력이 클 때 일어난다.

① 고정층 흡착장치

입상의 흡착제를 충전한 층에 가스를 통하여 흡착하는 방식으로 흡착조는 보통 원통형 용기를 사용한다. 연속 처리시는 2개 이상의 흡착탑을 한 조로 하여 하나의 탑을 재생할 동안 다른 탑에서 흡착을 하게 된다. 단면속도는 9~30 m/min, 체류시간은 0.6~6초이다 (그림 5-29 참조).

② 이동층 흡착장치

이동층 흡착의 대표적인 조작이 hypersorption이고, 그 장치를 hypersorber라 한다. 활성탄(흡착제)은 탑상부에서 공급되고, 탑 가운데에서 냉각, 흡착, 농축, 탈착의 각 조작을 받은 후에 탑 밑으로 배출 후 다시 꼭대기로 돌려진다. 이는 항상 포화된 흡착제를 탈착제

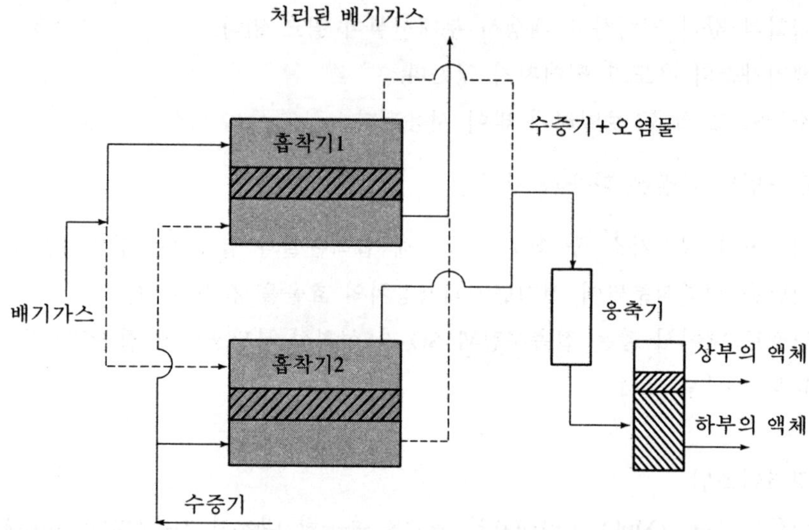

그림 5-29 고정층 흡착장치

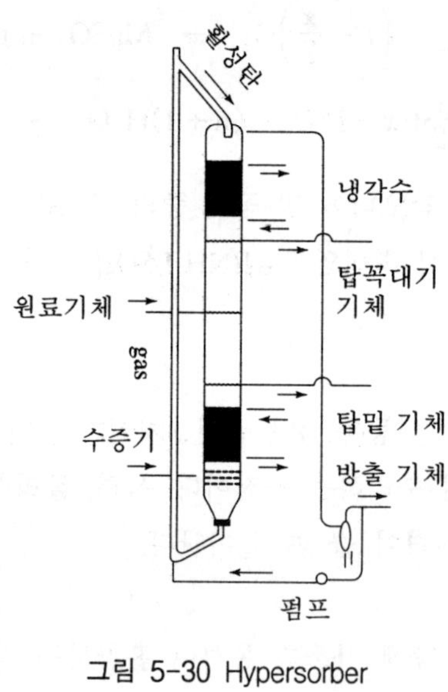

그림 5-30 Hypersorber

로 이동시킬 수가 있고, 흡착제가 단시간에 회전되므로 사용량이 적게 든다.
탈착제 필요한 열량을 절약할 수 있는 이점이 있는 반면 흡착제의 이동에 따른 마모와 손실이 문제가 된다. 대량가스 처리에는 역류(Cross-flow)방식이 적용된다(그림 5-30 참조).

③ 유동층 흡착장치

고정층과 이동층을 병용한 방식으로 고체와 기체의 접촉을 좋게 할 수 있는 장점이 있으며 유동층을 다단으로 하여 향류 접촉이 가능하다. 단점은 흡착제 입자의 유동 또는 수송에 의한 마모 및 조업 중의 융통성이 적은 점이다.

(3) 흡착제의 종류

① 활성탄 : 표넓이가 $10^5 \sim 10^6$ m^2/kg으로 대단히 넓으며 가장 많이 사용된다.

② 활성 알루미나 : 물과 유기물을 잘 흡착하며 175～325 ℃로 가열해 재사용 할 수 있다.

③ 실리카겔 : 250 ℃ 이하에서도 물과 유기물을 잘 흡수한다.

④ 합성 제올라이트 : 극성이 서로 다른 물질이나 용해도가 다른 탄화수소의 흡착이 가능하다.

(4) 황산화물의 발생방지법

1) 저황 함유연료의 사용

연료 중에 함유된 S성분은 연소에 의하여 SO_2로 대부분 발생된다. 따라서 저황성분 함유된 연료를 사용해 황산화물의 발생량을 방지할 수 있다.

중유의 탈황법에는 다음과 같은 것이 있다.

① 미생물에 의한 탈황

② 방사선 화학에 의한 탈황

③ 금속산화물에 의한 흡착으로 탈황

④ 접촉 수소화에 의한 탈황(이때 반응온도 : 350～420 ℃, 수소압력 : 50～220 kg/cm^2)

2) 높은 굴뚝으로 배출

연소시 생성되는 배기가스를 굴뚝으로 배출할 때 수직 및 수평으로 확산시켜 지표면에 착지하는 농도를 감소시킬 수 있다. 이때 착지농도를 구하는 Sutton식은 다음과 같다.

$$C_m = \frac{2Q}{\pi \cdot e \cdot u \cdot {H_e}^2}\left(\frac{C_z}{C_y}\right) \tag{5.55}$$

여기서, C_m : 최대 착지농도

e : 자연대수의 밑수(2.72)

H_e : 유효굴뚝높이(m)

Q : 오염물 배출량(m^3/sec)

u : 풍속(m/sec)

C_y, C_z : 수평, 수직 방향의 확산계수

상기 식에 의하면 착지농도는 오염물의 배기가스량에 비례하고 풍속에 반비례하며 유효굴뚝 높이의 제곱에 반비례한다. 따라서 굴뚝의 높이 조절로 황산화물 농도를 낮출 수 있다.

3) 대체 연료의 전환

현 사용연료를 도시가스인 LNG 또는 수력발전과 태양열 등으로 대체해 사용하면 황산화물 농도를 낮출 수 있다.

4) 촉매산화법

실리카겔 등의 담체에 V_2O_5, 황산칼륨의 촉매층을 사용하여 아황산가스를 접촉 산화시켜서 무수황산으로서 제거한다. 이때 아황산가스의 접촉산화는 450~470℃의 온도범위에서 행한다. 이 공법은 접촉식 황산제조법과 같은 방법으로 V_2O_5, K_2SO_4 등의 촉매를 사용하여 SO_2를 산화하고 H_2SO_4로 회수한다.

배열온도 510℃로 보일러에서 배출시키고 먼지제거기에서 먼지가 포함되고 송풍기에 의하여 온도가 480℃로 떨어질 때 촉매층을 통과시킨다. SO_2의 90%가 무수황산으로 전환되고 Economizer에서 340℃로 온도가 떨어지며 공기 예열기에서 230℃로 냉각되어 흡수탑으로 들어가 황산으로 세정된다(그림 5-31 참조). 여기서 나오는 황산의 농도는 80% 정도이다.

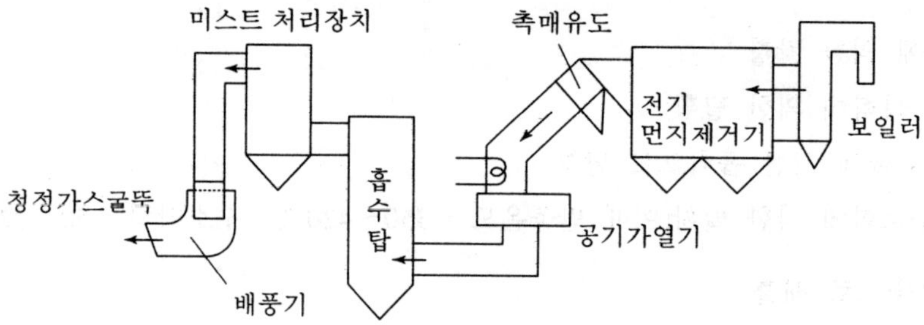

그림 5-31 촉매산화법

5) 흡착법

아황산가스를 함유한 배기가스를 약 100℃에서 활성탄층을 통하면 아황산가스와 산소가 활성탄에 흡착된다. 이때 흡착된 아황산가스는 산소와 반응하여 무수황산이 되고, 수증기와 반응하여 황산으로서 고정된다. 활성탄은 세정에 의하여 황산을 탈착시켜 재생해 재사용된다.

$$SO_2 + \frac{1}{2}O_2 + H_2O \rightarrow H_2SO_4$$

이 경우 활성탄 표면에 생성된 H_2SO_4를 회수하고 활성탄을 재생하는 방법에는 2가지가 있다.

① 수세에 의해 20 % 정도의 황산으로 회수한다.

② 공기를 함유하지 않는 고온가스를 통해서 50~400 ℃로 가열하면 H_2SO_4가 분해 환원해서 진한 SO_2로 회수된다.

5.6.3 주요 방지시설

(가) 사이클론(Cyclone, 원심력식 먼지제거장치)

(1) 형식 및 구조

사이클론 처리가스의 유입방법에 따라 접선 유입식과 축류식으로 크게 나눈다. 사이클론에는 압력손실 증가와 제진효율 향상과의 경제성 때문에 입구 배기의 속도는 7～15 m/s 범위내의 것이 쓰여진다. 따라서 처리가스량이 많아질수록 내관경이 커져 미립자의 분리가 잘되지 않는다. 때문에 처리가스량이 많고 고먼지제거율을 필요로 하는 경우에는 소구경 사이클론을 많이 병렬로 연결한 멀티 사이클론의 구조를 채택한다.

1) 접선 유입식

사이클론 입구 배기속도는 7～15 m/s로 한다. 이 범위에서는 먼지의 성상에 따라 다소 차이는 있지만 제진율의 변화는 비교적 적다. 종전에는 적은 배기가스 처리에 사용되었으나 멀티 사이클론의 개발로 대단위 배기가스를 처리하는 데 많이 활용되고 있다. 접선 유입식 사이클론의 압력손실은 100 mmH$_2$O이다.

2) 축류식

축류식에는 반전형과 직진형이 있다.

① 반전형

입구 속도는 10 m/s 전후이며 접선 유입식에 비하여 동일 압력 손실로서 약 3배의 배기량을 처리하며 또한 배기가 빨리 고르게 된다는 이점으로 멀티 사이클론에 적용하여 비교적 용량이 큰 배기가스 처리에 사용된다. 압력 손실은 80～100 mmH$_2$O이며 제진효율은 접선 유입식과 큰 차이가 없고 blow down은 필요가 없다. 이 반전형은 guide vane에 따라 먼지제거 효율이 달라지며 근래 이 guide vane의 발전으로 효율은 향상되고 있는 반면 압력손실은 높아지는 경향이 있다.

② 직진형

직진형의 압력손실은 보통 40～50 mmH$_2$O 정도로서 설치 넓이가 작다는 특징이 있지만 사이클론 내압의 균형이 맞지 않아서 먼지제거 효율이 낮아지며 관내에 먼지가 쌓인다는 단점이 있다.

(2) 기능의 특징

사이클론 기능의 특징은 다음과 같다.

① 통관의 관경이 작을수록 미세 입자의 분리채집이 가능하다.

② 입구 가스 속도가 클수록 압력손실은 커지나 먼지제거율은 높아진다.

③ 축류식 직진형, 접선 유입식 멀티 사이클론은 블로우 다운 방식이 먼지제거 효율을 향상

시킨다.

④ 점착성 먼지의 먼지제거에는 부적당하며 단단한 입자는 장치의 마모를 일으킨다.

⑤ 고성능 전기 먼지제거장치와 여과 먼지제거장치의 전처리용으로 사용된다.

(3) Blow Down 효과

사이클론의 먼지제거 효율을 높이는 방법의 하나로서 Dust Box 또는 Hopper부에서 그림 5-26에서 보는 바와 같이 처리 가스의 5～10 %를 흡인해 선회기류의 교란을 방지하고 분리된 먼지가 다시 비산되어 빠져나가지 않게 하는 방법이다.

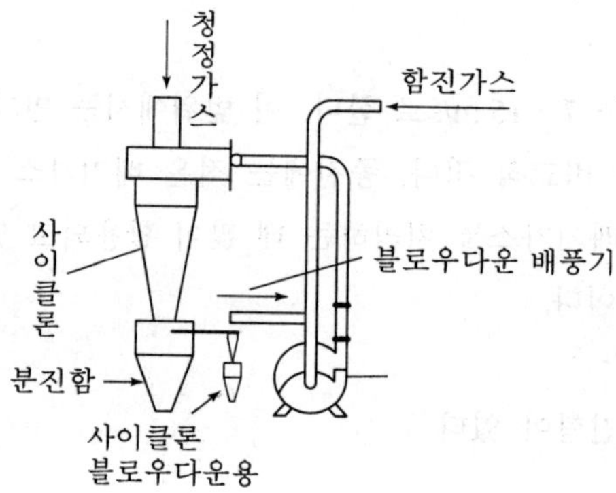

그림 5-32 Blow-Down용 사이클론

(4) 사이클론의 장단점

1) 장점

① 설치비가 저렴하다

② 압력손실이 적다(80～100mmH_2O)

③ 고온가스의 처리가 가능하다.

④ 건식 채취 및 제진이 가능하다.

⑤ 조대 크기의 입자처리에 적당하다.

⑥ 조작이 간단하고 유지관리가 용이하다.

⑦ 운전 비용이 저렴하다.

2) 단점

① 미세입자 채집효율이 낮다.

② 수분함량이 높은 분진의 채취가 어렵다.

③ 분진량과 유량의 변화에 민감하다.

(나) 스크러버(Scrubber)

(1) 원리

스크러버는 액적 또는 액막을 형성시켜 함진 가스와의 접촉에 의해 오염물질을 제거시키는 장치로서 분진 및 유해가스의 동시 처리가 가능하며, 대부분의 경우 세정액으로 물을 사용하거나 특별한 경우 다른 용액 등이 사용된다.

(2) 종류 및 구조

스크러버는 현재 다양한 종류가 시판되고 있으나 액적 또는 액막의 형성 및 방법과 세정방법에 따라 액적에의 분진부착 및 분진 상호응집 효과가 크게 차이가 나기 때문에, 각 배출가스의 성상 및 처리 목표에 맞는 장치 선택이 매우 중요하다. 액적 형성 방법 빛 배출가스와의 상대속도 유지방법에 따라 스크러버를 분류하면 저수식, 가압수식, 충전탑식, 회전식으로 대별할 수 있으며 현재 이용되고 있는 주요한 스크러버의 특성은 표 5-18과 같다.

표 5-18 주요 스크러버의 특성

구 분 / 장치명	기본유속 (m/s)	액가스비 (L/m^3)	Pump 압	압력손실 (mmH_2O)	50%분리한계 입자경(μm)
Spray Tower	1~2	2~3	중	10~50	3.0
Packing Tower	0.5~1	2~2	소	100~250	1.0
Cyclone Scrubber	1~2	0.5~1.5	중	120~150	1.0
Theisen Washer	30~750rpm	0.7~2	소	50~150	0.2
Jet Scrubber	10~20	10~50	대	0~150	0.2
Venturi Scrubber	60~90	0.3~1.5	소	300~800	0.1

1) 저수식

저수식 장치는 저류시킨 물 또는 세정액 내로 배출가스를 통과시켜 형성되는 액적이나 액막에 의해 배출가스를 세정하는 방식으로서, 이 방식은 저류실 내 수위의 조정 및 액적이나 액막의 형성 상태에 따라 성능이 크게 좌우된다. 저수식의 특징은, 세정액의 순환 사용이 가능하므로 세정 폐수의 발생량이 적으며 통상 50 % 분리입자 한계경은 1μm 정도이다.

압력손실은 세정방식에 따라 다소 차이는 있으나 대체로 100~200 mmH_2O의 범위를 가지고 있다. 저수식 장치의 종류는 그림 5-33에서 보는 바와 같이 (a) 역S자형 임펠러를 따라 배출가스를 고속으로 세정액을 통과하는 방식의 S임펠러형 (b) Guide Vane에 의해 배출가스를 고속으로 세정액과 접촉시키는 나선 Guide Vane형 (c) 배출가스를 고속으로 세정액내에 분사시키는 가스 분출형 (d) 세정액 상부에 설치한 수차를 고속으로 회전시켜 형성되는 액적이나 액막

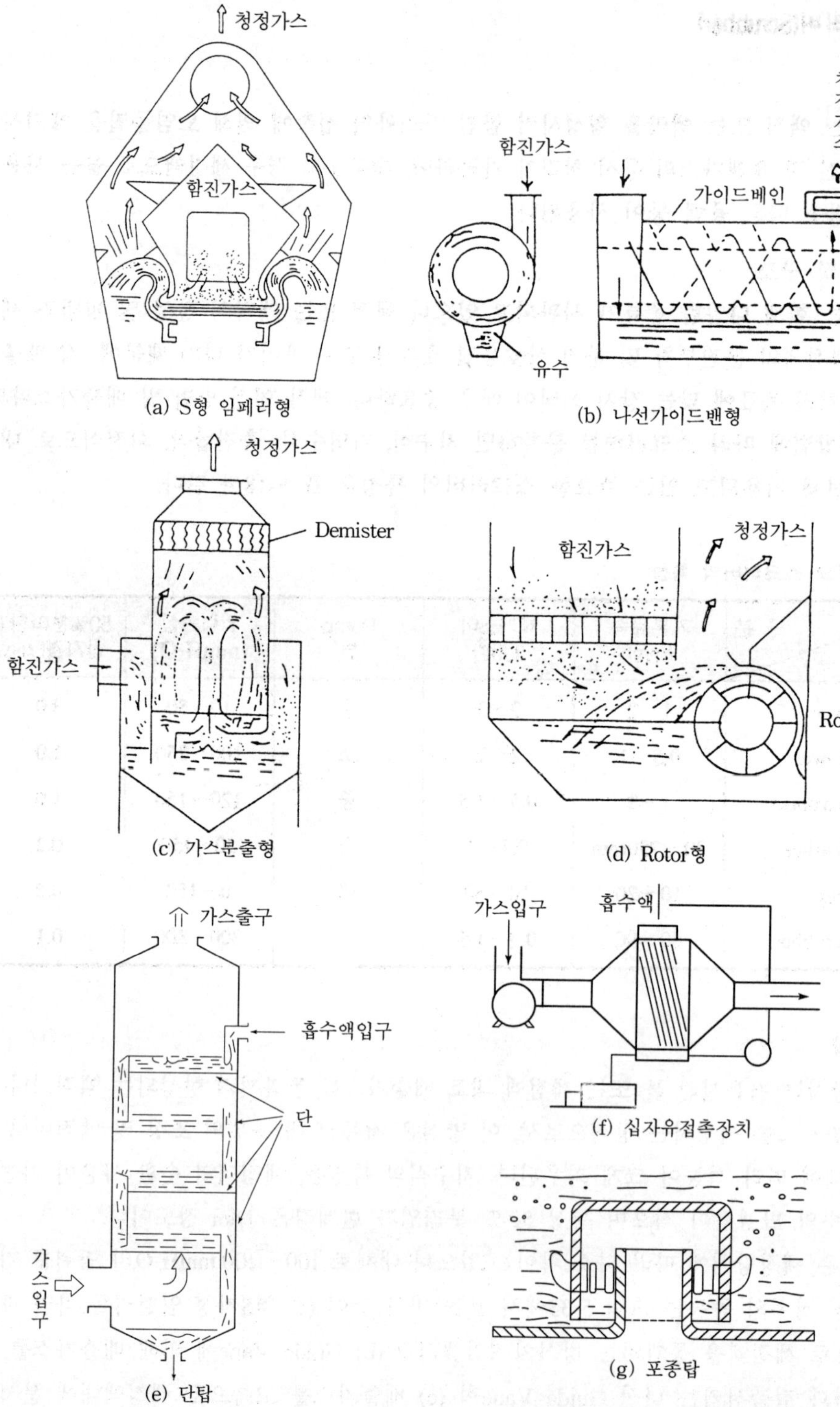

그림 5-33 저수식 세정장치

에 의해 함진가스를 세정하는 Rotor형 (e) 탑내에 설치된 구경 2~12 mm의 다공판위로 세정액을 흘러 내리면서 하부로부터 상승하는 배출가스와의 접촉에 의해 세정시키는 단탑 (f) 합성섬유망을 수직 또는 수평으로 배치하여 상부에서 흘러내리는 세정액과 하부로부터 상승하는 배출가스와의 접촉에 의해 세정시키는 십자탑 및 (g) 탑 하부의 세정액 저류조 밑으로 가스를 분산시켜 형성되는 액적 및 액막에 세정시키는 포종탑 등을 들 수 있다. 이들 장치들의 특성은 표 5-19와 같다.

표 5-19 주요 저수식 스크러버의 특성

장치명	기본유속(m/s)	액가스비(L/m³)	압력손실(mmH₂O)
단 탑	0.3~1	0.5~5.0	100~200
십자탑	3	1~2	50
포종탑	0.01~0.3	-	200~1,500

2) 벤츄리 스크러버

벤츄리 스크러버는 그림 5-34와 같이 벤츄리 관을 설치하여 벤츄리 관을 통과하는 함진 가스 중에 세정액을 가압 분사시켜 형성되는 관성력, 확산력, 부착력 및 중력 등에 의해 함진가스 중의 먼지를 세정분리하는 장치로서, 통상 기본유속은 60~90 m/s, 압력손실 300~800 mmH_2O, 액·가스비 0.3~1.5 L /m^3로서 운전되고 있다. 벤츄리 스크러버의 먼지제거 공정은 세정액이 고속 가스류에 의해 미세화 되면서 전단면에 분사시 함진가스 중의 먼지와 접촉되며, 다시 확산관(diffuser)에서 가스는 감속되어 액적과의 사이에 먼지와 재접촉, 분리된다.

벤츄리 스크러버에서 채취대상 분진의 입경(d_q)에 대한 최적액적경(d_w) 및 throat부의 가스유속(V)와의 관계는 그림 5-35에서 보는 바와 같이 최적액적경은 분진 입경의 150배 정도가 좋으며 액적경이 증가하거나 감소하면 먼지제거효과는 감소한다. 벤츄리 스크러버의 성능은 분진의 성상에 따라 다소 차이는 있지만 일반적으로 50 % 분리한계 입자경은 0.1 μm 이다.

한편, throat부의 압력손실은 다음과 같은 실험식으로 나타낼 수 있다.

$$\Delta P = (0.5 + L)\gamma g V^2 / g = (0.5 + L) r V^2 \quad (5.56)$$

여기서, ΔP : 압력손실(mmH_2O)

L : 액 가스비(L/m^3)

V : 가스속도(m/s)

γ : 가스의 비중량(kg/m^3)

r : 가스의 밀도

g : 중력가속도(m/s^2)

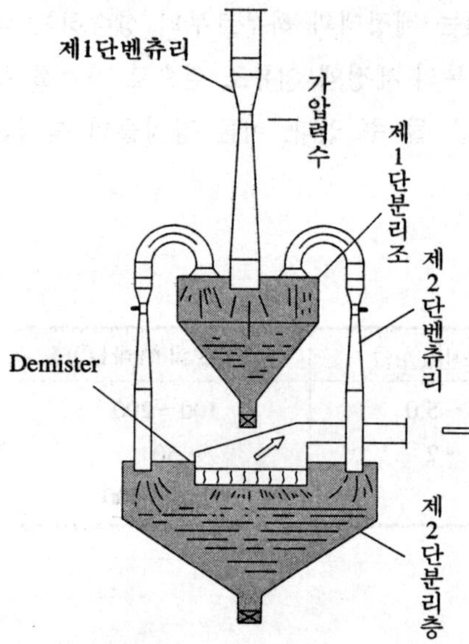

그림 5-34 Venturi Scrubber

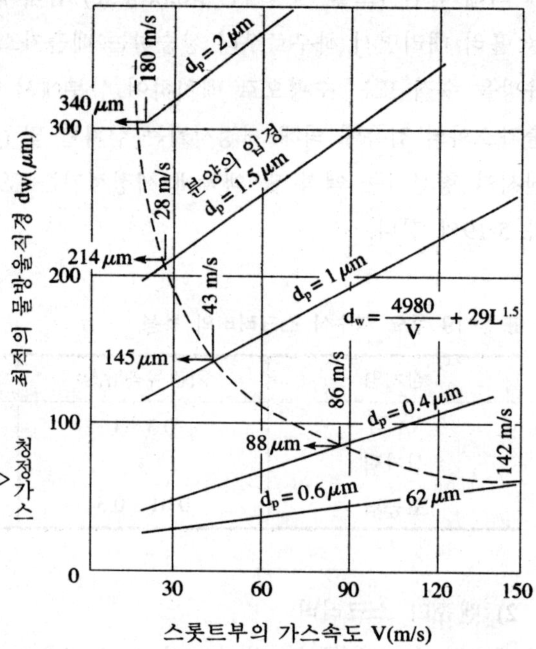

그림 5-35 d_p, d_w, V와의 상관관계

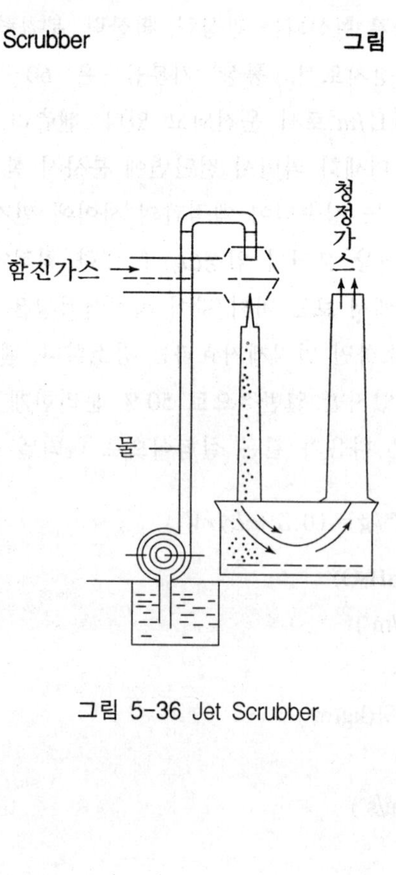

그림 5-36 Jet Scrubber

3) 제트 스크러버

제트 스크러버의 구조로 그림 5-36에서 보는 바와 같이 증기 또는 액 분사장치와 동일하며, 세정수를 회전날개를 가진 분무노즐에 의해 고속으로 분사시켜 주위의 함진가스를 흡인한 후, throat 부분에서 가속, 확대관을 통과하는 사이에 기액이 혼합, 액적과 분진의 충돌, 확산 등에 의해 분진을 분리하는 장치이다. 액 · 가스비는 10～50 L/m^3으로서, 가압수식, 충전탑 및 회전식의 10～20배이며 압력은 승압되어 송풍기가 필요없다.

성능은 50 % 분리한계 입자경이 0.2㎛ 정도로서 대체로 벤츄리 스크러버 정도이며 사용액량이 많아 운전비가 많이 소요되나 송풍기 설치가 곤란한 공정 등에 사용된다.

4) 사이클론 스크러버

사이클론 스크러버는 탑 하부 중심에 다수의 스프레이노즐을 가진 분무관을 설치하여 함진가스를 직접 유입시키면, 가스는 탑내를 선회하면서 상승하는 동안 분무 노즐로부터 분무된 세정액의 액적에 의해 세정되어 액적에 충돌 부착된 분진 또는 미스트는 원심력에 의해 탑벽에 채취된다. 액 · 가스비는 일반적으로 1～2 L/m^3 정도로서 압력손실은 원심력을 이용하기 때문

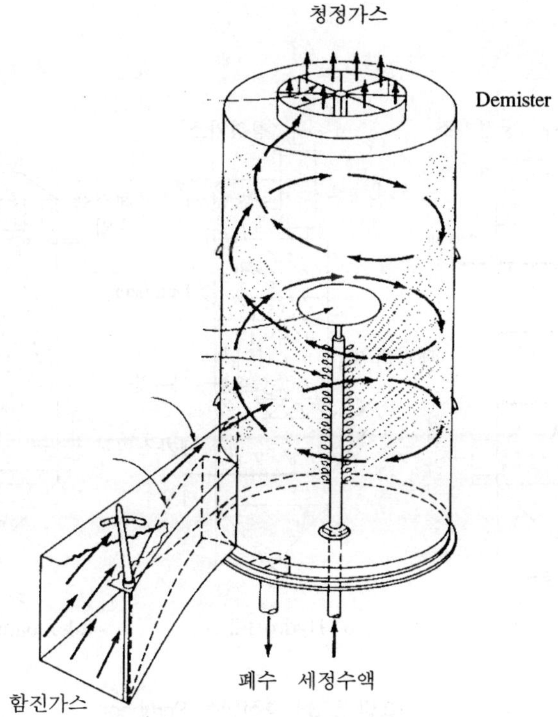

그림 5-37 Cyclone Scrubber

에 120 mmH_2O 전후이다. 이 방식은 액적 또는 수용성 분진 채취에 유효하며, 벤츄리 스크러버의 기액 분리장치로서도 사용되고 있다. 사이클론 스크러버의 구조는 그림 5-37과 같다.

5) 충전탑식

충전탑식은 가압수식의 한 방법으로서 분류가능하지만 성능의 표시를 명확히 하기 위해 본 장에서 따로 분류하여 설명한다. 충전탑식 세정장치는 그림 5-38에서 보는 바와 같이 충전탑, hydro filter 및 floating bed로 나눌 수 있다.

① 충전탑(packing tower)

일반적으로 충전탑은 함진가스를 탑하부에서 상부로 통과시키고, 세정액은 탑하부로 하여 충전재 표면에서 액말을 형성시켜 세정시키는 방식으로서 충전부에서 함진가스의 유속은 대개 12 m/s이다. 압력손실은 통상 충전재의 거칠기 정도, 탑고 및 demister 유무에 따라 상당한 차이가 나지만 100～200 mmH_2O 범위로서 액 · 가스비는 2～3 L/m^3 정도이다. 충전탑에서의 함진가스의 세정기구는 충전물의 표면에 형성된 액막과 함진가스와의 관성충돌 및 분진의 확산에 의해 분진이 채취되기 때문에 충전물은 가능한 한 표넓이가 크고 액막의 형성이 쉬우며 가스의 유속에 대한 저항이 작고, 편류(channeling)의 발생이 적으며 가급적 중량이 가벼운 재질로 되어 있어야 한다.

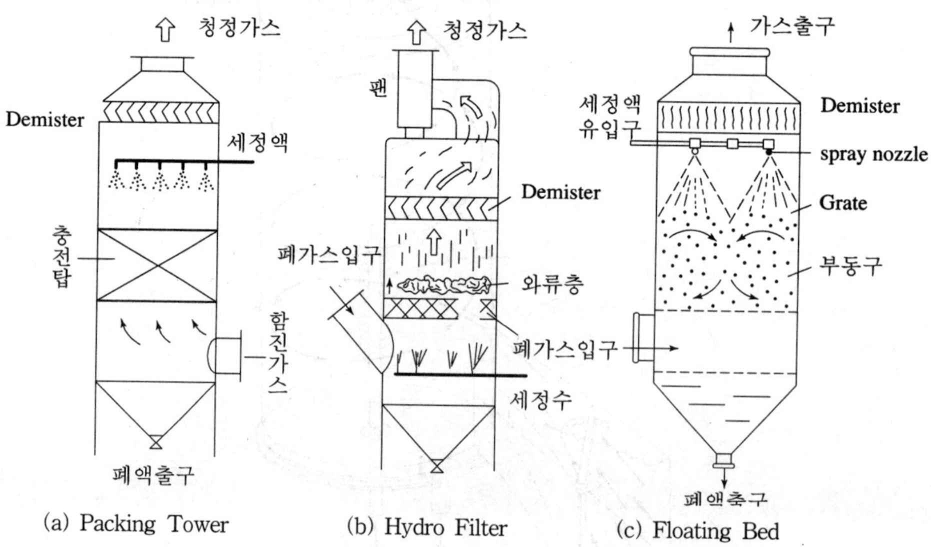

그림 5-38 충전탑식 Scrubber

② Hydro Filter

하이드로 필터 세정장치는 여과층에 충전물을 삽입하고 여과층의 하부로부터 세정액을 분사시켜 여과층 상부에서 형성되는 와류층에 의해 함진가스를 세정시키는 방식으로서 압력손실이 커서 demister 부착시 200 mmH_2O 정도나 된다.

③ Floating Bed

이 방식은 충전부의 상, 하 그레이트 사이에 플라스틱구를 부유시켜 구표면에 형성되는 액막에 의해 함진 가스중의 분진이 먼지제거되기 때문에 유해가스를 동시에 처리하는 경우에 많이 사용되며 먼지제거 성능이 50 %일 때 분리한계 입자경이 1 ㎛ 정도이다.

6) 회전식 스크러버

회전식 세정장치는 송풍기의 회전을 이용하여 공급수와 함진가스를 교반시켜 공급수에 의해 형성된 다수의 액적, 액막 또는 기포에 의해 분진을 분리 채취하는 방식으로서 그 종류는 그림 5-39에 나타낸 바와 같이 theisen washer, impulse scrubber 및 jet collector 등이 있다.

① Theisen washer

Theisen washer는 축에 다수의 회전날개를 부착시키고 Casting측에 축의 회전날개와 교대로 고정날개를 부착하여 공급수와 함진가스를 350～750 rpm의 고속으로 회전하는 축에 도입시키면서 함진가스를 공급수와 함께 교반, 세정 먼지제거한다. 액·가스비는 대개 0.7～2 L/m^3 정도로서 압력손실은 발생되지 않고 오히려 50～150 mmH_2O 정도 승압되며 먼지제거성능은 벤츄리스크러버 정도로서 50% 분리한계 입자경은 0.2 ㎛ 정도이다.

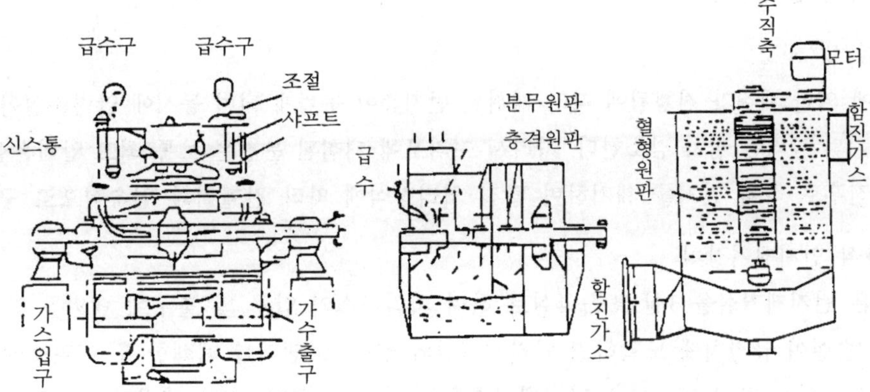

그림 5-39 회전식 세정장치의 종류 및 구조

② Impulse scrubber

Impulse scrubber는 공급수를 축에 설치된 분무원판에 형성된 액적으로 함진 가스를 세정 먼지제거시키는 방식이다. 액 · 가스비는 0.3 L/m^3 전후로 적은 편이며 먼지제거성능은 Theisen Washer보다 다소 작은 편이나 소요동력이 0.1 kW/m^3 정도로서 운전비가 매우 적은 편이다.

(3) 스크러버의 장단점

1) 장점

① 미세분진 채취효율이 높다.

② 2차적 분진처리가 불필요하다.

③ 가스의 폭발위험이 없다.

④ 분진과 유해가스의 동시처리가 가능하다

⑤ 설치비용이 저렴하다.

⑥ 좁은 공간에도 설치가 가능하다

⑦ 부식성 gas의 회수가 가능하다

2) 단점

① Bel, Plate에 Plugging을 초래한다.

② 폐수처리 문제가 발생한다.

③ 부식성 가스의 용해로 재료의 부식문제가 발생한다.

④ 유지관리비가 높다.

⑤ 냉한기에 세정수의 동결에 의한 대책 수립이 필요하다.

(다) 여과식 먼지제거기

(1) 종류 및 구조

여과포에 의한 채취가 진행됨에 따라 채취된 먼지층이 두껍게 되며 동시에 압력손실이 증가하므로 송풍기의 능력은 점차 감소한다. 따라서 여과포에 채취된 분진은 보통 최고 압력손실을 150 mmH_2O 전후로 하여 먼지를 제거하며 탈진 처리방식에 따라 간헐식과 연속식으로 구분된다.

1) 여과식 먼지제거장치

간헐식은 먼지제거실을 3실 또는 4실로 하여 처리가스의 입구 및 출구에 댐퍼를 각각 설치하고 압력 손실이 규정치에 도달하면 먼지제거실의 입구 및 댐퍼를 폐쇄한 후 여과포에 부착된 분진을 제거시키는 방식으로 높은 먼지제거효율을 얻을 수 있다. 또한 채취된 분진의 제거방식에 따라 진동형 및 역세형으로 분류할 수 있다.

① 진동형

여과포의 진동에 의해 채취된 분진을 분리 낙하시키는 장치로서 여과포에 부착된 분진의 상태에 따라 다르지만 대개 15~60초 정도 진동시켜 부착분진을 제거한다(그림 5-40). 여과포의 진동에 있어 진동수나 진폭이 크면 분진의 분리에는 효과적이나 미세한 분진으로서 응집성이 큰 경우에는 역효과가 있을 수 있으며 여포자체에 손상을 가져올 수 있기 때문에 최근에는 진폭은 작게 진동수는 크게 하여 분진을 분리시키고 있으나 분진의 입경, 밀도, 흡습성, 부착성 등을 고려하여 유연성 있게 운전되어야 한다.

② 역세형

역세형 채취분진 분리장치는 최근 가장 많이 사용되고 있는 장치로서 분진 부착면의 반대 방향에서 압축공기를 분사시켜 채취된 분진을 분리시키는 방식이다(그림 5-41 참조).

2) 연속식 여과식 먼지제거 장치

연속식 여과식 먼지제거 장치는 채취된 분리를 위해 먼지제거실의 폐쇄나 처리가스의 차단 등을 하지 않고 연속적으로 여과를 진행시키면서 순차적으로 부착된 분진을 분리제거시키는 방식으로서 압력손실이 대체로 일정하기 때문에 분진농도가 높은 매연이나 부착하기 쉬운 분진의 처리에 사용되고 있다. 이러한 연속식 여과식 먼지제거 장치에서 사용되고 있는 채취분진 분리 방식으로서 Pulse-Jet형, Sonic-Jet형, Reverse-Jet형 및 병용형이 있다.

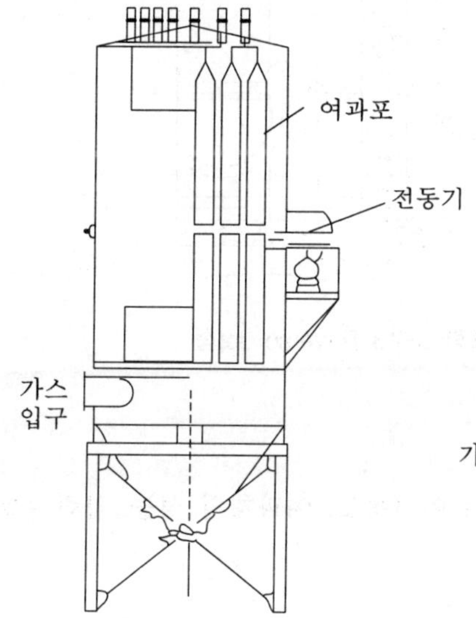

그림 5-40 진동형 여과식 먼지제거 장치

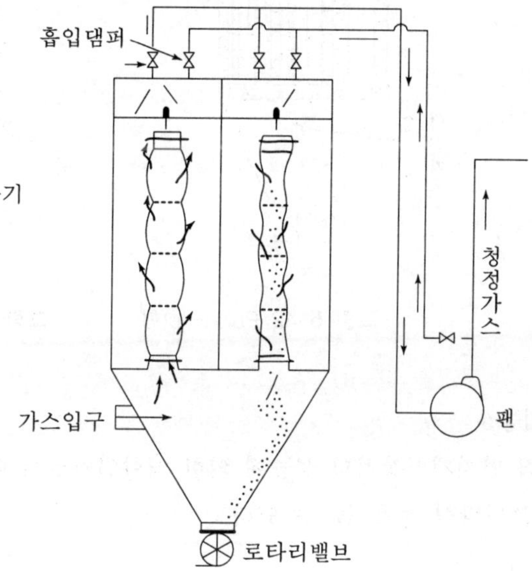

그림 5-41 역세형 여과식 먼지제거 장치

① Pulse-Jet형

그림 5-42에서 보는 바와 같이 함진가스를 여과포의 외측으로부터 유입시키면 분진은 외측면에 채취되므로 여과포 상부에 설치된 각각의 벤츄리관 노즐에 의해 일정간격으로 압축공기를 분사시켜 부착먼지를 제거시키는 방식이다.

② Sonic-Jet형

저주파수의 음파를 발생시켜 공기진동에 의해 부착분진을 분리하는 방식으로 청정가스의 출구부분에 소음기의 설치 등에 의한 소음대책이 요구된다.

③ Reverse-Jet형

이 방식은 그림 5-43에서 보는 바와 같이 원통 여과포의 외측에 압축공기분사 슬릿(slit)을 부착시켜 천천히 상하로 이동시키면서 연속적으로 부착분진을 분리시키는 방식이다. 이 방식은 압축공기의 분사에 의해 여과포가 파손되기 때문에 일반적으로 부직포에 사용되며 여과속도는 3～10 cm/s의 속도로 운전되고 있다.

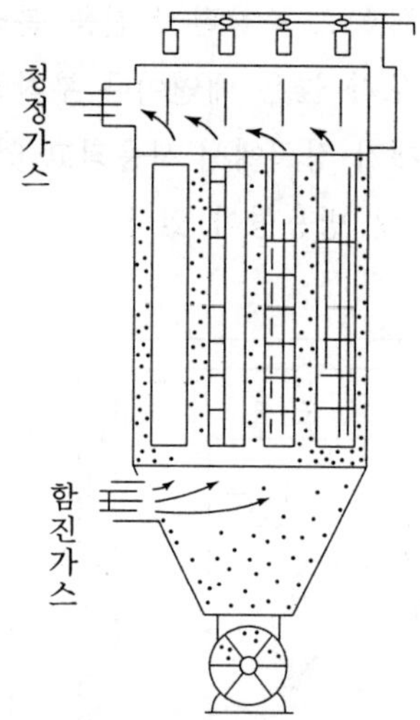

그림 5-42 Pulse-Jet형

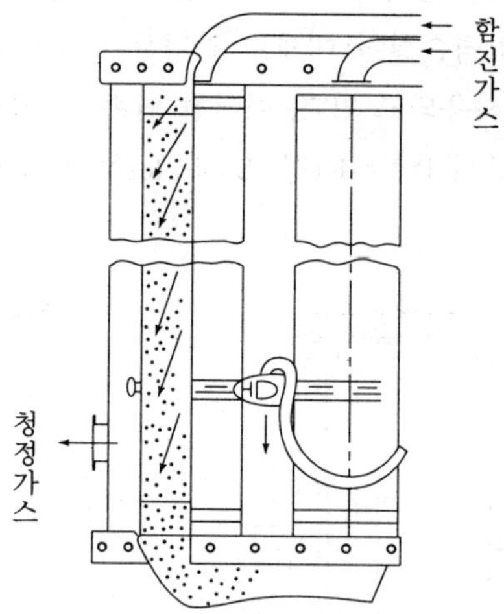

그림 5-43 Reverse-Jet형

(2) 기능

여과식 먼지제거장치의 성능에 의한 영향인자로서 여과속도, 여과재의 성능, 압력손실 및 채취분진 분리방식 등을 들 수 있다.

1) 여과속도

여과식 먼지제거장치의 먼지제거율에 대한 최대의 영향인자는 여과속도로서 그 겉보기 여과속도의 계산식은 (5.57)식과 같다.

$$V = \frac{Q}{A} \times 100 \tag{5.57}$$

여기서, V : 겉보기 여과속도(cm/s)

Q : 처리가스유량(m^3/s)

A : 여과포의 유효넓이(m^3)

여과속도는 처리대상 가스중 분진의 밀도, 입경, 계획 먼지제거율 및 여과방식에 따라 차이가 있지만 대체로 0.3～10 cm/s 범위로서 표면 여과방식의 직포에서는 작지만 내면 여과방식의 부직포에서는 크다. 일반적으로 직포에 의한 입경 1㎛ 전후의 미세한 입자의 채취시 겉보기 여과속도는 1～2 cm/s 정도이고 부직포의 경우 4～7 cm/s로서 운전되고 있다. 백 필터에 있어 50 % 분리한계 입자경은 대체로 0.1㎛로서 여포에 1차로 채취된 부착층에 의해 형성되는 것으로서 분진부하에는 거의 영향을 받지 않는다. 한편, 백 필터의 압력손실은 연속적 여과식 먼지제거장치인 경우에 최고 150～200 mmH_2O 정도의 규정 압력차로서 운전되고 있다. 그리고 산업별, 분리방식별, 배출가스 처리에 필요한 공기 여재비(A/C ratio)를 나타내면 표 5-20과 같다.

표 5-20 산업별 배출가스처리에 필요한 공기 여재비

산업종류	공기여재비		
	역기류식	충격기류식	진동식
염기성 산소 질로	1.5～2.0	6～8	2.5～3.0
벽돌제조공장	1.5～2.0	9～10	2.5～3.2
카스테 내화제	1.5～2.0	8～10	2.5～3.0
내화벽돌	1.5～2.0	8～10	2.5～3.2
합성세제제조	1.2～1.5	5～6	2.0～2.5
전기 아크릴	1.5～2.0	6～8	2.5～3.0
분쇄기	–	10～15	3.5～5.0
철 합금 공장	2.0	9	2.0
유리공장	1.5	–	–
주물형	1.5～2.0	7～8	2.5～3.0
제 철	1.5～2.0	7～8	2.5～3.0
펄 프	–	–	–
석회석킬론	1.5～2.0	8～9	2.5～3.0
인산비료	1.8～2.0	8～9	3.0～3.5
인광석분리	–	5～10	3.0～3.5
시멘트	1.2～1.5	7～10	2.0～3.0
제 지	–	–	–
알루미늄가공	–	6～8	2.0
구리가공	–	6～8	–

표 5-21 각종 여재의 특성

섬 유	처리온도(℃)		내산성	내알칼리성	부식마모성	공기투과성 (m/min)*	흡습성 (%)
	연 속 사용시	간 헐 사용시					
면	82	107	약함	좋음	대단히 우수	3～6	8
폴리프로필렌	88	93	양호-우수	대단히 좋음	우수함	2.1～9	0
양 모	93～102	121	대단히 우수	약함	보통	6～18	1.6
나일론	93～107	121	양호	양호-우수	우수함	4.5～12	4
오 론	116	127	양호-우수	보통	양호	6～13.5	0.4
아크릴	127	137	양호	보통	양호	-	-
다크론	135	163	양호	양호	대단히 양호	3～18	-
노막스	204	218	약함, 양호	양호-우수	우수함	7.5～16.2	-
테프론	204～232	260	플루오르 이외에는 대단히 우수	우수(단, 플루오르연소 및 알칼리 용융 물질에는 약함)	보통	4.5～19.5	-
유리섬유	260	288	양호	양호	보통	3～21	0

2) 여과재의 특성

여과식 먼지제거장치에 사용되는 여과내의 선정에 있어 처리가스의 성상 및 분리방식에 따라 내열성, 내산성, 내알칼리성, 흡습성 및 강도 등을 고려하여야 하며 실제 운전에 있어 사용된 여과재의 특성에 따라 먼지제거율에 절대적으로 영향을 미치므로 지속적인 여과재의 개발이 요구된다. 현재, 백필터에 사용되고 있는 여과재의 종류 및 특성은 표 5-21과 같다.

3) 압력손실

일반적으로 여과식 먼지제거 장치에 의한 분진 처리시 발생하는 압력 손실은 여과속도에 비례한다.

$$\Delta P = KV \tag{5.58}$$

여기서, ΔP : 압력손실(mmH_2O)
V : 여과속도(cm/s)

백필터의 경우 전압력손실(ΔP)은 여과포에 의한 압력손실(ΔP_o), 분진층에 의한 압력손실(ΔP_d)에 의하여 다음 식으로 나타낼 수 있다.

$$\Delta P = \Delta P_o + \Delta P_d = (\tau_0 + \alpha m_d)\mu V \ (\mathrm{N/m^3}) \tag{5.59}$$

여기서, τ_0 : 여과포의 저항계수(1/m)

α : 퇴적 분진의 비저항(m/kg)

m_d : 퇴적 분진 부하(kg/m^2)

μ : 가스의 점도($N \cdot s/m^2$)

V : 겉보기 여과속도(m/s)

일반적으로 τ_0는 10^7 L/m 전후이며 $\alpha = 10^9 \sim 10^{12}$ m/kg, $m_d = 0.1 \sim 1.2$ kg/m^2 정도로서 화학섬유로 제조된 여포의 경우 여과포에 의한 압력손실 ΔP_o은 분진층에 의한 압력손실보다 상당히 작아 무시할 수 있으나 두께가 2～3 mm나 되는 부직포의 경우 여포의 압력손실은 상당 부분을 차지한다.

(3) 정전기식 먼지제거장치(E.P : electrostatic precipitator)

1) 원리

직류의 특 고전압을 먼지제거극(+)과 방전극(−)에 접속시켜서 이 양극사이에 미세한 먼지가 포함된 배기가스를 통과시키면 코로나(corona) 방전에 의해서 발생하는 전기력으로 먼지입자를 이온화시켜 (−)로 대전해 (+)극인 먼지제거극으로 이동 부착하게 된다. 이 부착된 먼지입자는 (−)의 전하를 잃고 자연적으로 낙하하거나 trapping장치에 의해 hopper로 떨어져 채취된다.

특히 전기력이 큰 먼지(산화아연, 산화세렌, 알루미나 등)가 극판위에 딱딱하게 부착되면 성능이 나빠지므로 인위적으로 carbon black과 같은 전도성 분체를 기체에 혼합하거나 물, 암모니아, 탄화수소증기 등으로 먼지의 고유저항을 저하시키는 등의 전처리를 해야 한다.

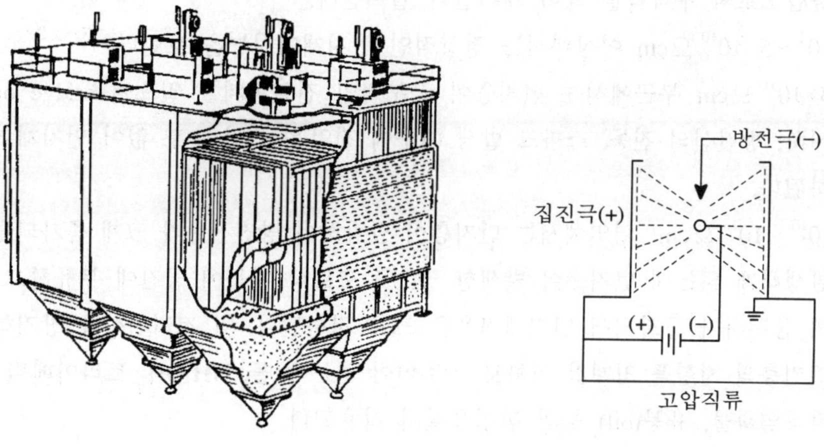

그림 5-44 정전기식 먼지제거장치

본 장치는 1906년 Cottrell에 의해 고안되었고, 전계에서의 코로나 방전을 이용하여 배기가스 중의 입자에 전하를 부여하고 이 대전입자를 쿨롱(coulomb)힘에 의하여 먼지제거극에 분리채취하는 장치이다(그림 5-44 참조).

2) 정전기식 먼지제거장치의 특징

① 장점

a. 먼지제거효율이 가장 높다(99.9% 제거율).

b. 대량의 분진함유가스를 처리할 수 있다.

c. 압력손실이 적고 미세한 입자까지도 제거할 수 있다.

d. 운전비, 유지비, 보수비 등 비용이 적게 소요된다.

e. 500℃ 전후의 고온가스 및 폭발성 가스의 처리도 가능하다.

f. 회수할 가치성이 있는 입자의 채취가 가능하다.

② 단점

a. 설치시 소요부지넓이가 크다.

b. 최초 설비비가 많이 소요된다.

c. 분진의 성상에 따라 전처리시설이 필요하다.

d. 특정물질을 함유한 분진제거는 곤란하다.

e. 분진의 부하변동에 적응하기가 곤란하다.

f. 고전압으로 안전사고의 위험성이 높다.

3) 정전기식 먼지제거장치의 먼지제거 성능에 영향을 주는 인자

① 먼지의 전기비저항

ⓐ 전기 비저항이 10^4 Ωcm 이하에서는 먼지제거판에 부착된 먼지가 재빨리 전하를 방출함으로써 부착력을 잃어 재비산이 일어난다.

ⓑ $10^4 \sim 5 \times 10^{10}$ Ωcm 이상에서는 정상적인 먼지제거성능을 보인다.

ⓒ 5×10^{10} Ωcm 부근에서는 먼지층이 국부적인 전열파괴를 일으켜 bridge over 전압의 저하, 방전선의 진동, 스파크 발생 때문에 전압을 올릴 수도 없어 먼지제거효율이 저하된다.

ⓓ $10^{10} \sim 10^{13}$ Ωcm 영역에서는 먼지층이 발광하여 방전전류가 크게 증가되는 역전리가 발생하게 되는데 먼지층이 발생한 양(+) 코로나 때문에 공간에 부유하고 있는 먼지의 음전하가 중화되어 먼지제거율은 크게 저하된다. 역 전리현상을 방지하기 위하여 먼지층의 저항을 임계값 이하로 낮추어야 하는데 물, NH_4OH, 트라이메틸 아민, SO_3, 각종염화물, 유분(oil) 등의 활성물질이 사용된다.

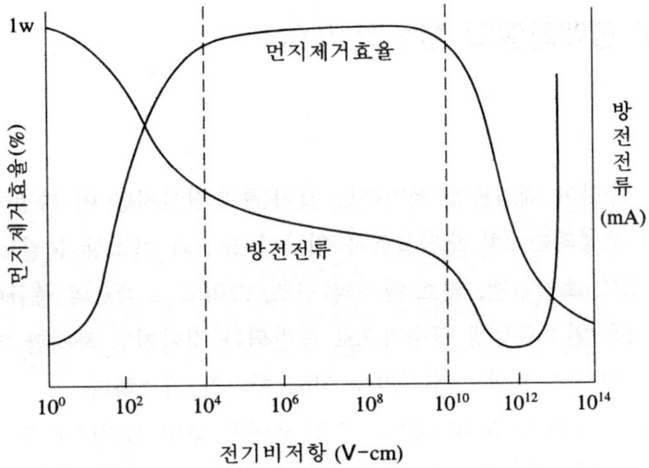

② 가스 중 수분함량

수분함량이 증가할수록 전기비저항이 낮아져 먼지제거효율이 증가하지만 저온부식의 위험이 있으므로 주의하여야 한다.

③ 처리가스량

ⓐ 처리가스량이 증가하면 가스유속이 증가하고 입자의 재비산으로 먼지제거효율이 감소한다.

ⓑ 처리가스량이 급속히 감소하면 입자분포가 균일하지 않아 먼지제거효율이 감소한다.

ⓒ 넓은 공간을 가스가 균일하게 흐르게 함으로써 먼지제거효율을 향상시킬 수 있다.

ⓓ 먼지입자의 직경

먼지입자의 직경이 작으면 이동속도가 느려져 먼지제거효율이 감소하고 비표넓이가 넓어 대전량이 증가하고 부착된 먼지제거가 어렵다

ⓔ 먼지농도

먼지 농도가 높으면 비표넓이가 넓어 방전전류가 억제되고 섬락전압의 저하를 일으켜 먼지제거효율이 떨어지므로 기계적 먼지제거 등 적당한 방법으로 전처리를 하여 농도를 낮출 필요가 있다.

5.7 소각로내 공해물질의 생성과 재어

5.7.1 서론

소각로는 소각을 통하여 폐기물을 제거하는 것이 주목적이지만 이 과정에서 2차 공해가 유발된다. 소각로에서 생성되는 2차 오염물질은 입자상 물질과 가스상 물질로 분류되고, 배출되는 양은 폐기물의 조성, 소각방법, 연소 장치의 구조, 그리고 소각로의 종류에 따라 다르다. 이들 공해 물질의 생성은 연소과정에 필수적으로 동반되는 것이기도 하지만 연소조절에 의한 제어가 가능하며 이미 발생한 물질도 후처리에 의해 제거가 가능하다.

미국 의회는 1984년 유해 및 고체 폐기물 수정 법안을 통과 시키면서 도시 고형폐기물의 소각 설비에서 방출되는 다이옥신(Dioxin)류의 발생과 이들의 인체에 대한 유해점도 및 배출을 억제하기 위한 방안을 법제화 하였다. 이에 따른 대책으로 1987년도에 EPA에서는 도시폐기물 연소와 관련된 공해 문제를 종합적으로 검토한 뒤 기존 및 신규 소각로에서 연소에 의한 배출을 억제 하도록 규정하면서 「우수연소방안(Good Combustion Practice)」이라는 대책을 제시하였다. 이 조치를 통하여 도시 폐기물 소각과 관련된 공해는 제어할 수 있는 수준이 된다고 평가하고 있으며 최근의 경향은 사용자 및 생산자가 책임을 져야 한다는 원칙 하에서 플라스틱류 제조업자 단체 등이 환경적으로 적합한 열적 처리방식 등의 대안을 제시하려고 노력하고 있다.

독일은 폐기물 소각과 관련하여 가장 구체적인 조치를 선행하고 있는 국가로서 연방 정부에서 BImSchV로 규정하고 있다. 이 법률에서는 다이옥신 방출량은 0.1 ng/m^3으로 제한하고 있으며 연소실에서의 연소가스 체류시간 및 가스 온도를 구체적으로 규정하고 있다. 이와 같은 인식이 전 세계적으로 확산되면서 독일이 환경선진국이라는 이미지를 형성하는 데 기여하고 있다.

일본은 소각로가 가장 널리 보급되어 있는 나라 중의 하나로 이전까지는 주로 NO_x 및 산성가스 규제에 관심을 기울여 왔으나 1990년도에 후생성에서 「다이옥신류의 생성과 억제에 관한 가이드라인」을 제정하였다. 이 가이드라인(Guideline)은 기본적으로 미국 EPA 등의 자료를 기초로 작성되었으나, 비교적 세부적인 조치 내용을 포함하고 있다는 특징을 갖고 있다.

우리나라에서는 아직까지 다이옥신류 등 폐기물 소각에 따른 2차공해 물질에 대한 대책을 공식적으로 구체화시킨 적은 없다. 그러나 신규 소각로 건설에 따른 인근 주민들의 민원 및 환경 관련 단체 등이 일부 과도하게 왜곡되기도 한 홍보를 통하여 사회적 관심을 불러일으키고 있다. 정부기관 또는 연구소 등에서는 일부 세부 분야별로 접근을 시도하고 있으나 아직까지는 종합적인 대책이 수립되지 않고 있다.

소각로와 관련된 공해 물질에 관하여 문제의 파악 및 대책 수립을 위해서는 선진국의 설계를 면밀히 검토하면서 독자적인 여건을 고려한 대응 반응이 있어야 할 것이다. 또한 신규 소각로 건설과 병행하여 기업체, 규제기관, 연구기관 그리고 민간단체 등이 공감할 수 있는 가이드라인 형태의 제정이 적합할 것으로 보인다.

5.7.2 소각로 오염물질과 저공해 소각로

(가) 소각로에서의 2차 오염물질

모든 연료와 같이 쓰레기는 소각에 의해 이산화탄소와 물을 생성하여 연소 기체의 형태로 배출한다. 그러나, 이때 부수적으로 발생하는 물질 중에 공해 물질의 대상으로 분류되는 것은 독성 유기물(PCDD, PCDF 등의 다쇄형 유기물), 입자(부유분진), 질소산화물, 희귀 금속 그리고 산성 가스 등을 들 수 있다. 이들 공해물질의 발생량은 극히 미량이지만 인간보건 · 위생에 해를 끼칠 수 있기 때문에 규제의 대상으로 인정되고 있다. 이중에서도 특별히 관심을 끌고 있는 것이 배기가스와 고형 잔류폐기물 등에서 검출되는 다이옥신(Dioxin)과 퓨란(Furan)이다.

(나) 저공해화방안

소각로의 저공해화를 달성하기 위하여 여러 나라에서는 나름대로의 규제와 가이드라인을 제정 · 시행하고 있다. 대표적으로 미국 EPA의 「우수연소방안」, 일본 후생성의 「다이옥신류의 생성과 억제에 관한 가이드라인」, 독일 연방정부의 규제법 「17.BImSchV」, 그리고 캐나다의 「National Incinerator Testing and Evaluation Program」 등을 들 수 있다. 그리고 표 5-22에는 몇몇 나라의 환경규제치를 나타내었다. 표 5-22에서와 같은 오염물질을 규제치 이하로 효과적으로 감소시켜 대기 중에 배출하기 위해서는 다음과 같은 공해물질의 생성 및 배출을 최소화하기 위한 3단계 소각 개념의 도입이 필요하다.

① 소각로 내에서 연소에 의한 생성 제어

② 굴뚝에서 재생 억제

③ 굴뚝으로 배출전 연소 후처리 설비에 의한 제거

공해물질은 우선 생성되지 않도록 하여야 한다. 독성유기물은 소각로 내의 연소과정 그리고 연소가스의 배출 이전에 재생되므로 연소 상태를 적절히 제어하여 생성이 억제되도록 하여야 한다. 그러나 소각로 내의 연소 상태를 제어함으로써 생성을 억제하는 방법만으로 2차 오염물질을 완전 제거하는 것은 불가능하다.

그러므로 굴뚝으로 배출되기 전에 연소후처리 설비(백필터, 탈염 · 탈질장치, 비산재의 재가열, 분해)를 통하여 제거하여야 한다. 위와 같이 3단계를 통해 오염물질을 제거하여 최종적으로 굴뚝을 통하여 배출되는 오염물질을 최소화시키는 개념을 '저공해 소각로'라 한다. 그 개념도를 그림 5-45에 나타내었다.

표 5-22 각국의 소각시설에서의 배출허용기준

구 분		한 국	일본 (동경)	EU기준 (주간평균)	독일 (일평균)
분진(mg/Sm^3)		100('99이후 80)	50	30	10(1/2시간 평균30)
SO_2(ppm)		300	70	105 (1일 평균 136.5)	17.5(70)
HCl(ppm)		80('99이후 50)	430	30.7(52.2)	6.1(20)
NO_2(ppm)		200	250	—	97.4(195)
CO(ppm)		600	-	80(104)	40(64～80)
HF(ppm)		('99 이후 3)	-	2.24(30)	1.12(4.48)
중금속	Hg	-	-	Hg+Cd : 0.2	Hg : 0.05, Cd+Ti : 0.05
	Cd	1.0			
	As	10	-	As+Ni : 1.0 Pb+Cu+Cr+Mn+ : 5.0	As+Ni+Cr+Cu+Mn+ Pb+Co+Sb+V+Sn : 0.5
	Ni	20			
	Cr	1.0			
	Cu	10			
	Zn	30			
디이옥신(ng/Sm^3)		0.1(12%, O_2) (2톤/h 이상)	0.1 (12%, O_2) (4톤/시간 이상)	0.1 (11%, O_2)	0.1 (11%, O_2)

첨단환경기술

그림 5-45 저공해 소각로의 개념도

또한 오염물질의 배출을 항상 감시하는 모니터링 시스템과 모니터링 결과로부터 운전 인자를 직접적으로 제어할 수 있는 자동제어 시스템을 갖추어서 비정상 운전시, 특히 시동이나 정지시, 오염물질의 생성 억제에 주의하여야 할 것이다.

이러한 저공해 소각로의 개념을 설계자와 운전자 그리고 지역주민을 포함한 규제 및 지도기관이 공동목적을 갖고 제작, 운영 그리고 확인 및 감시를 하여야만 효과적으로 달성될 수 있을 것이다.

5.7.3 독성유기물의 배출특성 및 저감 대책

(가) 다이옥신류

소각로에서 배출되는 유기물중 최근 관심이 집중되고 있는 것은 다이옥신(dioxin)과 퓨란(furan)이다. 이 물질들은 PVC 또는 플라스틱류 등을 포함하고 있는 합성물질을 연소시킬 때 발생하는 독성물질로 알려져 있다.

다이옥신류란 polychlorinated dibenzo-*p*-dioxins(이하 PCDDs)와 polychlorinated dibenzofurans (이하 PCDFs)를 총체적으로 말한다. 다이옥신과 퓨란은 하나 또는 두 개의 산소원자와 1～8개의 염소원자가 결합된 두 개의 벤젠고리를 포함하고 있다. 각각 화합물은 그림 5-46의 구조식을 갖는다. 다이옥신의 이성체는 75개이고, 퓨란은 135개이다. 이들 중에서 2, 3, 7, 8 TCDD의 독성계수가 1이며 다른 이성체는 1보다 작은 등가계수를 갖는다. 이들 모든 독성 유기물의 총량은 각각 함량과 등가계수를 곱하여 2, 3, 7, 8 TCDD의 양으로 환산하여 통칭하는 누계환산방식을 따른다.

도시 폐기물 소각로에서 발생되는 독성 유기물의 농도와 양은 일산화탄소, 질소산화물, 황산화물과 같은 다른 오염물과 비교하여 많지 않음에도 불구하고 독성이 매우 높기 때문에 커다란 관심거리이다. 그러나 유기 독성물의 경우에는 소각에 의하여 발생하는 경우와 제초제 등 기타 발생원의 구분이 쉽지 않고 또한 동물실험에 바탕을 둔 확률론적 독성평가방법 등에 기술적인 어려움이 따르는 등 측정, 평가 및 대책수립 등에 과제가 산적되어 있다.

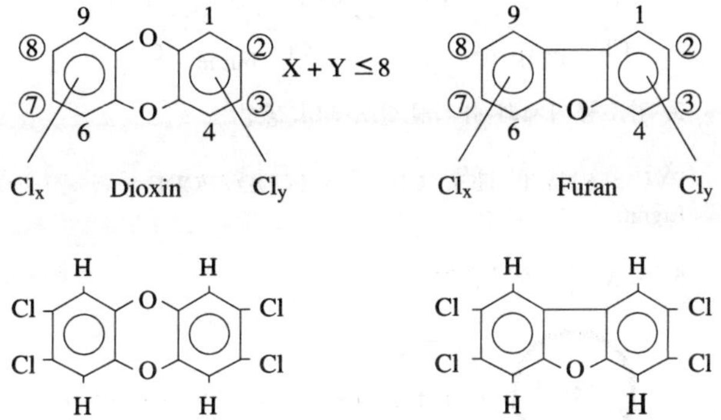

그림 5-46 다이옥신과 퓨란의 구조

(나) 다이옥신류의 생성기전

소각로에서 유기물이 배출되는 것은 이상적인 연소상태에 도달하지 못한 불완전 연소의 산물이다. 도시 폐기물 소각로에서의 유기물의 배출은 다음 4가지 경로가 있다.

① 투입쓰레기에 존재하던 PCDD/PCDF가 연소시 파괴되지 않고 배기가스 중으로 배출된다.

② PCDD/PCDF의 전구물질(precursors)이 전환되어 생성되는데 클로로 페놀과 폴리염화바이페닐 등이 반응을 통하여 PCDD/PCDFs로 전환된다.

③ 여러 가지 유기물과 염소공여체(chlorine donor)로부터 형성된다.

④ 저온에서 촉매화 반응에 의해 분진과 결합하여 형성된다.

(다) 다이옥신(Dioxin) 억제 기술

소각로에서 발생되어 배출되는 다이옥신류를 억제하는 기술은 이들 독성 물질의 생성 및 파괴 메카니즘의 이해를 바탕으로 이루어져야 한다. 이들 방법은 사전 방지 등의 1차적 방법, 로내 생성 억제 및 파괴 등의 2차적 방법, 그리고 후처리 제거에 의한 3차적 방법으로 구분된다.

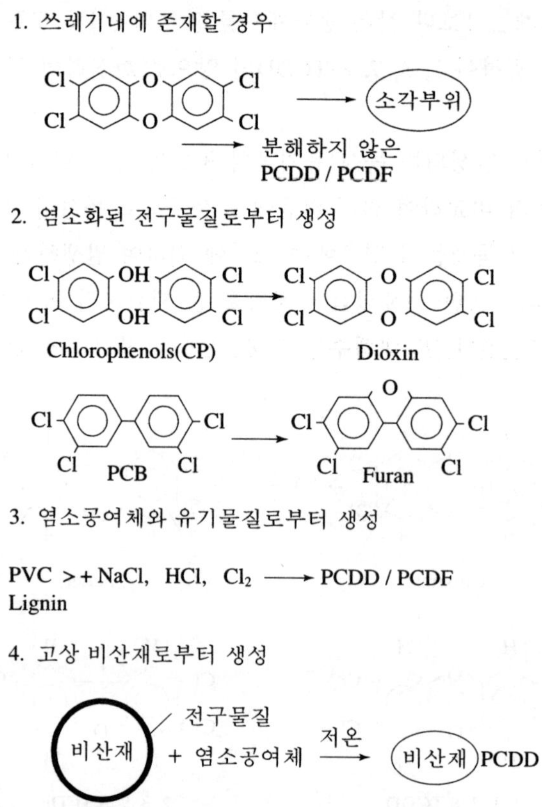

그림 5-47 Dioxin의 생성 기전(Mechanism)

(1) 제1차적(사전방지) 방법

소각대상이 되고 있는 폐기물의 조성을 분석하여 연소후 발생하는 유해물질과의 관계를 검토한 후, 주원인이 될 수 있는 폐기물 종류는 분리수거토록 하는 방법이다. 즉, 염기성 물질인 플라스틱류는 분리수거하여 재활용하도록 하거나 아예 1회용 소모품 등은 제조하지 않도록 하는 것이 좋다.

정원 등에서 나오는 잡초 등에도 다이옥신류가 함유되어 있을 수 있어 완전 제거는 불가능하나 최소한으로 줄임으로써 2, 3차적 방법에 의한 공정을 간소화 시킬 수 있다.

(2) 제2차적(로내)방법

① 쓰레기 공급상태의 균질화

쓰레기 조성 및 공급 특성이 갑작스럽게 변화하면 연소의 안정성이 매우 심하게 영향을 받는다. 공급폐기물의 휘발분 함유량, 습기 함유량, 공급율, 크기 분포, 또는 로내에서의 적층 분포 형태가 바뀌면 연소용 공기 공급도 변화되어야 한다.

휘발성분이 많은 물질이 급격하게 공급되면 국부적으로 산소 농도가 감소되면서 적절히 산화되지 않은 연료 과잉 포켓(fuel-rich pocket)을 유지한 채로 로를 빠져나갈 수 있다. 이렇게 운전되면 일산화탄소와 유기물의 농도가 상승하게 된다. 쓰레기의 가열 정도와 습기 함유량도 로내 온도에 큰 영향을 미친다.

연소온도, 일산화탄소, 산소, 그리고 유기물의 변동을 피하기 위해서는 균일한 쓰레기 조성 균일도는 소각로에 투입되기 전에 이루어지도록 설계, 운전되어야 한다. 쓰레기의 조성 균일도는 소각로에 투입되기 전에 혼합을 확실하게 함으로써 개선될 수 있다. 쓰레기 수분 함량과 관련된 연소 문제는 주연소지역 내에서 예열된 1차 공기를 공급하는 방식으로 해결할 수 있다.

② 적당한 연소온도

소각로 내에서의 유기물질 파괴는 화염에 존재하는 라디칼화학종(radical species)의 화학적 반응과 열분해에 의해 일어난다. 그러므로 로 내에서의 독성유기물 파괴는 화염 지역에서 유기물과 산화제가 충분히 혼합되도록 하고 화염과 접촉하지 않은 물질의 열분해를 위하여 연소온도를 충분히 높게 하면 가능하다.

연소 시스템내 가스온도는 시간상, 공간상으로 변화가 심하다. 시간상의 변화는 쓰레기 성질, 과잉공기 공급비율, 운전부하가 관련되며, 공간상의 변화는 혼합과 열전달 상태에 의해 결정된다. 일반적으로 다이옥신과 퓨란류는 860～920℃에 도달하면 파괴된다. 몇몇 염화벤젠류들은 920～1,000℃에서 파괴된다. 그러므로 국부적 온도가 950℃ 정도보다 높다면 연료 과잉 포켓에서 발생된 독성유기물들은 열적으로 분해될 수 있을 것이다. 이런 배경에서 EPA의 우수연소방안은 완전 혼합상태에서 980℃의 평균온도에 달성되도록 설계, 운전함이 바람직하다고 추천하고 있다(우리나라의 법적기준은 850℃ 이상).

③ 연소용 공기의 양 및 분포

연소용 공기는 적정량을 효과적으로 배분하여 공급하여야 효과적인 연소가 가능하다. 연소기에 도입된 과잉공기의 양은 연료 과잉 포켓의 발생을 최소화하고 연소반응을 급냉(quenching)시키지 않도록 하여야 한다. 이 목표를 만족시키기 위한 과잉공기의 양은 연소기의 장치 및 연소기법에 따라 다르다. 대규모 스토커식 소각로에서는 주공기의 공급체계가 각각 분리하여 제어할 수 있는 여러 개의 1차 공기 공급관을 통하여 공급하게 한다. 이렇게 함으로써 스토커 부위별로 도입된 쓰레기를 건조시키고 연소시켜 연소의 완결이 가능하도록 공기량을 변화시켜야 한다.

2차 공기는 유기물을 완전연소 시키기 위하여 국부적인 반응을 조정하는 데 필요하다. 화격자 위의 쓰레기로부터 휘발물질의 방출율과 화격자 위에서의 연소율이 국부적인 1차 공기 공급량에 의해 결정된다. 2차 공기 쪽보다 1차측의 공기 공급량을 증가시키면 화격자 위에서의 연소율이 증가되며 휘발분이 증가함으로 분유분진이 로외(爐外)로 방출 도는 입자이월량이 증가한다. 그러므로 공기 공급량 조정은 연소 과정을 제어하는 데 중요한 요소이다.

연소용 공기를 부적절하게 공급하면 일산화탄소와 유기물의 배출을 증가시킨다. 소각로에서는 연소기에 공급된 연소용 공기의 양과 분포를 확인하는 장치가 설치되어야 한다. 먼저 1차 공기량 2차 공기의 양을 모니터링 장치로 감시할 수 있어야 한다. 또한 연소 가스내에 과잉공기와 일산화탄소의 농도도 적당한 과잉공기량을 유지하기 위하여 감시하여 한다. 각 소각로 형태에 따라 실험적 방법에 의하여 적당한 산소농도의 운전 범위를 결정하여야 하며 운전자는 적당한 공기 유량과 산소량을 확실하게 유지할 책임을 완수하여야 한다. 대부분의 소각 시스템에서는 연소 제어시스템에 의해 자동적으로 제어되도록 해놓고 있다.

④ 혼 합

완전 연소를 위해서는 연료와 공기가 적절하게 혼합되어야 한다는 것은 너무나도 자명한 사실이다. 혼합이 불균일해지면 국부적으로 유기물이 불완전 연소된다. 소각로내에서 좋은 혼합을 이루기 위하여 가장 중요한 역할을 하는 것이 2차공기 공급 시스템이다.

2차 공기가 혼합이 잘되도록 분사하기 위해서는 적절한 노즐 배열, 크기, 제트 운동량, 로의 형태 등을 고려하여야 한다. 쓰레기 공급율이 감소되면 공급되는 공기량도 따라서 감소되어져야 한다. 2차 공기량이 감소되면 침투와 퍼짐이 불충분해지고 불균일한 혼합을 일으키고, 불완전 연소의 요인이 된다. 바니면 쓰레기량의 증가로 공급 공기가 증가하면 연소가스의 로내 잔류 시간을 감소시키고 혼합 형태가 바뀌며 입자이월을 증가시킨다. 또한 혼합은 연소로 코(Bull Noses), 정류판(Baffles), 곡류(Turns) 그리고 덕트형태와 단면의 변화같은 연소기 설계 요건에 따라 영향을 받는다. 혼합과 노형상과의 관계를 이해하기 위하여 유동 모델링과 진단실험이 유용하다. 혼합 효율을 평가하는 방법은 주로 굴뚝가스 내에서의 일산화탄소 농도를 측정하는 것이다. 즉, 혼합 성능을 평가하기 위하여 배기가스의 모니터링 시스템이 필요하다.

⑤ 입자이월의 최소화

쓰레기 소각로로부터 부유분진(Particulate Matter, PM)이 연소기 밖으로 빠져나가는 입자이월(PM Carryover)의 양은 금속 및 유기 오염물의 배출에 영향을 미친다. 이것은 분진이 다이옥신류의 저온 형성에 참여하는 전구물질을 제공해 주기 때문이다.

입자이월의 양은 연소용 공기요소(과잉공기, 주공기, 2차 공기)에 의해 주로 영향을 받는다. 즉, 과잉공기 양이 많아지면 일반적으로 입자이월이 증가한다. 또한 소각로로부터 방출되는 입자이월의 양은 연소기 설계, 운전, 또 경우에 따라서는 쓰레기 성질에 따라 변화한다.

굴뚝 가스 내에서 입자이월의 양을 연속적으로 측정할 수 있는 방법은 아직 확립되지 않았지만, 입자이월량의 증가를 초래하는 운전 상황(특히, 과다한 과잉공기량, 부적절한 연소용 공기 분포, 과도한 부하)은 연소과정의 운전과 제어를 적절히 함으로써 최소화할 수 있다. 그러므로 연소가스 중의 산소농도, 연소용 공기분포, 운전부하 등은 입자이월의 양을 최소화하기 위하여 연속적으로 감시 및 제어하여야 한다.

⑥ 후류온도 제어

다이옥신류의 농도는 연소기 출구와 굴뚝 사이에서 증가한다는 사실이 밝혀졌다. 또 벤치 스케일실험에서 분진의 샘플링을 통하여 다이옥류의 농도는 분진이 산소 과잉 분위기에서 가열되어질 때 엄청나게 증가한다는 것이 보고되었다.

다이옥신류의 생성량은 잔류 시간과 온도에 따라 변화하는데 300℃ 부근에서 발생량이 최대이고, 250℃ 이하와 400℃ 이상의 온도에서는 발생량이 상당히 감소됨을 알게 되었다. 그러므로 배기가스가 굴뚝을 따라서 배출될 때 최대 발생가능 온도 부근(300℃)에서는 배기가스의 체류 시간을 최소화 하여야 한다.

기존 설비의 운전 결과를 바탕으로 분진 제거 장치(전기먼지제거기 또는 백필터)의 입구에서의 가스 온도를 다이옥신류의 형성을 감소시키기 위하여 200℃ 이하로 유지하도록 하고 있다. 따라서 먼지제거 장치 입구에서의 굴뚝가스 온도는 연속적으로 모니터링 할 필요가 있다.

⑦ 연소 상태 모니터링과 제어

소각 시스템은 설계 기준에 따라 운전되어져야 하고 쓰레기 공급율, 온도, 과잉공기 등의 변화에 따라 시스템 운전 인자를 적절히 변화시켜야 하고, 소각로를 성공적으로 운전하려면 여러 가지 소각로 운전 변수를 동시에 조절하고 모니터링하는 자동 제어시스템을 운영하여야 한다.

저공해 소각로를 실현하기 위해서는 연소 공기 온도, 유량, 공기 분포, 연소 가스 온도, 연소 가스 중의 일산화탄소, 산소의 농도, 후류에서의 온도, 입자이월을 연속적으로 모니터링하여야 한다. 그러나 혼합 등과 같은 요소는 직접적으로 측정할 수 없으므로 열방출률, 굴뚝에서의 산소, 일산화탄소 농도와 같은 간접적 지시량을 대신 모니터링하여야 하고, 이 값으로부터 연소 가스의 혼합과 적당한 과잉공기의 양을 제어하여야 한다.

쓰레기 조성과 설계 변수, 운전 변수 그리고 배출사이의 관계는 매우 복잡하다. 현 수준으로는 유기물의 배출을 최소화할 수 있는 정량적 모형을 만들지 못하고 있다. 그러므로 여러 가지 연소 변수를 운전자가 선택할 수 있도록 예측하는 것도 어려운 일이다. 따라서 현 상황에서 유기물의 연속적인 제어를 확실하게 하기 위해서는 몇 개의 주요 설계, 운전 변수의 범위를 지정하고 이 범위 내의 조건으로 운전 조건을 제어할 필요가 있다. 그러나 연소 변수의 한계 값이나 범위의 정의는 각 소각로의 형식에 따라서 실험적으로 완성하여야만 한다.

(3) 제3차적(후처리) 방법

소각로 및 연소 통로에서 생성을 억제하기 위하여 설계하고 운전하여 독성 유기물질의 배출을 저감 시키는 한편 후처리 시스템을 설치하여 배출을 극소화시켜야만 한다. 선진국의 배출억제 목표치는 이들 후처리 설비를 고려하여 설정한 것이다.

후처리 제거 설비는 첫째, 반응탑에 약품을 검하시켜 화학반응을 일으킨 후 여과기에서 제거하여 최종 매립시키는 방법과 둘째는 촉매(Catalytic)기에 의해 재연소시켜 거의 완전 제거하는 방법이 있다. 물론 촉매기의 크기와 촉매 물질량에 따라 영향이 있다. 마지막으로 활성탄 분사와 백필터, 전기먼지제거기, 습식세정장치 등을 연결하여 제거하기도 한다.

우리는 이들 선진국의 접근 방법을 검토하면서 독자적인 여건을 고려한 대응방안을 수립할 수 있을 것이다. 소각로의 저공해화를 위해서는 소각로 내에서 연소에 의한 생성을 억제하고, 굴뚝에서 재생되는 것을 저감시키며 또한 후처리 설비에 의한 제거를 시행하는 종합적 저공해 방안이 채택되어야만 한다. 특별히 연소에 의한 독성유기물의 생성을 억제하는 것이 중요하며 이것은 쓰레기의 균질화, 적당한 연소온도, 적절한 연소용 공기의 양 및 분포, 혼합 입자이월의 최소화, 적절한 후류온도, 그리고 연소모니터링 시스템과 효과적인 제어 등을 통하여 가능하다. 이들 개념을 바탕으로 '저공해 소각로'를 설계하여야 한다.

표 5-23 다이옥신 저감방안의 요약

조정항목	방 법 Comment
· 쓰레기	사전분리방법 : 다이옥신 기원물질이나 다이옥신 생성의 촉매효과가 있는 중금속의 사전제거
	쓰레기의 균질화 : 소각로로 투입되는 쓰레기의 양과 크기 및 발열량과 수분 등의 쓰레기 특성을 일정하게 함
· 연소 조건	유기물질과 산화제가 충분히 혼합되게 함
	다이옥신물질의 분해에 충분한 온도와 체류시간
	유기물질을 최대로 파괴시킬 수 있는 적절한 산소량
· 배출가스 상태	비산유출입자의 최소화 : 소각로를 벗어나는 비산재의 양이 적도록 제어
	산소와 일산화탄소 측정에 의한 연소 최적화 : 다이옥신류의 생성이 최소가 되는 산소나 일산화탄소의 농도가 되도록 연소상태를 제어
	황성분의 추가 : SO_2나 SO_3가스의 주입
· 조업상태	가동개시 : 소각로의 온도를 빨리 승온
	조업중단 : 소각로 내 잔류분을 완전연소시킴
	양호한 운전상태 : 소각로의 정지나 불안정한 운전상태가 되지 않게 함
· 연소실 형상	배가스의 고온부 통과
	1차 연소실출구에서 충분한 혼합유도
	2차 연소실에서 먼지의 역류를 막는 구조
	클링커의 축적이 생기지 않는 구조

※ 출처 : 다이옥신 핸드북 (동화기술)

한편, 저공해의 도달 목표를 정부기관의 행정지도 또는 규제로 정착시킬 수 있는 '가이드 라인' 등의 제정이 있어야 한다. 이 작업은 소각로 설계, 제작기업체, 규제 기관, 연구 기관 등의 유관 단체들이 기술적인 평가를 수행하여야 한다. 저공해 소각로는 설계자와 운전자 그리고 감시 및 규제 기관이 제작, 운영, 그리고 확인 및 감시의 유기적인 관계를 유지함으로써 달성될 수 있다.

다이옥신 제어 촉매

다이옥신 제어 촉매에는 V_2O_5, TiO_2, Pt, Pd 등이 쓰인다. 제어장치에는 선택적촉매 감쇄기(Selective Catalytic Reductor, SCR)와 비선택적촉매감쇄기(Non Selective Catalytic Reductor, NSCR)가 있다.

5.8 질소산화물 처리기술

5.8.1 질소산화물의 발생

질소산화물(NO_X)는 주로 연료의 연소과정에서 배출되는 대기오염물질 중의 하나인데 이에는 N_2O, NO, N_2O_3, NO_2, N_2O_4, N_2O_5 등이 있다. 이 가운데 대기오염을 일으키는 것은 NO와 NO_2이며 기타 가스는 미량으로 무시해도 좋다. NO_X 중 NO가 약 90%, NO_2가 약 10%를 차지한다.

질소산화물 생성은 다음의 화학반응에 의해서 생성된다.

$$O_2 \leftrightarrow 2O$$

$$O + N_2 \leftrightarrow NO + N$$

$$N + O_2 \leftrightarrow NO + O$$

$$NO + O \leftrightarrow NO_2$$

연소시 NO_X의 생성에 영향을 주는 인자로는 온도, 반응시간, 반응물질의 농도 및 반응물질의 혼합정도이며 연소과정에서 보면 연료와 공기의 비율, 주입공기의 온도 및 연소로 내 온도 등으로 이들 인자를 조절함으로써 발생을 억제할 수 있다.

5.8.2 질소산화물 저감 및 제거 방식

(가) 연소조절에 의한 NO_x 저감법

① 저산소연소

폐기물 소각시 쓰레기와 공기를 잘 혼합하고 완전연소에 도달하기 위하여 이론 공기량보다 많은 과잉공기량(m=1.5～2.5)를 공급하게 되는데 이는 연소 후에도 공기 중의 질소와 반응할 수 있는 산소를 공급하게 됨으로써 NO_X가 발생하게 된다.

NO_X의 생성을 저감하는 것은 연소내로 과잉공기의 공급량을 줄여 질소와 산소가 반응할 수 있는 기회를 적게함으로써 가능하나, 산소의 공급량이 적어지면 미연가스가 증가하여 일산화탄소 및 검댕 발생이 증가할 수 있고, 로내 온도가 상승되는 문제가 발생한다.

과잉 공기량을 줄임으로써 야기되는 미연가스의 증가는 2차 연소용 공기를 주입하여 난류확산에 의한 혼합으로 순간적으로 연소시켜 완전연소가 가능하여지며 로 내 온도상승은 적당한 위치에 냉각용 공기의 도입, 로 내 물 분사, 연소실의 수냉벽화, 배기가스의 대순환 등의 방식을 단독 또는 조합하여 해결할 수 있다

② 저온도 연소

소각로에서 에너지를 절약하고 건조 및 착화현상을 좋게 하기 위하여 공기를 예열하여 주입하게 되는데 이것은 연소온도를 상승시켜 NO_X의 생성을 촉진시키게 되는데 주입공기를 25℃에서 300℃로 높이면 NO_X의 생성량은 약 2배가 되는 것으로 알려져 있다. 따라서 예열공기의 온도를 조절하여 NO_X의 생성량을 조절할 수 있다.

③ 연소부분의 냉각

소각로의 단위넓이당 열 방출량이 크면 연소부분의 온도가 높고 NO_X의 생성량이 많아지게 된다. 연소로에서 주위 표면으로의 열전달을 효과적으로 촉진시켜 화염온도를 낮춤으로써 NO_X의 생성을 저감시킬 수 있다.

④ 배기가스의 재순환

연소로내 온도가 상승하였을 때 냉각된 배기가스의 일부분을 연소실로 재순환시켜 로 내 온도를 하강시키고 산소농도를 낮게함으로써 NO_X의 생성을 저감한다.

⑤ 2단 연소

1차 연소실에서 폐기물 비율을 증가시키고 공기비를 줄이면 불완전 연소 및 복사에 의한 열전달이 증가되어 가스온도 상승이 억제되면서 NO_X의 생성이 줄어들게 되는데 불완전연소로 인한 미연가스는 2차연소실에서 2차공기를 주입하여 완전연소시키는 방법이다.

⑥ 버너 및 연소실의 구조개선

버너의 형식이나 연소실의 구조를 개선하여 NO_X의 발생을 저감시킬 수 있는데 사이클론형 버너는 고 발열량으로 NO_X를 많이 생성하므로 사용을 피하는 것이 좋고 연소로 내에서도 버너의 위치에 따라 화염의 형태나 혼합정도가 다르므로 버너의 위치를 잘 선정하여 연소실 내의 온도분포를 균일하게 하고 고온 부분을 없애서 NO_X의 생성을 억제한다.

⑦ 기타

연소로내에 수증기를 분무하여 물 분자가 산소와 수소로 분해되면서 수반되는 흡열반응으로 로 내 온도를 저하시켜 NO_X의 생성을 억제할 수 있다.

(나) 질소산화물의 제거처리 기술

(1) 선택적 무촉매 환원법(SNCR. Selective Non-Catalytic Reduction)

연소가스에 환원제로 암모니아수나 요소를 분사하여 고온에서 NO_X와 선택 적으로 반응을 일으키게 하여 N_2와 H_2O로 분해하는 방법이다. 반응온도 영역은 750℃~950℃이고 반응효율이 높은 온도는 800℃~900℃로서 출구온도의 안정화가 중요하다.

분무노즐은 NO_X와 최적으로 반응할 수 있는 온도영역인 850℃부근의 로 벽에 분무노즐을 설치하여 분무하는데 질소산화물과 암모니아 Slip을 고려하여 화학 양론비로 1 : 5를 적용한다.

약품을 과량 사용하면 미 반응, 미 분해의 암모니아가 배출가스의 HCl과 반응하여 NH_4Cl의 백연이 발생하므로 주의를 요한다.

본 공법의 질소산화물 환원 반응식은 다음과 같다.

$$4NO + 4NH_4OH + O_2 \rightarrow 4N_2 + 10H_2O$$

$$2NO_2 + 4NH_4OH + O_2 \rightarrow 3N_2 + 10H_2O$$

$$4NO + 2(NH_2)_2CO + O_2 \rightarrow 4N_2 + 2CO_2 + 4H_2O$$

$$3NO_2 + 4(NH_2)_2CO + 3O_2 \rightarrow 11N_2 + 4CO_2 + 8H_2O$$

(2) 선택적 촉매환원법(SCR, Selective Catalytic Reduction)

연소가스 중의 NO_X를 환원제로 촉매의 존재하에 암모니아와 반응하여 N_2와 H_2O로 환원시키는 방법으로서 배 가스 중의 O_2와 NO_X가 공존하여도 NO_X를 우선적으로 환원하게 된다.

NO_X의 환원은 700℃ 이상의 고온에서 선택적으로 반응하지만 촉매를 사용하면 400℃ 이하의 온도에서도 반응이 일어나며 촉매의 존재하에서는 환원반응이 거의 100% 일어나므로 질소산화물과 같은 다량의 암모니아를 주입함으로써 약품 투입량을 절감할 수 있다. 최적의 반응온도는 350℃이며 적정 반응온도 영역은 275℃～450℃이다. 450℃ 이상의 온도에서는 NH_3가 산화 분해되어 성능이 저하되며 275℃ 이하의 온도에서는 촉매의 활성이 저하된다.

표 5-23 SNCR와 SCR의 비교

구 분	SNCR	SCR	비 고
NO_X 저감한계	50 ppm	20～40 ppm	
저감효율	30～70 %	90 % 정도	
운전온도	850～950℃	250℃～400℃	
설치공간	적음	촉매반응탑 설치필요	
암모니아슬립	10～100 ppm	5～10 ppm	
Dioxin 제거	거의 없음	제거가능	
경제성	설치비 저렴	설치비, 촉매교체비, 가스재가열비 등 설치 및 운전비용이 높음	
장점	배출가스와 관계없이 적용 가능하고 장치가 간단하여 운전보수가 용이	높은 탈재효과가 있으며 암모니아 Slip이 적다	
단점	NOx 제거효율이 낮고 암모니아 Slip에 의한 백연 현상이 우려	운전 및 유지 관리비가 많이 들고 먼지, SOx 등에 의해 효율저하 및 압력손실이 크게 됨	

사용되는 촉매는 SO_X의 유무에 관계없이 높은 성능과 뛰어난 내구성을 발휘하는 TiO_2-V_2O_5 계 촉매가 많이 사용되고 있다.

SCR은 촉매독과 분진의 부착에 따른 폐색과 압력 손실을 방지하기 위하여 유해가스 제거 및 분진제거 장치 후단에 설치되어 운전되는 것이 보통인데 분진제거 SCR로 유입되는 배출가스의 온도가 150℃～200℃이므로 NO_X 제거효율의 저하 및 저온부식의 우려가 있는데 이를 방지하기 위하여 배기가스의 온도를 촉매층 입구에서 재가열할 필요가 있다

본 공법의 반응식은 다음과 같다.

$$6NO + 4NH_3 \rightarrow 5N_2 + 6H_2O$$

$$6NO_2 + 8NH_3 \rightarrow 7N_2 + 12H_2O$$

(3) 기타 처리 방법

1) 건식법

① 접촉 분해법

NO가 함유된 배기가스를 산화 코발트(Co_3O_4)에 접촉시켜 N_2와 O_2로 분해하는 방법으로서 반응식은 다음과 같다.

$$2NO \xrightarrow[\text{촉매}]{Co_3O_4} N_2 + O_2$$

② 흡착법

활성탄, Silica gel 등에 배기가스를 흡착시키는 방법으로서 NO_2는 흡착되나 NO의 흡착은 어렵다.

③ 전자선 조사법

배기가스 중에 암모니아를 첨가하고 α선, β선, γ선, 전자선 및 X선 등의 전리성 방사선을 조사하여 연소가스중의 NO_X나 SO_X를 고체상의 입자로 채취하는 NO_X, SO_X 동시제거법이다.

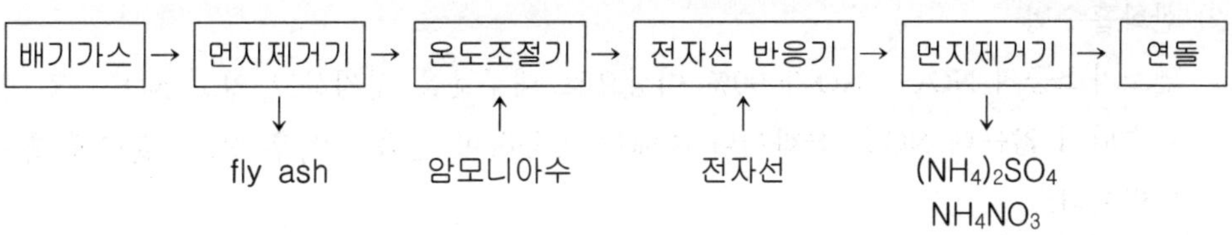

④ 용융염 흡수법

배기가스중의 NO를 용융염에 흡수하는 방법으로서 사용되는 알칼리 금속은 리튬(Li), 나트륨(Na), 칼륨(K)이 사용되고 있는데 $NH_4HSO_4 - LiHSO_4$, $NaHSO_4 - LiHSO_4$가 사용된다.

⑤ 접촉 환원법

NO_X가 함유된 배기가스를 $CuO\text{-}Al_2O_3$, $Mn\text{-}Fe_2O_3$ 등의 촉매하에서 환원제인 CO, CH_4, H_2를 이용하여 N_2로 환원시키는 방법이다. NO_X의 환원 반응 속도는 CO, H_2, CH_4의 순으로 CO가 가장 빠르다

$$NO_2 + CO \rightarrow NO + CO_2$$

$$2NO + 2CO \rightarrow N_2 + 2CO_2$$

$$2NO + 2H_2 \rightarrow N_2 + 2H_2O$$

$$2NO + 5H_2 \rightarrow 2NH_3 + H_2O$$

$$4NO_2 + CH_4 \rightarrow 4NO + CO_2 + 2H_2O$$

$$4NO + CH_4 \rightarrow 2NO_2 + CO_2 + 2H_2O$$

2) 습식법

① 직접흡수법

ⓐ 물, 알칼리 흡수법

NO_X가 물, 알칼리에 녹는 성질을 이용하여 제거하는 방식인데 NO_2는 제거되지만 NO의 제거는 불가능하다.

$$3NO_2 + H_2O \rightarrow 2HNO_3 + NO$$

$$2NO_2 + 2MOH \rightarrow MNO_2 + MNO_2 + MNO_3 + H_2O$$

ⓑ 황산흡수법

NO를 황산에 흡수시켜 제거하는 방법으로 반응식은 다음과 같다.

$$NO + H_2SO_4 \rightarrow H_2SO_4 \cdot NO$$

② 산화흡수법

연소가스중의 NO_X는 NO가 90% 이상으로 대부분을 차지하고 있고 NO는 물, 알칼리에 흡수되지 않는데 NO을 산화제나 촉매를 이용하여 산화시킨 후 물, 알칼리에 흡수시키는 방법이다.

산화제로는 O_3, ClO_2, $NaOCl_2$, NaClO, $KMnO_4$, H_2O_2, Cl_2, HNO_3 등이 사용된다. 산화제를 이용할 때는 ① 산화제의 반응속도, ② 온도, 접촉방법 등 산화반응에 필요한 조건,

③ 산화제의 생성방법, 소요량, 가격 ④ 과잉산화제와 부생성물의 처리방법 등을 잘 고려하여야 한다.

촉매를 이용하여 NO를 NO_2로 산화한 후 알칼리 흡수액에 흡수제거하는 방법은 연소가스 중의 잔존산소에 지배되기 때문에 활성이 높은 산화 촉매가 필요한데 활성탄, 알루미나, 실리카 외에 이들을 담체로 한 금속 산화물이 사용된다.

③ 산화흡수 환원법

NO를 NO_2로 산화시킨 후 아황산염과의 환원 반응으로 N_2로 분해시키는 방법이다. 사용되는 아황산염으로는 Na_2SO_3, $(NH_4)_2SO_3$, $CaSO_3$ 등이 사용된다.

$$2NO_2 + 4Na_2SO_3 \rightarrow 4Na_2SO_4 + N_2$$

$$2NO_2 + 4(NH_4)_2SO_3 \rightleftarrows 4(NH_4)_2SO_4 + N_2$$

$$2NO_2 + 4CaSO_3 \rightarrow 4CaSO_4 + N_2$$

연·습·문·제

1. 시간당 64 L/hr의 벙커C유를 사용하는 용해로에서 배출되는 연소가스량은 몇 m^3/hr인가? 배기가스의 온도는 2,600°F이며 과잉공기량은 10%이다. (단, 배기가스에 대한 배출계수는 14 Sm^3/L (BC)로 본다.)

풀이

표준상태에서 배기가스량 = **14 Sm^3/L × 64 L /hr × 1.1 = 985.6 Sm^3/hr**

배기가스의 온도가 **2,600°F, 0℃로** 환산하면,

$$℃ = \frac{5}{9}(°F - 32) = \frac{5}{9}(2,600 - 32) = 1,427℃$$

∴ 배기가스의 배출량은,

$$Q = 985.6 \times \frac{273 + 1,427}{273} = 6,137\ m^3/hr$$

2. C : 86.9%, H : 11%, S : 2.0%, 회분 : 0.1%인 중유를 완전연소시킬 때 건연소가스 중의 먼지의 농도를 구하라. 단, 공기비 1.3, 회분은 전부 먼지로 되어 배출된다.

풀이

건연소가스량 $G' = mA_o - 5.6h$

이론공기량 $A_o = \left[1.867C + 5.6\left(H - \frac{O}{8}\right) + 0.7S\right] \times \frac{1}{0.21}$

$$= (1.867 \times 0.869 + 5.6 \times 0.11 + 0.7 \times 0.02) \times \frac{1}{0.21} = \mathbf{10.73\ Sm^3}$$

$$\therefore\ G' = \mathbf{10.72 \times 1.3 - 5.6 \times 0.11 = 13.32\ Sm^3/kg}$$

$$\therefore\ C_d = \frac{0.001 kg/kg}{13.32 Sm^3/kg} = 7.5 \times 10^{-5}\ kg/Sm^3 = \mathbf{0.075\ g/Sm^3}$$

3. 과잉공기비를 m으로 하여 가동하는 연소실의 배기가스 중 질소와 산소의 총량을 구하는 공식을 유도하라(단, 이들 연소공기량을 A_o, 실제 공기량을 A로 한다).

풀이

배기가스 내의 질소량 : $0.79 \cdot A_o \cdot m = N$

배기가스 내의 산소량 : $(A - A_o)0.21 = (mA_o - A_o)0.21 = A_o(m-1)0.21$

* 배기가스 내 질소(N) 및 산소의 총량은 위 두 식을 합한 것이며,

$$0.79A_o + A_o(m-1)\,0.21 = 0.79m \cdot A_o + 0.29mA_o - 0.21A_o = mA_o - 0.21A_o = A_o(m-0.21)$$

4. C : 87 %, H : 11 %, S : 2 %인 중유를 완전연소했을 때 습한 연소가스 중 SO_2량(ppm)을 구하여라(단, 배기가스를 Orast 분석장치로 분석한 결과 CO_2 : 13 %, O_2 : 3 % 였다).

풀이

습연소가스량 $G = mA_o + 5.6\text{h}$

이론공기량

$$A_o = \left[1.867\text{C} + 5.6\left(\text{H} - \frac{\text{O}}{8}\right) + 0.7\text{S}\right] \times \frac{1}{0.21}$$

$$= [1.867 \times 0.87 + 5.6 \times 0.11 + 0.7 \times 0.02] \times \frac{1}{0.21} = 10.73\text{Sm}^3/\text{kg}$$

$$m(\text{공기비}) = \frac{N_2}{N_2 - 3.76(O_2 - 0.5 \times CO)} = \frac{84}{84 - 3.76 \times (3-0)} \fallingdotseq 1.16$$

$$\therefore\ G = 1.16 \times 0.74 + 5.6 \times 0.11 = 13.07\ \text{Sm}^3/\text{kg}$$

$$SO_2\text{농도}(\%) = \frac{0.7\text{S}}{G} \times 100$$

$$= \frac{0.7 \times 0.02}{13.07\text{Sm}^3/\text{kg}} \times 100 = 0.1071 \times 10^4 = 1{,}071\ \text{ppm}$$

5. 프로판(C_3H_8)이 완전 연소한 경우 건조연소 배기가스 중의 CO_2농도는 10 %였다. 공기비는 대략 얼마인가?

풀이

이와 같은 문제는 단위 연료당으로 계산하면 좋다. 먼저 프로판 1 Sm^3를 공기량으로 완전 연소할 때 CO_2 %는,

$$C_3H_8 \quad + \quad 5O_2 \quad \rightarrow \quad 3CO_2 \quad + \quad 4H_2O$$
$$1\text{Sm}^3 \qquad 5\ \text{Sm}^3 \qquad 3\ \text{Sm}^3 \qquad 4\ \text{Sm}^3$$

즉, C_3H_8 1 Sm^3를 이론공기량으로 연소하면, 그 양은 5 $\text{Sm}^3 \div 0.21 = 23.8\ \text{Sm}^3$이다.

그 중 $N_2 \times 0.79 = 18.8\ \text{Sm}^3$는 배기가스가 된다. 따라서 과잉공기량을 $x\text{m}^3$라 하면 다음 식이 성립한다.

$$3\ \text{Sm}^3(CO_2) \div (18.8 + 3 + x)\ \text{Sm}^3 = 10\% = 0.1$$

$$0.1x = 3 - 21.8 \times 0.1$$

$$x = 8.2\ \text{Sm}^3$$

따라서 공기비는,

$(23.8\ Sm^3 + 8.2\ Sm^3) \div 23.8\ Sm^3 = 1.34 ≒ 1.3$

6. 황화수소 $1Sm^3$의 이론연소 공기량은 얼마인가?

풀이

$2H_2S + 3O_2 \rightarrow 2H_2O + 2SO_2$

$2Sm^3 + 3Sm^3 \rightarrow 2Sm^3 + 2Sm^3$

$$\frac{3}{2} \times \frac{1}{0.21} = 7.1Sm^3$$

7. 프로판(C_3H_8) Sm^3각 공기비 1.1로서 완전 연소시켰을 때의 건조연소가스량을 구하여라.

풀이

C_3H_8의 연소방정식은,

$C_3H_8 + 5O_2 \rightarrow 3O_2 + 4H_2O$

$1\ Sm^3 \quad 5\ Sm^3 \quad 3\ Sm^3 \quad 4\ Sm^3$

즉, 프로판 $1\ Sm^3$를 태우는 데 필요한 이론산소량은 $5\ Sm^3$로, $3\ Sm^3$의 탄산가스와 $4\ Sm^3$의 수증기가 된다.

따라서 이론공기량은,

$5\ Sm^3 \div 0.21 = 23.8\ Sm^3$

공기비는 1.1이므로,

$23.8\ Sm^3 \times 1.1 = 26.2\ Sm^3$

이 공기량에서 $5Sm^3$의 O_2가 연소에 사용되며, 남은 것이 배기가스 쪽에 있다.

∴ 연소량은 $26.2\ Sm^3 - 5\ Sm^3 + 3\ Sm^3 = 1.0\ Sm^3$

8. 저위발열량이 7,000 kcal/Sm^3인 연료가스의 이론연소온도를 구하여라. 단, 이론연소가스량은 10 Sm^3/Sm^3, 연소가스의 정압비열은 0.35 kcal/Sm^3℃, 기준온도는 실온으로 한다. 또한 공기는 예열하지 않고, 연소가스는 해리하지 않는 것으로 한다.

풀이

이론 공기량으로서 완전 연소되고, 외계의 열손실이 전혀 없다고 가정할 경우의 연소가스 온도를 이론연소온도(t)라 한다.

$$t = \frac{7,000}{10 \times 0.35} = 2,000℃$$

9. 어떤 액체연료를 보일러에서 완전연소시켜 그 배기가스를 Orast 분석 장치로서 분석하여 CO_2 13 %, O_2 3 %의 결과를 얻었다. 이 때 공기비를 구하라.

풀이

$$m = \frac{21(N_2)}{21(N_2) - 79\{(O_2) - 0.5(CO)\}}$$

$$N_2 = 100 - (13 + 3) = 84(\%)$$

$$\therefore m = \frac{21 \times 84}{21 \times 84 - 79 \times 3} = 1.16$$

수소가 극히 작으면

$$m = \frac{21}{21 - (O_2)} = \frac{21}{21 - 3} = 1.16$$

10. 탄소, 수소 및 황의 중량비가 각각 85 %, 12 % 및 3 %인 중유를 공기비 1.2로 완전 연소시켰을 때 습한 연소가스에 포함되는 SO_2의 비율(부피비)을 구하여라. 단, 공기 중의 O_2는 21 %(부피비)로 하고, 연소에 사용하는 이론공기량 $A_o(Sm^3/kg$연료$)$ 및 습한 연소가스량 $G(Sm^3/kg$ 연료$)$는 다음 식에 의하는 것으로 한다.

$$A_o = \frac{1}{0.21}(1.86C + 5.6H + 0.7S), \quad G = mA_o + 5.6H + 0.7S$$

C, H, S는 각각 연료 1 kg중 탄소, 수소, 황의 중량(kg)을 가리키고, m은 공기비를 가리킨다.

풀이

이 중유의 이론공기량은,

$$A_o = \frac{1}{0.21} \times (0.867 \times 0.85 + 5.6 \times 0.12 + 0.7 \times 0.03) = 10.86 Sm^3/kg$$

연소가스량은,

$$G = 1.2 \times 10.86 + 5.6 \times 0.12 + 0.7 \times 0.03 = 13.725\ Sm^3/kg$$

따라서,

$$SO_2 = \frac{0.7S}{G} = \frac{0.7 \times 0.03}{13.725} = 0.00153$$

11. 탄소 86%, 수소 12%, 유황 2%인 중유를 연소하여 그 배기가스 분석결과(CO_2) + (SO_2)=13%, (O_2)=3%, (CO)=0%였다. 건조연소가스 중 SO_2의 농도(%)를 구하라.
단, 건조연소가스량(G')을 구하는 공식은,

$$G' = (m - 0.21)A_o + 1.9C + 0.7S\ Sm^3$$

$$A_o = 8.9C + 26.7H + 3.3S\ Sm^3$$

여기서, A_o = 이론 공기량, m = 공기비

C = 중유 1kg 중의 탄소의 중량(kg)

H = 중유 1kg 중의 수소의 중량(kg)

S = 중유 1kg 중의 유황의 중량(kg)

풀이

이와 같은 문제는 연료 1 kg당으로서 계산하면 좋다. 우선 S를 2% 함유한 석유를 1 kg 연소하면 SO_2(가스)는 얼마나 되는가 계산한다.

S의 원자량은 32이므로,

S → SO_2

33 kg 22.4 Sm^3

위 식으로부터 S를 1kg 연소하면 SO_2는

$22.4 \div 32 = 0.7\ Sm^3$이다.

따라서, $1 \times 0.02 \times 0.7 = 0.014\ m^3$

한편 건조연소 가스량은 문제에 주어진 계산식으로부터,

$A_o = 8.9 \times 0.86 + 26.7 \times 0.12 + 3.3 \times 0.02 = 10.924\ Sm^3/kg$

로부터 구하면,

$N_2 = 100 - (CO_2) + (SO_2) + (O_2)\} = 100 - 16 = 84.0\%$

따라서,

$$m = \frac{21 \times 0.84}{21 \times 0.84 - 79 \times 0.03} = 1.16$$

$G' = (1.15 - 0.21) \times 10.92 + 1.9 \times 0.86 + 0.7 \times 0.02 = 11.89\ Sm^3/kg$

따라서 SO_2는, $0.014 \div 11.89 = 0.0012 \fallingdotseq 0.12\%$

12. 황 1.7 %인 중유를 연소하는 보일러의 경우 그 굴뚝 출구에서 배출되는 가스 중 황산화물(SO_2)의 농도(ppm)를 구하라. (단, 중유 1 kg당 굴뚝 출구 배출 가스량은 13 Sm^3이다.)

풀이

중유 1 kg에서 발생하는 SO_2의 양은,

$$1 \times \frac{1.7}{100} \times \frac{64}{32} \times \frac{22.4}{64} = 1.19 \times 10^{-2}\ Sm^3/kg$$

따라서 SO_2의 농도는,

$$\frac{1.19\times10^{-2}}{13}\times10^{6} \fallingdotseq 915\text{ppm}$$

13. 세로·가로 높이가 각각 1.0 m, 1.2 m, 1.5 m인 연소실의 연소실 열발생률을 3×10^5 kcal/m^{3}h로 유지하기 위해서는 이 연소실 내에서 발열량 10,000 kcal/kg의 중유가 1시간당 연소되는 양(kg)을 구하라.

풀이

연소실 1 m^{3}당 1시간당 발생하는 열량이다. 어떤 크기의 연소실에 넣는 연료의 양은 한도가 있고 그리 크지도 않다. 중유연소에서는 20～150만 kcal/m^3 · h이다. 이 연소실의 부피를 구하면,

$1.0\times1.2\times1.5 = 1.8\ m^3$

따라서 연소실 열발생률을 3×10^5 kcal/m^3 · h로 하기 위한 연소량(W kg)은,

$$\frac{10,000\times W}{1.8} = 3\times10^5$$

W = 54 kg/h

14. 이론적으로 탄소 1 kg을 연소시키면 30,00 kcal의 열이, 수소 1 kg을 연소시키면 34,100 kcal의 열이 생긴다고 한다. Ethane(C_2H_6)1 kg을 연소시킬 때 발생하는 열량(kcal)을 구하라.

풀이

C_2H_6은 분자량이 30이고 이중에서 탄소는 24, 수소는 6이므로 1 kg의 Ethane은 24/30 = 0.87 kg의 탄소와 6/30 = 0.2 kg의 수소를 함유한다. 그러므로 발생되는 열량은

$0.8\times30,000+0.2\times34,100 = 24,000+6,280 = 30,820$ Kcal이다.

15. 중량비로 탄소 88 %, 수소 12 %로 이루어진 액체연료를 완전연소시킬 경우, 연료 1 kg당 배기가스량은 12.6 Sm^{3}이라 한다. 이때 배기가스 중의 CO_2농도(%)를 구하라.

풀이

연료 1 kg중의 탄소 함량은 880 g이므로,

$C + O_2 \rightarrow CO_2$

CO_2 생성 mol $\frac{880}{12}$ 이다.

부피로 환산하면,

$$\frac{880}{12}\text{ mole}\times22.4\text{L/mole} \fallingdotseq 1.64\ \text{Sm}^3$$

$\therefore$ CO_2의 농도(%) $= \dfrac{1.64\,Sm^3}{12.6\,Sm^3} \times 10 \fallingdotseq 13\%$

16. 1시간에 600 kg의 탄소를 공기비 1.3으로 연소하는 장치가 있다. 이 장치 굴뚝의 직경은 1 m, 배기가스 온도는 270℃이다. 굴뚝을 흐르는 배기가스의 평균유속(m/sec)을 구하라.

풀이

탄소의 연소량은 10 kg/min, 270℃에서 1mol은 44.8 L 에 해당하므로,

산소필요량은 $\dfrac{10,000}{12}$ mol $=$833mol

$\therefore$ 공기량 $= 833\text{mol} \times 4.76 \times 1.3 \times 44.8 = 230.9\ Sm^3/min$

CO_2생성량 $= 833\ \text{mol} \times 44.8 = 37.3\ Sm^3/min$

따라서 전체 배기가스량은,

$230.9 + 37.3 = 268.2\ Sm^3/min = 4.47\ Sm^3/sec$

굴뚝의 단넓이 $= \dfrac{\pi \cdot 1^2}{4} = 0.785\ m^2$

$\therefore$ 배기가스의 유속 $= \dfrac{4.47}{0.785} = 5.69$ m/sec $\fallingdotseq$ 6m/sec

17. 옥탄의 완전연소식이 다음과 같을 때 a, b, x, y를 구하라.

$aC_8 + bO_2 \rightarrow xCO_2 + yH_2O$

풀이

$$C_xH_y + \left(x + \frac{y}{4}\right)O_2 \rightarrow xCO_2 + \frac{y}{2}H_2O$$

$$x = 8 \quad y = 18 \left(\rightarrow C_8H_{18} + \left(8 + \frac{18}{4}\right)O_2 \rightarrow 8CO_2 \times \frac{18}{2}H_2O\right)$$

$$C_8H_{18} + 12.5O_2 \rightarrow 8CO_2 + 9H_2O$$

$\therefore a = 1,\ b = 12.5,\ x = 8,\ y = 9$

18. 탄소 85%, 수소 3%, 산소 10%, 황 2 %조성의 석탄연소에 필요한 이론산소량과 이론공기량을 구하여라. 단, 이론공기량 $(A_o) = \dfrac{1}{0.21}\left\{\dfrac{22.4}{12}C + \dfrac{11.2}{2}\left(h - \dfrac{0}{8}\right) + \dfrac{22.4}{32}S\right\}$ 이다.

풀이

(1) 이론산소량(O_o)

$= \dfrac{22.4}{13}(0.85) + \dfrac{11.2}{2}\left(0.03 - \dfrac{0.1}{8}\right) + \dfrac{22.4}{32}(0.02) = 1.699$ or $1.70(Sm^3/kg)$

(2) 이론공기량(A_o)

$$= \frac{1}{0.21} O_o = \frac{1.699}{0.21} = \mathbf{8.09\ or\ 8.1(Sm^3/kg)}$$

19. 중량조성이 탄소 85 %, 수소 15 %인 액체연료를 매시 100 kg 연소한 경우 배기가스를 분석하였더니 분석치가 다음과 같다. CO_2 12.5 %, O_2 3.5 %, N_2 84 %

이 경우 매시간당 필요한 공기량을 구하시오. 단, $m = \frac{21(N_2)}{21(N_2) - 79\{(O_2) - 0.5(CO)\}}$ 이다.

풀이

이론공기량

$$= \frac{1}{0.21}\left\{\frac{22.4}{12}(0.85) + \frac{11.2}{2}(0.15)\right\} = \mathbf{11.56(Sm^3/kg)}$$

과잉공기계수

$$m = \frac{21(84)}{21(84) - 79\ \{(3.5) - 0.5(O)\}} = 1.19$$

배기공급량 $A = mA_o = \mathbf{1.19 \times 11.56 = 13.76}$

∴ 연료 100 kg당 필요한 공기량 **13.76×100 = 1376(Sm³/h)**

20. 공기가 1mol의 산소와 3.76mol의 질소로 구성되었다고 가정하고, 프로판(C_3H_8) 1mol을 완전연소시킬 경우 다음 물음에 답하시오. 단, C의 원자량은 12, H의 원자량은 1.0, O의 원자량은 16, N원자량은 14이다.

① 프로판가스의 실제적인 완전연소식을 쓰시오.

② 공/연비(AFR)를 부피기준으로 구하시오.

③ 공기분자량을 28.95라고 한다면 무게에 근거를 두고 AFR을 구하시오.

풀이

(1) $\mathbf{C_3H_8 + 5O_2 + 18.8N_2 \rightarrow 2CO_2 + 2H_2O + 18.8N_2}$

(2) $AFR = \frac{5 + 18.8}{1} = 23.8$

(3) $AFR = \frac{23.8 \times 28.95}{12 \times 3 + 1 \times 8} = 15.7$ 또는 $AFR = \frac{5 \times 32 + 18.8 \times 14 \times 2}{12 \times 3 + 1 \times 8} = 15.6$

21. 분자식이 C_xH_y인 탄화수소가스 1 Sm³의 연소에 필요한 이론공기량을 구하라.

풀이

연소반응식 $C_xH_y+\left(x+\frac{y}{4}\right)O_2 \rightarrow xCO_2+\frac{y}{2}H_2O$ 에서

탄화수소 C_xH_y의 이론산소량은 $x+\frac{y}{4}(Sm^3)$ 이다.

$$\therefore \text{ 이론공기량} = \frac{\text{이론산소량}}{0.21} = \frac{\left(x+\frac{y}{4}\right)}{0.21} = 4.76x+1.19y(Sm^3)$$

22. CO_2의 분자량이 44 g이고 표준상태에서 22.4 L 의 부피를 가질 때, 표준상태에서 한 배기가스 내에 존재하는 CO_2의 농도가 0.05 %일 때 이것은 몇 mg/m^3의 농도에 해당되는가?

풀이

1(%) : 10,000(ppm) = 0.05(%) : x

x = 500 ppm = 500 mL /m^3

$$\therefore \ 500(mL)\times\frac{44,000(mg)}{22,440\,mL} = 982.1(mg/m^3)$$

23. 공기를 사용하여 C_3H_8을 연소시킬 때 건조가스 중의 $CO_{2\,max}$%=?

단, $CO_{2\,max}\% = \frac{(CO_2)}{(CO_2)+(N_2)}\times 100$이다.

풀이

C_3H_8의 완전연소식은 $C_3H_8+5O_2+18.8N_2 \rightarrow 3CO_2+4H_2O+18.8N_2$

1 Sm^3당 이론산소량은 5 Sm^3, N_2는 5×3.76 = 18.83 Sm^3, 생성하는 CO_2는 3 Sm^3이다.

따라서 건조연소가스량이므로 수분을 제외시키면 3+18.8 = 21.8

Chapter

6 폐기물의 열분해 및 쓰레기 전화연료(RDF)

6.1 열분해

6.1.1 열분해의 원리와 열분해에 의한 연료의 성상

공기가 부족한 상태에서 폐기물을 연소시켜 가스, 액체 및 고체 상태의 연료를 생산하는 공정을 열분해(pyrolysis, destructive distillation)방법이라고 부른다.

표 6-1은 열분해를 통하여 생성되는 물질의 종류를 나타내고 있으며, 표 6-2는 미국 폐기물 1톤을 870℃에서 열분해시킬 때에 생산되는 물질의 양을 나타내 주고 있다. 즉, 가스가 510 m^3, 액체가 430 L로 가장 많다.

표 6-1 열분해에 의해 생성되는 물질의 종류

- 기 체 : H_2, CH_4, CO, CO_2, NH_3, H_2S, HCN
- 액 체 : 식초산, 아세톤, 메탄올, 오일, 타르, 방향성 물질
- 고 체 : Char(순수한 탄소), 불활성물질

표 6-2 열분해에 의한 연료생산량

연 료	생산량
가스(H_2, CO, CH_4)	50 m^3
액체($C_4H_9O_3$)	430 L
Tar	1.9 L
$(NH_4)_2SO_4$	11 kg
고형물(Char)	70 kg

표 6-2의 열분해에 의한 가스 내에는 H_2, CO, CH_4 등이 포함되어 있어 6,390~10,230 J/g의 열량, 고형물인 Char는 12,800~21,700 J/g의 열량을 가지고 있는 반면에 열분해를 통하여 이를 생산하기 위해서 소요되는 에너지는 2,560 J/g이므로 외부로부터 에너지의 주입 없이 열분해를 통하여 폐기물로부터 에너지를 생산할 수 있다는 결론이 성립되고 있다. 그러나 아직 열분해 방법은 실제규모로 운전시킨 경험이 적다.

열분해 방법에는 저온과 고온법이 있는데 저온에서는 Tar, Char 및 액체상태의 연료가 보다 많이 생성되며, 고온에서는 가스상태의 연료가 많이 생성된다. 따라서 저온법을 열분해(Pyrolysis)라고 부르고 고온법을 가스화라고 부르기도 하나, 저온이나 고온 모두를 열분해법이라고 총칭하는 것이 상례이다. 여기서 저온이라 함은 500~900℃를 말하며, 고온은 1,100~1,500℃를 말한다. 만약 온도를 1,700℃까지 증가시켜 고온의 열분해 장치를 운전시키면 생산되는 모든 재는 Slag로 배출된다. 참고적으로 그림 6-2는 열분해의 온도에 따르는 생성물질의 화학적인 조성을 나타내 주고 있다.

(1) 가스화(1,100~1,500℃)

$$6C_6H_{10}O_5 \rightarrow \frac{\text{가스}}{11CO + 10CO_2 + 6H_2 + CH_4 + H_2O} + \frac{\text{물}}{H_2O} + \frac{\text{Oil/Tar, Char}}{\frac{1}{2}C_4H_9O_3}$$

(2) Pyrolysis(500~900℃)

$$6C_6H_{10}O_5 \rightarrow 7CO + 5CO_2 + 3H_2 + CH_4 + 6H_2O + 3C_4H_9O_3 + 8C$$

그림 6-1 열분해시 운전온도에 따르는 생성물질의 구성비

6.1.2 운전요소

열분해를 통한 연료의 성질을 결정짓는 요소로는 운전온도, 가열속도(rate of heating : 어느 온도까지 올리는 데 걸리는 소요시간)와 폐기물의 성질 등으로 알려지고 있다.

표 6-3은 열분해 온도에 따르는 가스의 구성비를 보여주고 있는데 온도가 증가할수록 수소 함량은 증가되며, CO_2함량은 감소되고 있다. 또한 그림 6-2에서 보는 바와 같이 분해온도가 증가되면 가스구성비가 증대되며, 산과 tar, char의 양은 감소된다.

표 6-3 열분해 온도에 따르는 가스의 구성비(%)

Gas종류	열분해온도			
	480℃	650℃	815℃	925℃
수소	5.56	16.58	28.55	32.48
CH_4	12.43	15.91	13.73	10.45
CO	33.50	30.49	34.12	35.25
CO_2	44.77	31.78	20.59	18.31
C_2H_4	0.45	2.18	2.24	2.43
C_2H_6	3.03	3.06	0.77	1.07

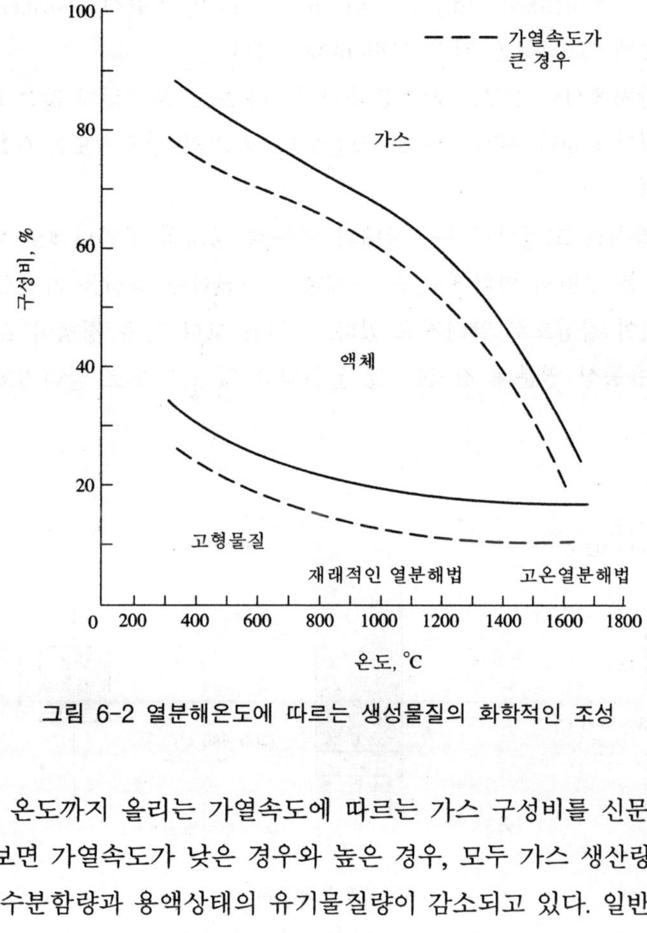

그림 6-2 열분해온도에 따르는 생성물질의 화학적인 조성

한편 어느 정도 온도까지 올리는 가열속도에 따르는 가스 구성비를 신문용지를 열분해하는 경우로 예를 들어보면 가열속도가 낮은 경우와 높은 경우, 모두 가스 생산량이 많으나 가열 속도가 큰 경우에는 수분함량과 용액상태의 유기물질량이 감소되고 있다. 일반적으로 도시폐기물로부터는 가스, 액체, Tar와 같은 연료가 생산 가능하며 고체물질은 생산되지 않는 것으로 알려지고 있다. 또한 폐기물의 입자크기가 작을수록 쉽게 열분해가 조성된다.

열분해 과정에 영향을 주는 다른 요소로는 수분을 들 수 있는데 수분함량이 많을수록 운전온도까지 온도를 올리는 데 소요시간이 많이 소요되며, 예열을 통하여 폐기물을 건조시키는 경우에는 소요비용이 증대된다.

열분해 과정에서 gas의 생산을 증대시키고 char의 형성을 감소시키기 위해 steam을 주입시키는 경우가 있는데 운전온도가 높을수록 더 많은 steam이 소요된다. 또한 열분해 과정에서 공기나 산소를 공급할 수 있는데 산소를 공급하는 경우에 생성되는 연료의 열량이 보다 높은 것으로 알려지고 있다.

6.1.3 열분해장치의 종류

열분해 장치로는 고정상(fixed bed), 유동상(fluidized bed), 부유상태(suspension) 등의 장치로 구분되어질 수 있는데 그 양상은 각각 그림 6-3과 같다.

고정상 열분해 장치에서는 상부로부터 분쇄되었거나 또는 분쇄되지 않는 폐기물이 주입되어 건조된 후 열분해되어 slag나 재가 하부로 배출된다. 가스의 상승속도는 0.2～0.6 m/hr로 체류기간이 비교적 길다.

유동상 열분해 장치는 고정상과 부유상태의 열분해 장치의 중간단계로 반응속도가 빠르기 때문에 폐기물의 수분 함량의 변화에도 큰 문제없이 운전되는 장점을 가졌으나 열손실이 크며 운전이 까다로운 것이 결점으로 알려지고 있다. 아직은 보다 많은 경험이 요구되고 있으나 일본 지역에 세워진 유동상 열분해 장치는 잘 운전되고 있는 것으로 알려지고 있다.

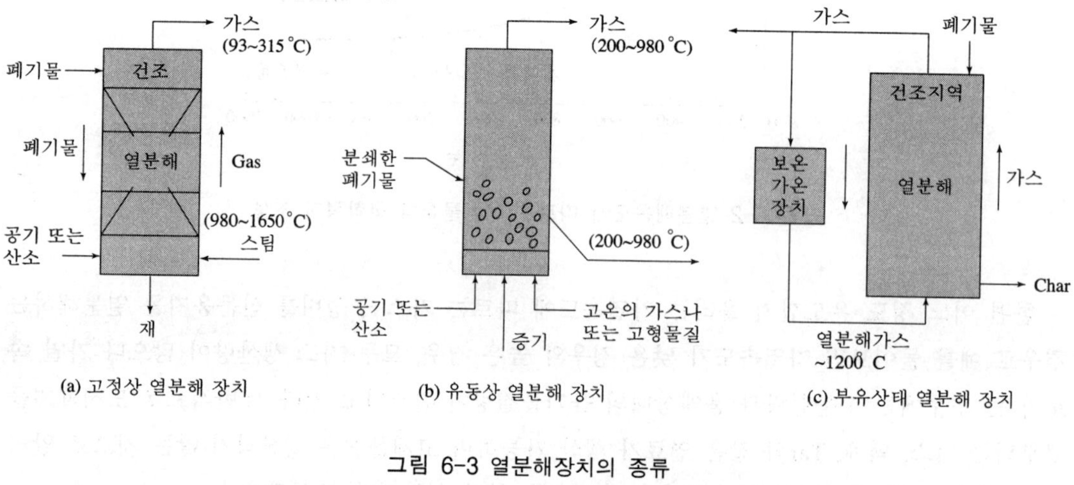

그림 6-3 열분해장치의 종류

이상과 같은 열분해 장치 이외에 회전로형 열분해 장치가 가장 흔히 사용되는데 이는 연소기를 공기주입 없이 또는 부족한 공기주입상태에서 운전시키는 것이다. 이것은 폐기물을 분해시키는 장점을 가지고 있으나 주입되는 폐기물의 크기가 작아야 하며 또한, 주입량이 크지 못한 단점을 가지고 있다.

실제의 가스화나 열분해를 위해 전세계에 설치된 시설의 수는 약 150개소 내외로 알려지고 있는데 실험용 소규모 시설을 포함한 것이다.

6.1.4 Purox 공정

쓰레기의 열분해는 1970년대에 성행하였으나 최근에는 그 경제성 때문에 상당히 둔화되고 있다. 그 대표적인 한 예만 설명하면 Purox process가 있다. 이 프로세스는 1970년 New York Tarrytown에 있는 Union Carbide사의 기술개발 센터에서 4톤/일의 pilot plant로 기본적인 시험이 행하여진 후, 1974년 West Virginia, South Charleston에서 실제로서의 기본단위(modular unit)로 설계된 180톤/일의 로가 건설되었다. 그러나 그 후 Union Carbide사는 1기의 단위를 317톤/일로서 시판할 것으로 결정하고 3단계에 걸친 실험을 한 바 있다. 제1단계는 파쇄, 선별을 거쳐 혼합쓰레기의 feeding, 열분해의 실험, 2단계에서는 쓰레기의 조파쇄, 자력선별 후의 열분해실험, 3단계에서는 파쇄쓰레기와 하수슬러지의 여러 비율에 따른 열분해공정을 실험하였다.

Purox system의 주체는 탑의 정상부로부터 pistion air lock system을 통하여 파쇄쓰레기가 공급되며 바닥으로부터는 산소가 공급되는 수직형 shaft로이다. 그러나 쓰레기중 플라스틱류나

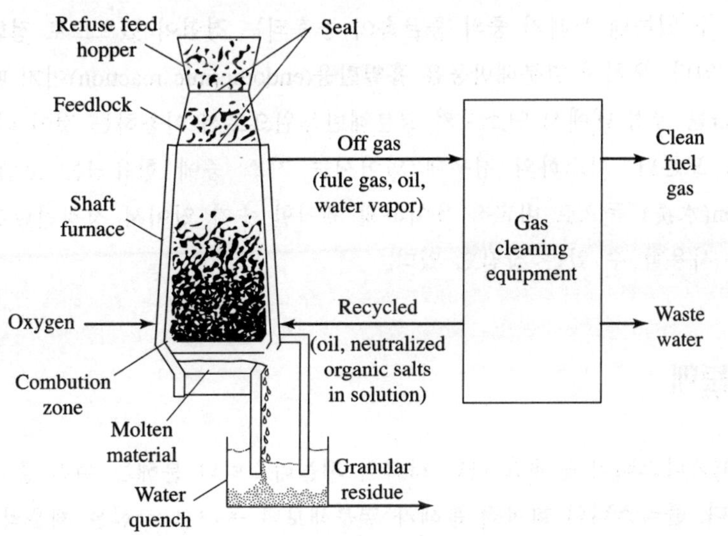

그림 6-4 수직공정상 가스화장치 : Union Carbide사의 Purox 설비

산업체에서 폐기되는 각종 플라스틱을 사용한 열분해는 일본, EC 등지에서 많이 개발되고 있다. 그 로의 형식은 소각로와 유사하다.

6.1.5 도시폐기물의 열분해에 있어서의 문제점

종래의 생산공정에 있어서의 열분해기술은 투입되는 재료의 균등성이 대전제가 되어 있으며 그 중 목표로 하는 생성물의 수율을 제고하는 것이 큰 과제인데 반하여, 도시폐기물을 열분해할 경우에 있어서는 투입되는 원료가 물리화학적으로 복잡하고 더욱이 그 조성이 지역적, 계절적, 연도별로 변화하기 때문에 그 생성물을 자원으로 이용하는 데 있어서의 안정한 질과 양을 확보하여야 하는 어려움이 있다. 예를 들면 열분해 반응의 촉진과 안정화를 위한 전처리로서 원료를 미분화할 경우 복잡한 파쇄분리 공정과 막대한 동력을 필요로 하므로 열분해의 단위조작만으로는 평가할 수 없다. 특히 우리나라의 도시폐기물은 미국이나 다른 선진국가에 비하여 수분이 거의 2배, 종이류는 약 반정도로서 발열량이 낮은 특성을 갖고 있어 회수생성물질의 성상에 대하여 볼 때 열분해의 전처리공정으로 분별 sub-system이 꼭 필요한 것이라고 생각된다.

열분해 반응에서도 온도, 가열시간, 압력, 촉매의 존재 등의 인자에 의하여 가스, tar, 기름, char의 생성량이 변화하는데 열분해생성물의 이용목표를 가스, tar, 기름, char의 어디에 두느냐는 자원의 수요, 유통기구 등 다방면으로 고려하여야 한다. tar나 기름은 응축한 수분에 혼입되어 회수되는 경우가 많기 때문에 그 성분은 너무나도 복잡 다종이어서 이것을 분리 정제하여 화학원료로 제공하는 데에는 경제적인 문제가 있고 연료로서 사용한 경우에는 정제의 정도와 생성되는 제품의 품위가 문제된다. char를 활성화하여 부가가치가 높은 활성탄으로서 이용하는 경우도 고려할 수 있는데 쓰레기 중의 중금속이 농축되는 경험이 있으므로 정화용의 활성탄으로서는 문제가 있다. 오히려 열분해반응은 흡열반응(endothermic reaction)이기 때문에 열공급이 필요하므로 char를 공정 내에서 연소시켜 열분해반응원으로서 이용하는 것이 더 현명하고 경제성이 있을지도 모른다. 가스화의 경우에 있어서는 가스 중에 함유되는 오염물질을 알칼리, water elutriation(水洗) 등으로 비교적 용이하게 제거할 수가 있어서 청정연료로서 고압보일러의 공급연료로 사용할 수 있는 장점도 있다.

6.2 화학분해

열에 의한 폐플라스틱의 분해가 아닌 화학적 폐플라스틱의 분해는 여러 종류의 플라스틱에 대하여 가능하다. 플라스틱의 화학적 분해가 열분해보다 우수한 장점은 제품의 성분이 단순하고 제어하기 쉽고 분리나 정제에 비용이 적게 드는 점이다. 많은 플라스틱의 화학적 분해가 가능하나 오늘날 주요 관심 대상은 폴리우레탄과 일부의 열가소성 폴리에틸렌(병, film, 섬유 등)이다.

화학분해 반응은 가수분해반응(hydrolysis)이 대표적인데 Luverkusen과 Mahoney는 폴리우레탄의 가수분해 반응에 대한 연구를 수행하였고 Luverkusen은 연속가수분해 반응기를 설계하였다.

General Motors사의 폴리우레탄 가수분해 공장의 경우 foam scrap이 약 600°F에서 수증기와 접촉하면서 가수분해 반응기로 들어가고 여기서 얻은 polyol은 보통 비수용성액으로 냉각여과 후 재이용된다. 이때 주반응은 다음과 같다.

$$-NH-\overset{\overset{O}{\|}}{C}-X+H_2O \longrightarrow -NH_2+CO_2+HX$$

(여기서 X는 polyol이나 $-NH-$기임)

여러 가지 용매 회수공정은 물, 용매 및 유기제품을 분리시킨다. 증류조작에서 유기제품을 다이아민, 주제품, glycol 및 타르부산물로 분리한다.

폴리우레탄의 가수분해에 의하여 생성된 아민과 glycol의 분리가 가수분해의 큰 결점이다. 이 어려움은 glycol의 분해에 의한 폴리우레탄 회수기술로 극복할 수 있다.

6.3 쓰레기 전화연료(RDF)

6.3.1 개요

폐기물내의 수분함량을 비롯하여 불순물과 입자의 크기, 재의 함량 등을 조절하여 생산하는 연료를 RDF(Refuse Derived Fuel)라고 한다. RDF는 일반적으로 5,700～17,700 J/g의 열량을 가지는데 열량은 수분함량 뿐만아니라 재의 함량에 따라서도 증가된다.

재의 함량을 감소시키기 위해서는 폐기물을 분쇄하여 자석선별후에 공기선별법을 통해 가벼운 물질만 연료로 만들면 되는데 이 때에는 셀룰로오스 부분이 많아서 입자의 크기가 커지므로 황산을 가한 후 열을 가해 셀룰로오스 부분을 부서뜨려서 건조시킨 후에 손가락 크기의 연료(pellet)를 만들거나 다시 분쇄하여 분말상태의 연료를 만든다.

Pellet이나 분말상의 연료는 밀도가 커서 장거리 운반이 가능하다. Pellet의 경제적인 최소크기는 22 mm 미만이며 크더라도 50 mm 이하가 되어야 한다고 한다.

RDF의 문제점은 ① RDF의 조성이 부패하기 쉬운 유기물질이기 때문에 수분함량이 증대되면 부패된다는 점이다. 수분함량이 15% 이하가 되면 이러한 문제는 없다고 한다. ② RDF 내의 Cl 함량이 크면 연료로 사용시 다이옥신의 발생 등 문제가 된다. 이를 제거하기 위해서는 PVC의 함량을 감소시켜야 한다. ③ 쓰레기의 조성이 종이, 플라스틱 등 태울 수 있는 성분이 상당량 포함되어야 하며 전처리에 상당한 동력 및 투자비가 소요된다는 점이다.

6.3.2 RDF의 조건

쓰레기 전화연료(RDF)를 대량 사용하고자 하면 최소한 다음과 같은 조건이 구비되어야 한다.

① 칼로리가 높을 것
② 함수율이 낮을 것
③ 재의 양이 적을 것
④ 대기오염이 적을 것
⑤ 배합률(RDF의 조성)이 균일할 것
⑥ 저장 및 수송이 편리할 것
⑦ 기존 고체연료 사용로에서 사용이 가능할 것 등이다.

6.3.3 RDF의 종류

RDF는 다음과 같은 종류가 있다.

① Powder RDF(분말로 제조된 연료)
Fluff RDF를 분쇄하여 분말화, 0.5 mm 이하이다.

② Pellet RDF(Densified RDF)
Fluff RDF를 Pellet 상태로 만든 것으로 크기는 직경 10～20 mm, 길이 30～50 mm 원통형이다.

③ Fluff RDF
절단된 폐기물에서 안타는 물질 제거후 성형한 것으로 20～50 mm Chip형태이다.

6.3.4 RDF 제조공정

RDF의 제조공정은 다음 그림 6-5와 같다.

(가) Fluff RDF

생활수준이 높아질수록 일반폐기물의 조성 가운데 종이류 등 가연성 성분의 비중이 점점 높아지게 되며 이러한 폐기물로부터 안 타는 폐기물(금속 및 유리기구류)을 제거한 후 연료로 이용하는 것이 가장 간단한 연료화 방법이라고 할 수 있겠다. 그냥 폐기물상태의 탈 수 있는 물

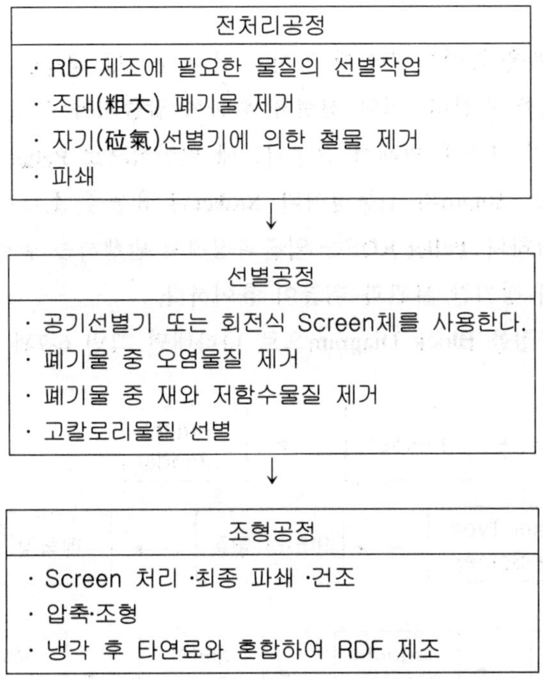

그림 6-5 RDF의 제조공정

질들은 그 크기와 형상이 여러 가지이므로 운반 및 저장 등에 어려움이 있어 일정한 크기로 절단을 해야 되고 이렇게 함으로써 연소효율의 향상을 기할 수 있다.

가장 단순한 방법으로 폐기물의 연료가치를 향상시킨 것을 Fluff RDF라고 부를 수 있고 운반과 저장에 용이한 이 연료는 대략 크기가 20～50 mm의 사각형이며 제조시에는 절단공정 후 체분별 및 공기선별, 자력선별을 하여 제조한다.

이 연료공정은 공정이 비교적 단순하기 때문에 건설비 및 운영비가 저렴한 장점이 있으나 절단 후 Bulk Density가 작아서 다른 RDF에 비하여 운송 및 보관이 효율적이지 못하다. 일반적으로 생산된 Fluff RDF는 발전소에서 분말탄과 혼합하여 연소시키고 있다.

Fluff RDF의 생산공정을 Block Diagram으로 나타내면 그림 6-6과 같다.

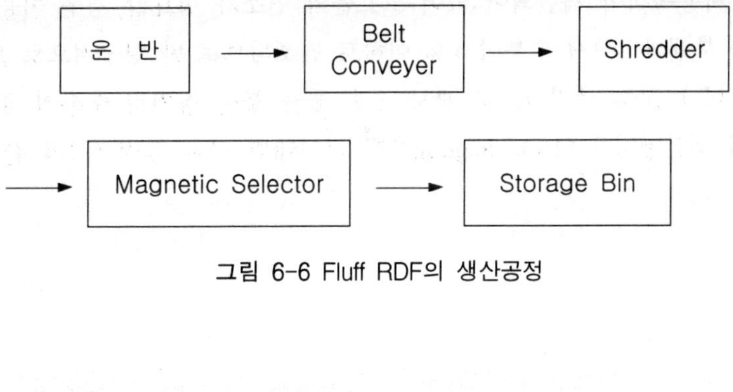

그림 6-6 Fluff RDF의 생산공정

(나) Pellet RDF

보관이나 운반의 효율을 높이기 위함과 동시에 단위 무게당 열량을 향상시키기 위하여 Fluff RDF를 압밀 성형한 것을 말한다. 이의 성형을 위하여 압출기가 주로 사용된다.

크기는 압출기의 구멍 크기에 의해서 결정되는데 일반적으로 Pellet RDF의 크기는 직경 10~20mm이고 길이는 30~50mm의 원통형이다. Stoker나 유동층 소각로에서 연소시킬 수 있고 석탄과 혼합연소시 적합하다. Pellet RDF는 압출과정에서 발생하는 열로 인하여 건조되기 때문에 Fluff RDF에 비하여 장기간 보관과 취급이 용이하다.

Pellet RDF의 생산공정을 Block Diagram으로 나타내면 그림 6-7과 같다.

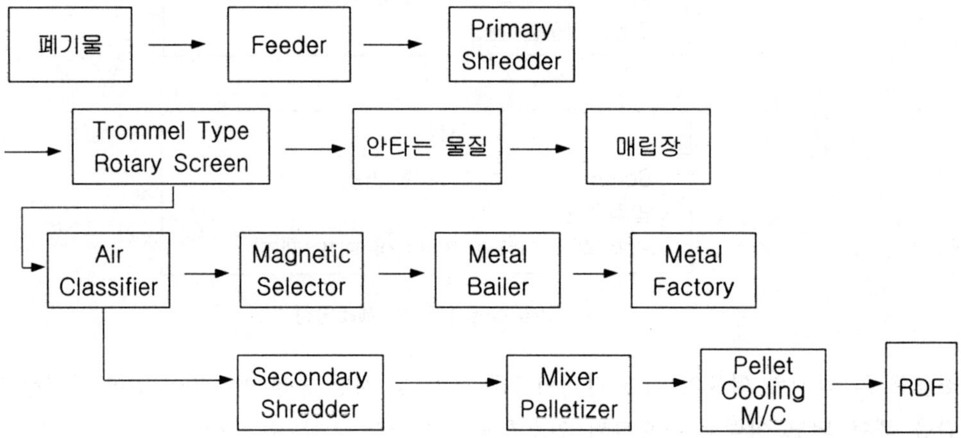

그림 6-7 Pellet RDF 생산공정

(다) Powder RDF

Fluff RDF를 2차 분쇄과정을 통하여 0.5 mm 이하의 분말형태로 만든 것을 Powder RDF라고 하며 분말형대의 RDF는 분말탄과 유사하게 사용하기 위하여 생산하며 주로 분말탄과 혼합연소시킨다. 이 RDF의 생산은 Fluff RDF 제조공정에서 Ball Mill 등 분쇄공정만을 첨가시켜 주는 것으로 미국에서 개발되고 독일에서 상용화시켰다. 실제로 분쇄공정에는 인력과 비용이 요구되며 제품의 사용목적이 제한되어 있어 고효율의 연소가 필요할 경우 이용된다.

Powder RDF는 분쇄과정에서 수분이 4 % 이하로 건조되므로 반 영구적으로 보관할 수 있는 장점이 있고 제품이 비교적 균질하므로 관로 수송 등을 통한 장거리 수송이 용이하다.

Powder RDF의 생산공정을 block diagram으로 나타내면 다음 그림 6-8과 같다.

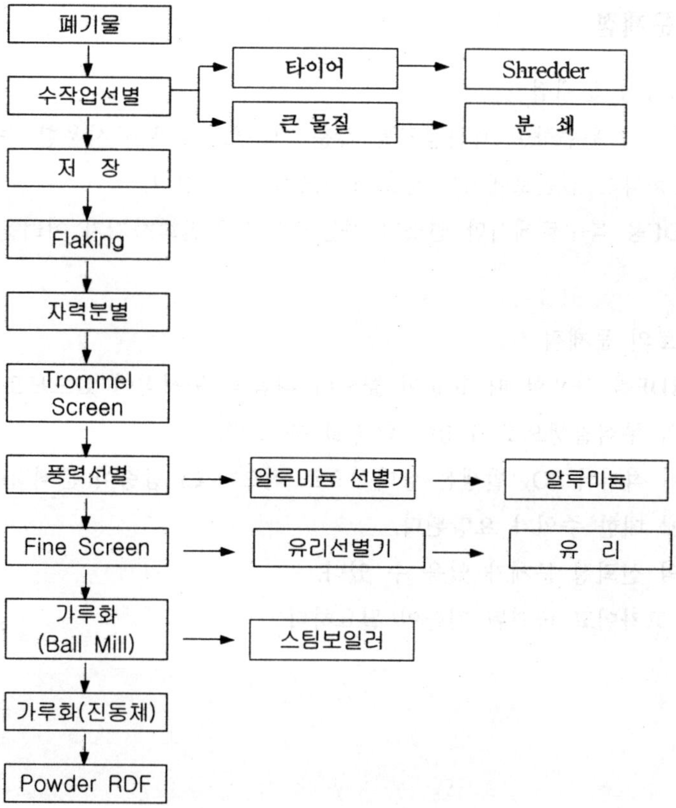

그림 6-8 Powder RDF 생산공정

(라) RDF간의 특성비교

3가지 RDF간의 주요특성은 다음과 같다.

항 목	Fluff	Pellet	powder
형태 및 크기	25~50 mm 사각 Flaky	10~20 mm 직경 30~50 mm 길이	<5 mm
열용량(kca1/kg)	2,500~3,500	3,300~4,000	4,300
수분함량(%)	15~20	12~18	<4
회분량(%)	22~30	12~25	10~20
수송방법	풍력(공기)수송	취급용이	풍력(공기)수송

6.3.5 RDF의 문제점

(1) RDF의 사용상 문제점

① RDF의 품질이 우수하여 제진장치를 갖춘 기존소각로에서 사용할 수 있어야 한다.

② 석탄을 사용하는 일반로에서도 연소가 가능하여야 한다.

③ 현재는 RDF용 특수로에서만 연소가 가능하므로 일반화하기가 어려운 것도 하나의 문제점이 된다.

(2) RDF소각로의 문제점

소각로에서 RDF를 사용할 때 효율이 높으나 다음의 문제점이 있으므로 개선이 요망된다.

① 소각시설의 부식발생으로 수명이 단축될 수 있다.

② 유황함량이 적어서 SO_X 발생은 상대적으로 적으나 Cl 함량이 문제점이 되고 연소분진과 대기오염에 대한 주의가 요망된다.

③ 연료공급의 신뢰성 문제가 있을 수 있다.

④ 시설비가 고가이고 숙련된 기술이 필요하다.

Chapter 7

유기성 쓰레기의 자원화

7.1 퇴비화(Composting)

7.1.1 서 론

플라스틱, 고무와 가죽성분을 제외하고, 도시폐기물의 유기성분은 단백질, 아미노산, 지방, 탄수화물, 셀룰로오스, 리그닌, 재로 구성되어 있다. 이 유기물질이 친산소성 미생물 분해가 되고, 미생물 활동이 끝난 후에 남아 있는 최종 부산물은 퇴비로 알려진 부식물질이다. 그 반응과정은 다음과 같다.

반응식에서 보는 바와 같이 생성된 새로운 세포는 유기물질을 전환시키는 활성미생물의 일부분이 되고, 최종적으로는 사멸하여 퇴비의 일부분이 된다. 퇴비화의 주요 목적은 (1) 분해 가능한 유기물질을 생물학적으로 안정한 물질로 변환시키고, 그 과정에서 폐기물의 부피를 감소시키며, (2) 병원성 미생물, 벌레, 유충 및 폐기물에 존재할 수 있는 기타 해충과 잡초씨를 제거하며, (3) 영양물질(질소, 인 및 칼륨)의 최대함량을 유지하고, (4) 식물성장 및 토양개량제로서 사용할 수 있는 부산물을 생산하는 것이다.

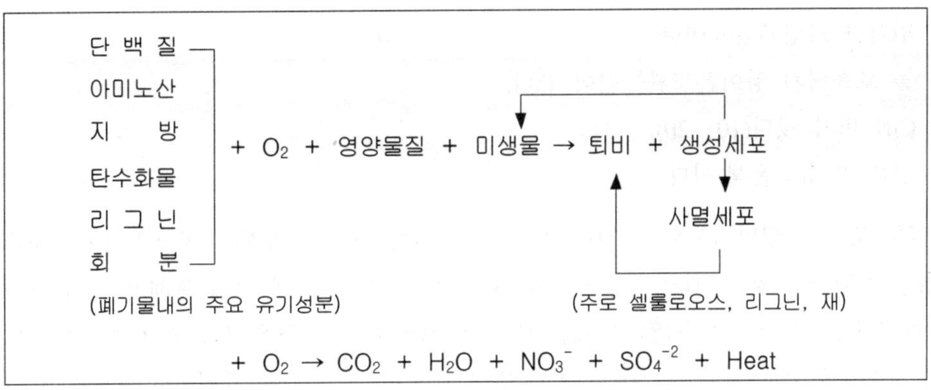

일반적으로 퇴비의 화학적 · 물리적 특성은 초기 물질의 성질과 퇴비화의 조건 및 분해정도에 따라 다양하다.

다른 유기물질과 구별되는 퇴비의 특성은 다음과 같다.

① 갈색 또는 암갈색

② 낮은 C/N비

③ 미생물 활동에 의한 계속적인 성질의 변화

④ 높은 양이온 교환능력 및 수분흡수능력

토양에 뿌려질 때 퇴비는 딱딱한 토양을 연하게 하고, 모래질 토양의 조직을 향상시키고, 토양의 수분보유능력을 증가시키는 것으로 알려져 있다.

7.1.2 퇴비화의 특징

퇴비화는 친산소성 조건하에서 생물학적으로 유기물을 안정화시키는 고형폐기물 자원화 방법중의 일종이다. 즉 도시폐기물중의 음식찌꺼기, 축산폐기물, 낙엽 또는 하수처리장 슬러지와 같은 유기물을 안정한 상태의 부식질(humus)로 변환시키는 생물학적 공정이다.

부산물인 퇴비는 100 % 안정화된 유기물은 아니며 퇴비내의 유기물질은 매우 느린속도로 계속 분해될 것이다. 퇴비화의 장점중의 하나는 퇴비화 기간동안 발생된 열에 의해 다른 처리방법에서는 살아 남을 가능성이 있는 많은 병원균을 파괴시킬 수 있다는 점이다. 따라서 퇴비화 반응은 아래와 같이 요약될 수 있다.

$$\text{복잡한 유기물} + O_2 \rightarrow \text{보다 덜 복잡한 유기물(humus)} + CO_2 + H_2O + NH_3 + \text{열}$$

Humus의 특징은 아래와 같다.

① 악취가 없는 안정한 유기물이다(흙냄새).

② 병원균이 사멸되어 거의 없다.

③ 뛰어난 토양개량제이다.

④ 물 보유력과 양이온교환능력이 좋다.

⑤ C/N 비가 낮다(10～20).

⑥ 짙은 갈색(검은색)이다.

퇴비화 과정은 일반적으로 3～4주 정도 소요된다. 퇴비화 과정은 친산소성이기 때문에 그 기간동안 혼합에 의해 공기가 공급되어야 하며 생물학적 과정에 의해 분해가 일어나면서 병원균을 파괴시킬 수 있는 고온(55℃ 이상)이 발생된다. 보통의 경우 70℃를 넘는 경우도 허다하다. 이 과정에서 산소 요구량을 만족시키기 위해 다음과 같은 2가지 방법으로 공기를 공급한다.

① 폐기물을 교반시킴으로써 대기 중의 산소에 노출시킨다.

② 공기 주입 장치의 사용으로 공기를 공급한다.

퇴비화 과정이 완료된 후에 대략 20일 정도 안정화(stabilization)기간이 필요하다. 이 기간 동안 유기물의 안정화 등을 좀 더 예상할 수 있다.

퇴비화의 장점은 아래와 같다.

① 유기성 폐기물을 재활용함으로써 폐기물을 감량화 할 수 있다.

② 생산품인 퇴비는 토양의 이화학성질을 개선시키는 토양개량제로 사용할 수 있다.

③ 운영시에 소요되는 에너지가 낮다.

④ 초기의 시설투자비가 낮다.

⑤ 다른 폐기물처리 기술에 비해 고도의 기술수준이 요구되지 않는다.

퇴비화의 단점은 아래와 같다.

① 생산된 퇴비는 비료가치가 낮다.

② 다양한 재료를 이용하므로 퇴비제품의 품질표준화가 어렵다.

③ 부지가 많이 필요하고 부지선정이 어렵다.

④ 퇴비가 완성되어도 부피가 크게 감소되지는 않는다(50% 이하).

⑤ 악취발생의 가능성이 있다.

7.1.3 퇴비화의 전체적 처리과정

퇴비화는 자연에서 항상 일어나는 과정으로, 문헌에 보고된 최초의 조직적인 퇴비화 공정 운전경험은 Howard의 지도 아래 1930년대 초 인도에서 수행되었다. Indore process로 알려진 이 프로세스는 개발된 인도의 지명을 따서 명명되었다. 간단한 형태로서, 그 과정은 60～90 cm 깊이의 도랑을 파서 거기에 폐기물, 분뇨, 동물 배설물, 지렁이와 짚단을 넣는다. 초창기의 방법은 그 물질을 6개월 또는 그 이상의 퇴비화 기간 동안 단 2회 뒤집어주는 정도에 지나지 않았다. 분해되는 폐기물로부터 배출되는 폐수는 재순환시키거나 퇴비화 중인 다른 건조한 폐기물에 가해준다. 제한적인 뒤집기로 인해 퇴비단 내부의 대부분이 피산소성이었던 것으로 추정되나, Indore process는 친산소성 혹은 임의성 조건을 유지하고 퇴비화 기간을 가속화시키기 위해 퇴비화 물질을 자주 뒤집어주는 가장 중요한 기술혁신을 이루었다.

대부분의 현대 퇴비화 공정은 세 가지의 기본단계로 구성되어 있는데, ① 폐기물의 전처리 과정, ② 폐기물의 유기성분의 분해. ③ 최종 퇴비의 제품화 및 시장개발이다. 퇴비화 처리의 일반적인 처리 흐름도는 그림 7-1과 같다.

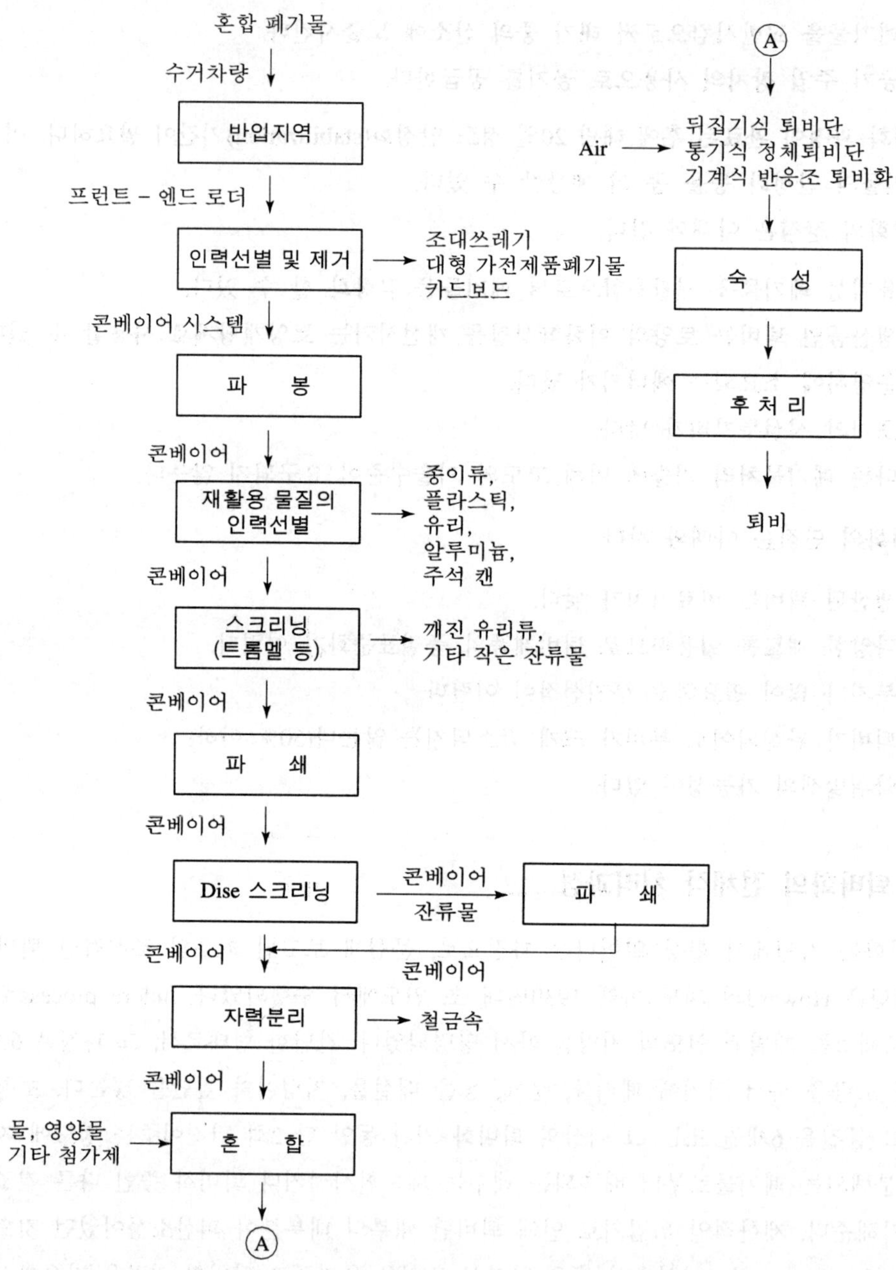

그림 7-1 퇴비화 과정의 일반적 흐름도

폐기물의 반입, 회수가능한 물질의 제거, 파쇄, 폐기물성상(즉, C/N비, 수분과 영양염 첨가)의 조절은 폐기물의 퇴비화를 위한 필수적인 전처리 과정이다. 전처리의 정도는 퇴비화 방법과 최종 퇴비에 대한 품질규격에 따라 다르다.

퇴비화 방법은 뒤집기식 퇴비단 공법, 통기식 정체퇴비단 공법, 기계식 반응조 퇴비화 공법 등의 여러 가지로 개발되었다. 뒤집기식 퇴비단 공법을 예를 들면 전처리된 폐기물을 개방된 곳에 단으로 쌓아 놓는 것으로, 퇴비단은 4~5주간의 퇴비화 기간동안 일주일에 1~2회 뒤집는다. 이 기간 동안 폐기물의 유기성분 중 생물학적 분해가능한 부분은 여러 가지 미생물에 의해 분해되고 탄소원으로서 유기물질을 이용한다. 미생물의 대사활동은 처음에 유기물질의 화학적 구성을 변화시키고, 폐기물의 부피와 무게를 감소시키며 퇴비화되는 물질의 온도를 증가시킨다. 퇴비단을 뒤집어서 분해과정에 필요한 산소를 공급하고 퇴비화 폐기물의 온도를 조절한다. 쉽게 생분해 가능한 유기물질이 없으면 박테리아의 활동은 감소하고 퇴비화 물질의 온도는 떨어지기 시작하며 퇴비화의 처음 단계가 완료된다(그림 7-2 참조). 퇴비화된 물질은 보통 완전한 안정화를 위해 퇴비단에서 2~8주 더 숙성시킨다.

퇴비화의 셋째 단계는 퇴비의 제품화 및 시장개발로서, 퇴비가 숙성되어 안정화된 후이다. 현재 완전히 안정화된 퇴비의 성분에 대한 일반적인 정의가 없다. 제품화 및 시장 개발은 미세분쇄, 스크리닝, 풍력선별, 여러 가지 첨가물과 혼합, 입상화, 자루에 넣기, 저장, 선적 및 어떤 경우에는 직접 시장에 내놓는 일이 포함된다.

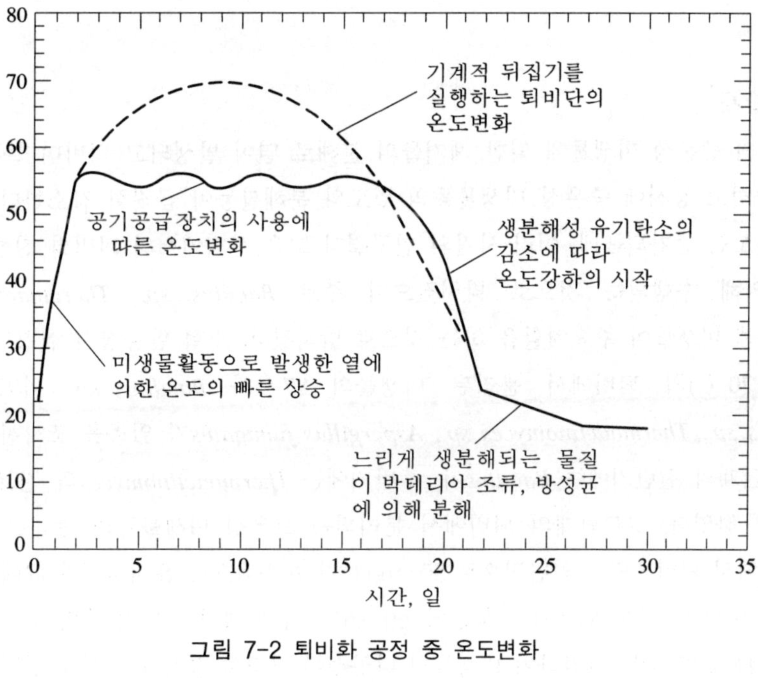

그림 7-2 퇴비화 공정 중 온도변화

7.1.4 퇴비화의 단계별 변화

퇴비화는 유기물의 친산소성 분해가 주된 과정으로 여러 종류의 많은 중온성(mesophilic), 고온성(thermophilic) 미생물들이 관여한다. 이들에 의한 분해과정은 크게 3부분으로 나누어지는데, 첫 번째는 유기물 중에 있는 분해가 쉬운 물질들, 즉 당류, 아미노산 등이 빨리 흡수 이용되는 1～2일간으로 퇴비더미의 온도가 오르기 시작하는 단계이다. 두 번째는 고온성 분해과정으로 주로 유기성 폐기물 중의 cellulose, pectin 등의 분해가 이루어지며, 보통 수주간 계속된다. 세 번째는 숙성(curing or stabilization) 단계로 온도가 떨어지고 분해속도가 느려지며 다시 중온성 미생물 등이 정착한다. 이상의 과정은 폐기물의 종류와 퇴비화 과정중의 환경조건에 따라 그 기간이 달라질 수는 있지만 3단계로 이루어지는 것이 일반적이다. 어떤 사람은 마지막 단계를 다시 냉각(cooling) 단계와 숙성(maturation) 단계로 나누는 경우도 있다.

(1) 초기단계

퇴비화 과정의 초기에는 중온성 진균(fungi)과 세균(bacteria)들이 주로 유기물을 분해하고, 이들의 작용에 의해 퇴비더미의 온도가 40℃ 이상으로 상승됨에 따라 고온성 세균과 방선균(actinomycetes)으로 대체되기 시작한다. 중온성 미생물들은 폐기물의 종류에 따라 그 종류가 다양하지만 일반적으로 토양 중의 유기물에 존재하는 미생물들과 비슷한 표 7-1과 같은 부류이다.

(2) 고온단계

초기단계의 중온성 미생물에 의한 폐기물의 분해로 열이 발생되고 퇴비더미에 열이 축적되면 온도가 상승하고 동시에 중온성 미생물들의 밀도와 분해활동이 급격히 감소한다. 그러나 고온성 미생물의 밀도는 증가되는데, 여러 사람의 연구결과 고온 상태에서의 퇴비화 진행은 이들 고온성 미생물에 의해 수행되는 것으로 밝혀졌으며 주로 *Bacillus sp., Thermoactinomyces sp.*와 cellulose 분해 미생물이 주요역할을 하는 것으로 밝혀졌다. 소형 반응장치 실험결과에 의하면 고온단계(50～70 ℃)의 퇴비에서 분리된 미생물의 87 %가 *Bacillus sp.* 이었고, 그 외에도 *Streptomyces sp., Thermoactinomyces sp., Aspergillus fumigatus*가 있음을 조사하였다. 특히 퇴비화 중 고온단계의 전반기에는 *Bacillus*가, 후반기에는 *Thermoactinomyces*와 진균이 주된 역할을 할 것이라고 하였다. 고온단계의 퇴비에서 분리되는 고온성 미생물들의 종류는 표 7-2와 같다.

고온단계에서 퇴비온도는 일반적으로 50～60℃가 계속적으로 유지되지만 때에 따라서는 더 온도가 상승하여 60℃ 이상 오르기도 하는데, 60～65℃ 온도에서는 퇴비 중의 고온성 세균 및 방선균 등의 미생물들이 모두 사멸하여 미생물의 다양성이 급격히 감소하고 열에 견딜 수 있는 포자형성 세균만 남게 되어 퇴비화 효율이 급격히 떨어진다. 일반적으로 퇴비화 진행이 65～70℃의 고온에서 빨리 된다고 알려져 있는데, 여러 미생물학자들의 실험에 의해 퇴비화는 적당한 고온 즉, 40~55℃에서 가장 효율적으로 진행됨이 판명되었다.

표 7-1 중온성 미생물의 종류

세 균	곰팡이	
Cellulomonas folia	*Fusarium culmorum*	*T. koningii*
Chondrococcus exiguus	*Stysanus stemonitis*	*Mucor spinescens*
Myxococcus virescence	*Coprinus cinereus*	*M. abundans*
M. Fulvus	*C. megacephalus*	*M. variens*
Thiobacillus thiooxidans	*C. lagopus*	*M. hiemallis*
T. denitrificans	*Clitopilus pinsitus*	*Chaetomium globosum*
Bacillus cereus	*Aspergillus niger*	*C. aureum*
Enterobacter cloacae	*A. terreus*	*C. hompilatum*
Flavobacterium balustinum	*A. fumigatus*	*Pencillium ochrochloron*
Xanthobacterium lividum	*Rhizopus nigricans*	*P. griseofulvum*
Pseudomonas fluorescence	*R. oryzae*	*Gliocladium virens*
P. putida	*Trichoderma viride*	*Geotrichum candidum*
P. stutzeri	*T. harzianum*	*Others*
Xanthomonas maltophila	*T. hamatum*	

표 7-2 고온성 미생물의 종류

세 균	방선균	곰팡이
Bacillus stearothermophillis	*Micromonospora vulgaris*	*Aspergillus fumigatus*
B. licheniformis	*Nocardia brasiliensis*	*Humicola insolens*
B. subtilis	*Pseudonocardia thermophila*	*H. griseus*
B. coagulans	*Streptomyces rectus*	*H. lanuginosa*
B. circulans	*S. thermofuscus*	*Mucor pusilus*
B. brevis	*S. thermophilus*	*Chaetomium thermophila*
B. sphaericus	*S. thermoviolaceus*	*Absidia ramosa*
Unassigned Bacillus spp.	*S. thermovulgaris*	*Sporotrichum thermophila*
	Thermoactinomyces vulgaris	*S. chlorinum*
	Thermonospora curvata	*Stibella thermophila*
	T. fusca	*Malbranchea pulchella*
	T. glaucus	*Thermoascus auranticus*
	Thermopolyspora polyspora	*Torula thermophila*
		Byssochlamys sp.

(3) 숙성단계

고온성 미생물의 작용에 의한 분해가 끝나면 대부분의 분해 가능한 유기물이 분해되었기 때문에 분해속도가 훨씬 느려지고 따라서 퇴비온도도 40℃ 이하로 떨어진다. 이때 다시 중온성 미생물이 재정착을 하는데 초기단계의 미생물 종류와 밀도와는 약간의 차이가 있다. 왜냐하면 숙성단계의 유기물들은 상당부분이 더 이상 분해가 쉽게 되지 않는 부식질(humus)로 변하기 때문이다. 부식질은 lignin 함량이 높고 가용 영양분의 함량이 낮기 때문에 이러한 환경에 적합한 방선균이 많아진다.

Godden 등은 가축분뇨의 퇴비화 과정중 고온단계가 끝난 뒤의 중온성 미생물중 초기단계에 있던 *Micromonospora chalcea, Streptomyces thermoviolaceus* 등 일부 방선균과 세균이 재정착한다고 하였다.

7.1.5 퇴비화의 방법

미국에서 현재 사용되는 퇴비화의 두 가지 주요방법은 교반식 및 정체식이 있다. 교반식 방법은 퇴비화할 물질을 주기적으로 교반하여 산소를 주입하고, 온도를 조절하고, 보다 일정한 부산물을 얻기 위해 물질을 혼합한다. 정체식 방법에서는 퇴비화할 물질은 그대로 두고 공기는 퇴비화 물질을 통해 불어 넣는다. 퇴비화의 가장 일반적인 교반식과 정체식 방법은 각각 뒤집기식 퇴비단과 통기식 정체퇴비단법으로 알려져 있다. 어떤 반응조에서 수행되는 퇴비화 시스템은 기계식 반응조 퇴비화법으로 알려져 있다.

(가) 뒤집기식 퇴비단 공법

뒤집기식 퇴비단 공법은 퇴비화의 가장 오래된 방법 중의 하나이다. 가장 간단한 형태인 뒤집기식 퇴비단 시스템은 퇴비화할 물질을 일년에 한번만 퇴비단을 뒤집기 위해 프론트-엔드 로더를 사용하기도 하는데 이런 경우에는 퇴비단이 완전히 분해되는 데는 3～5년이 걸린다. 그러한 시스템은 퇴비단의 일부가 피산소성일 때는 불쾌한 냄새가 나게 된다.

퇴비단 시스템은 보통 높이가 1.8～2.1 m, 폭이 4.0～5.0 m 작은 단면을 가진 퇴비단을 이용한다. 퇴비단의 실제 크기는 퇴비단을 뒤집기 위해 사용하는 장치의 형태에 따라 다르다. 퇴비단을 만들기 전에 유기물질을 파쇄와 스크리닝으로 약 2.5～7.5 cm 크기로 하고 수분함량을 50～60 %로 조절한다. 이러한 시스템은 온도가 55℃ 또는 약간 넘게 유지되는 동안 일주일에 두 번 뒤집는다. 퇴비단의 뒤집기로 인해 종종 불쾌한 냄새가 배출되기도 하며, 완전한 퇴비화는 3～4주 후에 이루어진다. 그 후 퇴비는 뒤집지 않고 3～4주 더 숙성시킨다. 숙성기간 동안 잔류되어있는 분해성 유기물질은 곰팡이류(fungi)와 방선균류(actinomycetes)에 의해 더 분해된다.

(나) 통기식 정체퇴비단법

통기식 정체퇴비단법은 Maryland의 Beltsville에 있는 미국 농무성의 Agriculture Agricultural Research Service Experimental Station에 의해 개발되었는데, 때때로 Beltsville 혹은 ARS 방법이라고도 한다. 원래 하수처리 슬러지의 친산소성 퇴비화를 위해 개발되어, 정원폐기물 또는 분리된 도시폐기물이 함유하는 여러 유기성 폐기물을 퇴비화하기 위해 이용되었다. 그림 7-3에 있는 통기식 정체퇴비단법은 격자형의 폭기 혹은 통기관 위에 전처리된 도시폐기물의 유기성분이 쌓여있는 형태를 하고 있다. 퇴비단의 높이는 약 2～2.5 m이다. 체 분리한 퇴비를 새로운 퇴비단의 보온과 악취방지를 위해 퇴비단 표층에 덮어주기도 한다.

각 퇴비단은 보다 효과적인 공기공급을 위해 통상 별도의 송풍기를 사용하며, 공기는 생물학적 전환에 필요한 산소를 공급하고 퇴비단내에 온도를 조절하기 위하여 주입된다. 송풍기 운전은 타이머에 의해 조절되며, 어떤 시스템에서는 특별한 온도 변화에 맞추기 위해 마이크로컴퓨터에 의해 조절된다. 퇴비화 기간은 3～4주 정도이고, 그 후 4주 또는 그 이상 숙성 시키며, 숙성된 퇴비를 파쇄와 스크리닝(screening)을 함으로써 최종 퇴비산물의 질을 향상시킨다. 개선된 처리와 악취조절을 위해 새로운 시설의 중요한 부분은 덮어 놓거나 밀봉한다.

탈수된 하수슬러지(Sludge)를 퇴비화하는 경우는, 퇴비화할 물질의 공극을 유지시키고, 과도한 수분을 흡수하기 위해 수분조절제(bulking agent)가 필요한데 목재칩이 수분조절제로 가장 일반적으로 사용된다. 슬러지와 목재칩 혼합물을 폭기관 위의 퇴비단에 놓고 미리 퇴비화된 물질로 상부를 덮는다. 송풍기가 작동되면 퇴비단을 통해 공기를 불어 넣거나 뽑아낸다. 퇴비화 시간은 일반 퇴비단 공법과 같은 약 3～4주일이다. 퇴비화 후 퇴비단은 덜어내고 수분조절제는 스크리닝법으로 회수된다. 그리고 도시폐기물, 정원폐기물, 도시폐기물과 하수 슬러지 혼합물과 같이 건조된 폐기물을 퇴비화 하는 데 수분조절제는 대개 필요하지 않다.

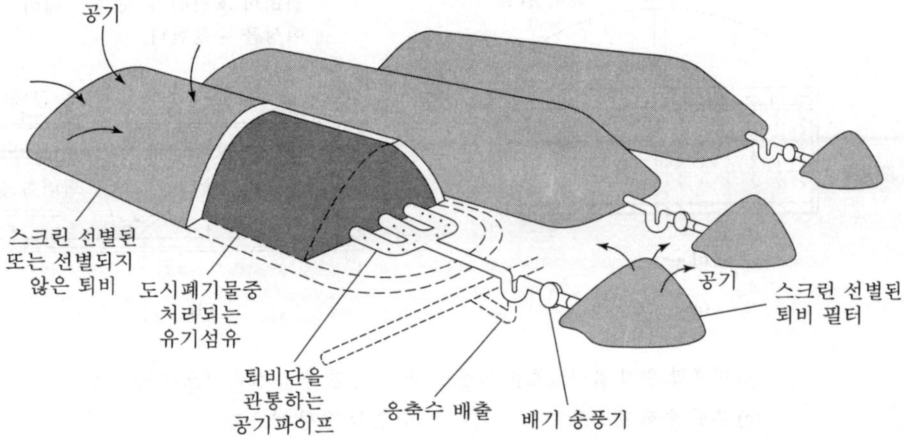

그림 7-3 통기식 정체퇴비단 공법

(다) 기계식 반응조 퇴비화법

기계식 반응조 퇴비화법은 퇴비화가 밀폐된 반응조내에서 이루어지는 것으로, 이 시스템의 반응조로 사용할 수 있는 것은 수직탑, 수평 장방형과 원형 탱크 및 원형 회전 탱크이다(그림 7-4 참조). 기계식 반응조 퇴비화법은 크게 플러그(plug flow) 흐름조와 교반(dynamic)조로 분리할 수 있다. 플러그 흐름조에서는 퇴비화 입자들은 반응 시작부터 반응 끝까지 동일 반응조에 머물며, 그 시스템은 선입-선출(first-in, first-out)원리에 의해 운전된다. 교반조에서의 퇴비화 물질은 기계적으로 혼합된다. 플러그 흐름조의 예는 그림 7-4(a),(b)에, 교반조의 예는 그림 7-4(c),(d)에 설명되어 있다.

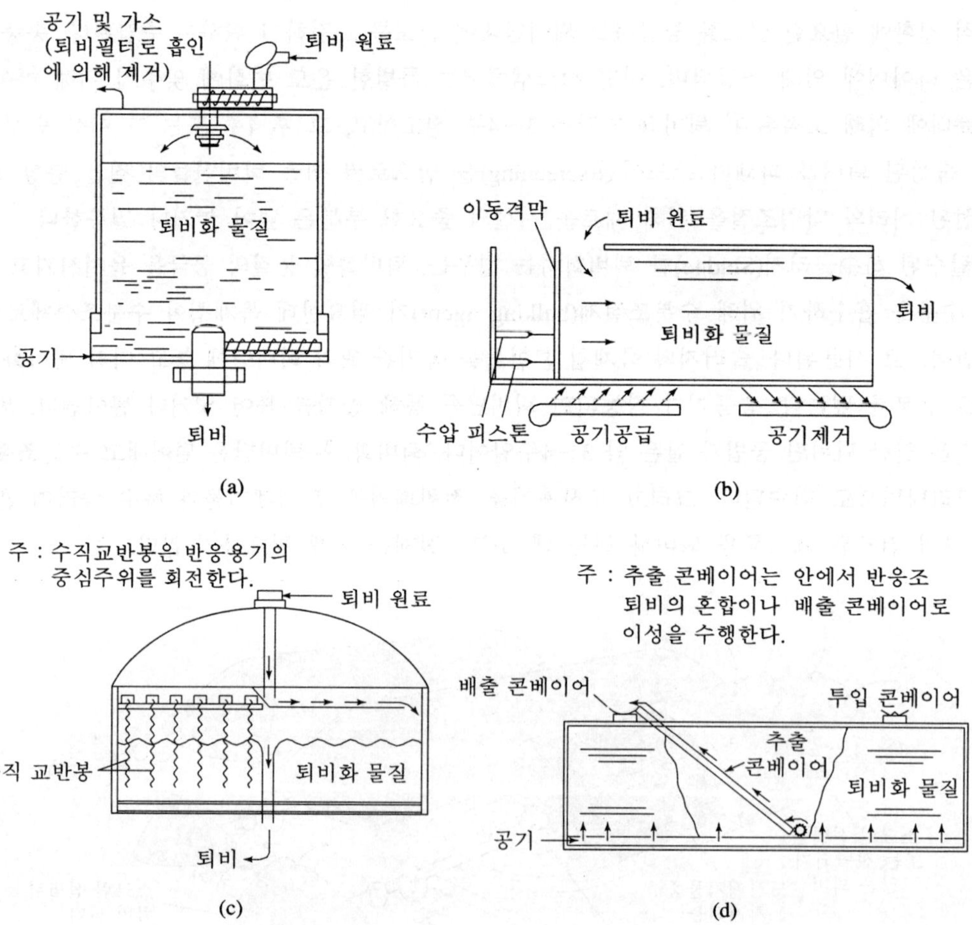

(a) 비혼합 수직 플러그흐름 반응조 (b) 비혼합 수평 플러그흐름 반응조

(c) 혼합 수직 반응조 (d) 혼합 수평 반응조

그림 7-4 기계식 반응조 퇴비화 공정

표 7-3 호기성 퇴비화공정의비교

항 목	뒤집기식 퇴비단공법	통기식 정체 퇴비단공법	기계식반응조 퇴비화공법	
			혼합이 있는 경우	혼합이 없는 경우
설치비용	일반적으로 낮다.	소규모시 낮다. 대규모시 높다.	일반적으로 높다.	일반적으로 높다.
운영비용	일반적으로 낮다.	많이 소요(공극개량제가 사용되는 슬러지 시스템인 경우)	일반적으로 낮다.	일반적으로 낮다.
부지소요	크다.	크다.	작은 편이나 후속공정에 따라 증가할 수 있다.	작은 편이나 후속공정에 따라 증가할 수 있다.
공기공급량 조절	제한적	가능	가능	가능
공정조절	뒤집기빈도, 개량제 또는 반송퇴비첨가	공기공급률	공기공급률, 혼합, 개량제 첨가, 퇴비반송	공기공급률, 개량제 첨가, 퇴비반송
날씨에 대한 민감도	옥외인 경우 영향을 많이 받는다.	동계 및 우기에도 가능	동계 및 우기에도 가능	동계 및 우기에도 가능
악취제어	주입물에 좌우되며 악취 영향반경이 크다.	악취영향반경이 크나 제어 가능	우수	우수
잠재적인 운영상 문제점	날씨에 영향을 받기 쉽다.	공기공급률 조절이 중요(공기공급시 단회로 발생 가능)	공정조절이 용이하나 시스템이 기계적으로 복잡하다.	공기공급시 단회로 발생가능, 시스템이 기계적으로 복잡하다.

기계식 반응조 시스템에서는 공기흐름, 온도 및 산소농도와 같은 환경조건을 조절함으로써 냄새와 처리시간을 최소화하여야 한다. 최근에 용기식 퇴비화 시스템의 인기가 증가하고 있으며, 이 공법의 사용이 증가하게 된 이유는 처리과정과 냄새방지, 보다 빠른 생산, 저임금 및 부지넓이가 적게 소요된다는 것이다. 용기식 퇴비화법에서 체류시간은 1~2주이지만, 실제로 모든 시스템에서는 퇴비화 기간 이후 4~12주의 추가숙성기간을 채택하고 있다.

7.1.6 친산소성 퇴비화의 공정과 미생물학

친산소성 퇴비화는 도시폐기물내의 유기성분을 퇴비라고 부르는 안정한 부식질로 변화시키는 생물학적 공정으로 가장 흔히 쓰이는 공정이다. 친산소성 퇴비화의 적용대상은 (1) 음식폐기물 및 정원폐기물, (2) 선별된 도시폐기물, (3) 혼합 도시폐기물, (4) 도시폐기물과 폐수슬러지의 혼합물 등이 있다. 친산소성 퇴비화의 공정 및 설계지침은 아래와 같다.

친산소성 퇴비화공정은 다음의 3단계 (1) 음식폐기물 및 도시폐기물의 전처리, (2) 음식폐기물 및 도시폐기물내 유기물의 친산소성 분해, (3) 제품화 및 시장개발로 나누어 볼 수 있다. 도시폐기물의 퇴비화에 이용되는 기본 공법에는 뒤집기식 퇴비단공법, 통기식 정체 퇴비단공법, 기계식 반응조 퇴비화공법이 있다(그림 7-5 참조)

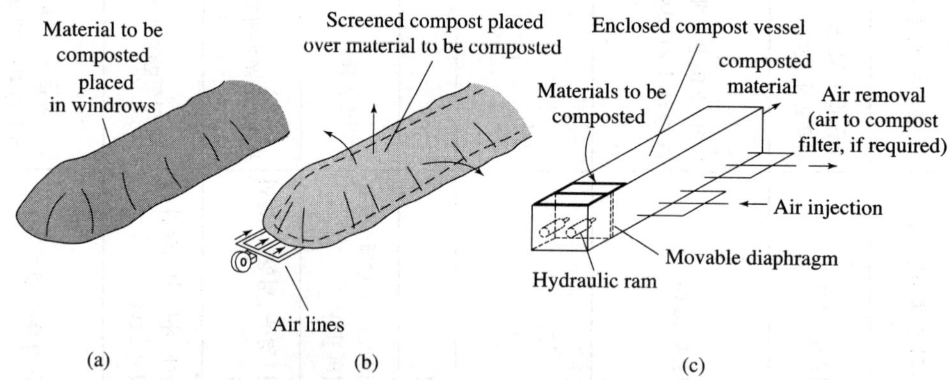

그림 7-5 기본적 퇴비화공법 : (a) 뒤집기식 퇴비단공법, (b) 통기식 정체 퇴비단공법, (c) 기계식 반응조 퇴비화공법

한편 이러한 공정들은 공기주입방식에 차이가 있을 뿐 생물학적 원리는 동일하다. 각 공정이 적절히 설계되고 운영될 때 각 공정별 퇴비화 반응기간 및 최종 생성퇴비의 특성에는 큰 차이가 없다.

친산소성 퇴비화반응에 관여하는 주요 미생물은 임의성과 절대친산소성 미생물이다. 퇴비화 공정의 초기단계에서는 중온성이 우점종이며 온도가 상승한 후에는 고온성세균이 주된 분해작용을 하고, 5～10일 경과후에는 고온성 곰팡이도 출현한다. 최종단계 또는 숙성단계에서는 방선균과 곰팡이가 나타난다. 이러한 미생물들이 특정한 폐기물의 경우(예, 신문지) 잘 나타나지 않는 경우가 있으므로 이러한 폐기물을 퇴비화할 때는 앞에서 언급한 미생물들을 넣어줄 수도 있다.

친산소성 퇴비화의 주요 인자에는 수분함량, C/N비, 온도 등이 있다. 수분함량이 적당(50～60 %)하고 공기공급이 원활한 경우 미생물 대사가 가속화된다. 친산소성 미생물은 산소의 존재하에서 유기물을 기질로 하여 분해활동을 하며 질소, 인, 탄소 그리고 기타 영양물로부터 세포합성을 한다. 대부분의 탄소는 미생물의 에너지원으로 쓰이며 호흡에 의해 CO_2로 전환된다. 유기탄소가 에너지원과 세포합성 모두에 이용되므로 질소 등에 비해 더 많은 양이 필요하다.

7.1.7 설계와 운영시 고려사항

친산소성 퇴비화공정의 설계시 고려인자가 표 7-4에 설명되어 있다. 표에서 알 수 있듯이 퇴비화공정의 전처리는 간단한 일이 아니며 특히 최적결과를 얻기 위해서는 더욱 어려운 일이다. 이러한 이유로 대부분의 상업 퇴비화시설이 고도로 기계화되고 특별히 설계된 시설을 갖추어 운영된다. 이러한 시설 및 운영하에서만 표 7-4에 나타난 설계인자를 효율적으로 조절할 수 있다.

(가) 입자크기

도시폐기물은 대체로 불규칙한 모양으로 이러한 불규칙성은 퇴비화 전에 파쇄하는 것이 바람직하다. 입자크기는 물질의 밀도, 내부마찰, 흐름특성, 마찰저항 등에 영향을 미친다. 입자크기의 감소는 반응속도를 증가시킨다. 퇴비화에 가장 적당한 입자크기는 5 cm 이하이다. 또한 설계입자크기는 최종생산물의 크기와 경제적 인자 등에 의하여도 다소 좌우된다.

(나) C/N비

퇴비화시 가장 중요한 환경적 인자는 C/N비이다. 퇴비화시 폐기물의 적정 C/N비는 25～50 정도이다. 표 7-5에서 보듯이 슬러지는 낮은 C/N비를 나타내고 나뭇잎이나 신문지같은 폐기물은 상대적으로 높은 C/N 비를 갖는다. 표 7-5의 C/N비는 유기물 중 분해가능한 부분의 건조질량기준이 아닌 전체 유기물의 건조질량기준으로 나타낸 값이다. 일반적으로 유기물내 존재하는 유기질소의 대부분은 생물학적으로 이용가능하나 유기탄소는 일부분만이 생물학적으로 분해가능하다. 따라서 전체 유기물에 기초한 C/N비는 때때로 잘못된 정보를 제공할 수 있다. 예를 들면 도시폐기물내의 모든 질소가 이용가능하다고 가정할 경우 탄소의 분해가능정도에 따라 도시폐기물의 C/N비는 34～60 정도까지 변화한다. 퇴비화시 C/N비 조절은 C/N비가 서로 다른 폐기물을 적절히 혼합하여 최적조건으로 맞출 수 있다.

표 7-4 친산소성 퇴비화공정의 설계 운영고려인자

항 목	설 명
입자크기	폐기물의 적정입자크기는 25~75 mm(1~3in)
C/N비	초기 C/N비는 25~50이 적당, C/N비가 낮은 경우는 암모니아가스가 발생하며 생물학적 활성이 떨어진다. 반면 높은 경우는 질소가 제한인자로 작용
혼합과 미생물식종	퇴비화기간은 일부 분해된 폐기물로 식종하면 단축가능하며 혼합은 무게비로 1~5% 정도하는 것이 일반적이다. 하수슬러지도 폐기물과 함께 퇴비화 가능하며, 슬러지를 첨가할 경우 최종 수분함량이 중요한 인자로 작용
수분함량	퇴비화기간 동안 수분함량은 50~60% 범위에서 유지된다. 적정수분함량은 약 55%이다.
교반/뒤집기	퇴비단이 건조해지거나 덩이리지고 공기의 채널링현상을 방지하기 위하여 반응기간 동안 필요에 따라 규칙적으로 교반하거나 뒤집어 준다. 교반 또는 뒤집기 정도는 퇴비화 운영 방식에 따라 달라진다.
온 도	퇴비단의 온도는 초기 며칠간은 50~55℃를 유지하여야 하며, 활발한 분해를 위해서는 55~60℃가 적당하다. 온도가 66℃이상 상승하면 생물학적 분해활동이 현격히 감소한다.
병원균의 제어	정상적인 퇴비화공정에서는 병원균의 사멸이 가능하다. 병원균사멸을 위해서는 60~70℃에서 24시간 이상 유지하여야 한다.
공기공급	이론적인 산소요구량은 식을 이용하여 추정가능하다. 특히 기계식 퇴비화의 경우 최소한 초기산소농도의 50% 정도가 퇴비대상물질 전체에 존재할 수 있도록 공기를 공급한다.
pH 조절	적당한 분해작용을 위해서는 pH는 7~7.5 범위를 유지한다. 암모니아가스에 의한 질소손실을 줄이기 위해서 pH 8.5 이상 올라가지 않도록 주의한다.
분해정도	분해정도는 온도의 감소, 발열능력의 감소, 퇴비내 분해 가능한 유기물량, 산화환원전위의 증가, 산소이용률, 곰팡이의 일종인 *Chaetomium gracilis*의 성장, starch-iodine test 등을 통하여 알 수 있다.
부지소요	1일 50톤 용량의 경우 부지는 6,000~8,000 평방미터정도 소요되며 공정의 규모가 커질수록 상대적 부지요구넓이는 줄어든다.

유기성 폐기물의 C/N비는 미생물의 분해 대상인 기질(유기물)의 특성으로, 효과적으로 퇴비화를 진행시키기 위한 가장 직접적인 중요 인자이다. 탄소는 미생물들이 생장하기 위한 에너지원으로, 질소는 생장에 필요한 단백질합성에 주로 쓰이는데, 보통 미생물 세포의 C/N비가 5~15로 미생물에 의한 유기물의 분해는 C/N비가 미생물 세포의 그것과 비슷해질 때까지 이루어진다. 그림 7-6에서 보는 바와 같이 처음에는 높으나 분해가 진행될수록 점차 낮아져 최종적으

표 7-5 폐기물의 일반적인 질소함량 및 C/N비(건조질량비)

항 목	N(%)	C/N비
음식가공폐기물		
과일가공폐기물	1.52	34.8
도축폐기물	7.0～10.0	2.0
감자 줄기 및 잎부분	1.5	25.0
가축분뇨		
소	1.7	18.0
말	2.3	25.0
돼지	3.75	20.0
닭	6.3	15.0
양	3.75	22.0
슬러지		
소화(digested)후 활성슬러지	1.88	15.7
소화전 활성슬러지	5.6	6.3
목재 및 초본류		
원목가공폐기물	0.13	170.0
귀리짚	1.05	48.0
톱밥	0.10	200.0～500.0
밀짚	0.3	128.0
소나무	0.07	723.0
종이류		
혼합된 종이	0.25	173
신문지	0.05	983
갈색포장지	0.01	4490
잡지	0.07	470
광고우편물	0.17	223
정원폐기물		
잔디	2.15	20.1
낙엽	0.5～1.0	40.0～80.0
기타		
히아신스	1.96	20.9
버뮤다그래스(bermuda grass)	1.96	24

로는 10 정도가 된다. 일반적으로 퇴비화에 적합한 폐기물의 초기 C/N비가 26～35로 C/N비가 80보다 높으면 질소부족현상이나 분해가 진행될수록 점차 낮아져 최종적으로는 10 정도가 된다. 일반적으로 퇴비화 탄소가 많으면 이것에 의해 생긴 유기산 등이 퇴비의 pH를 낮추고 역시 미생물의 생장과 활동도 억제된다. 반대로 C/N비가 너무 낮으면(20 이하) 질소가 암모니아로 변하여 pH를 증가사키고, 이것으로 인하여 암모니아 가스가 발생되어 퇴비화 과정 중 좋지 않은 냄새가 생기게 된다.

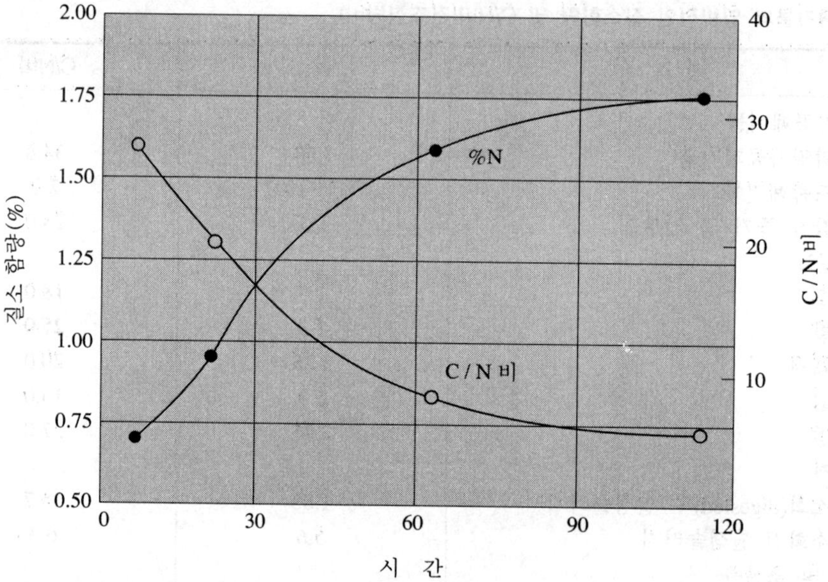

그림 7-6 짚의 퇴비화 과정중 질소함량 변화

표 7-6 각종 폐기물 중 질소함량과 C/N비

폐기물	질소(% d.w.)	C/N비
주 개 류	2.0～3.0	15
전체쓰레기	0.5～1.4	30～80
하수슬러지		
활성슬러지	5.6	6
소화슬러지	1.9	16
나 무	0.07	700
종 이	0.2	170
목 초	2.2	20
잡 초	2.0	19
낙 엽	0.5～1.0	40～80
과 일 류	1.5	3
가축분뇨	-	30～50
도시폐기물	-	50
톱 밥	-	150～1000

대부분의 폐기물의 C/N비는 표 7-6과 같이 퇴비화에 적합한 범위 내에 속하나 종이류가 섞이거나 나무 등이 있을 경우는 셀룰로오스에 의해 C/N비가 아주 높아진다. 이러한 경우에는 초기의 퇴비화 진행이 극히 느려지기 때문에 적절한 질소원의 첨가로 C/N비를 조절해야 한다. 또, 도시하수 슬러지(Sludge) 및 축산분뇨의 경우 C/N비가 낮기 때문에 역시 C/N비가 높은 폐기물과 섞어 적당한 범위로 조절하면 퇴비화 효율을 높일 수 있다.

(다) 혼합과 미생물접종

퇴비화시 도시폐기물에 기타 폐기물의 혼합여부는 C/N비와 수분함량이 달려있다. 폐기물을 어떠한 비율로 혼합할 것인지는 실험분석을 통하여 결정한다. 만약 도시폐기물 내 어떠한 비율로 혼합할 것인지는 실험분석을 통하여 결정한다. 만약 도시폐기물 내 유기물이 대부분 종이나 다량의 탄소를 함유한 물질인 경우에는 질소함량이 높은 분뇨나 슬러지(Sludge)와 같은 유기성 폐기물을 혼합하여 적정 C/N비로 조절할 수 있다.

수분함량의 차이가 나는 폐기물도 서로 혼합하여 적정 수분함량으로 조절할 수 있다. 미생물접종은 폐기물의 생물학적 분해가 잘 되도록 다량의 숙성퇴비를 반송함으로써 유기물 분해속도를 증가시키기 위한 것이다.

(라) 수분함량

친산소성 퇴비화의 적정수분함량은 50～60% 정도이며 폐기물의 혼합이나 수분의 첨가 등으로 조절할 수 있다. 퇴비단의 수분함량이 40% 이하로 떨어지면 반응속도가 감소한다.

퇴비중의 수분함량은 처리 폐기물의 종류에 따라 공간부피, 공기공급량, 온도변화 등의 물리적 환경요인에 따라 다른데 수분함량 또한 미생물의 활동에 결정적 영향을 미치는 환경요인이다. 퇴비화 도중 수분함량은 감소하기도 한다. 수분감소는 열의 발생과 수증기의 증발로 인해 감소된다. 그리하여 퇴비화 진행중 퇴비더미를 과도하게 뒤집거나 공기함량을 많이 하게 되면 수분감소에 의한 미생물의 활동이 줄어들어 퇴비화의 효율이 떨어진다. 퇴비화에 적당한 수분함량은 50～60%로 40% 이하가 되면 분해율이 감소하고 60% 이상이 되어도 산소확산이 잘 되지 않아 피산소적 생물작용에 의해 악취가 발생되거나 퇴비화 효율이 떨어진다. 그러나 반응기(vessel system) 퇴비화의 경우 구조에 따라 최적 수분함량이 달라질 수 있는데, 슬러지의 경우 50～60% 수분함유 상태에서는 물리적으로 압착이 되어 공기유통과 미생물 활동이 급격히 감소한다. 그러므로 폐기물의 종류와 퇴비화 시스템에 따라 적합한 초기 수분함량과 퇴비화진행중의 수분변화를 잘 조절하여야 한다.

(마) 교반/뒤집기

폐기물의 초기교반은 적절한 수분함량의 조절을 위하여 필수적이다. 교반은 영양물질과 미생물을 고르게 분포시키며, 뒤집기는 친산소성상태를 유지하는 데 매우 중요한 운영인자이다.

뒤집기정도는 수분함량, 폐기물특성, 공기요구량에 의하여 결정되므로 최소한의 뒤집기횟수는 정해져 있지 않다. 수분함량이 55~60% 정도이고 퇴비화기간이 15일 일 때 첫 번째 뒤집기는 3일째에 하며 그 후 이틀간격으로 하여 총 뒤집기횟수는 4~5회 정도가 적당하다.

(바) 온도

친산소성퇴비화는 30~38℃의 중온상태 또는 55~60℃의 고온상태에서 운영된다. 퇴비화반응에 의한 온도상승은 미생물의 호흡대사에 의한 발열반응에 의한 것이다. 통기식 정체 퇴비단공법과 기계식반응조 퇴비화공법은 공기 공급으로 온도를 조절할 수 있다. 뒤집기식 퇴비단공법은 뒤집기를 이용하여 온도를 조절하며 이 공법의 일반적인 온도변화는 그림 7-7과 같다. 퇴비단의 온도는 뒤집기를 한 후 5~10℃ 정도 떨어지나 수시간내에 이전의 온도로 회복된다. 뒤집기식 퇴비단공법의 온도는 생분해가 용이한 유기물질이 거의 분해되는 10~15일이 되면 점차 떨어진다.

퇴비화 과정에서 온도는 퇴비화완료 여부를 나타내는 지표로서 활용될 만큼 중요한 인자이다. 일반적으로 퇴비화의 목적을 달성하려면 발열반응이 필수적이다. 즉 생물학적으로 안정화되려면 퇴비물질내의 분해가능한 물질이 분해가 되어야 하는데 이 분해는 곧 발열반응이므로 온도상승은 분해작용이 일어나는지의 여부를 판정하는 기준이 된다. 또한 악취는 피산소성 상태하에서 발생하는데 고온발열반응은 곧 친산소성 조건에 접근하여 퇴비화가 진행되고 있음을 나타내는 지표이다. 일반적으로 최적온도는 55~60℃이나 실제 퇴비단의 온도는 70℃를 넘는 경우가 흔하다. 이때는 공기공급량을 증가시킴으로써 온도조절을 도모할 수 있다. 60℃ 이상의 온도에서는 분해효율이 떨어지기 때문이다.

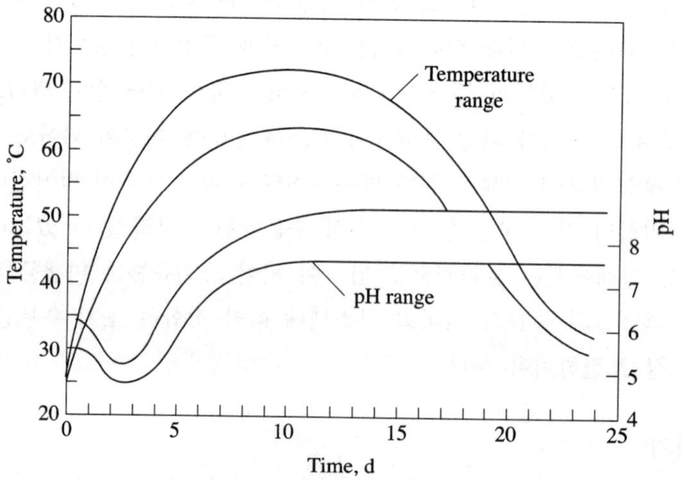

그림 7-7 뒤집기식 퇴비단공법의 온도와 pH의 일반적인 변화

(사) 병원균의 제어

병원균 사멸조건은 퇴비화공정의 중요한 운영인자이다. 이는 온도변화와 공기공급에 의해 영향을 받는다. 각 병원균의 사멸온도가 표 7-7에 요약되어 있다. 표 7-7에 나타난 바와 같이 병원균의 사멸은 반응시간과 온도의 함수임을 알 수 있다. 예를 들어 살모넬라는 60℃에서 15~20분, 또는 55℃에서 1시간이면 사멸된다. 표 7-7을 살펴보면 대부분의 병원균은 퇴비단온도가 55℃ 정도를 유지하는 경우 급속히 사멸된다. 병원균 중 어떤 것은 67℃에서 짧은 시간 동안 생존할 수 있는 것도 있다. 퇴비화 반응온도는 일반적으로 70℃까지 상승하여 1~2시간정도 유지하므로 거의 모든 병원균의 제거가 가능하다. 미국환경처는 병원균사멸을 위한 퇴비화 운영기준을 각 퇴비화시스템에 대하여 세워놓았다(표 7-8 참조). 이러한 기준은 정상적인 퇴비화공정에서 쉽게 달성될 수 있다.

표 7-7 병원균과 기생충 사멸을 위한 온도와 노출시간

병원균	사멸조건
Salmonella typhosa	46℃ 이상에서는 성장하지 못함 ; 55~60℃에서 30분 또는 60℃에서 20분 경과하면 사멸 ; 퇴비단내에서 단시간 내에 파괴된다.
Salmonella sp.	55℃에서 1시간 그리고 60℃에서 15~20분
Shigella sp.	55℃에서 1시간
Escherichia coli	55℃에서 1시간 그리고 60℃에서 15~20분 경과 후 대부분 사멸
Entamoeba histolytica cysts	45℃에서 몇 분 그리고 55℃에서 몇 초
Taenia saginata	55℃에서 몇 분
Trichinella spiralis larvae	55℃에서 빨리 사멸, 60℃에서 즉시 사멸
Brucella abortus or Br. sus	62~63℃에서 3분 그리고 55℃에서 1시간
Micrococcus pyogenes var. aureus	50℃에서 10분
Streptococcus pyogenes	54℃에서 10분
Mycobacterium tuberculosis var. hominis	66℃에서 15~20분 그리고 67℃에서 순간적 가열 후
Corynebacterium diphtheriae	55℃에서 45분
Necator americanus	45℃에서 50분
Ascaris lumbricoides eggs	50℃에서 1간 이내

표 7-8 퇴비화공정에서 병원균제어를 위한 미국환경처 요구조건

구 분	요구조건
병원균을 현격하게 줄이는 공정 (processes to significantly reduce pathogens, PSRP)	기계식반응조, 통기식 정체 퇴비단 또는 뒤집기식 퇴비단공법의 경우 최소한 40℃에서 5일간 유지하여야 하며, 이 기간(5일)동안 55℃ 이상에서 4시간 유지하여야 한다.
병원균을 PSRP 이상으로 줄이는 공정 (processes to further reduce pathogens, PFRP)	기계식 반응조 또는 통기식 정체퇴비단의 경우 55℃ 이상에서 3일간 유지하여야 한다. 뒤집기식 퇴비단공법의 경우 55℃ 또는 그 이상에서 최소한 15일간 유지하여야 한다. 또한 고온단계에서 최소한 5회 이상의 뒤집기를 해주어야 한다.

(아) 공기공급

통기식 정체 퇴비단공법과 기계식반응조 퇴비화공법과 같은 강제 공기공급 시스템에서 총공기요구량과 시간당 공기공급량은 필수적인 설계 고려인자이다.

퇴비화 과정은 주로 유기물의 친산소적 산화 분해로 산소의 존재가 필수적이며, 이 결과 탄수화물이 CO_2, 물, 미생물세포, 열 그리고 분해 뒤 부식질로 바뀌어진다. Windrow system의 경우 퇴비더미의 깊이에 따라 산소농도가 다르다. 공기가 충분히 공급되지 않는 경우에는 피산소적 상태가 되어 피산소적 생물작용(anaerobiosis)이 일어나 CO_2외에 CH_4, H_2, 유기산 등이 형성되고 퇴비화 중에 악취가 발생된다. 또 유기탄소의 분해가 불완전하게 이루어지고 에너지 발생의 감소에 따른 미생물세포 생장감소와 이것에 의한 유기물 분해의 감소가 발생된다. 퇴비화 과정에서 공급되는 공기는 몇가지의 기능을 가지고 있는데 **첫째**, 미생물이 호기적 대사를 할 수 있도록 하고 **둘째**, 온도를 조절하며 **셋째**, 수분과 CO_2와 다른 gas 등을 제거하는 역할을 한다. 과도하게 많은 공기를 공급하면 수분의 제거와 퇴비온도 저하로(겨울철의 경우) 퇴비화가 늦어질 수도 있으며, 이 때 수분이 제거되기 위해서는 미생물에 의한 퇴비의 발열도 있어야 한다. 퇴비화 과정중 연속적으로 공급되는 공기의 산소함량이 어느 정도 되어야 하는지에 대해서는 실험적 결과가 거의 없으나 5～15%의 범위에 있어야 한다고 제안되었다. 이를 위하여 공기주입률은 대개 50～200 L/min · m^3 정도가 적합하다.

여러 가지 종류의 폐기물은 그 물리적 성상에 따라 공기가 드나들 수 있는 공간(free air space) 부피가 다른데, 이 공간의 크기와 연관되어 퇴비화 효율에 관한 보고는 많이 없으나 대략 퇴비 부피의 30～36%가 퇴비화에 적합한 것으로 제안되었다. 공간의 부피는 수분의 함량과도 밀접한 관계가 있으며 수분이 많으면 상대적으로 이 공간이 적어지고 따라서 공기의 자유스러운 유동이 억제된다. 퇴비화 과정 중 공기공급이 잘 조절된다 하더라도 퇴비내에는 피산소적 미세부위(anaerobic microsite)가 존재하므로 이것에 의해 아주 적은 부분이지만 피산소적 생물작용이

일어난다. 폐기물의 종류에 따라서는 공간부피를 늘리기 위해서 몇 가지 팽화제(bulking agent ; 목재세편, 왕겨, 톱밥 등)를 첨가하기도 하며 이것은 다른 요인, 즉 탄질비, pH 등의 조절효과도 있다.

(자) pH 조절

pH조절은 퇴비화시 또 하나의 주요한 운영인자이다. 온도변화와 마찬가지로 pH값도 반응시간에 따라 변화하며 초기 pH는 대개 5와 7 사이이다(그림 7-7 참조). 반응 초기에는 pH가 5이하로 떨어지는 경향을 보인다. 이때 퇴비단의 온도는 주위 대기온도와 동일하며 중온성 미생물이 번식을 시작하는 단계이다.

반응이 시작되면서 유기산 등의 반응생성물이 나오며 그 때문에 pH가 떨어지는 것이다. 반응 후 약 3일이 경과하면 온도는 고온상태에 도달하여 pH는 8～8.5로 상승하기 시작한다. 반응이 끝나갈 때는 pH가 약간 감소하여 부숙퇴비의 경우 7～8의 값을 나타낸다. 퇴비단 내에 공기공급이 원활하지 못한 경우는 피산소성 상태가 나타나 pH값을 4.5 이하로 떨어뜨리고 반응을 지연시키게 된다.

퇴비화를 위한 폐기물의 적합한 pH 범위는 폐기물 발생장소에 따라 약간씩 차이가 있겠지만 대략 미생물의 활발한 pH는 5.5～8.0 범위이다. 폐기물의 종류에 따라 pH가 퇴비화에 적절하지 못한 산성 또는 알칼리성인 것이 있기 때문에 초기 pH 조절을 위해 탄산칼슘, 생석회 또는 수산화칼슘 등을 첨가하기도 하지만 퇴비화 진행에는 그다지 큰 영향을 끼치지 못한다고 밝혀졌다. 그러므로 퇴비화 촉진을 위한 pH조절은 꼭 필요한 요소는 아닌 것 같다.

(차) 분해정도(퇴비의 숙성도, compost maturity)

현재 퇴비화 반응의 분해정도를 측정하는 적절한 방법은 정립되어 있지 못하다. 하지만 여러 방법들이 제안되어 왔다. 제안된 방법들을 살펴보면 ① 온도의 감소, ② 발열능력의 감소, ③ 퇴비내 분해가능한 유기물 및 난분해성 유기물 함량, ④ 산화·환원전위의 증가, ⑤ 산소이용률, ⑥ *Chaetomium gracilis*(곰팡이의 일종)의 성장, ⑦ starch-iodine test 등이 있다. COD분석과 리그닌(lignin)시험을 통해서도 분해정도를 간단히 알아볼 수 있다. 낮은 COD농도와 높은 lignin함량(30% 이상)을 나타내는 경우 안정된 퇴비라 할 수 있다.

퇴비화의 진행정도는 폐기물의 종류, 환경조건 등에 따라 다른데 어느 시점 또는 어떤 상태에서 퇴비화가 완료되었는지를 정확히 결정하는 것은 퇴비화 시스템의 효과적 운영과 완료된 퇴비의 사용 측면에서 볼 때 아주 중요한 요인이다. 그러나 이와 같은 중요성에도 불구하고 아직까지 여러 가지 폐기물에 공통적으로 적용될 수 있는 퇴비화의 완료정도, 즉 퇴비숙성도를 나타내는 뚜렷한 지표가 없다. 다만 폐기물의 종류에 따라서 온도, CO_2 발생량, 탄질비, 식물생육 억제정도 등을 추적하여 퇴비화 숙성도로 이용하고 있다. 퇴비 숙성도란 개념자체가 어느 정도 모호한 것으로 대체로 숙성된 퇴비(mature compost)는 유기물이 미생물작용으로 분해되어 최종적으로 토양에 투입되었을 때 식물생장에 나쁜 영향을 미치지 않고 비료 또는 토양개량제로서의 역할을 할 수 있는 정도까지 안정화된 것으로 정의할 수 있다. 여기서 식물생장, 넓게 말하여 농업 생산적 측면을 강조하는 이유는 유기성 폐기물이 퇴비화 과정을 거쳐 퇴비가 되었을 때 마지막으로 처리될 곳은 결국 토양이기 때문에 토양처리시 농작물에 아무런 나쁜 영향을 미치지 말아야 하기 때문이다.

(카) 악취제어

친산소성 퇴비화에서 악취문제는 퇴비단 내의 피산소성 부위의 존재와 밀접하게 연관되어 있다. 대규모 친산소성 퇴비화시스템에서는 흔히 잡지, 책, 플라스틱 필름 등이 포함되어 있다. 이러한 물질들은 단시간 내에 분해되지 않고 특히 이러한 물질들의 중심부는 공기공급이 불충분하여 퇴비화반응이 피산소성화되는 경향이 있다. 피산소성상태에서는 유기산과 같은 악취유발물질이 발생된다. 이러한 냄새문제를 감소시키기 위한 방안으로 입자크기의 감소, 플라스틱 등 분해불가능한 물질의 제거, 그리고 선별된 물질만의 퇴비화 등을 생각할 수 있다.

(타) 부지소요

소요부지넓이 또한 친산소성 퇴비화공정에서 고려되어야 할 중요인자이다. 예를 들면, 50톤/일 용량의 뒤집기식 퇴비단공법의 경우 약 10,000 m^2의 부지를 필요로 한다. 10,000 m^2의 총 넓이 중에서 6,000 m^2는 부속건물, 공정장비 및 도로 부지 등을 위한 넓이이다. 50톤이 추가될 때마다 퇴비단 넓이를 위한 4,000 m^2와 부속건물 등을 위한 1,000 m^2의 추가적 부지가 필요하다. 고도로 기계화된 시스템의 경우 소요부지넓이는 공정에 따라 달라진다. 일반적으로 50 톤/일 규모의 경우 6,000～8,000 m^2 정도 소요되며 규모가 커질수록 상대적 부지요구넓이는 줄어든다.

(파) 판매를 위한 처리

퇴비가 판매될 수만 있으면 퇴비화시스템의 경제성은 크게 향상될 것이다. 판매를 위해서는 퇴비는 입자가 균일하고 유리, 플라스틱, 금속 등의 이물질이 없어야 하며 악취 또한 없어야 한다. 퇴비판매를 위하여 필요한 처리공정은 요구되는 퇴비의 품질규격에 달려 있다. 파쇄와 스크린은 균등한 퇴비의 생산을 위하여 흔히 이용된다. 한편 최종생산품의 가치를 높이기 위하여 첨가물을 넣기도 한다.

7.1.8 퇴비화시설 운영의 문제점

퇴비화처리와 관련된 주요한 문제점은 ① 냄새의 발생, ② 병원균, ③ 중금속 문제, ④ 사용 가능한 퇴비의 성분에 관한 정의이다. 비산되는 종이와 플라스틱 물질이 퇴비단 공법에서 역시 문제가 되며, 이런 문제들을 해결하지 않으면 퇴비화는 결코 실행될 수 없을 것이다.

(가) 악취의 발생

적정한 제어가 되지 않을 경우 발생하는 악취문제는 특히 퇴비단 공법에서 문제가 된다. 현존하는 모든 퇴비화 시설은 악취문제가 야기되고 있으며 어떤 경우는 여러 문제가 있다고 한다. 따라서 부지선정, 처리과정 설계와 생물학적 악취관리는 상당히 중요하다.

① 시설부지 : 악취의 발생 및 이동과 관련한 부지선정에 있어서 중요한 점은 악취의 분산에 영향을 주는 국부지역의 미기상, 악취 수용자와의 거리, 적정한 완충지역의 이용 및 분리된 시설의 이용(퇴비화와 숙성운전이 다른 곳에 위치) 등으로, 적절한 주의를 기울여야 한다.

② 적정 처리시설 설계 및 운영 : 적정한 처리시설 설계 및 운영은 악취발생을 감소시키는 데 있어 중요하다. 퇴비화 운전이 성공적이기 위해서 전처리 과정, 공기 요구량, 온도조절 및 뒤집는(혼합) 회수 등에 대해 특별히 주의해야 한다. 퇴비화 처리 시설은 폐기물과 필요한 첨가물, 즉 영양물질, 배양액(필요하다면), 수분 등을 완전히 그리고 효과적으로 혼합할 수 있어야 한다. 공기 공급장치는 적정 안정율로 최대 산소요구량을 공급할 수 있어야 한다.

통기식 정체 퇴비화법에서 공기 공급장치는 퇴비화 물질의 온도 상상을 방지하기 우해 필요한 공기의 양을 공급할 수 있는 용량을 갖추어야 한다. 퇴비화 시설은 효과적으로 온도 조절을 할 수 있어야 하며, 산소를 공급하고 온도를 조절하기 위해 퇴비를 뒤집고 혼합하는 데 사용되는 장치는 전체 퇴비화 물질을 혼합할 수 있는 용량이어야 한다. 혼합되지 않은 퇴비는 피산소성 분해가 일어나 악취가 발생한다. 위에 열거한 모든 운전법은 악취 없는 퇴비화시설을 위한 임계 운전인자이므로 예비장치가 유용하다.

③ 생물학적 악취관리 : 때때로 악취의 제거는 불가능하기 때문에, 생물학적 악취 발생에 영향을 미치는 인자에 대해 특별한 주의가 요망된다. 퇴비화 과정 중 악취의 원인은 낮은 C/N 비, 낮은 온도, 과도한 수분 및 혼합부족이다. 예를 들어, 퇴비를 뒤집지 않고 온도를 조절하지 않는 과정에서, 퇴비단 중앙에 있는 퇴비는 열분해될 수 있다. 그 뒤 퇴비단을 이동할 때, 열분해된 퇴비로부터 방출되는 악취는 아주 심하다. 폐쇄된 시설 내에서 충전탑, 분무탑(spray towers), 활성탄 접촉조, 생물학적 여과지(biological filters) 및 퇴비 여과지(compost filters)와 같은 악취방지 시설은 악취관리를 위해 사용된다. 어떤 경우에는 악취나는 유기 화합물이 악취를 분산시키므로 악취 위장제(masking agents)와 효소가 일시적인 악취방지를 위해 사용된다.

(나) 공중위생문제

퇴비화 운전이 제대로 되지 않으면 그 과정 중에 병원성 미생물이 살아남을 가능성이 있다. 퇴비가 사람들에게 노출되어 사용되어질 경우 병원성 세균을 없애는 것이 매우 중요하다. 퇴비화 과정의 적정운전으로 병원성 세균방지가 쉽게 이루어질 수 있다 하더라도, 모든 퇴비화 시설이 병원성 세균이 없는 믿을 만한 퇴비를 생산할 수 있는 충분한 시설이 되어 있지는 않다. 보통 퇴비화하는 도시폐기물과 이밖에 다른 유기물에 있는 대부분의 병원성 세균은 퇴비화 운전에서 사용되는 온도의 노출시간(55℃에서 15~20일)에서 사멸된다. 여러 가지 병원성 세균을 방지하기 위해 필요한 온도자료를 표 7-7에 나타냈다.

(다) 중금속 독성

모든 퇴비화 과정, 특히 기계적인 파쇄기가 사용되는 곳에서는 중금속 오염의 가능성이 있다. 폐기물 내의 금속이 파쇄될 때, 파쇄기에 의해 금속입자가 발생되며, 가벼운 파편인 이 금속입자는 폐기물에 부착된다. 최종적으로 퇴비화 후, 이 금속성분들은 토양에 잔류한다. 비록 잔류 금속 대부분이 악영향을 미치지 않는다 하더라도, 카드뮴(독성 때문에)과 같은 금속은 문제가 된다. 일반적으로 발생원에서 분리된 폐기물의 금속함량은 특히 낮기 때문에 도시폐기물의 유기성분으로 생산된 퇴비의 중금속 함량은 하수처리장 슬러지 내의 중금속 함량보다 훨씬 낮으며, 하수슬러지와 도시폐기물의 병합 퇴비화는 슬러지에서 금속농도를 낮추는 하나의 방법이다.

(라) 퇴비의 품질

퇴비질은 영양염 함량, 유기물 함량, pH, 입자의 조직, 입자 크기 분포, 수분함량, 수분보유능력, 이물질의 존재, 염의 농도, 악취정도, 안정도 혹은 숙성도, 병원성 세균 유무 및 중금속의 농도에 의해 나타낼 수 있다. 그러나 현재 이 변수에 대한 세계적인 적당한 기준이 없어 균일한 퇴비생산에 어려움이 있다. 퇴비에 대한 규제항목 및 기준을 표 7-9에 나타내었다. 퇴비가 일반인들에게 바람직하게 인식된다면, 공중위생문제는 해결될 것이다.

표 7-9 퇴비 및 부숙토의 규제항목 및 기준

<table>
<tr><th>시설구분</th><th colspan="2">규제항목 및 기준</th></tr>
<tr><td rowspan="2">퇴비</td><td><퇴비 공정규격>
유기물 : 25% 이상
유기물대질소비 : 50 이하
염분(NaCl) : 1.0% 이하
수분(H_2O) : 50% 이하
비소 : 50 mg/kg 이하
카드뮴 : 5 mg/kg 이하
수은 : 2 mg/kg 이하
납 : 150 mg/kg 이하
크롬 : 300 mg/kg 이하
구리 : 300 mg/kg 이하
니켈 : 50 mg/kg 이하
아연 : 900 mg/kg 이하
(개정 : 2002.1.31)</td><td><그린(1급)퇴비 공정규격>
유기물 : 40% 이상
유기물대질소비 : 40 이하
염분(NaCl) : 1.0% 이하
수분(H_2O) : 45% 이하
비소 : 25 mg/kg 이하
카드뮴 : 2.5 mg/kg 이하
수은 : 1 mg/kg 이하
납 : 75 mg/kg 이하
크롬 : 150 mg/kg 이하
구리 : 200 g/kg 이하
니켈 : 25 mg/kg 이하
아연 : 500 mg/kg 이하
(신설 : 2002.12.31)</td></tr>
<tr><td colspan="2">· 시료채취 및 분석 : 비료의 품질검사방법 및 시료채취기준(농촌진흥청 고시 제 2002-30호)에 따름
· 품질평가 : 퇴비는 비료관리법 제4조 관련 비료공정규격(농촌진흥청 고시 제2003-18호)의 부산물비료 기준을 만족하여야 함</td></tr>
<tr><td rowspan="2">부숙토</td><td><대상음식물류폐기물의 적정성>
※ 유해물질함량기준, 가등급(나등급) 기준
비소 : 50(50) mg/kg 미만
카드뮴 : 5(8) mg/kg 미만
수은 : 2(3) mg/kg 미만
납 : 150(225)mg/kg 미만
크롬 : 300(370)mg/kg 미만
구리 : 500(750)mg/kg 미만
(별표 2. 부숙토 원료기준, 단위는 건조중량 기준)</td><td><부숙토의 적정성>
※ 가등급(나등급) 기준
유해물질함량 : 부숙토 원료기준과 동일
유기물함량 : 25(-)% 이상
유기물대질소비 : 50(-) 이하
염분 : 1(1)% 이하
부숙도 : 실험수행시 실온보다 20℃ 이상 재발열이 없을 것
(별표 3. 부숙토 제품기준, 도로절개지의 토지개량제 이용의 경우 가등급의 유기물함량기준은 15% 이상으로 함. 유해물질함량, 유기물대질소비는 건조중량 기준)</td></tr>
<tr><td colspan="2">· 시료채취 및 분석 : 비료의 품질검사방법 및 시료채취기준(농촌진흥청 고시 제2002-30호)에 따름
· 부숙토의 모집단의 편성 및 시료추출대수, 부숙토 측정방법은 “유기성오니 등을 토지개량제 및 매립시설 복토용도로의 재활용 방법에 관한 고시(2003-214, 2003.12.20)”에 의함</td></tr>
</table>

7.2 피산소성(혐기성) 소화

7.2.1 소화의 단계 및 장단점

피산소성 소화는 슬러지(sludge)의 소화, 분뇨 및 고농도의 폐수처리에 사용된다. 피산소성 소화는 가수분해, 산발효, 메탄생성의 3단계로 나누기도 하고 산발효, 메탄생성의 2단계로 나누기도 한다. 메탄생성 단계를 가스화(gasification)라고도 한다.

피산소성 처리는 슬러지(sludge)의 소화(digestion of sludge)는 물론 폐수의 처리에도 사용된다. 피산소성 분해로 인한 최종산물은 대개 메탄(CH_4), 이산화탄소(CO_2), 미량의 황화수소(H_2S) 및 수소(H_2)이다. 산발효 단계에서는 유기물질은 주로 아세트산(CH_3COOH), 프로피온산(CH_3CH_2COOH)과 낙산($CH_3CH_2CH_2COOH$)과 같은 유기산으로 분해된다. 메탄생성단계에서는 메탄균이 긴사슬형 산(chain acid)을 메탄, 이산화탄소 및 짧은 사슬형 산으로 변화시킨다.

피산소성 처리는 포기장치를 사용하지 않기 때문에 비교적 염가이다. 그와는 반대로 요구체류시간은 친산소성 처리에서보다 더욱 길게 된다. H_2S와 mercaptan(싸이올) 등의 생성에 기인한 피산소성 처리와 관련된 악취는 특히 도시지역에서 문제가 될 수 있다.

각 단계에서 생성되는 물질과 관여하는 세균은 표 7-10과 같다.

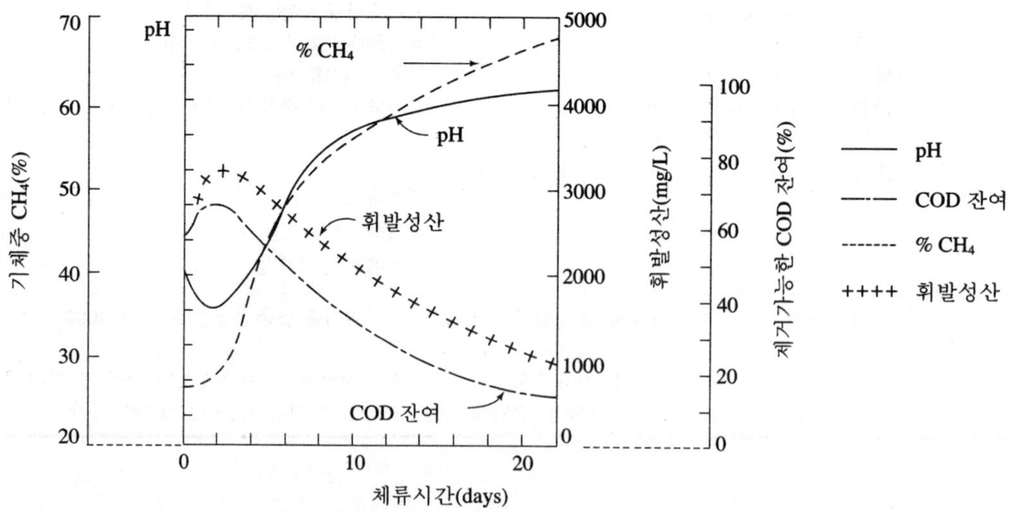

그림 7-8 유기 폐기물의 피산소성 분해(회분식 반응기로 얻은 결과)

표 7-10 피산소성 소화의 단계별 생성물질 및 관여 세균

제1단계 (가수분해)	제2단계 (산 생성)	제3단계 (메탄 생성)
지방 → 긴 사슬지방산 글리세린 단백질 → 아미노산 다당류 → 단당류 2당류	휘발성 유기산(특히 초산) 알 콜 알데하이드 케 톤 암모니아 이산화탄소 수 소 물	메탄가스 탄산가스 물
Clostridium *Bacteroides* *Vibrio*	*Lactobacillus* *Corynebacterium* *Actinomyces* *Clostridium* *Bacteroides* *Rambibacterium*	*Methanobacterium* *Methanosarcina* *Methanospirillum* *Methanococcus*

피산소성 소화의 장점은 다음과 같다.

① 고농도 폐수나 분뇨를 비교적 낮은 에너지 비용으로 처리할 수 있다.
② 친산소성 처리에 비해 슬러지(고형물)의 발생량이 적다(친산소성 처리의 1/3 정도)
③ 슬러지의 탈수 및 건조가 쉽게 된다.
④ 기생충난이나 전염병균이 사멸한다.
⑤ 발생되는 메탄가스를 태워 열로 이용할 수 있다.
⑥ 동력시설을 필요로 하지 않으므로 운전비용이 저렴하다.

그러나 피산소성 소화는 다음과 같은 단점을 가지고 있다.

① 반응이 더디고 소화기간이 비교적 오래 걸린다.
② 친산소성 처리와 같이 높은 처리율이 얻어지지 않기 때문에 처리수를 다시 친산소성 처리하여 방류해야 한다.
③ 피산소성 세균은 온도, pH 및 기타 화합물의 영향에 민감하다.
④ 소화 가스는 냄새가 나며 부식성이 높은 편이다(H_2S ; 우유나 달걀의 부패냄새, NH_3 ;육류부패냄새, CH_3SH ; methyl mercaptan 채소부패취, $(CH_3)_3N$; trimethyl amine 어류부패취).

(가) 1단소화조

1단소화조는 슬러지의 소화, 농축, 상징액(上澄液)의 형성이 한 탱크내에서 동시에 일어난

다. 생슬러지는 슬러지가 소화되면서 가스가 형성되는 부분에 주입되며 가스가 표면으로 떠오를 때 그리스, 지방질 등이 유리되어 수면에 스컴(scum)층을 형성한다. 소화가 진행되면 유기물성분은 줄어들어 중력에 의해서 슬러지(sludge)는 농축된다(그림 7-9).

그림 7-9에서와 같이 1단소화조는 혼합이 잘 되지 않고 층이 형성되므로 전체 부피의 50% 이하만 사용된다.

(나) 2단소화조

2단소화조는 그림 7-10에서와 같이 1단계에서 가열혼합시키고 2단계에서 소화슬러지(sludge)의 저장, 농축 그리고 비교적 깨끗한 상징액의 형성이 이루어진다. 소화조는 통상 고정된 지붕이나 부동형(浮動形)지붕을 가진다. 보통 소화조 부피는 직경이 6∼35 m, 수심 7.5∼13.5 m, 바닥은 중앙의 슬러지(sludge) 제거관을 향하여 4 : 1의 경사를 갖는다.

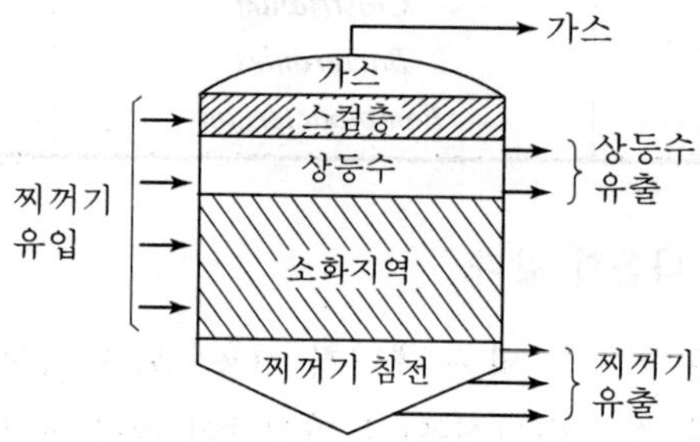

그림 7-9 재래식 1단소화조

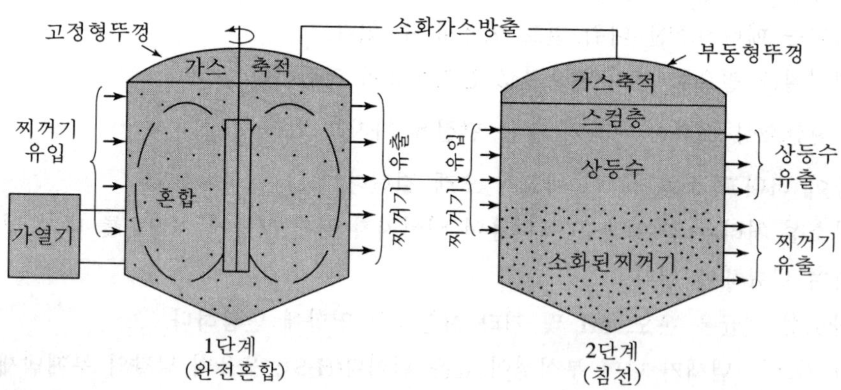

그림 7-10 2단소화조

(다) 고율슬러지소화

고율소화는 부하가 높고 혼합이 잘 이루어진다는 것 이외에는 표준 2단 소화와 큰 차이가 없다.

슬러지(sludge)는 소화조에 계속적으로 또는 0.5～2시간 간격으로 주입되며 동시에 소화된 슬러지는 다음 소화조로 옮겨져서 상징액은 분리되고 잔류가스도 추출된다. 소화된 슬러지 농도는 생슬러지의 1/2 정도가 된다. 2단소화조에 있어서는 첫 번째 소화조는 혼합과 가열을 하고 두 번째 소화조는 가스, 부상물질 및 안정화된 슬러지의 분리와 저장에 사용된다.

7.2.2 피산소성 소화조의 운영

피산소성 소화조에서 운영통제에 이용되는 인자는 다음과 같다.

(가) 유기물 부하량

피산소성 소화조에서 일반적으로 사용되는 설계변수는 단위부피에 대한 유기물 부하율로서 kg · VS/m^3 · day로 표시한다. 부하율은 재래식의 경우(교반이 없는 경우)는 0.5～1.5 kg · VS/m^3 · day이고, 고부하(완전혼합되는 고율소화조의 경우)는 1.5～6.5 kg · VS/m^3 · day, 중온소화의 경우는 통상 1.3～1.8 kg · VS/m^3 · day이다.

(나) 접촉

먹이와 미생물간의 적당한 접촉은 혼합에 의해 수행된다. 이 방법은 기계적 혹은 소화가스 재순환에 의해 이루어진다.

(다) 소화시간

소화에 요구되는 시간은 소화온도에 달려 있다. 고온에서는 고형물의 체류시간을 보다 짧게 해준다. 소화조는 내적 혹은 외적열교환기로 가열하며 여기에 필요한 에너지는 소화기간동안 발생하는 메탄가스를 이용한다. 메탄의 열량은 5,340 kcal/m^3이다.

(라) 온도 및 체류시간

중온소화에 있어서 소화의 최적온도는 35℃이다. 이 경우를 중온소화법이라 한다(mesophilic digestion). 우리나라는 대부분 중온소화방법으로 30～37℃의 온도를 택하여 사용한다. 한편 고온소화(thermophilic digestion)는 50～55℃로 빨리 진행되고 보다 다량의 가스를 생성한다. 그러나 연료, 운영비, 고장의 발생이 잦은 점 등의 단점이 있다.

온도와 소화일수와의 관계는 그림 7-11과 같다. 그림에서 40℃ 이하는 중온성 소화, 40℃ 이상은 고온성 소화를 나타낸다. 소화온도 30～37℃에서 소화일수는 25～30일이 되고, 50～55℃에서는 10～15일이 된다.

(마) pH

평형상태의 pH는 6.5~7.5이며, 최적 pH는 7.2~7.4이다. pH가 6.5 이하일 경우 산 생성균과 메탄 생성균의 평형이 깨어져 scum 등의 발생이 많아지고, gas발생량이 적어진다.

pH의 저하는 유기물 부하가 갑자기 높아질 때 발생한다. 유기물 부하가 높아지면 유기산 생성균이 이러한 유기물을 분해시켜 유기산이 다량 생성되나 메탄균은 과다한 유기산을 빠른 시간 내에 분해시키는 능력이 없기 때문에 완충능력이 떨어져 pH가 저하된다. 그림 7-12에서와 같이 일반적으로 유기산의 농도가 2000 mg/L를 넘을 때 pH가 급격히 저하되며 pH가 6 미만이거나 8.5를 넘을 때 CH_4 생성률은 급격히 감소한다. 이러한 이유 때문에 두단계 반응의 평형과 알칼리에 의해 완충능력이 매우 중요한데 일반적으로 생성가스의 30 %가 CO_2일 때 1,500 mg/L 의 알칼리에 완충용으로 필요하다.

(바) 휘발성 유기산 및 알칼리도

일반적으로 하수슬러지(sludge)의 경우는 휘발성 유기산(VA)의 농도가 600 mg/L 이하, 알칼리도는 2,000 mg/L 이하가 좋으며 분뇨 및 1차 슬러지의 경우는 휘발성 유기산(V/A)이 2,000 mg/L 이하, 알칼리도는 4,000 mg/L 이하일 때가 좋다.

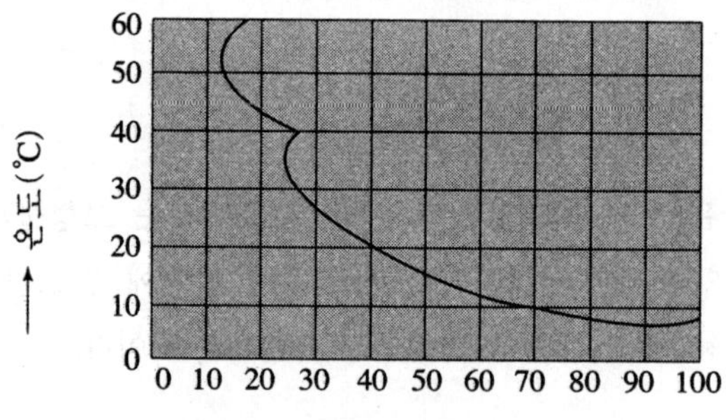

그림 7-11 온도와 소화 일수

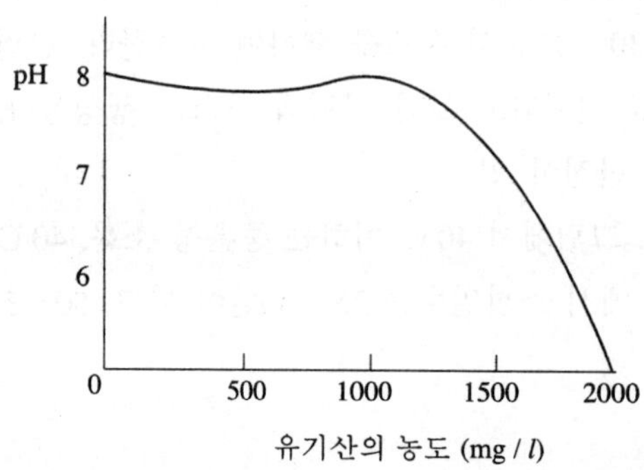

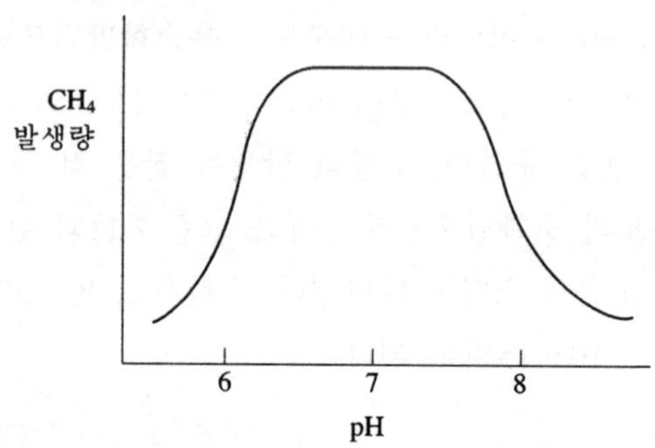

그림 7-12 메탄 발생량에 미치는 pH의 영향

산도가 높을 경우에는 석회($CaCO_3$, CaO, $Ca(OH)_2$), 중탄산나트륨($NaHCO_3$) 등의 알칼리제를 투입할 필요가 있다.

(사) Gas의 발생량 및 구성

① 가스의 발생량

최종 BOD 즉, 생물분해가능한 COD kg당 gas 생산량은 다음 식으로 구할 수 있다.

$$\underset{16}{CH_4} + \underset{64}{2O_2} \rightarrow CO_2 + 2H_2O$$

여기서 COD 64 kg은 CH_4 16g 또는 표준상태에서 22.4 L 의 CH_4와 반응하고 있다. 즉, COD kg당 0.35 m^3(22.4/64)의 CH_4가 생산되는데 분뇨의 경우에는 세포의 합성에 COD의 12.6 %가 이용되기 때문에 최종 BOD kg당 0.31 m^3(0.35×0.874)의 CH_4 gas가 생산된다(실제 gas 발생량은 CH_4 55 %일 경우 0.56 m^3(0.31/0.55) 정도임).

일반적으로 투입분뇨량의 8～10배 정도의 gas가 발생하며, kgVS 주입당 gas 생산량은 약 0.7 m^3이다.

② 가스의 구성

발생가스는 대개 CH_4가 60 %, CO_2가 30 %, H_2S가 1 %, 그리고 소량의 N_2, H_2O 가스가 포함되어 있다. 발생가스의 열량도 5,000～7,000 kcal/m^3 정도이다.

표 7-11에 발생가스의 구성비를 나타내었다. CO_2의 농도가 35 % 이상일 경우에는 소화기능에 이상이 있는 것이므로 소화기능 전반에 걸쳐 check 해야 한다. CH_4 gas는 공기와의 혼합율이 5～15 %일 때 폭발위험성이 있으므로 주의를 요한다.

표 7-11 발생가스의 구성비

성 분	구성비	평 균
CH_4	55～75	60
CO_2	17～31	30
H_2S	0.2～1.0	1.0
N_2	0.7～6.0	
H_2	3～10	
O_2	0.1～1.7	

발열량 5,000～7,000 kcal/m^3

(아) 독성물질

소화조의 독성은 영양물질($NH_4 \rightleftarrows NH_3 + H^+$)로서 간주되는 물질로 과잉이면 독성물질로 작용한다. 몇 가지의 일반적인 물질에 대한 독성농도의 전형적인 값을 표 7-12에 나타냈다.

이와 같은 독성물질 중 슬러지 내에 고농도의 계면활성제는 stearine amine[$C_3H_5(OCOC_{17}H_{35})_3 \cdot RNH_2$]을 충분히 혼합하면 제거할 수 있다. 중금속은 황을 첨가하여 침전시킨다(FeS, PbS).

표 7-12 피산소성소화조에서 독성농도

기 질	독성으로 작용하는 농도(mg/L)
Sulfides(R-S-R')	200
Soluble Heavy Metals	〉1
Sodium	5,000～8,000
Potassium	4,000～10,000
Calcium	2,000～6,000
Magnesium	1,200～3,500
Ammonium	1,700～4,000
Free Ammonia	150

(자) 기타

휘발성산, 낮은 알칼리도 및 낮은 가스생성량 등은 pH 저하의 징조들이다. pH가 저하하면 석회(lime)를 첨가한다(pH 6.5 미만). 그러나 이와 같은 석회첨가는 부작용이 발생한다.

$$Ca(OH)_2 + 2CO_2 \rightarrow Ca(HCO_3)_2$$

즉, pH는 증가하지만 CO_2 가 감소하고 다음과 같이 알칼리도가 감소된다.

$$[H^+] + [HCO_3^-] \rightleftarrows [H_2CO_3] \rightleftarrows [CO_2] + [H_2O]$$

상기 용해성 CO_2 감소로 반응은 우측으로 진행되고 중탄산이온 (bicarbonate ion, HCO_3^-)의 농도가 감소되어 알칼리도가 감소되는 것이다.

피산소성 소화조는 피산소성 미생물의 성장률이 낮고 메탄균이 환경에 대단히 민감하여 친산소성처리보다 최초운영효율이 낮다. 소화조의 시작은 폐수로 채운 후 정상적인 양의 1/10정도 슬러지를 주입, pH를 6.87～7.9로 조정하여 정상적 운영궤도에 오르면 주입률도 증가시킨다. 소화조 운영상태는 가스생성량/day, CO_2 비율, 소회슬러지 중 휘발성산 함유도에 의해 판단한다.

7.2.3 피산소성 소화조의 구조

(가) 형상

피산소성 소화조의 형상은 일반적으로 내경이 25 m 이하인 원통형이고 측심은 내경의 1/2 정도로 한다. 바닥의 구배는 25/100 이상으로 하여 저부에 고인 슬러지는 수랍에 의해 유출된다. 2단 소화방식에서는 제1조와 제2조를 직렬로 배열하여 제1조, 제2조를 같이 동형, 동용량으로 하는 것이 일반적인 방법이다.

(나) 피산소성 소화조의 구조

2단 소화방식의 피산소성 소화조는 그림 7-13과 같이 제1소화조는 가열장치(스팀주입 등)에 의해 30～35 ℃(중온소화의 경우)로 유지되며, 스팀은 CH_4 gas를 이용하며 보일러에서 발생시키고, 소화조의 혼합은 gas의 순환 및 기계장치에 의해 이루어진다.

제2소화조는 두 가지의 기본적인 기능을 가지는데 소화슬러지와 상징수가 분리되는 침전기능과 후속공정으로 이송되기 전에 냉각시켜 주는 기능을 갖는다.

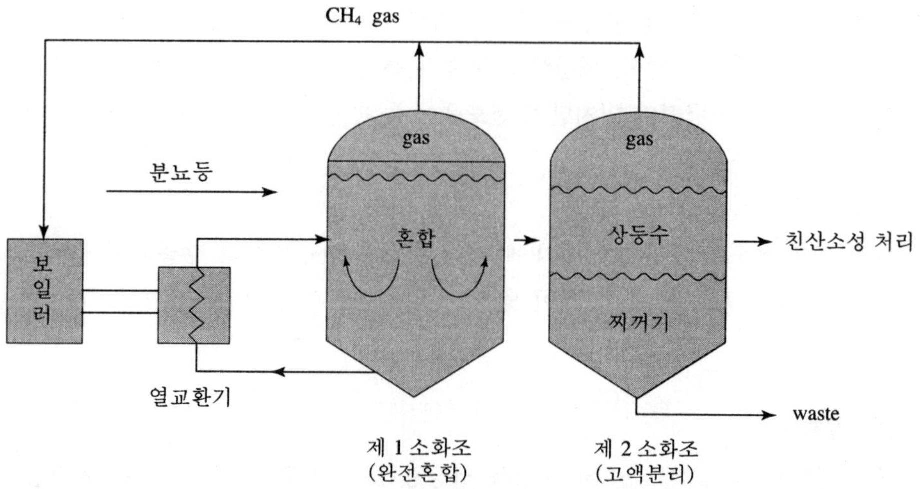

그림 7-13 2단 피산소성 소화조의 구조

(다) 교반장치

반응 효율을 높이고 scum을 파쇄하기 위해서는 교반장치가 필요하며 기계적 교반과 발생 gas에 의한 교반방법 등이 있다.

① 기계적 방법

교반기를 설치하거나 draft tube를 사용하여 하부의 폐액을 수면위로 끌어올려 살포하여 순환하는 방법 등이 있다.

② 발생 가스에 의한 교반

가스를 압축기에 흡입하고 가압한 후 반응조 하부에 불어넣어 폐액을 상승 및 순환시키는 방법이다. 가스에 의한 교반은 다음과 같은 장점이 있어 최근에 널리 보급되고 있다.

ⓐ 조내 수위변동에 관계없이 일정한 교반효과를 얻을 수 있다.

ⓑ 기계적 고장이나 마모가 없다.

ⓒ 교반 효력이 크다.

(라) 가온장치

가온방법은 다음과 같이 3가지 방법으로 분류할 수 있다.

① 온수 통과 방법

조내에 가온관을 설치하여 온수를 통과시키는 방법인데 관 주위에 슬러지(sludge)가 붙어 열전도율이 저하되고 고장 수리를 위해서는 조내부를 비워야 한다는 단점이 있다.

② 열교환기를 사용하는 방법

이것은 조외부에서 2중관 접촉에 의하여 폐액과 온수사이에 열교환을 시키는 방법이다. 즉 내관에는 조내의 폐액이, 외관에는 온수가 통과하여 각각 반대방향으로 흐르게 된다. 시설비가 비싸다는 단점이 있지만 열전도율이 높고 장치가 조외부에 있어 수리가 용이하다는 장점이 있다.

③ 조내에 수증기를 흡입하는 방법

이것은 높은 온도의 수증기를 조내에 직접 흡입하는 방법으로 수증기의 양이 첨가되고 자동제어설비가 필요하다는 단점이 있지만 시설비가 싸고 조작이 간단하다는 장점이 있다.

(마) 기타 장치

기타 장치로서는 유출입관, 가스의 채취와 저장장치 및 시료채취 장치, 온도측정장치, 수위계, 맨홀 등이 필요하다.

7.3 사료화

7.3.1 서 론

음식물쓰레기의 자원화 방법으로는 퇴비화, 사료화, 피산소성소화에 의한 연료화 등을 들 수 있다. 음식물쓰레기는 에너지 함량이 높고 가축의 이용성도 높아 사료로서의 이용가능성이 있으나, 사료화 효율을 높이기 위해서는 가축의 생산성, 경제성과 연관된 기술개발, 즉 사료자원으로서의 안정적 수급, 위생적 안전성 유지, 영양소의 균질화, 축산물의 품질개선 등에서 여러 가지 보완이 필요하며, 퇴비화 시설에 비해 시설의 규모나 수가 감소되는 추세라 할 수 있다.

7.3.2 사료화의 어려움

대도시의 발달 및 확장으로 축산농가와 대도시와의 거리가 멀고 대도시의 교통혼잡으로 인하여 음식물쓰레기를 운반하기까지 많은 시간이 소요되기 때문에 운반과정에서 음식물쓰레기의 부패로 사료로서의 가치가 떨어지게 되며 보관기간이 길어짐에 따른 변질을 방지하기 위하여 수거주기가 짧아야 하므로 이에 따른 경비의 부담이 크게 된다.

음식물쓰레기의 발생원은 주택시설 및 음식점 등으로서 여러 곳에서 소규모로 발생하게 된다. 이를 효율적으로 수거하기 위해서는 수집시설이 필요하다. 대규모 아파트 대형음식점, 집단급식시설 외에는 수집・저장시설이 불충분하다. 따라서 음식물쓰레기를 수거하는 데 많은 인력과 시간이 소요되는 데 비하여 악취 및 비위생적 환경, 직업의 어려움 등의 이유로 종사하려는 사람이 적다.

음식물쓰레기 속에는 가축이 섭취하였을 경우 가축에 위해가 되는 이쑤시개, 쇠젓가락, 은박지, 비닐 포장, 병뚜껑, 유리조각, 나무조각 등 이물질의 함유가 많아 사료로 활용하기 위해서는 전처리 설비가 필요하게 되어 가축 사육 농가가 운영하기에는 기술적, 경제적 어려움이 있다. 음식물쓰레기는 발생원에 따라 계절에 따라, 생활수준에 따라 그 조성과 성상에 많이 차이가 있어 사료로서의 상품적 가치를 지니는데 필수적인 영양소의 균영 및 균질화가 매우 어렵다. 따라서 영양가의 불균형으로 가축의 사양관리 및 육질에 좋지 않은 영향을 주게 된다.

7.3.3 음식물쓰레기의 사료화시 유의 사항

음식물쓰레기의 사료화는 경제적 부가가치가 크고 자원의 순환이라는 측면을 볼 때 확대되어야 하는데 질 좋고 안전한 사료를 제조하기 위해서는 다음의 유의사항이 만족되어야 한다.

① 이물질이 유입되지 않도록 철저한 분리수거가 되어야 한다.

② 배출된 음식물쓰레기는 가능한한 신선한 상태에서 유지 보관되고 빠른 시간에 수거 운반하여야 한다.
③ 젓갈류, 간장류, 등 고염분 물질은 가능한 한 혼입되지 않도록 한다.
④ 복어 부산물, 세제, 표백제 등의 독성 물질이 유입되어서는 안된다.
⑤ 부패 및 병원성 세균의 침입을 받기 쉬우므로 유용 발효균이나 부식화균이 활발한 대사활동을 할 수 있는 환경을 조성하여 유해성균이 사멸되어야 한다.
⑥ 음식물쓰레기는 조단백질 함량이 높기 때문에 조섬유질 농도가 높은 무염분 사료를 혼합하여 처리후 가축에 급이하는 것이 바람직하다.

7.3.4 음식물쓰레기 사료화 체계

음식물쓰레기의 사료화는 크게 발생원에서 보관된 음식물쓰레기를 축산농가에서 직접 수거하여 사료화하는 방법, 배출원에 개별 건조기나 발효기를 설치하여 1차 처리후 기존 사료공장에서 사료화하는 방법, 발생원에서 보관된 음식물쓰레기를 수집·운반후 대형화 설비에서 사료화하는 방법으로 나눌 수 있다

(가) 축사농가에서 직접 사료화하는 방법

일정한 장소에 비치된 음식물쓰레기 수집용기를 통하여 저장된 음식물쓰레기를 사전 계약한 축산농가에 수거한 후 간단한 멸균처리나 발효과정을 거친 후 가축에게 급이하는 방법이다.

이 방법은 공정이 간단하고 비용이 적다는 장점이 있으나 사료로서의 균질화를 유지하기가 곤란하고 이물질이 함유되었을 때 가축에게 위해를 줄 우려가 높으며 부패 및 변질 시 유해세균 및 독성물질에 의한 질병의 우려가 높기 때문에 원형이용이 금지되고 있다.

따라서 발생단계에서 이물질 혼입방지 등 철저한 분리배출이 전제되어야 하며 발생원에서의 장기간 보관으로 인한 부패를 방지하여야 하며 유해성 세균 및 독성물질이 발생되지 않도록 위생관리에 유의하여야 한다.

발 생 원　　　　　　　　축 산 농 가

음식물쓰레기 → 저장 → 수거 → 멸균, 발효 → 사료화

(나) 개별시설에 의한 사료화

이 방법은 음식물쓰레기 배출이 많은 음식점, 급식시설, 호텔 등 다량 배출업소에 개별적으로 발효기나 건조기 등을 설치하여 처리 후 기존사료 공장에 수집운반하여 후숙 발효를 거쳐 사료제품을 생산하는 방법으로서 특징은 다음과 같다.

① 음식물쓰레기가 다량 발생하는 단위업소에 적용가능하다.
② 발효기일 경우 충분한 수분조정제 공급이 확보되어야 한다.
③ 발생원에 설치되어 운전됨에 따라 악취 및 오수 발생에 의한 환경오염 및 민원발생이 우려되므로 환경오염 방지시설이 필요하다.
④ 설치되는 사료화 설비는 용도에 적합한 사료생산 능력이 있어야 한다.
⑤ 생산된 사료원료의 수요처가 미리 확보되어 있어야 하며 전량수거 되어 업소에 음식물쓰레기나 사료원료가 방치되지 않아야 한다.
⑥ 수거된 사료원료는 후숙 발효과정과 영양소 보충을 위한 첨가물 투여로 양질의 사료 생산이 가능하다.

음식물쓰레기 → 고무건조기 발효기 (사료원료생산) → 저장 → 수거 → 기존사료공장 (후숙발효) → 사료화

(다) 대형화 시설에 의한 사료화

발생원에서 수집된 음식물쓰레기를 전용수거차량을 이용하여 수거 후 대형 사료화 시설에서 처리하여 사료를 생산하는 방법으로서 특징은 다음과 같다.

① 음식물쓰레기만 별도로 수집·운반하는 수단이 강구되어야 한다.
② 개별 처리시설 설치에 따른 설치비용, 운영관리, 설치장소 확보 및 악취 등 제반 문제점이 해결된다.
③ 음식물쓰레기 발생량의 변동 및 성상의 변화에 대한 대응이 유연하여 생산된 사료의 균질화가 가능하다.
④ 다양한 발생원에서 대량으로 수거 처리하므로 소규모처리에 비하여 영양소의 불균형을 해소할 수 있다.
⑤ 개별처리시설에서 생산된 사료원료(발효물, 건조물)의 추가적인 후숙과정을 거쳐 즉시 소비자에게 공급이 이루어진다.
⑥ 청결하고 위생적이면서 신속하게 법적으로 처리되기 때문에 발생원에서 가장 편리한 방법이다.
⑦ 수거주기를 짧고 일정하게 유지할 수 있어 배출원에서 장기간 보관, 비정기적 수거에 따른 부패 및 변질, 악취 발생, 침출수의 발생을 방지할 수 있다.
⑧ 고정적 수요처 확보로 안정적인 운전이 가능하다.
⑨ 대량의 음식물쓰레기를 처리함에 따른 오수 발생, 악취 발생 등에 의한 환경오염이 우려되므로 방지시설의 설치 및 철저한 운영 관리가 필요하다.

⑩ 수요처 미확보시 음식물쓰레기의 장기간 보관 등에 의한 2차 환경오염의 우려가 있다.

음식물쓰레기 → 용기보관 → 수거 → 대형사료화시설 → 사료화

7.3.5 음식물쓰레기의 사료화 방법

(가) 습식 사료화

이물질이 함유되지 않은 음식물쓰레기를 가축사육장으로 수거 운반하여 간단한 멸균처리 과정을 거쳐 가축에게 직접 급이하는 방법으로 가장 경제적이다. 그러나 영양적인 측면에서 영양가가 부족하고 불균형을 이루어 가축의 성장과 물질의 품질이 떨어지는 단점이 있으며 보관, 수거 및 운반과정에서 부패 또는 변질되었을 경우 여러 가지 문제가 발생하게 된다.

또한 이물질이 함유되었을 때 가축에게 위해가 가해지므로 배출단계에서 이물질의 혼입이 없도록 계도와 홍보 및 주민의 협조가 필수적이다.

습식사료화 과정은 다음과 같다.

선별 → 혼합 → 멸균 → 가축에게 급이

(나) 건식 사료화

음식물쓰레기는 기계적인 설비에 의해 350℃ 내외의 고속 열풍 및 스팀에 의해 건조시켜 사료화하는 방법이다. 수분함량이 10~15%로 줄어들게 되므로 약 1/5의 부피와 중량 감량화 효과가 있다. 이 방법의 장점은 건조 후 운반이 편리하고 건조과정에서 유해 미생물이 사멸되어 가축에 안전한 사료를 공급할 수 있는 장점이 있으나 사료의 균질화 및 영양소의 균형을 유지하기 어려운 단점이 있다. 영양소의 보충을 위하여 배합사료와 일정비율 혼합하여 급이하면 영양소 불균형을 어느 정도 해소할 수 있다.

건조사료화 공정은 다음과 같다.

선별 → 파쇄 → 혼합 → 건조 → 선별 → 포장

(혼합 ↑ 부형재, 건조 ↓ 탈취설비)

(다) 유효 미생물에 의한 발효 사료화

고정화시킨 다종의 친산소성 미생물과 효소군을 발효설비에 첨가하여 빠른 속도로 증식하는 미생물의 대사 작용을 이용하여 단기간 유기물을 발효시켜 사료를 생산하는 방법이다.

(1) 건조 발효 사료화

① Bulking Agent를 첨가하거나 탈수기로 수분함량을 40~60% 조절한다.

② 종균제를 투입하고 60℃의 온도에서 24시간 발효시킨다.

③ 처리후 수분함량이 30% 정도로 감소한다.

④ 비용이 많이 소요되나 저장과 운반이 용이하고 배합사료와 혼합이 용이하다.

⑤ 발효중 유기물과 무기물의 손실을 최소화하여 영양 균형을 조절함으로써 양질의 사료원의 제조가 가능하다.

(2) 습식 발효 사료화

① 종균제를 투입하고 30~60℃ 정도의 온도에서 24시간 발효후 350℃의 고온 멸균 처리한다.

② 수분 70~80% 정도의 상태에서 가축에게 급히 한다.

③ 유통이 곤란하여 농가 단위로 이용한다.

④ 비용이 적게 소요된다.

⑤ 수분함량이 높으므로 통기성이 나빠 충분한 발효가 이루어지기 어렵고 변질의 우려가 있다.

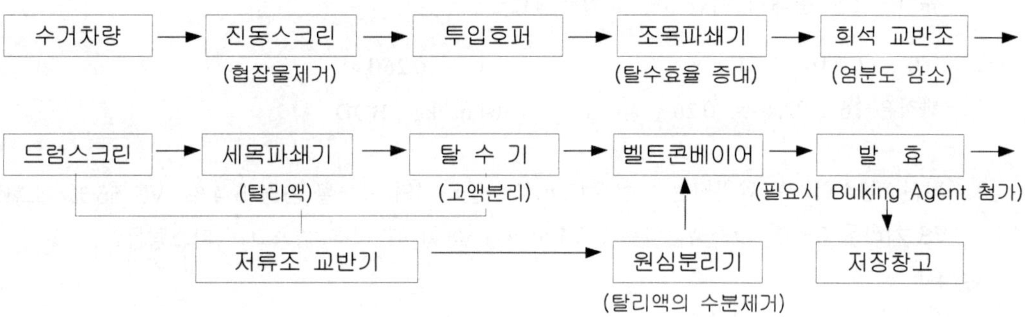

7.3.6 사료화 기계설비의 구비요건

사료화에 이용되는 건조설비 및 발효설비의 구비요건을 다음과 같다.

① 운전방법이 단순하고 안전운전이 이루어지면서 유지관리가 용이하여야 한다.

② 사료화에 소요되는 시간이 짧아야 하며 생산된 사료 및 사료원료의 품질이 우수해야 한다.

③ 오수발생, 소음 및 악취등 2차 환경오염이 없어야 한다.

④ 내부식성이어야 한다.

⑤ 소요 부지가 적어야 한다.

⑥ 미생물 첨가제, Bulking Ageat 등 발효제의 안정적 공급과 일정시간 미생물의 활성이 유지되어야 한다.

⑦ 설치 및 운영비용이 저렴하여야 한다.

연·습·문·제

1. 피산소성 분해시 메탄균의 최적 pH는 얼마인가?

풀이

메탄균은 약알칼리상태를 좋아하는데 pH에 민감하여 5 이하에서 사멸하고 최적 pH는 7.0~8.5이다.

2. 유기물(BOD) 1 kg 안정화시 생성되는 메탄의 양 및 체적은 얼마인가?

풀이

$C_6H_{12}O_6 \rightarrow 3CO_2 + 3CH_4$

유기물(BOD) 1mol : 180 kg, 메탄 1mol : 16 kg

유기물 1몰 분해시 메탄 3몰이 발생되므로

$180 : (3 \times 16) = 1 : x \qquad x = 0.26(\text{kg})$

체적은 $16 : 22.4 = 0.26 : y \quad y = 0.364\ \text{m}^3/\text{kg} \cdot \text{BOD}$

3. 피산소성소화조로 유입되는 유량 210 m³/d, 슬러지의 고형물 함량 5.4 %, VS 66 %, 소화조의 VS 처리율 58 %, 가스생성량은 0.74 m³/kg VS일 때 하루 생성되는 가스량은?

풀이

유입 VS량 : $210\ \text{m}^3/\text{d} \times 0.054 \times 0.66 = 7.48\ \text{m}^3/\text{d}$

처리되는 VS량 : $7.48\ \text{m}^3/\text{d} \times 0.58 = 4.34\ \text{m}^3/\text{d}$

비중을 1로 보면 $4.3\ \text{m}^3/\text{d} \times 1{,}000\ \text{kg/m}^3 = 4{,}340\ \text{kg/d}$

∴ 가스생성량 : $4{,}340\ \text{kg/d} \times 0.74\ \text{m}^3/\text{kg VS} = 3{,}212\ \text{m}^3/\text{d}$

4. 소화조로 유입되는 생슬러지량 400 m³/d, TS 5%, 유기물 60 %이다. 소화조에서 20일 소화시킨 후 가스화, 액화된 양이 50 %이고 함수율 85 %인 소화슬러지를 얻었다면 이 소화조의 부피는 얼마인가?

풀이

$V = 400\ \text{m}^3/\text{d} + Q_2$

잔존 유기물량 : $400\ \text{m}^3/\text{d} \times 0.05 \times 0.6 \times 0.5 = 6\ \text{m}^3/\text{d}$

잔존 무기물량 : 400 m^3/d×0.05×0.4 = 8 m^3/d

소화후 고형물량 : 6+8 = 14 m^3/d, 함수율 85 %이므로 비중 1인 경우

$$Q_2 = \frac{14\text{m}^3/\text{d}}{0.15} = 93.3\text{m}^3/\text{d}$$

$$\therefore\ V = \frac{400+93.3}{2} \times 20\text{day} = 4,933\text{m}^3$$

5. 함수율 97 %, TS중의 유기물 60 %인 슬러지 250 m^3/d를 소화조에 투입하여 소화시킨 결과 유기물의 3/5이 가스화, 액화하고 함수율 92 %인 소화슬러지를 얻었다면 소화슬러지의 양은 얼마인가? (단, 소화슬러지의 비중은 1로 본다.)

풀이

① 고형물량 : 250 m^3/d×1.0 t/m^3×(1−0.97) = 7.5t/d

유기물량 : 7.5×0.6 = 4.5 t/d

무기물량 : 7.5×0.4 = 3.0 t/d

② 소화후 잔존 고형물량 : $3.0+\left(4.5\times\frac{2}{5}\right)=4.8\,\text{t/d}$

소화슬러지량 = $4.8\text{t/d}\times\frac{100}{100-92} \div 1\,\text{t/m}^3 = 60\,\text{m}^3/\text{d}$

6. 정상으로 운전되고 있는 소화조에 100 m^3/d의 활성슬러지가 투입되고 있다. 유입슬러지의 SS가 8,000 mg/L, VS가 SS의 65 %, 소화조의 SS제거율이 80 %, VS 제거율이 60 %라면 1일 가스 발생량은 얼마인가? (단, 가스 발생량은 제거된 VS 1 kg당 0.9 m^3로 간주한다.)

풀이

유입 VS량 : 100 m^3/d×8,000 mg/L × 0.65×10 L /m^3×10^{-6} mg/kg = 520 kg/d

제거되는 VS량 : 520 kg/d × 0.8 × 0.6 = 249.6 kg/d

∴ 가스발생량 = 249.6 kg · VS/d×0.90 m^3/kg · VS = 224.64 m^3/d

7. 고형물 중 유기물이 70 %, 함수율이 90 %인 슬러지를 500 m^3를 소화 처리 후 유기물 중 1/3이 제거되고 함수율 87 %인 슬러지를 얻었다. 이 슬러지의 양을 구하시오.

풀이

유기물량 : 500 m^3 × 0.1 × 0.7 = 35 m^3

무기물량 : 500 m^3 × 0.1 × 0.3 = 15 m^3

소화후 남은 유기물량 : 35×1/3 = 11.67 m^3

소화후 남은 고형물량 : 무기물 + 유기물 = 15+11.67 = 26.67 m^3

∴ 소화슬러지의 부피 : $\frac{26.67m^3}{1-0.87} \fallingdotseq 205.2m^3$

8. 피산소성 소화 탱크에서 유기물이 70 %, 무기물이 30 %인 슬러지를 소화하여 소화슬러지의 유기물이 60 %, 무기물이 40 %로 되었다. 소화율은?

풀이

소화 후에도 무기물의 양은 변하지 않는다. 소화 후의 유기물량을 X라 하면

$X : 0.3 = 0.6 : 0.4 \quad X = \frac{0.3\times0.6}{0.4} = 0.45$

$\therefore$ 소화율 $= \frac{0.7-0.45}{0.7}\times100 = 35.7\%$

Chapter

8

분뇨의 처리

8.1 분뇨의 성질

분뇨는 오수, 분뇨 및 축산폐수의 처리에 관한 법률에서 다루도록 되어 있으나 폐기물과도 관련성이 있어서 이 장에서 다루었다.

분뇨란 글자 그대로 분과 뇨를 일괄해서 말하는 통칭이다. 분과 뇨의 구성비는 대략 양적으로 보아서 1 : 8이고(사람은 1일 평균 100 g의 분과 700~800 g의 뇨를 배출한다.) 고형질의 비는 7 : 1 정도이다.

분뇨는 배설되는 즉시 배출되는 것이 아니고(수세식의 경우는 다르다), 일단 정화조에서 일정기간 저장되었다가 저장된 분뇨를 일시에 운반처리하는 것이 통례로 되어 있다(이것을 수거식이라 한다). 여기에는 지류, 섬유류, 고무류, 플라스틱류, 나무조각류, 토사류, 금속류, 유리류 및 과실 씨앗 등 다종다양한 물질(이것들을 협잡물이라 한다)들이 혼합되어 있고 또, 그 저장기간, 저장조의 구조, 계절 등에 따라 수분의 함량도 다르다.

8.1.1 물리화학적 성질

분뇨는 외관상 황색(건강한 사람 기준)~다갈색이며, 점성은 반고체이다. 비중은 1.02 정도이고, 점도는 비점도로 1.2~2.2 정도다. 분뇨에 포함되어 있는 협잡물은 양과 질이 도시, 농촌, 공장지대 등 발생지역에 따라서 그 차가 크다. 협잡물의 함유량을 일본에서는 평균 1~2%로 보고 있으며, 우리나라에서는 평균 4~7% 정도라고 보고 있다. 토사류는 일본에서는 0.03~0.05%라고 하나, 우리나라에서는 0.3~0.5%로서 약 10배로 보고 있다. 증발잔류물은 일본이 2.5~3.5인데 비해 우리나라는 3.0~4.0%라고 한다.

BOD도 일본이 8,000~13,500 ppm 정도인데 비해, 한국은 17,000~23,000 ppm, SS는 15,000 ppm, 질소는 6,000 ppm, 염소이온은 4,500~5,000 ppm이 된다. 이와 같이 분뇨의 성분함량이

일반적으로 높은 데에는 두 가지 이유가 있다고 추측되고 있다.

표 8-1 분뇨성분(%)

분뇨	수 분	회 분	유기물	질 소	칼 륨	아세트산	염 분
A	88.6	1.84	9.60	1.04	0.34	0.35	0.61
B	97.0	1.63	1.40	0.45	0.28	0.06	1.30
C	95.3	1.08	3.03	0.55	0.30	0.12	1.16

표 8-2 분뇨의 성질

비 중	1,025
pH	9.2
증발잔류물(%)	4.65
완전연소잔류물(%)	2.12
완전연소가능량(%)	2.53
수 분(%)	95.35
총질소(%)	0.978
아세트산(%)	0.11
칼 륨(%)	0.20

표 8-3 수거분뇨의 성질비교

구 분	대표값	전 국	비 고
pH	7.9	7～8.5	
BOD	13,500	1,700～23,000	
COD	4,000	3,500～6,000	
부존물질	21,000	15,000～25,000	
총고형물	30,000	20,000～40,000	
(유기물)	(60)	13,000～25,000	
(무기물)	(40)	7,000～15,000	
전질소	5,520	600～6,500	사계절의 평균치임
염소이온	5,500	4,500～6,500	
인 산	1,000		
일반세균(mL)	10^3～10^{10}		
대장균군(mL)	10^6～10^7	10^6～10^7	
비 중	1.02	1.025	
침사량	0.03	0.03～0.5	
협잡물	-	4～7%	

첫째는 함수율에 있어서 큰 차이가 있기 때문이다. 우리나라는 일본에 비해 평균습도가 낮고 계절풍이 많아, 비교적 건조한 상태의 기후라고 할 수 있다. 또한 수거횟수도 일본이 년 2~3회인데 비해 한국은 년1회 정도이다. 그리고 식생활의 차이에서 오는 것이 크다.

둘째로는 음식물의 소화율, 다시 말해서 음식물의 질에 있어서 섭취 후의 소화흡수성의 정도에서 오는 것도 무시못할 차이를 가져온다고 한다. 일본인은 소화율이 높은 백미, 빵, 우유 등을 많이 먹지만, 한국인은 잡곡혼식, 야채 및 김치 등 섬유질이 많은 식품을 먹고 있으므로 소화율이 낮아 분뇨로의 배설량이 많아진다고 본다.

일본 사람들의 생분뇨의 성질 및 성분을 보면 표 8-1, 2, 3과 같다.

8.2 분뇨의 발생 및 처리현황

분뇨의 발생량은 대략 인구 1인당 0.8~0.9 L/day(분 100 g, 뇨 800 g)이다. 우리나라의 분뇨 발생량을 추정하려면 0.9 L × 인구수를 하면 된다.

수세식 변소가 설치된 가정 및 산업체에서 발생되는 분뇨는 각 가정 또는 산업체에 설치된 정화조 또는 오수정화시설에서 1차 처리되고, 1차 처리된 오수는 하수관망을 통하여 하수종말처리장 등에서 최종처리되며 수세식이 아닌 재래식 변소가 설치된 지역에서 발생된 분뇨는 수집되어 분뇨처리시설 등에서 최종처리하게 된다. 분뇨의 처리현황을 보면 처리대상분뇨 중 50~60%가 분뇨처리시설에서 처리되고, 해양투기 1~2%, 재활용 1~2%, 정화조처리가 4%에 달하고 있다.

현재 우리나라의 분뇨처리시설은 180개 설치되어 있다. 앞으로 분뇨처리는 기존 하수처리장으로 보내어 하수와 함께 처리하거나 곧바로 하수와 혼합처리하게 되므로 점차 감소되는 시설이다.

8.3 분뇨처리의 기본목표

분뇨를 처리하는 기본목적은 다음의 목표를 만족시킬 수 있게 완전처리가 되어야 하며 이 중 하나라도 결여되었을 때에는 완벽한 처리라고 할 수 없을 것이다.

① 생화학적으로 안전할 것
② 위생적으로 안전할 것
③ 공중에 혐오감을 주지 않을 것
④ 최종 생성물의 감량화를 기할 것
⑤ 자원으로서 재이용가치를 향상시킬 것

8.4 분뇨처리의 형태

우리나라의 분뇨처리형태를 보게 되면 4종으로 구분할 수 있다.

즉, ① 하수처리장에서의 처리 ② 분뇨종말처리장에서의 처리 ③ 정화조에서의 처리 ④ 오수정화시설에서의 처리 등이다.

이 중 분뇨처리시설에서 처리하는 흐름은 그림 8-1과 같다.

분뇨처리시설의 역할은 현재보다 다양화될 전망이며, 일반쓰레기의 매립장에서 발생하는 누출수도 분뇨처리시설에서 처리할 수 있다. 한편 분뇨처리시설에서 발생하는 슬러지는 완숙장치에서 양질의 유기비료로 이용할 수 있다.

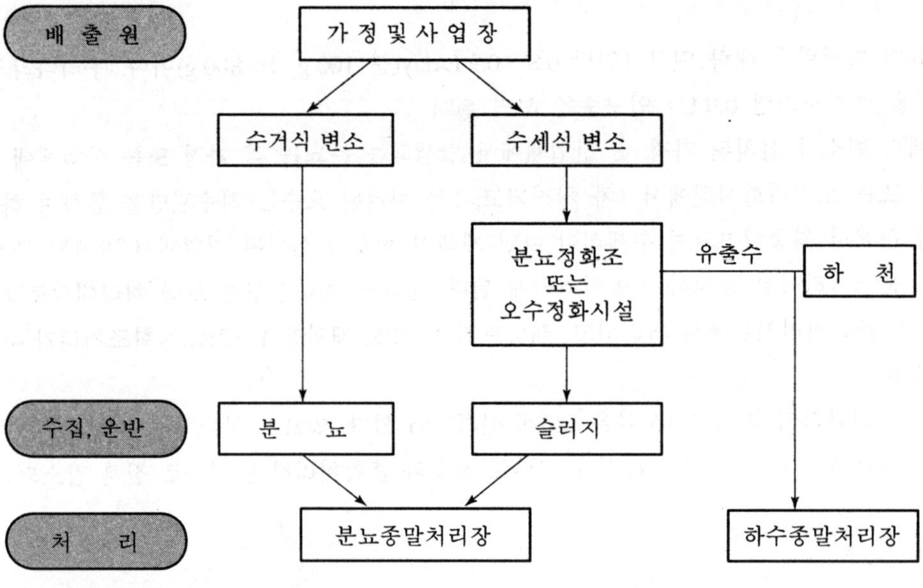

그림 8-1 분뇨의 배출 및 수거처리계통

8.5 분뇨의 전처리시설

수거된 분뇨를 보면 토사류 · 지류 · 섬유류 · 고무류 · PVC류 · 목재류 등의 대소잡종의 협잡물이 혼합되어 있다는 것은 이미 앞에서도 언급한 바 있다. 이들 협잡물이 펌프 · 파이프 · 밸브 등을 폐쇄시키며 소화조내의 교반기능을 저하시키고, 또한 산화처리에도 처리효율을 저하시키는 원인이 되어 장해를 일으키고 있다. 그러므로 이 협잡물을 분뇨투입전에 제거하거나, 파쇄하여 장해의 원인을 없애야 한다. 또한 분뇨투입은 가능한 한 균등하게 송분되도록 하는 것이 바람직하나, 수거 분뇨의 반입은 주간에 한하고, 수거차의 투입시간도 일정하지 않기 때문에 어느 정도의 저류설비를 하는 것이 좋다. 이러한 처리를 원활히 함으로써 처리기능에 영향을 미치지 않게 각종 장해를 사전에 제거해 주는 시설을 전처리시설이라 한다.

8.5.1 구성

전처리의 기본적 구성은 투입분뇨의 토사(土砂) · 사력류(砂礫類) 등 협잡물의 제거, 처리처분설비, 저류조, 펌프설비 등이다. 처리량의 다소, 그리고 입지조건 등에 따라 계통에 차이는 있으나, 그림 8-2와 같은 방법이 일반적으로 이용되고 있다. 여기서는 투입장과 투입구 주변, 스크린 장비 및 펌프실의 주변에는 악취가 대단히 심하게 발생하므로 악취를 제거하는 것도 중요처리의 하나이다.

우리나라 분뇨에는 협잡물이 특히 다량으로 함유되어 있어 이로 인하여 기계 운전에 상당한 지장을 주기 때문에 파쇄공정에 대해 간단하게 기술하고자 한다. 협잡물이 장애로부터 기계와 시설을 보호하기 위해 파쇄를 하는데 파쇄의 크기는 작게 하든지 혹은 2대를 설비하여 중복파쇄를 하든지 저류조와 연결해서 수회 순환파쇄하는 것 등이 고려되어야 한다. 협잡물 제거장치(예로써 bar screen)도 가능한 한 눈목 5 cm 이내로 하고 screening하여 파쇄기로 보내는 것이 바람직하다.

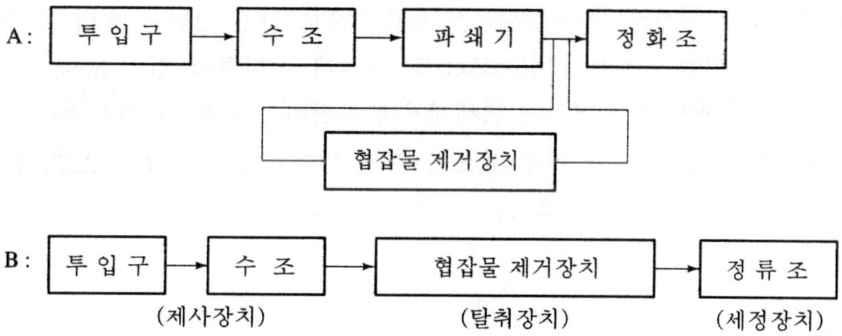

그림 8-2 전처리구성도

8.5.2 구조

(가) 투입구

투입구는 간이식과 기계조작식으로 구분할 수 있으나 가능하면 기계조작식을 택하는 것이 좋다고 생각된다. 또 투입구를 설치할 때에는 다음 조건을 고려하여 설치하는 것이 바람직하다.

① 냄새를 방지할 수 있고

② 호오스가 진동 등에 의해 이탈되지 않게 하고
③ 분뇨 중에 기생하는 유충의 유출이 방지되어야 하고
④ 투입 후 호오스 등 각 부분이 세정되도록 하고
⑤ 방청재료사용 및 도장을 할 것

투입구의 크기는 해당시의 수거차량의 대소와 호오스의 대소에 의해 정하며 투입구의 개수는 해당 운반차량의 순산 투입량에 맞게 1일 총투입량에서 계산하여 결정한다. 한편 작업장내 취기(臭氣)의 방지를 위해 가능하면 작업장내의 황화수소, 냄새한계농도를 0.03～0.1 ppm 이하로 하는 것이 바람직하다.

(나) 수조(토사류제거)

수조는 토사류 및 협잡물 등을 제거하는 과정이며 제거방법도 용이하고 위생적으로 하는 것이 좋다. 즉 사람이 직접 수조에 들어가지 않게 하고 기계적으로 섬유류 등 토사류 및 기타 각종 협잡물을 충분히 제거되도록 하는 것이 좋다. 토사류의 제거 방법에는 대략 다음과 같은 방법이 있다.

① 진공 또는 진공 펌프를 이용 흡입하는 제거방법
② 스크러버, 콘베이어 등으로 제거하는 방법
③ 특수 펌프(스넥크 펌프) 등으로 걷어 올리는 방법(세정 및 분리탱크, 액체 사이클론 등을 병용)
④ 조내에 청소구를 설치해 두는 방법으로 일반적으로 가장 간단한 방법으로는 그림 8-3과 같이 침사구에 비금속재 바구니(bucket)를 1～4개 설치하여 전기 hoist로 인양제거하는 방법도 있다. 이 방법에 있어서는 냄새제거에 특별한 고려를 요하며 수조의 크기는 송분기계의 용량에 충분히 적응될 수 있도록 정하고 저류시간이 크면 스컴(액상 표면 위에 떠있는 딱딱하게 굳은 부분) 파쇄를 꼭 생각하여야 한다.

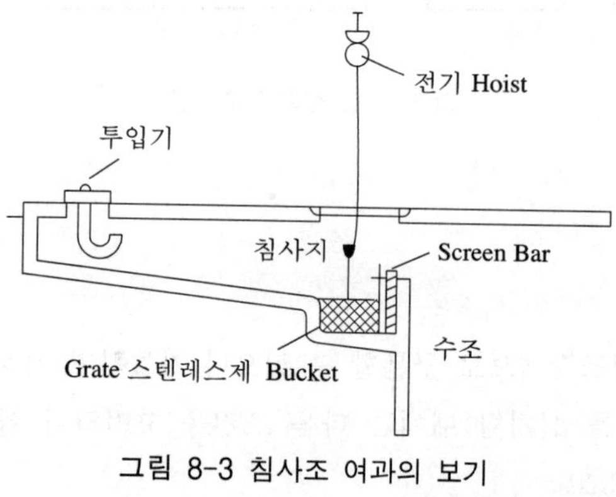

그림 8-3 침사조 여과의 보기

(다) 협잡물제거

협잡물제거방법은 주로 bar screen, 회전식 스크린, 원심분리방법 등이 있으나 수조의 구조, 형태 등에 따라 선택방법이 달라진다. 특히 우리나라 수거분뇨는 재래식 변소의 미개량으로 인하여 협잡물이 많다. 협잡물제거는 분뇨의 처리효율에도 상당한 영향을 미치므로 특별한 관심과 연구가 필요하나 현재까지도 완전한 처리시설을 개발하지 못하고 있는 형편이다. 지금까지 우리나라 분뇨 중의 협잡물의 평균량을 보면 평균 4～7%로(일본은 2 %) 추정되며 이 협잡물로 인하여 특히 피산소성소화처리에는 스컴 발생이 원인이 되어 지장을 준다. 동시에 파쇄시에 기계적 무리와 함께 전력손실을 가져온다.

협잡물 중에는 침전되는 모래 및 철류를 제외하고는 주로 천류(布類걸레), 사류(실타래), 고무류(신발, 콘돔종류), PVC류(완구), 유리류(술 · 약병), 종이류(휴지), 목재류(角木 · 板) 등이다. 그러므로 순차적으로 스크린을 설치하는 복잡한 방법과 대형물만 1단 제거한 후 소형물을 파쇄하여 screening하는 방법 등이 있으나, 근래에는 복잡화와 파쇄기의 능력 등 전력손실을 감소하기 위하여 후자를 택하는 방향으로 흐르고 있는데, 여기에도 문제점이 따르고 있다. 즉 제거된 협잡물의 처분을 외국에서는 소각시설로 소각처분하고 있으나 우리나라는 관리비의 고가 등 어려운 형편에 있어 아직은 매립할 수밖에 없는 실정이다. 그러나 매립 전에 세정하기 위해 막대한 양의 세정수가 소요되기 때문에, 특히 소화식 처리시는 세정수를 다시 희석수로 사용하는 것이 경제적이다.

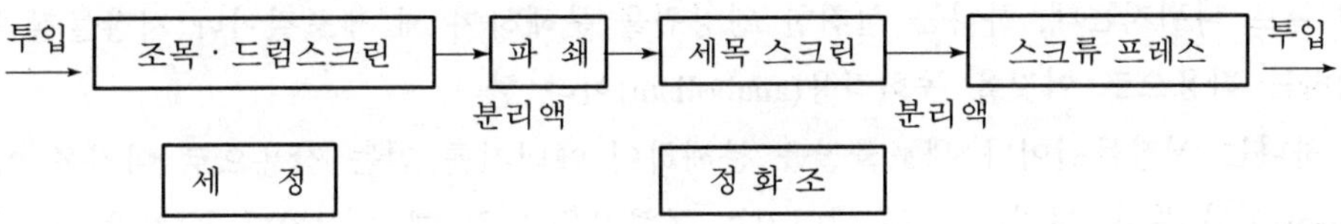

그림 8-4 계통도

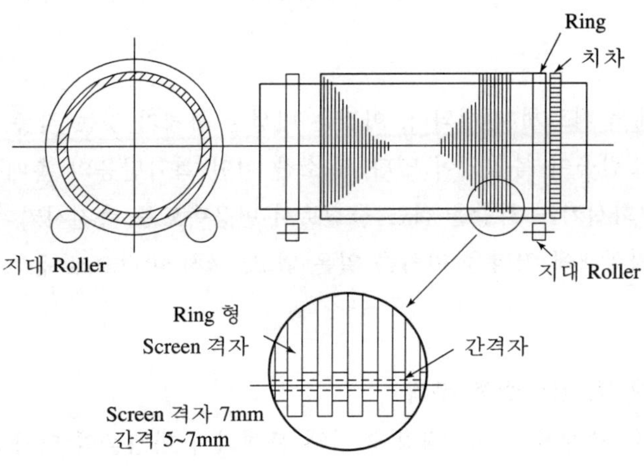

그림 8-5 Rotary drum screen 구조도

종전의 스크린 방법에는 여러 방법이 있었으나 근래에는 일본에서 냄새의 방제와 고장율을 감소시키는 로터리 드럼 스크린의 사용이 보급되고 있다. 특히 스크류 프레스와 연결, 사용하는 것이 더욱 좋다. 위 방법의 계통과 기계는 그림 8-4, 그림 8-5와 같다.

(라) 파쇄장치

수거분뇨 중의 협잡물을 파쇄 또는 분쇄를 하는 기계 시설의 종류에는 disintegrater, 그래둘펌프, hydrocutter, 슈렛드펌프 등이 있으나 가급적 각종 협잡물을 동시에 파쇄하는 다양성있는 기계가 바람직하다. 협잡물 제거시설과의 병용사용, 침사조의 구조 또는 공정의 유지관리 등에 따라서 기계선택이 달라지나 현재 많이 사용되는 것은 disintegrater이다.

8.6 생물학적 처리

8.6.1 미생물에 의한 유기물의 분해

(가) 미생물의 대사작용

미생물은 다른 생물과 같이 생육과 증식을 하기 때문에 외계에서 각종 물질을 영양원으로 체내에 섭취 분해하여 미생물체를 만들거나 에너지를 얻고 있다. 이와 같이 생물이 생체를 유지하고 증식하기 위해 이루어지는 기본적인 작용을 대사작용(metabolism)이라 한다. 대사작용은 크게 둘로 나눠지는데, 하나는 섭취한 영양원을 분해하여 새 세포질이나 저장물질 등 생체를 합성하는 작용으로 이것을 동화작용(anabolism)이라 한다.

다른 하나는 저장물질이나 세포물질을 분해하여 에너지를 얻는 작용으로 이것을 이화작용(catabolism)이라 한다. 여기서 얻은 에너지는 동화작용을 할 때 쓰여진다. 이화작용의 결과 대사산물로서 각종 물질이 생성되나 이것은 생체반응의 노폐물로서 체외로 배설된다.

(나) 효소반응

대사작용은 체내에서 빠르게 진행되나, 이것은 미생물 자체가 갖는 각종 효소의 활동에 의한 것으로서 복잡한 효소반응이 복합되어 있다. 효소란 어떤 화학반응의 촉매작용을 하는 물질이다. 촉매란 반응을 변화시키는 역할을 하는 물질로서 반응속도를 촉진시키며, 새로운 반응을 일으키게 한다든가 평형상태에 영향을 미치는 일은 없고, 극히 미량으로 유효하게 작용하는 특징을 지니고 있다.

(다) 피산소성 분해 및 친산소성 분해

오수 중의 유기물은 미생물의 대사작용에 의해 분해되며 미생물의 영양원이 된다. 그 중 이화작용의 주된 것은 호흡이며, 그때 산소를 필요로 하는 대사와 필요로 하지 않는 대사가 있다.

전자를 친산소성대사, 후자를 피산소성대사라 한다.

친산소성 대사는, 산소를 섭취하여 영양원을 산화하고 이때 생기는 에너지를 이용한다. 또 피산소성 대사는 외계(수계)에 유리산소가 존재하지 않는 조건하에서, 유기물을 환원하여 그 유기물 안에 결합되어 있는 산소를 이화작용에 이용한다. 대사작용에 관여하는 미생물, 특히 세균군은 그 종류에 따라서 분류된다.

① 친산소성 세균 ② 편성(偏性) 피산소성 세균 ③ 임의성(통성) 세균의 세 종류로 구별할 수 있다.

8.6.2 피산소성 분해의 원리

분뇨나 하수와 같이 오염물질이 많은 오수를 장시간 방치해두면 차차 부패취가 강해지고 많은 가스가 발생한다. 그러나 그 시기가 지나면 냄새는 점차 적어지고 가스 발생도 줄어든다. 그 상태의 오수를 분석해 보면 유기물의 양이 감소되고 무기물과 같이 안정된 물질이 많아진 것을 알 수 있다. 이것은 피산소적인 환경에서 유기물이 미생물에 의해 부패 분해할 때 일어나는 현상으로 피산소성 분해라고 한다.

(가) 피산소성 분해의 과정

피산소성 분해는 친산소성 분해와 달리, 분해에 작용되는 미생물은 세균군이며 때로는 원생동물 등이 나타난다.

피산소성 분해는 통성피산소성균에 의한 분해와 메탄균과 같은 편성피산소성균에 의해 분해되는 두 개의 분해과정으로 행하여진다. 즉 복잡한 유기물이 통성피산소성균에 의해 간단한 조성의 유기산이나, 알코올 등으로 분해되는 과정으로서 이것을 액화(液化)라 한다. 그리하여 이들 유기물을 메탄균이 이용하여 최종생성물인 메탄이나 탄산가스로 분해한다.

① 액화 : 액화는 분자 구조가 큰 복잡한 유기물을 분자 구조가 작은 물질로 분해하는 과정이며 그 과정에 작용되는 편성피산소성균으로는 대장균, 프로테우스균, 탈질소균, 지방분해균, 섬유소분해균 등 여러 가지 세균군이 포함되어 있다. 액화 과정은 이들 미생물군의 대사작용에 의해 유기물이 분해되어 낙산(butyric acid), 프로피온산(propionic acid), 초산(acetic acid), 개미산(formic acid)과 같은 휘발성의 유기산이나 알코올, 알데하이드 등의 화합물의 대사산물이 생성된다.

② 가스화 : 액화과정에서 생성된 유기산 등의 분해 생성물은 이어서 메탄형성균의 영양원으로 이용 분해되어 메탄, 탄산가스 등의 가스체를 주체로 하는 최종 생성물이 된다. 이 과정을 가스화라고 한다.

(나) 피산소성 분해의 특징

분뇨처리분야에서 소화처리 방식은 피산소성 분해에 의한 하수 처리법의 기술적인 원리와 같고 다음과 같은 특징이 있다.

① 피산소성 분해를 하려면 하수중의 유기물 농도가 높을수록 유리하다. 피산소성 분해는 일반적으로 유기물 1% 이상의 농후한 유기성 하수의 처리에 적합하다. 농도가 낮은 하수의 피산소성 분해는 많은 시일을 요하며 분해효율이 나쁘다. 분뇨의 유기물은 2 % 내외로서 BOD가 높아 피산소성 분해에 의한 처리가 적합하다.

② 최종분해 생성물로서 메탄, 이산화탄소 이외에 황화수소 등 악취성분을 포함한 가스체가 발생한다. 분뇨소화조는 밀폐구조이기 때문에 발생가스에 의한 환경오염문제는 일어나지는 않으나, 가스탱크의 용량이 적을 때나, 가스를 연료로 이용할 때 연소가 불충분하여 악취가 발생하는 경우가 있다. 또 분해 잔류물인 소화슬러지(sludge)는 그 취급에 주의하지 않으면 악취가 발생할 우려가 있다.

③ 발생 가스 중에는 유용한 메탄이 60～70% 함유되어 있으며, 열량이 약 6,000 kcal/m^3의 높은 열원으로 이용된다. 분뇨처리장에서는 이 가스에서 탈황하여 보일러의 열원으로 소화조의 가온에 사용되고 있다.

④ 소화슬러지(sludge)의 발생량은 친산소성 분해의 슬러지(sludge)발생량 보다 적고, 또한 2차처리(생물학적 처리)의 잉여슬러시(sludge)보다 달수하기 쉽다.

⑤ 분뇨의 피산소성 분해는 30～70℃로 가온하여 20～30일의 분해소요시일이 필요하므로 대용량의 소화조는 계속적인 가온을 필요로 한다.

(다) 피산소성 분해에 미치는 제반 요건

① pH : 일반적으로 액화과정에 작용하는 통성피산소성균은 pH의 영향을 그다지 받지 않으며 약 6～8의 범위에서 충분히 생육한다. 메탄균은 pH에 예민하여 약 알칼리성의 환경을 좋아하며 최저 pH는 7.0～8.5의 범위이다. 따라서 pH가 6 이하나 9 이상이 되면 산생성균은 활동하나 메탄균의 활동이 약해져서 그 결과 유기산이 축적되어 분해가 저해된다.

② 온도 : 피산소성 분해도 온도의 변화에 의해 효율이 변동한다. 피산소성 분해를 함에 있어 어느 정도 고온일 때는 소요일수가 짧아진다. 각종 세균군과 그 온도범위를 표시하면 표 8-4와 같다. 온도와 분해 소요일수와의 관계를 보면 30～40℃, 50～60℃ 부근이 효율이 좋은 온도이며 전자를 중온소화, 후자를 고온소화라 한다.

일반적으로 분뇨소화처리는 중온세균군의 생육에 최적의 중온소화체에서 운전하고 있으나, 이것은 고온소화가 고온을 유지하는 데 필요한 시설의 건설비, 유지관리비 등이 고가이기 때문이다. 또한 미생물은 온도의 변화에 예민하기 때문에 소화조 온도는 가능하면 일정하게 유지시키는 것이 안정된 처리효율을 얻을 수 있다.

표 8-4 세균의 온도조건

세균 \ 온도	최적	한계온도	
		최저	최고
저온세균	15～20℃	0℃	30℃
중온세균	37	10～15 ℃	45
고온세균	50～55	40～45	60～70

③ 유기산 농도 : 피산소성 분해가 정상적으로 될 때는, 액화와 가스화는 어느정도 평형을 이루게 되고, 액화에서 생성된 유기산 등이 조내에 축적되지 않고 메탄균으로 하여금 가스화 한다. 단, 액화가 가스화보다 빨리 추진되면 차차 유기산이 축적되어 메탄균의 활동을 저해한다. 액화에 이용되는 산생성균은 자기의 생성물이 영향을 거의 안받으나 메탄균은 영양원인 유기산에 예민하여 그 양이 많아지면 완충작용을 일으켜 생육을 억제당한다. 유기산의 억제농도는 pH치와는 무관하나 약 3,000 ppm 이상이 되면 가스화를 억제한다. 분뇨 중에는 서로 다른 각종 완충물질이 다수 포함되어 있다.

④ 기타 저해물질 : 친산소성 분해와 같은 산소반응을 저해하는 물질, 예를 들면 중금속류, 강산, 강 알칼리성 물질, 독성물질 등은 피산소성 분해에 나쁜 영향을 준다. 질산염, 나트륨염도 어떤 농도 이상이 되면 저해하고 질산성 질소도 50 ppm 이상이면 영향이 있다. 황화물은 액화과정에서는 300 ppm이라도 영향은 없으나 가스화에서는 150 ppm에서도 저해가 된다.

8.6.3 친산소성 분해의 원리

유기물의 친산소성 분해는, 친산소성 미생물의 대사작용에 의해 유기물을 산화분해시키는 것이며, 분뇨처리에서는 그 원리를 응용한 산화처리법이 있고, 또 각 처리의 2차 처리로서 쓰여지는 활성슬러지(sludge)법, 살수여상법은 친산소성 분해를 이용한 전형적인 처리방법이라고 할 수 있다.

(가) 친산소성 분해와 미생물

친산소성 분해에 있어서 미생물로서는 세균이 주체가 되어 있으나, 그 외 균류, 원생동물 등 많은 미생물군이 포함되어 있어 이것들의 총합적인 분해작용에 의한 것이라고 할 수 있다. 분해과정에 나타나는 미생물은 처리방법에 따라 다르며 같은 방법이라도 운전방법에 따라 생물상이 달라진다. 하수중의 유기물은 친산소성 대사에 의해 각 미생물의 세포질과 에너지원으로 전환되어 간다. 그 비율은 처리방식에 따라 다르나 일반적으로 유기물 약 60 %가 새로운 세포질로, 40%가 에너지원으로 전환된다. 즉 친산소성 분해에 의하면 분해된 유기물은 세포질(슬러지(sludge))에 합성되어 잉여슬러지(sludge)(excess sludge)의 형태로 계외로 배출된다.

(나) 친산소성 분해과정

하수에 계속해서 공기를 공급하면, 미생물은 수중에 용존하는 산소를 이용해서 유기물을 분해하여 복잡한 물질을 간단하고 안정된 물질로 변화시킨다. 이때 조건이 적당하면 하수중의 유기물량에 비례해서 소비되는 산소량도 많아지고 잔존량이 적어진다. 생물분해에 필요한 산소량은 BOD로 표시된다.

(다) 친산소성 분해의 제반 요건

적정한 운전관리로 친산소성 분해를 하면, 하수중의 유기물은 단시간에 분해되어 최종적으로는 탄산가스나, 물, 질산성질소 등 단순하고 악취가 없는 물질로 생성되는 것이 특징이다. 친산소성 분해는 각종의 환경요인에 의해 분해효율에 영향을 미치므로 분뇨처리시설을 운전할 때는 이들을 충분히 유의해야 할 것이다.

① 산소 : 친산소성 분해에 용존산소(DO)는 없어서는 안될 요인이다. 활성슬러지(sludge)법 등을 효과적으로 운용하고자 하면 DO를 0.5～1.0 ppm 정도 확보시켜야 하며, 하한농도에 있어서는 미생물의 종류에 따라 다소의 차가 있다. DO가 적을 때는 사상균이나, 유황세균 등 특수한 미생물이 출현하여 슬러지(sludge)의 팽화(膨化, bulking)나 부패 등의 장해를 일으킨다. DO와 산소흡수속도의 관계를 보면 DO가 0.5 ppm 이상일 때는 대개 일정한 흡수속도를 나타낸다.

② 온도 : 미생물은 산소반응이 기본이 되어 대사작용을 하고 있기 때문에 온도는 미생물의 생육에 있어서 중요한 요인이 된다. 세균은 일반적으로 저온에 대해서 저항성이 강하나, 주성분이나 효소가 단백질이기 때문에 고온에는 약하다. 미생물의 종류에 의해 온도의 적응성은 다르나 일반적으로 처리장치에서 생기는 미생물은 15～25℃를 최적온도로 보고 있다. 따라서 동기 수온이 저하했을 때는 분해 효율도 저하된다(효소의 Q_{10} 값 저하).

③ pH : pH는 효소의 안정성을 좌우하는 중요한 인자이다. pH도 온도와 같이 각각 최적, 최저, 최고치가 있으나 미생물의 대부분은 pH 6～8의 최적치를 좋아한다. 미생물의 대부분은 다소의 pH 변동에 견디나 분뇨화학처리와 같이 탈리액의 중화가 잘 이루어지지 않으면 2차처리시설의 기능저하를 일으킬 수 있으므로 주의를 요한다.

④ 저해물질 : 미생물의 생육을 저해하는 물질로서는 황산, 염산, 수산화나트륨 등의 산 및 알칼리류, 중금속류, 알코올류, 염소 등과 오존, 석탄산, 각종 항생물질 등이 있다. 이와 같이 저해물질의 종류가 많으며, 각각 미생물에 주는 저해의 정도도 농도에 의해 일정하

지 않다. 어떤 물질은 직접적으로 또 다른 물질은 간접적으로 작용하게 된다. 이외에도 문제가 되는 것은 중성세제, 소독제, 살충제 등이 있다.

⑤ 생물환경 : 활성슬러지와 같이 세균, 원생동물, 균류 등의 미생물군이 혼재해 있는 것은 어떤 종류의 미생물이 다른 미생물의 영향을 받아 서로 더 많이 생육하기 위해 생존 경쟁을 하고 있기 때문이다.

8.7 피산소성 소화처리

8.7.1 생물학적 과정

생슬러지(sludge)나 생분뇨에 독성물질이 없는 가운데 산소공급을 차단하면 재빨리 소화 박테리아가 발생한다. 이러한 소화 박테리아는 고단위분자로 결합된 유기물질은 간단한 유기물질 즉, 알코올, 지방산, 아미노산 등으로 만들고 여기서 H_2, CO_2, NH_4를 생성시킨다. 여기서 단백질 분해로부터 H_2S와 유기성 악취 즉 스카톨(skatole), 인돌(indole), 싸이올(mercaptan)이 발생되는데 이러한 초기 단계를 산성소화 또는 액화과정이라 말한다.

산성소화 과정에서의 pH는 대략 6～7, 때때로 5까지 떨어진다. 이러한 경우는 하수슬러지(sludge)처리에서 바람직한 조건이 못된다. 이 경우에는 반응이 매우 천천히 진행되고 슬러지(sludge)를 건조할 때 건조상태가 나쁘고, 상징수의 점도가 높기 때문이다. 그러나 소화조의 상

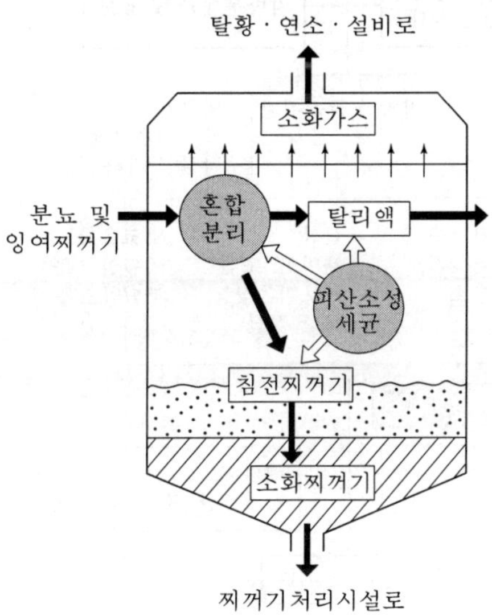

그림 8-6 소화처리의 원리

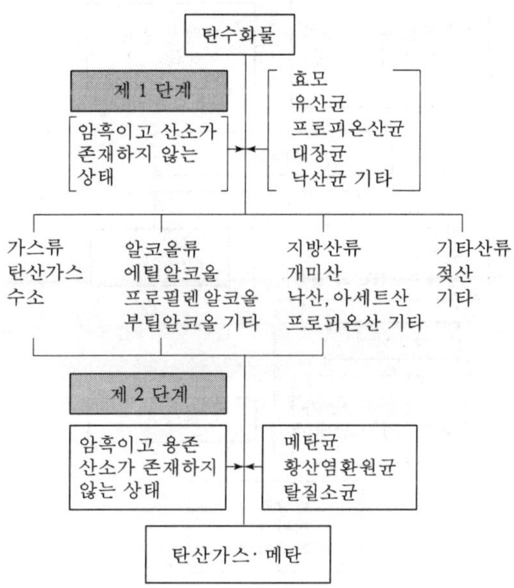

그림 8-7 탄수화물의 피산소성분해

태가 좋고 조건이 좋으면 2차 단계가 진행되는데, 여기서는 메탄 박테리아가 증식하여 유기산과 아미노산을 분해시키면서 CH_4, CO_2, NH_3를 생성한다. 암모니아가스는 물에 용해되어 물은 알칼리성을 띠게 되고, CH_4와 CO_2는 소화가스로서 방출된다. H_2S도 약간 발생하고, H_2S는 슬러지(sludge) 속의 철염과 결합되어 황화철이 되어 소화슬러지(sludge)는 검은 색깔을 띠게 된다. 이러한 두 번째 과정을 "가스화 과정" 혹은 "알칼리성 소화"라고 하는데 메탄박테리아는 환경의 조건(pH치, 유기물질의 상태)에 민감하다. 소화진행과정은 가스생산량으로 쉽게 측정할 수 있는데, 1 kg의 유기물질이 중온소화에서는 약 480 L의 가스를 발생한다.

제2단계 소화에서는 앞서 말한 바와 같이 메탄소화만 하기 때문에 pH값의 변화는 없는데 대략 pH는 7.8~8.2를 유지하게 된다. 분뇨의 소화처리는 이 피산소성 분해를 기본으로 한 처리법이고 이들의 미생물분해를 소화조라고 하는 일종의 피산소성 배양설비를 사용하여 단시간에 효율적으로 처리되는 방법이라고 할 수 있다.

소화조내에 있어서의 분해과정을 그림으로 나타내면 그림 8-6과 같다. 소화조에 투입된 분뇨는 앞서 말한 피산소성 세균군과 충분히 혼합, 교반하여 유기물을 분해하고 고형물의 일부를 침전분리한다. 이것을 소화슬러지(sludge)라고 한다. 한편 용해성 유기물은 탈리액이 되고 이들의 분해에서 메탄, 탄산가스(CO_2)를 주체로 한 소화가스가 생성된다.

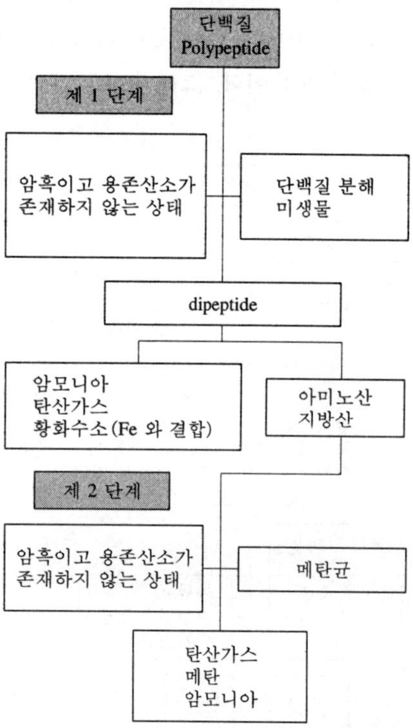

그림 8-8 단백질의 피산소성분해

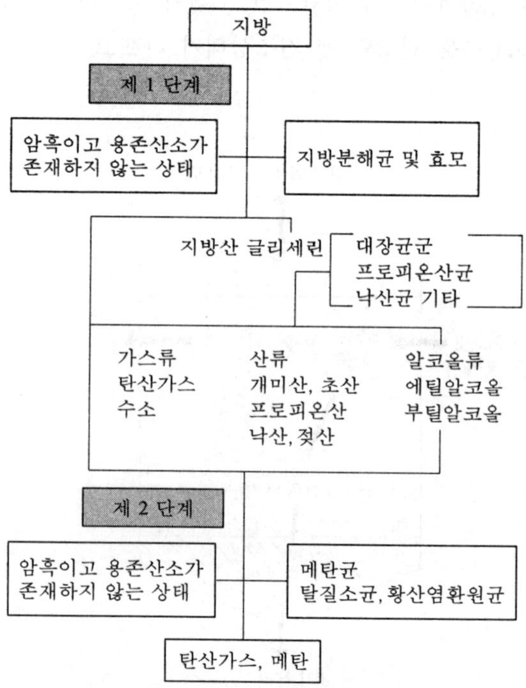

그림 8-9 지방의 피산소성분해

이와 같이 분뇨소화조 내에서 피산소성 분해가 주반응이 되어 유기물을 분해하고 분해 생성물로서 유리액, 소화슬러지(sludge), 소화가스의 세 가지 성분으로 구분한다. 이 결과 유기물의 안정화와 함께 슬러지(sludge)의 감량화가 된다. 분뇨 중에는 전분, 당류, 단백질, 아미노산 지방산, 셀룰로오스, 리그닌 등의 성분이 포함되어 있으나 이들 성분은 각각 분해되어 메탄이나 탄산가스 등의 가스체로 변화된다. 그 분해효율은 소화조의 운전조건에 따라 다르나 탄수화물, 단백질, 지방의 피산소성 분해 과정은 그림 8-7~8-9와 같다.

8.7.2 피산소성 소화처리방법의 특징

소화처리방식이 분뇨처리의 표준 방법으로 채택되게 된 과정에는 많은 조사, 연구에 의해 구조, 기능 등의 기술면에서 많은 진보를 하게 된 것도 한 가지 원인이 되겠으나 다른 방식에서는 볼 수 없는 여러 가지 특징을 가지고 있다.

(가) 장점

① 분뇨처리시설과 같은 대규모의 것은 그렇지 않으나, 소규모의 유기성폐수나 슬러지(sludge)를 처리하는 경우, 피산소성처리는 특히 동력시설을 필요로 하지 않고 정적으로 연속적인 처리를 할 수 있다.

② 유지관리에 특별한 기술을 요하지 않고 비교적 관리가 용이하며 관리비가 적게 든다.

③ 소화가스를 포집하여 열원으로 이용할 수 있다. 분뇨의 피산소성 분해에서 얻어진 소화가스는 5,000~7,000 kcal/m^3의 열량이 있다.

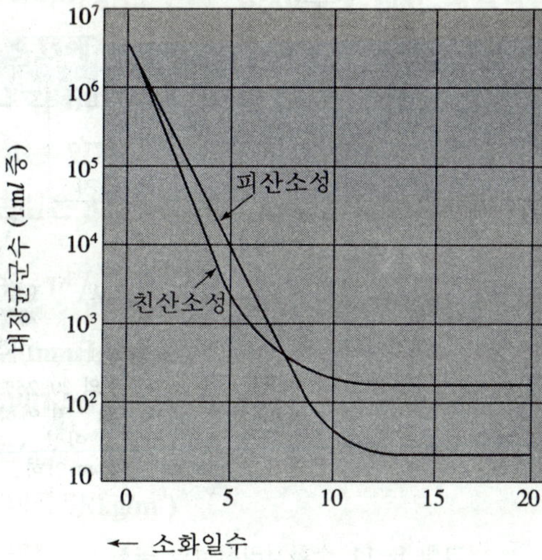

그림 8-10 피산소성 소화시 대장균군의 사멸현황

④ 병원균이나 기생충란을 사멸시킨다. 그림 8-10에서와 같이 피산소성 처리에 있어서 대장균군의 사멸상황을 보면 최초에는 친산소성의 경우에 비해 사멸속도가 약간 늦으나 소화일수가 길어지면 율이 높아진다.

(나) 단점

① 처리과정에서 냄새가 발생하고, 위생해충도 발생하기 쉬우므로, 슬러지(sludge) 등의 취급에 대해서는 위생상 주의가 필요하다.

② 친산소성 처리방법에 비해 소화속도가 늦다.

③ 소화조의 용적이 비교적 대용량이고, 처리시설의 건설에 넓은 부지를 필요로 한다.

8.7.3 소화처리시설의 처리공정

대표적인 분뇨소화처리시설의 계통도는 그림 8-11과 같다.

여기서 소화처리시설을 처리공정별로 대별하면 전처리공정, 피산소성 처리공정, 소화가스의 포집, 이용공정, 탈리액의 친산소성 처리공정, 슬러지(sludge)처리공정 등의 다섯가지로 나누어진다. 이상의 공정 중 피산소성 처리공정의 주요기능은 ① 피산소성 분해에 의해 분뇨 중의 유기물을 액화, 가스화한다. ② 침전분리작용에 의해 탈리액과 소화슬러지(sludge)로 한다는 것 등이다.

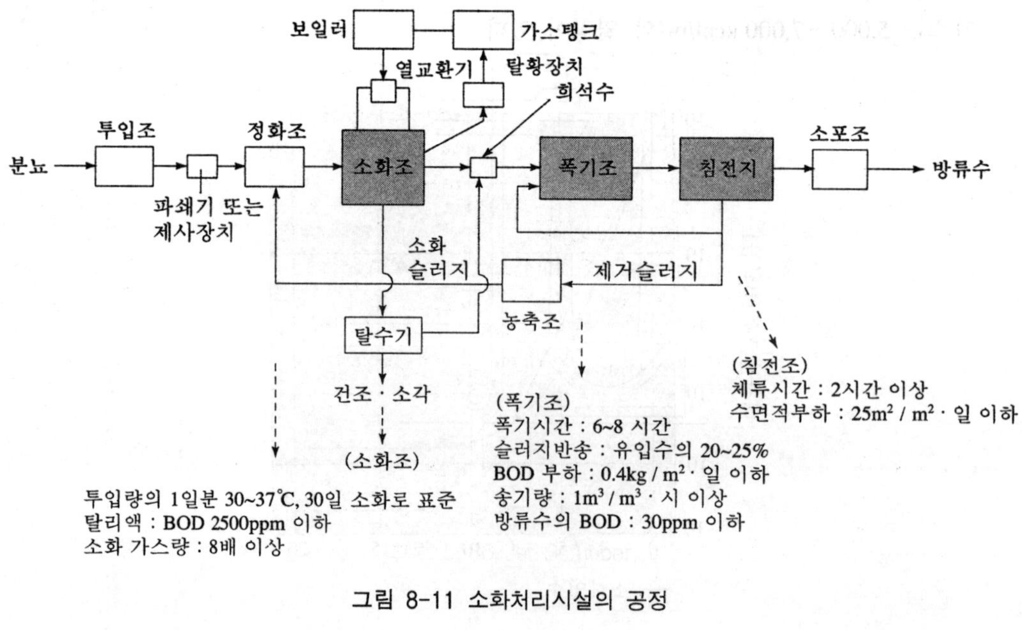

그림 8-11 소화처리시설의 공정

8.7.4 소화조설비

소화조는 하부의 액접촉부분이 수밀(水密) 구조로 되어 있고 상부의 가스접촉부분은 기밀(氣密)구조로 된 콘크리트의 구조로서 방열을 방지하기 위해 각종의 단열재로 덮는다든지 주위를 성토한 반지하구조의 것이 많다. 소화조에는 여러 방법이 있고 그 방법에 따라 각종 형식이 있으며 그것을 분류하면 다음과 같다(그림 8-12).

(가) 조(槽)의 형상과 조의 수

소화조의 형태를 분류하면 원통형, 원추형, 구형, 계란형, 주산형, 상자형 등 모양이 다르나, 이러한 형태의 차이는 각각의 설치위치, 설치면적, 처리 기능 등을 고려하여야 할 것이다. 소화조의 형식은 하나의 소화조에서 처리하는 1단 소화, 2개에 의한 2단 소화의 방식이 있고 2단 소화방식에는 2중조의 형식도 있으나, 보통은 제1소화조와 제2소화조를 직렬로 배치하여 제1조, 제2조를 같은 형, 같은 용량으로 하는 것이 일반적인 방법이다.

(나) 가온

소화조는 인공적으로 온도를 소화촉진시키는 가온식, 소화조를 가온하지 않고 소화시키는 무가온식 소화조의 2가지로 분류되나, 수거분뇨의 처리를 대상으로 한 일반적인 처리시설에서는 가온식소화조를 설치하고 소화온도는 30～37℃로 가온한다. 무가온식은 소화일수가 많이 소요되므로 소규모의 하수슬러지(sludge)처리나 가정용 정화조(부패조방식)에 일부 이용되고 있을 정도이며, 분뇨처리장에서는 소규모에서만 적용하고 있다.

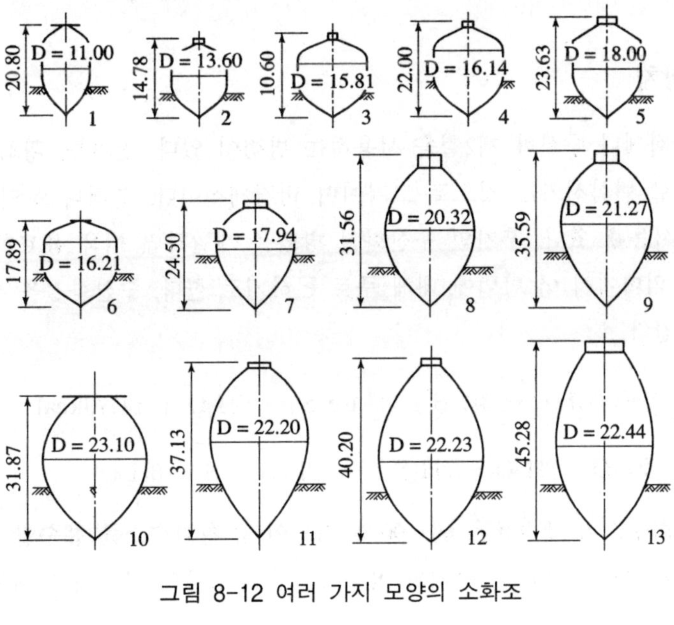

그림 8-12 여러 가지 모양의 소화조

(다) 소화조의 용량

소화조의 용량은 수거분뇨의 1일 계획 수거량에 소화일수록 곱한 것을 그 용량으로 하고 있다. 가온식 소화조에서는 30일 소화를 표준으로 하고 있고, 그 경우 가온 2단계 소화가 일반적이다. 소화일수 30일 전후의 소화법을 보통소화라 하고, 그것에 대하여 소화일수가 20일 이내에 소화를 완료시키는 방법을 고속소화라 한다.

(라) 소화조의 부대장치

소화조의 조내액을 혼합 교반하는 장치 외에 가온장치, 스컴 파쇄장치, 탈리액의 이송장치, 소화슬러지(sludge)의 인출장치 등이 있고, 그의 다음과 같은 부대장치가 있다.

① 가스포집장치 : 각 조에 1개소
② 온도계 : 각 조에 1~2개소
③ 시료채취공 : 각 조에 1~2개소
④ 맨홀 : 각 조에 1개소
⑤ 액위계(液位計) : 각 조에 1개소

8.8 탈황장치

발생가스를 소화조의 가온연료로 이용하므로 가스조 및 보일러 등의 부식을 방지하기 위한 황화수소(H_2S)를 제거하는 장치이며, 건식과 습식이 있고 양쪽을 병용하는 방법도 있다.

8.8.1 건식탈황장치

이 방법에는 산화제나 수산화 제2철을 사용하는 방법이 있다. 전자는, 황화수소를 산화시켜 이것을 다른 형태로 변화시키는 것으로 고가이며 비경제적이다. 그러나 우리나라에서는 이미 탈황용으로 많이 사용해 왔다. 후자인 수산화철 방법을 개발하면 더욱 유효할 것이다. 여기서는 이를 개발하는 의미에서 이 방법에 대해 주로 논하기로 한다. 수산화철을 사용할 때의 화학 반응식은 다음과 같다.

$$2Fe(OH)_3 + 3H_2S \rightarrow Fe_2S_3 + 6H_2O + 14.79kcal$$

$$Fe_2O_3 \cdot 2H_2O + 3H_2S \rightarrow 2FeS + S + 6H_2O$$

이 방법에서 황화수소의 제거율은 60~90 % 정도이며, 황화수소를 흡수할 탈황제는 탈황효과는 저하되었을 때 외부로 꺼내어 공기와 접촉시키면 공기중의 산소에 의해서 자연히 산화되어 재생되는 것이다. 재생된 탈황제는 재사용이 가능하며 그 재생되는 반응식은 다음과 같다.

$$2Fe_2S_3 + 3O_2 + 6H_2O \rightarrow 4Fe(OH)_3 + 3S_2 + 288\ \text{kcal}$$

이와 같은 반응을 보더라도 탈황기의 구조재료가 동판 또는 콘크리트일 때는 특수도장이 필요한 점과 탈황제의 교환이 용이하게 조작될 수 있는 방법 등이 고안되어야 할 것이다. 탈황제에는 수산화철과 선반에서 생기는 쇠 부스러기의 등을 혼합할 것, 또는 고형탈황제 등이 있으나 각각 사용량에 차이가 있다.

전자일 때는 혼합비가 용적비로서 1 : 5～1 : 10으로 혼합하여 두께 40 : 60 cm 정도로 계단을 놓아 그 가스 통과속도를 40 cm/min 정도로 하여야 한다.

입경 8mm ϕ～10 mm ϕ 또는 10 mm ϕ～20 mm ϕ

충전비중 0.7 kg/L

강도 10～20 ka/입(粒)

Fe_2O_3 50～60 %

탈황제인 산화철이 100% 반응했다고 가정했을 때, 탈황제 1 ton당 H_2S흡수량은 300～380 kg가 된다. 이론적으로 약 30%의 황화수소를 흡수하는 것이나, 실제로는 황화수소의 흡수량이 증가함에 따라 탈황효율이 저하되며, 유황(S) 흡수량이 20%를 넘으면 흡수효율이 급격히 저하된다. 특히 분뇨소화 가스는 황화수소의 농도가 15～20 g/Sm^{3}이나 되고, CO_2 분압도 높으므로 흡수시의 발열반응 방지나 탈황제의 수명을 고려하여 여유있는 설계를 하여야 한다. 탈황기의 크기는 발생가스 1,000 m^3/일에 대해 4 m^3 이상으로 하고 탈황제의 양은 2 m^3 이상으로 하는 것이 기준으로 되어 있다. 교환 등을 고려하여 2개조 이상 설치하는 것이 좋다(표 8-5).

표 8-5

황화수소함유량(g/m^3)	1일간 발생가스 1000m^{3}당 소요부피(m^3/1000m^{3}가스)
0～0.1	1.2～1.5
0.1～2.0	2
2.0～12.0	3

최초로 탑에 탈황제를 충전할 때의 필요량은 황화수소의 함유량에 따라 차이가 있으며 탑에 탈황제가 충진되었을 때, 가스의 통과압력 손실은 탑의 높이와 충전제에 의해 다르나 탈황제 입경 15～20 mm ϕ일 때 평균 20～30 mmH$_2$O이며, 최대치라 하더라도 60～70 mmH$_2$O를 넘으면 안된다.

8.8.2 습식탈황장치

일반적으로 수세식 탈황법을 말하며 종전의 하수처리에서 보급된 것이고, 재생탑 혹은 약품탑 등을 겸하고 있다(그림 8-13). 수세만으로는 90% 이상 탈황을 시킬 수 없으며, 흡수탑 상부에서 떨어뜨리는 2∼3% 탄산나트륨액에 황화수소를 흡수시켜, 재생탑에서는 공기를 흡입하여 H_2S를 분리 방출하고 탄산나트륨액은 반복 사용하도록 하는 방법이다.

$$H_2S + Na_2CO_3 \rightleftarrows NaHS + NaHCO_3$$

실제 분뇨처리장에서는 반응탑 중에 나무격자 혹은 PVC ring 등을 적재하여 물을 흘려내리면서 가스를 역으로 통과시키면 H_2S는 물에 용해된다. 온도가 낮을수록 H_2S는 용해가 잘 되며, 물의 소요량에 있어 이론적으로는 물 1 부피에 약 3배 부피의 H_2S를 용해시킬 수 있으나, 실제 외국처리장의 예를 보면 탈황률 50%를 얻기 위해서 물의 소요량이 1 : 1 정도로 소요되었다고 한다.

탈황효율은, 탈황탑 내의 충전물질 혹은 PVC ring의 표면적에 비례하지만 수질에 의해서도 상당한 영향을 받는다. 우리나라에서는, 취수량의 확보난과 하천수를 이용시 하천수의 탁도 등 수질이 문제되는 실정이다. 즉, 탈황탑 내의 여과망과 ring nozzle 등의 폐쇄로 원활하게 유통이 안 되며, 급수 펌프의 동력비와 세정수의 2차오염 등이 문제되고 있는 실정이다. 이 습식탈황을 사용하는 조건은 다음과 같다.

① 가스 중의 황화물농도가 0.5 g/m^3 이하일 때
② 처리 가스량이 적고 저온의 세정수가 풍부하고 염가로 이용될 때
③ 탈황 후의 세정수가 2차 오염이 안될 때

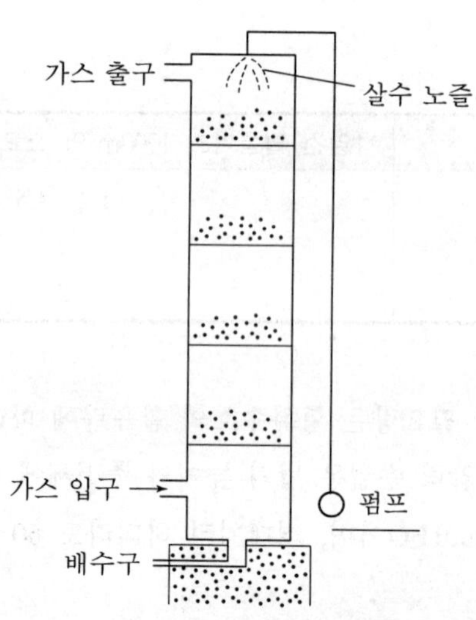

그림 8-13 습식탈황 장치의 원리도

이 방법에서 주의할 사항은

① 세정탑재의 내식성

② 가스의 상승속도를 20 m/min 이하로 할 것

③ 기액접촉시간은 3분 이상 일 것

8.9 기타 부속기구

(가) 가스 연소기

소화가스는 하절기에는 대기온도의 상승으로 가열용 연료로서 가스소비가 줄어드는 것이 보통이다. 이때 소화가스를 그냥 대기 중에 방출하면 악취와 가스에 의한 폭발 등의 위험이 있으므로 그림 8-14와 같은 잉여 가스 연소기로 소각하여야 한다. 이때 대기오염을 방지하기 위한 연소온도는 약 800℃ 이상으로 유지하여야 하며, 안전한 연소를 위해서는, 자동점화와 가스탱크와의 사이에 양적으로 조작이 원활하게 될 수 있는 장치를 설치하여야 한다.

(나) 가스여과 및 침전기(sedimenter)

배관 등에 온도 저하로 응결수가 생기므로, 이것을 집수하여 적정하게 배제하여야 하며, 미립자 등이 각 기구에 영향을 주지 않도록 기구 앞에 필히 가스 여과기와 침전기를 설치하여야 한다(그림 8-15).

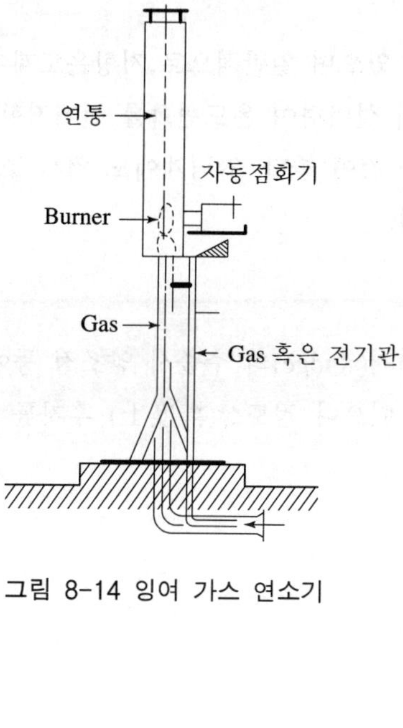

그림 8-14 잉여 가스 연소기

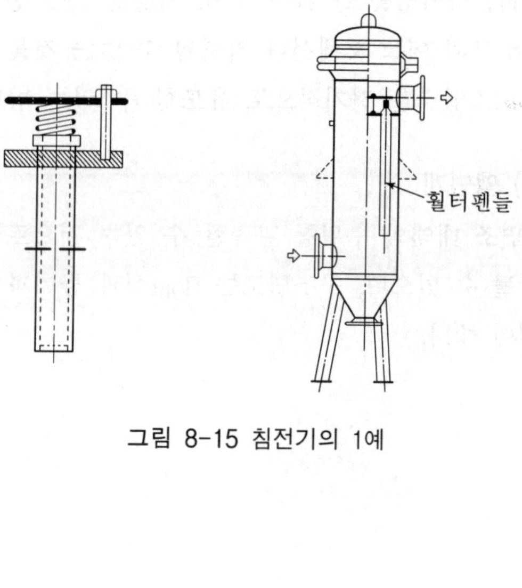

그림 8-15 침전기의 1예

(다) 역화방지기(flame arrester)

가연성 가스의 배관에, 역화 즉 폭발을 방지하고자 설치하는 장치로서 보일러와 잉여가스연소기 등에는 반드시 설치하여야 하며, 안전을 위해 소화조 가스탱크의 상부에도 설치하는 것이 좋다.

(라) 가 · 감압 조절기(breather valve)

소화조 또는 가스탱크 상부에 설치하는 것으로 과압, 부압(음압)이 동시에 작동되는 것이다. 탈리액 또는 소화슬러지(sludge)의 압출, 분뇨의 투입교반작업 등으로, 탱크 내의 압력은 항상 변동되므로, 이로 인한 소화조의 파손을 방지하는 것이 목적이다. 부압일 때는 공기의 침입이 있으므로, 폭발을 방지하기 위하여 경보장치 등의 설치가 필요하다.

(마) 가스 계량기

소화조의 발생 가스를 정확히 파악하는 것은, 소화효율을 알 수 있는 가장 좋은 방법이며 연소계획상에도 불가결한 것이다. 종류에는 roots meter, rotary meter, orifice meter 등이 있으나 국내제작은 개발되지 않고 외제는 고가인 것이 흠이다.

(바) 시료채취기

관내의 시료를 채취할 수 있게 내경 150 mm 이상의 PVC관 등을 조내 저수분이하 30 cm 이상이 되도록 소화조 천정에 설치하여 관내를 통해서 채취병에 채취할 수 있도록 한다.

(사) 압력 및 온도계

팽창온도계는 불정확하므로 그렇게 많이 사용하지 않고 있으며 일반적으로 저항온도계에 방식(防蝕) 라이닝을 한 관에 넣어, 이것을 조내 중심 근처에 설비하여 온도변화를 전기저항으로 바꾸어 조외 어느 곳에서나 지시될 수 있는 것을 사용하는 것이 좋다. 압력계에도 역시 조상부에서 가스압력을 전기적으로 유도할 수 있는 방법이 있다.

(아) 액면계

액면조 내액의 수위를 관측할 수 있는 것으로 소화슬러지(sludge)의 추출시 양조정 등에 참고가 될 수 있으며, 구조별로는 float식과 공기파아지식이 있으나 정도상(精度上) 후자를 택하는 것이 좋다.

8.10 친산소성 산화처리

8.10.1 산화처리의 개요

산화처리라는 것은 분뇨처리의 분야에서 널리 사용되고 있으나, 그 내용은 분뇨의 친산소성 소화, 혹은 희석분뇨의 활성슬러지(sludge)법, 살수여상법 등 생물화학적 산화처리를 포함하여 넓은 의미에서 친산소성처리 또는 산화처리라고 불리고 있다.

하수처리에서는 이미 알고 있는 바와 같이 활성슬러지(sludge)법이나 살수여상법 등의 생물화학적인 반응을 정화기구로 하는 생물산화처리법이 처리의 주체를 이루고 있다. 분뇨의 산화처리도 예부터 하수처리에 이용되고 있는 친산소성 처리를 응용한 것이다.

분뇨처리에서는 1차 처리를 가령 어떤 방법으로 하였다 하더라고 최종적으로 생물산화에 의한 2차 처리를 하여 부패성을 없애고 안전화를 도모한다. 산화처리를 2차 처리에만 그치지 않고 1차 처리에서부터 전공정에 걸쳐 적극적으로 산화처리를 하는 것이 이 방법의 특징이다. 이 경우에는 생물산화에 의한 방법외에 물리화학적으로 산화반응을 하는 방법으로 포함된다.

산화처리를 분뇨처리에 적용하게 된 기본적인 생각은 유기성 물질의 농도가 높은 오수를 분해하는 데는 자연환경에 있어서의 자연적인 부패 생물산화보다도 강제적인 폭기를 수반하는 생물산화에 의한 분해가 반응속도에 있어서 훨씬 빠르다는 것에 착안하고 그것을 이용하여 분뇨의 고율산화를 하려고 하는 것이다.

8.10.2 산화처리의 특징

산화처리방식은 각종 방식이 있어, 각 처리공정마다 조금씩 틀리나, 일관하여 친산소성처리를 하는 것이 가장 큰 특징이다.

① 친산소성 미생물에 의한 산화분해를 적극적으로 하게 함으로써 피산소성 분해보다 단기간이고 부패성의 제거나 부유물의 응집분리를 촉진시키는 외에 병원미생물의 제거 등 소위 분뇨의 안정화를 도모할 수 있다.

② 피산소성 소화에서는 2차 처리공정에서 생물학적인 처리조건으로 전환한다. 즉 피산소성 처리에서 전환하여 친산소성 처리를 하게 되므로, 정화에 관여하는 미생물계가 변화한다. 이 때문에 생물반응계의 전환이 원활하지 못해 정화효율에 영향을 미친다.

그러나 산화 처리는 처리공정이 일관적으로 친산소성 처리를 하므로 비교적 쉽게 처리가 계속된다.

③ 최초부터 산화안정화의 지름길을 가게 되어 다른 처리방식에 비하면 시설의 규모가 작아

도 되며, 건설비가 적게 들고, 부지넓이가 적어도 된다.

④ 분뇨를 폭기함으로써 소화의 저해인자인 황화합물 등을 휘산시키므로 친산소성 처리에 좋은 영향을 준다. 또한 연속처리시에는 산화슬러지(sludge)에 의한 냄새성분의 흡착, 분해 혹은 황산화균 등의 활동에 의해서 냄새의 발생량이 작아진다.

8.10.3 분뇨의 산화와 환원관계

산화와 환원은 전혀 반대의 활동이다. 그러나 활성슬러지(sludge)법으로 충분히 처리되지 않았던 처리수는 생물학적으로 불안정한 상태에 있고, 당분간 방치해 두면 부패현상이 일어나, 잔류하고 있는 유기물은 환원분해를 시작하게 된다. 이와 같이 산화와 환원은 서로 용이하게 이행하는 성질을 가지고 있다. 분뇨의 산화정도를 알려면 산화환원전위(酸化還元電位)(ORP) 또는 이것을 변형한 수소압지수(γ_H)를 이용하면 분뇨의 반응 상태(산화상태, 환원상태)를 알 수가 있다. 산화와 환원반응은 전자의 이동이다. 물체가 화학변화를 하는 경우에는 반드시 기전력의 증감이 있고, 증가의 경우는 산화반응이, 감소의 경우에는 환원반응이 진행된다.

이 원리를 응용하여, 오수의 산화상태를 그때의 기전력을 측정하여 판단할 수 있으며 이 측정치를 산화전환전위라 한다.

8.10.4 산화처리방법의 종류

분뇨의 산화처리방식에는 분뇨를 농후한 상태에서 전처리하고, 이어 2차처리를 활성슬러지(sludge)법으로 처리하는 형태와 전처리에서 분뇨를 희석정리한 후에 후처리하는 형태 등을 다음과 같이 분류할 수가 있다.

① 무희석 분뇨의 친산소성 소화방식
② 최초침전방식
③ 희석분뇨의 활성슬러지방식
④ 산화처리와 화학처리를 종합한 방식
⑤ 염소, 오존 등에 의한 산화처리

위의 방식 중 ④⑤이 연구단계 혹은 3차처리의 한 방법으로 일부 적용되고 있으며 여기에서는 가장 보편적으로 사용되는 ① 및 ③의 방법에 관해서 언급하고자 한다.

(가) 희석 폭기방식

(1) 형상, 조수(槽數) 및 구조

조의 평면형상은 직사각형, 정사각형, 원형으로 하여, 수밀성 철근콘크리트 구조로 하고 액

접촉부분은 수지계 도료로 시공한다. 조수는 2기 이상으로 하는 것이 좋으며 조벽(槽壁) 상부에는 보도를 두고 위험방지를 위한 난간을 설치한다. 소포(消泡)장치를 설치하고 조내를 완전히 비울 수 있도록 설비하여야 한다. 그림 8-16에 희석폭기방식의 계통도를 나타내었다.

① 깊이 및 유로폭 : 조의 유효깊이는 3.5～5.0 m, 여유높이 0.5 m를 표준으로 하고, 산기식 폭기인 경우 유로폭은 유효깊이의 1～2배로 한다. 조의 유입구 및 유출구에는 유량조정을 위한 수문을 설치한다.

② BOD 부하 : 조의 BOD부하는 1 kg/m^3 · 일 이하로 한다.

③ 반송슬러지량 : 반송슬러지량은 희석된 분뇨량의 20～40%를 표준으로 한다.

④ 송기량 : 고압에 의한 산기식 폭기방식으로 하여 송기량은 제거 BOD 1 kg당 100 m^{3}을 표준으로 한다.

⑤ 폭기시간 : 폭기시간은 12시간 이상으로 한다.

⑥ 용량 : 조의 유효용량은 희석분뇨량, 분리액지입량, BOD부하 및 공기공급시간에 따라 정해야 한다. 이때 반송슬러지(sludge)까지 포함한 양에 대해서도 필요한 공기공급시간이 확보되지 않으면 안된다. 단, 해수 희석시는 30%를 더하여야 한다.

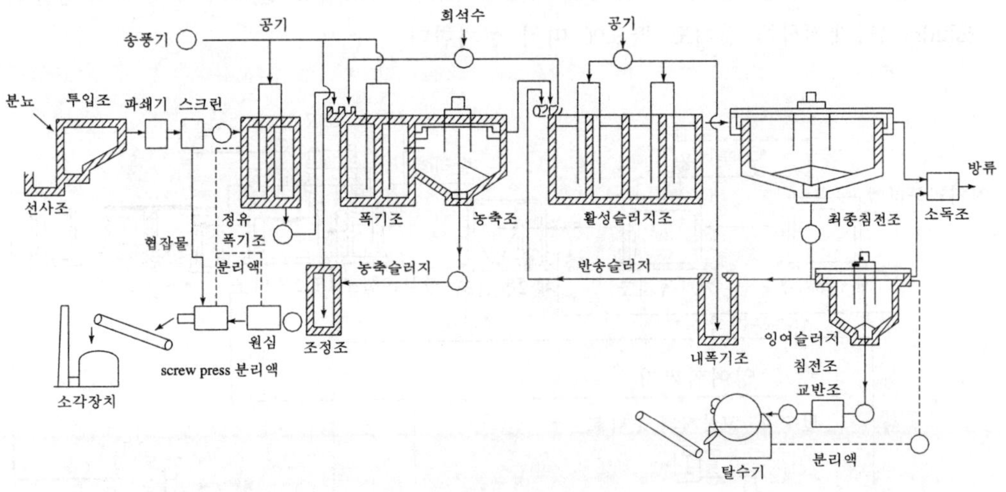

그림 8-16 희석폭기방식의 계통도

(2) 무희석 공기공급방식

회석공기공급방식과 같으며 공기공급시간은 원칙적으로 10일간 이상으로 한다. 그림 8-17에 무희석 친산소성 소화방식의 계통도를 나타내었다.

(3) 침전지

1차처리시설에서 처리된 오수를 정지(靜地)침전시켜 고 · 액을 분리한다. 이 과정은 하수처리의 최초침전처리와 유사하며 최초침전지라 칭한다.

① 형상 및 구조 : 침전지의 평면형상은 원형, 정사각형, 구형으로 하고 슬러지 수집기를 설치할 때는 바닥 구배를 4/100 이상으로 하고, 자연수집일 때는 저부를 호퍼(hopper)형으로 하여, 수평에 대해 45～60°의 경사로 한다. 침전지의 구조는 수밀성 철근콘크리트 구조로 하여야 한다. 방사류일 때는 유입구 주위에 정류판(停流板)을 설치하고, 평행류로서 일류형(溢流型)일 때는 저류판을 유입구의 60～90 cm 위치에 설치하고, 수면상 30 cm, 수면하 40～60 cm가 되도록 한다. 비일류형 유입구에서는 직각유공정류판을 설치한다.

② 체류시간 : 체류시간은 2.5시간 이상으로 한다. 이 때 슬러지 처분을 제외한 용량의 필요 체류시간을 확보하여야 한다.

③ 수면적부하 : 수면적부하는 25 m^3/m^2 · 일 이하로 한다.

④ 슬러지(sludge)수집기 : 원형침전지는 원주구동식과 중심구동식이 있으나 감속장치 및 설비조건 또는 가설경비 등으로 보아 원주구동식이 적합하나 소처리장의 침전지에서는 구형조에 체인으로 슬러지를 수집하는 방법도 있다. 이외에도 슬러지 부상시 부상슬러지(sludge)를 제거하는 장치도 필요에 따라 설치한다.

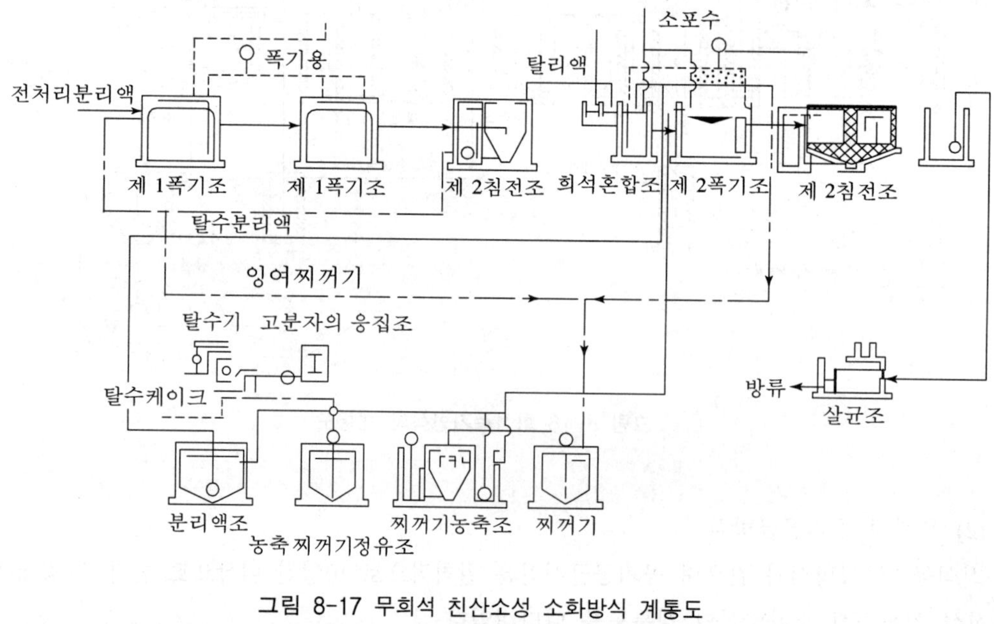

그림 8-17 무희석 친산소성 소화방식 계통도

⑤ 슬러지 반송장치 침전지바닥에서는 슬러지를 수시로 끄집어 낼 수 있도록 슬러지 배출관을 설치한다. 슬러지 배출관은 ϕ 200 mm 이상이 좋으며 폐쇄로 우려가 없게 미리 적당한 관을 선정하여야 한다.

(4) 조절조(농축조)

최초침전슬러지를 끄집어내서 조절조로 보내, 조절조에서 압송 펌프로 수시로 탈수실 또는 건조로상으로 압송한다.

① 형상 및 구조 : 조의 형상은 원형 또는 정사각형 및 구형으로 하며, 수면이하 깊이는 4~6 m로 하는 것이 좋다. 조절조는 수밀성 철근콘크리트 구조로 하여야 한다.

② 용량 : 계획 슬러지량의 2일분 이상을 수용할 수 있게 하여야 한다.

8.11 습식 고온 고압 산화처리(Wet Air Oxidation)

8.11.1 원리

본 방식은 수중에 용해해 있거나 또는 고체상태로 부유하고 있는 유기물 즉 타는 물질을 그대로의 상태로 공기에 의해서 산화되게 하는 방식으로 보통 70 atm과 210℃로 가동한다.

습식 고온 고압 산화처리는 Zimmerman Process라고도 하는데 이 방법은 탈수성이 좋고 고액분리가 잘된다는 장점이 있으나 시설의 수명이 짧고 질소의 제거율이 낮으며 투자 · 유지비가 높다는 단점이 있다.

Zimmerman process(Zimpro라고도 한다)의 기본원리는 유기물을 포함하는 원료를 곧바로 산화반응물로 예열하며, 공기산화 개시온도까지 높이고, 거기에 공기를 보내주면, 공기중의 산소에 의해서 유기물이 산화, 즉 분해가 이루어진다.

이 경우 유기물과 공존하고 있는 것은 대부분 물이다.

8.11.2 장치 및 계통

8.11.1에서 기술한 원리에 따라, 실제 플랜트가 건설되고 있는 그 장치 및 계통은 그림 8-18과 같다.

원료는 고압 펌프에 의해, 상온의 원료조에서 꺼내, 원료의 산화에 필요한 양의 압축공기와 함께 열교환기에 압송하여 여기에서 고온의 산화액으로 열교환(반응)이 이루어져 180~210℃가 되면 반응탑에 옮겨진다. 사용압력은 150~3,000 psi (10.6~210 kg/cm^2, 10~150기압)이다. 반응탑의 입구온도는 열교환기내에 스케일(scale)의 생성 등 문제가 되기 때문에 온도에 제한이 있다. 반응탑에 들어간 원료와 공기는, 잘 교반 · 혼화하여 시간과 함께 반응이 진행되도록 반응탑의 용적이 확보되어야 한다. 중온산화에서는 산화반응열 때문에 출구온도는 240~260℃가 된다. 산화된 원료는 반응탑으로부터 연속적으로 배출되며, 전술한 열교환기를 경유한 자체 온도는 60~90℃로 내려가고 기액분리기로 간다. 열교환기에는 입구온도 조절을 위해 우회밸브를 설치하는 것이 좋다. 또 운전시동에 열교환계를 승온시키기 위해 시동용 보일러 및 시동용 열교환기가 설치되어야 한다.

기액분리기에는 반응생성물인 탄산가스, 잔존가스, 질소 및 경질반응생성가스와 산화액이 분리된다. 가스는 분리기 상부에서 압력조절밸브(PVC, pressure control valve)를 거쳐 감압되어 스크러버에 이르고, 소량의 경질생성가스(암모니아, 저비점탄화수소 등)가 수세 제거되어 대기에 방출된다.

처리원료의 성질 또는 산화의 정도에 따라 산화가스의 성분이 수세만으로는 제거가 불충분할 경우에는, 활성탄흡착탑을 통한다든가 백금촉매 등을 사용하여, 산화로에서 소각한 후, 대기중에 방출하는 수도 있으며, 기액분리기의 하부액상물이 액면조절밸브(LCV, Level Control Valve)를 거친 순액상의 것이고, 다음의 2차 처리공정에서 산화액이 고체 또는 미산화고형물을 포함한 것이라면, 고액분리조에 넣어 상징액과 sludge를 분리하여 상징액은 2차 처리공정으로, 슬러지는 여과공정으로 보낸다.

통상 시동시에는 전술한 시동용 열교환기를 이용하여 원료대신에 물을 가온하여 열교환계 전체를 예열하고, 열교환계가 어느 정도 예열되었을 때 소량의 원료를 보내면서 산화반응을 일으키게 하여, 열교환계가 소정의 온도가 되면 원료를 증가시키고, 수증기에 의한 가온을 감소시킨다. 결국 소정 원료를 투입하여 기대하는 온도까지 가온한다. 이와 같은 열적 자급자족상태를 자연(自燃)이라 한다. 자연원료의 COD나, 산화의 정도에 의해 자연하지 않고 끊임없이 가온을 필요로 한 경우 또는 자연이상이 되어 열이 남은 고온공기를 수증기의 형태로 계외로 끌어내 그 열량을 열원으로 이용하는 경우도 있다.

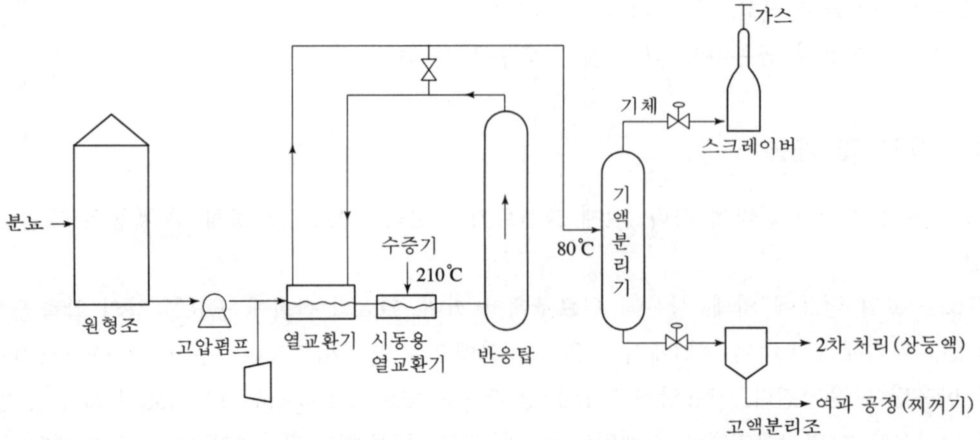

그림 8-18 습식산화방식의 계통도

8.11.3 주요기기

본 장치의 주요기기는 공기압축기, 고압펌프, 열교환기 등이다.

(1) 공기압축기

공기량은 비교적 적은데도 불구하고, 압력은 20~200 kg/cm^{2}로 높게 되므로 보통 왕복 압축기를 사용한다. 압력에 의해 2~6단으로 단수도 변한다.

고압이 되면 윤활유의 선택도 신중히 하지 않으면 안되며, 안전을 위해 모든 수단을 취하는 것이 바람직하다.

(2) 고압펌프

원료 중에 고형물이 없고, 유기물, 무기물만 용해되어 있는 물을 퍼올릴 때에는 보통 다단 터빈펌프 또는 부란쟈・펌프가 사용된다. 원료의 부식성을 고려하여 재질을 선정하지 않으면 안된다.

고형물 특히 경질의 이물을 포함하는 원료 즉, 생분뇨와 같이 단단한 모래 등을 상당량 포함하고 있는 것은, 전술한 형식의 펌프로서는, 날개의 마모부란쟈의 손상이 일어나기 쉬우므로 유압치환형 펌프, 다이아후람펌프, 이모우 펌프 등이 사용된다.

(3) 열교환기

액체만의 원료를 처리할 때는 유동관판식(遊動管板式), 다관식 열교환기도 좋으나 고형분이 많은 원료 특히 섬유류, 종이 등이 많이 포함되어 있는 생분뇨의 처리에 있어서는 이중관식 열교환기를 사용하는 것이 좋다.

처리하는 원료의 성상, 처리온도에 따라서는 열교환기에 스케일이 발생할 우려가 있기 때문에 스케일의 성상에 따라 약액세정을 할 수 있는 장치를 부대시키는 것이 좋다.

(4) 반응탑

반응탑은 원료의 반응시간을 유지하기 위해 있는 것이며, 반응탑의 직경과 높이가 상당히 크므로 두꺼운 재료를 사용하는 것이 좋다. 그리고 부식도 고려하지 않으면 안 되므로 강도가 높은 보일러 강판 같은 것을 사용하는 것이 보통이다.

원료에 포함된 염류가 스케일 형태로 탑벽에 붙는 일도 있기 때문에 이를 제거할 수 있게 맨홀 내부에 크레인(crain)이나 사다리를 설치할 필요가 있다.

8.11.4 산화반응의 조건

습식산화방식은 전술한 바와 같이 반응탑내를 액상으로 유지하면서 원료와 공기를 투입하고 또한 열평형을 유지하지 않으면 안 되므로, 다음과 같은 여러 가지 점이 중요한 조건이 된다.

① 원료물질의 발열량, 필요공기량, 산화도

② 반응온도
③ 압력
④ 반응시간

(1) 원료물질의 발열량, 필요공기량, 산화도

외부에서 열을 공급하지 않고 운전할 경우, 산화가 연속적으로 되게 하기 위해서는 산화에 의해서 생기는 열량이 소정의 열량 이상으로 되지 않으면 안되고, 또 이 산화에 필요한 공기도 충분히 공급하지 않으면 안된다. 산화에 의한 발열량 및 공기량을 구하기 위해서는, 원료는 중크롬산칼륨법으로 측정한 COD_{Cr}을 사용하는 것이 편리하다. 이것은 산화력이 강하고, 경제적이며, 유기물의 공기산화와 중크롬산칼륨의 산화가 실제로 대단히 닮았기 때문이다.

일반적으로 과망간산칼륨법에 의한 COD_{Mn}이 측정되고 있으나 과망간산칼륨은 산화력이 약하고, 과망간산칼륨의 소비가 많아, 비경제적이며 오차가 커서 공기산화법을 위한 COD 측정에는 부적합하다.

(2) 반응온도

산화될 때의 온도가 지배적 온도가 된다. 예컨대 분쇄된 펄프를 물과 혼합하여 산화하면 210℃ 이하에서는 산화가 일부 밖에 일어나지 않지만 230℃에서는 거의 산화된다. 하수슬러지(sludge)와 같이 여러 가지 화학성상을 가진 물질을 포함하고 있는 것은 일정한 산화온도를 갖는다고는 말할 수 없다. 산화가 더욱 속행될 수 있는 조건하에서는, 산화열이 계속 발생하여 온도가 오르고 연속적으로 반응이 진행되며 결국은 유기물이 물과 산화가스로 된다. 그 직전에는 저급의 지방산, 알대하이드 등이 생성된다.

(3) 압력

이 반응은, 액중에서 진행되므로 반응을 받게 하는 물질은 압력에 의해서 성상은 변하지 않으나, 반응을 일으키는 물질은 공기이므로, 이것이 가중되면 밀도가 커지기 때문에 일정체적내의 산소 절대량이 커지고 반응시간을 일정하게 해두면 높은 밀도의 산소와 유기물이 접촉하여 산화반응이 진행된다.

실제로는 온도를 올리면 산화반응이 진행되나, 동시에 수증기의 발생도 증가하여 그 증발 때문에 열을 빼앗기게 되므로, 반응열은 그대로 온도상승에 직접적인 영향을 주는 것이 아니다. 또 수증기의 증발에 의해, 반응탑내의 수용액에 무기약품 등이 있을 경우 약품농도가 올라 결국 결정을 생기게 하는 수도 있다. 온도를 올린다든지 처리액에 포함되고 있는 유기·무기물질의 고형화를 방지하고자 할 경우에는 압력을 올리면 된다.

(4) 반응시간

일반적인 화학반응과 같이 반응시간이 길면 반응은 진행되나, 비교적 빨리 평형상태에 달하기 때문에 너무 긴 반응시간을 줄 필요는 없다.

Chapter

9 폐기물의 재활용

9.1 폐기물의 재활용 현황

9.1.1 폐기물의 통합관리

폐기물의 통합관리(Integrated Solid Waste Management : ISWM)는 폐기물 관리의 모든 기능적 요소들을 면밀히 검토하고 각 요소들간의 관계를 효율적이고도 경제적으로 조화시킬 때 이루어질 수 있다. 여기서 폐기물종합관리(ISWM)란 폐기물 관리상의 특정한 목적과 목표를 달성하기 위하여 적합한 폐기물관리기술과 관리계획을 선정하여 실행해 나가는 것이라고 할 수 있다.

(가) 기능적 요소간의 우선순위

폐기물관리상의 기능적 요소간의 중요도에 따라 우선순위가 부여되고 있다. 미국 환경보호청에 의한 폐기물종합관리체계상의 우선순위는 발생원감량, 재활용, 소각, 매립의 순으로 되어 있다.

(1) 발생원 감량

폐기물종합관리체계의 최우선 순위로 간주되고 있는 발생원감량은 발생되는 폐기물의 양과 독성을 감소시키는 것을 포함한다. 발생원감량은 폐기물의 발생량, 폐기물취급비용, 환경에 대한 영향 등을 감소시키는 데 가장 효과적인 방법이기 때문에 관리체계 중 첫번째로 간주되는 것이다. 폐기물발생량을 감소시키기 위해서는 생산품의 설계, 제조 및 포장과정에서 독성물질의 함량을 감소하고 부피도 적게 하며 제품의 수명을 길게 하는 것이 바람직 할 것이다. 또한 가정, 상업, 또는 산업부분에서는 선택적으로 상품을 구입하고 재이용함으로써 폐기물발생량을 감소시킬 수 있다.

(2) 재활용

폐기물종합관리체계에서 두번째로 중요한 단계는 재활용이다. 재활용공정(recycling)은 ① 폐기물의 분리와 수거, ② 재이용(reuse), 재생(reprocessing), 재생산(remanufacture)을 위한 재활용물질의 전처리, ③ 물질의 재이용, 재생, 재생산 순으로 이루어진다. 재활용은 천연자원의 낭비를 줄이고 매립 등에 의하여 최종 처분하여야 할 양을 감소시키는 데 중요한 역할을 한다.

(3) 폐기물처리

폐기물처리는 폐기물종합관리체계에서 세번째로 중요한 단계로서 물리적, 화학적, 생물학적 공정으로 이루어진다. 도시폐기물에 적용할 수 있는 물리, 화학, 생물학적 처리의 목적은 ① 폐기물관리운영과 체계의 효율증진, ② 재활용가능한 물질의 회수, ③ 처리생성물(퇴비 등)이나 열, 가스 등을 회수하는 데 있다. 폐기물처리는 일반적으로 매립대상물질의 부피를 감소시켜 매립지의 수명을 연장시키는 효과를 가져온다. 이러한 부피감소방법 중에는 소각이 가장 잘 알려져 있다.

(4) 매립

더 이상 사용할 수 없거나 재활용할 수 없는 물질, 재활용품회수시설에서 선별 후 남은 잔류물, 처리생성물질 또는 에너지 회수 후 남은 잔류물 등은 최종적으로 어떤 방법을 이용해서라도 처분하여야 한다. 이러한 폐기물들을 장기간 동안 최종 처분하는 데 이용할 수 있는 방법에는 육지매립과 해역배출이 있다. 폐기물 종합관리체계의 네번째 단계인 육지매립은 가장 일반적으로 이용되는 방법으로 폐기물을 지표 또는 지하에 처분하는 방법이다. 매립은 폐기물감량 및 처리를 위한 모든 노력을 다한 후에 취하는 마지막 수단이므로 폐기물종합관리체계의 최종 단계에서 실행한다.

한편, 우리나라의 자원의 절약과 재활용 촉진에 관한 법률에선, 폐기물의 처리 및 재활용이 용이하도록 제품의 구조, 재질 등을 개선해야 할(선정기준) 제1종 지정제품으로 자동차, TV, 냉장고 및 세탁기 등을 지정하고 있으며, 재활용을 위해 재질표시 등을 해야 할 제2종 지정제품으로 금속캔, 합성수지용기 등을 지정하고 있다.

폐기물의 재활용이란 일상생활에서 발생하는 폐기물 중에서 수집 · 운반 · 처리에 이르는 일련의 흐름 중 물질을 회수하여 재사용하거나 동일한 제품을 생산하기 위해 생산공정에 재투입하는 것뿐만 아니라, 폐기물을 물리화학적 공정을 거쳐 제품화하는 것을 말한다.

표 9-1 주요 유가성 폐기물 재활용 현황(2010)

구 분	재활용율(%)
유리병	75.0
폐 지	92.7
고 철	40.1

9.1.2 폐유리

폐유리병의 분리수거 확대, 폐유리의 재활용 기술개발로 인하여 폐유리병, 폐판유리 등 폐유리 사용률은 경기회복에 따라 지속적으로 증가하는 추세이다.

표 9-2 폐유리 재활용 현황(병유리) (단위 : 천톤)

구 분	2005	2006	2007	2008	2009	2010
유리병소비량	776	749	731	703	641	660
폐유리사용량	567	531	533	513	471	495
재활용률(%)	73.0	70.1	72.9	73.0	73.0	75.0

9.1.3 폐지

일반가정에서 배출되는 폐기물 중 분리배출·수거의 주종을 이루고 있는 폐신문지, 폐골판지 등 폐지류는 쓰레기종량제로 인한 분리수거제도 정착으로 회수량이 매년 증가하고 있다. 이와 같은 회수량 증가에 따라 제지업체의 국내 폐지사용률도 매년 증가 추세에 있다.

표 9-3 폐지 재활용 실적 (단위 : 천톤)

구 분	2000	2002	2004	2006	2008	2010
종이소비량	8366	9339	9909	9887	9486	9548
폐지사용량	5003	5999	6875	7455	7902	8857
재활용율(%)	59.8	64.2	69.3	75.4	83.3	92.7

9.1.4 고철

현재까지 고철은 선철 제조공정에 주로 사용하여 왔으나 제강기술의 발전으로 전기로에서 철강, 합금철 제조시 사용할 수 있게 됨에 따라 고철사용량이 증가하는 추세이다.

표 9-4 고철 재활용 실적 (단위 : 천톤)

구 분		2000	2002	2004	2006	2008	2010
철재소비량(A)		38333	43720	47218	48299	49969	55906
고철 사용량	계	22234 (58.0%)	23773 (54.4%)	25923 (54.9%)	24268 (50.2%)	24833 (49.7%)	22400 (40.1%)
	국내(B)	15369	16550	18375	18490	18022	16134
	수 입	6865	7223	7548	5778	6811	6276
국내고철 사용률(B/A)		40.1%	37.9%	38.9%	38.3%	36.0%	28.9%

9.2 우리나라의 폐기물 재활용 정책

9.2.1 서론

우리나라의 경우 1960년대까지는 대부분의 폐기물이 재활용되었다고 볼 수 있다.

즉, 연탄재는 토양으로, 분뇨는 퇴비로, 고철, 고지, 유리 등은 새로운 제품원료로 사용되었다. 1970년대에 들어와서 경제개발에 따른 부의 풍요와 소비증대, 도시인구 집중으로 폐기물 문제가 차차 부각되기 시작하였다. 그 가운데 특히 특수 농작물 재배에 따른 각종 농업용 비닐에 의한 농토의 오염이 심각하여 이를 해결하기 위하여 1979년에 합성수지폐기물 처리사업법이 제정되었고1980년에 한국자원재생공사(현 한국환경자원공사)가 설립되어 농업용 폐필름의 회수, 처리사업을 수행하였다.

표 9-5는 그간 우리나라가 실시하여 온 각종 폐기물 자원화제도이다. 빈용기보증금제도는 96 % 이상의 회수율을 올리고 있으며 농약병에 대한 시상금제도도 상당한 성과를 보았다.

1991년에 개정한 폐기물관리법의 큰 내용 중의 하나가 폐기물의 발생억제와 폐기물 재활용 추진 정책이다. 이 정책에 분리수거 실시, 폐기물 재활용센터 설치 운영, 폐기물유통정보센터의 설치 운영 등이 포함되어 있다.

표 9-5 우리나라의 각종 유가폐기물 재활용 제도

구분 \ 제도	빈용기보증금제도	제품부과금제도	보조금제도	시상금제도
시행원칙	소비자로부터 보증금 예치	원인자 부담원칙	한국자원재생공사의 효율적인 사업전개	한국자원재생공사의 효율적인 사업전개
대상품목	음료수, 주류, 빈용기	합성수지류	고철 및 폐지류	농약류 빈용기
시행기관	각 음료수 및 주류 메이커	한국자원재생공사	한국자원재생공사	한국자원재생공사
자금내역	각 메이커별 자금 운영	판매 및 수입가격의 1/100 이내 부과	시중은행에서 200억원 차입	국가 30 %, 지방비 30 %, 농약협회 30 %, 기타 10 %(87 : 14억원)
시행근거	주류 : 주세법 특별소비세법 음료수류 : 자율적	합성수지폐기물처리사업법		내무부 및 농수산부의 협조에 의해 실시
시행연도	1985.8(맥주병) 1985.12(소주병) 1986(청량음료병)	1980.9	1981.(중단)	1987.

9.2.2 폐기물회수처리비 예치금제도

(가) 개요

폐기물회수처리비 예치금제도는 재활용 가능한 폐기물을 발생시키는 제조 또는 수입업자로 하여금 그러한 폐기물의 회수 및 처리비용의 일부를 예치시킨 후 회수 및 처리 실적에 따라 예치금을 반환하는 제도로서, 우리나라는 자원의 절약과 재활용촉진에 관한 법률 제18조에 의거 1992년부터 시행되었다. 그런데 2001년 12월에 개정된 법률에 의하여 2003년부터 생산자책임 재활용제도에 편입되었다.

폐기물예치금제도는 제품의 생산·제조단계에서부터 폐기물발생량의 감소와 폐기물의 회수·처리 및 재활용이 용이하도록 하고, 여기에 상응하여 상대적인 경제적 유인책을 마련함으로써 근원적인 폐기물의 발생억제와 재활용률을 높여 폐기물처리에 따른 사회적 비용을 줄이기 위한 의도에서 시행된다.

(나) 예치금제도의 효과

① 환경적 측면

폐기물의 발생을 원천적으로 억제하고 재활용가능 폐기물을 재활용함으로써 환경오염 부하와 에너지 사용을 줄여 환경보전에 기여한다.

② 경제적 측면

자원재활용 향상으로 자원비용 감소와 제품원가를 절감할 수 있으며 폐기물 발생량 감소에 따른 사회 전체의 폐기물 처리비용 감소로 사회적 비용을 절감할 수 있다.

(다) 운용상의 문제점

① 대상제품의 부적합 : 예치금대상품목 중 일부품목은 국내의 기술적·경제적 여건상 재활용이 곤란하거나 적합한 품목이 포함되어 있어서 이들 품목의 예치금 환급실적이 매우 저조하다.

② 예치금요율의 부적합 : 예치금요율이 관계부처와의 입법협의 과정에서 환경부의 당초안보다 하향 조정되어 실질적인 회수·처리비용보다 낮아 회수·처리가 부진한 원인이 되고 있다.

③ 예치금반환대상의 한정 : 예치금 반환대상이 제품의 제조·수입업자로 한정되어 있어 민간단체의 적극적인 회수·처리활동 참여 유도가 미흡하다.

④ 회수·처리의무자의 소극적 태도 : 회수·처리의무자인 제조·수입업자가 회수수집체계 구축 및 처리시설설치에 소극적이다.

⑤ 반환절차의 복잡 : 회수처리 의무 사업자가 예치금을 반환 받고자 하면 회수·처리를 증

명하기 위한 각종 서류를 첨부하여야 하고 반환 청구금액 산출 등 행정적 업무처리의 부담이 가중되고 청구에서부터 예치금 반환까지 상당한 기간이 소요되어 실제 처리비용보다 낮은 예치금을 반환받기 위한 적극적인 대응을 기대하기 어렵다.

⑥ 폐기물 회수 주체의 불명확 : 생활폐기물의 수거와 재활용 의무를 지자체가 갖도록 되어 있으나 실제 처리비용은 생산·제조업체가 부담하고 있어 적극적 참여가 어렵다.

(라) 개선방안

예치금제도의 실효를 거둘 수 있으려면 예치금 대상품목을 회수효율에 따라 계속 검토·조정하고 회수율이 저조한 품목은 예치금을 점진적으로 상향 조절해야 할 것이다. 또한 민간업자들의 자율적인 협조를 유도하여 각 업종별로 자체에서 생산되는 재활용성 폐기물의 회수와 처리를 책임지도록 경제적인 인센티브 등 제도적인 지원·보완책이 뒤따라야 할 것이다.

9.2.3 부담금 제도

(가) 개요

오염자 부담원칙에 입각하여 환경오염 부하가 높은 제품에 대하여 제품의 가격에 환경비용을 내재화 시켜 환경비용의 합리적인 배분을 꾀하기 위한 제도이다. 부담금에 의해 제품의 가격이 상승하면 소비가 억제되고 자연히 생산이 감소하면서 폐기물의 발생이 억제된다.

집수된 부담금은 재활용 가능자원의 구입 및 비축, 재활용을 위한 사업 및 폐기물 처리시설의 설치 지원, 재활용과 감량화를 위한 연구 및 기술개발, 지법자치단체에 대한 폐기물 회수 및 재활용 비용 지원 등에 사용된다.

(나) 부담금 대상 품목

① 독성, 인화성, 폭발성을 가진 제품으로 소비 후 일반적인 수거체계로 수거가 곤란한 제품 : 살충제, 유독물

② 난분해성 소재이거나 1회용품으로서 소비 후 일반적인 수거, 처리 과정에 부담을 주는 제품 또는 원료 : 1회용 기저귀, 합성수지

③ 특수목적 부과금 : 복합재질을 사용하는 과자제품, 껌(가로환경개선)

④ 기타 : 화장품 용기류, 부동액, 리튬전지(이산화망간, 플루오르화 탄소 리튬전지), 담배

표 9-6에 부담금 산출기준을 표시하였다.

표 9-6 폐기물부담금 산출기준(자원의 절약과 재활용촉진에 관한 법률 시행령 별표2)

품목	종별 및 규격	요율 및 금액기준
1. 살충제, 유독물제품	가. 플라스틱 용기	
	(1) 500 mL 이하	개당 24.9원
	(2) 500 mL 초과	개당 30.7원
	나. 유리병	
	(1) 500 mL 이하	개당 56.2원
	(2) 500 mL 초과	개당 84.3원
	다. 금속캔	
	(1) 500 mL 이하	개당 53.9원
	(2) 500 mL 초과	개당 78.2원
2. 부동액	부동액	L당 189.8원
3. 껌	껌	판매가의 1.8% (수입의 경우 수입가의 1.8%)
4. 1회용 기저귀	1회용 기저귀	개당 5.5원
5. 담배	담배(판매가격 200원 이하인 담배와 「지방세법」 제231조, 제232조 및 제233조의9에 따라 담배소비세를 면제하거나 환급하는 담배를 제외한다)	20개비당 7원
6. 플라스틱제품	가. 플라스틱을 재료로 사용하여 제조된 건축용 플라스틱제품 또는 그 수입품(플라스틱관 및 건축용 단열재를 포함한다)	합성수지 투입 kg당 75원
	나. 플라스틱을 재료로 사용하여 제조된 그 밖의 플라스틱 제품 및 포장재 또는 그 수입품	합성수지 투입 kg당 150원

비고
1. 제1호의 경우 출고된 제품의 용기를 회수하여 같은 종류의 제품의 용기로 재사용하는 경우에는 부담금을 부과하지 아니한다.
2. 제3호에 따른 판매가는 「부가가치세법」 제13조의 규정에 의한 공급가액으로 하며, 수입가는 수입항도착가격(C.I.F)으로 한다.
3. 제6호의 경우 폐플라스틱을 재활용한 원료를 사용한 플라스틱제품의 합성수지 투입량은 해당 제품에 사용된 재활용 원료의 양을 제외한 합성수지 투입량으로 한다.

9.2.4 지정부산물 재활용제도

(가) 개요

부산물중 그 전부 또는 일부를 재활용하는 것이 그 자원의 효율적인 이용을 위하여 특히 필요한 것으로 대통령령이 정하는 철강슬래그, 석탄재, 토사, 콘크리트, 아스팔트 콘크리트, 벽돌 및 건축 폐목재를 재활용 가능자원으로서 일정 목표 이상을 재활용함으로써 자원의 절약 및 처리비용을 절감하기 위한 제도이다.

(나) 지정부산물 배출사업자는 다음과 같다

① 철강슬래그 : 연간 조강 또는 선철을 10만톤 이상 생산하는 자
② 석탄재 : 연간 전력을 1억킬로와트 이상 공급하는 자
③ 토사, 콘크리트, 아스팔트 콘크리트, 벽돌 및 건축폐목재 : 연간 시공금액이 150억원 이상인 건설업자 및 당해 건설업자에게 건설공사를 발주하는 자

(다) 지정부산물 배출사업자의 준수사항은 다음과 같다

① 지정부산물의 재활용 촉진을 위하여 부니, 파쇄, 선별 및 재활용할 수 있는 시설을 설치, 운영하는 등 지침에서 정하는 재활용방안을 준수해야 한다.
② 지정부산물의 재활용을 위한 기술개발에 노력하고 발생된 지정부산물을 다른 업종 또는 다른 사업장에서 재활용하게 하는 등 재활용이 촉진되도록 노력해야 한다.
③ 지정부산물의 재활용 계획을 작성하고 그 실적을 기록, 유지해야 한다.

9.2.5 재활용 지정 사업자 제도

(가) 개요

재활용 가능 자원을 이용하는 것이 기술적, 경제적으로 가능하고 자원의 효율적인 이용을 위하여 특별히 필요한 업종을 정하여 해당 업종에 종사하는 사업자로 하여금 재활용 목표율 설정 및 재활용을 증진시키기 위한 제도이다.

(나) 재활용 지정 사업자는 다음과 같다

① 종이 제조업 : 연간 종이를 1만톤 이상 생산하는 자
② 유리용기 제조업 : 연간 유리를 2만톤 이상 생산하는 자
③ 플라스틱제품 제조업 : 플라스틱 용기를 연간 1천톤 이상 생산하거나 플라스틱 용기를 포함한 플라스틱 제품을 연간 3천톤 이상 생산하는 자

(다) 재활용 지정사업자의 준수사항은 다음과 같다

① 지침에서 정하는 재활용 가능 자원의 이용목표율과 효율적인 재활용 방법, 절차 등을 준수해야 한다.

② 재활용 가능 자원의 이용목표율을 달성하기 위하여 이용계획을 작성하고 그 실적을 기록, 유지해야 한다.

③ 수입되는 재활용 가능 자원을 사용할 경우 국내에서 발생되는 재활용 가능자원으로 대체, 사용하도록 노력해야 한다.

④ 지침에 제시된 에너지 회수 및 폐열이용 촉진을 위한 사항을 준수해야 한다.

9.2.6 지정사업자 제도

(가) 제1종 지정제품

(1) 정의

사용되었거나 사용되지 아니하고 버려진 후 수거되어 그 전부 또는 일부를 재활용하는 것이 그 자원의 효율적인 이용을 위하여 특히 필요하고, 재활용이 쉽도록 제품의 구조나 재질의 개선 등이 필요한 제품으로서 대통령령이 정하는 제품을 말한다.

(2) 종류

① 자동차(자동차 관련법 제3조 및 군수품 관리법에 의한 자동차)

② 가전제품(텔레비전, 냉장고, 세탁기, 에어컨디셔너)

(3) 제1종 지정사업자

① 자동차 : 연간 1만대 이상 제조, 수입하는 자

② 텔레비전, 냉장고, 세탁기 및 에어컨디셔너 : 각 품목별로 2만대 이상 제조, 수입하는 자

(4) 제1종 지정사업자의 준수사항

① 제품에 사용되는 원재료, 부품 등을 재활용자원으로 용이하게 이용할 수 있도록 부품 및 제품의 구조개선에 노력해야 한다.

② 재활용이 용이한 재질을 사용하는 등 부품 및 제품의 재질개선에 노력해야 한다.

③ 제품의 재활용 기술개발 및 재활용 설비 확보에 노력하고 동종 제품을 제조하는 사업자의 상호 정보교환 및 기술의 제공 등 공동협력에 적극 참여해야 한다.

④ 각 준수사항에 대하여 지침에서 정하는 바에 따라 평가하고 그 결과를 기록, 유지해야 한다.

⑤ 제1종 지정제품의 가공, 수리 또는 판매를 업으로 하는 자는 재활용이 가능한 부품을 분리, 회수하는 등 재활용 가능자원의 재활용 촉진에 노력해야 한다.

(나) 제2종 지정제품

(1) 정의

사용되었거나 사용되지 아니하고 버려진 후 수거되어 그 전부 또는 일부를 재활용하기 위하여 분리수거를 위한 표시를 하는 것이 특히 필요한 제품으로서 대통령령이 정하는 제품을 말한다.

(2) 종류

① 금속캔

② 플라스틱 용기

(3) 제2종 지정사업자

① 금속캔 : 음료류 및 주류용 금속캔 또는 그 금속캔에 내용물을 넣은 제품을 제조, 수입, 판매하는 자

② 플라스틱용기 : 내부용량이 200 mL 이상인 용기 또는 그 용기에 내용물을 넣은 제품을 제조, 수입, 판매하는 자

(4) 제2종 지정사업자의 준수사항

① 제품의 분리, 회수 및 재활용 촉진을 위하여 소비자, 사용자 또는 회수하는 자가 쉽게 제품을 분리, 식별할 수 있도록 표시

② 표시사항에 대하여 지침에 정하는 바에 따라 그 실적을 기록, 유지

9.2.7 마킹제도(재질분류표시제도)

(가) 개요

금속캔 및 플라스틱 용기에 재활용 가능 표시 및 용기 재질을 나타내는 글자 또는 번호를 표시하여 소비자가 제품소비 후 재활용 가능 여부를 확인하고 분리 배출토록 유도하여 재활용이 용이토록 하는 제도이다

(나) 재질 표시

금속캔 : 알루미늄캔, 스틸캔

(알루미늄)

(철캔)

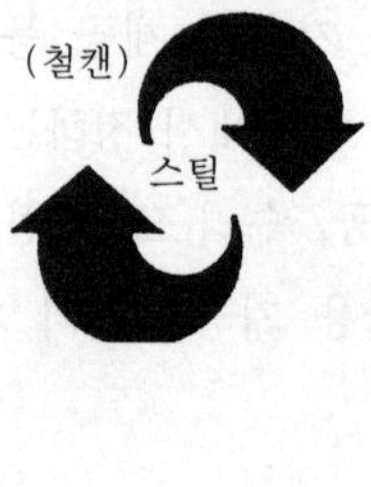

(다) 재활용 가능 표시

종이류, 고철류, 유리병류, 합성수지류, 기타 물품에 대하여 자원재생공사에서 심의 후 재활용 가능 표시를 하여 소비자로 하여금 분리 배출케 하고 재활용이 용이토록 하는 제도

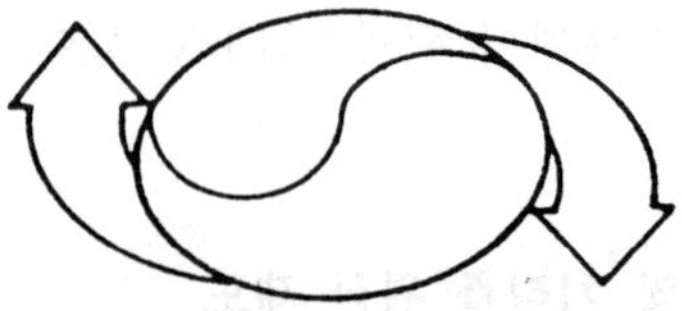

9.2.8 음식물 쓰레기의 감량화 및 자원화

(가) 음식물 쓰레기 발생량 현황

2009년도의 음식물쓰레기 발생량은 14,118 톤/일로 생활폐기물의 약 28%로, 음식물쓰레기가 차지하는 점유비율이 2004년부터 증가추세이다. 특히, 음식물쓰레기 직매립금지(2005.1.1) 이후 분리 배출되는 음식물쓰레기가 증가하고 국민의 생활수준 향상 및 세대수(1~2인 가구가 전체의 48% 차지) 증가로 음식물쓰레기 발생량이 매년 꾸준히 증가하여 왔다.

음식물 쓰레기의 재활용비율은 1998년에 21.8%에 불과하던 것이 매년 지속적으로 증가하였으며 2009년에는 음식물류폐기물 발생량의 94.8%를 사료·퇴비 등의 재활용 원료로 사용하고 있으며, 또한 해양환경 보전을 위하여 음식물류 폐기물 재활용과정에서 발생되는 폐수 중 해양배출량을 2012년까지 육상처리로 전환하기 위한 대책을 수립하여 시행하고 있다.

표 9-7 생활폐기물 중 음식물쓰레기의 점유비율 및 재활용률

년도	1998	2000	2002	2004	2006	2008	2009
생활쓰레기발생량(톤/일)	44,583	46,438	49,902	50,007	48,844	52,072	50,906
음식물쓰레기발생량(톤/일)	11,798	11,434	11,397	11,464	13,372	15,142	14,118
점유율(%)	26.5	24.6	22.8	22.9	27.4	29.1	27.7
재활용(%)	21.8	45.1	62.6	81.3	94.2	90.6	94.8

(나) 음식물 쓰레기 처리의 문제점

우리나라의 음식물쓰레기는 수분함량이 높고, 발열량이 낮아서 소각처리가 부적하여 그동안 매립처리에 의존하여 왔다. 음식물을 단독원료로 하여 퇴비로 재활용하는 것은 염분이 높아, 퇴비생산후의 수요처 확보가 어렵기 때문에, 퇴비화시 계분이나 돈분 등의 주재료와 함께 보조재료로서 사용되고 있는 경우가 많다.

음식물쓰레기의 사료화는 영양의 불균형과 안정성, 안전성의 문제, 육질저하 등의 문제점과 함께 이를 해결하려는 연구와 기술개발의 부족으로 질 높은 사료생산 및 보급에 문제점을 가지고 있어, 퇴비화에 비해 상대적으로 그 비중이 낮아지고 있는 추세이다. 서울과 같은 대도시의 경우 공공 음식물쓰레기 처리시설의 부지확보가 어렵고, 자체적인 처리시설을 갖추기가 어려워 인근의 자치단체 소재 민간처리시설에서 위탁처리하고 있어, 향후 지방자치단체 간의 갈등을 불러일으킬 가능성이 높다.

(다) 음식물쓰레기 발생억제 및 처리를 위한 제도

(1) 감량의무대상 사업장 제도

식당, 집단급식소 등 음식물쓰레기가 다량으로 발생하는 음식물쓰레기 감량의무사업장으로 분류하고 자가처리(감량) 책무를 부여하여 좋은 식단제, 자율급식 실천 등 음식물 안남기기 실천을 촉진하고 부득이 발생되는 음식물쓰레기는 재활용하기 위한 제도이다. 감량화 대상 사업장은 2004년부터는 1일 연급식인원 100인 이상의 집단급식소와 객석(객실면적포함) 125제곱미터 이상의 휴게소 및 일반 음식점, 콘도미니엄, 호텔, 대규모 점포, 농수산물 도매시장, 농수산물 공판장 등이다.

감량의무사업장은 가열건조, 발효 또는 발효건조에 의하여 수분함량을 25～40% 미만으로 감량하여야 하며, 사업자 스스로 사료화, 퇴비화 등의 방법으로 재활용하거나 처리업자에게 위탁처리하거여야 한다.

(2) 시민들의 참여 유도

음식물쓰레기의 발생을 근본적으로 줄이기 위하여 음식물쓰레기 줄이기 생활실천수칙을 제정(2002년2월)하였고, 여성 · 종교단체 등 민간특성에 맞는 실행프로그램을 개발 보급할 수 있도록 지원을 계속하고 있으며, 비디오, 홍보만화 및 홍보 포스터 등을 제작하여 배포하고 있다. 또한, 식품 제조기업 및 개인에게서 음식을 기탁받아 결식아동, 홀로 사는 노인, 무료급식소, 노숙자 쉼터 등 소외계층에 음식을 지원하는 푸드뱅크(Food Bank)제도를 시행하여 발생원에서의 감량화를 유도하고 있다.

(3) 농수산물 도매시장 쓰레기 유발 부담금 제도

농수산물의 도매시장 출하물량의 선별 · 포장 미흡과 도매시장 내 다듬기 작업으로 쓰레기 발생이 많아지므로 배추, 무, 양배추, 마늘, 대파, 양파 등의 품목 내에서 포장 규격을 위반하여 도매시장에 출하하거나 대상품목을 다듬어 쓰레기를 발생시킨 유통종사자 들에게 부담금을 징수하는 제도이다.

2000년 현재 시행 대상 도매시장은 서울 가락, 구리, 수원, 안양, 청주, 안성, 대전 등 7개소이며 2002년까지 전국 농수산물 도매시장에 도입 예정이다.

9.2.9 유기성 슬러지의 재활용

하수처리 슬러지 등 유기성 슬러지, 음식물류 폐기물을 매립장의 복토재, 토지 개량제 등으로 사용하여 재활용을 촉진하기 위한 것으로 하수처리 슬러지 등 유기성 슬러지의 매립장 반입을 금지하고 적정처리를 통하여 부숙토로 만들고 생산하여 생산된 부숙토의 유해물질 함량, 유기물 함량, 부속토 등 품질 기준을 정하여 사용 용도에 맞게 안심하게 사용할 수 있도록 하여 매립장 사용연한을 증대시키고 2차 환경오염예방, 재활용 가능 자원의 극대화를 꾀하는 제도이다.

9.2.10 재활용 제품의 소비 확대

(가) 공공기관 우선 구매 제도

환경표지인증제품 및 우수재활용 인증제품 등 환경인증제품의 소비를 촉진하기 위하여 중앙행정기관, 정부, 지자체, 정부출연기관, 특별법인, 기타 법인 등에서 제품 구매시 환경인증제품을 우선 구매토록 하는 제도이다.

(나) 환경인증제품 및 환경성적 표지 인증제도

① 환경(성적)표지 인증제도

환경영향이 적거나 자원사용의 효율성이 좋은 제품(62개 제품군 169개 상품)

제품 전과정의 자원사용량, 환경오염물질 배출량, 환경에의 영향 등을 계량화 하여 표시하는 제품(전기 · 전자제품, 타이어, 세제, 유류 등)

② 우수 재활용 인증제품

재활용 가능자원을 이용하여 만들어진 제품(16개 제품군 181개 상품)

③ 고효율 에너지 기자재 인증제품

에너지 사용 효율이 높은 고효율에너지 기자재(12개 제품군 368개 제품)

(다) 환경상품 생산 · 구매홍보 강화

① 환경상품 전자 상거래 시스템 운용 지원

② 환경상품 판매코너 설치

③ 환경상품 전시회 개최

④ 환경친화적 제품설계 일반지침서 및 S/W 개발 보급

9.2.11 재활용 상업 육성 및 자원

(가) 육성 및 지원 방법

① 재생원료 원가 절감

업체가 개별적으로 직접 회수하지 않고 IWRS 시스템을 활용하여 물류비용을 절감하고 재활용 제품의 가격 경쟁력을 제고시킨다.

② 재활용 업체의 부지난 해소

공업단지 내 의무적으로 재활용 전용단지를 분양케 하고 지자체의 폐기물처리시설 건설 시 재활용 산업을 함께 유치하도록 한다.

③ 금융 및 세제 지원 확대

부가가치세와 매입세액 공제 대상으로 하여 재활용 시설의 설치를 확대하고 재활용시설 설치 및 기술개발 자금을 융자 지원한다.

④ 재활용 기술개발 촉진 및 기술지원

산학연 공동으로 실용화 기술 개발을 촉진하고 국립환경연구원, 자원재생공사에 자원화 기술 전담 조직을 구성·운영하여 재활용 업체를 지원한다.

9.2.12 생산자 책임 재활용제도(2003년 시행)

(가) 생산자책임재활용제도의 개요

지난 30년간 매립장과 소각장 건설을 통해 쓰레기문제를 해결하려 함에 따라 공공의 환경비용 지출이 급속히 증가하고, 매립장·소각장 증가에 따른 환경문제와 이로 인한 국민적·사회적 저항이 격렬해졌다. 따라서 제품의 재활용과정에서 생산자의 책임을 보다 확대하기 위한 대안으로서 생산자책임재활용제도(EPR)가 등장하였다.

‘생산자책임재활용제도’란 제품의 생산자들로 하여금 제품의 설계, 제조, 유통·소비 및 폐기 전과정에 걸쳐 환경친화적인 결제활동을 유도함으로서 폐기물의 감량(Reduction), 재이용(Reuse), 재활용(Recycling)을 촉진하여 「자원순환형 경제·사회체계」를 도모하려는 제도로 독일, 영국, 프랑스, 헝가리 등 유럽 15개국과 일본, 대만, 호주 등 대부분의 선진국가들이 제도를 도입하고 있다.

우리나라는 폐기물의 재활용 촉진을 위해 1992년부터 시행한 폐기물예치금제도의 문제점을 개선하고 생산자의 책임을 보다 확대하기 위하여 2002년 2월 “자원의절약과재활용촉진에관한법률”을 전면 개정하여 2003년 1월부터 기존의 폐기물예치금제도를 폐지하고, 생산자책임재활용제도를 도입·시행하였다.

표 9-8 생산자책임재활용제도의 시행절차

절차	주체	근거
① 5년단위 자원재활용 기본계획 수립(환경부) - 연차별 세부시행 계획 수립(시 · 도지사)	환경부장관 (시 · 도지사)	법 제7조
② 재활용가능자원의 분리수거량 공표	시 · 도지사	법 제13조제2항
③ 제품 · 포장재별 재활용의무총량 공시 - 시 · 도의 분리수거량 및 재활용여건 등을 고려 - 관련업계 및 관계부처와 협의	환경부장관	법 제17조제1항
④ 개별 재활용의무생산자의 재활용의무량 산출 - 제품출고량 · 포장재사용량 등을 고려, 산출	환경부장관	법 제17조제2항
⑤ 재활용의무이행계획서의 제출 및 승인	재활용의무생산자 ↔ 한국환경자원공사 (구 자원재생공사)	법 제18조제1항
⑥ 재활용의무 이행 - 직접재활용 또는 재활용사업자에게 위탁재활용 - 재활용사업공제조합에 의무대행 및 분담금 납부	개별생산자 또는 공제조합	법 제16조
⑦ 재활용의무이행 결과보고서 제출	재활용의무생산자 ↔ 한국환경자원공사 (구 자원재생공사)	법 제18조제2항
⑧ 재활용부과금 부과 · 징수 - 재활용의무 미이행량에 대해 재활용비용의 130% 이하를 부과	재활용의무생산자 ↔ 한국환경자원공사 (구 자원재생공사)	법 제20조

(나) 생산자책임재활용제도의 시행절차

생산자재활용제도의 시행절차는 크게 6단계로 나누어 볼 수 있는데, 첫째, 환경부는 매 5년 단위로 자원재활용기본계획을 수립하여 사회적으로 달성해야 할 재활용률 목표 등 기본적인 목표를 설정한다.

둘째, 각 지자체는 환경부가 정하는 지침에 따라 재활용의무대상 품목별로 재활용가능자원의 발생량과 분리수거량을 공표하게 된다.

셋째, 환경부장관은 제품 · 포장별로 출고량과 분리수거량 등을 기초로 품목별재활용의무총량을 산정, 관계부처 협의를 거쳐 고시하게 되며, 개별 재활용의무생산자에게는 제품출고량에 따라 의무량이 결정되게 된다.

넷째, 각 재활용의무생산자는 재활용의무량을 이해하기 위한 계획서를 환경부장관에게 제출하여 승인을 받게 된다. 이 때 개별생산자는 공제조합을 통하여 의무이행을 할지, 개별적으로 위탁 재활용 등을 통해 재활용할 것인지 등 구체적인 의무이행방법을 결정하여야 한다.

다섯째, 각 재활용의무생산자는 재활용의무를 이행하고 그 결과보고서를 제출하여야 하며, 마지막으로 환경부장관은 재활용의무이행 결과보고서를 확인 · 조사하여 의무를 적정하게 이행했는지 여부를 확인하고, 미이행이 확인될 경우 그 미이행량에 해당하는 부과금을 생산자에게 부과하고 징수하게 된다.

(다) 생산자책임재활용제도의 세부내용

① 생산자재활용의무대상 대상품목

EPR 대상품목은 기존의 예치금 품목을 중심으로 일부품목을 추가하여 2003년부터 우선 실시하고 향후 제도의 정착과 더불어 점진적으로 확대해 나갈 계획이다. 신규품목 중에는 플라스틱 포장재, 휴대폰, 오디오, 컴퓨터 등이 새로이 포함되어 실시되는데, 플라스틱 포장재는 플라스틱 관리정책의 전반적인 개선을 통해 기존의 원료부담금인 합성수지폐기물 부담금제도는 폐지되고 재활용이 상대적으로 용이한 플라스틱 포장재는 '생산자재활용품목'으로 편입하고, 나머지 플라스틱 제품에는 부담금을 부과하는 방향으로 개선되었다. 플라스틱 포장재 중에서도 컵라면용기, 받침접시 등 용기류는 2003년 1월부터 생산자책임재활용제도가 우선 시행되었고, 봉지, 봉투 등 필름류 포장재는 재활용기반을 확충한 뒤 시행하기 위해 2004년 1월부터 시행되었다. 현재 플라스틱 포장재는 재생원료, 유화, 고형연료(RPF), 프로파일 등 재활용제품에 생산하는 데 사용되고 있다.

② 재활용의무생산자 및 의무면제 기준

생산자책임재활용제도에서 생산자는 매우 폭넓은 개념으로 원료업자, 제품제조업자, 포장재제조업자, 유통판매업자 등이 모두 광의로 생산자에 포함된다. 그러나 현실적으로 시장에서 이들 생산자의 책임을 획일적으로 나누는 것은 불가능하므로 우리나라는 주책임자 방식을 채택하고 있다. 즉, 생산자 중 시장에서 제품, 포장재의 디자인 및 설계의 실질적인 선택권을 갖는 자가 주책임자로서 재활용의무를 부담하게 된다.

이러한 주책임자 방식에 의해 생산자책임재활용제도에서 재활용의무를 지는 의무생산자는 일반제품(윤활유, 타이어, 전자제품, 전지 등)의 경우에는 제품을 제조하는 제조업자와 수입업자가 되며, 포장재(종이팩, 금속캔, 유리병, 플라스틱 포장재)의 경우에는 포장재를 사용한 제품의 제조자(Filler) 및 수입업자, 즉 내용물을 생산하는 자가 되는 것이다. 이러한 원칙의 예외로 내용물의 생산자가 불특정 다수인 농 · 수 · 축산물 등의 받침접시 등은 불가피하게 용기 · 포장재를 제조하는 자가 의무를 부담한다.

표 9-9 예치금제도와 생산자 책임재활용제도의 비교

구 분	폐기물 예치금 제도	생산자책임재활용제도
부과방법	제품 출고량 또는 수입물량을 100%회수 재활용하는 것을 전제로 예치금 부과	재활용 여건을 고려하여 생산자와 협의를 거쳐 달성 가능한 범위 내에서 의무량 부과
재활용 의무	제품포장재의 제조업자·수입업자에게 일정 금액을 예치하게 한 후 재활용실적에 따라 예치금을 반환 (간접적)	폐기물 발생량이 많고, 재활용 가능한 제품·포장재의 제조업자, 수입업자에게 일정량의 회수·재활용 의무량을 부과(직접적)
재활용산업지원 효과	미반환 예치금의 국고환수(약55%)로 재활용산업에 대한 지원효과 미약	생산자가 재활용산업에 직접 지원하여 재활용산업 육성효과 증대

표 9.10 재활용 의무대상 품목

기존 예치금품목	제품	텔레비전, 냉장고, 에어컨, 세탁기, 타이어, 윤활유, 형광등, 전지류
	포장재	종이팩, 금속캔, 유리병, PET병(음식료품, 주류, 화장품, 세제류, 일부 의약품 등)
신규도입 품목	제품	컴퓨터, 이동전화단말기, 오디오, 팩시밀리, 프린터, 복사기
	포장재	플라스틱 포장재(음식료품, 의약품, 세제류, 주류, 화장품), 스티로폼 완충재(전자제품)

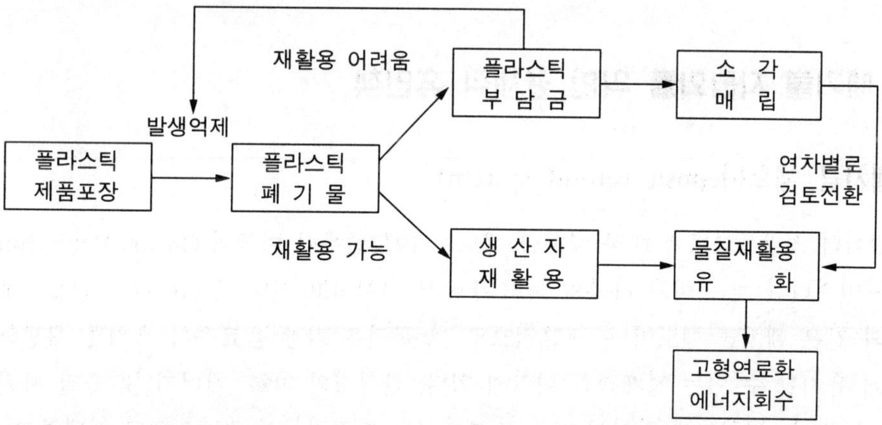

그림 9-1 플라스틱 폐기물관리정책 개선방향

한편, 모든 생산자에게 재활용의무를 부여하는 것이 바람직하지만 포장재의 경우, 영세업자가 많아 실질적인 부담능력과 행정비용의 절감 등을 고려하여 면제기준(연간매출액 10억원 미만인 제조업자 및 연간수입액이 3억원 미만인 수입업자)을 두고 있다.

③ 재활용의무량 및 재활용부과금

EPR에서는 품목별로 생산자가 연간 재활용하여야 하는 재활용의무총량을 매년 산정·고시하게 되는데 의무총량은 의무생산자의 출고량, 분리수거량, 재활용실적 등 재활용여건을 종합적으로 고려하여 합리적으로 산정할 수 있도록 하고 있다. 재활용의무총량이 산정되면 개별생산자의 재활용의무량은 생산자별 시장점유율(Market Share)에 비례하여 자동적으로 산정된다.

한편, 재활용의무생산자가 재활용의무량을 달성하지 않았을 경우에는 재활용부과금이 부과되는데 이는 품목별 실 재활용비용의 130% 이하로 재활용 미이행률에 따라 차등을 두고 있으며, 재활용비용은 매년 물가상승률과 연동하여 조정된다.

그리고 생산자가 목표량 이상 재활용량을 초과 달성한 경우 초과 달성한 실적량을 2년간 의무이행실적으로 사용(Banking)할 수 있도록 하여, 경제여건 변동에 따른 생산자의 리스크를 최대한 완화할 수 있도록 고려하였다.

(라) 품목별 재활용사업공제조합 설립·인가

생산자들은 환경부로부터 부여받은 재활용의무를 ① 직접 재활용하거나 ② 의무생산자별로 재활용사업자들에게 위탁하거나 ③ 재활용사업공제조합을 설립하여 공제조합에 분담금을 납부하는 방법으로 의무를 이행하게 되는데 2004년 6월 현재 한국전자산업환경협회, 한국플라스틱리싸이클링협회 등 품목별로 11개 재활용사업공제조합이 결성, 환경부로부터 인가를 받았다.

9.3 폐기물 자원화를 위한 경제적 유인책

9.3.1 예치금 제도(deposit refund system)

맥주병이나 청량음료병에 대한 예치금 제도는 1972년부터 미국의 Oregon Bottle Bill을 시초로 실시되었으나 현재는 여러 나라의 여러 주에서 실시되고 있다. 우리나라의 빈용기보증금 제도도 이와 같은 예치금 제도이다. 근본적으로 그 목적은 각종 음료수의 용기를 재생하므로 가격을 낮게 유지할 수 있는 경제적인 이익에 있다. 환경질의 악화, 에너지 및 물질 자원의 고갈에 대해 증가하는 인식도에 힘입어 많은 정부에서는 환경정책의 경제조치로 채택하고 있다. 잘 시행된 예치금 제도들은 폐기물의 처분문제, 쓰레기 문제, 에너지 및 물질자원 사용 등을 감소시킬 수 있다. 따라서 정부에서는 예치금 요율부과와 일회용 용기에 대한 부과금적용 등을 추진함으로써 보다 강화되기를 기대하고 있다. 노르웨이나 스웨덴에서는 폐자동차에도 새로운 예치금 제도를 운영하고 있으며, 독일, 스웨덴에서는 적용된 예치금 제도와 연구 중인 시스템에 대하여 연구 보고한 바 있다. 덴마크, 핀란드 및 노르웨이, 네덜란드에서도 유용하게 운영되고 있으며, 더욱이 음료용기에 대한 예치금 제도는 다른 여러 나라에서도 운영되고 있다. 각국의 예치금 제도 실시 현황을 표 9-11에 나타내었다.

표 9-11 각국의 폐기물 예치금 제도(Deposit Refund System)실시현황

국가	품목 및 내용
덴마크	(1) 맥주(100원), 청량음료(100원), 포도주 일부용기(150원)(맥주, 알루미늄캔은 허용하지 않음) (2) 수은, 카드뮴 고함유 전지 고려, 자동차 밧데리도 검토 중(90% 회수 목표)
핀란드	(1) 맥주, 청량음료, 포도주 용기(80~240원) 1회용병에 대하여는 제품부과금(product charge) - 5 %의 낮은 회수율 (2) 전지, 배터리, 폐차, 폐타이어도 검토 중
노르웨이	(1) 포도주, 양주, 맥주, 청량음료 용기에 적용 (2) 1회용병에 대해서는 제품부과금 실시 (3) 자동차(벤포함)에 적용(1978), (1988 약 100,000원, 90~99% 회수 3,280백만원 기금조성, 수집, 운반, 처리시설활용)
네덜란드	(1) 맥주, 청량음료, 우유용기 (50~180원) (2) 카드뮴, 수은함유전지 협의 중(180~370원) 자발적 회수시스템에서 30 % 회수됨 (3) 살충제 용기(검토중) : 1~5% 잔여물(110원~1,760원 살충제)
스웨덴	(1) 맥주, 청량음료, 포도주, 양주병에 적용(70~110원)/kg (2) 모든 용기(일회용 용기)에 제품부과금 부여 (3) 알루미늄 캔에 대한 예치금(1983)-30원 정도(60%~70% 회수) 75% 목표, 1987 - 60원, 80% 이상 목표
Austria, Canada, France, Germany, Switzerland, U.S.A.등 용기류에 적용	

9.3.2 부과금제도(charge system)

부과금제도에는 배출부과금(effluent charge), 제품부과금(product charge), 사용자 부과금(user charge) 등이 있다. 배출부과금은 폐수, 대기오염물질에 주로 적용되고 제품부과금이나 사용자 부과금은 폐기물에도 적용된다.

우리나라의 부담금제에서는 회수처리가 어려운 제품이나 용기(예 ; 화장품 용기, 살충제나 유독물 용기, 부탄가스 용기, 형광등, 껌, 기저귀 및 각종 합성수지류 등)에 대하여 부담금을 징수하고 반환하지 아니한다. 징수된 부담금은 재활용 촉진활동에 사용되며 부담금의 산출기준은 앞서 기술한 표 9-6과 같다.

(가) 제품부과금

제품부과금은 제조과정이나 소비과정에서 오염이 되는 제품의 가격에 대하여 부과하는 세금의 일종이다. 제품부과금은 석유속의 유황함량에 따라 부과하는 제품성질에 기준한 것과, 석유에 대하여 부과하는 제품자체에 기준하는 것이 있다. 제품부과금은 목적달성을 위한 동기부여와 세입을 얻는 데 목적이 있다. 동기목표에 의한 가격 증가는 부과금이 부과된 제품의 구매나 사용을 억제할 때 달성된다. 제품부과금으로부터 얻는 세입은 제품의 오염특성에 관한 예방이나 치료책을 위한 예산이나, 다른 환경 정책 예산 또는 환경적 특성이 아닌 공공의 예산으로 사용한다. 우리나라에도 합성수지제품에 대하여 부과하고 있는 제품부과금이 곧 이 제도이다. 이러한 자금은 한국환경공사(1980)의 운영자금으로 사용되어 왔다. 지금까지 운영되어온 각국의 제품부과금 제도 실시현황은 표 9-12와 같다.

표 9-12 각국의 제품 부과금 (product charge)제도 실시현황

국가	product	내용	목적	시작년도
핀란드	일회용용기	유리, 금속 1 L 60원(맥주), 470원(청량음료)	1	1976
		플라스틱 1 L 160원(청량음료)		
	윤활유		RR	1987
	원유		RR	1972
프랑스	윤활유	4,920원/톤 이하	RR	1981
		3,116백만원 세입(ANRED)	RR	
독일	윤활유	79,000원/톤	RR	1969
		51,660백만원 세입		(1986)
		92,000톤(1969) − 1,200톤(1981)폐기		(1989)
이탈리아	윤활유	2,620원/톤		
		1,886백만원세입	RR	1985
		55,000 → 105,000톤 수집		
	플라스틱백	50원/배 부과(원가 10원/백)	I	1989
네덜란드	윤활유(화석연료,	5,300원/1,000l		1979
	자동차연료)	740백만원 세입(1985)		
노르웨이	1회용기	28,700백만원(1987)	I	1987
	밧데리	210원/개	RR	1989
	(Hg, Cd포함)	4,100백만원 세입		
	윤활유	50원/l	RR	1988
	(비료, 살충제, 광유)	5,330백만원 세입		
스웨덴	밧데리	2,640원/kg	RR, I	1987
	(Hg, Cd함유)	1,720백만원 세입		
	1회용용기류	10원/개-30원/개	RR, I	1973
		9,020백만원 세입(deposit-refund)		
United State	원료	Super fund 기금조성	RR	1980
	(feed stock)			(1986)

* I. Incentive, RR : Revanue Raising

(나) 사용자 부과금

사용자 부과금은 쓰레기의 종량제와 같이 쓰레기의 배출량에 따라 부과금을 정율부과 또는 차등부과하는 것이다. 세부적인 사항은 표 9-13과 같이 나라마다 다소 차이가 있다. 핀란드는 화학폐기물의 제거를 위하여 특별한 시스템을 응용하고 있고, 프랑스 시스템은 폐기물 발생억제를 위한 동기를 부여하는 시스템이다. 캐나다, 네덜란드, 일부 스웨덴에서는 모든 도시폐기물에 정률적용되나 나머지 국가들의 반 정도는 가정에 대한 정률부과와 회사의 배출에 따른 차등부과를 혼합 운영하고 있다. 프랑스와 이태리만이 모든 도시 특성에 따라 폐기물 특성치를 기준한 부과 방법을 적용한다.

도시폐기물 수거처리 부과금은 예산공정성이 요구되기 때문에 모든 비용에 기준하여 계산된다. 네덜란드의 경우도 그 비용으로 전부를 충당하지는 않는다. 그러나 우리나라의 경우만큼 낮지 않은 것이 일반적이다.

표 9-13 각국의 폐기물에 대한 사용자 부과금(user charge)실사현황

국가	부담금계산	대상집단
호주	정률(flat rate)	가정, 기업
벨기에	정률 또는 용적	가정
캐나다	정률	가정
	정률+초과용적	기업
덴마크	정률	가정
	용적	기업
핀란드	용적	가정
	용적+형태+수송거리	기업
프랑스*	주거규모(인구의 80%)	가정, 기업
	용적(인구의 4%)	가정
독일*	–	–
이탈리아*	주거규모	가정, 기업
네덜란드*	정률	가정, 기업
노르웨이	정률	가정, 기업
스웨덴*		가정, 기업
	정율(도시의 53%)	가정, 기업
스위스	–	가정
영국	정률	가정
	용적	회사
미국	–	–

* 시범연구국가

9.3.3 세제 및 재정적 지원

일본, 독일, 캐나다, 네덜란드 등에는 폐기물 처리 및 유효이용을 활성화하기 위하여 각종 세제 및 재정적 조치를 취하고 있다. 일본에서 폐기물 처리나 재활용 기업체에 대한 융자제도나 세제 혜택의 내용을 요약하면 표 9-14와 같다.

세제 혜택은 국세상 특례조치와 지방세상 특례조치가 있다. 국세상 특례조치는 감가상각 자체의 특별 상각조치이다. 1991년도에 세제상의 특례조치를 받을 수 있는 산업 폐기물 처리 설비 및 폐기물 재생설비 내역과 적용 기간은 표 9-15와 같다. 상각액은 보통상각액+특별상각액(취득가격×특별상각비율)으로 하고 특별상각비율은 처리설비가 10/100, 재생처리설비는 14/100으로 한다.

지방세에 있어서 산업폐기물 처리시설(최종 처분장 포함) 및 폐기물 재생처리시설에 대한 특례조치로

① 고정 자산세의 감면조치

② 특별 토지보유세의 비과세 조치

③ 사업소세의 일부 비과세 조치가 있다.

표 9-14 폐기물 처리·유효이용을 위한 융자제도(일본)

금융기관	금융대싱기업	금융대상시설	융자조건
일본개발은행, 북해도 동북개발금고 등	산업폐기물처리사업 폐기물재자원화사업	산업폐기물 수집운반 설비, 중간처리 설비 및 이의 부속설비 운반, 저장, 회수 가공 시설 및 부설 설비	초기 3년 년6.8% 4년 이후 년7.3% 1년거쳐 10년 상환 (대상비용의 40%) 년 7.1% 기타는 위와 동일
중소기업금융금고	산업폐기물 처리 및 유효 이용장치, 이와 관련 시설	상동	4억, 3년간 년 6.6% 4년이상 년7.1% 2년 거쳐 15년 상환 한도액 5억2천만엔
국민금융금고	상동 (지불금1,000만엔 이하)	상동	대부이율, 상환방법 상동한도액 5,000만엔
공해방지사업단	상동	상동	사업단과 협의
중소기업사업단	조합원이나 조합과의 공동사업	상동	대부이율, 무이자(리스산업 2.7%) 대부한도, 상환기간은 사업단과 협의
기타	중소기업설비 근대화 자금 대부제도, 설비 대여제도, 건설양도제도 등		

표 9-15 국세상 특례조치 대상 설비내역 및 적용기간

목 적	종 류	구 분	내 용	기 간
처리	기계 및 장치	산업폐기물 처리시설	고온소각장치 유해오수처리장치 (중금속 포함) 폐주물사처리장치	88.4.1～91.3.31 91.4.1～93.3.31 91.4.1～93.3.31
재생	폐플라스틱재생처리업	폐플라스틱류 재생처리시설	압축 성형 장치 형입성형장치 연속파쇄장치	87.4.1～92.3.31
	포장폐재재생처리업	포장폐재 재생처리장치	파쇄장치 가열파쇄장치 가열혼합장치	90.4.1～94.3.31
	고지펄프처리업	고지 탈묵처리장치	고지탈묵장치 고지표백장치	91.3.4～93.3.31
	공관(캔)회수처리업	공관 선별 압축장치		91.4.1～93.3.31
	파유리 처리업	유리처리용 이물 제거장치		91.4.1～93.3.31

(가) 고정 자산세 감세조치

고정 자산세는 1월 1일 현재 자산에 대하여 표준세율 1.4%가 과세대상이나 산업폐기물 처리시설이나 폐기물 재생처리시설은 그 시설의 내용에 따라 고정 자산세가 비과세되고 과세표준의 특별조치를 받을 수 있다.

① 비과세 조치가 주어지는 시설
　산업폐기물 처리시설과 최종 처분장시설

② 과세표준의 특별조치가 주어지는 설비 또는 시설

· 폐주물사 재생처리시설 － 과세표준을 출고가격의 1/3 금액으로 한다.

· 폐기물 재생처리설비
　┌ 폐플라스틱 재생처리장치-가격의 3/5 금액
　└ 포장폐재 재생처리장치-가격의 2/3 금액

(나) 특별 보유토지세의 비과세 조치

산업폐기물 처리시설 가운데 일정 조건을 만족시키는 시설은 특별 토지보유세에 비과세

(다) 사업소세의 일부 비과세 조치

산업폐기물 처리시설(폐기물의 최종 처분장은 제외) 가운데 상기 2)항과 같은 조건을 만족하는 시설은 사업소세가 일부 비과세 된다. 비과세 융자제도와 세제조치는 매년 변경이 가능한 것을 알고 주시하여야 한다.

우리나라에서도 재활용 산업에 대해서 세제지원 제도를 시행하고 잇는데, 조세특례제한법이

나 관세법에 따라 세금으로 부과되는 일정부분을 감면 또는 공제해 줌으로써 사실상 재정적 지원혜택을 부여하고 있다.

표 9.16 우리나라의 재활용 산업에 대한 세제지원 현황

구분	내용	지원대상	근거법
환경・안전설비투자 등에 대한 세액공제	환경설비 투자금액의 30/100에 상당하는 금액을 소득세 또는 법인세에서 공제	환경보전시설 폐기물처리시설 폐기물감량화시설 재활용시설 등	조세특례제한법
폐자원 수집자의 부가가치세 매입세액 공제	세금계산서를 교부할 수 없는 자로부터 고철 등 자원을 구입하는 경우 폐자원 취득가액의 8/100을 납부할 부가가치세에서 공제 (대상 : 고철, 폐합성수지, 폐지 등 11종)	・재활용업 허가자 ・재활용 신고자 ・한국환경재생공사 ・기타 재생재료 수집 및 판매를 주된 사업으로 하는 자	조세특례제한법
재활용기계・기구 수입시 관세감면	국내에서 생산되지 않는 재활용 관련 관련기계・기구를 수입하는 경우 관세의 50/100을 감면	・재활용기계・기구 수입자	관세법
소득세 또는 법인세감면	일부 재활용산업을 중소기업으로 분류하여 소득세 또는 법인세의 5/100～10/100을 감면	・폐기물처리업	조세특례제한법
중소기업에 대한 특별세액 감면	중소기업에 대한 특별세액감면(소득세 또는 법인세의 5/100～30/100 감면)	・폐기물처리업 (재활용신고자포함)	조세특례제한법

9.4 외국의 재활용관련제도

9.4.1 미국

(가) 발생원에서의 감량화

미국에서는 발생원에서 직접쓰레기를 감량화 하기 위하여 유해물질을 사용하지 않는 상품의 생산과 포장디자인을 촉진하고 있다. 많은 주들이 법인에 중점을 둔 발생원 대책을 촉진하기 위해 쓰레기를 발생시키지 않는 디자인과 리사이클제품에 대한 조세특전 제도를 실시하고 있다. 또한 최근에 법인의 폐기물 컨설턴트제도인 WASTE AIDITS의 실시에 대한 수요가 높아지고 있다. 시민측에서도 증가하는 가정쓰레기를 감소시키기 위해 쓰레기세를 부과하거나 상품의 겉포장에 쓰레기가 적게 발생하는 상품임을 명기하는 제도들을 실시하고 있는 주도 있고 주택단지에 소규모

퇴비화통을 설치하여 가정에서 배출되는 음식물쓰레기를 퇴비화하여 감량화하고 있는 주도 있다.

(나) 쓰레기 재활용

(1) 재활용의 경제적 효과

재활용의 성패는 시민의 참여도와 재생산품 시장의 존재에 달려있기 때문에 미국의 많은 지방자치단체는 재활용시스템이 비용이 많이 들며 위험부담이 따르는 것이라고 생각하고 있다. 사실상 가가호호별 재활용프로그램의 운영에는 재활용된 자원으로부터의 수입보다도 재활용을 위한 비용이 더 많이 소요된다. 그러나 재활용을 쓰레기처리의 한 방법으로 생각하면 값이 싼 것이다. 1987년 미네소타주 세인트 폴에서 실시한 조사에 의하면 각 처리별 순비용은 매립이 톤당 100불, 소각이 톤당 90불, 퇴비화가 톤당 65불, 재활용이 30불이었다.

연방정부는 재활용 촉진을 위하여 1989년 3월에 국립재자원화협의회(National Recycling Council)를 설립하기로 확정하였다. 이것은 국내 및 국외의 시장동향조사 및 기술개발, 지방자치단체에 조언을 주는 기관이다. 또한 1976년에 제정된 자원의 보존 및 회수에 관한 법(RCRA)에서는 정부기관이 재활용품을 구입할 것을 규정하고 있다. 미국에서는 사용이 끝난 재활용품을 대부분 매립하고 있는데 일본에서는 재활용된 종이제품 등을 수출상품의 포장에 사용하여 국외로 수출하고 있다. 그리하여 미국에서도 이러한 것을 본받아 폐기물을 원료로 사용하는 생산자들과 제휴하여 전국법인 폐기물 교환 네트워크(National Corporate Waste Exchange Network)를 설립할 계획도 가지고 있다.

(2) 재활용관련법 제정의 동향

미국의 폐기물 처리정책은 주나 자치단체 수준에서 실행되기 때문에 지도를 하는 미국 환경처의 역할에는 한계가 있다. 그러므로 수집, 처리의 상황은 각주마다 다양하나 일반적으로 가정쓰레기는 분리수거되지 않고 일괄 수집되어 매립되고 있다. 이러한 업무는 시나 지방정부가 담당하고 있는데 수집 · 매립장비를 민간기업으로부터 빌려 쓰고 있다. 이제까지 재활용사업은 민간에 의해 독점적으로 행해져 왔기 때문에 경우에 따라서는 재활용센터까지 차로 장시간 운반해야만 하였다.

그러나 1980년대 후반에 들어와서부터는 폐기물의 감량화와 재활용에 관한 관심이 고조되었다. 폐기물관리에 있어서 선도적인 역할을 하고 있는 캘리포니아주의 1989년 주입법을 보면 재활용이나 퇴비화 가능한 자원을 분리 선별하여 2000년까지 50 %의 쓰레기 감량화 목표를 세우고 있다. 또 이 법에 포함된 사항을 보면 신문은 1991년까지 적어도 25 %, 2000년까지 50 %까지 폐지의 사용비율을 높이도록 되어 있다. 최근에 설립된 재활용품시장 개발위원회(Recycled Market Development Commission)에서는 상품시장의 확대 추진, 주정부의 재생지 구입사용의무, 운수용 도로 건설시 폐타이어를 사용할 것 등의 규정을 두고 있다.

재활용과 관련된 또 다른 입법사항을 보면 대형 슈퍼마켓 근처에서는 800 m 이내에 재활용센터를 설치하도록 하였다. 한편 재활용에 소요되는 기계나 기기, 재활용품의 생산에 투자하는 기업에 대해서는 그 수입의 25만불까지는 세금감면을 해주는 규정도 첨가하였다.

캘리포니아주에 있어서 가정쓰레기 수집 및 재활용 프로그램은 최근 수년 동안 크게 개선되었다. 인구 73만명의 산초스시에서는 전 60 %에게 유리, 종이, 캔을 담을 색깔이 다른 상자를 배포하였다. 이 프로그램에 있어서 민간기업과 주정부는 연간 190만불의 수거계약을 맺으며 기업은 재생자원 매각이익의 1/3을 받는다. 산타모니카시에서는 재활용가능한 자원을 90여개소에 있는 재활용지대(Recycling Zone)에 설치된 2 m^3의 상자에 수집하고 있다. 이렇게 수집한 재활용품을 시의 미화원이 주2회 민간업체에서 운영하는 재활용센터로 운반한다. 재활용센터에서는 전화번호부, 잡지, 플라스틱병, 고철, 폐유, 박스지 등을 매입하고 있다. 또한 데이비스시에서는 민간쓰레기 수집회사와 시정부가 계약을 맺고 재활용센터를 운영하고 있으며 가정쓰레기의 수집을 무료로 실시하고 있다. 미화원은 주기적으로(가을에는 빈번히) 길가에 내놓은 정원쓰레기를 수집하여 퇴비화한다. 퇴비는 자루에 넣어 희망하는 주민에게 무료로 배포한다.

(3) 플라스틱 제품, 캔류, 빈병의 재활용

미국에서는 1970년부터 쓰레기의 조성이 급속히 변화하여 왔다. 특히, 음료용기와 플라스틱 문제는 쓰레기 처리정책의 중요 과제가 되고 있다. 음료용기는 수년전만 해도 유리병이 대부분이었는데 현재는 플라스틱병과 캔류 및 종이팩으로 많이 대체되고 있으며 각종 포장용기와 제품에서 플라스틱의 사용이 증대하고 있다. 플라스틱 상품은 종류가 많기 때문에 종류별로 선별 수거 및 재활용하기가 어렵다. 또한 내구성이 커서 생태계에 지장을 초래한다. 이리하여 미국의 많은 주에서는 플라스틱 제품에 "환경을 파괴할 염려가 있음"이란 표찰을 붙이도록 규정하고 있고 하와이주, 루이지아나주, 미시간주 등에서는 플라스틱 링의 제조와 판매를 금하고 있다. 또한 아이오와주의 법률에서는 폴리에틸렌 상품의 재활용목표를 정하였다. 이러한 목표치가 달성되지 않는 경우는 폴리에틸렌의 사용이 금지된다. 메인주에서는 특히 모든 상점에 소비자가 플라스틱 봉투를 요구하지 않는 한 종이봉투를 제공해야 한다는 법률을 통과시켰다. 또한 오레곤주에서는 모든 주정부기관 및 주정부로부터 토지를 빌려 쓰고 있는 사업주에 대해서는 환경을 훼손할 염려가 있는 재활용 불가능한 식품용기는 판매하는 것을 금지하고 있다.

미국에 있어서 1975년경까지 음료용기로서 재회수용병이 가장 일반적이었다. 그 이후 탄산청량음료의 소비는 80년대 중반까지 60%까지 신장하였다. 1985년에는 70억 개의 캔이 제조되었는바 이중 94%가 알루미늄캔이었다. 그런데 재회수, 재이용 된 것은 28 %에 지나지 않는다. 음료캔은 현재 가정쓰레기의 50% 이상을 점하고 있다. 이리하여 빈병의 데포지트제도는 자취를 감추고 몇 개의 주에 잔존하고 있을 뿐이다.

오레곤주가 1972년 최초로 데포지트제도를 법제화하였다. 1990년 현재 데포지트법이 시행되고 있는 주는 캘리포니아주, 오레곤주, 아이오와주, 미시건주, 뉴욕쥬, 메인주, 버몬트주, 메사

추세츠주, 코네티컷주, 델라웨어주의 10개 주이다. 캘리포니아 주에서는 1990년 1월부터 탄산 음료캔, 맥주캔에 각각 1센트씩 데포지트했던 것을 2개에 5센트로 인상하였다.

음료회사는 데포지트요금을 지불하지 않고 이 금액을 새로 창설된 음료용기 재활용기금(Beverage Container Recycling Fund)에 불입하면 이 기금은 지방이나 도시의 산란쓰레기를 감소시키는 사업에 사용된다. 메인주의 데포지트법은 1989년 와인이나 쥬스용기에도 적용되도록 개정되어 1인용 쥬스박스를 금지시켰다.

뉴욕주에서는 매년 4억 케이스 이상의 음료캔이 판매되고 있어서 다른 9개주보다도 기금이 많이 걷히고 있다. 이러한 법으로 인해 뉴욕시는 시의 미화에 드는 5000만불, 처리에 드는 1900만불, 매립지에서의 선별에 드는 1억불을 절약하고 있다. 1989년에는 미 연방정부는 「음료용기의 재이용 및 재활용에 관한 법률」을 제정하였다. 이에 따라 로드아일랜드주를 비롯하여 많은 주가 뚜껑분리형(Pull Top)캔의 판매를 금지하고 있다.

(4) 퇴비화

무기성 쓰레기의 재활용 이외에도 미국에서는 가정에서 배출되는 쓰레기를 퇴비화하여 쓰레기의 양을 줄이려는 노력이 진행되고 있다. 특히 정원쓰레기의 퇴비화에 대한 관심이 높아지고 있는데 이는 정원쓰레기가 전체 쓰레기 양의 18%를 차지하기 때문이다.

뉴저지주에서는「강제분리 및 재회수법」(Mandatory Separation and Recycle Act)에 의해 정원쓰레기의 매립을 금지하고 있기 때문에 민간기업이 참여하여 대량으로 퇴비화하는 곳도 있다. 웨스트필드시의 윗드휴사는 20 km^2에 달하는 퇴비화시설을 갖추고 12개 지구로부터 나오는 정원쓰레기를 퇴비화하고 있다. 여기에서 생산된 퇴비는 품질 및 독성검사를 거쳐서 톤당 25불에 판매하고 있다. 뉴저지주의 매립 비용이 톤당 137불인 점을 감안하면 이렇게 매립하지 않고 퇴비화처리를 하는 것은 재정적으로 강력한 인센티브가 된다.

메릴랜드 주의 몽고메리카운티에서는 1984년부터 인구 50 %에 해당하는 63만 3천명으로부터 나오는 낙엽이나 풀의 가가호호별 수집을 실시하고 있다. 카운티에서는 진공호스를 장착한 트랙터가 정원쓰레기를 흡입, 수집하여 퇴비화하고 있다. 생산된 퇴비는 조경업체나 조원업체에 판매한다.

워싱톤주 시애틀시(인구 50만인)에서는 정원쓰레기 처리를 위해서 3포인트계획을 실시하고 있다. 또한 동별로 월 2불의 수수료를 받고 가가호호별 수집을 하고 있는 Clean Green Compost Center가 있다. 이와 함께 시에서는 가정의 뒤뜰에서 주민 각자가 퇴비를 만들도록 기술지도를 하고 있다.

한편 교육면에 있어서는 25인의 퇴비화 전문가에 의한 데몬스트레이션, 강의, 교외에 있는 4개소의 전시장에서 15종류 이상의 기술을 전시하고 있으며 시민들에게 1천드럼 이상의 퇴비를 무료배포하고 있다. 시의 쓰레기 조성 중 18%를 차지하는 정원쓰레기를 인구의 30%가 뒤뜰에서 퇴비화 처리하고 50%를 민간회사가 가가호호별로 수집하므로 정원쓰레기의 80%가 매립지로 가지 않고 재활용되는 셈이다.

(다) 몇 개 州의 폐기물 재자원화 법규

(1) 죠지아주

죠지아주의 고형폐기물 처리법에서는 1996년 7월 1일까지 1인당 쓰레기 발생량을 1992년도의 25% 수준으로 감소시키는 목표를 설정하였다. 또한 1992년 7월 이후에는 폐기물을 타 행정구역에 수송하려는 경우 주의 재자원화 목표를 충족시킬 수 있는 범위내에서만 가능하다는 규정도 두었으며, 플라스틱병의 코드화 및 전지의 재자원화를 실시하도록 하였다.

(2) 인디아나주

인디아나주의 고형폐기물처리법에서는 발생원에서의 감량화와 재자원화에 중점을 둔다는 원칙을 밝혔고 1996년 1월 1일까지 35 %의 감량화, 2001년까지 50 %의 감량화를 추진한다는 목표를 설정하였다. 동법에서는 또한 재활용품의 제조 및 재생제품의 시장확대를 조성하는 사업에 대한 재정적 지원책으로 경제개발 보조기금을 창설하였다. 그리고 포장의 감량화와 재생용지의 사용을 증진시키기 위하여 폐기물감량화 작업위원회(task force)를 설치하였는데 이곳의 임무는 주로 실천적인 재활용지침서를 개발하는 것이다.

(3) 뉴멕시코주

뉴멕시코주는 1990년 3월 6일 "환경적으로 건전한" 폐기물처리 시스템을 확립하는 세부계획을 확정하였다. 이 계획에 의하면 매립지로 가는 폐기물의 양을 다른 용도로 전환하여 95년 7월 1일까지 25 %, 2001년끼지 50 %까지 반입량을 줄이는 목표를 설정하였다. 동법은 폐기물에 대한 재정력을 보완하기 위해 환경오염에 대한 과세권을 지방자치단체에 부여하고 있다. 다른 내용으로는 폐기물의 성분조사, 처분용량의 평가, 처분시설의 입지에 관한 규정 및 주민교육 프로그램에 관한 규정을 두고 있다.

(4) 위스콘신주

위스콘신주는 1990년에 재자원화법을 개정하였다. 이 개정된 재자원화는 지역사회가 "효과적인 재자원화 프로그램"을 갖추고 있는 것이 증명되지 않는 한 알루미늄, 골판지, 발포스티로폴 포장재, 유리용기, 잡지, 신문, 사무용지 및 폐타이어의 매립 또는 소각(폐타이어 제외)이 금지되고 있다. 또한 각 커뮤니티는 개인주택, 상가, 공장 및 정부의 건물로부터 배출되는 유기물의 발생원 분리를 해야 하고 이에 대한 수집계획을 세워야 하며 대강 분리된 유기물을 처리하는 중앙시설을 갖추도록 하는 의무규정을 두었다. 그리고 동법은 포장에 대해 유해성 저감기준을 설정하고(적색과 황색의 착색제를 사용한 포장재의 사용금지, 플라스틱 안정제로서 납, 카드뮴 또는 크로뮴(6+)을 600 ppm 이상 함유한 포장재의 사용금지) 신문사와 플라스틱제조업체에게 재자원화 제품의 사용의무를 부여하고 있다. 또한 주정부로 하여금 주정부 관계기관의 물품구입시 강제적인 조달목표를 설정함으로써 원료에 폐기물을 사용하여 제품을 만든 기업에 이익을 환원하는 계획을 수립하였다.

(5) 미네소타주

미네소타주는 1990년 니켈, 카드뮴과 산화납전지 및 산화은과 산화수은전극을 함유한 드라이 셀 밧데리의 분리를 의무화하는 법률을 제정하였다. 또한 포장재중 어떤 종류의 유해물질 첨가수준을 설정하여 이를 초과하는 제품의 판매를 금지하고 있다.

(6) 플로리다주

플로리다주는 1988년에 각종 용기에 관한 디포지트제도를 실시하는 법률을 제정하였다. 이 법에 의하면 1992년까지 재자원화율이 50 %를 초과하지 않는 경우에는 유리, 알루미늄, 금속, 플라스틱 및 플라스틱코드종이로 된 용기에 1센트의 소비자 예치금을 부과하고, 1995년까지 50 %가 달성되지 않는 경우에는 2센트를 부과하도록 하고 있다.

(라) 분리수거에 관한 제도

미국에 있어서 분리회수물질은 주에 따라 다르지만 그 대상은 철캔, 신문, 정원폐기물 등의 유기물, 신문지, 골판지, 사무용 종이, 금속, 플라스틱 등이다. 많은 커뮤니티 자치단체에서 분리수거에 관한 법률을 제정하고 있지만 주정부 규모의 발생원분리법을 가지고 있는 주는 노스아일랜드주, 뉴저지주, 뉴욕주 및 펜실바니아주의 4개 주와 콜롬비아특구 뿐이다. 메인주와 워싱톤주는 상업지역 및 도시지역에만 적용되는 한정된 발생원분리법을 갖고 있다.

이렇게 분리수거에 관한 법규가 서부지역까지 확대되지 않고 분리수거 의무부과가 퇴조한 이유는 폐신문지 시장에 있어서 폐지의 공급과잉, 시장이 멀리 떨어져 있는 점, 인구밀도가 낮기 때문에 회수량이 작은 점, 매립지가 부족하지 않기 때문에 재자원화의 경제적 인센티브가 적은 점 등을 들 수 있다. 표 9-16에 몇몇 주의 분리수거 제도를 나타내었다.

(마) 재자원화 촉진을 위한 재정지원

35개의 주가 재자원화를 촉진하는 일반적인 형태로서 보조금 및 융자제도를 채택하고 있다. 또한 20개의 주가 재생품을 사용한 제품에 대해 출고가격의 5～10 %를 덧붙여 판매하는 것을 허용하고 있다. 표 9-17에 미국 각주의 재자원화 재정지원제도를 요약하였다.

9.4.2 독일의 재활용 관련제도

근대 독일은 우리나라와 같은 심각한 쓰레기 문제에 직면하고 있다. 가정에서 배출되는 쓰레기의 양은 1985년 현재 3,200만톤인데 이중의 70 %가 332개의 매립지에 매립되고 있어 28 %가 47개의 소각시설, 나머지 2 %가 퇴비화시설에서 처리되고 있다.

표 9-16 미국 몇몇 주의 분리수거제도

주	내 용
콜롬비아특구	1990년 10월 1일부터 각 기업에서 유리와 금속의 분리를 하도록 규정함
메인주	기업에 한하여 적용되는 강제적인 분리법이 있는 유일한 주. 15인 이상의 종업원이 있는 기업은 재자원화를 위하여 골판지 및 사무용지를 분리해야 한다고 규정함
뉴저지주	1987년 4월 20일 이후 기업에 대해 폐지, 유리용기 및 알루미늄 용기의 분리의무를 부과하였다. 즉 기업은 사무용지와 골판지를 분리수거해야 하고 식당과 레스토랑은 유리용기 및 알루미늄 용기를 분리해야 한다고 규정하였으며 기업과 사업장의 부지가 200 m^2 이상이 될 때에는 재자원화 시설을 건설해야 할 의무를 부과하였다.
펜실베니아주	1990년 9월 26일 이후 인구 1만명 이상되는 지역에 있는 사업소, 자치단체의 사무실, 병원 학교는 사무용지, 골판지, 알루미늄캔을 분리하도록 하였으며 주정부는 지방자치단체에 벌칙을 가미한 재자원화 조례를 채용하도록 지시하였다.
노스아일랜드주	1989년 1월 이후 주정부내의 모든 사업소에 대해 유리 및 음료용기, 철제캔, 알루미늄캔, 플라스틱, 신문지, 골판지 및 사무용지의 재자원화를 의무화하였다. 종업원 100인 이상의 사업소는 재자원화 계획의 실시계획서를 주정부에 제출해야 한다. 유기물을 20 %이상 함유한 트럭은 매립장으로의 반입이 금지되며 이를 위반한 배출사업자에게는 500불의 벌금이 부과된다.
위스콘신주	1990년 1월부터 산화납전지, 폐유, 주요한 가전제품의 분리수거가 실시되고 있으며 가정 및 사업소, 소매시설, 기업 및 정부의 시설로부터 배출되는 유기물이 분리수거되지 않은 경우는 처분이 금지된다.
미주리주	자치단체의 재자원화계획 수립을 의무화하고 산화납전지, 대형쓰레기, 폐유, 정원쓰레기 및 파쇄되지 않는 폐타이어의 매립을 금지하였으며 1998년까지 40 %의 폐기물 감량화 목표를 설정하였다. 또한 신문지중 폐신문지의 일정한 사용비율을 의무화하였다.
메사추세츠주	1990년 6월 1일부터 알루미늄, 유리 및 금속용기, 단일 폴리머의 플라스틱, 산화납전지, 정원폐기물, 타이어, 폐유 및 대형쓰레기의 매립을 금지하였다.
코넥티컷주	1990년에 배출자에 대해 유기물의 분리의무를 규정하였다.

자료 : 과학기술원, 1993, 외국의 재활용관련자료

독일에서 폐기물 관리의 기본 방향으로 설정한 우선순위는 ① 감량화 ② 재회수(recycle), ③ 재사용의 순으로 되어 있다. 재활용면에서 특히 그 노력이 두드러진 분야는 유기물과 음료용기라 할 수 있다. 그리하여 유기물질을 함유한 폐기물은 반드시 회수하여 재활용하도록 하고 있으며 각종 음료용기에 대해서는 여러 가지 감량화 및 재활용 제도가 실시되고 있다.

표 9-17 미국 각주의 재자원화 재정지원제도

주	재 정 지 원 내 용
인디아나주	재자원화기업에 우선적으로 개발보조금지원, 재생제품을 생산하는 건축물 설비 및 토지에 대한 재산세의 면제
위스콘신주	재생재료를 사용하는 제조업체에 시설당 30만불까지 융자
유타주	새로운 제품으로 재생되거나 에너지회수를 위해 소각되는 타이어에 톤당 21불을 재생업자에게 보조
버지니아주	재생재료를 사용하는 제조업체에 면세
캘리포니아주	재자원화 제품을 생산하는 설비에 대해 4% 면세, 재생제를 함유한 제품을 생산할 때 개발채권의 발행을 허용
콜로라도주	플라스틱의 재자원화 기술에 투자하는 개인과 기업에 소득세 면세
일리노이주	재자원화 설비의 판매세 면세
메릴랜드주	폐유 소각로의 제조 및 프레온가스의 재생시설에 대해 면세
뉴저지주	폐차를 재자원화하는 기업은 50%의 투자면세를 받을 수 있다. 또한 재자원화 장치의 구입시 60%의 취득세를 감면해 준다.
오레곤주	재자원장치와 시설에 대한 자본투자에 대하여 개인과 기업이 소득세의 면세를 받는다.
웨스트버지니아주	재자원화제품을 사용하는 플랜트의 제조 및 유기물 처리 기기 및 장치를 구입하는 개인과 기업에 대해 구입가격의 10%를 면제해 준다.
텍사스주	슬러지를 재자원화하는 기업은 후렌차이스세(종합소득세)의 면제를 받을 수 있다.

자료 : 과학기술원, 1993, 외국의 재활용관련자료

1989년 3월부터 플라스틱 음료용기에 대해 0.5마르크(약 200원)의 소비자예치금제도를 실시하고 있다. 이것은 술(liquor), 샴페인, 우유병을 제외한 모든 플라스틱 음료용기에 적용된다. 이러한 제도에 의해 사실상 모든 음료용기는 유리병으로 대체되었다.

또한 1991년 6월 30일까지 음료용기의 재료에 관계없이 전체음료시장에 있어서 맥주와 광천수(mineral water)는 90%, 탄산음료는 80%, 비탄산음료는 30%, 포도주는 50%를 재사용가능한 용기에 넣도록 규정하였다. 이러한 비율은 시장전체에 대한 점유비율이기 때문에 업계가 자체적으로 조정하도록 하였다. 이러한 조치로 인해 시장에 있어서 사실상 음료용 캔의 사용이 불가능하게 되었다. 또한 식품이나 기호품에 사용되는 플라스틱은 그 재질을 표시하도록 하였으며 소각하면 환경오염을 발생시킬 가능성이 있는 염소계 및 불소계 수지는 1991년 9월부터 사용이 금지되었다.

9.5 환경마크제도

9.5.1 개요

환경마크(환경 labeling 제도, E-mark 제도, E는 environment 또는 ecology)제란 다른 제품에 비해 생산, 사용 및 폐기 과정에서 환경을 덜 오염시키거나 에너지 및 자원절약에 공헌하는 저공해상품에 일정한 마크를 부착하여 다른 상품과 구별하여 줌으로써 저공해상품의 판매촉진과 상품개발을 촉진하는 제도이다.

그림 9-2 각국의 환경마크

9.5.2 환경마크제도 실시국가

환경마크제도는 1979년 5월 독일정부에 의해 최초로 시행되기 시작하였으며, 이 제도를 본받아 일본에서는 89년, 캐나다는 90년, 덴마크 · 핀란드 · 아이슬랜드 · 노르웨이 · 스웨덴 등 북유럽 5개국은 91년부터 시행하고 있다. 이 외에도 프랑스 · 오스트리아 · 포르투갈 · 유럽국(EC) · 네덜란드 · 호주 · 뉴질랜드 · 벨기에 · 체코슬로바키아 · 영국 · 아일랜드 · 스위스 · 헝가리 등이 환경마크제도를 도입하거나 도입을 준비중에 있다. 그림 9-2에는 각국의 환경마크를, 그림 9-3에는 우리나라의 환경마크를 나타내었다.

그림 9-3 우리나라의 환경마크

9.5.3 환경마크제도의 운영

환경마크부여대상상품의 선정, 환경마크부여기준 등 환경마크제도운영에 필요한 주요사항들은 소비자단체·환경단체·기업체단체·유통업단체 등 환경마크제도와 관련있는 15인 이내의 인사로 구성된 "환경마크위원회"에서 결정하고 있으며, "환경마크위원회"에서 결정된 사항들은 환경정책기본법 제38조의 규정에 의한 사단법인 "환경보전협회"에서 집행하도록 하고 있다. 또한 (사)환경보전협회는 전문가로 구성된 "환경마크 실무위원회"에 환경마크부여 대상상품자격검사를 의뢰하는 한편, 사후관리 등을 전담하고 있으며, 환경마크부여 대상상품으로 선정되면 매년 일정한 액수의 환경마크제도 운영기여금을 납부하도록 하고, 이 기여금은 환경마크제도 운영, 환경마크 홍보사업 등에 사용되고 있다.

92년 5월말 독일은 66종, 3,800개 상품, 일본은 47종 2,100개 상품에 환경마크를 부여하였으며, 우리나라는 시행 첫해인 92년에는 염화불화탄소(CFCs)를 사용하지 않는 스프레이류, 재생종이를 이용한 화장지·종이제품·폐플라스틱 재생제품류 등 4종의 상품에 대해서 환경마크를 부여, 93년부터 8개 품목을 추가하여 유아용 천기저귀, 비석면 브레이크 라이닝, 부엌 싱크대용 걸름망, 마개부착형 알루미늄캔제품, 무표백·무염색타올·물절약형 수도꼭지, 폐면을 이용한 포장재, 폐식용유 재생비누제품에 대해서도 환경마크를 부여, 98년 32개 품목(134개 상품, 101개 업체)에 환경마크를 부착하여 시장에 유통시키고 있다.

환경마크의 후보상품으로는

① 유통량(소비량)이 많은 제품
② 사용, 폐기시 폐기물 배출량이 많거나 오염부하가 큰 제품
③ 환경마크 부여시 환경보전에 크게 기여할 수 있는 제품 등이다.

환경마크제도를 활성화시키려면

① 환경마크에 대한 홍보강화
② 청정기술 개념을 기업에 적응토록 유도
③ 체계적이고 전문적인 마크부여기준 및 심사기준을 개발할 필요가 있다.

9.5.4 환경친화적 경영과 환경마크제도

제품의 가격과 품질이 동종 제품과 유사할 경우 환경보전에 따른 필요성을 느끼고 있는 소비자는 당연히 기업경영과 환경보전을 조화시켜 환경경영을 하는 기업의 제품을 구매하리라고 보며 소비자가 이와 같은 구매형태를 갖출 경우 각 기업들도 생존을 위하여 응당 환경친화적인 경영을 할 것이다. 각 나라마다 채택하는 기법이 다르므로 각국간의 상이한 기법을 조화시킨 환경경영시스템을 제정할 필요가 대두되었으며 이에 따라 토론토 회의에서 시작한 환경경영시스템 표준화 회의에 적극 참여하고 있다.

이 회의는 국제표준화기구(ISO)의 기술위원회(Technical Committee)에서 주관하고 있는데 표준화 회의의 세부분야는 이 시스템 자체 이외에 기업이 환경경영시스템을 얼마나 제대로 시행하는가를 감시하는 ① 환경감사, 기업 활동의 결과 생산된 제품의 선전과 상표 부착시 환경 관련주장 및 환경마크 등을 다루는 ② 환경라벨링, 환경적 성과의 평가와 제품의 ③ 전과정평가 기법 등이 포함된다. 이 가운데 기업에 가장 직접적으로 영향을 미치는 분야는 환경경영시스템과 감사 및 환경라벨링이며 소비자에게는 환경라벨링으로 이들은 상호 연관되어 있다.

ISO 추진일정 중 SC3으로 명칭된 환경마크제도는 '96～97년에 종료 예정이며 ISO No.는 14020～14029로 되어 있다.

환경라벨링은 기업과 소비자에게 직접적으로 영향을 주게 되고 환경마크제도는 기업 활동과 수반하여 발생하는 환경문제를 소비자 자신이 효과적으로 저감할 수 있는 방편이 된다. 환경라벨의 몇 가지 유형 중 제3자 방식은 제품군별로 설정 기준에 의거 신청자가 신청한 제품에 대하여 환경마크 부여 여부를 심사하여 합격제품에 한해 환경마크를 부여한다. 환경마크를 부여받은 제품은 제품의 전과정(Life Cycle)에 걸쳐서 동일부류의 제품 중 환경에 미치는 영향이 상대적으로 적은 제품임을 인증받은 것을 말한다고 할 수 있다.

9.5.5 환경마크제도의 원칙

이 제도가 정부에 의해서 도입되고 추진된다고 하더라도 신청자에게 환경마크제도의 참여를 강요하거나 또 환경마크의 신청이나 부여된 마크의 사용 여부 역시 모두 신청자의 자유의사에 맡겨야 하며 다음과 같은 원칙이 지켜져야 한다.

① 이 제도는 신뢰성이 있어야 하는데 제품군과 각 기준은 관련 당사자들과 협의하여 투명성이 보장되고 과학적으로 인정된 방법에 따라 설정되어야 하며 또한 마크를 부여받은 제품에 대해서는 그 제품이 지속적으로 부여기준을 준수하고 있는가를 감시하여야 하며 또 해당제품이 기본적으로 충족되어야 할 요건은 그 제품이 판매되는 지역이나 국가에서 해당국가의 보건, 안전 및 환경관련 제반법규를 준수해야 하며 그 제품이 생산되는 국가

에서의 제반관련법규를 준수해야 한다. 환경개선을 하려는 목적이 달성될 수 있도록 이 마크제도는 제품의 전과정에 기초를 둔다.

② 이 제도는 선택성이 있어야 하는데 선택성(selectivity)은 제품군별로 일정비율의 제품에만 환경마크를 부여하는 것을 말하며 환경마크를 부착함으로써 제품의 판매고가 증가되어야만 신청자가 환경마크의 효과를 인식하게 된다. 이 마크제도의 성공적인 운영을 기하기 위하여 제도시행 초기단계부터 공식적인 자문기구를 설립하여 각계 각층의 의견을 수렴할 수 있어야 한다.

③ 이 제도는 투명성(transparency)이 보장되어야 하는데 이 투명성은 환경마크제도와 제도 운영과정이 투명하게 노출될 뿐만 아니라 이해 관계자가 요구할 경우 관련자료를 공개한다는 의미를 내포한다. 즉 환경마크제도의 근간이 되는 원리, 기준, 순위 평가 절차, 선택성 등의 기본 전제조건이 투명해야 한다. 또 인증 및 마크 부여 절차와 운영결과, 기준의 검토 및 제정, 제도 운영상의 재정적 지원 등에도 투명성이 보장되어야 한다.

④ 이 제도는 제품 본연의 기능에 관하여 고려해야 하는데 제품 기능을 간과한 채 환경적 기준만 평가할 경우 소비자로부터 외면당하게 된다. 제품의 기능에 관한 기준은 환경적 기준만큼 중요한 요인이 된다. 제품군 선정시 제조자의 참여도, 소비자의 인지도, 시장규모, 환경개선 잠재도 등을 고려하여야 한다.

9.6 전과정 평가(Life Cycle Assessment, LCA)

9.6.1 LCA의 정의

LCA(Life Cycle Assessment)는 요람에서 무덤까지의 분석(Cradle-to-Grave), PLCA (Product Life Cycle Assessment), Ecobalance, REPA(Resource & Environmental Profile Analysis) 등으로 불리우고 있는데 그 정의는 목적에 따라 약간의 차이가 있다.

LCA에 대한 국제표준화 위원회(ISO/TC207/SC5)에서는 LCA는 사용한 자원 및 에너지, 환경으로 배출되는 환경오염물질(대기오염물질, 수질오염물질, 폐기물 등)을 규명하고 정량화함으로써 한 제품이나 공정에 관련된 환경부담을 평가하고 그 에너지와 자원, 환경부하 영향을 평가하여, 환경을 개선시킬 수 있는 기회를 규명하는 과정으로 정의하고 있다. 또한 LCA는 제품의 전생애에 대한 영향을 전 세계적으로 평가함으로써 환경에 대한 안정성의 개념을 넘어 환경의 질을 고려하고, 환경준거치(Environmental Criteria) 등 환경정책결정을 내릴 때 도움을 주는 장치임을 강조하고 있는데 이 정의가 세계적으로 통용되고 있다.

한편 세계 대기업체인 P&G사(Procter & Gamble)는 LCA는 제품의 설계처분과정에서 야기되는 환경부하에 대한 수용능력을 소비자나 제품생산자들로 하여금 인식케 하는 것으로 환경 개선효과를 양적으로 측정할 수 있는 장치라고 정의하고 있다. 또한 미국의 환경청(U.S.EPA)은 LCA는 제품 및 서비스가 환경에 미치는 각종 부하와 자원·에너지소비를 제품 및 서비스의 라이프사이클「원료채취-생산-유통-사용-리사이클·폐기 등」의 전과정에서 고려하고 가능한 한 정량적으로 분석·평가하는 방법으로서 제품에 대한 환경영향, 환경오염배출량 등을 판단할 수 있는 장치라고 정의하고 있다.

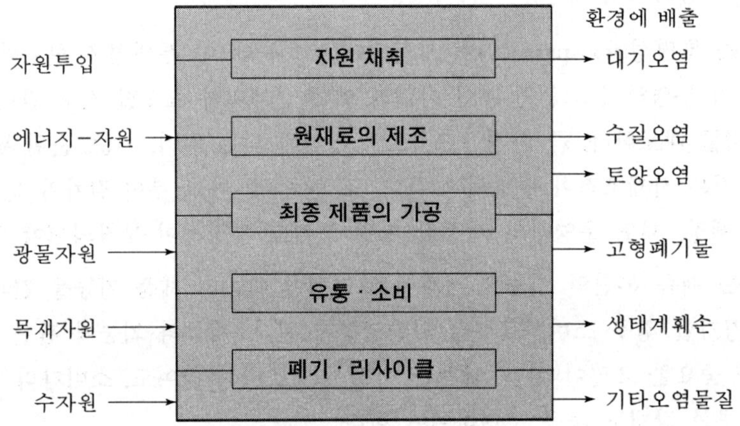

자료 : SETAC

그림 9-4 LCA (Life Cycle Assessment) 체계도

9.6.2 LCA의 구성요소

LCA는 다음과 같이 4부분-목적 및 범위의 설정(Goal Definition & Scoping), 목록분석(Inventory Analysis), 영향평가(Impact Analysis), 개선평가(Improvement Assessment)-으로 구성되어 있고, 각각의 내용은 다음과 같다.

(가) 목적 및 범위의 설정(Scoping & Initiation)

범위설정은 LCA에서 가장 먼저 시작되는 작업이나 몇몇 실무자들은 4번째 요소로 인식하고 있기도 하다. 간혹 수집한 자료를 통해 재평가나 범위 수정이 필요하기도 하기 때문이다. 범위설정과정은 연구의 목적에 맞는 범위 및 정도를 가다듬는 작업으로서 영향분석을 위하여 조사자료를 수집하거나 목적을 조정하는 일을 한다.

LCA는 그 사용 목적에 따라 수집하는 자료, 분석방법, 결과가 다르기 때문에 우선 당해 LCA를 어떠한 목적으로 사용할 것인가를 명확히 해야 한다. 사용되는 목적으로는 복수제품의 비교선택, 제품 및 공정의 개선효과의 파악, 목표치를 달성하기 위한 제품의 점검, 개선점의 추출(및 우선순위의 결정), 제품에 관계되는 주체간의 의사전달 촉진 등이 있다. 통상적으로 LCA의 범위는 제품에 직접 영향을 주는 공정까지로 설정한다.

(나) 목록분석(Inventory Analysis)

목록분석의 요소는 상품, 포장, 공정, 물질, 원료 및 활동에 의해 발생하는 에너지 및 천연원료요구량, 대기오염물질배출, 수질오염물질, 고형폐기물과 기타에 대한 기술적 자료구축 과정이다. 질적 측면에 관련된 이슈들은 조사과정에서 발견될 수 있지만 영향평가(impact analysis)에서 가장 잘 포착된다. 광범위하게 보면 조사분석은 천연원료의 추출과정에서부터 시작하여 계속 최종상품이 소비되고 폐기되기까지를 추적하는 것이다. 몇몇 조사에서는 소기의 목적(한정된 원료하에서 내부 산업공정을 개선하는 등)을 위해 범위를 제한하는 경우가 종종 있다. 평가목적과 범위가 설정되면 필요 조사목록을 작성한다. 현실적으로는 입수가능한 자료에 한계가 있으므로 최초에는 중요한 몇가지 항목으로 시작하여 실시하고 자료입수가 향상됨에 따라 조사항목을 점차 늘려가는 것이 현실적이다.

조사분석은 잘 개발된 라이프사이클 분석의 한 부분이다. 이 방법은 20여년동안 꾸준히 발전되어 오고 있다. 1990년 SETAC이 주관하는 세미나에서 보완작업이 이루어진 바 있다.

(다) 영향평가(Impact Analysis, Impact Assessment)

영향평가는 조사분석과정에서 확정된 자원요구 및 환경부하에 대한 영향(대기, 수질, 폐기물)을 평가하는 기술적, 정량적, 정성적 과정이다. 영향분석방법은 1992년초 SETAC workshop에서 초기단계가 개발된 바 있다. 이 분석에는 환경생태학적 영향뿐만 아니라 사람의 건강에 대한 영향, 자원고갈, 후생복지 등까지도 포함된다. 거주지 변경이나 열, 소음공해 등의 영향은 계량적 조사가 힘들기 때문에 영향분석에는 포함되지 않는다.

영향분석의 중심개념은 부하자(stressor)를 찾아내는 것이다. 부하자 개념은 조사과정에서 영향가능성이 있는 자원소비와 방출과 관련된 자료, 영향분석과 연결된다.

한편 물질에 따라 배출량에 의한 영향도가 다르기 때문에 자료목록을 분석하여 환경부하의 크기를 파악할 때는 각 개별 환경부하 항목에 따라 가중치의 적용이 필요하다.

(라) 해석(Interpretation, 개선평가 ; Improvement assessment)

이 단계에서는 LCA의 전과정에 대한 해석을 실시한다. 목적에 대한 해석은 신뢰성과 유효성을 검토하고 영향분석에 대한 해석에서는 정성적인 비교가 가능하다. 해석은 ① 가장 중요한 투입·산출물, 잠재영향의 규명, ② 평가, ③ 결론, ④ 건의, ⑤ 보고의 순으로 진행된다.

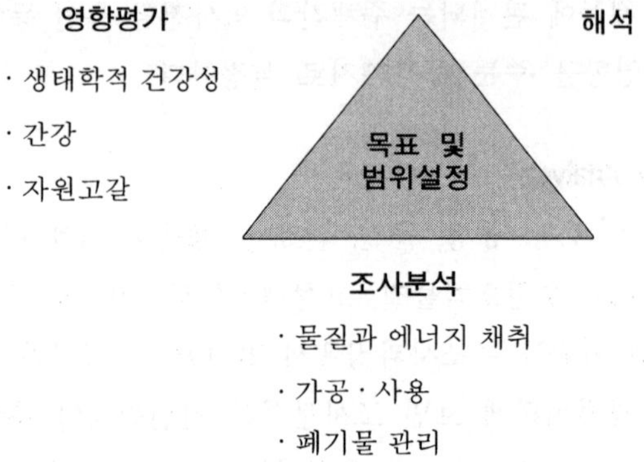

그림 9-5 Life-Cycle Assessment의 기술구조 모식도

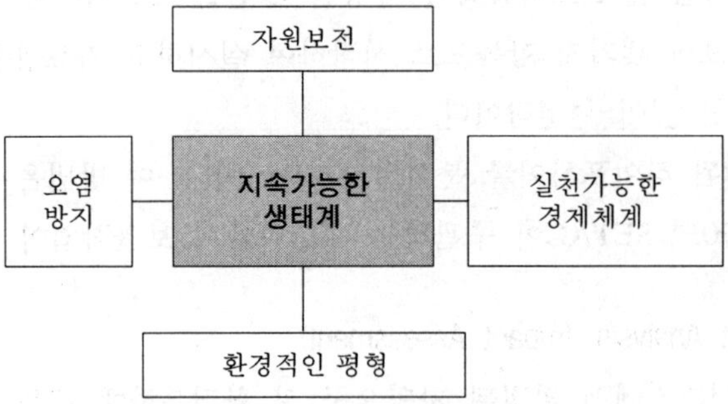

그림 9-6 LCA의 궁극적 목표의 상호작용

표 9-18 LCA의 실시주체와 목적

실시주체	LCA의 목적
제조업자	○ 보다 유리한 제품의 디자인 및 제조공정 선택 · 여러개의 제품 중 가장 영향이 적은 것을 선택 · 최대영향이 생기는 공정을 파악 · 다양한 전략에 따른 영향 감소효과를 비교 ○ 소비자에 대한 판매전략 · 기업간에 경쟁력 확보 · 자사제품의 환경경영 홍보
소비자	○ 환경을 고려한 제품선택판단 재료 ○ 생활양식의 개혁 ○ 캠페인
행정기관	○ 환경정책의 결정을 위한 참고자료 · 제품의 대한 다양한 정책을 행하는 경우, 체계적인 효과를 평가 · 공평한 입장에서 평가 ○ 제도화 ○ 환경교육프로그램 설계

9.6.3 LCA의 목적과 실시주체

LCA의 궁극적인 목적은 환경적으로 건전하고 지속가능한 발전을 위하여 제품 등의 원료·자원채취/제조공정/유통, 소비활동/폐기로 인한 환경영향의 저감과 자원 및 에너지 소비를 극소화하는 데 있다. 개념적으로는 설계와 개선방법을 선택하는 사고과정이며, 방법론적으로는 환경부하, 혹은 방출에 관한 질적·양적 자료 목록을 작성하고, 이들 부하 또는 방출의 영향을 평가하여 환경성과를 개선하기 위한 대안을 검토하는 데 이용될 수 있다.

현재 LCA를 활용할 수 있는 실시주체는 제조업자, 소비자 및 행정기관 등을 들 수 있는데, LCA의 목적은 이들 실시주체에 따라 약간씩 차이가 있다. 행정기관의 경우는 환경부하저감에 관한 장기정책 개발지원, 기술개발평가, 재료·제품용도법 규제, 환경마크에 의한 제품평가지원, 사업자의 환경주장 등을 평가, 환경교육지침 및 홍보 등에 활용하고, 소비자의 경우는 상품선택, 제품사용선택에 관한 정보취득에 활용할 수 있다. 제조업자의 경우는 보다 유리한 제품의 디자인 및 제조공정 선택 및 소비자에 대한 판매전략으로 활용될 수 있다.

9.6.4 LCA에 관한 각국의 동향 및 사례

(가) LCA의 역사와 배경

LCA는 1960년대에 시작되었다. 원료 및 에너지 자원의 한계에 대한 관심이 고조되면서 에너지의 효율적인 이용 및 미래의 자원공급 및 사용을 위한 프로젝트 등이 수행되었다. 이러한 유형의 최초의 보고서는 Harold Smith에 의해 발표되었는데, 그는 1963년 World Energy Conference에서 화학중간물질 및 생산품의 생산에 필요한 총에너지 요구량을 계산한 바 있다.

1960년대 말「성장의 한계(The Limits to Growth)」(Meadows et al., 1972)에서「global modeling」연구가 발표되었고,「A Blueprint for Survival」(Club of Rome)에서는 인구변화가 최종 원료물질과 에너지 자원요구에 어떠한 영향을 미치는가를 예측하였다. 이 기간동안 대체에너지에 대한 환경과 비용산정에 대한 12개의 연구가 수행되었다.

1969년 미국의 Coca-cola사가 최근에 거론되고 있는 방법과 같은「Life Cycle Inventory」를 수행하였다. 음료용기에 대한 비교연구를 통해 어떠한 용기가 환경오염을 극소화하면서 자연자원공급에 최소한 영향을 미칠 것인가를 분석한 바 있다. 각 용기별로 각 제조과정의 환경부하 및 연료사용, 원료물질 등을 계량화하였다. 1970년대 초에 이러한 유사한 연구가 미국과 유럽에서 수행되었다. 이 시기에 많은 자료들이 축적된 바 있다.

자원의 이용과 환경부하를 계량화하는 과정은「자원 및 환경단면분석(REPA : Resource & Environmental Profile Analysis)」 혹은「Eco-balance」로도 부르고 있는데 석유위기에 직면했던 1970년대 초(1970~1975)에 15개의 REPAs가 수행된 바 있다. 이 기간동안에 방법론이나 기준 등이 개발되었다. 이러한 다단계 방법론은 많은 가정을 포함한다. 이 기간동안 가정과 기술들이 EPA에 의해 상당한 검토가 이루어졌다.

1975년부터 1980년대 초에는 에너지 위기에 대한 영향이 퇴색되면서 이러한 종합적인 연구가 거의 없어졌다. 이때의 환경적 관심사는 유독성폐기물의 관리에 있었다. 이 시기의 「Life Cycle Inventory」 분석은 연간 2건 정도의 연구가 지속적으로 수행되면서 방법론들이 서서히 개선되었고, 이때의 주 관심사는 에너지요구량이었다. 이 기간동안 유럽인들의 European Commission에 의해 수립된 「Environment Directorate(DGX1)」 에 관심이 고조되고 있었다. 유럽의 LCA 수행자들은 미국에서 사용하는 방법론과 거의 유사한 방법론을 개발하였다. 유럽에서는 환경규제기준을 마련하는 것과 함께 1985년 「Liquid Food Container Directive」 가 잇슈가 되었다. 음료용기의 에너지와 천연연료, 고형폐기물발생에 관계되는 회사들로 하여금 모니터링을 받도록 지시한 바 있다.

고형폐기물 문제가 전세계적인 이슈가 되었던 1988년에 LCA기법은 다시금 환경문제를 분석하는 장치로 부각되기 시작했다. 자원과 환경에 영향을 미치는 모든 분야에서 LCA를 위한 방법론이 다시 발전되게 되었다. 북아메리카와 유럽의 「Consultants & Research Institutes」 에서는 방법론을 확정하면서 정립해 갔다. 이 시기에 폐기물분야에서 최근에 강조되고 있는 자원의 재활용 및 퇴비화에 대해 폐기물관리의 대안으로 LCA가 개발되었다. 이 때의 LCA는 환경자원요구량과 배출량에 대한 영향을 분석하는 조사차원을 넘어서 개혁차원에서 흥미가 고조되었다.

1990년 들어 SETAC(the Society of Environmental Toxicology & Chemistry)이 LCA분야에 주도권을 가지면서 기술개발에 노력하고 있다. 전반적인 기술적 틀(framework), 영향분석(impact analysis), 자료의 질(data quality)에 대한 세미나 등을 개최하여 방법론과 수용가능한 전문적인 실행방법 등을 정립하여 가고 있다.

과거 20년동안 수행된 LCA는 대부분 음료용기, 식품용기, 포장재료 등의 상품포장에 국한되었고, 따라서 목적도 대부분은 포장폐기물을 저감시키거나 환경오염물질 배출을 줄이려는 데 있었다. 간혹 몇몇 연구들은 기저귀라든가 세제 등과 같이 실제 소비 상품에 대해 관심을 갖고 이들 상품을 제조하는 산업공정에 대한 대안평가에 관심을 갖기도 했다.

이처럼 LCA의 역사는 크게 두 가지 흐름으로 나누어 볼 수 있다. 하나는 제조공장의 공정분석에서 시작한다. 원료에 에너지를 가하여 화학적, 물리적으로 변환시켜 유용한 제품을 제조하는 생산공장에서는 제품의 품질향상 못지않게 에너지절약 및 폐기물관리가 중요한 과제로 부각되고 있으며, 기술자들은 이 문제를 해결하기 위해 오래 전부터 노력해 왔다. 특히 1960년대부터 1970년대에 걸쳐 석유위기를 경험한 각 회사는 각각 공정도를 작성하고 이것을 기초로 공정개선을 실시하여 왔다.

또 다른 흐름은 포장용기의 평가에 관한 것으로 1970년 「Midwest Research Institute(MRI)」 가

코카콜라사의 각종 음료용기의 자원소비와 환경에의 영향을 비교조사한 것이 있다. 그 후 1975년에 W.E. Franklin에 의해 연구가 전개되어「REPA(Resource and Environmental Profile Analysis)」라고 칭하여졌다. 1974년 이후, 특히 에너지와 환경문제에 세론의 관심이 집중되어 방법론(methodology)에도 현저한 발전이 이루어졌다. 이 시기 유럽에서도 I.Boustead(영국)을 시작으로 주로 북구 각국의 학자들로 구성된 연구그룹에 의해 동일한 연구가 진전되었다. 1980년대에 들어 지구규모의 환경문제가 커다란 관심으로 대두되기 시작했고, 1988년 미국에서는 쓰레기문제가 커다란 사회문제로 대두되면서 이의 해결수단으로 LCA가 각광을 받기에 이르렀다. 제조과정에서의 자원·에너지의 flow chart분석, 포장재의 기능해석, 그리고 이들과의 지구환경에의 부하와 연결된 형태로 조금씩 이론구축을 해 갔고, 사례적용을 통해 경험을 쌓아가고 있다. 이와 동시에 구미각국에서 LCA에 관여하는 연구자들이 늘어나면서 수준도 향상되었다.

제1회 LCA심포지움이 1990년 미국 바몬드에서 있었다. 이 심포지움은 SETAC을 주체로 정부, 기업, 학회, 시민단체의 연구자들이 참여하였는데, 당초의 목적은 LCA에 관한 정의와 용어를 명확히 하는 것으로 하였으나, LCA방법의 개선, LCA사용전략 등이 추가되었다.

한편, 유럽에서는 플라스틱에 대하여「APME(구주 플라스틱제조자 협회/PWMI(APME의 환경부분」이 1990년 연구그룹을 편성하여 조사연구를 개시하여 현재도 계속 중이다. 연구는 전술한 Boustead교수(오픈대학)가 주재하고 스위스, 독일, 벨기에 등의 연구가가 협력하고 있다. 1991년 네덜란드, 라이덴대학, 환경과학센타가 LCA수법 매뉴얼을 작성하여 1993년에 개정판을 출판하였다.

(나) 외국의 LCA연구현황

(1) 미국

1969년 코카콜라사의 의뢰를 받은「Midwest Research Institute(MRI, 현재, Franklin 연구소)」에서 음료용기에 관한 환경영향평가 연구가 실시되었다. 이전에도 에너지 절약 및 폐기물관리와 관련하여 제조공장에서 공정분석이 실시되었으나 MRI의 활동이 자원의 생산·소비와 환경부하에의 영향에 관한 LCA연구의 원조이다. 그 후 미국에서 에너지 절약과 관련하여 환경영향조사가 실시되어 그 성과는 미국 EPA에서 정리하여 REPA(Resourced and Environmental Profile Analysis)라고 불리어지고 있었다. 이후 계속 방법론이 개발되고 LCA 연구자들이 모인 국제적인 네트워크인 SETAC이 1979년에 설립되었다.

미국내 LCA에 대한 조사연구의 주체는 환경청(EPA)과 SETAC이며, 많은 기업체에서도 LCA를 계획하고 있다. 미국에서는 대개의 경우, 법률은 의원입법형태로 제출하고 군·시, 주단위로 공청회, 주민투표 등을 거쳐 제정하였다.

표 9-19 주요 LCA 동향

년도	주요 LCA 동향
1969	MRI(현재 Franklin 연구소)는 Coca Cola사의 의뢰로 음료용기에 관한 환경영향평가 구를 실시하고 LCA연구의 기초를 구축
1970~75	에너지 소비를 중심으로 환경영향평가가 이루어졌고, 미국 EPA에서 REPA로 통합
1978	서독에서 상품의 Eco label제도 투입
1979	SETAC 설립
1981	(사)화학경제연구소에서 신소재 에너지분석 보고
1984	스위스. 연방내무성환경국(BUWAL)「포장재료의 Eco-balance」보고서 발표
1985	EC환경위원회는 액체식품용기령(EC Directive 85/339)를 가결
1988	미국내에서 쓰레기 문제가 커다란 사회문제화되고 REPA가 수정
1990	EPA, WWF 등이 주최하는 LCA Forum 개최 미국 및 벨기에에서 SETAC과 P&G가 공동주최하는 LCA심포지움 개최 Franklin&Associates사,「폴리에틸렌 포장재료에 관한 LCA」발표 스위스 미그로스에서「Eco-base」에 관한 보고
1991	네덜란드 라이덴대학 환경과학센터 워크숍개최,「LCA방법 매뉴얼」작성 SETAC에서「LCA 방법론」발표 플라스틱처리촉진협회,「플라스틱 제품의 LCA평가」 일본생활협동조합연합회,「용기, 포장재에 대한 연구」
1992	일본 LCA연구회 발족 일본 환경청, Eco Life Center「환경부하 평가에 대한 예비검토」 독일 포츠담에서 SETAC과 LCA유럽지부가「LCA 세미나」공동주체
1993	ISO/TC 207회의 캐나다에서 개최 UNEP이 주최하는「LCA 전문가 세미나」가 네덜란드 암스텔담에서 개최 일본 과학진흥청, 환경청이 LCA에 관한 국가의 지원책 및 사례연구시작

1987년 Sepok지역에서 쓰레기문제를 계기로 플라스틱포장재가 나쁘다는 것을 전제로 해서 폴리스틸렌, PCV 등의 금지를 정한 법률의 제정이 잇따르자, 플라스틱업계는 LCA에 의해 이것에 반론을 제기하였다. 예를 들면 P&G를 시작으로 Kodak, Coca Cola, Shell, 3M 등 대기업 및 단체들의 실시예가 있고, 최근에는 Ford 등 자동차메이커도 적극적으로 LCA작업에 착수하고 있는 것으로 밝혀지고 있다.

또한 1988년에 쓰레기가 커다란 사회적 문제로 되면서 이의 해결과제로서 REPA가 다시 인정되어 이용되게 되었다. 이러한 환경문제와 연계되어 LCA연구는 서서히 진전되어 이론구축과 사례가 축적되어 가면서 연구자의 시야도 확대되어 수준도 향상되고 있다. 이 같은 상황가운데 1990년 EPA, WWF 등이 공동 주최한 미국 워싱톤에서 LCA포럼이 개최되었고, 1990년 미국 바몬드(8월) 및 벨기에(9월)에서 LCA심포지움이 SETAC과 P&G사가 공동주최로 개최되어 산·관·학·민 연구자들이 참가하여 LCA에 관한 정의·용어의 명확화, 방법론의 개선, 적용전략 등이 논의되었다. 특히 LCA의 촉진을 목적으로 SETAC재단이 설립되었다.

미국의 특징은 법규제에 대한 대응을 위해 각종 포장재료의 비교사례가 많고, 이것이 LCA에 관한 조사회사의 활발한 활동을 유도하고 있는 것이다.

(2) 유럽

유럽에서도 미국과 거의 동일한 시기에 I.Boustead(영국)을 위시한 북구의 연구자들에 의해 동일한 연구가 시작되었다. 1980년대에 들어 유럽에서 환경보호문제가 제기되어 그 중에서 특히 사용 후 버린 음료용기에 대한 관심이 집중되었다. 1984년에 스위스연방내무성환경국(Buwal)은 연구보고서「포장재료의 Ecobalance」를 발표하였고 그 결과는 스위스 생협미그로스에서 LCA활동으로 발표되었다. 1985년에 EC환경위원회는「액체식품용기지령(EC Directive 85/339)를 가결하여 EC가명각국의 기업은 용기에 관한 자원에너지 이용을 감시하는 것이 의무화되어 LCA연구가 활발히 진행되고 있다. LCA의 학문적 배경은 네덜란드의 Leiden 대학, 스위스의 ETH(주립공과대학), 영국의 Open대학, 덴마크의 공과대학 등이 있고, 이를 진행시킨 기관, 단체로서는 독일의 Frauenhofer Institute, Oko Institute, 프랑스의 Eco Bilan, 특히 플라스틱에 대해서는 메이커단체로서 APME(기타 환경부문 PWMI)가 저명하다.

특히 스위스에서는 연방내무성환경국(BUWAL)이 1984년「포장재료의 Ecobalance」를 발간, 1990년, 1991년에 방법론, 데이터베이스를 개정한 바 있다. MIgros는 이들 결과를 토대로 하여 자사의 취급상품의 환경부하를 LCA에 의해 평가하여 독자적으로 생태점수(Eco-Point)를 매겨 포장재료 및 형태를 개선하는 사례를 발표하여 사회적으로 좋은 반응을 얻은 바 있다.

기타 Bischop는 LCA를 사용하여 독자에게 포장재료에 관한 컨설턴트서비스를 하고 있고, BASF도 종이, 목재, 금속, 유리 등 타소재와의 비교에서 플라스틱이 환경에 우수한 것을 LCA을 통해 보다 넓게 시민에게 호소하고 있다.

LCA는 소위 종합평가를 도입한 것이나, 스웨덴 환경연구소(Swedish Environmental Research Institute)에서는「환경부하 Unit」라고 하는 환경지표를 도입하고 있는데 이는 원재료의 kg당 ELU를 정한 것으로 주관적인 요소가 많고, 실험적인 단계에 있다. 하지만 Volvo 자동차사는 LCA을 차의 제품설계에 응용하는 수법을 개발하는 등 앞으로 이러한 LCA의 부분적 적용이 소위 환경산업으로 발전될 것으로 예상하고 있다.

1990년에 APME(구주 플라스틱제조자협회)/PWMI(APME의 환경부문)가 플라스틱에 관한 연구그룹을 조직하여 연구조사활동을 개시하였다. 이 연구활동에는 I.Boustead교수(오판대학)가 중심이 되어 스위스, 독일, 벨기에 등의 연구자가 협력하고 있다. 미그로스에서는 포장재료에 관한 에코베이스를 발표하였다. 또한 LCA방법론에 관해 SETAC에서(1991년), 네덜란드 라이덴대학, 환경과학센터에서 LCA방법메뉴얼(1991년)과 그 개정판이 출판되었다(1993년).

유럽은 LCA에 대한 이론, 실천, 산업계의 인식 등 모든 면에서 꽤 경험을 축적하고 있으며, 1993년 한해동안 130여건에 달하는 LCA연구가 실시되었다.

표 9-20 미국내에서 수행된 LCA 목록

구분	평가대행업체	평가대상	년도
Coca-Cola	MRI	음료용기	1969
EPA	MRI	음료용기	1974
SPI	MRI	플라스틱	1974
Unknown	MRI	맥주 용기	1978
Goodyear	Franklin	청량음료용기	1978
Procter & Gamble	Franklin	세제 포장	1988
Procter & Gamble	Franklin	계면활성제	1989
Unknown	Franklin	청량음료 배달시스템	1989
Council for Solid Waste Solutions	Franklin	발포 폴리스틸렌, 표백포장지 종이기저귀, 천기저귀	1990
American Paper Institute	Franklin	쇼핑백	1990
Council for Solid Waste Solutions	Franklin	종이기저귀, 천기저귀	1990
Procter & Gamble	A. D. Litter	비닐포장지	1990
Vinyl Institute	Chem Systems	종이기저귀	1991
National Association of Diaper services	Lehrberger & Jones	포장재료	1991
Council of State Governments	Tellus	세척제	1991
Procter & Gamble	Franklin		1992

자료 : Mary Ann Currn, Broad-based Environmental Life Cycle Assessment, ES & T, Vol. 27, No. 3, pp. 430~436

Chapter

10 폐기물의 최종 처분

10.1 서 론

발생된 폐기물은 분리수거하여 재활용성 폐기물은 회수하고 나머지 폐기물은 선별과정을 거쳐 분리시킨 후 각각의 특성에 맞게 처리하여 자원회수, 에너지회수 등의 필요한 과정을 거친다. 선별되고 남은 폐기물과 각 처리과정을 통하여 발생된 부산물은 최종적으로 처분되어진다. 현재 또한 미래에 이용가능한 처분방법을 살펴보면 다음과 같다.

- 처분
  - 대지(Land)
    - 불법투기 또는 단순매립(Open Dumping)
    - 위생매립(Sanitary Landfill) - 생활폐기물
    - 안전매립(Secure Landfill) - 유해폐기물
  - 해양(Ocean)
  - 대기(Air)
  - 우주(Space)

폐기물처분 방법은 위의 분류에서 보듯이 대지와 해양 그리고 대기와 우주로의 처분으로 나누어 볼 수 있으며 그중 매립과 해양처분이 가장 보편적으로 이용되고 있다. 대기로의 처분은 폐기물을 소각화하여 기체화하는 것을 의미하며 일반적으로 처리방법의 하나로 분류된다. 해양처분은 주로 유해하지 않은 산업폐기물이나 하수슬러지 처분에 이용되어온 방법이다. 바지선에 의한 투기방법은 폐기물을 싣고 5.6～11 km/hr(3～6 knot) 속도를 유지하면서 4～20 ton/min 정도의 투기율로 해수면 밑 2～4.6 m(1～2.5 fathom)에 투기한다. 도시폐기물의 해양처분은 바람직하지 못한 방법으로 해양처분을 금하는 주된 이유 중 하나는 도시폐기물의 주 구성물질인 종이, 목재, 플라스틱, 고무 등은 해양투기시 부상하기 때문이다. 이는 미관상, 해양생물, 환경적 관점에서도 바람직하지 못하다.

우리나라의 폐기물처분현황을 살펴보면 2003년 전국적으로 생활폐기물발생량은 약 50,737

ton/day인데 이중 14.5% 정도가 소각되고 45.2% 정도 재활용되며, 약 40.3%는 매립되고 있다. 이러한 현실을 감안할 때 앞으로 재활용과 소각의 비율을 점차적으로 확대시켜 매립을 감소시키는 노력과 함께 현재 비위생적 매립으로 인한 토양오염과 환경에 미치는 영향을 최소화하기 위한 매립방법의 개선이 요구된다.

10.2 폐기물의 매립

매립의 종류는 매립방법, 매립의 위치, 매립의 구조 및 매립공법에 따라 다음과 같이 분류할 수 있다.

① 매립방법에 따라
- 단순매립
- 위생매립
- 안전매립

② 매립위치에 따라
- 내륙매립
- 해안매립

③ 매립구조에 따라
- 피산소성 매립
- 피산소성 위생매립
- 개량피산소성 위생매립
- 준친산소성 매립
- 친산소성 매립

④ 매립공법에 따라
- 내륙매립 : 샌드위치 공법, 셀공법, 압축매립공법, 도랑형공법
- 해안매립 : 내수배제 또는 수중투기공법, 순차투입공법, 박층뿌림공법

10.2.1 매립방법에 따른 분류

매립의 종류는 매립방법에 따라 단순매립, 위생매립, 안전매립으로 나누어 볼 수 있다. 단순매립(Open Dumping)은 비위생적 매립형태이고, 위생매립(Sanitary Landfill ; 복토+침출수 처리)은 일반폐기물처분에 가장 경제적이고 흔히 사용되는 방법으로 알려져 있다. 또한 안전매립(Secure Landfill)은 유해폐기물의 최종처분방법으로 환경오염을 최소화하기 위하여 유해폐기물을 자연계와 완전 차단하는 방법이다. 먼저 일반폐기물의 처분방법인 위생매립에 대하여 살펴보자.

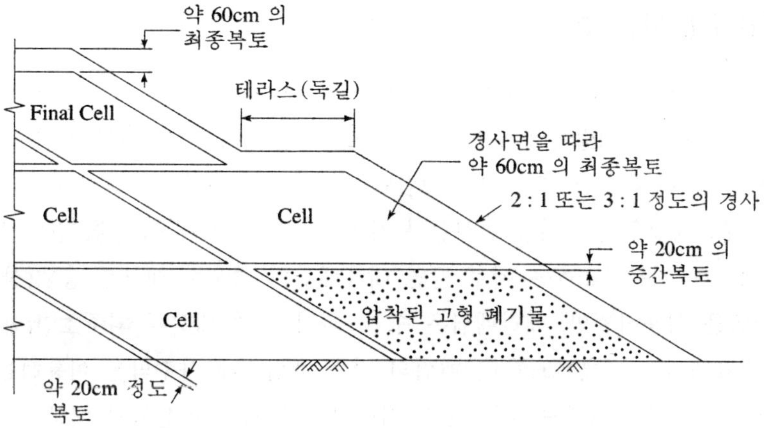

그림 10-1 위생매립의 단면

표 10-1 위생매립의 장단점

장 점	단 점
(1) 부지확보가 가능할 경우 가장 경제적인 방법이다.	(1) 인구밀집지역에서는 경제적 수송거리 내에서 부지확보가 어렵다.
(2) 다른 방법에 비해 초기투자비 비용이 낮다.	(2) 적절한 위생매립기준이 매일 지켜지지 않으면 불법투기와 차이가 없다.
(3) 추가적인 처리과정이 요구되는 소각이나 퇴비화와는 달리 위생매립은 최종처분 방법이다.	(3) 주거지역 내 위생매립지는 주민의 큰 반발을 일으킬 수 있다.
(4) 거의 모든 종류의 폐기물 처분이 가능하다.	(4) 매립완료된 매립지는 침하되고 일정기간의 유지관리가 요구된다.
(5) 처분대상 폐기물의 증가에 따른 추가인원 및 장비가 크지 않다.	(5) 폐쇄된 매립지에서의 건축을 위해서는 침하에 대비한 특수 설계와 시공이 요구된다.
(6) 주위 부지는 공원, 운동장, 골프장 등으로 이용될 수 있다.	(6) 폭발성가스인 메탄과 가스가 폐기물분해시 생성되어 폐를 끼칠 수 있으며 폐쇄 후 매립지 이용에 장애가 될 수 있다

미국토목협회에 의한 위생매립의 정의는 아래와 같다.

"위생매립이란 주민을 포함한 공공의 건강이나 안전에 해(hazard)가 됨이 없고 폐(nuisance)가 됨이 없도록 폐기물을 처분하는 행위로서, 공학의 원리를 이용하여 가능한 한 적은 면적에 폐기물 부피를 최소화한 후 처분된 폐기물을 최소한 매일 복토(覆土, landfill cover material)로 덮는 방법이다."

전형적인 위생매립의 단면이 그림 10-1로 그림에서 보는 바와 같이 폐기물이 처분되고 다져진 위에 당일복토를 하여 cell이 형성된다. 매립지의 각 구조물에 대하여는 뒤에서 자세히 논하기로 한다.

10.2.2 매립위치에 따른 분류

매립은 위치에 따라 내륙매립과 해안매립으로 구분된다. 매립지용 부지가 충분할 경우에는 보통 내륙매립이 시행되나, 내륙지방에서 매립지를 구득할 수 없는 경우나 해안지방의 도시들은 해안매립을 하게 된다. 우리나라의 난지도는 육상매립의 예이며 김포매립지는 해안매립의 예이다.

내륙매립과 해안매립은 동일기능의 시설과 작업일지라도 그 내용(기술, 경제성 등)에는 상당한 차이가 있다. 즉, 저류구조율을 예로 들면 내륙매립의 경우는 대부분 옹벽(산간, 계곡일 경우)을 막는 공법을 사용하지만, 해안매립은 수압, 파장 등에 대하여 외주호안(外周護岸)을 시설하는 것이 필요하다. 차수공(遮水工) 매립의 경우 매립지에 차수막을 이용하는 경우가 많으나 해안매립에서는 차수막이 부유하는 등의 시공상의 문제가 발생하기 때문에 호안부는 강널말뚝을 막고 매립지 바닥은 본래의 지반을 이용하며, 매립지 바깥 수위와 안쪽 수위와의 차이를 이용하여 침출수가 외부로 누출되는 것을 방지하는 경우가 많다. 또한 해안 매립에는 해수 및 수분이 매립지 내에 잔류하는 경우가 많기 때문에 매립초기의 침출수가 희석되어 저농도로 되기 쉽다. 더욱이 해안매립에서는 수몰된 폐기물이 피산소성 상태가 될 수 밖에 없으므로 내륙매립에 비하여 침출수의 BOD 및 COD가 고농도가 되기 쉬우며 메탄가스의 발생이 많게 된다. 그 밖에 해안매립은 수중 부분에 대한 매립작업 및 이 부분의 침출수 집수시설 등에 있어서 내륙매립과 큰 차이가 있음을 신중히 고려하여야 한다.

표 10-2에 육상 및 해안 매립지 선정시 고려사항을 나타내었다.

표 10-2 육상 및 해안매립지 선정시 고려사항

조건 \ 종류	육상매립	해안매립
사회적 조건	1. 주변에 민가가 적고 주거지역으로부터 떨어져 있을 것 2. 용도상 규제를 받는 지역을 피할 것 3. 지역주민의 생활의존도가 아주 높은 장소는 피할 것(농경지, 주거지 등) 4. 수송로상 밀집 주거지역 또는 교통량이 많은 곳은 피할 것 5. 매립후 이용이 편리할 것	1. 주변에 민가가 적고 주거지역으로부터 떨어져 있을 것 2. 공유수면매립법상 규제를 받는 장소를 피할 것 3. 지역주민의 생활의존도가 아주 높은 장소는 피할 것(어장, 양식장, 휴양지 등) 4. 매립 후이용이 편리할 것
환경적 조건	1. 지하수가 흐르거나 지하수맥이 존재하지 않을 것 2. 상수도 등의 수원개발 대상지역이 아닐 것 3. 침출수 처리장 등의 용지 확보가 충분하고 공해대책, 안전대책 등 처분지의 관리를 집중적으로 행할 수 있을 것	1. 조류특성에 변화를 주기 쉬운 장소를 피할 것 2. 물질확산에 영향을 주는 장소를 피할 것 3. 해저의 지형이나 저질에 큰 변화를 주는 장소를 피할 것

환경적 조건	4. 경관의 손상이 적을 것	4. 부영양화에 의한 저질을 제거하는 경우 문제가 되는 장소를 피할 것 5. 용존산소의 공급, 해수와 담수와의 혼합, 산란장과 고기육성장소를 피할 것
방제적 조건	1. 집수면적이 작을 것 2. 계곡 구배의 안정도가 높을 것 3. 산의 지형이 방재, 재방, 저류시설의 시공이 용이할 것	1. 토사의 이동에 의한 침식을 받는 장소를 피할 것 2. 파장(波長), 고조(高潮)가 변화를 일으키는 장소를 피할 것
경제적 조건	1. 공간용량의 확보가 용이할 것 2. 적절한 운반거리 내에 있을 것 3. 전력, 수도, 전화 등에 편이시설을 쉽게 끌 수 있을 것 4. 복토용의 토사를 용이하게 얻을 수 있을 것	1. 파장, 고조가 변화를 일으키는 장소를 피할 것 2. 연약한 지질이 깊은 곳은 피할 것 3. 적당한 운반거리가 확보될 것 4. 수심이 얕고, 조위의 변화가 작고, 토질이 안정된장소를 선택할 것

10.2.3 매립구조에 의한 분류

(가) 피산소성 매립

그림 10-2(a)와 같이 기존의 산간지나 저습지에 폐기물을 단순 투기(open dump)하는 방법으로 환경에 미치는 영향이 크다. 지금은 법으로 금하고 있어 점점 줄어들고 있으나 하천이나 산야에 불법적으로 투기되는 경우 문제가 발생한다.

(나) 피산소성 위생매립

일정 높이 약 2~3 m로 폐기물(쓰레기)를 쌓고 그 위에 약 50 cm 정도의 복토를 하는 공법으로 악취, 파리, 곤충들과 매립장내의 화재문제는 해결되지만 여기서 침출하는 침출수나 가스의 문제는 계속 남아 있다(그림 10-2(b) 참조). 침출수의 성상은 피산소성 매립과 거의 차이가 없고 BOD나 질소함량이 높아 주변 수역을 오염시킨다.

(다) 개량형 피산소성 위생매립

피산소성 위생매립 구조는 냄새나 파리, 곤충 등의 문제는 해결되지만 매립 층내의 침출수가 지하를 오염시키기 때문에 그림 10-2(c)와 같이 저부에 불투수층(차수막)과 침출수 배수관을 설치하여 오수 대책을 세운 구조이다. 일반적으로 매립지 장외에 저류조(집수조)를 설치하고 침출수를 배제하는 구조로 되어 있는데, 현재 시행되고 있는 위생매립은 대부분 이에 속한다. 침출수의 수질은 위의 두 가지 구조보다 훨씬 양질이며 매립 1년 후에는 BOD농도가 이들의 1/100 정도까지 낮아진다.

(a) 피산소성매립

(b) 피산소성 위생매립

(c) 개량형피산소성 위생매립

(d) 준호기성매립

(e) 친산소성매립

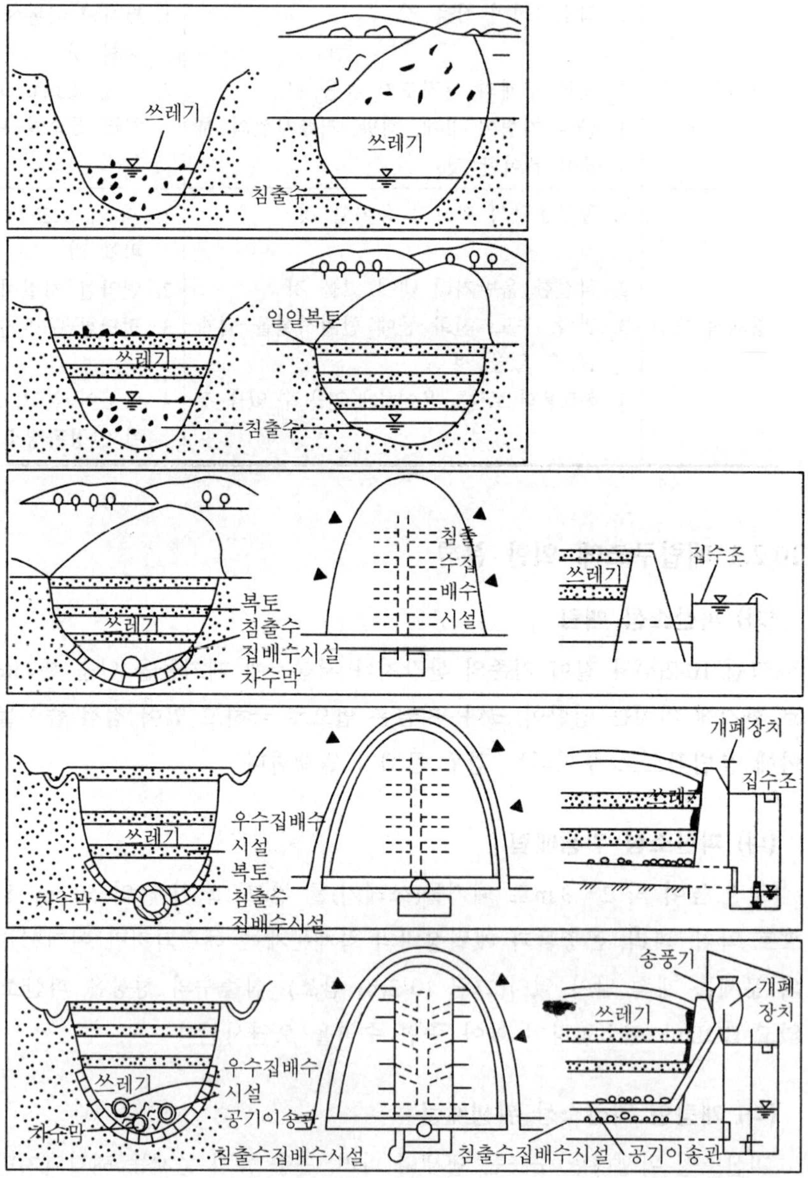

그림 10-2 매립구조에 따른 분류

(라) 준호기성 매립

준친산소성 매립은 오수를 가능한 한 빨리 매립지 외로 배제하여 폐기물 층과 저부의 수압을 저감시켜 지하 토양으로의 오수의 침투를 방지함과 동시에 집수하는 단계에서 가능한 한 침출수를 정화할 수 있도록 집수장치를 설계한 구조이다(그림 10-2(d) 참조). 이 구조는 경제성과 내구성을 고려하여 유공(有孔)흄(Hume)관 집수 장치를 사용하였으며, 이러한 집수장치의 효과는 아래와 같다.

① 배수가 잘 되기 때문에 매립내부의 수위가 저하되고 신선한 공기가 매립층 내부로 침투하기 쉬워 친산소성 영역이 확대되며

② 친산소성 영역이 확대됨에 따라 친산소성 미생물의 움직임이 활발하여 폐기물의 분해가 촉진되며

③ 침출액이 용이하게 배제되기 때문에 지하 침수가 적어지고 자갈과 유공흄관의 사용에 의해 오수의 배제효과가 높으며

④ 매립장 내부의 통기가 양호하기 때문에 친산소성 조건하에서 집수장치의 마모가 적다.

개량형 위생매립에 비하여 침출수의 수질은 매립장 내에서 1/5～1/10 정도로 정화되며, 조기 안정화 효과를 기대할 수 있다. 수도권 광역 매립장도 여기에 속한다.

(마) 친산소성 매립

친산소성 매립구조는 그림 10-2(e)와 같이 매립층에 강제적으로 공기를 불어 넣어 층내를 친산소성 상태로 하여 폐기물을 보다 빨리 분해하여 안정화 시키기 위한 구조이다. 이 매립구조와 피산소성 매립구조의 안정화 속도를 미생물의 물질수지로부터 비교하면 약 3배의 빠르기로 안정화가 진행된다. 그러나 운전비가 높은 단점이 있다.

10.2.4 매립공법에 의한 분류

일반폐기물을 매립할 경우에는 계획된 매립량이 확보됨과 아울러 매립된 폐기물층의 안정화를 촉진하고 매립지반의 역학적 특성, 매립 후 토지의 이용성 및 매립작업 효율 등의 향상이 도모될 수 있도록 매립의 순서 및 방법을 적절히 선정함과 동시에, 적절한 매립장비를 사용하여 폐기물을 충분히 다져야 한다. 이와 같은 과정들이 바로 매립공법에 속한다.

(가) 내륙매립방법

(1) 샌드위치(Sandwich)공법

샌드위치 공법은 그림 10-3에 나타낸 바와 같이, 쓰레기를 수평으로 고르게 깔아 압축하고 복토를 깔아 쓰레기층과 복토층을 교대로 쌓는 것으로, 좁은 산간지 등의 매립지에서 이용되고

있다. 그러나 매립면적이 넓거나 복토를 하기 위한 쓰레기층을 확보하기 위해 1일 작업면적을 작게 할 수 밖에 없을 경우에는 쓰레기층에 비탈면이 발생하게 된다. 이러한 경우에는 비탈면에도 복토가 필요하기 때문에, 실제로는 셀 방식이 된다.

(2) 셀(Cell) 공법

셀 공법은 그림 10-4에서 나타낸 바와 같이 매립된 쓰레기 및 비탈에 복토를 실시하여, 셀모양으로 셀마다 일일복토를 해나가는 방식으로 현재 가장 많이 이용되고 있으며 쓰레기 비탈면의 경사는 15~25%의 구배로 하는 것이 좋다. 1일 작업하는 셀 크기는 매립처분량에 따라 결정되며 셀마다 독립된 쓰레기 매립층이 완성되어 있기 때문에 화재의 발생 및 확산을 방지할 수 있고, 쓰레기의 흩날림을 방지하며 악취 및 해충의 발생을 방지하는 효과가 있다. 그러나 발생가스 및 매립층내 수분의 이동이 억제되므로 침출수 처리시설이나 발생가스 처리시설 설치 시에 이점을 충분히 고려하여야 한다.

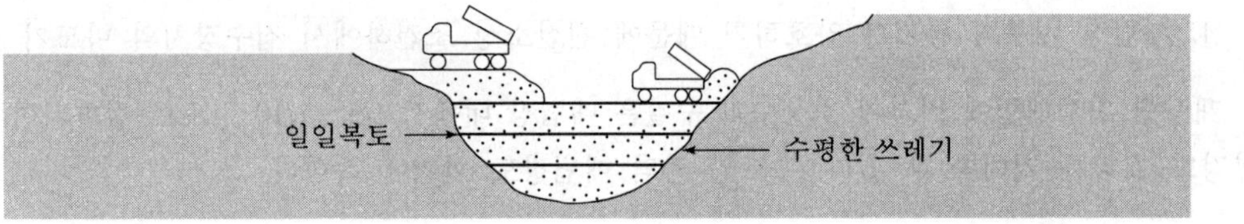

그림 10-3 샌드위치 공법

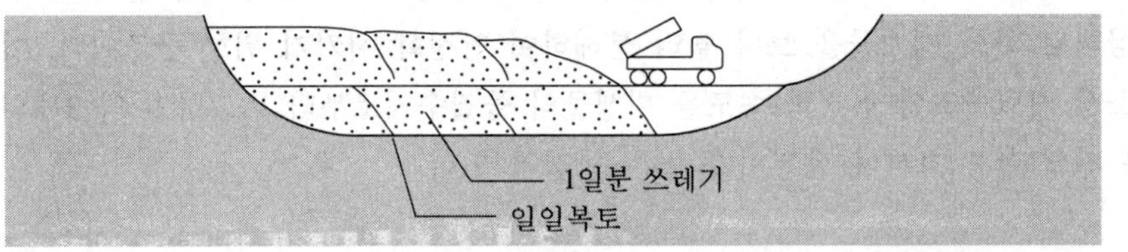

그림 10-4 셀 공법

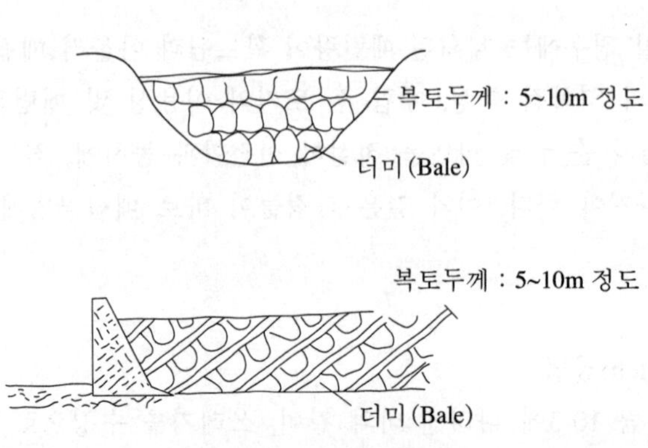

그림 10-5 압축매립공법

(3) 압축매립공법(Baling System)

압축매립공법은 쓰레기를 매립하기 전에 이의 감량화를 목적으로 먼저 쓰레기를 일정한 더미형태로 압축하여 부피를 감소시킨 후 포장을 실시하여 매립하는 방법이다. 이 방법은 쓰레기의 발생량이 증가하고 있고 쓰레기 매립지의 확보 및 사용년한이 크게 문제화되고 있는 시점에서 운반이 쉽고 안전성이 유리하다는 것과 지가(地價)가 비쌀 경우에 유효한 방법이다. 쓰레기를 압축하여 더미(bale)로 만들 때 더미가 흩어지는 것을 방지하기 위하여 철망이 필요한 경우가 있으며 덩어리를 취급 · 운반할 경우 파손을 주의하여야 한다. 더미의 매립방법은 그림 10-5에 나타낸 바와 같이 층별로 정렬하는 방법이 보편적이며 반드시 매립 각 층별로 5～10cm 정도의 일일 복토를 실시하여야 한다. 최종복토층은 향후 토지이용을 고려하여 실시하되 1.5～2m 두께 정도가 필요하다.

(4) 도랑형 공법(Trench System)

도랑형 매립은 약 2.5～7 m 정도의 깊이로 도랑을 파고 이 도랑에 폐기물을 묻은 후 다지고 다시 흙을 덮는 형식이다. 이 경우 파낸 흙이 항상 남는데 이는 복토재로 이용할 수 있다. 그 구조는 그림 10-6과 같으며 토양처리 공법과 동시에 활용할 수 있고 안정한 지역의 폐기물로 토지개량재로 활용할 수 있을 경우에는 그 자리에 다시 매립할 수 있으므로 토지이용의 효율화를 도모할 수 있다.

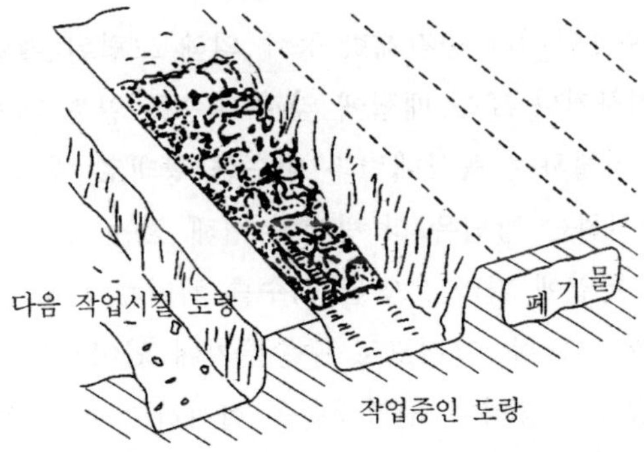

그림 10-6 도랑형 공법

(나) 해안매립 공법

해안매립의 공법은 처분장의 면적이 크고, 1일 처분량이 비교적 많다는 점과 처분장이 평면이어서 매립작업이 연속적인 투입방법으로 이루어지므로 완전한 샌드위치 방식에 의한 매립이 곤란하다. 또한, 수중부에서 쓰레기를 고르게 깔고 압축하는 작업이 불가능하고 확실한 복토를 실시하기도 어려우므로 해안매립에서는 내륙매립과는 근본적으로 다른 매립공법이 이용된다. 그러나 육지화된 부분은 내륙매립과 같은 방법으로 매립하는 것이 일반적이다.

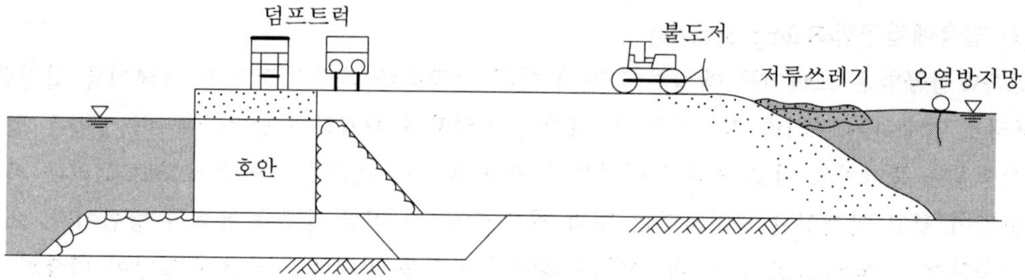

그림 10-7 순차투입공법

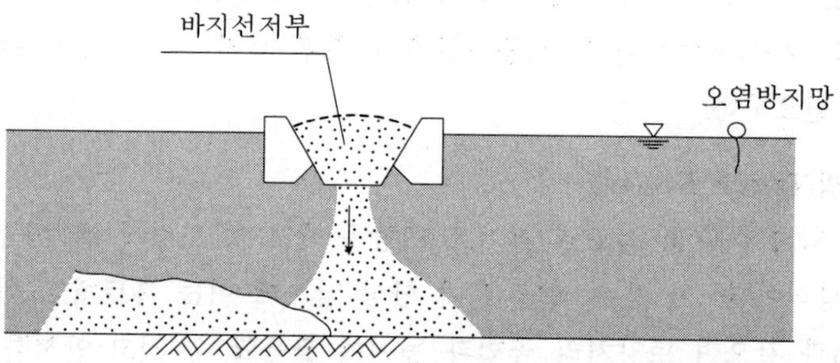

그림 10-8 바지선에 의한 박층뿌림 공법

(1) 내수배제 또는 수중투기 공법

수중부의 매립방법은 외주호안이나 중간제방 등에 의해 고립된 매립지내의 해수 등을 그대로 놓아둔 채 쓰레기를 투기하거나 또는 매립에 앞서 내수를 일부 배제한 후 쓰레기를 투기하는 방법 및 내수를 완전히 배제하여 육상매립과 비슷한 형태로 매립하는 방법 등이 있다.

내수배제를 하지 않고 실시하는 방법은 타 방법에 비해 호안 등에 의한 수압의 영향이 적고 구조상 유리한 반면 쓰레기 투입에 따라 오염된 내수를 처리해야 하며 쓰레기의 부유 및 화재 시의 대책 등 관리상의 문제가 많다. 그러므로 수중투기에 있어서는 부유하지 않는 쓰레기만 선택하여 매립하며 중간제방을 이용하여 구역매립을 실시하고 부유방지시설을 설치하여 쓰레기 부유구역이 확대되지 않도록 하는 조치를 강구하여야 한다.

내수배제를 실시하는 방법은 외주호안 등에 부가되는 수압이 증대되어 과대한 구조가 되기 쉽다. 그러므로 양자의 선택에 있어 토질조건, 수압, 외주호안을 비롯한 저류구조물의 구조, 건설비, 환경보전, 방재대책 등을 종합적으로 검토하여야 한다.

(2) 순차투입 공법

이 방법은 호안측에서부터 쓰레기를 투입하여 순차적으로 육지화하는 방법이다(그림 10-7). 수심이 깊은 처분장에서는 건설비의 상승이 원인이 되어 내수를 완전히 배제하기가 곤란한 경우도 많기 때문에 이 방법을 채택하는 경우가 많다. 그러나 이 방법은 바닥지반이 연약한 경우에는 매립된 쓰레기의 하중에 의해 연약층이 유동하거나, 국부적으로 두껍게 퇴적되기도 하고, 전압(轉壓)작업 및 매립후 토지이용에 지장이 발생하는 경우도 있기 때문에, 그 대책을 미리 검토해 두어야 한다. 또한 부유성 쓰레기의 수면 확산에 의해 수면부와 육지부의 경계를 구분하기 어렵게 되어 매립장비 등의 매몰사고가 발생할 수 있다는 점에 유의하여야 한다.

(3) 박층 뿌림 공법

매립후 토지이용을 고려하여 바닥지반 개량을 실시하고 있는 처분장에서는 전술한 순차투입 공법으로는 개량된 지반이 파괴될 위험성이 있다. 이와 같은 경우에는 밑면이 뚫린 바지선 등으로 쓰레기를 박층으로 떨어뜨려 뿌려줌으로써 바닥지반의 하중을 균등하게 해주는 방법이 사용된다(그림 10-8 참조). 이 방법은 쓰레기지반 안정화 및 매립부지 조기이용 등에 유리하지만 매립효율이 떨어진다. 대체로 설비가 대규모인 매립지에 적합한 방법이다.

10.3 매립지에서 예상되는 환경오염문제

매립지 설치운영에 대한 관련법규는 국내외 어디서나 볼 수 있는데 이는 매립지를 설치운영할 때 여러 가지 환경오염가능성이 존재하기 때문이다. 매립단계를 아래와 같이 4단계로 나눌 때, 가장 환경문제가 우려되는 단계는 운영단계 및 사후 관리 단계일 것이다.

① 계획 및 설계단계　　② 시공단계
③ 운영단계　　④ 사후관리단계

운영단계는 짧게는 몇 년에서 대규모 매립지의 경우 20년씩 장기간이 될 수도 있다. 사후관리단계는 운영이 끝난 매립지가 여전히 안전한 상태로 유지되고 있는지를 검사해야 하는 단계로서 본 단계가 어느 정도 오래 갈지를 예측하기는 매우 어렵다. 도시폐기물 매립지의 경우 규모에 따라서 다소 차이가 있기는 하나 대체로 매립완료 후 5년이 경과하면 사람 등의 통제를 할 필요성이 줄어들며 10년이 지나면 거의 안정화된 것으로 기대할 수 있다. 유해폐기물의 경우 대개 30년을 사후관리기간으로 정하기도 하나 매립지 시공 및 관련여건에 따라 실제로 몇 백년을 사후 관리해야 할 경우도 있을 것이다.

매립지로부터의 환경오염은 근본적으로 폐기물의 특성이 주위환경의 질과 크게 다르기 때문에 발생한다. 즉 환경오염의 주된 원인이 폐기물 성분의 방출에 기인하는 것이다. 매립지를 부적절하게 설치 운영할 때(운영단계) 발생하는 폐기물 성분의 방출에 의한 주변의 환경오염으로는 아래와 같은 것들이 있다.

① 침출수에 의한 지하수오염
② 강수유출에 의한 지표수오염

③ 병원균매개체 서식 : 파리, 모기, 쥐, 새
④ 종이들의 흩날림
⑤ 악취, 먼지, 매립지분해가스(LFG, landfill gas), 유해가스 등
⑥ 화재

폐기물로부터의 성분방출 이외에 매립지 운영에 따른 환경영향으로는 아래와 같은 악영향을 생각할 수 있다.

① 전망 ② 소음
③ 교통체증 ④ 매립지바닥 및 사면붕괴
⑤ 홍수범람

위에 열거한 11가지 환경으로의 악영향 이외에도 특정 동식물 서식처의 파괴, 고고학적 또는 역사적 유적지의 유실가능성 등도 있을 수 있으나 이들은 매립지 입지를 적절하게 선정할 때는 문제가 없을 것이다. 운영단계가 끝난 후 사후관리단계에서는 위에서 지적한 환경에의 악영향보다는 아래와 같은 악영향을 생각할 수 있으나 이들의 지속기간은 매우 길 수도 있다.

① 침출수에 의한 지하수오염
② 매립가스 및 유해가스 발생
③ 매립지 위에 서식하는 식물의 오염

위에서 본 바와 같이 매립지의 설치운영으로 인한 주변의 환경오염은 운영단계와 사후관리에 걸쳐 매우 다양한데, 가장 장기간에 걸쳐 우려되는 악영향은 지하수오염이며 지하수오염을 최소화하는 것이 매립기술의 가장 핵심이 되는 부분이다.

10.4 폐기물 매립지의 입지선정

10.4.1 입지선정시 검토되어야 할 사항

폐기물매립지는 궁극적으로 아래의 목표를 달성할 수 있도록 입지가 선정되어야 할 것이다.

① 인간 환경오염의 최소화
② 자연환경에의 영향 최소화
③ 매립지 설치운영의 용이성 극대화

폐기물매립지 입지 선정시 검토하여야 할 사항을 크게 대별하면 아래와 같다. 또한 아래 각 사항들을 어느 때에 검토하는가 하는 입지선정절차 또한 중요한 검토대상일 것이다.

① 관련법규 등－정책적 사항
② 주민의견수렴－사회적 사항
③ 입지선정기준－기술적 사항
④ 경제적 사항

관련법규, 지역안배 또는 장래 국토이용계획 등 국가적 차원의 정책적 배려는 가능한 한 입지선정절차 초기에 반영하는 것이 바람직할 것이다. 주민 및 공공단체 등에게 처음부터 매립지 계획에 대하여 알리는 것이 바람직하나 주민의 의견을 수렴하는 것은 나중에 언급되겠지만 최소한 일차적인 기술적 검토가 끝난 상태이후부터가 바람직할 것이다.

입지선정기준항목(기술적 사항)은 필요에 따라 여러 방법으로 대별될 수 있다.

가장 흔한 방법은 아래와 같이 물리적 조건에 기초하여 분류하는 방법이다.

① 지형(Topography)
② 수문지질(Hydrogeology)
③ 위치(Location)
④ 생태학적 고려(Ecology)
⑤ 토지이용(Land Use)
⑥ 기타

위의 분류에 따른 입지선정기준항목을 각 항목별로 세분하여 표 10-3에 나타내었다.

매립에서 입지선정기준과 함께 고려되어야 할 사항은 입지배제기준에 대한 검토이다.

표 10-4는 매립지 입지배제기준의 한 예시를 보여주고 있다.

이를 보면 위치선정시 광범위한 검토 요항들이 있으나 막상 계획수립에서는 제반 사회적 요건으로 실제 검토가 불가능하고 또 자의적 해석이 가능한 지침이라 해석된다.

독일의 지침서를 보면 매립지의 선정은 ① 수자원 관리부서, ② 기타 관련 전문부서(보건위생관리부서), ③ 지리관련부서, ④ 도시계획부서의 사전동의를 받아서 하도록 되어 있다. 또한 인근 주거지에서 200 m 이상 격리된 장소에 설치하고 인구 20,000명 이하의 도시는 매립장의 자체 설치를 금하며 인근 행정단위 또는 산업시설과 연계하여 계획하고 동시에 매립량의 감소조치를 위한 소각 또는 퇴비화 및 쓰레기 파쇄시설을 연계계획하며, 쓰레기매립장의 설치시는 지역주민들에게 위치 및 쓰레기매립방식을 홍보하면서 불법 투기행위와 투기시 벌칙을 홍보해야 함을 규정하고 있다.

쓰레기 매립장 위치로 추천되는 장소로서는

① 불모지
② 국토이용계획상 경계용 부지

③ 모래, 자갈, 점토지의 웅덩이로 물이 없는 곳
④ 지하갱도로서 지반침하지역
⑤ 골짜기
⑥ 교통용지 예정부지
⑦ 산림조성지로 부적격지
⑧ 소음방지구역
⑨ 방수제(防水劑)의 뒷채움
⑩ 도시계획 국토이용계획상 쓰레기매립장 지정지역

표 10-3 폐기물 매립지 입지선정기준 항목

대항목	소항목		
1. 지형	(1) 충분한 부지확보 가능성 (2) 덮개흙 조달 용이도 (3) 토공량(土工量 ; 切土量, 성토량(成土量) (4) 우수배제 용이도	4. 생태	(1) 수립상태 (2) 특정동식물 서식
2. 수문지질	(1) 최고지하수위 (2) 지하수 용도 (3) 바닥층 토양특성	5. 토지이용	(1) 매립지주변의 주민거주현황 (2) 매립후 부지사용 (3) 매립지 주변의 토지이용현황 (4) 지역계획과의 연관성
3. 위치	(1) 시각적 은폐 (2) 교통 (3) 폐기물 운반거리 및 수집·운반의 효율	6. 기타	(1) 접근로 (2) 사후관리용이도 (3) 바람방향 (4) 침출수처리를 위한 인근폐수 처리장 유무 (5) 재해에 대한 안전성

표 10-4 폐기물 매립지 입지배제기준

1. 100년 빈도 홍수범람지역
2. 습지대
3. 지하수위가 지표면으로부터 1.5 m 미만인 지역
4. 단층지역
5. 고고학적 또는 역사학적으로 중요한 지역
6. 멸종위기생물 서식지역
7. 생태학적 보호지역
8. 아래 항목들과 주어진 일정거리 이내지역
   (1) 호소 300 m
   (2) 공원, 공공시설, 주요도로 300 m
   (3) 음용수수원 600 m
   (4) 비행장 3,000 m

이상의 지침을 참고하여 각 지역의 현장 조건에 맞도록 전문가들의 검토를 받아 설정할 필요가 있다.

10.4.2 입지선정절차

매립지 입지선정을 위해 앞에서 언급한 바와 같이 정책적 사항, 사회적 사항, 기술적 사항, 경제적 사항 등이 종합적으로 검토되어야 한다. 사회적 사항은 지역주민들의 동의가 주된 사항이며 국가적 차원의 정책적 배려 또한 매립지 선정시 반드시 고려되어야 할 사항이다. 지난날에는 기술적 타당성이나 경제적 타당성이 주된 결정 인자이었으나 요즈음은 사회적 타당성 즉 주민의 동의가 매우 결정적 역할을 하는 경우가 허다하다. 그러나 폐기물 매립시 최대 관심사항이 주변의 환경오염 가능성을 최소화시키고 유해한 환경으로부터 인간과 자연을 보호하는 것이므로 결코 기술적 타당성을 가볍게 취급할 수는 없는 것이다.

매립지 입지선정 절차시에 이와 같이 여러 사항을 언제 고려하느냐는 결국 어느 매립후보지가 최종입지로 결정되느냐에 큰 영향을 미칠 것이다. 매립지 입지선정에 대해서는 여러 가지 절차가 문헌에 제시되고 있으나 대개 아래의 4단계를 거치는 것이 바람직할 것으로 생각된다. 여기서 기술적, 경제적 사항에 이외에 사회적(주민의견), 정책적 사항에 따라 매립지 선정이 달라질 수 있으나, 사회적 사항의 경우 매립지 입지선정 초기단계에 고려하는 것이 바람직할 것이다.

① 초기 입지선정단계
- 기존자료 수집 및 분석
- 입지배제기준 검토
- 관련법규 고려
- 정책적 사항 고려
- 개략적 경제성 분석

② 후보지 평가단계
- 현장조사(보링조사 ; 시추조사
- 입지선정 기준에 의한 후보지 평가
- 후보지 등급 결정

③ 최종입지 결정단계
- 경제성 분석
- 기술적, 사회적, 경제적 사항 종합평가
- 최종입지선정

10.5 위생매립방법

10.5.1 일반폐기물의 지형에 따른 위생매립 방법(Cell 공법)

(가) 평지매립법(Area Method)

평지매립법은 매립의 가장 보편적 형태로 해당지역이 트린치(trench) 굴착을 하기에 적당하지 않을 때(지하수면이 지표면으로부터 가까울 경우) 시행할 수 있는 방법이다. 먼저 폐기물을 쏟은 후 좁고 길게 한열로 펴서 매립층의 높이가 2~3 m 정도로 될 때까지 다진다. 그러나 다짐장비의 종류에 따라서는 다짐층의 높이가 그 이상이 될 수도 있다. 하루의 매립이 끝나면 15~30 cm로 복토를 하고 복토재는 대체로 인근 지역에서 조달한다. 매립에 앞서 먼저 재방을 쌓은 뒤 입지조건과 규모에 따라 매립지의 길이를 정한다(그림 10-9).

(나) 경사매립법(Ramp Method)

경사매립법은 평지매립법의 일종으로 복토의 일부를 매립지 바닥에서 얻을 수 있을 때 이용한다. 이 방법은 매립지 바닥을 적당히 굴착하여 복토를 확보한 후 폐기물을 굴착한 곳에 쏟은 뒤 평지매립법과 동일하게 다진다. 그리고 그 위에 이미 굴착하여 놓은 흙으로 복토를 한다. 모자라는 복토는 인근지역에서 조달한다(그림 10-10).

(다) 도랑굴착매립법(Trench Method)

도랑굴착매립법은 매립지 바닥층이 두껍고(지하수면이 지표면으로부터 깊은 곳에 있는 경우) 또한 복토로 적합한 지역에 이용하는 방법으로 거의 단층매립만 가능하다. 도랑의 크기는 경우에 따라서 차이가 있을 수 있으며 대개 30~60 m 길이, 1~2 m 깊이, 5~8 m 넓이의 규모가 적당하다. 복토는 인접도랑을 파서 얻을 수 있다(그림 10-11).

(라) 계곡매립법(Depression Method)

평지매립법의 일종으로 계곡, 협곡, 건조한 토취장, 채석장과 같은 자연적 저지나 인공적 저지가 존재하는 지역에서 이용가능한 방법이다. 계속매립에서 폐기물을 쌓고 압축하는 기술은 그 지역의 지형, 복토의 특성, 수문과 지질 그리고 매립지로의 진입에 따라 달라진다.

계곡이 어느 정도 평면일 경우 첫층의 매립은 보통 도랑법을 사용하고 그 위부터는 지역법을 시행한다. 계곡의 가장 고지대부터 매립을 시작하여 아래로 내려오는 것이 우수 통제가 용이하다. 계곡의 한 단면을 고려할 경우는 계곡의 바닥에서 매립을 시작하여 좌우 경사면으로 올라가며 매립하는 것이 다짐에 용이하다. 토취장과 채석장은 계곡과 마찬가지로 다층매립이 가능하고 지역법과 유사한 방법으로 매립할 수 있다. 이런 매립지의 성공적 활용은 적합한 복토의 조달가능성에 달려 있다. 그러나 토취장과 채석장은 보통 주위지대보다 낮으므로 배수조절이 종종 매립지로의 활용에 제한요인이 된다(그림 10-12).

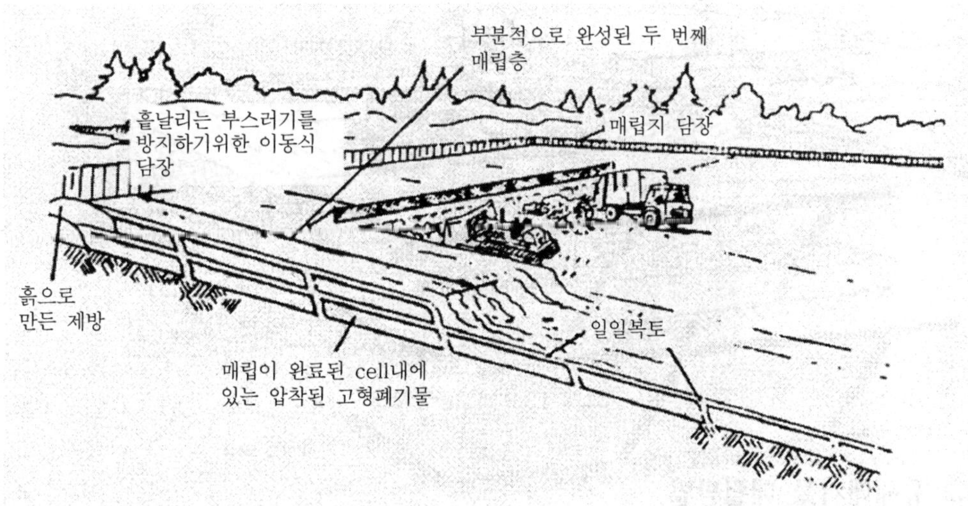

그림 10-9 평지매립법

그림 10-10 경사매립법

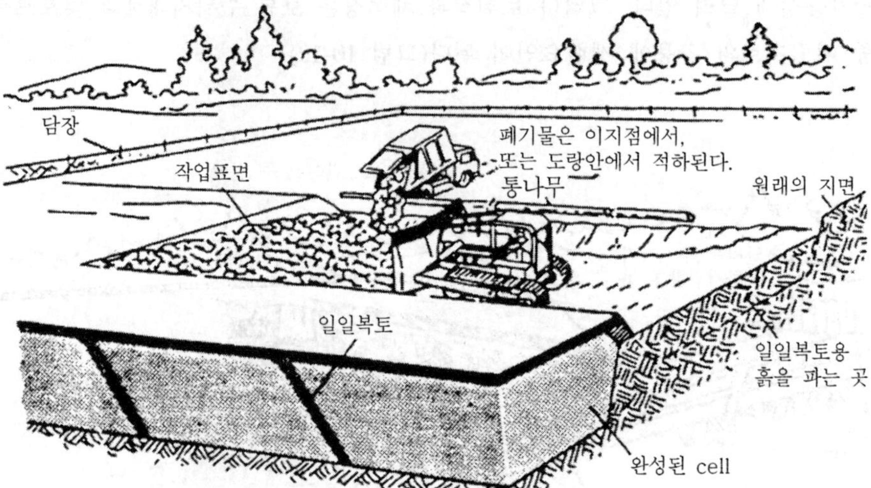

그림 10-11 도랑굴착법

10.5.2 유해폐기물 매립방법

유해폐기물을 매립하는 경우는 유해성분의 침출을 억제하기 위하여 고화처리, 탈수 등의 전처리를 통해 수분량을 최소화하고 유해중금속 폐기물의 경우는 고화처리 후 매립한다. 매립시에도 여러 종류의 폐기물을 섞지 않고 각각 분리하여 cell별로 매립하며, 매립된 폐기물의 양 및 질 등에 대하여 철저한 기록을 남기고 침출수에 의한 오염을 막기 위해 이중차수설비와 침출수집배수설비 등 강화된 지하수 오염방지설비 및 덮개설비를 갖추어야 하는데 구체적인 구조에 대하여는 뒤에 언급할 것이다. 매립완료 후에는 매립지 주변의 모니터링을 통해 지속적인 검사를 하는 등 비교적 장기간의 사후 관리가 요구된다.

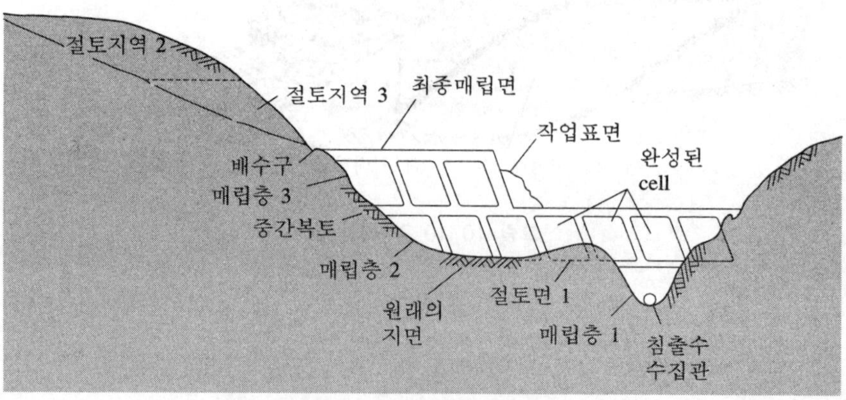

그림 10-12 계곡 매립법

10.6 매립지 내의 반응

매립지의 효율적인 설계 및 운영을 위해서는 매립기간 중이나 매립완료 후 매립지내의 반응을 이해하는 것이 중요하다. 유해폐기물 매립지의 경우 반응은 매우 미미한 경우가 보통이나 도시폐기물 등 일반폐기물 매립지의 경우는 분해 가능한 유기물이 폐기물을 통과하는 침출수는 매우 오염도가 높으며 가스발생량도 상당히 높은 편이다. 반응은 크게 생물학적, 물리적, 화학적 변화로 나누어 볼 수 있으며 좀더 세분화하면

① 미생물학적 반응-부패하기 쉬운 유기물질의 친산소성, 피산소성 분해
② 화학적 산화
③ 매립지내 가스의 이동 및 방출
④ 침출수의 발생 및 이동
⑤ 침출수에 의한 유기물질과 무기물질의 용출
⑥ 공극사이로의 물질의 침투에 의한 불규칙적인 매립층 침하

매립 후 폐기물의 분해와 안정화는 폐기물의 성분, 압축정도, 수분함량, 방해물질의 존재와 온도 등에 영향을 받는다. 이러한 요인들간의 영향으로 일어나는 매립지내 반응은 일반적으로 분해, 가스(악취포함)와 침출수의 발생, 매립지 침하 등의 구조적 변화로 나누어 볼 수 있다.

10.6.1 매립지내 분해

고형폐기물내의 생물분해 가능한 유기성분은 매립과 동시에 분해가 시작된다. 초기에는 친산소성 상태하에서 분해가 시작되어 매립지내 산소가 거의 소비되면 피산소성 상태의 오랜 분해반응으로 이어진다.

유기물질의 분해율은 물질의 특성과 넓게는 수분함량에 의해 달라진다. 일반적으로 폐기물내 유기물질은 아래의 세 가지로 분류할 수 있다.

① 섬유질(cellulose)과 그 화합물을 포함한 유기물
② 탄수화물, 지방, 단백질 등 분해가 용이한 유기물
③ 플라스틱, 고무, 가죽류

섬유질(cellulose)은 종이, 목재, 자연섬유류가 주 구성물질로서 분해속도가 비교적 느리며 단백질, 탄수화물, 지방 등은 분해속도가 매우 빠른 유기물이다. 제한된 양의 무기염류와 수분은 위의 물질과 결합되어 존재한다.

위의 폐기물성분으로부터 피산소성 분해에 의한 주요 최종산물은 부분적으로 안정화된 유기

물, 중간대사물질인 유기산 그리고 다양한 성분을 함유한 가스(CO_2, CH_4, NO_2, H_2, H_2S…)이다. 보통조건에서 분해율은 가스발생으로 측정하면 초기 2년 내에 최고에 다 달아서 10년 이상 다량의 가스가 발생된 후 25년 이상 미량이나마 지속적으로 가스가 발생된다. 만약 매립지내에 수분공급이 이루어지지 않는다면 유기물질의 분해는 이루어지기 어려울 것이다. 이는 수분함량이 매립지내 가스발생량에 커다란 영향을 주고 있음을 의미한다.

10.6.2 매립지내 가스(LFG, landfill gas)의 발생

매립지에서 발생하는 가스는 메탄, 탄산가스, 질소가 주된 성분이고 그 외에 공기, 암모니아, 일산화탄소, 수소, 황화수소, 산소 등으로 시간의 경과에 따라서 조성이 달라진다. 매립 초기에는 탄산가스의 함량이 많으나 2년 후부터는 탄산가스의 메탄가스의 비율이 거의 비슷하게 된다. 그림 10-13에 매립지에서의 가스생성과정을 나타내었다. 각 단계를 설명하면 다음과 같다.

1단계 : 친산소성 단계로서 매립 후, 몇 일 또는 몇 개월가량 지속되는데, 폐기물 내에 수분이 많은 경우에는 반응이 가속화되어 용존산소가 쉽게 고갈되어 2단계 반응에 빨리 도달하게 된다.

2단계 : 피산소성 단계이지만 CH_4가 형성되지 않는 단계로 임의성 미생물에 의하여 SO_4^{-2}와 NO_3^-가 환원되는 단계이다. 이 반응에 의해 CO_2가 생산되며, 수분이 충분한 경우에는 3단계로 빨리 넘어간다.

3단계 : 피산소성 단계로 CH_4가 생성된다. 즉 가스내의 CH_4 함량이 증가하기 시작하며, 온도가 약 55 ℃까지 증가한다.

4단계 : 피산소성 단계로 가스내의 CH_4와 CO_2의 함량이 거의 일정한 정상상태(Steady State)의 단계이다(CH_4 : CO_2 : N_2 = 55% : 40% : 5%).

표 10-5에 경과시간에 따른 매립장 생성가스의 농도변화를 나타내었다. 매립지내에서는 피산소성 분해가 주요 반응이 되며 매립 2년 후가 되면 대체로 메탄가스가 55%, 탄산가스가 45 % 정도를 차지한다. 초기에 탄산가스의 함량이 높은 것은 친산소성 분해의 결과이다. 산소가 소비되고 나면 피산소성 분해로 이어진다. 일정한 기간이 지나고 나면 가스의 조성이 비교적 일정해지며 메탄의 양이 탄산가스의 양보다 다소 높아지는데 이는 시간이 지남에 따라 메탄의 발생이 증가하고 이산화탄소는 매립지 아래층으로 확산되기 때문이다.

한 연구보고에 의하면 CH_4 가스 농도의 최고치는 매립 후 30~36개월에서 일어나고 CH_4 가스는 10년 가까운 시기에 최대농도에 달하였으며 그리고 CH_4의 최대치는 85%를 초과하지 않는 것으로 보고되어 있다. 이 같은 결과는 매립장의 조건에 따라 상당한 변이가 있을 것으로 판단된다.

표 10-6에는 매립장 가스의 분자량과 밀도를 나타내었다. 매립장가스 중 가장 생활환경에 영향을 미치는 물질은 CH_4와 NH_3, H_2S라고 생각된다. CH_4는 그 성질로 보아 독성은 없고 무색무취이며 에너지가 풍부한 가스로(13,300 kcal/kgCH_4) 공기무게의 0.558 정도로 가볍고 연소발생시 온도는 650～750℃이다. 또 공기 중에 5.3～14 Vol % 일 때도 폭발의 가능성이 있고 물에는 최대 17 mg/L 까지 용해될 수 있다. NH_3 및 H_2S는 악취성분으로서 일반적으로 유기성 토양으로 복토를 하면 거의 대부분 제어될 수 있는 것으로 알려져 있다.

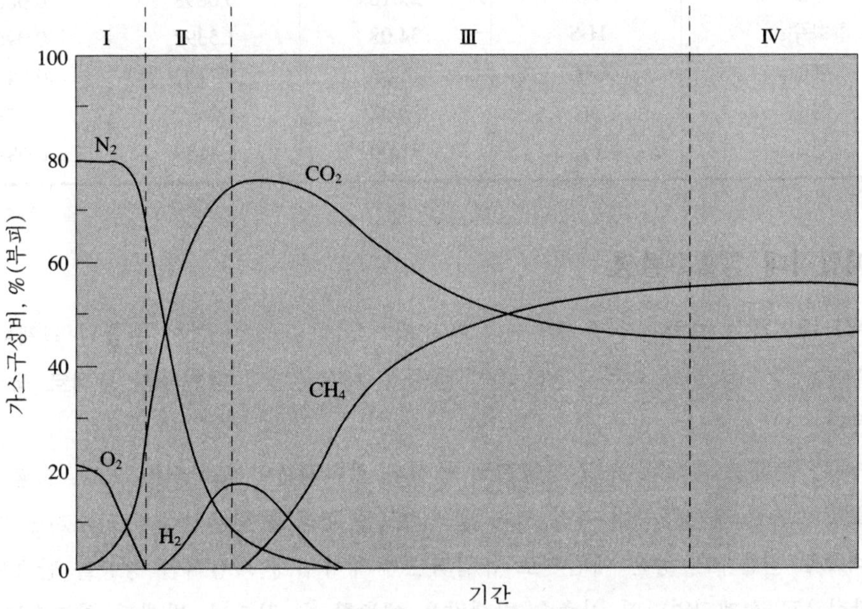

그림 10-13 매립후 경과기간에 따른 가스의 구성성분의 변화

표 10-5 매립장 생성가스의 경과시간에 따른 농도변화(미국)

경고기간(월)	평균 용적 퍼센트(%)		
	N_2	CO_2	CH_4
0～3	5.2	88	5
3～6	3.8	76	21
6～12	0.4	65	29
12～18	1.1	52	40
18～24	0.4	53	47
24～30	0.2	52	48
30～36	1.3	46	51
36～42	0.9	50	47
42～48	0.4	51	48

(George Tchobanoglous etc., Solid Wastes, McGraw Hill, 1977)

표 10-6 매립장 가스의 분자량과 밀도

가스	분자식	분자량	밀도	
			g /L	lb/ft^3
공기			1.2928	0.0808
암모니아	NH_3	17.03	0.7708	0.0482
이산화탄소	CO_2	44.00	1.9768	0.1235
일산화탄소	CO	28.00	1.2501	0.0781
수소	H_2	2.016	0.0898	0.0056
황화수소	H_2S	34.08	1.5392	0.0961
메탄	CH_4	16.03	0.7167	0.0448
질소	N_2	28.02	1.2507	0.0782
산소	O_2	32.00	1.4289	0.0892

10.6.3 매립지내 침출수발생

침출수란 폐기물을 통하면서 용해되거나 부유되어 있는 물질이 함께 추출된 액체이다. 매립지의 침출수는 강수에 의해 외부로부터 유입된 물이 대부분이며 폐기물의 분해로 생성된 액체도 포함된다.

침출수에는 분해를 통해 추출된 생물학적 물질과 화학성분이 포함되어 있다. 침출수의 특성은 폐기물의 종류와 분해특성에 따라 크게 달라지므로 항목별 평균값을 나타내기는 매우 어렵다. 일반적으로 침출수의 양은 매립지로 유입되는 외부유입에 직접적인 영향을 받으므로 매립지가 공학적으로 설계되었다면 침출수 발생량을 예측할 수 있으며, 발생된 침출수는 집수 및 제거시설을 통하여 처리된다.

10.6.4 매립지의 침하와 구조적 특성

매립 완료된 매립지의 활용계획을 결정하기 이전에 매립지의 침하와 구조적 특성을 고려하여야 한다. 매립지의 침하는 초기다짐, 폐기물의 특성, 분해정도와 압밀의 효과 등에 영향을 받는다. 초기다짐정도가 매립지의 침하에 미치는 영향을 그래프로 나타내면 그림 10-14와 같고, 여러 연구를 통하여 최종침하의 90%가 초기 5년내에 일어난다고 알려져 있다.

우리나라 부산 명지동 매립장의 경우를 보면 14개월 경과 후 총 매립고의 약 7%의 침하량을 보이고 있다. 당시 쓰레기는 연탄재가 80% 이상 함유되어 침하량이 적었기 때문이다. 부산 화명의 경우 연탄재의 함량이 평균 60% 정도인 곳은 거의 30% 이상의 침하가 약 5년간 진행된 것으로 관측되고 있다.

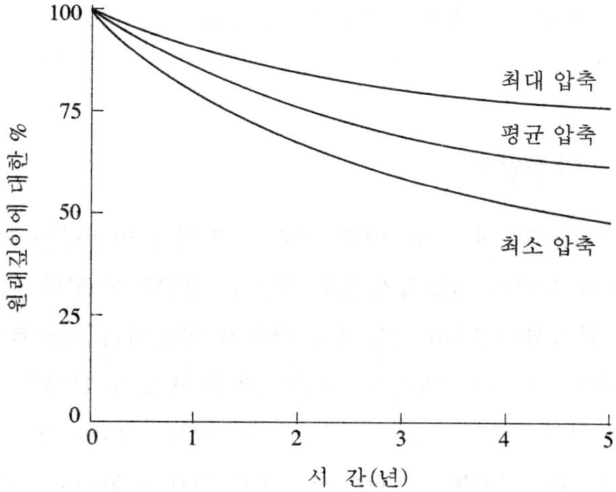

그림 10-14 폐기물의 다짐정도에 따른 매립지 침하

표 10-7 쓰레기의 악취성분

성분	Pit 내부 (ppm)	Pit 외부 (ppm)
메테인 싸이올	5.37	0.03
트라이메틸아민	25.7	0.61
프로필아민(n)	0.11	-
에틸 싸이올	1.11	0.61
프로필 싸이올	0.65	-
뷰틸 싸이올	0.22	-
아밀 싸이올	0.16	-
뷰틸알데하이드	-	-
다이에틸설파이드	1.39	-
암모니아	-	0.61
황화수소	-	0.36
역희석배수(D/T)	200	40

일반적으로 선진제국에서는 매립장 선정에서 자연지반침하가 일어나지 않는 장소를 선택함은 물론 매립장의 다짐상태를 좋게 함으로써 우수의 침투를 방지하여 침수수량을 적게 하고, 설치류 등이 서식하지 못하도록 조치함으로써 전체적인 지반침하율을 적게 하도록 예방하는데 반해서, 국내 매립장의 경우에는 매립장이 일반적으로 저습지 등 기초 지반이 불량하고 또 쓰레기의 다짐상태가 나빠 전체적인 침하율은 높은 것으로 알려져 있다.

따라서 지반침하를 예측하여 계획지반고를 설정함에 있어서는 매립고의 1.3배 정도를 추가하여 매립하는 것이 바람직하고, 매립장내에 반입된 쓰레기의 성질에 따라서 부등침하가 일어날 것이 예상되므로 매립장의 사용시 이를 고려하는 것이 바람직하다.

10.6.5 매립지에서의 악취발생

매립지에서의 악취는 쓰레기의 적하, 매립, 분해 과정에서 발생하는데 일반적으로 위생매립의 경우에는 360 m 이상 악취가 전달되지 않는 것으로 보고되어 있다. 우리나라의 단순투기형 방식의 비위생매립에 있어서는 2 km 정도까지 악취가 발산되는 것으로 조사되어 있다. 그림 10-15에 매립장 부지에서 각 악취성분별로 거리에 따른 농도의 관계를 나타내었다.

표 10-7은 일본에서 쓰레기 더미 속의 악취성분을 분석한 결과이며, 동경의 몽도 쓰레기 매립장의 경우 지표에서 CO_2 12,000 ~ 15,000 ppm, CO 200 ~ 600 ppm, NH_3 0.5 ~ 60 ppm, H_2S 0.0 ~ 1.5 ppm이 검지되었다.

부산시의 명지동 쓰레기 매립장에서 조사한 바로는 매립되고 있는 지점으로부터 반경 200 m 이내에서는 관능법 4도 이상의 아주 심한 악취를, 반경 1,000 m 이내에서도 3도의 심한 악취를 나타내었다. 그러나 악취는 쓰레기의 수거회수와 중간복토의 시행정도에 따라 큰 차이가 생긴다.

10.7 매립지의 설계

매립지의 설치운영으로 인한 주변의 환경오염은 지하수의 오염 이외에도 직간접적인 지표수의 오염도 우려가 되며 특히 유해폐기물 매립의 경우 유독한 휘발성 가스의 방출에 따른 대기오염 가능성도 높다. 도시폐기물의 경우 분진 및 악취발생, 파리, 모기 등 해충이나 쥐나 까마귀 등 동물서식에 의한 병원균전파 등의 환경오염가능성이 높다. 특히 해안에 가까운 매립지의 경우 갈매기의 서식이 위생상의 문제뿐만 아니라 운영상에도 커다란 지장을 주는 것으로 알려져 있다.

폐기물성분 방출에 의한 주변 환경오염가능성을 최소한으로 줄이도록 매립지 구조물의 설계, 시공, 운영 및 사후관리시 제반사항이 고려되어야 한다. 매립지 위치 자체에 의해 문제가 되는 사항-전망, 소음, 교통체증, 매립지바닥 및 사면붕괴, 그리고 홍수범람 등의 문제는 매립지 위치를 적절하게 계획하거나 완충지대설치, 수림대(樹林帶) 조성 등을 통하여 해결될 수 있다.

매립지 구조를 고려하여 환경오염을 최소화하기 위한 주요시설물을 몇 부분으로 나누어 보면 아래와 같다.

① 차수설비(遮水設備, Liner System)

② 침출수 집배수설비(Leachate Collection Removal System)

③ 덮개설비(Cover System)

④ 우수집배수설비

⑤ 발생가스대책설비

⑥ 지하수 검사공 등 사후관리설비

외국의 경우 특히 차수설비(liner system)에 대한 연구가 활발하나 국내의 경우 이 분야에 대한 연구는 매우 제한적이다. 차수막(liner)에 대한 연구는 점토층(clay liner)과 합성차수막

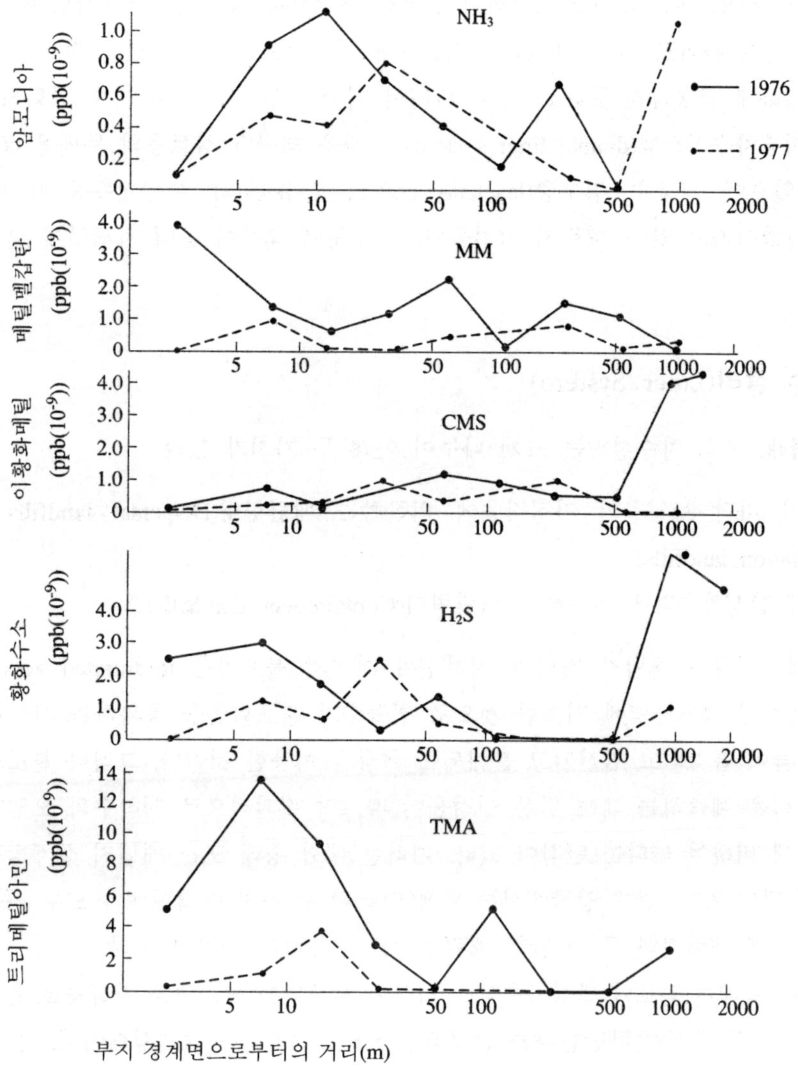

그림 10-15 처리장 부지 경계로부터의 거리와 농도의 관계

(Flexible Membrane Liner, FML)으로 대별될 수 있는 데 점토층(clay liner)의 경우 유해한 성분을 함유한 침출수가 점토층의 투수계수와 Atterberg Limits 등에 미치는 영향에 대한 연구가 매우 활발하다. 합성차수막(FML)의 경우 침출수와의 양립성에 대한 연구가 활발한데 high polyethylene(HDPE), low-density polyethylene(LDPE), chlorinated polyethylene(CPE), chlorosulfonated polyethylene(CSPE), polyvinyl chloride(PVC), ethylene propylene diene monomer(EPDM), butyl rubber(Isopreneisobutylene, IIR), neoprene (chloroprene rubber, CR) 등이 주된 연구의 대상이 되고 있다.

또한 환경오염을 방지하기 위하여 설치하는 침출수집배수설비, 덮개설비, 그리고 발생가스 대책 등에 대해서도 연구 및 구조표준화가 상당히 활발하다. 구미선진국에서도 매립에 대한 경험이 아직은 짧은 관계로 차수막(liner)이 침출수에 장기적으로 노출되었을 경우에 대한 문제점을 아직 명백하게 규명하지 못하고 있다. 따라서 미국의 경우 규정이 자주 강화되고 있다. 한 예를 들면 이중차수시스템(double liner system)의 경우 최하단 점토층의 두께를 60 cm에서 90 cm으로 하였으며 침출수 집수층(leachate collection liner)의 투수계수를 0.01 cm/sec에서 1cm/sec로 강화시키고 있다. 매립지 시설물의 각 부분에 대하여 좀더 자세하게 살펴보면 아래와 같다.

10.7.1 차수 설비(Liner System)

매립지 형태, 특히 차수설비는 크게 나누어 아래 두 가지가 있다.

① 매립지 바닥 토양층의 자정작용에 의존하는 매립형태(Dispersal landfills or Natural attenuation landfills)

② 점토나 합성차수막에 의존하는 매립형태(Containment Landfills)

첫번째 매립형태는 매립지 바닥과 지하수위 사이의 불포화층(unsaturated zone or vadose zone)의 오염물질 제거능력에 기초한 것으로 침출수가 불포화층을 통과하는 사이에 침출수내의 오염물질들이 흡착되고 침전되고 분해되는 현상을 이용한 것이다. 그러나 불포화층의 오염물질 제거능력을 예측하는 데는 많은 어려움이 따르며 결과적으로 지하수의 오염가능성 또한 두번째 방법에 비하여 높다는 단점이 있다. 이러한 매립 형태 또는 매립지 설계방법은 영국에서 많이 사용되어 왔다. 현재 영국에서는 위에 언급된 두 가지 매립형태가 모두 사용되고 있는 실정이나 두번째 매립형태 즉, 차단형 매립형태를 선호하는 경향이 있다.

차단형 매립형태는 점토나 합성차수막에 의하여 발생되는 침출수를 지하수로 유입시키지 않고 가능한 한 거의 완전히 차단한다는 전제조건하에서 설계되는 매립형태이다. 본 방법은 시행이 용이하여 recipe-book method(approach)라고도 불린다. 첫번째 방법은 지하수의 오염가능성이 높은 관계로 소규모 매립지의 경우에 국한하여 사용되는 것이 바람직하다. 여기에서는 차단형 매립형태에 국한하여 논하기로 한다.

차단형 매립지에서의 차수설비에 쓰이는 재료는 크게 나누어 아래와 같다.

① 점토(Clay soil)
② 합성차수막(Flexible Membrane Liner, FML)
③ Soil mixture(토양과 아스팔트, 시멘트, 벤토나이트 등의 혼합물)

그림 10-16은 여러 차수설비의 종류 및 단면을 보여주고 있다. 그림 10-16에 예시된 모든 차수층 또는 차수막 바로 위에는 침출수 집수층이 있는데 이는 다음에 구체적으로 논하기로 한다. 그림 10-16a와 b는 단일차수층으로서 정지작업이 끝난 지반위에 점토나 합성차수막을 설치

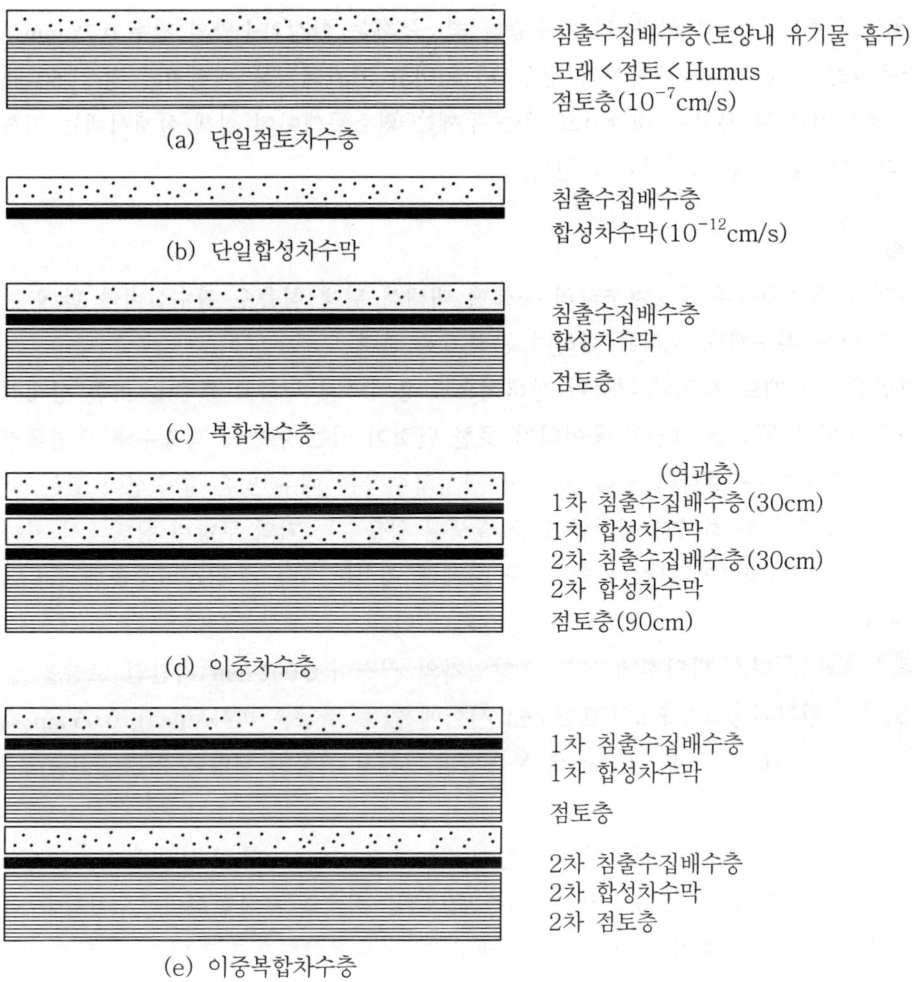

그림 10-16 대표적인 차수설비의 종류 및 단면

한 것이다. 이는 가장 간단한 차수설비의 형태이다. 합성차수막과 바로 그 아래에 점토층을 두어 각 차수막의 취약점을 보완한 구조를 흔히 composite liner(복합 차수층)이라고 한다(그림 10-16c). 복합차수층의 장점은 합성차수막에 구멍이 생길 경우 지하로 유출되는 침출수량이 단일합성차수막에 비하여 현격하게 낮다는 사실이다. 하나의 합성차수막과 하나의 복합차수층으로 이루어진 구조(따라서 뒤에서 언급될 침출수 집수층이 각각의 차수층위에 설치되어 있는 경우)를 흔히 double liner(이중차수층)라고 불린다(그림 10-16d). Double composite liner(이중복합차수층, 그림 10-16e)는 복합차수층이 이중으로 있는 경우이다. 이와 같은 다중차수설비의 경우 재료비나 공사비 등 비용이 많이 소요됨은 물론 공사 또한 장기간이 소요되는 것이 보통이다.

최근 미국의 Resource Conservation and Recovery Act(RCRA) 규정에 의한 유해폐기물 매립지의 경우 이중차수층(double liner)으로 설계하도록 되어 있으며 일반 폐기물 매립지의 경우 복합차수층을 이용하도록 하고 있다. 각 차수층의 최소두께는 합성차수막의 경우 0.75 mm이고 점토층의 경우에는 유해폐기물 매립지의 경우 90 cm이고 일반폐기물 매립지의 경우 60 cm이다. 여기서 강조되어야 할 사항은 제안되고 있는 두께는 최소두께이며 실제 설계시에는 지형여건이나 시공의 용이성 등을 고려하여야 한다.

(가) 점토층

매립지 설계시 점토층이나 합성차수막의 두께에 대해서 뒤에 침출수 집수설비와 함께 논하기로 하고 여기서는 차수재료 자체에 대하여 논하기로 한다.

점토는 자연산인 관계로 재료의 취득이 상대적으로 용이하지 못하고 투수율 또한 상대적으로 높으며 균등질의 불투수층 시공이 용이하지 못한 단점이 있는 반면에 침출수내 오염물질의 흡착능력이 뛰어나다는 큰 장점이 있다. 반면에 합성차수막은 매우 낮은 투수성이 있는 반면 시공시 구멍이나 찢어짐 등 하자가 생기면 일단 발생된 침출수는 거의 무방비 상태에서 지하수로 유입될 수 있다는 결정적인 단점이 있다. 한 통계에 의하면 시공된 합성차수막에서 1 ha당 평균 두 개에서 다섯 개 정도의 결함부분이 발견되고 있다.

점토에 대한 정의는 다소 다양한데 보통 토양입자의 직경이 0.002 mm 미만인 토양을 말한다. 참고로 토양의 입경이 0.002 mm와 0.05 mm 사이에 있는 토양은 미사토(silt), 0.05 mm와 2 mm 사이로 토양은 모래 또는 사토(sand)로 분류되며, 2 mm 이상인 토양은 자갈(gravel)로 분류된다.

점토의 수분함량과 관계되는 지표로서 액성한계(Liquid Limit, LL)와 소성한계(Plastic Limit, PL), 그리고 소성지수(Plasticity)가 있는데, 액성한계(LL)는 점토의 수분함량이 그 이상이 되면 상태가 더 이상 플라스틱과 같지 못하고 액체상태로 되는 수분함량을 말하며, 소성한계(PL)는 점토의 수분함량이 일정수준 미만이 되면 플라스틱 상태를 유지하지 못하고 부스러지는 상태에서의 수분함량을 말한다. 소성지수는 액성한계와 소성한계의 차이(PI=LL－PL)를 말한다.

점토가 매립지의 차수막으로 이용되기 위해서는 여러 조건을 만족시켜야 하는데 그 중 대표적인 것들은 아래와 같다. 아래조건은 가장 포괄적인 관점에서 요약한 것이며 매립지 주변의 안전성 등을 강조하여야 할 경우는 각 항목별로 강화된 기준을 적용하여야 할 것이다.

① 투수계수 : 10^{-7} cm/sec 미만
② 점토 및 미사토함유량(fine silt and clay sized particle) : 20% 이상
③ 소성지수(plasticity index, PI) : 10% 이상 30% 미만
④ 액성한계(liquid limit, LL) : 30% 이상
⑤ 자갈함유량(gravel sized particle) : 10% 미만
⑥ 직경이 2.5cm 이상인 입자 함유량 : 0

물 등 액체가 점토층 토양을 통과하는 속도 또는 유량은 흔히 Darcy의 법칙이라고 불리우는 아래의 공식에 의하여 결정될 수 있다.

$$Q = -KIa \tag{10.1}$$

$$V = -KI \tag{10.2}$$

여기서, Q : 단위시간당 침출수 통과량(부피/시간)
K : 투수계수(permeability 또는 hydraulic counductivity)(거리/시간)
V : Q/A : 침출수수면의 하강속도 또는 겉보기 속도(superficial velocity)(거리/시간)
a : 침출수 수면의 면적 유효공극률
I : 수리경사도(hydraulic gradient)＝(dh/dL)
h : 손실수두(거리)
L : 침출수 흐름방향으로의 토양층 깊이(거리)

토양공극 내의 침출수 속도는 토양입자들로 인해 흐름단면의 겉보기속도보다 크며 아래의 공식과 같다.

$$V_p = V/n \tag{10.3}$$

여기서, V_p : 공극내 침출수 속도(거리/시간)
n : 유효공극률(effective porocity)

식 (10.2)와 식 (10.3)을 결합하면 아래의 식 (10.4)를 얻을 수 있으며, 이 공식을 이용하면 침출수가 주어진 두께의 점토층을 통과하는 데 소용되는 시간을 예측할 수 있다.

$$t = \frac{d^2 N}{K(d+h)} \tag{10.4}$$

여기서, t : 침출수의 점토층 통과시간(year)

d : 점토층의 두께(m)

h : 침출수 수두(m)

K : 투수계수(m/year)

n : 유효공극율

토양의 투수계수는 첫째로 토양의 입자크기, 공극률, 입자크기분포 등과 같이 토양자체의 특성과 둘째로 액체의 점성계수, 비중량과 같은 액체의 성질 등의 영향을 받는 것으로 알려져 있다. 따라서 투수계수는 아래의 식으로 표현 가능하다.

$$K = Cd^2 \frac{\gamma}{\mu} = k\frac{\gamma}{\mu} \tag{10.5}$$

여기서, C : 상수

d : 평균 공극직경

γ : 액체의 비중량 (specific weight)

μ : 액체의 밀도

k : (Cd^2) = intrinsic permeability 또는 specific permeability

k 즉 intrinsic permeability(specific permeability)는 액체의 성질을 제외한 단지 토양만의 성격에 의한 투수계수임을 뜻한다. Intrinsic permeability(specfic permeability)는 아래의 공식으로 흔히 표현되기도 한다.

$$k = K\frac{\mu}{\gamma} \tag{10.6}$$

(나) 합성차수막

흔히 사용되는 합성차수막은 용어가 다양하게 사용되고 있다. 미국의 경우 flexible membrane liner(FML), geomembrane, synthetic membrane liner 등의 용어가 사용되고 있으며 이는 모두 동의어이다. geotexile, geogrid, geomet, geomembrane, geocomposite 등을 통틀어서 geosynthetics라는 용어가 새로이 사용되고 있는데, geomembrane이 점토층 대체품이듯이 geogrid, geonet 등의 기타 합성물질들도 자갈이나 모래 등을 대신하여 침출수의 집수 및 배수층에 사용되는 대용품들이다. 여기에서는 대표적 합성물질인 합성차수막(FML)에 국한하여 살펴보기로 한다.

매립지의 합성차수막으로 가장 흔히 쓰이는 것들로는 아래와 같이 8가지가 있다. 흔히 사용되는 영어약자도 괄호 안에 표기하였다.

① Butyl rubber(isoprene-isobutylene, IIR)

② Chlorinated polyethylene(CPE)

③ Chlorosulfonated polyethylene(CSPE)

④ Ethylene propylene diene Monomer(EPDM)

⑤ Low-density polyethylene(LDPE)

⑥ High-density polyethylene(HDPE)

⑦ Neoprene(polychloroprene, chloroprene rubber, CR)

⑧ Polyvinyl chloride(PVC)

합성차수막은 thermoplastic(열가소성)계통과 thermosetting(열경화성)계통으로 둘로 나눌 수 있으며 매립지에서 쓰이는 합성차수막은 아래와 같이 네 가지로 더욱 세분하기도 한다.

① Thermoplastics-PVC

② Crystalline thermoplastics-HDPE, LDPE

③ Thermoplastic elastomers-CPE, CSPE

④ Elastomer-EDPM, IIR, CR

위에서 사용된 용어에 대하여 간단히 설명하면 첫째, crystallinity는 polymer의 배열에 대한 하나의 특성을 나타내는 것으로 crystallinity가 증가할수록 합성차수막이 나타내는 성질은 아래와 같다.

① 단단해짐(stiffness)

② 열에 대한 저항성 증가

③ 인장강도 증가

④ 화학물질에 대한 저항성 증가

⑤ 투수계수 감소

⑥ 충격에 약해짐

간단히 언급하면 crystalline thermoplastic계통의 LDPE나 HDPE는 강도나 화학물질에 대한 저항성 증가 등 매립지 차수막으로 사용하기에 여러 가지의 장점이 있는 반면 충격에 약하다는 단점이 있다. Elastomer는 cross-link 또는 vulcanized된 고무(rubber)를 말하며 대표적인 특징은 유연성(elasticity)과 열경화성(thermosetting)을 들 수 있다. 표 10-7에 흔히 쓰이는 합성차수막의 열가소성 및 vulcanized 여부를 나타내었다.

표 10-7 매립지에 흔히 쓰이는 합성차수막의 종류

Polymer	thermoplastic	vulcanized
High-density polyethylene(HDPE)	yes	no
Low-density polyethylene(LDPE)	yes	no
Chlorinated polyethylene(CPE)	yes	yes
Chlorosulfonated polyethylene(CSPE)	yes	yes
Polyvinyl chloride(PVC)	yes	no
Butyl rubber(IIR)	yes	yes
Ethylene propylene diene monomer(EPDM)	no	yes
Neoprene(CR)	no	yes

최근에는 대부분의 합성차수막 제조시 crosslinked system(vulcanized system)을 이용하지 않는다. CSPE와 CPE의 경우도 crosslinked system을 이용할 경우 화학적 내성이 증가함에도 불구하고 최근에는 uncrosslinked system을 이용하여 제조하는 경향이 있다. 이는 uncrosslinked system이 용접이 용이하고 보수 또한 용이하기 때문이다.

일반적으로 사용되는 합성차수막의 화학물질에 대한 저항성을 표 10-8에 나타내었다. 표 10-8에서 보는 바와 같이 neoprene(CR)과 polyethylene(PE)의 경우 거의 모든 화학물질에 대하여 높은 저항성을 나타내고 있다. 그러나 neoprene의 경우 뒤에서 언급되겠지만 가격이 비싸고 설치 및 보수가 용이하지 못한 관계로 가장 흔하게 사용되는 합성차수막은 polyethylene 특히 high- density polyethylene(HDPE)이며 특히 유해폐기물 매립지에서 사용하기에 적합하다. 산과 염기 그리고 중금속과 염류에는 거의 모든 합성차수막이 잘 견디는 것으로 알려져 있다. 그러나 여러 종류의 합성차수막이 기름, 탄화수소, 그리고 용매에는 취약함을 알 수 있다. 이상을 종합하여 가장 흔하게 쓰이는 합성차수막들의 장단점을 표 10-9에 요약하였다.

합성차수막의 두께는 대개 0.5 mm～3 mm로 생산되며 (1 mil은 1/1000인치임) 미국의 규정에 의한 유해폐기물 라이너의 최소두께는 30 mils(0.76mm)이다. 시장에서 판매되는 규격으로는 폭이 9 m 이상인 것이 대부분이며 30 m 이상까지도 생산하므로 접합량을 최소화하기도 한다. 합성차수막의 접합방법에는 유기용매 등 접합제를 이용하는 방법과 열처리에 의한 방법 등 여러 가지가 있으며 접합형태 또한 매우 다양하다. 대표적인 접합형태는 단순히 접합하고자 하는 두 개의 합성차수막을 겹쳐서 시행하는 방법으로 Lap seam이라고 하며 접합부분의 폭은 표 10-10에서 보는 바와 같이 합성차수막의 종류 및 접합장소(공장접합 또는 현장접합)에 따라서 다소 차이가 있다. 표 10-10에서 보는 바와 같이 CPE나 CSPE의 경우가 HDPE나 PVC에 비하여 최소접합폭이 상대적으로 크다.

표 10-8 합성차수막의 화학물질에 대한 저항성(온도범위 : 38℃～70℃)

Chemical	IIR	CPE	CSPE	EPDM	CR	PE	PVC
General							
Aliphatic hydrocarbons		x			x	x	
Aromatic hydrocarbons					x	x	
Chlorinated solvents	x			(x)	(x)	x	
Oxygenated solvents	x			x	x	x	
Crude petroleum solvents		x			x	x	
Alcohols	x	x		x	x	x	x
Acid							
Organics	x	x	(x)	x	x	x	x
Inorganics	x	x	(x)	x	x	x	x
Bases							
Organics	x	x	(x)	x	x	x	x
Inorganics	x	x	(x)	x	x	x	x
Heavy metals	x	x	(x)	x	x	x	x
Salts	x	x	(x)	x	x	x	x

x : 일반적으로 온도범위 38℃～70℃에서 저항성이 높음

(x) : 일반적으로 온도 38℃에서는 저항성이 높으나 70℃에서는 저항성이 높지 않음

표 10-9 합성차수막의 장단점

합성차수막	장 점	단 점
HDPE& LDPE	(1) 대부분의 화학물질에 대한 저항성이 높다. (2) 온도에 대한 저항성이 높다. (3) 강도가 높다. (4) 접합상태가 양호하다.	(1) 유연하지 못하여 구멍 등 손상을 입을 우려가 있다.
CPE	(1) 강도가 높다.	(1) 방향족탄화수소 및 기름종류에 약하다. (2) 접합상태가 양호하지 못하다.
CSPE	(1) 미생물에 강하다. (2) 접합이 용이하다. (3) 산과 알칼리에 특히 강하다.	(1) 기름, 탄화수소 및 용매류에 약하다. (2) 강도가 약하다.
PVC	(1) 작업이 용이하다. (2) 강도가 높다. (3) 접합이 용이하다. (4) 가격이 저렴하다.	(1) 자외선, 오존, 기후에 약하다. (2) 대부분의 유기화학물질에 약하다.
EPDM	(1) 강도가 높다. (2) 수분함량이 낮다.	(1) 기름, 탄화수소, 용매에 약하다. (2) 접합상태가 양호하지 못하다.
IIR	(1) 수중에서 부풀어 오르는 정도가 낮다.	(1) 강도가 낮다. (2) 탄화수소에 약하다. (3) 접합 및 보수가 용이하지 못하다.
CR	(1) 대부분의 화학물질에 대한 저항성이 높다. (2) 마모 및 기계적 충격에 강하다.	(1) 접합이 용이하지 못하다. (2) 가격이 비싸다.

표 10-10 합성차수막 접합시 최소 접합폭(Lap Seam의 경우)

합성차수막	최소접합폭(m)	
	공장접합	현장접합
High-density polyethylene(HDPE)	2.5	2.5
Chlorinated polyethylene(CPE)	4.0	7.5
Chlorosulfonated polyethylene(CSPE)	4.0	7.5
Polyvinyl chloride(PVC)	2.0	5.0

10.7.2 침출수 집배수설비(Leachate Collection and Removal System, LCRS)

(가) 침출수 집배수 설비구조

차수설비에 대한 연구는 그간 비교적 활발하게 진행되어온 편이나 침출수 집배수설비에 대한 연구는 미미한 편이다. 대표적인 침출수 집배수설비의 문제점은 침출수 집배수층의 막힘 현상에 따른 설비의 기능마비에 있다. 따라서 막힘 현상에 대응하고자 최근 침출수 집배수설비에 대한 구조기준에 많은 변화가 있었다.

침출수 집배수설비는 우선 차수설비 위에 침출수가 축적되지 않도록 하는 데 있다. 침출수가 차수설비위에 축적되면 압력이 생겨서 차수설비를 투과하는 침출수량이 증가하기 때문이다. 이와같은 현상은 Darcy의 법칙으로 설명이 잘된다. 또한 침출수가 차수설비위에 축적될 때 매립지 사면의 안정성이 떨어진다. 따라서 침출수 집배수설비는 발생되는 침출수를 즉시 효과적으로 차수설비로부터 제거시켜 지하수오염가능성을 최소화시키고 매립지의 안정을 도모하여야 한다. 미국의 경우 차수설비 위의 침출수의 수위를 30 cm 미만으로 규정하고 있는 이유가 바로 위와 같은 이유 때문이다.

침출수 집배수설비의 핵심이 되는 침출수 집배수층 및 침출수 집수관을 위한 설계지표가 아래에 예시되어 있다.

(1) 침출수 집배수층

① 두께 : 최소 30 cm

② 투수계수 : 최소 1 cm/sec

③ 집배수층 재료의 입경 = 10～13 mm 또는 16～32 mm

④ 바닥경사 : 2%～4%

(2) 침출수 집배수관(유공관)

① 집배수관의 최소직경 : 15 cm

② 집배수관 구멍직경 : 1 cm 이상 집배수층재료의 최소입경미만

③ 구멍간격 : 집배수관직경 = 1～1.5 : 1

④ 집배수관간격 : 15～30 cm(최대 50 m)

집배수층 재료는 대개 자갈을 많이 사용하며 자갈의 직경은 위에 언급한 바와 같이 10～13 mm의 범위에 있거나 16～32 mm의 범위에 있으면 만족스러운 것으로 알려져 있다. 또는 아래의 기준에 접합하면 만족스러운 것으로 간주할 수 있다.

(1) $\frac{D_{15}}{d_{85}} < 5$ (침출수 집배수층이 주변물질에 의해 막히지 않기 위한 조건) (10.7a)

(2) $\frac{D_{15}}{d_{15}} > 5$ (침출수 집배수층이 충분한 투수성을 유지하기 위한 조건) (10.7b)

여기서 D는 침출수 집배수층재료의 입경을 나타내고 d는 집배수층 주변물질(일반적인 배수설비의 경우는 주변토양을 말하는데 여기서는 집배수층과 폐기물 사이의 토양층, 여과층을 말함)의 입경을 나타낸다. 또한 D_n(또는 d_n)은 입경누적곡선에서 무게 백분율로 n%가 통과할 수 있는 체의 opening에 해당하는 입경을 말한다.

위의 두 조건 중 첫번째 조건(식 10.7a)은 침출수 집배수층이 주변물질에 의해 막히지 않도록 하기 위한 조건이며 두번째 조건(식 10.7b)은 침출수 집배수층이 충분한 투수성을 유지하기 위한 조건이다. 예를 들면 여과층으로 토양을 이용할 경우 토양의 d_{85}와 d_{15}이 각각 4 mm와 1 mm일 경우, 침출수 집배수층의 D_{15}은 5 mm와 20 mm 사이에 있는 것이 바람직하다. 또는 반대의 경우로 침출수 집배수층의 D_{15}이 10 mm라고 하면 여과층으로 이용할 토양의 d_{15}는 2 mm보다 작고 d_{85}는 2 mm보다 커야 한다.

이상의 침출수 집배수설비와 앞으로 논의될 차수설비를 종합한 구조단면도를 그림 10-17과 그림 10-18에 나타내었다. 그림 10-17은 미국의 유해폐기물 안전매립지(hazardous waste landfill or secure landfill)를 위한 최소한의 권장사항(Minimum Technology Guidance, MTG)이며 그림 10-18은 미국의 일반폐기물 위생매립지(sanitary landfill)를 위한 최소한의 권장사항이다. 그림 10-18에서 각 층의 설계에 필요한 수치를 표 10-11에 나타내었다.

(나) 침출수량 예측

발생된 침출수는 침출수 집배수설비를 통하여 매립지로부터 제거된 후 침출수 처리장에서 적절한 방법으로 처리되어 방류하게 된다. 이때 발생될 침출수량으로 예측함으로써 침출수 처리장의 용량을 결정할 수 있다. 침출수의 양은 주로 아래 항목들의 영향을 받는다.

① 강수량(Precipitation)

② 증발량(Evaporation)

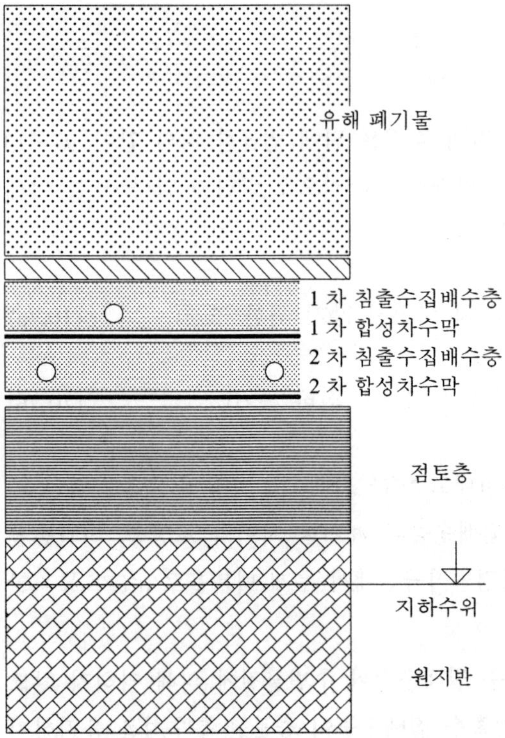

그림 10-17 미국의 유해폐기물 안전매립을 위한 이중차수설비 구조단면도(최소한의 권장사항)

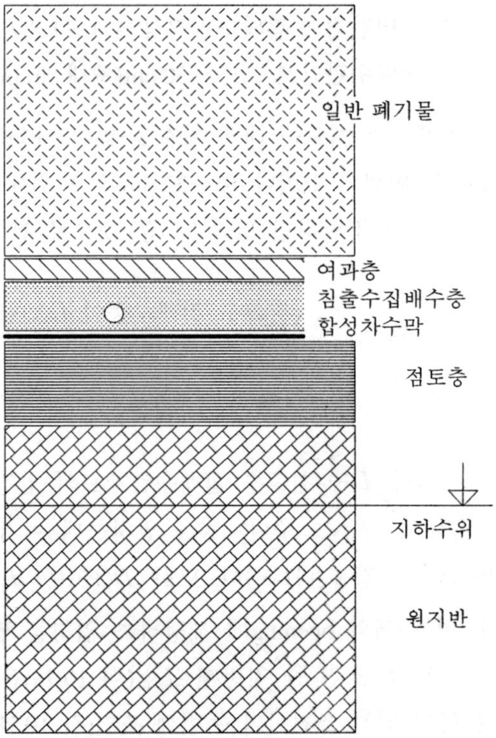

그림 10-18 미국의 일반폐기물 위생매립을 위한 복합차수설비 구조단면도(최소한의 권장사항)

③ 증산량(Transpiration)

④ 유출량(Run-off)

⑤ 유입강수량(Run-on)

⑥ 폐기물내 수분 또는 폐기물 분해에 따른 수분

⑦ 폐기물 또는 덮개 흙의 수분보유능력(Field capacity)

표 10-11 미국의 유해폐기물 안전매립을 위한 차수설비 및 침출수집배수설비 구조

구분	최소두께(cm)	투수계수(cm/sec)	기타
여과층	15	-	
1차 침출수집배수층	30	1	경사=2～4%
1차 합성차수막	0.75	-	
2차 침출수집배수층	30	1	경사=2～4%
2차 합성차수막	0.75	-	
점토층	90	10^{-7}	

폐기물이 함유하고 있는 수분량이나 반응에 의한 수분량에 대하여 잠시 언급하자면 도시폐기물의 경우 폐기물내 수분이 침출수화하는 양은 공학적 관점에서 거의 무시해도 좋으며 유해폐기물의 경우 액상으로 매립하는 것은 지극히 바람직하지 못하여 고화처리, 탈수 등 전처리를 한 후에 매립하게 됨으로 이 경우도 폐기물내 수분량은 무시할 수 있다. 또한 매립지 주변으로부터의 유입강수량(Run-no)도 침출수량에 영향을 줄 수 있지만 공학적으로 설계 시공된 매립지라면 유입강수는 우수 집배수설비에 의하여 차단될 것이다. 때로는 폐기물이나 덮개 흙의 수분보유능력(field capacity)도 고려하나 이는 초기의 일시적인 현상이며 일단 폐기물이나 덮개 흙의 수분함유능력이 포화상태에 이르면 정상상태(steady state)에 도달하게 되어 장기적 안목에서의 침출수량 예측에 영향을 주지 못한다. 따라서 매립지 주변의 물 수지식을 강수량, 증발량, 증산량, 그리고 유출량을 이용하여 세우면 발생침출수량을 예측할 수 있다. 아래 공식이 이와 같은 조건하에서의 매립지 주변 물 수지를 나타낸다.

$$P = E+T+L+R \qquad (10.8)$$

여기서, P : 강수량(precipitation)

E : 증발량(evaporation)

T : 증산량(transpiration)

L : 침출수량(leachate)

R : 유출량(run-off)

증발량과 증산량을 구분하여 예측하기는 현실적으로 매우 어렵다. 증발량과 증산량을 합한 증발산량(evapotranspiration, ET)은 여러 모델에 의하여 예측이 가능한데 많이 쓰이는 방법으로는 Thornthwaite가 제안한 방법이다. 이 방법에 의한 우리나라의 연평균 증발산량은 700 mm이고 남부지방이 760 mm 정도로 국토가 협소한 관계로 그 변화의 폭이 30 mm(3 cm)에 불과하다. 위의 식 (10.8)은 아래와 같이 정리하면 침출수량을 예측하는 공식이 된다.

$$L = P-(ET+R) \qquad (10.9)$$

여기서, ET : 증발산량(evapotranspiration)

우리나라 전역의 연평균 강수량은 1159 mm이며 평균 증발산량을 730 mm로 하고 최악의 조건인 유출수량을 영으로 가정하면 우리나라의 연평균 침출수량(L)은 1159－(730＋0) = 429 mm가 된다. 이는 일년간의 침출수 발생량이고 매월의 강수량과 증발산량 그리고 유출수량을 계산한다면 월별 침출수량을 계산할 수 있을 것이다. 월별 강수량은 과거의 강수통계에 의하여 예측이 가능하고 증발산량 또한 Thornthwaite방법에 의하여 매월의 증발산량을 예측 할 수 있다. 유출수량은 미국의 Soil Conservation Service(SCD)에서 개발한 식 등 여러 방법을 이용하여 예측할 수 있다.

위의 물 수지 방법은 아래와 같은 두 가지 단점이 있다.

① 이론적으로는 결함이 없으나 실측자료와 때로는 큰 차이가 있다.

② 침출수처리장 용량결정을 위해 일일 침출수발생량을 예측하여야 하나 위의 사실 침출수 발생량은 일일단위로 예측하기가 매우 어려우리라고 짐작할 수 있다. 이는 원인 또는 발생원(강수량)과 결과 또는 발생량(침출수량)사이에 두꺼운 매립층이 존재함으로써 원인과 결과 사이에 시간적으로 오랜 지연현상이 발생하기 때문일 것이다. 따라서 여러 가지의 경험수치가 제안되고 있는데 이를 요약해 보면 표 10-12와 같다. 표 10-12의 수치에서 침출수량이 mm/day로 주어질 경우는 단지 매립지 면적을 곱하면 일일발생량을 구할 수 있다.

표 10-12에서 보는 바와 같이 각 제안자별로 다소의 차이는 있으나 전반적으로 볼 때 노천투기장의 경우 1mm/day, 표토다짐을 시행하는 매립지의 경우 0.5 mm/day, 또는 강수량의 25 % 정도를 침출수량으로 보아도 무방할 것으로 판단된다. 이 경우 우리나라의 연평균 침출수량은 183 mm/year (0.5 mm/day×365 day/year)～365 mm/year 또는 290 mm/year (1,159 mm/year×0.25) 정도이다.

일본에서는 다음 방정식을 사용하여 침출수량을 산정한다.

$$Q = 10 \times Rn \times Sa \times Kr \times \frac{l}{N} \tag{10.10}$$

단, $Kr = 1/100(0.002R^2n + 0.16Rn + 21) = 0.218$

여기서, Q : 침출수량(m^3/일)

Rn : n년간 강수빈도 중 최다빈도의 일강우량(mm/일)

Sa : 매립지 면적(ha)

Kr : 침출계수

l/N : Rn의 누적강우빈도이다.

표 10-12 경험에 의한 매립지 침출수 발생량

제안자	침출수량	조건
Ramke(1989)	1.0 mm/day	노천투기장(복토없음)
Ehrig	0.44～0.55 mm/day	표토다짐상태 양호
	0.66～1.1 mm/day	표토다짐상태 불량
Bagchi(1990)	강수량의 20～30%	
Stegmann	강수량의 15～22%	표토다짐상태 양호
	강수량의 30～60%	표토다짐상태 불량

합리식 또는 합리식을 변형한 식들을 이용하여 침출수량을 예측하는 경우도 있는데 합리식은 강우에 의한 최대 첨두유량(최대하수량/평균유량)을 계산하여 수로단면 등을 결정할 때 사용되는 공식이며 침출수량 예측과는 다소 거리가 있는 공식이다. 강수의 일부가 유출되고 나머지는 모두 침출된다면 합리식을 이용할 수도 있겠지만 유출되고 남은 수분은 침출도 되고 증발산도 되기 때문이다.

10.7.3 침출수 처리설비

침출수는 수질상태가 장소 및 경과시간에 따라서 크게 변한다. 표 10-13에 침출수의 수질을 나타내었다. 침출수의 처리공정에서는 여러 가지가 있는데 각기 장단점이 있다. 그러므로 단일 공정으로는 완전한 공정은 없기 때문에 일반적으로 여러 공정을 조합하여 처리하는 것이 경제적이요 효율적인 것으로 알려져 있다. 표 10-14에 침출수 처리가능 공정을 나타내었다.

그림 10-19에 침출수 처리공정의 흐름도를 예시하였다. 침출수 처리방식을 크게 나누면

표 10-13 침출수의 수질(Units : mg/L)

	부산 명지동	부산 화명동	미국
BOD_5	2,300~22,000	300~8,950	2,000~30,0000
TOC	-	-	1,500~20,000
COD	4,500~44,000	650~16,000	3,000~45,000
TSS	30~700	42~987	200~1,000
유기인	700~1,700	-	10~600
암모니아 질소	600~1,000	48~2,884	10~800
질산성 질소	1~5	1~10	5~40
총 인	5~50	4~6	1~70
정인산염인	-	-	1~50
알칼리도 as $CaCO_3$	-	-	1,000~10,000
pH	6.0~8.0	6.0~7.5	5.3~8.5
총경도 as $CaCO_3$	-	-	300~10,000
칼 슘	-	-	200~3,000
마그네슘	-	-	50~1,500
칼 륨	-	-	200~2,000
나트륨	-	-	200~2,000
염화물	3,200~11,000	638~5,106	100~3,000
황산염	-	-	100~1,500
총 철	-	-	50~600
수 은	0.009~0.016	2,253~4,290	-

표 10-14 침출수 처리의 가능공정

처리공정	침출수					
	A	B	C	D	E	F
1. 침출수 소각	2	2	2	2	1	1
2. 화학적 산화	-	2	2	-	2	K
3. 습식산화	-	2	2	-	1	2
4. 생물학적 처리	-	1	1	-	2	K
5. 건조	2	2	2	1	2	1
6. 증발	-	2	-	-	1	-
7. 막증발	1	2	2	-	-	-
8. 추출	-	2	2	-	2	K
9. 흡착	-	2	2	-	2	K
10. 역삼투	1	1	1	K	K	K
11. Ultra-Filtration	-	2	2	-	K	K
12. 유동상 막기술	2	2	2	-	-	-
13. 전기투석	1	-	2	-	-	-
14. 이온교환	2	-	-	-	-	-
15. 부상	K	K	K	K	K	K
16. 응집-침전-여과	K	K	K	K	K	K

A : 용해 또는 콜로이드 무기성 물질의 저오염부하 침출수
B : 용해 또는 콜로이드 유기성 물질의 저오염부하 침출수
C : A+B의 고오염부하 침출수
D : A의 고오염부하 침출수
E : B의 고오염부하 침출수
F : C의 고오염부하 침출수

1 : 적정처리
2 : 가능
- : 부적정
K : 타처리와 연계처리시 가능

① 자체 처리방식
② 하수처리장 등 운반, 처리방식

으로 구별될 수 있는데 침출수는 수질의 경년변화가 심하고 강우상태에 따라 오염농도가 달라지는 등 자체 처리가 대단히 어려운 경우가 많다. 따라서 가능한 인근에 하수처리장 등 처리시설이 있으면 혼합 처리하는 것이 가장 이상적이다.

매립초기에는 일반적으로 오염농도가 높고 매립시간이 경과되면 오염농도가 감소되고 강우상태에 따라 침출수 발생량이 크게 변화하는 것이 현실이다. 따라서 이를 설계할 때 설계농도의 설정이 어렵게 되므로 초기에는 1차처리만으로 악취 등을 제거한 후 매립더미에 살수하여 처리하는 것이 경험적으로 보아 최선의 방식이고 매립시간이 오래 경과되면 유기오염이 적어 이때는 약품처리 또는 여과 등의 방법을 활용하면 효과적이다.

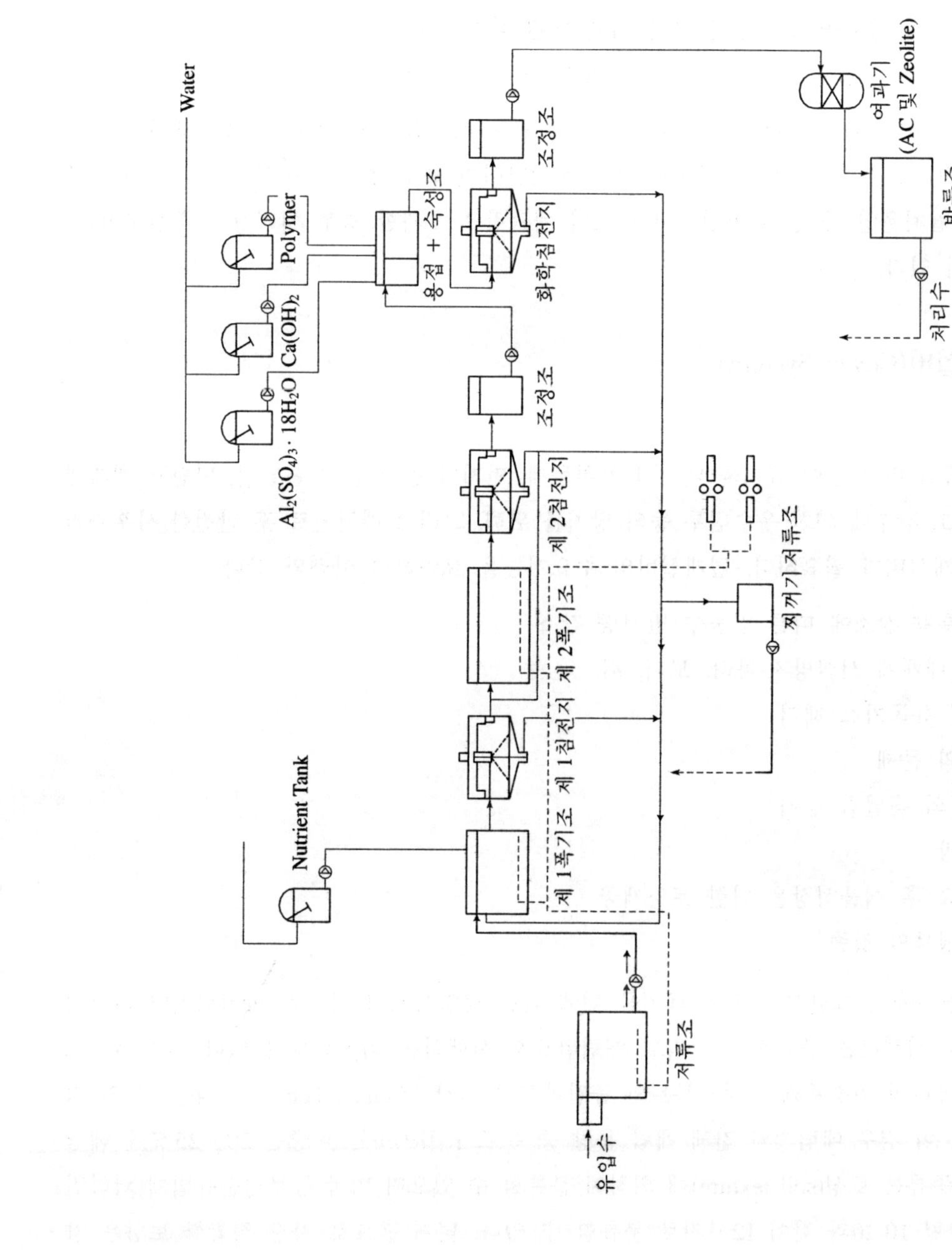

그림 10-19 침출수처리장의 흐름도

침출수 처리시 고려할 사항은 다음과 같다.

① 침출수의 NH_3-N가 과다로 인한 악취발생 제어

② 폭기조에서 거품발생이 심각해 이에 대한 대책이 요구되고

③ 난분해성 물질로 인한 보완 대책

④ 경우에 따라 중금속 발생량이 높아 이에 대한 특별대책
⑤ 초기 매립지 이상의 오염농도에 대한 대책 등이 요구된다.

침출수처리장의 규모는 일단 과다설계 가능성을 모두 배제함이 타당할 것이다. 왜냐하면 매립지 침출수 처리장은 다른 폐수처리장과 달리 장기간이긴 해도 영구적 시설물은 아니기 때문이다. 혹시 매립지운영 중 실제 발생량이 당초의 예측량을 초과할 경우 처리장을 증설하여 해결하는 방법이 있다.

10.7.4 덮개설비(Cover System)

(가) 서론

앞에서 언급한 바와 같이 폐기물 매립시 악취문제, 먼지나 종이 등의 흩날림, 병원균 매개체의 서식, 그리고 강수에 의한 우수침투 등의 방지를 위해, 그리고 매립완료 후 안전한 사후관리를 위하여 덮개설비가 필요하다. 덮개설비의 주요기능을 요약하면 아래와 같다.

① 우수침투량 감소에 따른 침출수 발생량 감소
② 병원균 매개체 서식방지-파리, 모기, 쥐, 새 등
③ 악취 및 유독가스 제거
④ 미관상의 문제
⑤ 종이 등의 흩날림 방지
⑥ 화재예방
⑦ 매립완료 후 식물성장을 위한 토양제공
⑧ 토양미생물의 접종

매립지 운영시에는 그날그날 흙을 폐기물 위에 덮는 당일복토와 장기간 방치되거나 하나의 cell이 끝날 때 시행하는 중간복토 그리고 매립완료후 시행하는 최종복토가 있다. 일반적으로 통용되는 각 복토의 최소두께는 당일복토와 중간복토가 각각 15 cm, 30 cm이고 최종복토의 경우 60 cm이다. 이 경우 매립지의 전체 매립 용량 중 복토가 차지하는 비중은 20～25 %에 해당한다. 토양의 종류는 토성(soil texture)에 의하여 분류할 수 있으며 미국 농무성분류법에 의하면 표 10-15나 그림 10-20과 같이 12가지로 분류할 수 있다. 덮개 흙으로 가장 적합한 토양은 양토(loamy soil)이나 복토의 조달이 많은 경우 용이하지 못하여 점토나 사토 그리고 미사토 등 토양삼각도(soil ternary diagram)상의 극한 부분인 꼭짓점 부근의 토양(sand, silt, clay)만 아니면 복토재로 사용하는 데 커다란 문제는 없다.

최근 미국 등에서는 인공복토재의 개발 및 상품화가 한창인데 인공복토재는 아래의 조건을 만족시켜야 할 것으로 생각된다. 물론 인공복토재는 주로 당일 복토 대용품이다.

표 10-15 토성에 의한 토양의 분류(미국농무성법)와 덮개 흙으로의 적합성

토성(Soil Texture)			덮개 흙 적합성
구분	일반명칭	약자	
Coarse	사토(Sand)	S	부적합
	양질사토(Loamy sand)	LS	
Moderately Coarse	사양토(Sandy loam)	SL	
Medium	양토(Loam)	L	
	미사질양토(Silt loam)	SiL	
	미사토(Silt)	Si	부적합
Moderately	사질식양토(Sandy Clay loam)	SC	
Fine	식양토(Clay loam)	CL	
	미사질식양토(Silt clay loam)	SiCL	
Fine	사질식토(Sandy clay)	SC	
	미사질식토(Silt clay)	SiC	
	식토(Clay)	C	부적합

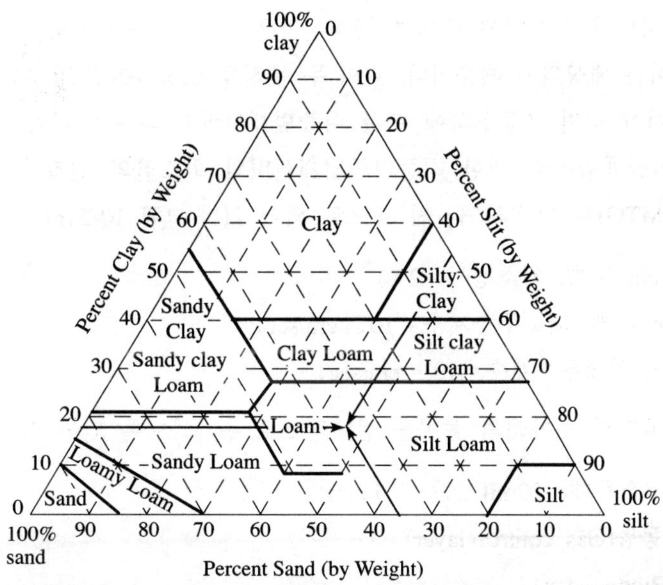

그림 10-20 토양삼각도(미국농무성법)

① 투수계수가 낮아야 한다-우수침투량 감소

② 위생문제를 해결하여야 한다.

- 병원균 매개체 서식방지
- 악취 등 가스제거
- 종이 등의 흩날림 방지

③ 미관상 좋아야 한다.
④ 연소가 잘 되지 않아야 한다.
⑤ 독성이 없어야 한다.
⑥ 생분해가 가능하여야 한다.
⑦ 원료가 저렴하여야 한다.
⑧ 악천후에도 사용가능하여야 한다.
⑨ 적은 두께로도 복토흙의 효능을 대신할 수 있어야 한다.
⑩ 살포가 용이하여야 한다.

(나) 최종다중 덮개설비

최종다중 덮개설비는 아래의 두 가지 중요한 목적을 달성할 수 있도록 계획되어야 한다.

① 폐기물성분 방출방지에 따른 인간환경과 자연환경을 보호
② 덮개설비 유지관리의 최소화

첫번째 목적은 자명한 사실이고 두번째 목적설정은 매립지 사후관리가 유해폐기물의 경우 최소한 30년 이상이나 예상되기 때문이다. 위의 두 목적을 달성하려면 강수의 유입을 최소화하고 침식을 방지하여야 하며 부등침하에 따른 다중덮개설비의 파손을 막아야 한다.

미국의 유해폐기물매립지를 위한 최종다중덮개설비의 최소한의 권장사항(Minimum Technology Guidance, MTG)은 아래의 3가지 층으로 되어 있다(그림 10-21a).

① 최종복토(60 cm 두께, 최소경사＝2%)
② 배수층(30 cm 두께, 최소투수계수＝10^{-2} cm/sec)
③ 점토층(60 cm, 최대투수계수＝10^{-7} cm/sec)

그러나 경우에 따라서는 아래의 설비를 선택적으로 추가하도록 되어 있다(그림 10-21b).

① 합성차수막(최소두께＝20mil 또는 0.5 mm)
② 발생가스 이동층(Gas control layer)
③ 동물대비층(Biotic layer)

합성차수막의 경우 두께가 현재는 0.5 mm이나 앞으로 1.0 mm로 제안될 가능성이 높다. 최소두께를 증가시키고자 하는 이유는 매립지내 폐기물의 부등침하에 따라 덮개설비의 변형이 크기 때문에 강도가 더욱 큰 합성차수막을 필요로 하기 때문이다. 차수설비로서의 합성차수막(Flexible membrane liner, FMC)은 화학물질에 대한 저항성이 그다지 중요하지 않다.

유해폐기물매립지로부터 가스가 발생될 가능성은 거의 없으나 장기간에 걸친 가스의 누적가능성이 있고 장기적 영향(long term effect)에 대해서는 거의 알려진 바가 없으므로 가능하면 가

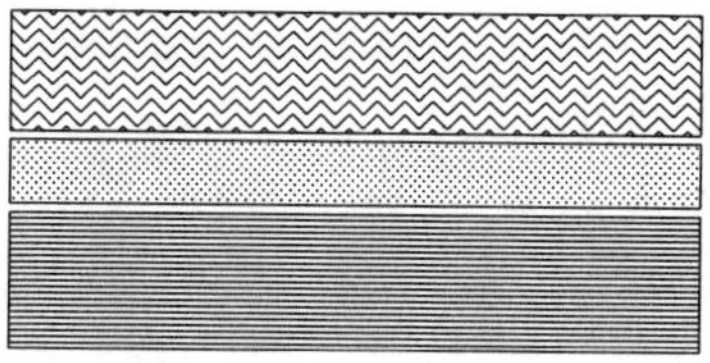

(a) 미국의 유해폐기물 매립을 위한 최종덮개설비 단면도(최소한의 권장사항)

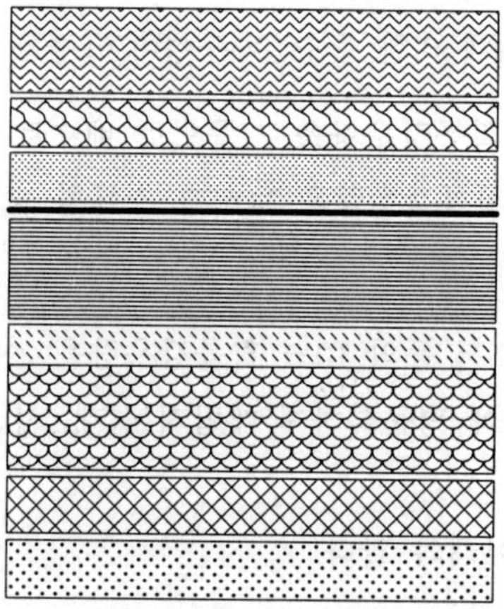

(b) 옵션을 포함한 유해폐기물매립지 최종덮개설비 단면도

그림 10-21 미국의 유해폐기물 매립을 위한 최종덮개설비 단면도

스이동층을 설치하는 것이 바람직하다. 이때 가스이동층은 불투수층 바로 아래에 설치한다.

두더지 등이 합성차수막을 손상시키는 경우는 거의 없으나 손상이 조금이라도 간 합성차수막의 경우 구멍을 쉽게 확대하는 것으로 알려져 있다. 따라서 이러한 우려가 있는 지역에서는 1m 정도의 동물대비층(biotic barrier)을 설치하여야 한다. 이 동물대비층은 주로 커다란 자갈 등을 이용하므로 배수층 역할을 겸할 수도 있다. 방사능 폐기물 처분장의 경우는 4 m까지 설치하기도 한다.

10.7.5 우수 집배수설비

매립구역 밖의 우수(Run-on)는 매립지내로 유입되지 않도록 매립지주변에 배수구를 설치하여야 하는데 시설물 규모 및 위치결정시 검토되어야 할 사항은 아래와 같다. 매립구역 내의 유출수(Run-off) 또한 침사지 등에 일단 집수된 후 수질검사 등에 의하여 자연계로의 방류여부를 결정하여야 한다.

① 지형, 지질 및 토질

- 유로연장
- 유로평균경사
- 집수면적
- 유출계수
- 배수로 재료, 단면 및 구배

② 수문자료

- 강우강도(발생빈도 및 지속기간)
- 첨두유량(하수량/평균유량)

미국의 Resource Conservation and Recovery Act에 의한 우수집배수설비 규정은 아래와 같다.

① 매립구역 밖의 유출수(Run-on) : 25년 확률강우량을 기준으로 배수로를 설치한다.

② 매립구역 내의 유출수(Ron-off) : 25년 확률강우량을 24시간 저류할 수 있는 저류조를 설치한다.

우리나라의 경우 일반적으로 매립지 설계보고서 등의 10년 확률강우량을 가장 많이 사용한다. 이와 같은 기본사항은 우리나라도 앞으로 법에 명문화하여 매립지 설계, 시공 및 운영에 지침이 되도록 함이 바람직할 것이다.

배수로 단면결정순서를 단계별로 요약하면 아래와 같다.

① 대상유역파악
② 설계강우강도결정
③ 집수면적결정
④ 첨두유량결정
⑤ 배수로 재료, 단면 및 구배 가정
⑥ 수리계산 및 가정검정(반복계산)

배수로 단면결정에 가장 결정적인 항목인 첨두유량(peak run-off flow rate) 계산은 잘 알려진 다음의 합리식에 의한다.

$$Q = CIA \tag{10.11a}$$

여기서, Q : 첨두유량(ft^3/sec)
C : 평균유출계수
I : 설계확률 강우강도(in/hr)
A : 집수 면적(acre)

위의 합리식은 단위를 바꾸면 아래와 같이 여러 형태로 편리하게 변형을 할 수 있다. 그러나 주의를 하지 않으면 혼돈을 가져올 수 있으므로 주의해야 한다.

$$Q = 0.2778CIA \tag{10.11b}$$

여기서, Q : 첨두유량(m^3/sec)

A : 집수면적(km^2)

$$Q = (1/360)CIA \tag{10.11c}$$

Q : 첨두유량(m^3/sec)

A : 집수면적(ha)

설계확률 강우강도는 아래의 두 조건에 의하여 결정된다.

① 발생확률년수(발생빈도)

② 지속기간(Time of duration)

발생확률년수는 앞에서 언급한 바와 같이 우리나라의 경우 10년을 흔히 사용하며 미국의 경우는 25년이 법으로 정해져 있다. 지속기간은 해당유역을 고려하면 도달시간(time of concentration)과 같으며 도달시간 결정은 아래의 방법 중 하나를 이용하면 된다.

① 트레이서에 의한 실측(Tracer analysis)

② 경험공식 이용

매립지 등 소규모 유역에서 흔히 쓰이는 경험공식은 Kirpich식이며 아래와 같다.

$$t_c = 0.06626 \frac{L^{0.77}}{S^{0.386}} \tag{10.12}$$

여기서, t_c : 도달시간(hr)

L : 유료연장(km)

S : 유로평균경사

발생확률년수(발생빈도)와 지속기간(time of duration)이 결정되면 아래의 식에 의해 설계확률 강우강도를 계산할 수 있다.

$$I = \frac{a}{t+b} \quad \text{Talbot형} \tag{10.13a}$$

$$I = \frac{c}{t^n} \quad \text{Sherman형} \tag{10.13b}$$

$$I = \frac{d}{t^{1/2}+e} \quad \text{Japanese형} \tag{10.13c}$$

여기서, I : 강우강도(mm/hr)

t : 지속시간(min)

a, b, c, d, e, n : 지역에 따라 다른 값을 가지는 상수

합리식에 적용되는 여러 유출계수는 여러 수문학 관련 서적을 참고할 수 있으며 매립지 설계와 밀접하게 관련된 유출계수를 표 10-16에 요약하였다.

위와 같은 절차에 의하여 첨두유량이 결정되면 배수로의 재료, 단면 그리고 구배를 결정하여야 한다. 개수로 설계에 흔히 쓰이는 Manning 공식은 아래와 같다.

$$V = (1/n)R^{2/3} I^{1/2} \tag{10.14}$$

여기서, V : 평균유속(m/sec)

n : 조도계수(粗度係數)

I : 수로경사(L/L)

R : 수력 반지름 또는 경심 $= A/P$

P : 윤변 또는 수로단면중 물에 접촉되는 부분

$$\begin{aligned} Q &= A \times V \\ &= A \times 1/n\, R^{2/3} I^{1/2} \end{aligned} \tag{10.15}$$

표 10-16 매립지 설계와 관련된 유출계수

지면상태	유출계수
사질토(Sandy soil)위의 잔디	
경사 완만(2%)	0.05～0.10
평균 경사(2～7%)	0.10～0.15
급경사(7%)	0.15～0.20
점토 등 무거운 토양(Heavy soil) 위의 잔디	
경사 완만(2%)	0.13～0.27
평균 경사(2～7%)	0.18～0.22
급경사(7%)	0.25～0.35
공지	0.10～0.30
기울기가 완만한 산지	0.20～0.40
기울기가 급한 산지	0.40～0.60

10.7.6 대용 복토재

대용 복토재는 다음과 같은 이유로 인해 그 사용이 점차 확대되고 있다.

① 매립지의 공간을 절약할 수 있다.

② 토사는 확보가 어렵고 운반비가 상당히 드는 반면 대용 복토재는 이러한 문제를 해결할 수 있다.

표 10-17 거품 계열의 대용 복토재

<table>
<tr><th colspan="2">제품명</th><th>RUSMAR</th><th>SaniFoam</th><th>TerraFoam</th><th>TopCoat</th></tr>
<tr><td colspan="2">형태</td><td>면도 크림과 같은 비고화형</td><td>폴리아미노(polyamino) 계열의 고화형</td><td>무스(mousse)와 같은 비고화형</td><td>폴리머계열의 고화형</td></tr>
<tr><td colspan="2">구성성분</td><td>거품 농축액, 배합수</td><td>거품농축액, 배합수
안정액 합성수지(resin)</td><td>거품 농축액, 배합수</td><td></td></tr>
<tr><td colspan="2">성능지속시간</td><td>15~20시간</td><td>3~6일</td><td>3~7일</td><td></td></tr>
<tr><td colspan="2">재료 저장방법</td><td>동결방지</td><td>동결방지, 38℃ 이하</td><td>동결방지</td><td>동결방지</td></tr>
<tr><td colspan="2">사용방법</td><td>분기관, 분배기가 달린 자가구동형
수동형 호스와 타력구동형</td><td>나기관이 달린 자가 혹은 타력구동형
수동형 호스와 타력구동형</td><td>다기관이 달린 자가구동형
수동형 호스와 트럭 탑재형</td><td>수동형
호스가 달린 타력구동형</td></tr>
<tr><td colspan="2">작업속도 (m^2/min)</td><td>자가구동형 : 37~112
타력구동형 : 28~56</td><td>자가구동형 : 46~93
타력구동형 : 46</td><td>자가구동형 : 46~11</td><td></td></tr>
<tr><td colspan="2">침출수와 가스의 이동</td><td colspan="4">연속적인 작업에 의하여 파괴되어지므로 침출수나 가스의 이동을 방해하지 않는다.</td></tr>
<tr><td colspan="2">냄새발생 물질 및 가스발산 조절</td><td colspan="4">가능 : 거품계열은 냄새뿐만 아니라 다른 물질들의 발산에 있어서도 효과적인 장벽을 형성</td></tr>
<tr><td colspan="2" rowspan="2">우수 배제 효과</td><td colspan="4">불가능</td></tr>
<tr><td colspan="4">SaniFoam은 양생된 후 물을 배재시킬 수 있는 탄력적 표면을 형성 TerraFoam의 거품계열은 적당한 비가 내릴 경우에도 우수배제가 가능하다.</td></tr>
<tr><td rowspan="3">기후조건</td><td>비</td><td>비가 내릴 경우 사용 어려움
이슬비 같은 가벼운 비의 경우에는 저항</td><td>가벼운 비가 내릴 경우 사용가능
일단 양생된 후에는 폭우속에서도 저항</td><td>가벼운 비가 내릴 경우 사용 가능
적절한 비가 내릴 경우 저항</td><td>가벼운 비가 내릴 경우 사용 가능
일단 양생된 후에는 폭우 속에서도 저항</td></tr>
<tr><td>바람</td><td>30~40m/s에서 사용가능
작업 표면에 고착</td><td>20~30m/s에서 사용가능
작업표면에 고착</td><td>장비에 탑재된 호스를 사용하는 경우 바람의 영향 없음</td><td></td></tr>
<tr><td>눈</td><td>사용이 어려움</td><td>동결상태에서 사용가능 (단, 장비보호)</td><td>동결상태에서 사용 가능(단, 장비보호)</td><td></td></tr>
<tr><td rowspan="2">비용</td><td>재료 ($/$m^2$)</td><td>0.65~0.75
7.5cm 두께 기준</td><td>0.86~1.08
5cm 두께 기준</td><td>0.54~0.65
7.5cm 두께 기준</td><td>0.08~0.29
7.5cm 두께 기준</td></tr>
<tr><td>장비 (천$)</td><td>자가구동형 : 250~300
타력구동형 : 85</td><td>자가구동형 : 130
타력구동형 : 40~70</td><td>Self-propelled : 30</td><td>Towed : 25</td></tr>
</table>

자료 : 김지형, 1996. 「매립지 복토의 기능과 대용 복토재 개발 현황」, 매립기술 정체방향 심포지움 한국건설기술연구원

표 10-18 포설계열의 대용 복토재

<table>
<tr><th colspan="2">제품명</th><th>ConCover</th><th>Land-cover formula 480</th><th>Posi-Shell</th></tr>
<tr><td colspan="2">형태</td><td>섬유질, 결합체가 혼합된 슬러리</td><td>점토계열의 에멀젼</td><td>섬유질, 결합체가 혼합된 슬러리</td></tr>
<tr><td colspan="2">구성성분</td><td>재생종이, 목재섬유질, 결합체, 결합수</td><td>점토/폴리머의 농축액, 결합수</td><td>재생종이, 플라스틱 섬유질, 시멘트, 결합수, kiln dust</td></tr>
<tr><td colspan="2">사용방법</td><td>타력구동형 또는 스키드(skid)</td><td>스키드(skid)탑재형 분사장치</td><td>타력구동형 분사장치</td></tr>
<tr><td colspan="2">성능, 지속시간</td><td>7～30일</td><td>1～3개월</td><td>1～3개월</td></tr>
<tr><td colspan="2">작업속도(m^2/min)</td><td>37～74</td><td>28～46</td><td>28～46</td></tr>
<tr><td colspan="2">재료 저장방법</td><td>건조하게 보관</td><td>동결방지</td><td>건조하게 보관</td></tr>
<tr><td colspan="2">침출수와 가스의 이동</td><td colspan="3">연속적인 작업에 의하여 파괴되어지므로 침출수나 가스의 이동을 방해하지 않는다.</td></tr>
<tr><td colspan="2">냄새발생물질 및 가스 발산 조절</td><td colspan="3">가능 : 포설계열은 냄새뿐만 아니라 다른 물질의 발산도 제어가능한 장벽을 형성</td></tr>
<tr><td colspan="2">우수배제효과</td><td colspan="3">가능 : ConCover와 Posi-Shell은 물을 배제시킬 수 있는 불투수성 덮개를 형성</td></tr>
<tr><td rowspan="3">기후조건</td><td>비</td><td colspan="3">· 적당한 비가 내릴 경우 사용가능
· 일단 경화되면 1～2시간의 폭우에도 견딤
· 경화속도 증가를 위해 석고, RainPlus 등의 첨가제를 혼합</td></tr>
<tr><td>바람</td><td colspan="3">· 15～20m/s에서는 어려움 없이 사용가능
· 경화 후에는 50m/s에서도 견딤</td></tr>
<tr><td>눈</td><td colspan="3">· 동결방지를 위해 연속적 교반, 장비보호가 이루어지면 사용가능</td></tr>
<tr><td rowspan="2">비용</td><td>재료 ($/$m^2$)</td><td>0.75～0.97</td><td>0.32～0.65</td><td>0.32～0.54</td></tr>
<tr><td>장비(천$)</td><td>18～40</td><td>4.2～12.5</td><td>4.7</td></tr>
</table>

자료 : 김지형, 1996. 「매립지 복토의 기능과 대용 복토재 개발 현황」, 매립기술 정책방향 심포지움 한국건설기술연구원

(가) 종류 및 특징

대용 복토재에 ① 거품(foam)계열 ② 포설(spray)계열 ③ 덮개(geosynthetics)계열 ④ 재활용 물질의 4가지로 분류된다.

(1) 거품(foam)계열

거품계열은 주성분이 화학수지(resin)로서 화학반응에 의해 거품을 생성하여 쓰레기를 덮도록 되어 있으며, 경화형 거품과 비경화형 거품이 있다. 거품계열의 살포두께는 5.08～15.24 cm 이며, 살포 후 다음날 적재와 다짐에 의하여 파괴되므로 다시 살포해야 하며 용량감소효과는

무시할 만하다. 거품계열은 초기에 개발된 것으로, 자체의 문제점 및 작업의 어려움 등의 이유로 인해 그 이용이 점차 감소되고 있다. 표 10-17에 거품계열의 대용 복토재 현황을 나타내었다.

(2) 포설(spray)계열

포설계열은 섬유질과 고분자중합체(polymer)를 혼합한 슬러리(현탁액) 형태로 폐기물 위에 살포되며, 살포 후 자연적으로 경화된다. 살포두께는 0.16～1.27 cm 정도이다. 효과적인 작업수행의 온도한계는 －29～38℃이며 심한 폭우가 내리는 경우를 제외하고는 모든 기상조건에서

표 10-19 덮개계열의 대용복토재(1)

제품명		Airspace Saver	Aqua-Shed	CORMIER	CoverTech-440
형태		HDPE(305 g/m^2)	접착식PVC (237g/m^2)	HDPE(305 g/m^2)	HDPE(305 g/m^2)
설치방법		수작업 다짐기 사용	수작업	수작업 다짐기 사용	수작업 다짐기 사용
지속시간		10～12개월	2～3개월	2～3개월	10～12개월
작업시간		30～45분/930 m^2		30～45분/930 m^2	30～45분/930 m^2
제품크기(m×m)		14.6×15.3 30.5×30.5	5.5×9.1 7.3×18.3	18.3×30.5 22.9×45.7	14.6×15.3 30.5×30.5
냄새발생 물질 및 가스발산 조절		가능 : 설치된 상태에서 Panel은 냄새와 다른 물질들의 발산을 방지하나 Panel을 복구시킬 때 누출 가능성 있음			
우수 배제 효과		가능 : Panel은 우수를 방지하고, 침투수를 감소			
	비	사용불가			
	바람	14.6×15.3 m 크기는 20 m/s에서 사용가능	접착제사용 제품의 경우 설치가 더욱 어려움	22.9×47.7 m 크기는 10 m/s 이상에서는 설치곤란	14.6×15.3 m 크기는 20 m/s에서 설치가능
		· Panel은 바람이 증가하면 작업이 어렵고 작업시간도 증가 · 바람의 영향은 제품의 무게, 크기, 설치방법에 의존하며, 적절한 설치가 이루어지면 50m/s에서도 견딤			
	눈	사용불가			
비용	재료 ($/m^2)	4.31	1.29～1.51	0.91～1.29	5.92
	장비(천$)	Lifting bar(2～4)		Hydraulic(2)	Lifting bar(2～4)

표 10-19 덮개계열의 대용 복토재(2)

제품명		FabriSoil	Griffolyn	Polyfelt X0010	SaniCover (150, 250)	Typar
형태		· 단일 PP · 못고정 · (203)	· PE · (166)	· 단일 PE · 못고정 · (271)	· 단일 PP · 못고정 · (203)	· 단일 PP · 못고정 · (197)
설치방법		수작업, 다짐기	수작업	수작업, 다짐기	수작업, 다짐기	수작업, 다짐기
지속시간		20~30일	10~12개월	1~3개월	20~30일	2~3개월
작업시간		30~45 분/930 m^2				
제품크기(m×m)		9.1×15.3 45.7×45.7	15.3×30.5 61×61	6.1×18.3 30.5×30.5	22.9×22.4 24.4×45.7	14×30.5 61×61
냄새발생 물질 및 가스발산 조절		가능 : 설치된 상태에서 Panel은 냄새와 다른 물질들의 발산을 방지하나 Panel을 복구시킬 때 누출 가능성이 있음				
우수 배제 효과		가능 : Panel은 우수를 방지하고, 침투수를 감소시킴				
기후조건	비	물을 흡수, Panel 무게 증가	사용불가	물을 흡수, Panel 무게 증가	물을 흡수, Panel 무게 증가	물을 흡수, Panel 무게 증가
	바람	· Panel은 바람이 증가하면 작업이 어렵고 작업시간도 증가 · 바람의 영향은 제품의 무게, 크기, 설치방법에 의존 · 적절한 설치가 이루어지면 50m/s에서도 견딤				
	눈	수분흡수 동결되면 제거시 Panel 손상	사용불가	수분을 흡수하고 동결되면 제거시 Panel 손상		
비용	재료 ($/m^2$)	1.72~2.05	1.40~1.61	2.36~2.69	1.40~1.61	1.61
	장비(천$)			Skid mounted roller $1,000		Skid mounted roller $1,000

사용이 가능하다. 최근에 개발되어 점차 사용이 늘고 있다. 표 10-18에 포설계열의 대용 복토재 현황을 나타내었다.

(3) 덮개(geosynthetics)계열

매립작업 후 플라스틱 재질의 덮개로 쓰레기를 일시적으로 덮어놓았다가 다음날 작업 전에 제거하는 제품으로 소규모 매립상에서 사용된다. 작업시에는 패널(panel)로 완전히 덮을 수 있을 정도로 작업면의 크기를 조절하면서 매립을 진행시켜야 한다. 가볍고 작은 크기의 패널은 손으로 작업을 하나 대부분의 매립지에서는 일반적으로 불도저를 사용하여 설치 · 제거한다. 경제적으로 가장 값이 싼 방법이다. 표 10-19 (1)과 (2)에 덮개계열의 복토재 현황을 나타내었다.

(4) 재활용 물질

재활용물질이란 슬러지, 재, 폐석고 · 석회, 폐타이어 등을 물리적 파쇄나 간단한 화학적 처리를 거쳐 복토재로 사용하는 것이다. 폐기물로서 매립될 물질을 사용하므로 매립장의 용량과 복토용 흙을 절약할 수 있다. 보통 흙으로 복토하는 것과 같은 방법으로 사용한다. 즉, 트럭으로 대상물질은 운반하고 불도저를 이용하여 복토한다. 하지만 비가 올 경우는 침투수 문제, 건조하고 바람이 부는 날은 먼지발생 문제로 인하여 사용이 곤란하다. 오염물질을 포함하고 있는 경우에는 침출수의 성상과 매립지의 안정화에 영향을 주므로 복토재로 사용하기 전에 성분 분석이 필요하다.

(나) 대용 복토재의 장단점 분석

표 10-20은 대용복토재의 장단점을 비교분석하여 나타낸 것이다.

현재 미국에서 가장 많이 쓰이는 대용 복토재는 덮개계열이고 다음으로 포설계열, 거품계열의 순이다. 그러나 포설계열의 이용률이 급속히 증가되고 있는데 포설계열 중의 시장점유율은 현재 ConCover가 가장 많고 Formula 480, Posi-Shell의 순이나 최근 Posi-Shell의 사용이 증대하고 있다.

Posi-Shell은 현재 미국 동부 14개 주에서 사용하고 있고 캘리포니아 주에서도 이의 사용을 검토 중이다. Posi-Shell은 접착제(시멘트, 석회 등)와 셀룰로오스 섬유, 플라스틱 섬유와 액체를 혼합하여 살포하게 되어 있다. 표 10-21에 Posi-Shell의 구성성분 및 배합비율을 나타내었다.

표 10-20 대용 복토재의 장단점

항목	장단점
침투수 방지, 악취제어, 날림 먼지 제어	· 거품계열과 포설계열이 우수, 덮개계열은 떨어짐
우수배제 기능	· 경화형 거품계열과 포설계열이 우수 · 비경화형 거품계열과 덮개계열은 약간 떨어짐
작업시 기상 조건	· 덮개계열 : 강한 비가 내리거나 눈 속에 묻혀 동결되는 경우에는 수명이 감소된다. · 거품계열 및 포설계열 : 고화되기 전에 비가 오면 씻겨 내려간다. 고화 후에는 괜찮다. · 비고화형 거품계열 : 비가 오면 씻겨 내려가며 가파른 경사면 복토에도 비적합하다.
복토재 기능 발휘 가능시간	· 거품계열 및 포설계열 : 15시간~7일 · 덮개계열 : 수주일~수개월
화재 예방	· 거품, 포설, 덮개계열 : 완전차단이 가능하며 화재염려는 없다.

Posi-Shell 공급업체에서 주장하는 복토재로서의 장단점은 다음과 같다.

① 복토재 소요량을 1/10로 줄일 수 있으므로 복토재 비용을 1/2로 줄일 수 있다.

② Posi-Shell의 구성성분이 모두 폐기물이므로 자원 재활용면에서 유리하고 조달에 문제가 없다.

③ 침출수를 혼합재로 사용하므로 침출수 처리비용을 절약할 수 있다.

Posi-Shell의 재료는 물 또는 침출수 등의 액체 30~60 %, 시멘트, 로의 재, 석회성분, 모래 등 접착제 40~70 %, 파쇄된 종이와 같은 셀룰로오스 섬유와 인공섬유류, 가는 머리카락 모양의 섬유로 조각난 플라스틱류, 폴리에틸렌, 폴리비닐클로라이드 등 플라스틱 섬유의 섬유(포지팩)재료를 5 % 내외로 배합하여 만든다. 셀룰로오스 섬유는 신문지, 잡지 등의 재활용으로 길이가 1.2 cm의 크기를 넘지 않도록 조각내어 사용하고 플라스틱 섬유는 0.6~1.2 cm가 되도록 한다. 장비 및 원료의 수급과 생산은 모두 국산화가 가능하다는 이점도 있다.

시공은 재료를 배합비율에 따라 액체, 섬유, 정착제 순으로 mixer에 넣어 적절한 견고성과 접착성을 지닌 밀크쉐이크와 같은 형태의 경도를 지닐 때까지 혼합하여 쓰레기 표면에 1~3 cm 두께의 균일한 층을 형성하도록 분사하는 방법이다.

한편 이 공법은 사용범위가 다양하여 여러 가지 효과가 있는 것으로 평가받고 있다. 쓰레기의 차폐물(두께 1~3 cm)로서 폐기공간의 최소화와 악취제거, 바람에 의한 먼지 날림 방지, 곤충, 새, 파리 등의 접근 방지효과가 있다. 중간단계의 매립물질 처리로서 두껍게 덮을 경우 매립물질에 적합한 최상의 외관, 작업효율 및 경제적 이득이 있다. 또한 타르 라군(Tar Lagoons) 주변처리로서 휘발성 물질의 발생조절 및 빗물에 의한 침출방지와 악취를 줄일 수 있다. Posi-Shell의 자연경화 특성으로 바람이나 물에 의한 침식방지, 중간단계와 전체지역 및 넓은 토사 경사면에 사용이 가능하다. 시멘트 크링커 저장소에 사용하여 빗물에 의한 침투를 방지하여 자재를 보호할 수 있는 특징도 있다.

이 밖에 Posi-Shell을 퇴비화 더미에 사용하면 퇴비화가 진행 중인 퇴비화 더미의 외부표면 코팅, 악취를 줄이고 바람에 의하여 퇴비화 더미가 날리는 것을 방지할 수 있으며 생안정화(biostabilization) 공정을 방해하지 않는다.

표 10-21 Posi-Shell의 성분 및 배합비율

구성성분	배합비율(중량비)
접착제 : 소다회 슬러지, 벤토나이트, 폐콘크리트 분말	40~70%
셀룰로오스 섬유(파쇄된 종이) 및 플라스틱 섬유 : PE, PVC	0.5~2%
액체 : 매립지 침출수	30~60%

또한 오염된 흙더미에 사용하여 먼지이동과 흙더미가 물에 의하여 침식되는 것을 방지할 수 있고 석탄더미(두께 2～3 cm)에 사용하여 수분침투 방지와 바람에 의한 먼지 생성 제거, 민원 및 외부 석탄먼지 청소관련비용을 절감할 수 있는 효과가 있다.

10.7.7 발생가스 대책설비

매립지에서 발생하는 가스의 조성 및 양은 거의 전적으로 매립된 폐기물의 종류에 달려 있다. 물론 발생속도는 매립지내 수분함량, 온도 등 주위의 환경여건도 중요한 역할을 할 것이다. 유해폐기물 매립지로부터의 가스발생량은 거의 무시할 정도이며 도시폐기물 매립지로부터 발생되는 가스의 조성은 뒤에 언급되는 바와 같이 매립경과기간에 따라 큰 차이가 있지만 대개 몇 개월이 경과하면 그 조성이 비교적 일정해진다. 주요성분으로는 메탄가스가 가장 많고 다음이 탄산가스인데 가스내 메탄이 차지하는 분율은 35～75%로 광범위하나 대체로 55% 내외이며 탄산가스의 경우 45% 정도로 간주할 수 있다.

메탄가스는 공기 중에 5%～15%로 존재하면 폭발할 가능성이 높은 위험한 가스인데 흔히 5%를 Lower Explosive Limit(LEL) 또는 최소폭발한계로 불리 운다. 미국의 경우 매립지 주변 가스검사에서 가스내 메탄가스 분율이 LEL의 25 %를 초과하면 매립가스환기설비를 설치하도록 하고 있다. 메탄가스는 공기보다 비중이 낮아 매립지 내에서 위로 상승하며 지하시설물 내에 축적되어 폭발할 가능성이 있기 때문에 이에 대한 대책이 필요하다.

(가) 가스발생량 추정

도시폐기물 매립지에서의 가스발생은 아래와 같은 4단계를 거친다.

① 1단계 : 주된 조성은 질소, 산소 및 탄산가스로 질소와 산소는 급격하게 감소하는 반면 탄산가스는 서서히 증가한다. 이는 매립지가 친산소성 상태임을 입증한다.

② 2단계 : 수소가스와 탄산가스가 증가하는 동시에 산소는 거의 자취를 감춘다. 질소도 계속 감소한다. 이는 매립지가 피산소성 상태로 전환함을 의미한다.

③ 3단계 : 메탄가스가 급격히 증가하며 탄산가스는 다소 감소하고 수소가스와 질소가스는 자취를 감춘다. 이는 매립지가 피산소성 상태에 도달했음을 의미한다.

④ 4단계 : 메탄가스와 탄산가스가 주성분이며 조성에 큰 변화가 없다. 이는 매립지가 일종의 정상상태(pseudo-steady state)에 도달했음을 의미한다.

첫단계는 대개 몇 주일간 지속되나 그 다음 단계는 매립지 여건에 따라 지속기간에 큰 차이가 있다.

매립장에서 유기물의 분해는 주변 조건에 의해 일반적으로 크게 두 가지 형태로 진행되는데

매립초기에는 친산소성 상태로

$$C_6H_{12}O_6N + 6O_2 \rightarrow 6CO_2 + 6H_2O + 38ATP + 1/2N_2$$

로 매립지에서 38ATP에너지를 발생하여 매립장이 때때로 70℃까지 고온으로 되면서 CO_2와 수증기를 발산하다가 토양내의 산소가 소비되면 피산소성 분해를 일으키게 된다.

이때의 가스발생은

$$C_aH_bO_cN_d \rightarrow nC_wH_xO_yN_z + mCH_4 + sCO_2 + rH_2O + (d-nz)NH_3$$

여기서, s : a-nw-m

r : c-ny-$2s$

또한 유기물질이 완전분해하는 경우

$$C_aH_bO_cN_d + \left(\frac{4a-b-2c-3d}{4}\right)H_2O \rightarrow$$
$$CH_4\left(\frac{4a+b+2c-3d}{8}\right) + \left(\frac{4a-b+2c+3d}{8}\right)CO_2 + NH_3$$

쓰레기 1톤(유기물 함량 200 kg)이 분해할 때 약 200 Sm^3의 가스가 발생하는 것으로 보고 있으나 실제 관측결과 쓰레기 톤당 60～180 Sm^3의 가스가 발생하는 것으로 보고된 바 있다. Tabasaran에 의하면 피산소성 조건에서의 가스발생 가능량은 온도와 유기탄소량과 상관된다고 하며,

$$G_0 = 1.868C_0\,(0.0140T + 0.28) \tag{10.15}$$

여기서, G_0 : 피산소성 상태하의 생산가능 가스량(m^3)

T : 온도(℃)

C_0 : 쓰레기 속에 포함된 TOC량(kg)

예를 들어 T=40℃(보통 매립장 평균 온도) C_0 = 200 kg일 때 총 G_0 = 314 m^3/쓰레기t 이 생길 수 있다. 그러나 이 양은 총생산가능량이며 장기간동안 발생된다. Tabasaran은 이들 가스가 20년 이상 발생 가능한 것으로 보고하고 있다.

매립경과기간내 가스발생량의 추정방법으로 Tabasaran은

$$G_t = 314\times(1-e^{-0.07t}) \tag{10.16}$$

G_t : 매립 경과기간내 발생가스량(Sm^3/t)

t : 기간(년)

예로 20년 경과시 쓰레기 톤당 가스발생량은 240 m^3가 된다.

또 매립 경과년도에 발생 가능한 가스량에 대하여 Rettenberg는

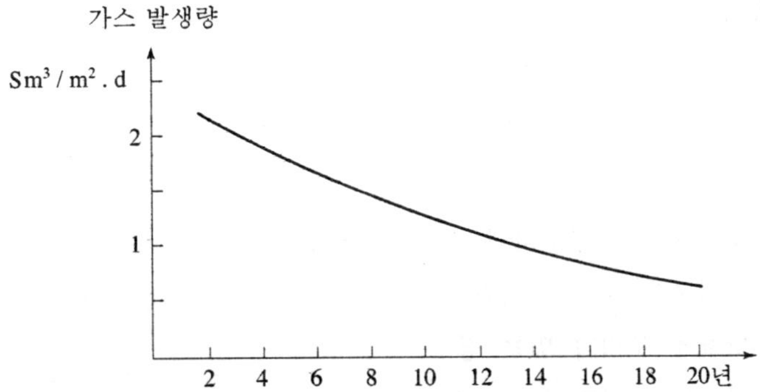

그림 10-22 40m 깊이의 매립장에서 m^2당 하루에 발생되는 가스량

$$F = 0.067 \times e^{-0.288t} \tag{10.17}$$

여기서, F : 경과년도 발생가능 가스량(m^3/kg)

t : 경과년(수)

여기서 40 m 매립심도에서의 $1m^3$당 가스발생량은, 윗 식을 이용하여 시간에 따른 상관도를 그려보면 그림 10-22와 같다.

Carlson에 의하면 9년 된 매립장의 경우 단위심도당(m당) 0.03 $m^3/m^2 \cdot d$가 발생되는 것으로 실측했고, Dair 등은 0.077 $m^3/m^2 \cdot d$로 보고하고 있다. Rettenberg는 약 2 L/h · m^2 = 0.048 $m^3/m^2 \cdot d$ 측정한 것으로 보고되고 있다. 서독의 "Am Lemberg"에서 조사된 바에 의하면 쓰레기 더미 깊이 1 m당 0.0015 m^3 $CH_4/m^2/d$가 발생된다고 보고하고 있다. 부산시 명지동에서 쓰레기 가스 발생량을 조사한 자료를 보면 $Q = 0.02$ $m^3/m^2 \cdot d$(단위 심도당 (m))로 선진국보다 적은 편이다.

이와 같이 발생되는 총 가스량은 매립지의 종류 및 연구자에 따라 차이가 있으나 여러 연구결과들을 종합하면 다음과 같다.

① 이론량 : 400～500 L/kg

② 실제량 : 100～250 L/kg

가스추출(또는 발생)속도 또한 문헌에 따라 큰 차이를 보여왔으나, 대개 10～20 L/kg/yr 정도인 것으로 추정된다. 우리나라에서의 한 연구결과를 보면 18 L/kg/yr로 이 범위 내에 있다.

매립가스 발생기간은 몇 년 미만에서 길게는 수 십년씩 지속되나 대개 5～20년 정도로 예측된다. 총가스발생량을 150 L/kg로 가정하고 가스발생속도를 15 L/kg/yr로 가정한다면 가스추출기간은 10년 정도가 될 것이다. 일반적으로 매립가스 발생기간은 매립완료 후 10년 정도로 보는 것이 보통이다.

(나) 가스이동제어

만약에 매립지로부터 가스가 발생될 것이 예상되면 발생가스에 대하여 적절한 대책을 수립하여야 한다. 다음 사항들이 우려된다면 최소한의 환기설비 또는 가스대책설비를 계획하는 것이 바람직할 것이다.

① 발생가스의 축적으로 덮개설비에 손상이 갈 우려가 있는 경우
② 최종복토위의 식물이 죽을 우려가 있는 경우
③ 유독가스가 방출될 우려가 있는 경우
④ 매립지 위치가 주변개발지역과 인접한 경우

일반적으로 매립가스는 매립지 경계로부터 150 m 이상 이동하는 것으로 알려져 있어 300 m 이내에는 가능한 한 밀폐된 건물이 허가되지 않도록 하는 것이 바람직하다.

통제방법은 자연환기(passive venting)방법과 강제환기(active venting or forced venting)방법으로 나눌 수 있다. 또한 가스유도방법(permeable method)과 가스차단방법으로 대별되기도 하는데 대부분의 경우 아래서 설명되듯이 자연환기방법은 가스유도방법으로 분류될 수 있고 강제환기방법은 가스차단방법으로 분류될 수 있다.

자연환기(passive venting)방법 또는 가스유도방법(permeable method)은 발생된 가스가 자갈로 이루어진 우물형태의 수직벽 또는 자갈층 등을 통하여 자발적으로 대기로 방출되도록 설계한 방법이다. 도시폐기물매립지의 경우 가스통과가 잘되는 모래나 자갈 등을 이용하여 그림 10-23과 같이 자연환기방법으로 발생가스를 통제할 수 있다.

그림 10-23에서 보면 매립지내의 cell사이에 가스통과층을 포설하거나(그림 10-23a, cell vent), 매립지 주변에 수직자갈벽을 설치하여 자갈층으로 가스를 유도하거나(그림 10-23b, barrier vent), 또는 매립지 자체에 비교적 얕은 우물을 설치하고 자갈 등을 채우든지 하여(그림 10-23c, well vent) 가스가 자발적으로 대기로 방출되도록 하는 방법이다. 또는 덮개설비에 가스이동층을 설치한 후 가스이동층에 환기관을 연결할 수도 있을 것이다. 자연환기방법은 소규모 도시폐기물매립지나 유해폐기물매립지에서 많이 이용한다.

강제환기(active venting or forced venting)방법은 매립지내 여러 개의 깊은 가스 추출관을 설치하고 송풍기 등에 의하여 가스를 추출하는 방법으로 대개 대규모 도시폐기물매립지에서 많이 사용되며 추출된 가스는 대개 몇 단계의 처리과정을 거쳐서 연료화하거나 단순히 연소되기도 한다.

가스차단방법(impermeable method)은 가스가 통과하지 못하는 점토층이나 합성차수막 등을 이용하여 매립지를 완전히 차단한 후 발생될 가스를 송풍기에 의하여 추출하는 방법으로 대부분 강제환기(active venting or forced venting) 방법으로 생각할 수 있다.

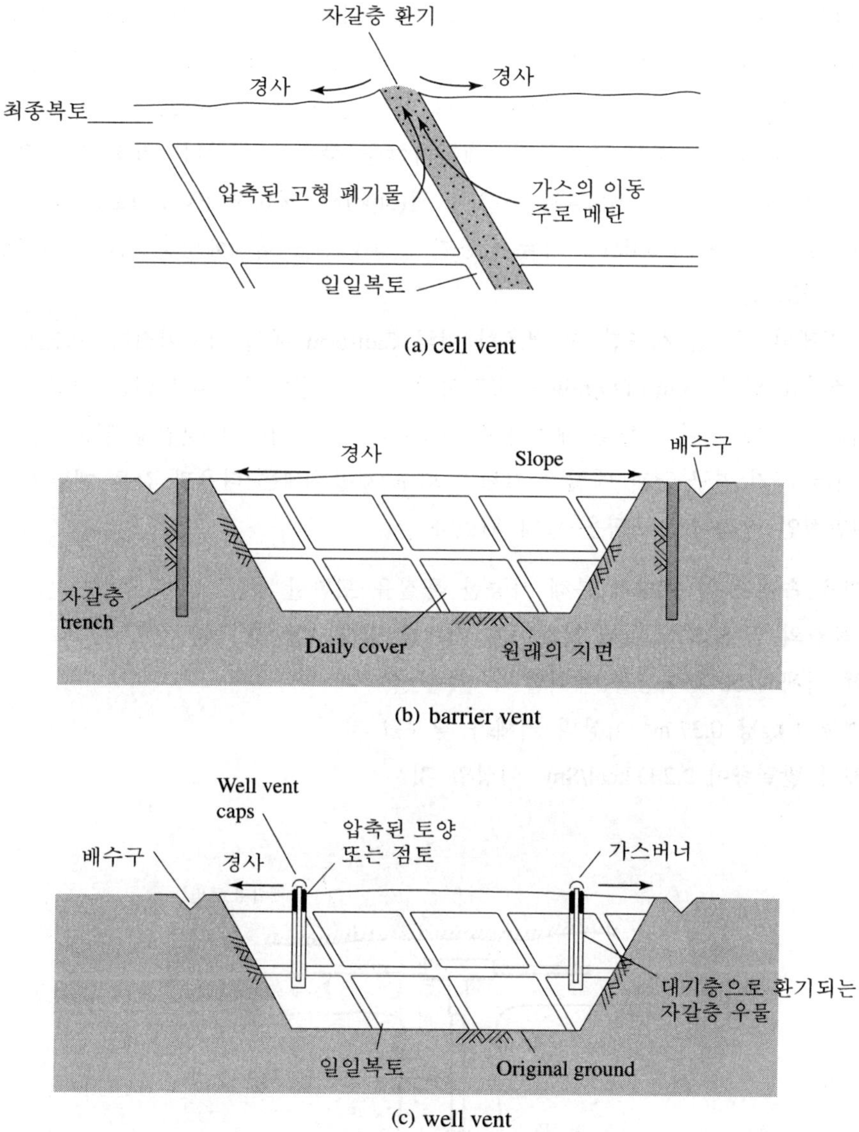

그림 10-23 자연환기방법에 의한 가스통제

(다) 매립지 가스의 이용

소규모 매립지에서 발생하는 가스는 공기 중으로 발산시키거나 태워 버리는데, 대규모 매립장의 경우는 매립지에서 발생되는 가스를 이용하는 경우도 있다. 매립지 기체의 관리는 환경적, 사회적 및 경제적인 영향에 중요한 의미를 가진다. 환경적 측면에서 매립지 기체의 잘못된 관리는 화재, 폭발 및 대기오염의 원인이 될 뿐만 아니라 침출수 오염, 매립지 안정화저해요소도 될 수 있다. 그러나 이들은 추출, 정제를 통하여 얻어진 많은 양의 CH_4 기체를 열원이나 물질원으로 재활용함으로써 경제적인 긍정적 효과를 가져옴과 동시에 매립지의 위생적이고 효율적인 관리를 통하여 매립지에 대한 사회적인 인식을 높이는 데도 크게 기여할 것이다.

폐기물 자원화 편람에 의하면 매립지 기체의 외부 방출을 막고 추출, 정제하기 위하여 가스를 한 곳으로 채취하는 것이 필요하며, 채취시설을 갖추어야 한다. 가장 보편적인 채취정(collection well)구조는 그림 10-24와 같으며 관(pipe)의 재료는 PVC, PE를 많이 사용하며 FRP(fiberglass reinforced plastic)도 가끔 사용한다. 최근에는 화재예방을 위하여 도랑(trench)과 함께 사용하기도 한다.

매립지 기체의 채취를 시도한 첫 경우가 미국 California에서 이루어졌다. 1973년에 채취한 기체를 보조연료 없이 44 m^3LFG/min를 소각시키는 데 성공하여 이후부터는 매립지 기체를 무조건 태워버리는 대신 이 기체를 채취하여 사용하는 것이 가능한 것임을 알게 되었다.

그 후 여러 가지 연구 결과 매립지 기체의 회수 재활용에는 다음과 같은 매립지 및 매립지 기체의 일반적인 성질이 요구됨을 알게 되었다.

① 폐기물 속에는 약 50%의 분해 가능한 물질을 포함할 것
② 이 물질의 약 50%가 실제 분해하여 기체를 발생시킬 것
③ 발생 기체의 50% 이상을 채취할 수 있을 것
④ 폐기물 1 kg당 0.37 m^3 이상의 기체가 생성될 것
⑤ 기체의 발열량이 2,200 kcal/Sm^3 이상일 것

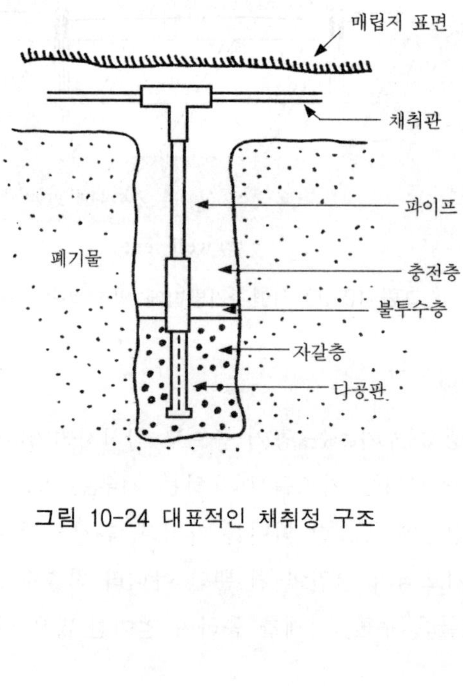

그림 10-24 대표적인 채취정 구조

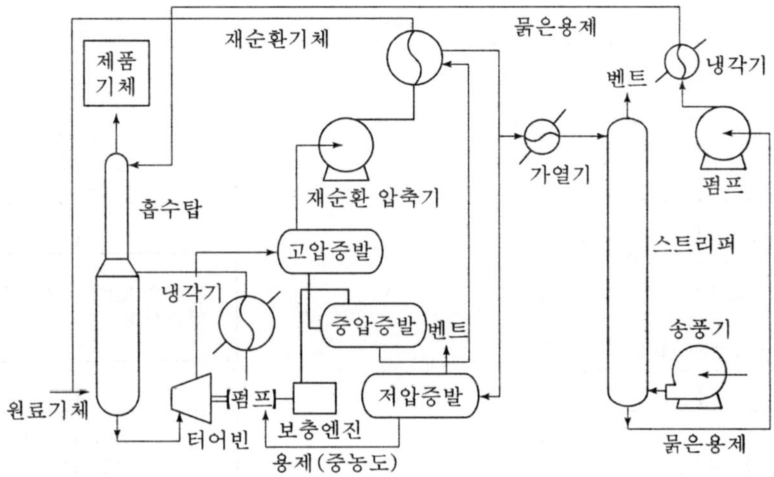

그림 10-25 Selexol 공정도

이 조건들을 만족하자면 거대한 매립지만이 이용 가능하다. 매립지 기체를 실제 유용하게 활용하기 위해서는 상당량 함유하고 있는 H_2O, CO_2 및 N_2기체를 제거하여 CH_4기체의 순도를 높이는 정제 공정(purification process)이 필요하다. H_2O를 제거하는 탈수공정(dehydratioin process)은 흡수, 흡착 및 응축조작을 이용하고, CO_2 제거는 물리적, 화학적 흡수조작을 이용한다. 또한 관로의 부식을 방지하기 위하여 H_2S를 제거하는 탈황공정이 필요할 수도 있다. 경우에 따라서는 정제 공정에 경비가 많이 소모되므로 30% 부근의 CH_4를 함유한 LFG를 직접 기체연소기(flare)로 보내어 소각, 열회수를 하기도 한다.

그림 10-25에 폴리에틸렌 글리콜의 다이메틸 에테르를 용제로 사용한 Selexol공정의 흐름 선도를 나타내었다.

10.7.8 침출수(Leachate)의 처리

침출수의 처리시 적합한 방류수질은 처리방법과 제거대상물질 및 제거효율에 의해 결정되어진다. 즉 매립지의 매립 대상물질이 가연성 쓰레기가 주종인 경우 처리흐름 주체는 생물학적 처리가 되고, 불연성 쓰레기 또는 소각잔사인 경우에는 처리흐름의 주체가 물리화학적 처리가 된다. 그리고 매립의 진척 상황에 따라 매립초기에는 생물학적 처리가 주체가 되지만 유기물질의 안정화가 이루어지는 매립후기에는 물리화학적 처리가 주체가 된다. 그 외에도 침출수의 수량 및 수질이 크게 변동하지 않고 침출수의 조정설비 등의 용량이 정해지지 않은 경우에는 각 처리 공정을 복수계열로 하는 등의 배려도 필요하다. 일반적으로 침출수의 주처리 공정으로 생물학적 처리와 물리화학적 처리를 한다.

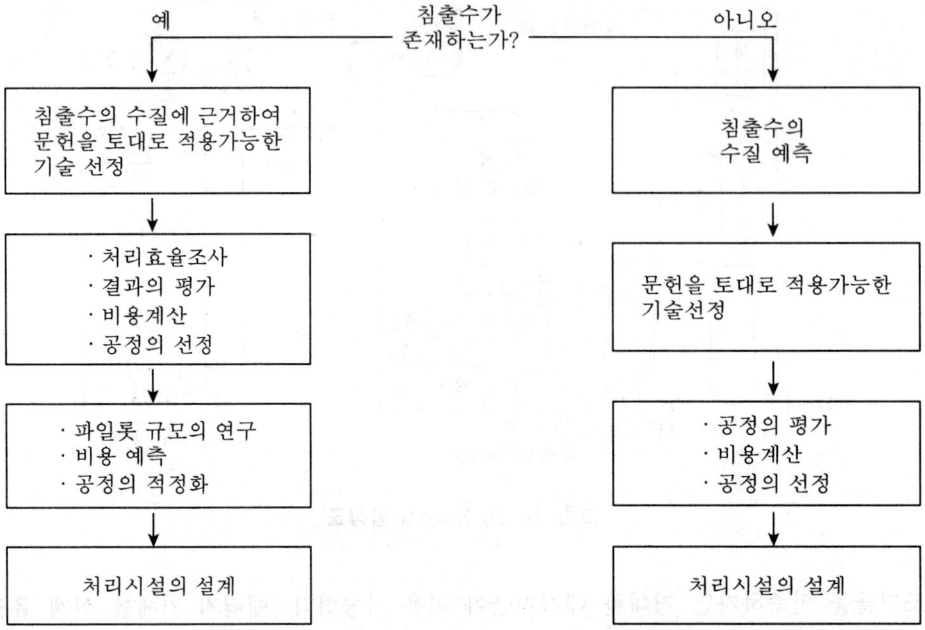

그림 10-26 침출수 처리공정 선택을 위한 방법

① 생물학적 처리 : COD/TOC 〉 2.8, BOD/COD 〉 0.5인 초기 매립지에서 발생하는 침출수의 처리에 효과적이라고 알려져 있다.

② 물리화학적 처리 : COD/TOC 〈 2.0, BOD/COD 〈 0.1인 오래된 매립지인 경우에 효과적인 것으로 알려져 있다.

침출수처리를 위한 공정선택시 일반적인 방법은 그림 10-26에 제시되어 있다.

침출수의 처리에 적용할 수 있는 생물학적, 물리화학적 공정은 아래와 같이 구분되어진다.

① 생물학적 처리 : 호기공정, 혐기공정

② 물리·화학적 처리 : 침전, 탄소흡착, 화학적산화, 이온교환, 역삼투, 공기기체제거, 습식산화

그리고 이들 다양한 처리공정에서 예상되어지는 침출수 처리 효율은 표 10-22와 그림 10-27에 제시되어 있다.

(가) 생물학적 처리

침출수의 생물학적 처리의 주된 목적은 높은 유기물 농도를 감소시키는 것이다. 그리고 이들 공정의 적용시 가장 주된 문제점은 침출수에 존재하는 중금속과 다른 무기물질에 의한 미생물의 잠재적인 저해효과로 처리공정의 효율 감소가 예상되기도 하므로 전처리 공정이 필요하

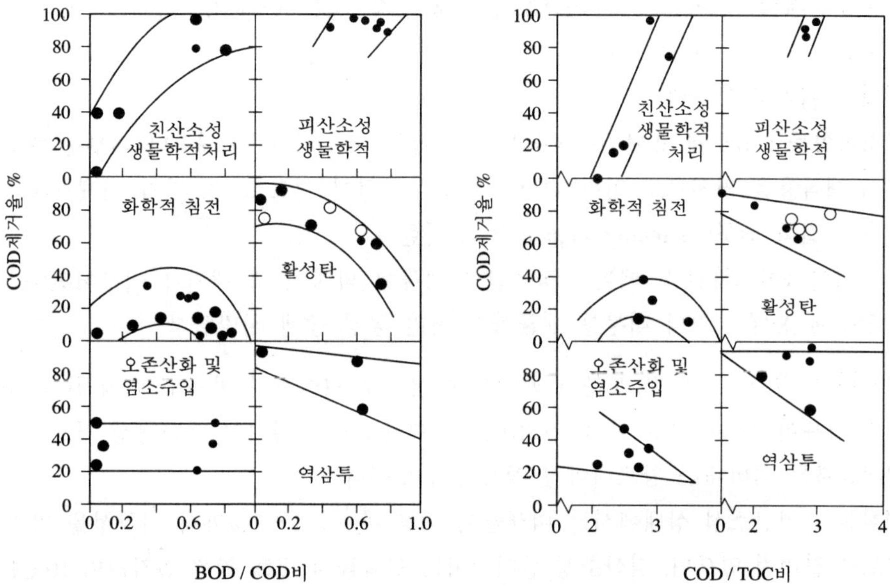

그림 10-27 다양한 처리 공정에서의 COD 제거효율

표 10-22 COD/TOC, BOD-COD 및 매립년한에 따른 다양한 공정의 처리효율

침출수의 특성				처리공정의 효율성						
COD/TOC	BOD/COD	매립 연한	COD (mg/L)	생물학적처리	화학적 침전(석회투여)	화학적 산화	O_3	역삼투	활성탄	이온교환수지
> 2.8	> 0.5	얼마 안됨 (< 5yr)	> 10,000	양호	불량	불량	불량	보통	불량	불량
2.0-2.8	0.1-0.5	중간(5-10yr)	500～10,000	보통	보통	보통	보통	양호	보통	보통
< 2.0	< 0.1	오래됨 (> 10yr)	< 500	불량	불량	보통	보통	양호	양호	보통

다. 전처리 공정으로는 아연 등과 같은 중금속을 제거하기 위해 다음과 같은 공정을 거치는 것이 효과적이다.

침출수의 생물학적 처리시 저해를 미치는 화학물질은 다음과 같다.

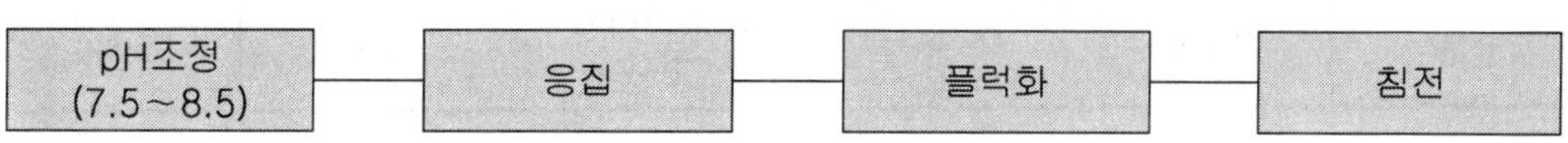

① 중금속 : 매립지내의 조건이 피산소성 상태일 경우 pH, 탄산염, 황산염 등의 작용에 의해 감소한다. 이들이 문제가 되는 경우 위의 전처리 공정을 사용하여 lime처리 후 수산화물 형태로 제거하면 된다.

② 탄소화합물 : 염소계 용매, 사이아나이드화합물, 페놀 등이 존재하나 대부분 매립지 내에서 감쇄작용을 거치므로 일반적으로 전처리 공정이 필요 없다. 만약 저해효과가 일어날 경우 균질화 연못(balancing lagoon)을 설치한다.

- 사이아나이드화합물, 페놀 : 적응된 미생물에 의해 쉽게 제거가 이루어진다.
- 염소계 용매 : 거의 대부분 생물학적 처리 공정 중에 휘발한다.

③ 암모니아 질소 : 단백질 성분의 폐기물 매립시에 피산소성 반응조 내에서는 2,700 mg/L까지 적용이 가능하다고 한다. 표 10-23은 피산소성 공정에서 메탄형성 미생물에 50%의 저해효과를 나타내는 암모니아성 질소의 농도이다.

④ 염화물 : 친산소성 상태에서는 미생물이 적응 후 약 1～2%까지 저항성을 가지고 있는 것으로 알려져 있으며, 피산소성 상태에서는 염화물에 대해 훨씬 민감하며 10 g/L 에서는 가스 발생량에 현저한 저해효과를 나타내는 것으로 알려져 있다.

⑤ 황화물 : 침출수에 존재하는 황화물의 농도는 매립지내에서의 침전과 착화합물 형성에 의해 현저히 감소한다. 그러나 황화물을 다량 함유하는 폐기물을 매립하는 매립지에서는 높은 농도의 황화물이 나타난다. 친산소성 상태에서는 1,000 mg/L 까지는 처리효율에 영향을 받지 않으며, 10,000 mg/L as S^{-2}까지도 적응이 가능한 것으로 알려져 있다.

표 10-23 메탄형성 미생물의 활성에 50%의 저해를 일으키는 암모니아성 질소의 농도

50% 저해농도 (mg/L)	pH	온도(℃)	슬러지	기질	순양*
〉1300	7.0	30	입자상(granular)	C_2 : C_3	none
1000	7.6-7.95	30	입자상(granular)	C_2	300
2500	7.1	38	*M.formicicum*	H_2	none
3500	7.0	35	소화슬러지 가정하수슬러지	C_2 : C_3 : C_4	700
1800	7.2-7.4	30	소화슬러지 가정하수슬러지	C_2 : C_3 : C_4	815
3500	7.5-7.6	30	소화슬러지 가축분뇨	C_2 : C_3 : C_4	2420
4500	7.8-8.1	35	소화슬러지 가축분뇨	C_2	3000

* 슬러지를 미리 NH_4^+에 순양시킨 농도

(1) 활성슬러지 공정

활성슬러지 공정은 하수나 공장폐수 처리시에 나타난 적합성으로 인하여 침출수 처리에도 널리 사용되어진다. 그러나 선상이 다양한 침출수 처리시는 많은 인자들 즉 온도, 영양물질 비, F/M비, BOD 부하 등을 고려하여야 한다. 활성슬러지 공정을 이용한 침출수의 처리시 침출수에 고농도의 철이 존재하면 용존상태의 인의 양을 감소시켜 2차 침전에서 슬러지팽화(sludge bulking) 현상을 일으키게 되고 2차 침전지의 효율을 감소시키는 경우도 있으므로 운전시 주의하여야 한다. 그리고 과도한 공기공급과 높은 농도의 중금속으로 인해 거품문제가 발생하기도 한다. 이 경우에 소포제의 첨가, 기계적 교반은 문제를 해결하는 데 도움이 된다. 대부분의 생활폐기물 매립지의 침출수는 높은 농도의 암모니아성 질소를 함유하고 있으며, 이러한 암모니아의 질산화를 위해서는 SRT(sludge retention time)를 10일 이상으로 유지하여야 90% 이상의 효율을 올릴 수 있는 것으로 알려져 있다. 그리고 온도는 암모니아 제거에 많은 영향을 끼치는 것으로 알려져 있다. 그림 10-28은 온도에 따른 암모니아의 제거율을 제시하고 있다.

그리고 침출수는 대부분 유기물질과 질소의 농도가 높고 인의 함량이 상대적으로 낮은 값을 보이므로 처리시에는 인의 보충이 필요하다. 그러므로 최근에는 활성슬러지공정을 이용한 침출수의 처리시 하수와의 혼합처리가 연구되어지고 있다. 이러한 방법을 도입할 때 단독 처리시 발생되는 거품, 침전조에서의 고액분리 문제 등이 발생하지 않고 운전이 용이하며, 슬러지 발

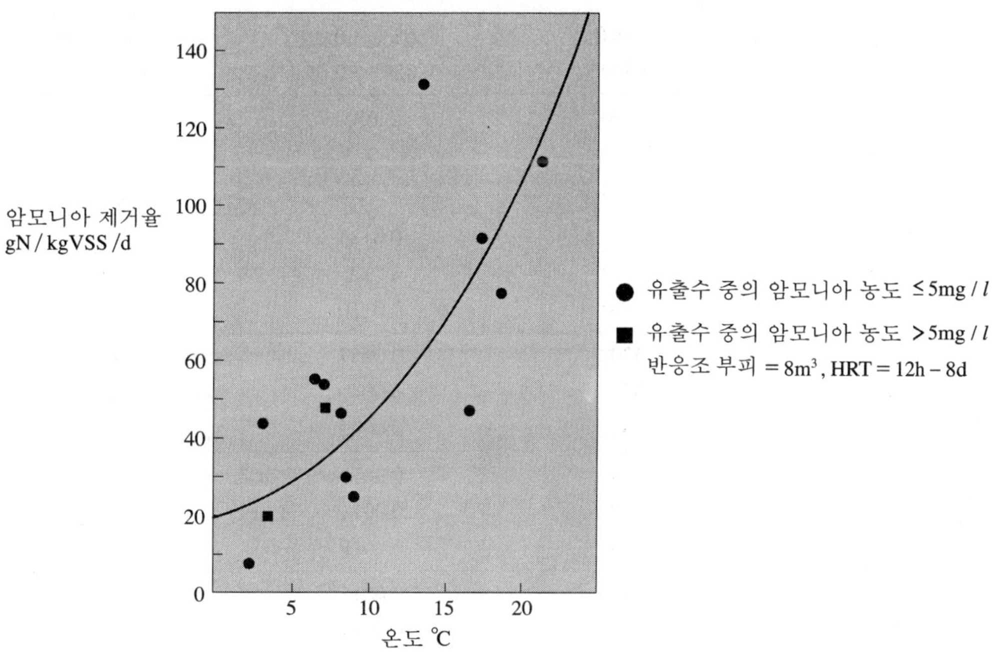

그림 10-28 온도에 따른 활성슬러지 공정에서의 암모니아 제거율

표 10-24 활성슬러지에 의한 침출수 처리시 적정 BOD 부하와 F/M비

	BOD부하 $kgBOD_5/m^3/day$	F/M비 $kgBOD_5/kgMLSS/day$	$kgBOD_5$, COD 제거율 %
case 1	0.57	0.05	99.6, 96.5
case 2	0.21	0.017	99.5, 96.5

표 10-25 침출수 처리에 사용되는 설계기준(독일예)

처리장 / 조건	BOD_5 부하
완전한 처리 BOD_5 < 25 ppm $(BOD_5/COD) > 0.4$	< 0.15 $kgBOD_5/m^3/day$
부분적 처리 (70% 분해 및 탈취) $(BOD_5/COD) > 0.4$(인은 첨가하지 않는다)	< 0.15 $kgBOD_5/m^3/day$

표 10-26 유출수의 $SBOD_5 < 25$ 가 예상되어지는 BOD_5 / COD, 평균 유기물부하와의 관계

BOD_5 / COD	$SBOD_5$ (mg/L)	유기물 부하 ($kgBOD_5/m^3/d$)	체류시간
> 0.4	15,000	0.025 ~ 0.05	300 ~ 600
	4,500	0.025 ~ 0.05	90 ~ 180
0.4	2,000	0.036	56
	2,950	0.025	118
	3,900	0.020	195
0.3	950	0.0135	70
	1,250	0.0125	100
	1,500	0.0110	137
0.2	520	0.0057	91
	650	0.0049	130
	780	0.0043	151
0.1	185	0.0025	74
	240	0.0021	124
	300	0.0018	167
0.05	70	0.0015	47
	100	0.0011	91
	125	0.00099	127

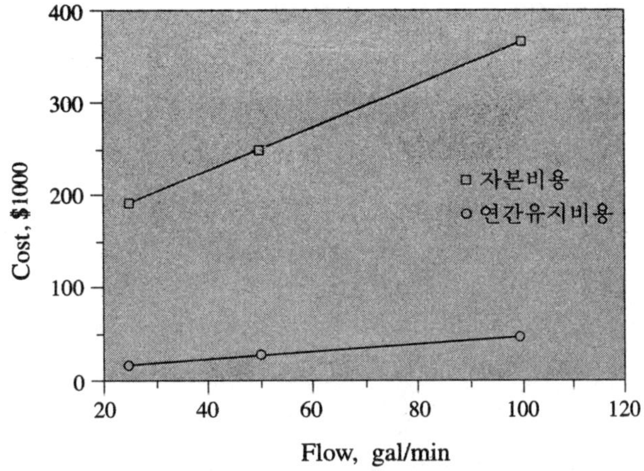

그림 10-29 재래식 활성슬러지에 소요되는 자본비와 연 평균 운전비

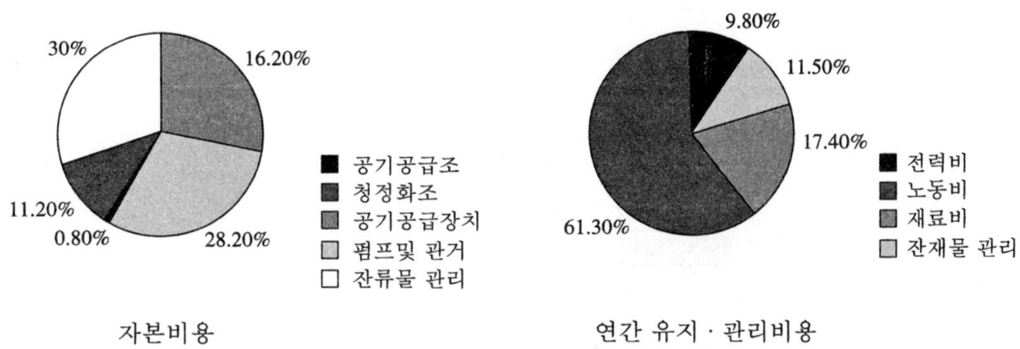

그림 10-30 재래식 활성슬러지에 소요되는 자본비와 연 평균 운전비의 세부내용

생량이 일반하수보다 작게 발생하는 결과를 보인다. 그리고 BOD 부하와 F/M 비의 적정범위를 살펴보면 표 10-24와 같다.

활성슬러지 공정에 사용되는 설계인자는 아래의 표 10-25에 제시되어 있다. BOD_5/COD > 0.4 인 경우만 제시되어 있는데 그 이외의 경우는 표 10-26에 제시되어 있는 값을 사용하는 것이 좋다. 그리고 활성슬러지에 의한 침출수의 처리 경우 체류시간 7~14일에 상대적으로 높은 슬러지 일령인 약 30일 정도로 운전해야 적절한 처리 효율을 얻을 수 있다고 한다. 그리고 활성슬러지 운전시 소요되는 자본비와 연 평균 운전비와 그에 따르는 세부 비용은 그림 10-29와 그림 10-30에 제시되어 있다.

(2) 연속 회분식 반응조(SBR ; Sequencing Batch Reactor)

유입(fill)-방류(draw) 형태의 활성슬러지 공정의 일종으로서 한 반응기 내에서 그림 10-31의 공정이 진행된다.

① 유입(fill) : 침출수를 반응조에 유입한다.
② 반응(react) : 제거하고자 하는 대상에 따라 혐기 또는 호기의 조건을 유지한다. 이 과정에서 유기물의 제거가 이루어진다.
③ 침전(settle) : 폭기 및 교반을 중지하고 활성슬러지 floc을 중력으로 침전시켜 활성슬러지와 상층수를 분리한다.
④ 방류(draw) : 처리된 상징수를 반응조로부터 방류한다.
⑤ 휴지(idle) : 다음 주기가 시작되기 전에 대기하는 시간이며, 필요에 따라 교반, 폭기 또는 침강된 슬러지 일부를 방출하기도 한다.

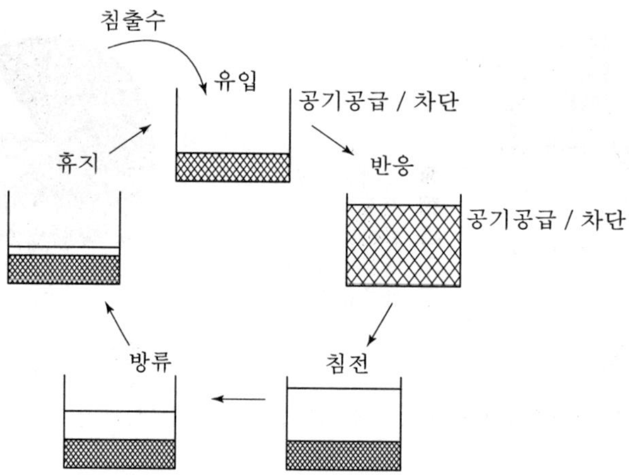

그림 10-31 SBR 공정 계통도

표 10-27 SBR을 이용한 Hyde Park 침출수의 처리결과

Sample[a]	TOC	COD	Phenol	HET acid	Benzoic acid	o-CBA	m-CRA	*p*-CBA
유입수	2,000	5,300	530	260	730	350	110	110
A 유출수	140(93)	510(90)	6(98.9)	170(35)	6(99.2)	12(97)	25(77)	3(97)
B 유출수	120(94)	400(92)	1(99.8)	150(42)	2(99.7)	2(99)	3(97)	2(98)
C 유출수	536(73)	1,700(68)	12(97.7)	175(33)	6(99.2)	20(94)	25(77)	3(97)

Unit : mg/L, ( ) : efficiency
[b] : Reactor A : HRT = 5d : MLSS = 5,000 mg/L, Reactor B : HRT = 5d
MLSS = 10,000 mg/L, Reactor C : HRT = 2 ; MLSS = 10,000 mg/L

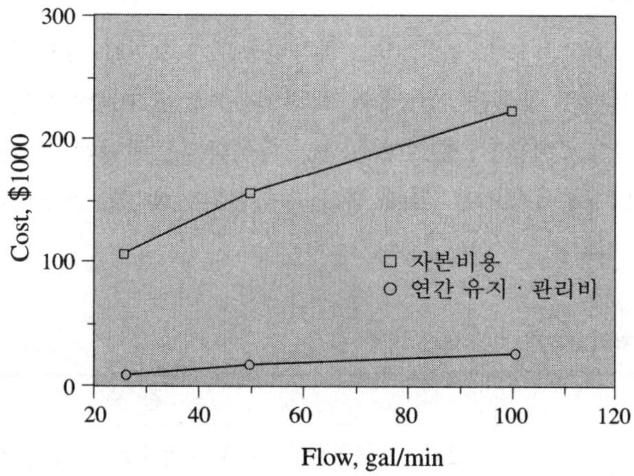

그림 10-32 SBR에 소요되는 자본비와 연 평균 운전비

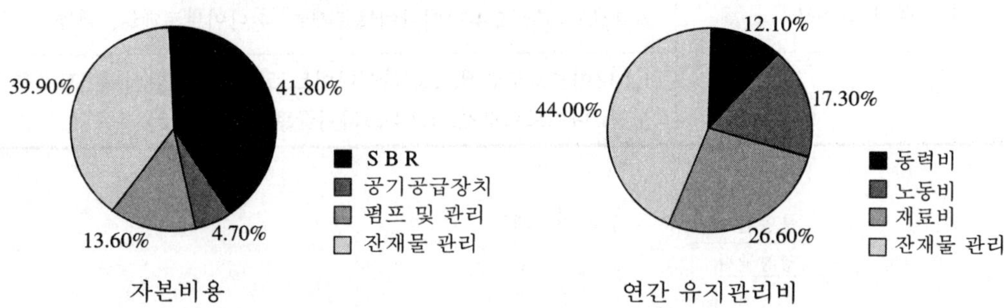

그림 10-33 SBR에 소요되는 자본비와 연 평균 운전비의 세부사항

SBR을 이용한 침출수의 처리예는 표 10-27에 제시되어 있다. 그리고 SBR 운전시 소요되는 자본비와 연 평균 운전비와 그에 따르는 세부비용은 그림 10-32와 그림 10-33에 제시되어 있다.

(3) 분말활성탄처리(powdered activated carbon treatment, PACT)

활성슬러지 공정에 PAC(powdered activated carbon)을 첨가한 PACT는 조성과 유량의 변동이 심하며, 색도가 높고 난분해성 물질을 함유한 침출수의 처리에 적합한 것으로 알려져 있다. 그리고 유기부하의 변동에 대한 높은 완충효과로 인하여 전처리 시설은 중화조에 한정되며 유량균등조는 일반적으로 처리 효율의 향상에 커다란 기여를 하지 못하는 것으로 알려져 있다. PACT 공정에서 유기물은 생물학적 산화-동화 및 물리적 흡착에 의해 제거가 이루어지며, PAC, 활성슬러지 흡착된 유기물질, 비활성 물질 등으로 이루어진 폐고형물은 최종 처분이나 탄소의 재생전에 탈수 시킨다. PACT 공정의 계통도와 주요 제거대상물질은 그림 10-34 및 표

10-28에 제시되어 있다.

그리고 HRT=16h, SRT=15d, 반응조의 활성탄농도가 9,700 mg/L 일 경우 유입수 유량이 2.4 gal/min 조건에서 PACT 공정을 이용하여 처리했을 때 표 10-28에 나타낸 유해화합물질-벤젠, 클로로벤젠, 다이클로로메테인, 클로로폼, 1,2 다이클로로에틸렌, 트라이클로로에틸렌 등의 물질의 제거가 완전히 이루어졌으며, 이에 대한 결과는 표 10-29, 소요비용은 그림 10-35와 그림 10-36에 제시되어 있다.

표 10-28 분말활성탄처리공정의 주요제거 대상 물질

구 분	종 류
휘발성 유기물	벤젠, 사염화탄소, 클로로에테인, 에틸벤젠, 염화메틸렌, 테트라클로로에틸렌, 톨루엔, 1,1,1-트라이클로로에테인, 트라이클로로에틸렌, 트라이클로로플루오르메테인
산 추출성 유기물	2-클로로페놀, 2,4-다이나이트로페놀, 4-나이트로페놀, 페놀
염기/중성 추출가능유기물	1,2-다이클로로벤젠, 2,4-다이나이트로페놀, 2,6-다이나이트로톨루엔, 나이트로벤젠, 1,2,4-트라이클로로벤젠

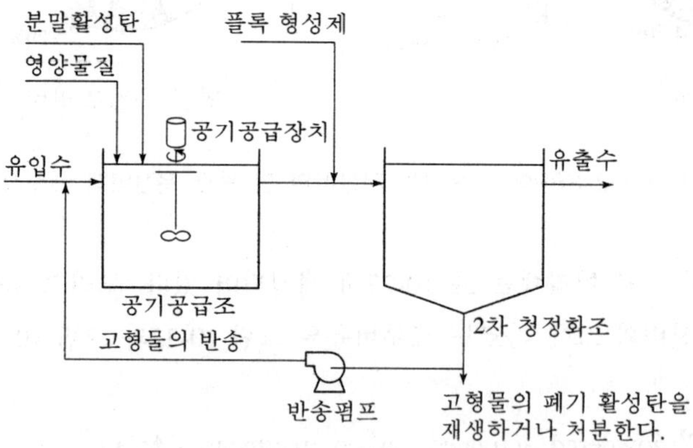

그림 10-34 PACT 공정의 계통도

표 10-29 PACT 공정을 이용한 침출수의 처리결과

Parameter	유입수(mg/L)	유출수(mg/L)	제거율(%)
COD	1,788	467	74
BOD	50.3	5.5	89
DOC	535	154	71

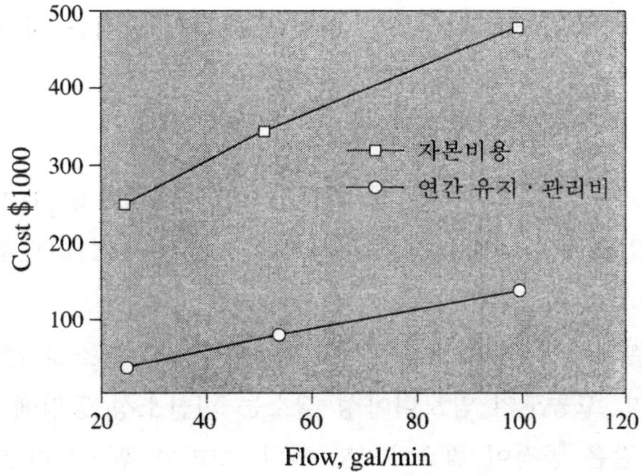

그림 10-35 PACT 공정에 소요되는 자본비와 연 평균 운전비

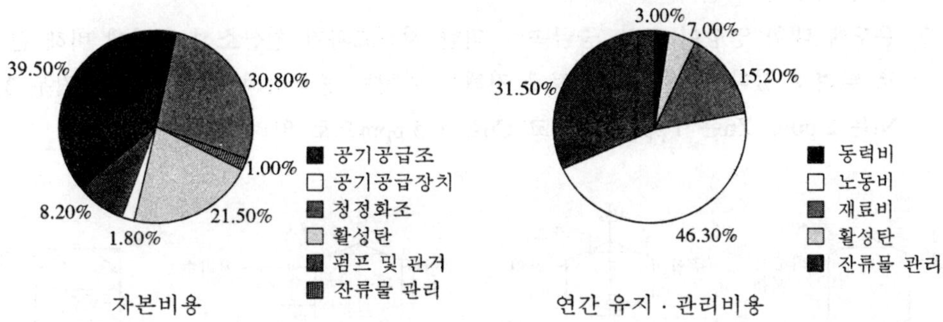

그림 10-36 PACT 공정에 소요되는 자본비와 연 평균 운전비의 세부사항

(4) 피산소성 공정

침출수의 피산소성 처리는 고농도의 유기물질 제거에 효과적이며, 부산물로서 메탄을 이용할 수 있는 이점을 가지고 있다. 이러한 피산소성 공정의 장단점을 살펴보면 아래와 같다.

㉠ 장점

① 고농도의 침출수를 희석없이 처리할 수 있으며 부산물로서 메탄을 이용할 수 있다.

② 미생물의 낮은 증식으로 인하여 슬러지 처리 비용이 감소된다.

③ 친산소성 공정에 비해 낮은 영양물 요구량을 가진다. 일반적으로 친산소성 공정에서는 BOD_5 : N : P가 100 : 5 : 1인데 비해 피산소성 공정에서는 COD/P 와 BOD_5/P의 비가 15,000~30,000, 6,200~12,545인 경우에도 인의 부족현상이 없이 처리가 가능하다. 따라서 대부분의 침출수 성분은 인이 부족하므로 침출수 처리시 친산소성 처리보다는 피산소성 처리가 훨씬 효과적이다.

④ 대부분의 염소계 화합물은 피산소성 상태에서 분해가 잘 일어나므로 난분해성 물질을 함유한 침출수의 처리시 훨씬 효과적이다.

그러나 위의 장점에도 불구하고 피산소성 처리는 아래의 단점을 내재하고 있으므로 전처리 시설이 필요하다.

㉡ 단점

① 대부분의 침출수는 매립지 내에서 피산소성 단계를 거쳐 pH의 범위가 약산성인 5.5 ~7 사이에 있으므로 메탄생성균의 성장을 저해한다. 그러므로 pH 조정조가 필요하기도 하다.

② 피산소성 물질대사에 의해 질소 성분이 암모니아성 질소로 존재하기 때문에 후속처리가 필요하며, 고농도의 암모니아성 질소는 피산소성 공정에 영향을 미치므로 암모니아 탈기와 같은 공정이 필요하기도 하다. 그리고 후속처리로서 친산소성 공정이나 역삼투법을 이용한 암모니아성 질소의 제거가 이루어지지 않으면 생태계나 어류에 강한 독성을 미친다.

③ 온도에 대한 영향이 크며, 중금속에 의한 저해효과가 친산소성 공정에 비해 큰 것으로 알려져 있다. 피산소성 공정에 저해를 미치는 중금속의 농도는 Cr의 경우 3 ppm, Ni은 2 ppm, Zn은 1 ppm, 그리고 Cu는 0.5 ppm으로 알려져 있다.

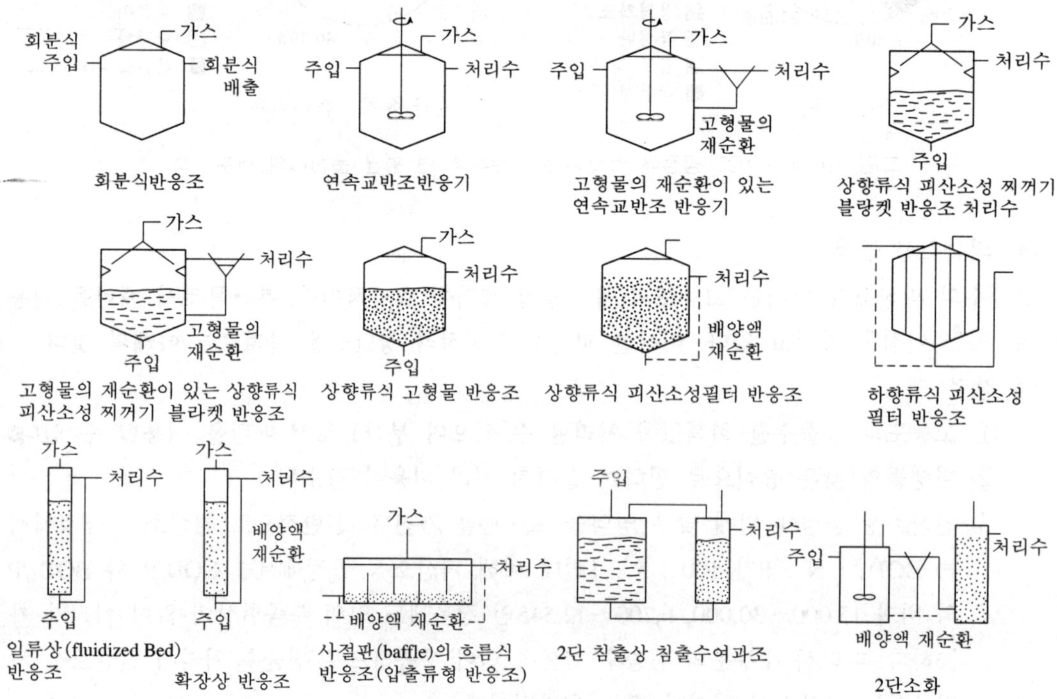

그림 10-37 다양한 고율 피산소성 반응조

표 10-30 다양한 피산소성 공정에서의 침출수 처리 예(gCOD/m^2 · d)

유 형		유기물부하 (gCOD/m^2 · d)	효율 (%)	온도 (℃)	수리학적 체류시간	생물삭적 가스생산 (CH_4함량)
상향류식 피산소성 슬러지 블랑켓(UASB)		4.9	92	33		
		4.0	70	20		
		900~1,200 kg/d	총 80~85 용해성 80~90	33~35	8~12 h	360~480 m^3/d
AF		1.24	97	35	13.9 d	
UASB와 공기부상 (AF) 조합		10	〉85	35	18 h	130 L/d
2단계 AF		4g COD/m^2/d	91	35~39	35.8 d	1st 15~25.6 L/d 2nd 0.2~5.3 L/d as CH_4
AF	수직류매체	0.37 lb/d/ft^3	81asTBOD	36	7.7 d	35 g/L/d(65%)
	교차류매체	0.5 lb/dft^3	80asTBOD	36	5.5 d	500 L/d(65%)
피산소성 접촉조		0.34 lb/d/ft^3	65asTBOD	38	6 d	181 L/d(65%)
상향류 생물여과법(UBF)		14.5	95.8	34~36	1.5 d	138 L/d(74%)
2중 슬러지여과법(DSF)		14.7	92.8	34~36	1.5	104 L/d(75%)
피산소성 소화조	(회분식)	0.85	93.4	23~30	10 d	0.43 m^3/kg COD
	(회분식)	1.05	94.5	23~30	12.5 d	0.45 m^3/kg COD
	(재래식)	2.84	92.3	34~36	8 d	1.9 L/d
2단계 소화 반응조	산생성	10.4	3	34~36	3.75 d	
	메탄생성	3.41	92.5	34~36	8 d	1.56 L/d

이처럼 침출수의 피산소성 처리는 많은 장점에도 불구하고 위에서 언급한 문제들로 인한 공정사의 어려움으로 인해 실제 운전시에 세심한 주의가 필요하다. 그리고 최근에는 피산소성 반응에 관한 많은 연구와 더불어 고율 피산소성 공정의 개발로 인하여 피산소성 공정의 급격한 발전을 이루었다. 이러한 고율 피산소성 반응조에는 2상소화(two-phase digestion) AF(anaerobic filter), UASB (upflow anaerobic sludge blanket), 그리고 hybrid 반응조의 일종인 UASB와 AF를 결합한 UBF(upflow bed filter)와 DSF(down stationary film) 반응조 등이 있다. 이러한 반응조는 재래식 소화조에 비해 HRT가 짧기 때문에 높은 슬러지 체류시간을 유지함으로써 높은 유기물부하에서도 높은 처리효율을 올릴 수 있다(그림 10-37). 이러한 고율 피산소성 반응조를 이용한 다양한 처리 결과는 표 10-30에 제시되어 있다.

이러한 피산소성 공정은 생활폐기물을 매립하는 매립지에서 발생하는 침출수의 높은 암모니아성 질소를 제거하지는 못하나, 높은 유기물 농도의 오염원을 처리하면서 발생되는 메탄의 이용과 더불어 난분해성 물질의 일종인 염소계 화합물을 제거하는 기작으로 인하여 전처리 공정으로서 가장 적합한 방법으로 생각된다.

(나) 물리화학적 처리

침출수처리에는 다양한 물리화학적 처리 공정이 이용된다. 이러한 처리 공정은 유기물 함량이 상대적으로 적고 매립연한이 오래된 침출수의 처리나 생물학적 처리를 위한 전처리 또는 후처리로서 적용되어진다. 특히 후처리로서 물리화학적 처리의 적용은 매립연한이 오래된 침출수에 함유된 다량의 휘발성 지방산은 생물학적 처리에 의해 고분자 탄수화물과 결합함으로써 쉽게 제거된다. 주요한 물리화학적 처리 공정으로는 다음과 같은 것들이 있다.

· 침전 및 응집 (Precipitation and coagulation)
· 이온교환 (Ion exchange)
· 활성탄흡착 (Carbon adsorption)
· 역삼투 (Reverse osmosis)
· 화학적 산화 (Chemical oxidation)
· 탈기공정 (Stripping)
· 전해산화법 등이 있다.

(1) 침전 및 응집

침출수에 존재하는 용존성의 중금속, 색도, 현탁물질을 제거하기 위해 첨가하는 약품으로는 lime, Na_2S, $FeCl_3$ 등이 사용되어지며, 특히 lime(≥300 mg/L) 주입시 철이온은 거의 100% 제거되며, Na_2S의 경우는 1,000 mg/L 이상의 고농도로 주입해야만 제거가 가능한 것으로 알려져 있다. 그러나 물리화학적 처리시 유기성 물질에 대한 제거 효율은 상대적으로 낮은 것으로 나타나고 있다. 그림 10-38과 10-39는 pH에 따른 철 수산화물과 철 황화물의 용해도와 응집제 주입에 따른 침출수의 유기물질 제거효율을 제시하고 있다.

(2) 이온교환

이온교환은 침출수 속에 존재하는 다양한 양이온, 음이온, 영양물질과 용존성 고형물질을 제거하기 위한 목적으로 이용된다. 이러한 이온교환공정은 금속, 할로겐 화합물, 사이아나이드화합물의 제거에도 적용이 가능하나 경제성으로 인하여 고농도의 이온 물질 함유시에는 적당하지 못하다. 특히 유해 폐기물 침출수의 처리의 경우는 현탁, 비용존성의 물질(오일, 그리스 등)에 의한 수지상의 막힘과 방향족화합물과 같은 산화제에 의한 수지상의 비가역적인 결합 등의 문제점을 해결하기 위하여 응집-침전 등의 전처리가 필요하다. 그리고 효과적인 처리를 위해서는 이온교환수지의 교환능력이 2,500 mg/L as $CaCO_3$를 유지하여야 한다.

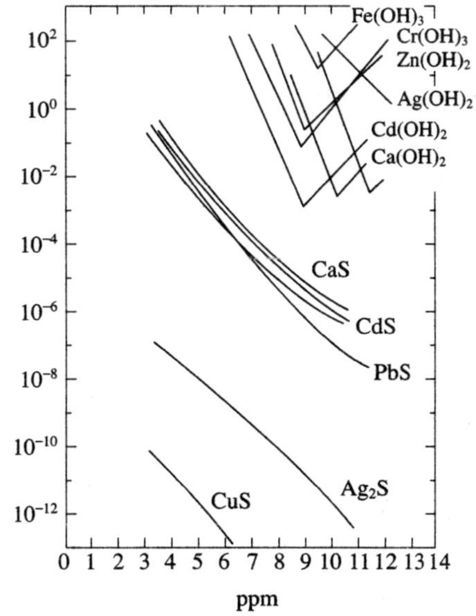

그림 10-38 pH에 따른 철 수산화물과 철황화물의 용해도

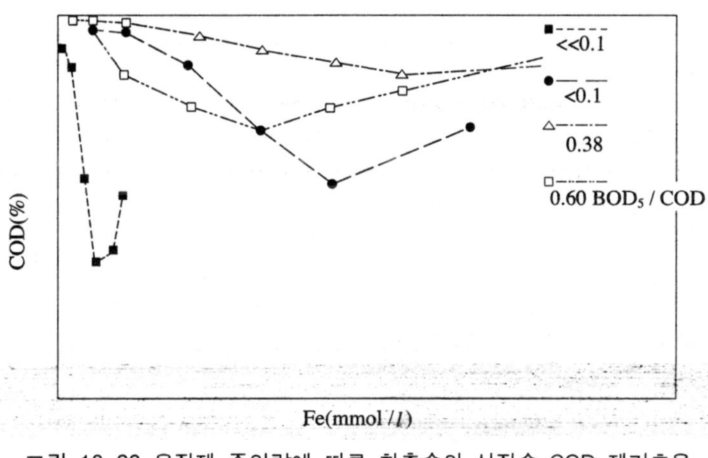

그림 10-39 응집제 주입량에 따른 침출수의 상징수 COD 제거효율

(3) 활성탄 흡착

탄소흡착은 침출수에 존재하는 용존성의 유기물질을 제거하기 위한 목적으로 이용되며 피트나 활성탄이 있다. 일반적으로 활성탄은 큰 비표면적(300～2,500 m^2/g)을 가지며, 물리적, 화학

적인 힘에 의해 오염물질의 제거가 이루어진다. 이러한 공정의 효율은 아래의 식으로 표현이 가능하다.

$$X/M = k\ C^{1/N}$$

즉, 공정효율은 흡착제인 활성탄 단위 중량당 제거되는 오염물질의 양인 X/M에 의해 나타내어진다. 그림 10-40과 표 10-31은 다양한 침출수에 대한 활성탄의 처리시 등온흡착곡선과 변수의 값을 제시하고 있다.

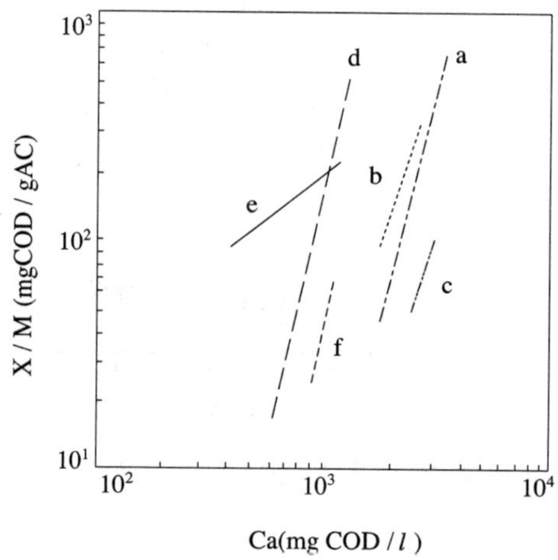

그림 10-40 다양한 물질에 대한 등온 흡착곡선

표 10-31 활성탄에 의한 다양한 침출수 처리시 등온흡착식의 변수

유형	COD/TOC	C_o, mg/L		X/M(mg COD 또는 COD/mg AC)		1/n mg COD 또는 TOC(mg AC mg/L)	
		COD	TOC	COD	TOC	COD	
원액		5,000	395-13,000	2.5	0.046-0.3	9.5	0.6-1.2
생물학적처리	2.4-3.8	184-830	210-320	0.261-0.54	0.102-0.74	0.7-2.3	
화학적 처리	3.3-3.7	508-2990		0.2-0.8	0.14-0.165	1.4-3.2	0.97-1.1
생물학적+화학적처리	3-3.7	192-344	130-230	0.15-0.86	0.13-0.23	0.98-5.9	2.4-2.9

(4) 역삼투(R/O; Reverse Osmosis)

① 원리

최근에 침출수 처리의 새로운 기술로 대두되고 있는 공정으로서 다른 기술과는 달리 두 가지 액체 흐름으로서 분리하는 기술이다. 또한 막재료의 급속한 발전은 매우 작은 분자량(>120)을 갖는 물질과 50,000 mg/L 의 TDS까지도 분리가 가능한 것으로 알려져 있다. 그러나 분자량이 작은 산형성 단계를 지난 물질 즉 humic 또는 fulvic 등의 산과 페놀 등은 분리가 안 되므로 생물학적 처리의 후처리로서 사용하는 것이 효과적이다. 문헌에 의하면 R/O에 의한 침출수의 처리효율은 56%의 값을 보이나 피산소성 공정인 UASB와 R/O의 조합시 COD의 99%가 제거 가능하였다. 그리고 최대 가동 압력은 400~1,500 psig 사이에서 운전이 가능하다. 표 10-32는 R/O에 의한 침출수 처리의 결과를 제시하고 있다.

표 10-32 R/O에 의한 침출수의 처리 예

(mg/L)	a		b		c		d		e	
	In	Out	In	Out	In	Out	In	Out	In	Out
COD	1,690	18~25			1,630	80	270	3	4,180	29.4
BOD_5					140	30				
TOC			1,200	24						
NH_4-N	308	20~34	1,370*	469*	801	116	82*	5*	665*	30*
AOX					1.2	0.07				

*Values expressed as NH_4^+

② 침출수 처리의 R/O공정 Flow

응집침전	부유 고형물의 제거(안정적 처리 필요)
↓	
사여과	부유 고형물의 제거
↓	
정밀여과	부유 고형물의 제거
↓	
(활성탄 여과)	부유 화합물의 제거
↓	
R/O 여과	

③ 역삼투 모듈(R/O Module)의 종류

- Plate & Frame(판틀형)
- Tubular(관형)
- Hollow Fiber(중공사형)
- Spiral Wound(나권형)
- Disc Tube(DT형)

(5) 화학적 산화

① 원리

강력한 산화제를 이용한 화학적인 산화처리는 색도, 철 등의 제거에 효과적이라고 알려져 있다. 그러나 COD의 제거효율은 NaOCl, $Ca(OCl)_2$, Cl_2, 2,000 mg/L 주입에 28, 10, 30 %의 제거효율만을 보여주고 있다. 오존에 의한 제거효율은 26 mg/L 주입시 반응시간 4시간에 대해 약 36 %를 보이고 있다. 그림 10-41은 다양한 산화제에 의한 침출수의 처리시 COD의 제거효율을 제시하고 있다. 그림 10-41에서 제시된 것처럼 NaOCl만이 생물학적 처리를 거친 유출수의 잔류 COD의 20~70 %의 가장 좋은 처리효율을 보이고 있다. 이 때의 조건은 NaOCl 주입량(1,600 mg/L), pH=8.9이다.

그리고 산화처리에 의한 중금속의 제거는 오존처리시에 철, 구리, 아연 등의 제거효율이 82~99%를 보이나, 니켈의 제거는 일어나지 않으며, 염소 또는 염소화합물의 주입량 800~1,000 mg/L에서 철은 99% 이상 제거되는 것으로 알려져 있다. 침출수의 산화처리는 생물학적 처리를 거친 유출수의 생물학적 난분해성 물질을 처리하는 데 아마도 효과적인 공정인 것으로 생각된다.

② 펜톤(Fenton) 산화법

펜톤 산화법은 H_2O_2와 $FeSO_4$를 3 : 1로 혼합한 펜톤으로 침출수내의 난 분해성 유기물질을 산화하는 방법이다.

펜톤 산화법은 다음과 같은 순서에 의해 실시한다.

- 침출수의 pH를 3~4로 조정한다.
- 펜톤액을 첨가하여 난분해성 유기물질을 산화한다.
- pH를 중화한다.
- 응집제를 첨가하여 침전시킨다.
- 생물학적 처리(예 : RBC)를 하고 방류한다.

공정의 구성은 다음과 같다.

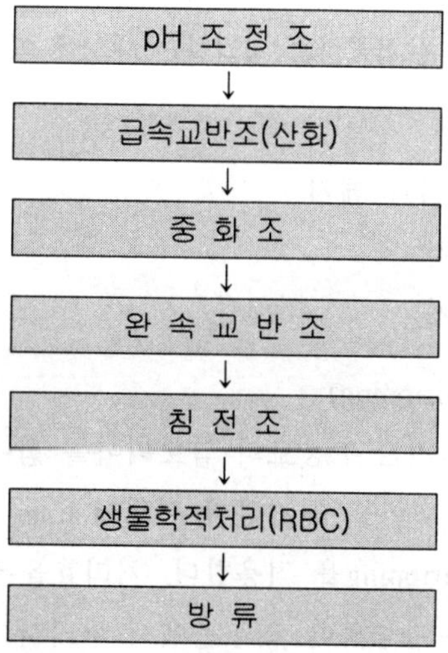

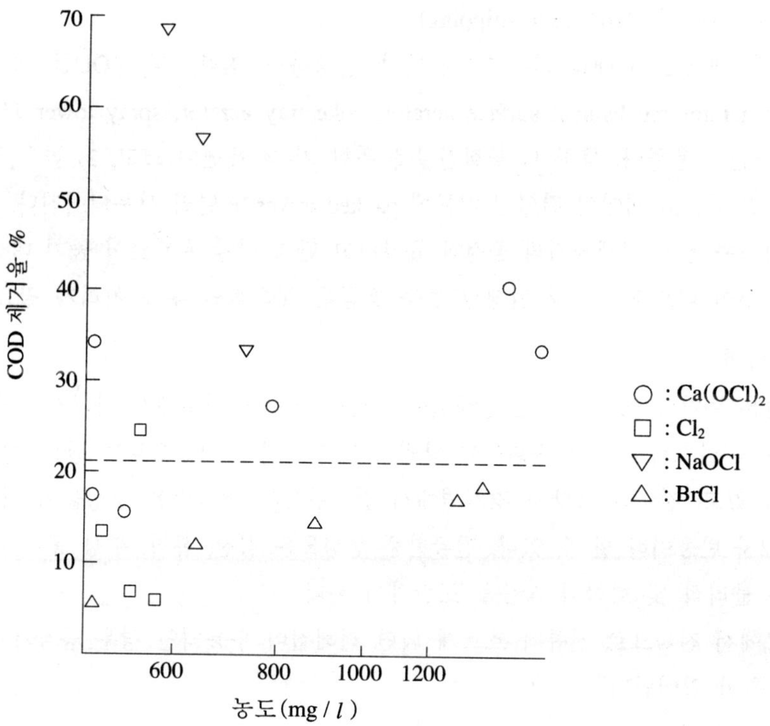

그림 10-41 산화제에 의한 침출수 처리시 COD 제거효율

(6) 탈기공정

침출수의 처리에 사용되어지는 탈기공정은 처리하는 대상에 따라 아래와 같이 3가지로 나뉘어진다.

· 암모니아기체 제거 – 암모니아 제거
· 공기기체 제거 – VOC 제거
· 증기기체 제거 – VOC 제거

① 암모니아 탈기(ammonia stripping)

대부분의 생활폐기물 매립지는 고농도의 암모니아를 함유하므로 전처리로서 암모니아의 제거가 필요하다. 즉 암모니아를 제거하기 위해서 lime 등의 약품을 이용하여 pH를 10 이상으로 유지한 후 air stripping을 적용한다. 처리효율은 암모니아가 765～785 mg/L 에서 약 48～54%의 제거가 가능하며, 라구운에서 처리시 체류시간은 11～12일 정도가 소요된다.

② 공기/증기기체 제거(air/steam stripping)

공기기체 제거는 유해화합물 폐기물에서 발생하는 침출수의 VOC를 제거하기 위해 diffused aerator mechanical surface aerator, coke tray aerator, spray tower 그리고 packed tower 등을 이용한다. 특히 1) 물질전달을 위한 기-액 표면이 크고, 2) 높은 공기/물 비에서의 운전가능 3) 제어의 편의성 때문에 packed tower가 널리 사용되어진다. 그리고 증기기체 제거는 공기 기체제거의 공정과 유사하고 단지 전달 유체로서 공기 대신 증기를 사용하는 것이 다르다. 이 때 발생된 농축 흐름은 계속적인 후속 처리가 필요하다.

(7) 전해산화법

전기분해법은 무기성 또는 유기성 전해질을 포함한 폐수에 외부에서 에너지를 공급함으로써 전기분해 반응을 일으켜 폐수를 정화하는 방법이다. 전기분해 반응으로는 산화, 환원, 중화, 분해, 석출 등이 있고, 전극과 용액의 경계면에서 전극반응과 전극반응 생성물이 폐수중의 성분과 작용하는 2차 반응이라 할 수 있다. 전극반응 생성물은 침전, 흡착, 부상 등에 작용함으로써 전기분해법은 물리적 및 화학적 작용을 포함하게 된다.

전기분해조에서 전극으로 전류가 흐르게 되면 전해질이 수용액인 경우 양극과 음극에서 다음과 같은 반응이 일어난다.

양극 : $2H_2O = O_2 + 4e^- + 4H^+$

$4OH^- = 2H_2O + 4e^- + O_2$

음극 : $2H^+ + 2e^- = H_2$

$2H_2O + 2e^- = H_2 + 2OH^-$

전해질 중에 염소를 다량 함유할 경우에는 양극에서 다음과 같은 반응이 일어날 수 있다.

$$2Cl^- - 2e^- \rightarrow Cl_2$$ 또는

$$Cl^- + 2OH - 2e^- \rightarrow OCl^- + H_2O$$

양극에서 발생한 O_2 및 OCl^-은 유기물을 산화 분해시킨다. 예로서 아민산은 산소에 의해 NH_3, HCHO, CO_2로 분해된다.

$$NH_2CH_2COOH + O \rightarrow NH_3 + HCHO + CO_2$$

음극에서 발생한 수소는 유기물을 환원 · 분해시키는 경우가 있는데 산화형 색소는 쉽게 환원되어 무색으로 된다.

또한 전기분해는 응집침전 효과가 있다. 금속 전극으로서 Al, Fe, Ni을 양극으로 할 경우 금속이 용해되어 수산화물을 생성한다. 이 수산화물이 불순물을 포함하여 공침하거나 침전을 용이하게 한다. 특히 알루미늄을 사용할 경우 다량의 침전이 발생하여 착색된 폐수를 무색투명하게 한다. 전기분해법은 염색폐수, 도살장폐수 등에 많이 적용된다.

장치의 구성 Flow는 다음과 같다.

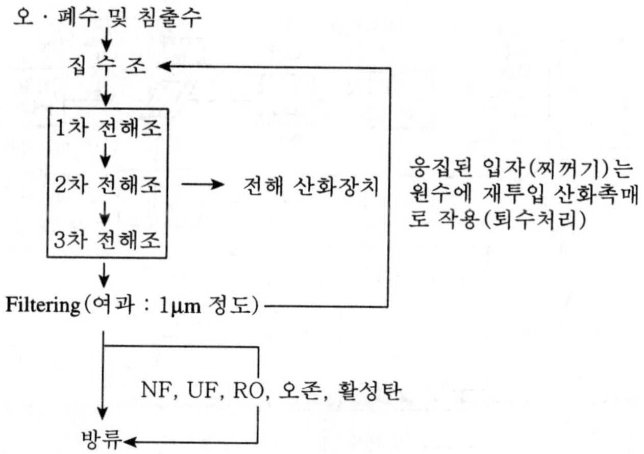

(8) O_3+A/C 처리방법

모래 여과를 이용하여 전처리함으로써 침출수 내의 SS성 물질을 제거하고, 난분해성 유기물질을 O_3발생기로 생성시킨 O_3로 산화시킨 후 잔류성 유기물을 활성탄 흡착 후 방류한다.

<장치의 구성>

Sand Filter → O_3 접촉조 → A/C Filter → 방류

(다) 침출수 처리 복합과정

위에서 살펴본 것처럼 침출수는 어느 하나의 단위 공정만으로는 처리가 불가능하다. 그러므로 실제 처리시 다양한 공정의 조합을 이용하는 데 예상되어지는 침출수의 처리공정의 예는 그림 10-42와 같다.

(라) 유해폐기물 침출수 처리

산업발전으로 인한 다양한 화합물의 방출은 자연환경과 인류의 생존을 위협하는 단계에 도달하였다. 특히 이러한 유해화합물을 매립하는 매립지에서 발생하는 침출수의 처리는 일반생활 폐기물에서 발생하는 침출수의 처리보다 상당한 어려움을 내재하고 있는데 처리 대상에 따른 공정을 살펴보면 다음과 같다.

매립지 침출수 처리장의 공정도

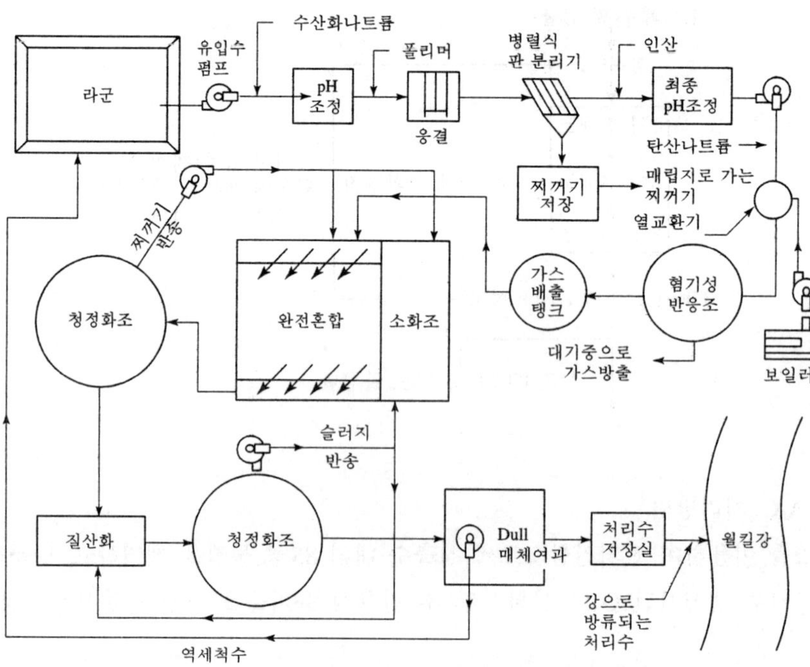

그림 10-42 침출수 처리 복합과정

(1) 무기오염물질 함유시

· 크로뮴(6+) : 화학적 환원 공정
· 사이아나이드화합물 : 알칼리 오존처리 (pH 9~10.5)
· TDS(총용존고형물)
· 5,000 < TDS < 50,000 mg/L - 역삼투
· 암모니아 : 공기기체 제거 또는 이온교환

그림 10-43은 저농도의 유기물과 중금속이 함유된 침출수의 처리예를 제시하고 있다. 즉 라임 또는 염화제이철을 사용하여 화학적 침전을 수행한 후 존재하는 금속의 종류에 따라 pH를 8~9.5로 조정한다. 그리고 연속적인 침전단계에서 효율 증진을 위해 고분자 응집제를 사용하기도 하며 고형물의 제거효율 향상을 위해 입자성 여과재여과장치를 설치하기도 한다.

크로뮴(6+)이 존재하는 경우는 황산을 이용하여 pH를 3으로 조정하여 3가 크로뮴으로 환원시킨다. 이러한 환원제로는 sodium bisulfate나 metabisulfate를 사용한다. 그리고 환원 공정이 끝나면 라임 또는 수산화나트륨을 이용하여 pH를 8~9.5로 조정함으로써 크로뮴(6+)의 제거가 가능하다. 이에 대한 공정의 개요는 그림 10-44에 제시되어 있다.

사이아나이드, 크로뮴(6+), 중금속을 함유한 침출수의 경우 그림 10-45와 같이 알칼리 염소처리를 통해 pH를 9~10.5로 조정한 후 먼저 사이아나이드를 산화시킨다. 염소의 첨가는 pH에 의해 영향을 많이 받으므로 pH의 조절이 중요하다. 다음 단계의 공정은 그림 10-44 공정과 같다. 그러나 이 경우 시안의 제거가 완전하지 않으면 산성조건하에서 독성의 hydrogen cyanide의 가스 발생의 우려가 있으므로 유의하여야 한다. 그리고 표 10-33은 유해폐기물 침출수 처리에 가능한 기술을 제시하고 있다.

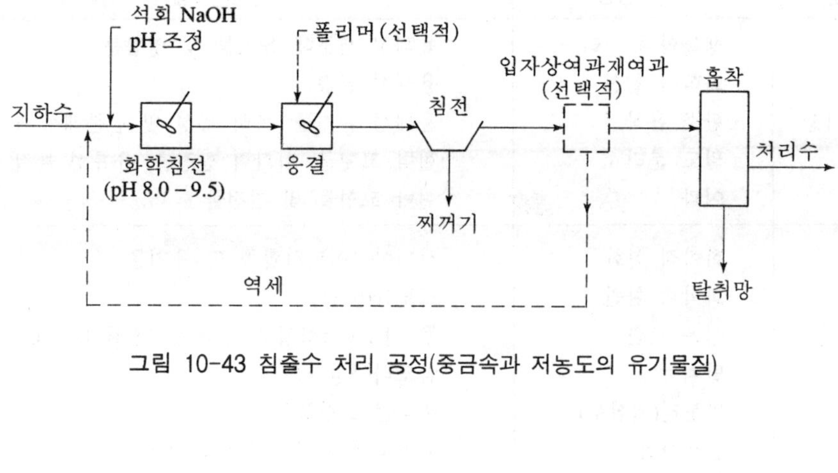

그림 10-43 침출수 처리 공정(중금속과 저농도의 유기물질)

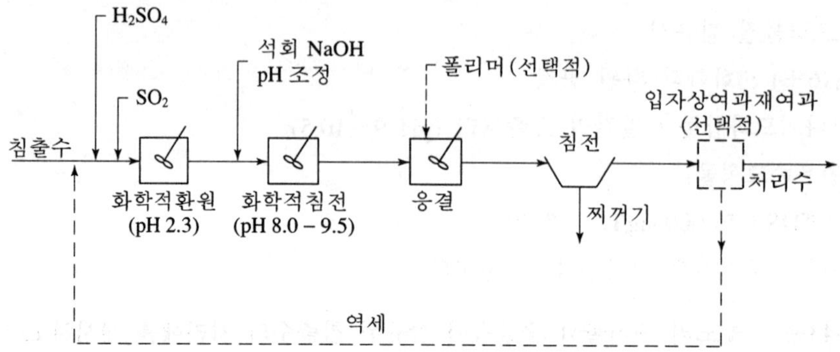

그림 10-44 크로뮴(6+)이 포함된 침출수의 처리공정

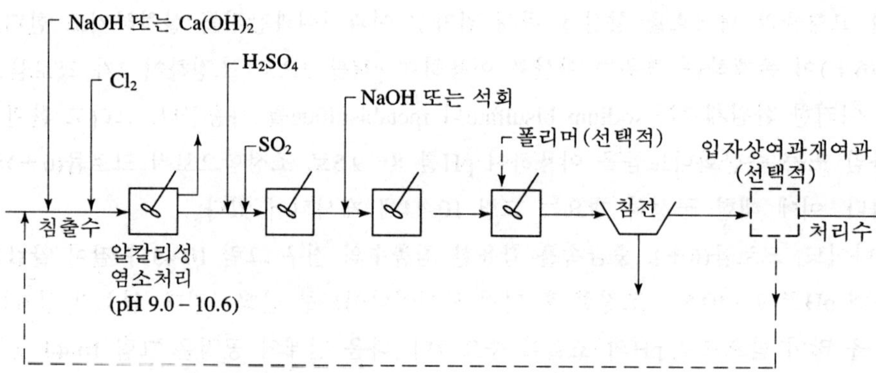

그림 10-45 사이아나이드, 크로뮴(6+), 중금속을 함유한 침출수의 처리공정

표 10-33 유해폐기물 · 침출수의 다양한 처리공정

구 분	단위 공정	주된 적용
입증된 기술	생물학적 처리	용해성 생분해 유기물 및 영양분
	화학적 침전	용해성 금속
	탄소 흡착	용해성 유기물, 특히 독성 및 난분해성 물질
	밀도 분리	현탁 고형물, 화학적 침전물, 유류성 물질
	여과	현탁 고형물 및 침전물
전도유망한 기술	화학적 산화	사이아나이드화합물 및 유기물
	화학적 환원	크로뮴(6+)
	이온 교환	무기물(불소화합물, 총용존고형물(TDS))
	탈기	암모니아성 질소
	막분리(역삼투)	총용존 고형물
	습식산화	고농도 또는 독성유기물 水流

(2) 유기물과 무기물을 함유한 침출수의 처리

유기물과 무기물을 함유한 유해폐기물 침출수의 처리시는 후속공정에 대한 영향을 감소시키기 위해 우선 무기물질의 제거가 이루어져야 한다. 즉, 생물학적 공정의 미생물에 대한 독성, 탄소수지 재생시 부식, 스케일생성, 그리고 비활성 물질의 축적 등의 문제를 해결하기 위해 침전, 흡착, 여과, 화학적 산화-환원, 그리고 이온교환 등의 앞에서 살펴본 방법들이 이용된다. 그리고 유기물을 제거하는 공정에서는 생물학적 처리공정과 활성탄 흡착 등이 이용된다. 그림 10-46은 이러한 침출수 처리시 사용되어지는 공정의 한 개요도이다. 즉 활성슬러지 공정과 PAC 공정을 조합한 것으로 연속적인 탄소-생물학적 처리보다 공정이 간단하며, 물리적인 장치 설치를 최소화 할 수 있고, 처리효율도 우수한 것으로 알려져 있다. 그리고 사용되어진 탄소-생물학적인 슬러지는 재생 또는 탈수 후 처분한다.

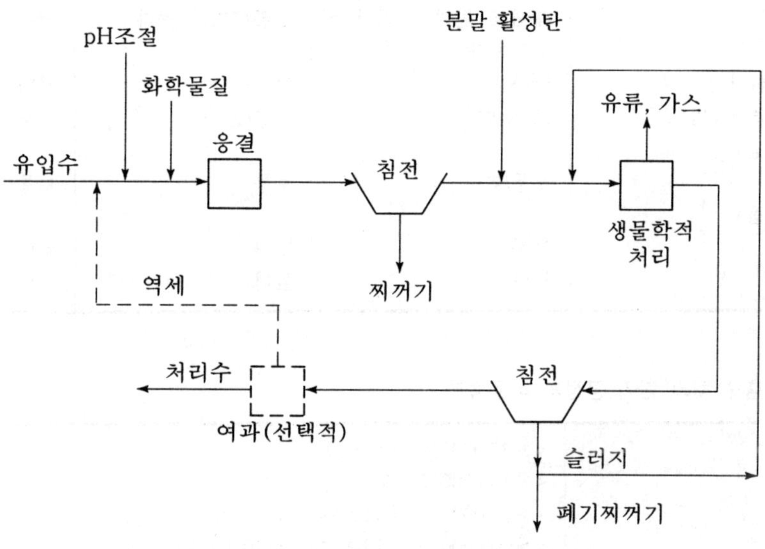

그림 10-46 침출수 처리를 위한 biophysical 공정

(마) 비용평가

침출수의 각 처리공정에 대한 비용평가는 표 10-34와 표 10-35에 제시되어 있다.

표 10-34 침출수 처리 단위공정의 비용평가

단위 공정	자본 비용	운용 및 관리비	상대적인 에너지 이용
활성슬러지(청정화조 있음)	높다	낮다	보통
암모니아 기체제거	낮다	높거나 보통	높다
피산소성/임의성 라군	높다	낮다	낮다
생물학적 접종 (재래식 또는 순산소 활성 슬러지법의 슬러지)	높다	낮거나 보통	보통이거나 높다
탄소 흡착(재생 안함)	보통	보통이거나 높다	낮다
염소처리	낮다	낮다	높다
균질화	낮다	낮다	높다
이온교환	대체로 높다 그러나 변동이 심하다	보통이거나 높다 그러나 변동적이다.	낮다
액체이온 교환	대체로 높다 그러나 변동적이다	보통이거나 높다	낮다
화학침전/플록/침전	낮다	보통이다	낮다
순산소 활성슬러지법 (청정화조 있음)	보통/높다	보통/높다	보통
회전원판 (청정화조 있음)	보통/높다	보통	보통
살수여상	보통	낮다	낮다
습식공기산화	높다	높다	높다

표 10-35 침출수 처리 단위 공정의 비용평가

자본비용	<$75,000 for 0.1 mgd <$100,000 for 0.3 mgd <$75,000 ~ $110,000 for 0.1 mgd <$100,000 ~ $200,000 for 0.3 mgd >$110,000 for 0.1 mgd >$200,000 for 0.3 mgd
운용관리 비용	<$7,500 for 0.1 mgd <$1,300 for 0.3 mgd <$7,500 ~ $20,000 for 0.1 mgd <$1,300 ~ $25,000 for 0.3 mgd >$20,000 for 0.1 mgd >$25,000 for 0.3 mgd
에너지	<7% of O & M <7~15% of O & M >15% of O & M

10.7.9 결론

고도산업사회로의 진입에 따른 산업과 생활양식 그리고 사회구조의 변화는 자연의 정화능력을 넘어선 오염물질의 배출과 더불어 인위적인 합성물질의 남용으로 생태계의 파괴와 더불어 인간의 생존까지 위협하는 단계까지 도달하였다. 최근에 환경에 대한 관심의 집중과 기술개발에 대한 투자로 인하여 국내 환경기술도 비약적인 발전을 보였지만, 상대적으로 매립지의 침출수에 대한 연구와 실제 매립지 관리는 미흡한 단계이다. 국내에는 99년말 344개의 매립지가 운영 중에 있었으며 새로운 매립지의 건설 역시 계속될 예정이므로, 이의 환경에 대한 위해성을 최소화하는 노력이 필요하다. 이러한 매립지의 사후관리 방안의 하나로서 침출수의 처리는 본서에서 살펴본 것처럼 다양한 특성으로 인하여 종합적인 처리가 필요하다. 특히 침출수의 성상은 다양한 조건에 의해 변화의 폭이 심하고 일반 하수와는 달리 다양한 물질과 고농도의 유기물과 무기물을 함유하기 때문에 처리가 까다로우므로 이에 대한 연구 및 관리가 지속되어야 한다. 이제는 발전을 담보로 한 생태계의 파괴 및 생존의 위협 대신 환경과 인간이 공유하는 풍요로운 삶을 위해 많은 분야의 전문가들의 지식의 공유를 통해 보다 효율적이고 경제적인 처리기술을 개발함으로써 환경오염문제에 대해 적극적이며 현명하게 대처해야 한다.

10.8 매립지의 이용

국내에서 과거 쓰레기의 매립장은 주로 저습지 등 농업 또는 수산, 산림에 용도가 적었던 지역을 이용함으로써 매립이후 토지이용효율을 증대시키기도 하였다. 이와 같은 이유는 과거 쓰레기의 주성분이 연탄재로서 비교적 토양성분과 유사하였기 때문에 매립후 토지이용에도 큰 어려움이 없었다.

그러나 근래에 와서 쓰레기의 성분도 다양해지고 동시에 연탄재의 함유율도 크게 낮아지면서 매립후 매립장의 재이용은 2차 환경오염 등으로 크게 제약을 받고 있다. 참고로 부산 H-매립장의 경우 매립이후 토지 이용을 주거지역으로 전환하여 이용코자 복토 두께를 증가시켰으나 이것이 오히려 쓰레기매립장의 안정화를 저해시키고 가스분출과 침출수의 제어에 역기능으로 작용함으로써 토지이용을 방해하고 있다. 따라서 매립장을 조성할 때는 장래 토지이용계획을 감안하여 사전 계획 아래 매립장을 조성하고 관리하여야 할 것이다. 그러나 일정기간이 지나면 식목이 가능하므로 초기의 이용으로는

① 녹지대 조성
② 수림대 조성
③ 체육 또는 놀이시설 조성

④ 상가(shopping center)
⑤ 소음방지구역
⑥ 특정산업시설
⑦ 주차시설
⑧ 특정과수재배
⑨ 농업 및 목축시설

등이 가능하나 이들의 이용시에는 사전 충분한 조사가 요구된다. 또 토지의 조기이용을 위해서는

① 지하수위의 강하조치
② 가스배제
③ 친산소성 상태 유지
④ 매립쓰레기의 퇴비이용

등 조기 이용이 가능하다.

10.9 사후관리 설비

폐기물매립지에 대한 검사(monitoring)는 다음 사항들을 포함하는 것이 바람직하다.

① 지하수검사
② 불포화층
③ 유출수(Run-off)
④ 인근지표수
⑤ 발생가스
⑥ 매립지 최종덮개설비(특히 경사면부분)의 안정성

폐기물매립에 따른 지하수 오염여부는 사후관리 중 가장 핵심이 되는 부분으로 특히 최근 들어 더욱 지하수 검사에 대한 관심이 높아지고 있다. 그러므로 지하수 검사공을 설치하여 지하수를 수시로 점검해야 한다. 불포화층을 검사하는 주요목적은 매립지 차수설비에 이상이 발생했는지를 사전에 알아냄으로써 지하수오염에 대한 대책을 사전에 세울 수 있게 하는 데 있다. 다시 말해 불포화층 검사설비는 일종의 사전경고 시스템이라고 생각할 수 있다. 불포화층 검사설비에 따른 추가경비는 지하수오염에 따른 매립지주위 전체를 정화(clean-up)하는 비용에 비하면 거의 무실할 정도로 적으므로 규정상 불포화층 검사설비를 할 필요가 없는 지역에서도 만약을 대비하여 일반적으로 설치하는 경향이 있다. 이에 대한 설비 등 방법에 대한 많은 연구

가 최근 진행 중이다.

매립지 운영중 매립지에서 발생된 유출수(run-off)는 저류시킨 후 수질검사를 하여 자연계로 그냥 방류할 것인지를 결정하여야 한다. 매립완료 후에는 유출수 수질검사를 통하여 사후관리를 중단하는(최소한도 유출수에 대하여) 시기를 결정할 수 있다. 인근 지표수도 수질검사를 하여 매립지가 인근 지표수에 미치는 영향을 점검하여야 한다.

특히 유해폐기물 매립지의 경우 주변의 발생가스를 조사하여 인체에 해로운 가스의 발생여부를 검토하여야 하며 매립지 최종덮개설비 특히 경사면 부분의 안정성 또한 푯말 등을 설치하여 정기적으로 검사함으로써 사면붕괴에 따른 재해를 사전에 방지하여야 한다.

매립지 주변의 지하수를 검사함으로써 매립지에 대한 기초자료를 축적하고 매립지로부터 침출수의 누출을 확인하여 오염이 더욱 확산되기 전에 사후대책을 수립할 수 있으며 법에 규정되어 있으면 법을 준수함으로써 법적 의무수행을 주장할 수 있고 또한 지하수오염에 대하여 연구를 수행할 수도 있는 등 많은 이점이 있다. 지하수검사에 대하여 고려되어져야 할 사항들은 아래와 같다.

① 매립전 지하수 수질검사
② 지하수 검사공의 위치, 깊이 및 개수
③ 지하수 시료채취 빈도
④ 시료채취방법 및 보관
⑤ 분석 항목

매립전 지하수 수질검사의 주요목적은 배경농도의 확보에 있다. 대개 6개월에서 일 년간 일개월 등의 일정한 간격으로 분석으로 기록하여 두는 것이 바람직하다.

지하수검사공의 위치, 깊이 및 개수에 대한 사항은 일반적으로 수문지질학 전문가에 의뢰하여 결정한다. 일반적인 지침은 지하수 및 침출수의 흐름을 예측하고 침출수가 통과할 지저에 지하수검사공을 위치시키는 것이다. 미국의 경우 매립지 주변을 고려할 때 지하수위가 높은 지역(hydraulically upgradient)에 최소한 하나를 설치하고 지하수 수위가 낮은 곳 (hydraulically downgradient)에 최소한 세 개를 설치한다. 세 개중 하나는 바로 매립지 경계선 부근에 설치하고 나머지는 어느 정도 하류방향으로 떨어진 곳에 설치함으로써 오염과정을 이해할 수 있도록 한다.

침출수가 지하수로 스며들게 되면 서로 혼합이 되는 것이 아니고 침출수가 일종의 플륨(plume)을 형성하게 되므로 침출수의 비중이 물보다 작을 경우는 지하수의 윗부분으로 침출수가 플륨을 형성하며 흐를 것이고, 침출수의 비중이 물보다 크면 지하수층의 아래 부분으로 흐를 것이다. 따라서 침출수의 특성에 따라 지하수 검사고의 깊이가 결정되는데 세 개의 검사공을 설치할 경우 깊이를 적당히 조정하여 풀륨이 통과할 깊이 부근에 다른 깊이로 설치하는 것이 보통이다. 그러나 일반적으로 지하수위로부터 최소 3m 깊이까지 검사공이 설치되는 것이 바람직하다. 이와 같이 지하수 검사고의 위치 및 깊이는 현장에 따라서 매우 다르므로 이 분야의 전문가에 의한 진단에 따라 결정하는 것이 바람직하다. 지하수표시는 일 년에 한 두 번 또는 매분기별로 채취하여 분석하는 것이 보통이다. 지하수의 속도가 50 m/yr 이상이면 년 4회 시료를 채취하여 분석하는 것이 바람직하다. 그러나 일반적으로 년 4회 이상은 불필요한 것으로 알려져 있다. 이는 지하수의 흐름이 많은 경우 매우 느리기 때문이다. 시료채취방법 및 보관은 보통 수질검사를 위한 방법 등을 참고하면 된다.

시료분석항목은 일반적으로 기본항목(minimum analysis)과 종합항목(comprehensive analysis)으로 나누기도 하는데 기본항목으로는 비전도도(specific conductivity), pH, 염화물(chloride), 질산성질소(nitrate), 총유기탄소(total organic carbon, TOC), 폐기물내 주요유해성분을 생각할 수 있다. 기본항목 이외에 흔한 오염물질은 중금속류, 페놀류, 사이아나이드 등 자연계를 오염시키는 물질로 종합항목에 포함된다. 매번 종합항목을 분석할 필요는 없으며 기본항목분석결과 지하수가 오염되고 있다고 판단되면 즉시 종합항목을 시행함으로써 오염여부를 확정지을 수 있을 것이다.

10.10 폐기물처리·처분시설의 입지와 여론수렴

10.10.1 서론

최근 환경오염관련 혐오시설물의 위치선정시 가장 결정적 역할을 하는 항목은 종전의 기술적 및 경제적 항목이 아니고 주민의 동의 등 여론임을 미국의 경우나 유럽의 가치있는 많은 경험을 통하여 알 수 있다. 따라서 대표적인 환경오염시설물인 매립지 설치를 위한 위치선정시 여론수렴과정(Public participation program, PPP)을 거치는 것이 사업의 원활한 수행을 위하여 필요하다.

여기서 "Public"이라 함은 매립지 주변의 주민뿐만 아니라, 관련 공무원을 포함하여 여타 시민공공단체 매립지 위치에 관심이 있는 모든 사람을 뜻한다.

Noble(1976)은 매립사업에 있어서 그간의 절차가 "선 계획 후 주민통보"이었으나 이제는 이러한 방법이 계획의 무산을 초래할 여지가 너무 크며 최선의 방법은 계획초기에서부터 주민 또는 공공단체 등을 공개적으로 참여시키므로 해서 문제의 해결을 도모하여야 한다고 강조하고 있다.

사실 폐기물관련시설물의 위치선정에 대한 여론수렴방법이라는 사회과학분야에 대하여 외국에서도 많은 연구가 되어온 것은 아니다. 앞으로 연구의 여지가 많은 분야라고도 생각되며 또 한편으로 생각하면 학문이라기보다는 하나의 절차사의 기술 또는 운영상의 문제이다. 지방자치단체가 실시되면 한 지역에서 발생한 폐기물은 해당지역에서 해결하는 것이 설득력있는 논리이므로 위치선정기준이 합리적이고 또한 공청회 등을 통한 공개적 여론수렴이 이루어진다면 님비현상을 줄이는 데 큰 문제가 없을 것이다. 이 때 지역사회 문제는 누구도 아닌 주민 스스로가 해결하여야 한다는 인식이 매우 중요하다. 국가적 차원에서의 광역매립지나 특정폐기물 등 유해폐기물매립지 입지선정의 경우는 어떠한 형태이건 주민에게 혜택이 돌아갈 수 있는 여건조성이 바람직할 것이다. 여론수렴과정을 거치게 되면 아래와 같은 사항들을 도모할 수 있다.

① 홍보 또는 교육을 통하여 매립지 건설의 필요성에 대한 주민의 충분한 이해증진
② 주민들에게 계획, 설계, 시공, 운영, 사후관리 등에 대한 충분한 정보 및 지식의 제공으로 불신 및 불안감해소
③ 주민 또는 관련 공공단체로부터의 의견반영

매립지 입지선정시 주민의 참여 등 여론수렴과정은 앞에서도 지적한 바와 같이 반드시 거쳐야만 되는, 다시 말해 번거로울 수도 있는 절차이나 아래와 같은 장점들도 기대할 수 있다.

① 최종 입지선정시 주민의 동의를 얻어낼 가능성이 높아진다.
② 입지결정권자들에게 입지선정에 참고할 수 있는 유용한 정보가 제공될 기회가 주어진다.
③ 입지결정권자들의 책임감 또는 신중성이 증가된다.
④ 공개토론회 등의 개최에 따라 숨겨오던 감정을 토론할 기회가 주어진다.

이와 같은 장점이 있는 반면 아래와 같은 단점들도 예상된다.

① 다양한 의견제시에 따라 문제의 초점이 흐려질 수 있다.
② 비전문가들에 의해 잘못된 정보의 유포가능성이 있다.
③ 사업이 지연될 가능성이 있다.

여론수렴과정을 계획함에 있어서 반드시 고려되어야 할 사항은 아래와 같다.

① 여론수렴의 목적설정-공공인의 어느 부문에 참여(what ?)
② 참여대상범위 결정-누가 참여(who ?)
③ 여론수렴방법 선택-어떤 방법으로(how ?)
④ 여론수렴절차 구상-어느 단계에(when ?)

참여대상범위(who), 여론수렴방법(how), 및 여론수렴철차(when)는 뒤에 자세히 논하기로 하고 여론수렴의 목적에 대한 대표적인 예를 제시하면 다음과 같다.

① 후보지 평가시 적격지 누락여부검토
② 부적격후보지 배제
③ 입지선정기준평가－항목, 가중치 등
④ 공공의 관심분야 파악
⑤ 최종입지선정

10.10.2 참여대상범위

주민의 의견 등 여론수렴을 위한 공개토론회 등이 개최될 때 다양한 의견 제시에 따라 의견이 일치나 결론을 도출해 내기가 매우 어려울 때가 있을 것이다. 따라서 참여 대상의 범위를 구체화할 필요가 있으며 각 그룹의 대표가 입지선정의 실무를 맡고 있는 그룹(실무그룹 또는 결정권자)과 협의에 의하여 주민의 의견 등 여론이 입지선정에 반영되도록 하고 있다.

① 국가 및 지방공무원
② 토지소유자 및 사용자
③ 언론인
④ 농민단체
⑤ 전문가단체
⑥ 노동단체
⑦ 종교단체
⑧ 기타 유력인사

10.10.3 여론수렴단계

여론수렴단계는 입지선정과정의 일부에만 국한시킬 수도 있으나 최근의 사례를 보면 전단계에 걸쳐 여론수렴이 가능하도록 하고 있다. 그러나 여기서 강조되어야 할 사항은 계획초기에는 주로 교육 및 홍보차원(getting information to the public)의 일방적 단계이고, 실제적 여론수렴(getting information from the public)은 최소한 개략적인 기술검토가 끝난 후가 바람직하다.

10.10.4 여론수렴방법

여론수렴방법은 뒤에 설명하듯이 여러 방법이 있을 수 있으며 각 방법에 따른 참여범위 및 소요 비용을 어느 정도로 할 것인가는 경우에 따라서 많은 차이를 보일 수 있으며 주어진 여건을 고려한 후 상식에 기초함이 바람직할 것이다. 여론수렴방법은 그 필요성 또는 의견전달방식을 고려할 때 아래와 같이 두 가지로 대변할 수 있다.

① 상호 의견교환방식(two-way communication technique)

② 일방적 의견전달방식(one-way communication technique)

일방적 의견전달방식은 주로 교육시 또는 필요한 정보를 널리 알릴 필요가 있을 때 필요하며 상호 의견교환방식은 주민의 의사 등 여론을 입지선정에 반영하고자 할 때 필요하다.

① 공적회의(public meeting)

② 자문위원회

③ 현장견학

④ 직접방문

⑤ 공청회

⑥ 워크숍

⑦ 우편

⑧ 언론

⑨ 포스터, 안내책자

⑩ 비디오상영

⑪ 전화개설

⑫ 민원조사단

⑬ 업무추진단(task force)

위의 여러 방법 중 상호 의견 교환 효과가 높은 것은 자문위원회, 현장견학, 직접방문, 민원조사단, 업무추진단 등을 들 수 있는데 이때는 질문에 대한 답들을 직접 할 수 있으므로 해서 가장 효과적인 방법들로 알려져 있다. 자문위원회의 주요 구실은 앞에서 언급한 여러 공공단체들의 대표들로부터의 의견수렴 및 입지선정에의 참여이다. 기술조사단은 최종입지 주변주민 중 기술적 감각이 있는 사람을 포함시킬 수 있으며 이의 구성 목적은 최종 입지결정후 입지주변주민의 높은 불만감을 완화시키기 위한 것이다.

10.10.5 여론수렴시 주의할 사항

여론수렴시 주의하여야 할 사항에 대하여 논하기 전에 주민의 관심 또는 우려대상이 주로 어떠한 분야인가를 이해하는 것이 매우 중요하다. 왜냐하면 주민 등 공공인들의 관심을 파악하여야 만이 그 분야에 대한 집중적인 홍보나 적절한 대책수립 등에 의하여 효과적인 여론수렴과정을 진행시킬 수 있기 때문이다. 매립지설치 및 운영과 관련하여 공공의 주요 관심사항은 아래와 같다.

① 주변 토지 용도제한, 지가하락
② 지하수오염, 가스이동, 먼지, 병원균 매개체
③ 소음, 전망, 교통체증, 폐기물 흘림(spillage)
④ 안전사고 및 건강
⑤ 침하 및 침식
⑥ 매립완료 후 부지사용
⑦ 산책로나 조깅코스의 손실
⑧ 취업기회, 인구증감
⑨ 추가개발

주민참여 단계를 초기 입지선정단계, 후보지 평가단계, 최종입지 결정단계, 및 설계 시공단계로 나눈다면 초기입지선정단계는 일반적으로 교육적이고 정보제공 차원의 일방적 의견전달 방식에 의하여 다음 사항들이 공공에게 전달되어야 할 것이다.

① 새로운 매립지 설치의 필요성
② 일반적 설계 및 운영기준
③ 사후 부지이용계획
④ 지역주민에게 돌아갈 혜택

새로운 매립지 설치의 필요성에 대한 설명시에는 현재의 매립지가 포화상태에 있는 등의 현황 및 문제점을 강조할 필요가 있으며 일반적 설계 및 운영에 대한 설명시에는 기술적으로 잘 설계되고 제대로 운영되는 매립지는 여러 환경오염이 거의 발생하지 않는다는 사실을 충분히 이해시킬 필요가 있다. 또한 사후 부지이용은 해당지역의 발전을 위하여 사용될 것임을 강조하고 유해폐기물 매립지의 경우는 매립수수료의 일부를 주민복지에 사용한다든지 취업의 기회를 제공한다든지 하는 등의 지역 주민에게 돌아갈 혜택이 강조되어야 할 것이다. 주민에게 돌아갈 수 있는 혜택의 종류는 아래와 같다.

① 지가하락분에 대한 직접보상
② 지역사회개발
③ 전기, 수도, 전화 등의 보급
④ 세금대납
⑤ 일시 목돈 지불
⑥ 위락시설 또는 마을회관 등 건립
⑦ 시설 무료사용(지역주민에 국한)
⑧ 장래지가하락에 대한 보증

후보지 평가단계 및 최종입지 결정단계는 주민의 관심과 입지선정 절차에의 참여의욕이 매우 높은 단계이다. 따라서 공공회의나 자문위원회의 등 상호의견교환 방식에 의한 여론을 수렴하는 것이 바람직하다. 최종입지가 결정된 후 설계, 시공 및 운영단계로 접어들면 참여대상의 수는 급격하게 줄어들며 실제로 설계 기술자나 시공기술자 그리고 매립지 운영관리자들의 역할이 강조되는 기간이다. 지역주민들의 참여대상 및 참여정도가 많이 떨어지긴 하지만 여전히 주민의 의사는 무시될 수 있다. 왜냐하면 만약 설계시공이 부실하거나 운영관리가 당초의 계획대로 진행되지 않을 경우 해당 매립지의 계속적 운영은 물론 장래의 다른 매립지 입지선정에 커다란 애로가 뒤따를 것이기 때문이다. 의견수렴의 대표적 방법인 공공회의 개최시 유의사항에 대하여 제시된 사항들을 보면 다음과 같다. Noble(1976)은 매립지위치선정 전에 개최될 공공회의(public meeting)의 토의내용을 아래와 같이 제시하고 있다.

① 폐기물 문제-우리지역, 그리고 국가전체
② 현행 매립지 현황, 수명, 문제점
③ 각 대안의 가능성 및 비용-매립, 소각, 자원회수
④ 공개토의

이때 주의하여야 할 사항들을 요약해 보면 아래와 같다.

① 가능한 한 계획 초기단계에 개최
② 후보지의 위치 등에 대한 구체적 내용은 그동안 설혹 조사된 바가 있어도 일체언급하지 않음
③ 성공적인 매립지조감도 준비
④ 각종 여러 단체가 참여하도록 유도
⑤ 주요 행사기간이나 선거철 등은 피함
⑥ 후보지 선정에 대한 다음회의 암시

매립후보지 위치선정 후의 회의시 토의 내용은 아래와 같다.

① 지난 회의에 대하여 요약적 재설명
② 후보지 조사 및 판정결과 상세설명
③ 매립지설치 및 운영계획－운영, 환경오염 방지, 매립지 사후이용계획 등
④ 공개토의

공공회의(public meeting)시의 유의점에서 Robinson(1986) 또한 Noble(1976)이 제시한 사항 이외에 참고가 될 만한 내용들은 아래와 같다.

① 자료제시는 혼돈됨이 없도록 간단명료하게 한다.

② 위치별 특징 장단점, 비용, 환경영향 등에 대하여 논의한다.
③ 시각재료(visual aids)는 간단하게 준비한다 – 현장사진포함
④ 다음회의 등 일정에 대하여 논의한다.
⑤ 개략적인 편익/비용(benefit/cost)분석에 대하여 논의한다.
⑥ 전공용어 사용은 피한다.
⑦ 현장을 잘 이해하고 답습한다.
⑧ 각 그룹들과의 토의시 문제해결을 위하여 솔직하고, 진지하고, 기꺼이 참여한다.
⑨ 일반적 내용과 전공내용이 뒤섞여 토의되어도 그 사이에서 대화를 잘 풀어나가는 사람을 내세운다.

10.11 매립지의 마감

매립지설계와 시공은 매립이 완료될 때까지 지속되며 매립용량이 다하면 매립지는 마감되다. 매립마감계획은 매립지의 마감 및 마감후 일정기간 동안 환경에 미치는 영향을 제어하기 위하여 수립하는 것으로, 매립초기나 설계 및 입지선정단계에서부터 고려하여야 한다.

10.11.1 마감계획의 수립

폐기물관리시설로서의 매립지는 매립이 완료되고 나면 오랜 기간 동안 환경제어기능을 효과적으로 수행하여야 한다. 마감계획은 매립완료 후의 매립지 전체에 대하여 필요한 구성요소들을 보여주어야 하며, 마감을 담당할 책임기관을 결정하여야 한다. 마감계획은 매립지운영 중에 바뀌어질 수 있으며 마감계획을 주기적으로 개선하는 것도 바람직하다. 미국 캘리포니아에서는 마감계획을 5년마다 수정보완하거나 매립지운영에 큰 변화가 있을 때 수정한다. 최종마감계획은 매립용량이 완료되기 전에 결정한다. 매립마감계획은 표 10-36에 나타난 구성요소들을 포함하여야 하며 특히 아래사항들이 강조되어야 한다.

· 최종복토
· 지표수제어체계
· 매립지가스의 제어
· 침출수의 제어와 처리
· 환경 감시 체계

표 10-36 매립마감계획의 구성요소

구성요소	주요 내용
마감후 부지이용	용지지정 및 채택
최종복토	불투수층, 표면경사, 식목 등 결정
지표수제어체계	유출량산정, 주변 우수집배수로의 위치 및 크기결정
매립지가스의 제어	발생가스감시정의 위치와 감시횟수 결정 가스추출정이나 연소설비의 운영계획 확정
침출수의 제어와 처리	침출수 제거와 처리를 위한 운영계획 확정
환경 감시 체계	시료채취위치와 측정횟수, 그리고 분석대상 항목 결정

또한 매립지에서 발생되는 생물학적 반응 현상은 매립지를 안정화시키며, 안정화된 매립지는 최종적으로 유용한 용도로 이용될 수 있다. 마감된 매립지의 사후이용에 대한 부분도 마감계획에 포함되어야 한다.

(가) 최종복토설계

최종 복토는 폐기물매립이 완료된 후 행하는 것으로 이의 설계는 매립지 계획에서 필수적인 부분이다. 최종 복토는 다음의 두 가지 기능을 충족시킬 수 있도록 설계되어야 한다. ① 매립마감후 환경으로의 오염물 방출에 대비한 장기간의 구조적 안정성 확보, ② 식물성장 또는 기타 부지이용에 필요한 토양층제공.

(1) 복토설계인자 : 전형적인 복토설계인자는 ① 복토층구조, ② 최종투수성, ③ 지표경사, ④ 조경설계, ⑤ 매립지침하에 대한 대책, ⑥ 매립지 사면 안정화(정적 및 동적부하에 견딜 수 있는) 등이다. 매립지복토의 기능은 지표부하에 따른 지표침하 및 사면안정에 대한 공학적 분석을 통하여 평가될 수 있다. 최종복토에 이용되는 설계상의 천연물질 또는 합성물질은 복토기능평가시 예측되는 문제점(예, 신축성의 한계)에 따라 바뀌어 질 수 있다.

(2) 식목 : 마감된 매립지는 여러 용도로 이용할 수 있는 넓은 부지를 제공한다. 이러한 매립지는 일반적으로 식목이 많이 요구된다. 나무를 심을 때는 특히 수목의 선정에 많은 주의를 기울여야 한다. 왜냐하면 선정된 나무가 마감된 매립지와 같은 특수조건에서 잘 성장할 수 있어야 하기 때문이다.

(3) 토양 : 최종복토층에 이용되는 토양은 밀도, 투수계수 및 두께에 대한 시험을 거쳐야 한다. 토양층이 지중섬유(geotextile)나 합성차수막 위에 설치되는 경우 일회에 다지는 토양층두께를 잘 조절하여야 한다. 특히 총 토양층 두께가 여러 번의 다짐층을 필요로 할 때

특히 그러하다. 최상층의 토양은 일반적으로 식목을 위한 층으로 나무의 성장이 가능한지 검사하여야 한다. 한 매립지에서의 최종복토를 위한 토양층의 분석결과는 다른 매립지 최종복토에 적용될 수 없다. 왜냐하면 토양의 특성은 지역에 따라 다르고 장비에 따라 다짐특성이 달라지기 때문이다.

(4) 배수층 : 배수층은 최상단 토양층을 통과한 물이 폐기물층으로 스며들지 않고 매립지 밖으로 빠져나갈 수 있게 만든 시설이다. 바닥의 합성차 수막 위에 물이 고이거나 배수층의 구조가 파손되지 않도록 해야 한다.

(5) 합성 · 차수막 : 매립지 마감에서 합성차수막의 역할은 상부토양층을 통과한 물이 폐기물층으로 유입되는 것을 방지하는 것이다. 합성차수막 제조업자는 매립지에 차수막이 설치될 때 적합한 시공지침이 제시될 수 있도록 하여야 한다. CQA 프로그램에서는 시공담당자나 시공무원이 차수막 시공지침의 이행여부를 확인할 책임이 있음을 명시할 필요가 있다.

(나) 지표수 제어체계

인공적이거나 자연적인 지형 및 시설물에 의하여 매립지 주변의 지표수와 지하수의 흐름이 통제된다. 이러한 지형 및 시설물들이 적절히 갖추어질 경우 지하수가 매립지 차수막을 통과하지 못할 뿐만 아니라 지표수의 유입과 유출제어에도 효과적일 것이다. 매립지가 마감될 때 배수제어체계는 장기간의 부지이용에 대비한 기능을 담당할 수 있도록 설계되어야 한다.

강우와 강설시 최종복토층 표면을 통하여 많은 양의 물이 스며들거나 토양침식현상이 일어나지 않도록 하여야 한다. 매립지에서 가장 문제가 되는 것은 지표면의 침하부분에 웅덩이가 형성되는 것이다. 배수제어시설설계시에는 다음 사항이 고려되어져야 한다. (1) 가능하면 가장 단거리 내에 지표수집수 및 배제, (2) 배수관거를 선택할 경우 바닥에 입자상 물질의 침전을 방지할 수 있는 정도의 적정유속을 고려, (3) 지표유출을 최대화하고 동시에 지표면의 침식을 최소화할 수 있는 지표경사의 선택, (4) 매립지 침하시 배수시설의 보수와 대체가 가능한 시설 및 재료이용

(다) 매립지가스의 제어

매립지가 마감된 후에도 폐기물분해는 지속되므로 발생되는 가스에 대한 제어가 필요하다.

전형적인 매립지 가스제어시설은 가스인출정, 수집 및 이송관로, 가스연소 또는 에너지회수시설로 구성된다. 매립이 진행되는 동안 설치된 매립가스 제어체계는 매립이 마감된 후에도 계속하여 이용될 수 있다. 설계단계에서 가장 중요한 것은 최종복토내의 가스인출정 상단부, 밸브 및 수집파이프의 재질선택 및 배열이다. 파이프의 재질은 신축성이 있고 매립지 침하시에도 견딜 수 있는 것이어야 하며 조경시설과 가스제어시설의 유지보수에 이용되는 장비의 무게에

도 충분히 견딜 수 있어야 한다.

매립지 가스관리에서 특히 고려하여야 할 사항은 매립가스내 메탄의 양이 연소하기에 충분할 정도로 발생되느냐 하는 것이다. 메탄의 양이 부족한 경우에는 인출가스의 연소에 필요한 보조연료를 반드시 준비하여야 한다. 특리 휘발성 유기물(VOC) 배출에 따른 제어가 문제되는 경우에는 보조연료를 반드시 준비하여야 한다. 미국환경보호청은 매립지에서의 메탄가스 이외의 가스방출에 대한 규정을 고려 중에 있다. 이 규정은 소각로에서의 배출가스기준과 거의 동일하다.

(라) 침출수의 제어와 처리

침출수는 지하수를 오염시킬 뿐만 아니라 가스상 구성물질의 분압이 변화하면서 용존성유기물질을 불포화대수층으로 방출시킬 수 있다. 침출수의 지하수유입과 용존성 물질의 방출을 최소화하기 위하여 차수막을 설치하여야 한다. 매립완료 후 제어하고 처리하여야 할 침출수의 양은 최종복토설계와 매립지내 쓰레기종류, 그 지역의 기후(특히 강우)에 의하여 결정된다. 복토가 잘 되어 있는 경우 총 침출수발생량은 폐기물분해에 의하여 추가로 침출수가 발생되기 전까지는 감소될 것이다.

침출수 집수 및 처리시설은 매립지 운영이 시작됨과 동시에 설계되고 건설되어야 하며 이 시설은 매립지 마감 후에도 이용된다. 매립지가 안정화됨에 따라 침출수량이 점차 감소하며, 침출수의 BOD와 COD농도도 감소된다. 침출수 발생량과 오염물 농도가 감소함에 따라 처리시설은 저부하상태가 되고, 악취문제가 발생할 가능성이 생긴다. 일반적으로 침출수의 가장 좋은 처리방법은 인근의 폐수처리장으로 보내는 것이다. 이때 폐수처리장의 용량이 충분하여 적은 양의 침출수를 수용하는 데 문제가 없어야 한다.

(마) 환경감시체계

매립지마감계획의 마지막 단계는 환경감시시설에 관한 것이다. 환경감시시설은 오염물방출에 의하여 매립지주변의 환경이 오염되는가를 확인한다. 많은 경우 매립지운영 중에 사용되는 환경제어시설들이 매립지 마감후의 환경감시시설로 이용될 수 있다 (표 10-37). 마감된 매립지의 환경감시방법과 시설의 선택은 환경감독기관의 지침에 따르는 것이 가장 바람직하다. 불행히도 대부분 주의 경우 아직까지 매립지마감에 대한 지침을 마련하지 못한 상태이므로 현재 폐기물감독기관이 선택한 환경감시시설이 장래의 지침 하에서는 부적합할 지도 모른다. 설계자들은 이러한 불확실성에도 불구하고 감시시설을 선택할 때 수질, 대기 및 토양 환경으로 매립지의 오염성분이 이동하는 것을 감지할 수 있는 시설물을 선정하여야 할 의무가 있다.

(1) 수질 - 매립지로부터 침출수누출여부를 확인하기 위하여 수질검사 및 물의 이동을 감시

할 필요가 있다. 감시시설은 매립지차수막 아래의 불포화토양층과 지하수층에 설치한다. 건조한 기후에서는 침출수가 매립지바닥토양층을 통과하지 못하는 경우가 있으므로 감시시설은 불포화대수층에 반드시 설치하여야 한다. 지하수는 우물을 이용하여 감시한다.

(2) 대기 - 매립지마감계획은 메탄과 기타 가스들을 제어하고 방출시키는 데 필요한 사항들도 포함하여야 한다. 가스감시는 매립지내의 생물학적 분해정도를 파악하는 데도 이용된다. 가스감시에 필요한 장비에는 폭발성 가스미터(explosive gas meter), 황화수소측정기, 그리고 시료채취장비 및 시료채취용기 등이 있다.

(3) 토양 - 대부분의 매립지마감계획에서 복토는 가장 중요한 사항 중 하나이다. 복토는 엄격한 시공감독 하에서 행하여야 하며 그 후에는 침식 등에 의한 토양의 손실이 없도록 주의 하여야 한다. 토양을 위한 환경감시는 지표침하, 사면안정, 표면침식 등이 있다.

마감된 매립지를 올바르게 조사 및 진단하기 위하여는 많은 훈련과 올바른 판단력을 필요로 한다. 특히 복토층의 침하를 감시하기 위한 침하계를 이용할 때나 기타 육안관찰에 의한 판단을 할 때 더욱 그러하다.

표 10-37 매립지운영 중에 설치된 환경감시시설로서 매립지 마감후에도 환경감시에 이용 가능한 시설물

감시시설	매립지 운영 중 기능	매립지 마감 후 기능
지하수 감시정		
상류	배경농도(background concentration)의 수질측정을 위한 시료채취	운영 중 기능과 동일
하류	침출수의 이동을 감지하기 위한 시료채취 : 오염물이 감지될 경우 운영정지 및 추가적 차수막을 설치하여 문제점 보완	파손된 차수막에 의한 침출수 누출을 감지하기 위한 시료채취 오염물질의 이동방향과 정도를 판단할 수 있는 상대적 위치
불포화대수층 라이지미터	지하수 상부 토양내 액체이동 감지 : 액체가 존재할 경우 원인을 판단 : 운영재개 전에 문제점을 수정보완	지하수 상부 토양내 액체이동 감지: 액체가 존재할 경우 원인규명을 위한 추가조사 : 문제점 발생시 감독기관의 규정에 따라 문제점 수정보완
가스배기시설	가스의 시료채취지점	가스의 시료채취지점 : 메탄가스추출정
침출수처리시설	침출수량과 수질측정을 위한 시료채취지점	운영 중 기능과 동일
우수저류조	수량측정과 수질검사를 위한 시료채취, 저류조에서의 방출량을 일정하게 유지하기 위하여 우수저장	운영 중 기능과 동일

10.11.2 마감된 매립지에의 식목

급속한 인구증가로 인하여 과거의 매립지는 물론이고 현재 이용 중인 매립지 주위마저 개발이 되어 산업, 상업, 및 주거지역으로 둘러싸여 있다. 도시지역에서의 공터는 상당히 바람직하며, 과거 매립지는 유일하게 공터를 제공할 수 있다. 마감된 매립지는 공원, 위락시설, 자연보존지역, 식물원, 작물재배지 또는 상업적 목적 등으로 이용될 수 있다. 미국 전역에 걸쳐 이러한 용도로 이용되고 있는 곳이 여러 군데 있으며 각 지역은 지역 나름대로의 특색을 지니고 있다. 과거 매립지의 사후 용도는 사회의 요구와 복구사업에 이용할 수 있는 자금의 규모에 의해서 결정된다. 예를 들면 한정된 시설과 야생서식지를 갖춘 공원은 골프장과 다용도 휴양시설보다는 비용면에서 적게 소요된다. 앞에서 언급한 여러 가지 사후용도에서 공통적으로 필요한 것은 식목이다. 이 절의 목적은 마감된 매립지에 식목을 할 때 발생되는 문제점과 해결책을 알아보는 데 있다.

(가) 매립지에서 식물성장의 제한인자

마감된 위생매립지에서 식물성자의 제한인자들을 살펴보면 분해가스(CO_2, CH_4) 에 의한 뿌리독성(root toxicity), 토양내 낮은 산소, 얇은 복토층, 제한된 CEC(양이온교환능력), 낮은 수분보유능력, 낮은 영양염류, 낮은 수분함량, 높은 토양온도, 과다 토양 다짐, 바람직하지 못한 토양구조, 부적당한 식물의 선택 등이 있다.

(1) 뿌리독성(root toxicity) − 마감된 매립지에서 피산소성 분해에 의하여 발생되는 가스의 주성분은 CO_2와 CH_4이다. 메탄은 직접적으로 식물에 독성을 미치지 않지만 이산화탄소는 고농도로 존재할 경우 식물에 직접적으로 독성을 미친다. 이산화탄소와 메탄은 매립지에서 발생되는 전체가스부피의 약 95%를 차지한다. 나머지 5%는 황화수소와 암모니아, 수소 싸이올류(mercaptans), 에틸렌 등으로 이루어져 있다. 이러한 가스들 중 황화수소와 에틸렌은 아주 미량으로도 식물에 독성을 미친다. 매립지 토양에 관한 연구결과에서 살펴보면 매립지가스로 포화된 환원상태의 토양환경에서는 중금속 등 미량원소들이 고농도로 흡수될 가능성이 높아져서 식물에 유해한 영향을 미칠 수 있다고 한다. 그러나 카드뮴, 구리, 아연 등의 미량원소들에 의한 독성의 위험이 실제로 매립지내의 식물들에 악영향을 미치는 지에 대한 사실이 지금까지 증명된 경우는 없다.

(2) 낮은 산소공급 − 토양내 공극은 비가 오거나 관개시에 물로 채워지고 중력에 의하여 물이 빠져나가면 다시 공기로 채워진다. 큰 공극은 공기를 함유하고 작은 공극은 비나 관개가 없는 기간 동안 수분을 보유하는 역할을 한다. 공극이 식물성장에 중요한 이유는 식물이 필요로 하는 산소공급이 공극을 통하여 이루어지기 때문이다. 공극의 감소는 식

물성장에 유해한 영향을 미친다. 중장비로 복토층을 다지는 것은 복토층에 쓰이는 흙이 대부분 식물성장에 적합하지 못한 토양구조로 되므로 더욱이 조심하여야 한다.

(3) 낮은 양이온교환능력 – 양이온교환능력(CEC)은 토양이 영양물질을 흡착하고 보유하는 능력과 관력이 있다. 토양내의 콜로이드상태의 유기물과 점도는 양이온교환의 주된 역할을 담당한다. 양이온은 표면에 음이온전하를 띤 토양콜로이드에 흡착된다. 흡착된 양이온은 토양으로부터 잘 용출되지는 않지만 다른 양이온의 존재여부에 따라 치환될 수 있다. 이온교환표면(ion exchange site)에서 다량 발견되는 양이온에는 칼슘, 마그네슘, 수소, 나트륨, 칼륨, 알루미늄 등이 있다. 낮은 유기물 함량을 가진 토양은 영양물질을 보유할 수 없고 영양물질이 빠져나가는 것도 막을 수 없다. 토양내 유기물함량의 전형적인 범위는 2～5%이다. 토성과 CEC의 일반적인 관계를 표 10-38에 나타내었다.

표 10-38 양이온교환능력

토성	양이온교환능력(meq/100g dry soil)
사토(sand)	1～5
사양토(fine sandy loam)	5～10
양토와 미사질양토(loams and silt loams)	5～15
식양토(clay loams)	15～30
식토(clay)	30이상

(4) 낮은 영양물질상태 – 토양의 비옥한 정도는 식물성장에 필요한 영양물질들이 토양내에 어느 정도 존재하느냐에 달려 있다. 식물에 필수적인 영양물질은 16종류로 알려져 있다. 이 영양물질들의 원소와 실제로 식물에 흡수되는 화학적 형태를 표 10-39에 나타내었다. 영양물질들 중에서 수소, 탄소, 그리고 산소는 공기 및 물로부터 공급된다. 질소는 공기와 토양으로부터 공급된다. 기타 물질들은 토양으로부터 공급된다. 질소, 인, 칼륨은 많은 양이 필요한 다량영양물질(macronutrients)이며, 토양과 살포되는 비료로부터 공급된다. 미량영양물질(micronutrients)은 적은 양을 필요로 하지만 식물에 필수적이며 이러한 원소의 부족은 식물성장에 심각한 영향을 미칠 수 있다.

최종복토로 이용되는 토양은 거리상으로 가깝고 비용이 적게 소요되는 곳에서 얻는다. 이와 같은 경제적인 이유로 매립지복토는 대개 식물성장에 적합하지 못한 토성과 낮은 영양물질을 가지고 있다 Leone Flower는 매립지복토는 대개 "유기물질과 이온강도가 특히 낮고 토양에 포함된 영양물질의 양이 특히 낮다." 고 하였다.

표 10-39 식물 영양물질들의 원소와 식물에 이용 가능한 화학적 형태

원소와 기호	이용 가능한 이온 또는 분자형태
Carbon(C)	CO_2
Oxygen(O)	CO_2, OH^-, CO_3^{-2}
Hydrogen(H)	H_2O, H^+
Nitrogen(N)	NH_4^+(ammonium), NO_3^-(nitrate), NO_2^-(nitrite)
Calcium(Ca)	Ca^{+2}
Potassium(K)	K^+
Magnesium(Mg)	Mg^{+2}
Phosphorus(P)	$H_2PO_4^-$, HPO_4^-(phosphates)
Sulfur(S)	SO_4^{-2}(sulfates)
Chlorine(Cl)	Cl^-(chloride)
Iron(Fe)	Fe^{+2}, Fe^{+3}(ferrous, ferric) = Fe(Ⅱ), Fe(Ⅲ)
Boron(B)	H_3BO_3, $H_2BO_3^-$(boric acid, borate)
Manganese(Mn)	Mn^{+2}=Zn(Ⅱ)
Zinc(Zn)	Zn^{+2} = Zn(Ⅱ)
Copper(Cu)	Cu^{+2}= Cu(Ⅱ)
Molybdenum(Mo)	MoO_4^{-2} (molybdate)

(5) 낮은 수분보유능력 – 토양의 수분보유능력은 토양의 물리적 특성에 의하여 좌우된다. 토성과 토양다짐정도는 토양의 수분보유능력에 큰 영향을 미친다. 비나 관개시에 토양내 공극은 물로 채워지고 이 물은 중력에 의하여 토양으로부터 빠져나와 공극은 다시 공기로 채워진다. 물은 모세관현상에 의해 미세한 토양공극 내에 남게 된다. 식물이 이용할 수 있는 수분을 가장 많이 함유한 토양은 크고 작은 공극이 이상적인 비율로 존재하는 중간토성의 토양이다. 중장비에 의한 토양다짐은 공극을 감소시키고 결과적으로 토양이 적정수분을 여과시키고 보유하는 것을 방해한다.

(6) 낮은 토양수분 – 낮은 토양수분함량과 낮은 수분보유능력은 서로 밀접한 관련이 있다. 두가지 특성에 가장 큰 영향을 미치는 두가지 요인은 토양다짐정도와 토양층의 단절(soil discontinuity)이다. 토양다짐은 매립지 복토시 필수적인 과정이나 토양내 공극을 감소시켜 토양의 구조를 악화시키는 결과를 가져올 수 있다. 토양 내에 적당한 공극이 유지되지 못하면 토양의 수분보유능력은 감소하고 유출이 증가하여 결과적으로 토양이 건조해지며 침식현상이 일어나게 된다. 일반적으로 매립지에 인접한 주변 토양은 토성이 유사할 지라도 매립지 토양보다 유출이 덜되고 수분여과능력이 큰 편이다. 토양층의 단절은 폐기물층이 토양층 내부에 존재할 경우 일어나는 현상으로 정상적인 토양층에서 일어나

는 모세관현상에 의한 물의 상승작용을 방해한다.

(7) 높은 토양온도 – 마감된 매립지의 토양온도가 37.8℃(100°F)를 초과하는 경우가 있다. 비록 그와 같은 고온상태가 일반적인 현상은 아니지만 다른 토양문제와 동시에 발생될 경우 식물에 영향을 줄 수 있다.

(8) 과다 토양다짐 – 매립지의 폐기물과 당일 복토층은 매일 중장비로 다져간다. 이러한 과정은 공학적 측면에서 바람직한 효과를 가져온다. 매립완료 후 최종 복토층의 토양도 또한 다짐과정을 거친다. 그러나 최종복토층의 다짐은 토양공극과 투수성을 감소시키는 결과를 가져온다. 이로 인해 물과 공기가 토양층을 통과하지 못하여 식물성장을 어렵게 만든다.

(9) 바람직하지 못한 토양구조 – 토양구조는 토양입자의 집합체의 결과이다. 이 집합체의 구성 물질은 유기물, 산화철, carbonate clay, 그리고 실리카(silica) 등이다. 유기물은 식물성장에 적합한 토양구조를 만드는 데 가장 효과적인 물질이다. 일정한 크기의 입자들로만 구성되어 있는 토양은 식물성장에 악영향을 미치는 여러 문제점들을 가지고 있는데 특히 낮은 수분보유능력이 그것이다. 퇴비와 같은 유기물을 토양에 첨가하면 식물성장에 가장 적합한 토양형태를 유지할 수 있으며, 이때의 유기물 함량은 2~5%이다.

(나) 입지 조건의 판단

식물재배계획을 세우기 전에 대상토양조건을 검토하여야 한다. 이를 위해서는 먼저 현장답사를 한 다음 토양시험을 하여야 한다. 위의 두 단계를 거치고 난 후 필요한 토양개량작업에 착수한다.

(1) 토양조건조사를 위한 현장답사 – 현장답사의 첫번째 단계는 시각적 조사이다. 식물이 이미 자라고 있는 경우에는 성장상태가 양호한지, 죽은 식물은 없는지를 관찰한다. 만약 그러한 현상이 관찰되면 죽어있는 형태나 상태가 어떠한 특징이나 규칙성을 띠는지 살

표 10-40 토양 환경조사를 위한 현장답사시의 지침

특성	토양 환경	
	친산소성	피산소성
냄새	양호	썩는 냄새
색	밝음	어두움
수분함량	낮음	높음
분쇄용이도	우수함	나쁨
온도	낮음	높음

펴본다. 이와 같은 시각적 조사는 문제가 있는 지역을 확인하는 데 이용될 수 있다. 문제점이 예상되는 지역은 일반적인 토양시험과 더불어 매립지 가스도 분석한다. 두번째 단계는 시각적 조사와 동시에 행한다. 매립가스는 폐기물의 피산소성분해시 발생하며 악취를 발생한다. 매립지 답사시 복토층에 틈이 있을 경우 이 틈을 통해서 가스가 새어 나와 매립지에서 악취가 감지된다. 토양표면을 헤쳐 보면 종종 가스가 방출되고 이는 가스가 매립지 표면까지 이동한다는 표시이다. 가스를 측정하는 정확한 방법은 휴대용 메탄측정기를 이용하는 것이다. 휴대용 황화수소측정기도 이용 가능하다. 현장답사의 세번째 단계는 토양을 직접 시험하는 것이다. 토양의 현장답사에 대한 지침을 표 10-40에 나타내었다.

(2) 토양시험 – 토양조건을 조사하기 위한 현장답사가 끝나면 토양특성에 대한 더 철저한 조사가 요구된다. 매립지에 식목을 하는 경우 상세한 토양분석이 먼저 행하여 졌다. 매립지의 입지조건과 토양의 개선 필요성들에 대한 철저한 지식없이 식물을 심을 경우 엄청난 시간과 돈의 낭비를 초래할 수 있다.

토양시험은 입지조건평가의 일환으로 시행하며 시험항목을 살펴보면 다량영양물질(macronutrients), 미량영양물질(micronutrients), pH, 전도도, 밀도, 유기물함량 등이 있다. 영양물질은 토양시험결과에 따라 비료살포에 의하여 식물에 공급할 수 있다. 토양 pH를 적정범위로 맞추기 위한 첨가제도 필요할 수 있다. 일부 미량원소는 pH 감소에 따라 식물에의 흡수가 용이하여져서 식물에 유해한 영향을 끼칠 수 있다. 아연, 구리, 마그네슘, 철, 카드뮴, 납 등이 고농도로 존재하면 식물에 영향을 미친다. 전도도는 2 mmhos 이하로 유지시키는 것이 토양공극 내에 물수지를 위하여 필요하다. 부피밀도는 1,200～1,400 kg/m^3(75～87 lb/ft^3)이 이상적이며, 1,700 kg/m^3(1061 lb/ ft^3)을 초과해서는 안 된다. 토양의 유기물함량은 2～5%가 적당하다.

(다) 현장 조건의 개선

적절한 계획만이 매립지식목에 성공적인 결과를 가져올 수 있다. 매립지의 최종적 이용계획은 매립지가 아직 계획단계에 있는 동안 결정하는 것이 가장 이상적이다. 식물 특히 뿌리가 깊은 교목(tree)이나 관목(shrub)을 폐기물로부터 분리시키는 여러 가지 방법이 있다.

(1) 가스제거

강제배기식 가스추출장치는 최종 복토층으로부터 다량의 가스를 제거한다. 만약 강제배기식 가스추출이 불가능한 경우 가스차단벽이나 자연배기시스템을 설치하여야 한다. 뿌리층(root zone)인 경우는 아래의 방법들이 효과적인 것으로 알려져 있다.

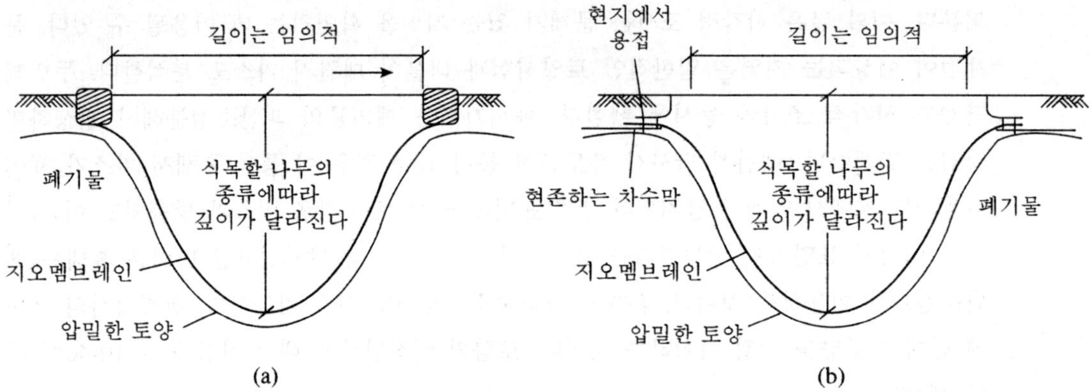

그림 10-47 매립지에 나무를 심기 위한 방법 :
(a) 최종덮개위에 합성차수막이 없는 경우, (b) 최종덮개위에 합성차수막이 있는 경우

① 토양둔덕을 약 0.9 m(3 ft) 높이로 만들며 바닥에 합성차수막을 설치하는 경우와 설치하지 않는 경우가 있다.

② 합성차수막을 바닥에 설치한 구덩이(그림 10-47 참조). 구덩이의 깊이는 심을 관목이나 나무의 뿌리 특성에 따라 달라진다.

(2) 폐기물을 매립하지 않는 여분의 지역 ─ 장래 조경계획이 세워져 있는 경우, 식목지역은 뿌리가 깊은 교목이나 관목을 심을 수 있도록 폐기물을 매립하지 않고 남겨둔다.

(3) 식목지역으로부터 폐기물제거 ─ 필요한 경우 식목을 계획하는 지역으로부터 매립된 폐기물을 제거할 수 있다. 비록 이 방법은 많은 비용이 소요되지만 많은 나무를 한 지역내에 집중적으로 심는 경우에는 최선의 방법일 것이다. 이와 같은 방법을 취하지 않는 경우에는 나무 한 그루마다 토양둔덕이나 가스차단벽을 설치하여야 할 것이다.

(4) 생분해가능한 물질의 별도 매립 ─ 부패하기 쉬운 물질이 피산소성 상태에서 분해되면 식물에 독성을 미치는 가스를 발생시킨다. 따라서 생물학적으로 분해가 가능한 폐기물과 불가능한 폐기물을 분리하여 매립지내 서로 다른 지역에 매립시키면 매립가스를 유발시키지 않는 지역에서는 식목을 용이하게 할 수 있다.

(5) 최종 복토의 저장 ─ 매립지의 최종복토에 필요한 토양은 가능하다면 미리 축적해 두는 것이 바람직하다. 특히 매립지의 사후이용을 자연 상태로의 회복으로 계획하는 경우에는 인근지역내 토양을 복토로 이용할 수 있는지 여부가 매립지식목의 성패를 크게 좌우한다. 식목에 불리한 조건을 가진 매립지의 경우일 지라도 축적해 둔 토양이 충분하다면 작물 성장에 대한 제한요소를 상당히 감소시켜줄 것이다.

(라) 식목을 위한 복토층 조성

식목을 위한 최종복토층은 식물 성장에 적합하여야 하며 양질의 흙이 0.6～0.9 m(2～3 ft)정도 되어야 한다. 다음 절차는 식목을 위한 최종복토층조성을 위하여 제시된 것이다.

① 토양개량제는 살포하기 전에 복토와 혼합하여야 한다. 이는 더 균일한 혼합을 위하여 필요하다.

② 복토는 과도한 다짐을 피하기 위하여 어느 정도 건조한 상태에서 뿌려준다.

③ 복토시 다짐을 최소화하기 위하여 스크레이퍼(earth scaper)나 기타 토양 운반장비를 이용한다.

(마) 마감된 매립지에서의 멀취(mulch)사용

멀취사용이란 노출된 토양표면에 유기성 또는 무기성 물질의 덮개층을 씌우는 것이다. 여기서는 유기성 멀취만을 다루었다.

(1) 멀취사용의 이점 – 멀취는 식물성장환경을 개선시킬 뿐 아니라 잘게 썬 정원 폐기물을 멀취로 이용함으로써 정원폐기물의 처분을 용이하게 한다. 또한 멀취는 사용 이전에 잘게 써는 공정만을 필요로 하기 때문에 환경적 이점 이외에 경제적 이점도 있다.

① 침식 방지 – 지표면 위에 분쇄된 정원폐기물을 15 cm 정도 두께로 깔아주면 강우 또는 바람에 의한 침식현상과 유출을 감소시킨다. 멀취입자들이 서로 얽힐 수 있도록 하기 위해서 지표면의 경사가 급할수록 입자크기를 더 크게 만든다.

② 영양물질의 첨가 – 유기성 멀취가 분해됨에 따라 멀취내의 영양물질은 토양으로 환원되고 시간이 지나면서 분해되고 남은 멀취는 토양개량제의 역할을 한다. 유기물질은 필수 영양물질로 공급된다. 영양물질의 공급은 분해에 의하여 서서히 이루어지며 서서히 공급되는 영양물질은 식물에 의해 전량 이용될 것이다.

③ 수분 보유 – 매립지의 복토는 일반적으로 바람직하지 못한 구조의 토양을 이용하기 때문에 멀취사용은 수분보유에 중요한 역할을 한다. 특히 미국서부와 같은 건조지역에서는 그 중요성이 더욱 크다. 멀취는 지표면의 수분증발을 억제시켜 식물에 공급되는 수분량을 좀 더 오래 보유할 수 있도록 만든다.

④ 적당한 토양온도 – 멀취는 토양온도를 고르게 하여 작물성장에 적합한 환경을 조성한다. 멀취에 의한 적정온도유지효과는 특히 열대나 극한 기후의 지역에서 더 확실하게 나타난다.

⑤ 잡초성장방지 – 10～15 cm의 멀취층은 잡초 등의 씨앗의 발아를 방해하는 역할을 한다. 씨앗의 발아를 원하는 경우는 멀취층의 두께를 2.5 cm 정도로 감소시킨다. 이러한 얇은 층의 멀취는 발아된 지 얼마 안 되는 어린 식물을 보호하며 여전히 깊은 층

의 멀취에서 얻어지는 여러 이점을 제공한다.

(2) 멀취사용의 단점 – 멀취가 가지고 있는 여러 장점 이외에 주의하여야 할 다음과 같은 몇 가지 단점이 있다. ① 잡초씨를 가지고 있을 가능성, ② 작물에 질병을 일으킬 수 있는 생물이 포함되어 있을 가능성, ③ 일정 두께를 유지하기 위하여 멀취를 매년 다시 살포하여야 하는 번거로움(나무가 성장하여 토양표면이 하늘에 거의 가려질 때까지), ④ 멀취생산에 이용되는 식물이 식물의 성장이나 발아를 저해하는 독성화합물을 생성할 가능성, ⑤ 멀취의 수분보유능력증가에 따른 수분공급량 조절(감소)이 용이하지 않음.

(바) 식물선택

최근까지 계획입안자들은 매립지의 식목과 경관에 대하여 신경쓰기보다는 단지 가장 경제적인 해결방안인 초지(grassland)의 형성을 고려해 왔다. 그러나 매립지가 시민 휴식공간이나 교외공터로 이용될 가능성이 거론되기 시작하면서 식목에 대한 중요성이 부가되고 매립지의 식목시 적합한 식물의 선택이 중요한 문제가 되고 있다. 식물선택은 부지의 용도에 따라 크게 변화된다. 매립이전 환경으로의 회복을 목표로 하는 경우에는 해당지역의 식물 중 적합한 것을 이용한다. 만약 골프장이나 공원 등 특정한 경관을 조성하고자 할 때에는 그 지역 토산식물이 아닌 특정식물을 이용하여야 할 경우가 생기며 이 때에는 대상지역의 기후조건에 적합한 식물을 선택하여야 한다.

매립지회복을 위한 수종 선정시 고려하여야 할 인자는 성장률, 나무크기, 뿌리깊이, 침수에 견딤(flood tolerance), 근균 곰팡이(mycorrhizal fungi)와의 연관성, 질병에 대한 저항 등

① 성장속도가 느린 나무가 빠른 나무보다 매립지 조건에 더 쉽게 적응하는 것으로 알려져 있다. 성장속도가 느린 나무는 수분을 적게 흡수하는데 수분은 매립지 복토내에 흔히 부족하게 존재한다.

② 작은 나무(높이 1m 이하)는 뿌리를 지표면 가까이에 뻗치므로 가스와의 접촉을 피할 수 있다. 그러나 뿌리가 얕은 나무는 관개를 더 자주 하여야 한다.

③ 뿌리가 얕은 나무들은 본질적으로 매립지 조건에 더 잘 적응한다. 그러나 이러한 나무는 잦은 관개를 필요로 하고, 바람에 쓰러지기 쉽다.

④ 침수에 잘 견디는 수종은 그러하지 못한 수종보다 매립지 여건에 적응이 빠른 편이지만 침수에 잘 견디는 수종은 적절한 관개(관개 빈도의 증가)를 필요로 한다.

⑤ 근균곰팡이는 식물뿌리와 공생관계를 이루어 식물이 더 많은 영양물질을 이용할 수 있게 한다.

⑥ 특정 질병이나 곤충에 민감한 식물은 성장조건이 좋지 못한 폐기물매립지에서는 피하는 것이 좋다.

(사) 풀의 이용(use of grasses)

나무의 이용과 더불어 풀의 이용은 매립지 식목에 바람직할 것이다. 다른 식물과 마찬가지로 풀도 바람직하지 못한 토양구조와 매립지가스에 영향을 받는다. 하지만 풀은 나무에 비하여 성장하기 쉽다. 토산이나 외래산 풀들은 모두 수염뿌리(fibrous)를 가지며 지표면의 얕은 층에만 뿌리를 내려서 나무에 비하여 매립지 조건에서 더 쉽게 성장한다. 어떤 풀은 일년생이며 일년 중 가장 적합한 시기에 성장하고 씨를 맺는다. 다년생 풀은 일년 이상 사는 것을 제외하면 일년생 풀과 유사한 특성을 가진다. 풀은 뿌리구조 형태, 생활사(life cycle), 빠른 번식능력과 같은 특징 때문에 열악한 환경에서도 쉽게 성장할 수 있다.

(아) 식목을 위한 설계 인자

마감된 매립지의 최종적인 용도를 결정하는 것은 매립지 설계에서 필수적인 부분이다. 매립지가 골프장이나 기타 사람출입이 많은 용도로 쓰이지 않는다면 설계자는 매립지가 주위 자연환경과 잘 어울리도록 최대한의 노력을 기울여야 한다. 이는 토산식물의 식목을 필요로 한다. 매립지여건에 대한 식물의 적응력여부와 매립지와 같은 불리한 여건을 극복할 수 있는 원예기술분야에 대한 더 많은 연구가 이루어져야 한다. 지금까지 몇 종류의 식물만이 시험되었고 그것도 아주 제한된 지역에서 행하여져 왔다.

10.11.3 매립지 마감후 장시간 유지관리

마감된 매립지에서의 시설물들은 폐기물이 완전히 분해될 수 있는 충분한 기간 동안 유지관리되어야 한다. 매립된 폐기물은 매립지의 구조적 차이에 따라 분해율이 달라지므로 마감된 매립지에서 요구되는 유지관리기간은 매우 큰 차이를 보일 수 있다. 대부분의 법규는 그 기간을 20~30년으로 하고 있다.

매립지 마감 직후 혹은 해당법규가 규정하는 시점에서 마감 후의 유지관리계획이 수립되어야 한다. 유지관리에는 초기의 환경감시에서부터 시작하여 최종적으로 보고서작성까지 모든 활동이 포함된다. 매립지 마감후 유지관리계획에 포함될 전형적인 요소를 표 10-41에 나타내었다. 그 중에서 가장 중요한 것들을 살펴보면 다음과 같다.

- 정규검사
- 기반시설 유지
    - 구배 및 주위 경관
    - 배수체계
    - 발생가스관리체계
    - 침출수수집과 처리

· 환경감시체계

매립지마감계획과 매립마감후 유지관리계획의 수립 및 집행에 관한 업무들이 폐기물감독기관들의 최근의 주요업무 중 하나이다. 이러한 기관들은 매립지가 마감된 후 지역사회의 한 자산으로 쓰일 때까지 수립된 계획이 계속해서 재검토되어야 함을 알아야 한다. 왜냐하면 매립지 마감후 부지이용용도나 환경오염 가능성 등에 대한 서로간의 이해충돌이 늘 있기 때문이다. 이러한 모든 장래의 상황을 고려해 보면 매립지는 가능한 한 자연계와 차단한 형태(closed landfill)로 운영하는 것이 중요하다.

표 10-41 매립지 마감후 사후관리 계획시 주요요소

항 목	내 용
마감 후 부지이용	용도지정 및 채택
기반시설 유지	최종 복토, 식생층, 지표면구배, 배수체계, 침출수집수 및 처리체계, 발생가스관리체계, 지하수관리체계 등의 유지계획의 서류화
환경감시체계	구체적 감시내용 및 일정확정
체계운영	체계운영방법, 운영회수, 그리고 책임기관에 대한 구체화
보고서작성	요구되는 보고서의 종류, 시기 및 형식 확인
시설개조	감시, 수집 및 처리시설물의 현재상태 기록
비상대비계획	준비 및 승인 신청

Chapter

11

방사성 폐기물의 처리·처분

11.1 서 론

방사성 폐기물을 폐기물 분야에서 다루지 않으나 폐기물과도 관련성이 있어서 이 장에서 다루었다. 방사성폐기물은 일반적으로 고준위(10rem 이상 ※ rem ; röentgen equivalent to man, 인체에 주는 피해 정도에 입각한 방사선량의 단위)와 저준위(10rem 이하)로 나누어져 있다. 고준위 방사성 폐기물로서는 ① 사용이 끝난 핵연료에서 분리된 핵분열생성물의 농축폐액, ② 연료피복관의 폐재, ③ Pu, Am, Cm 등의 초우라늄 원소를 많이 포함하는 폐기물도 처분의 조건을 ① ② 이상으로 엄하게 할 필요가 있으므로 이 범주에 넣는다. ①의 고준위 농축폐액은 주로 퓨렉스법이라 부르는 용매배출법에 의한 핵연료 재처리 공정의 제 1 추출공정에서 생성한다. ②의 폐재는 질산에 용해되지 않는 Zr합금피복재를 압축한 것이며 ③의 초우라늄원소 함유 폐기물은 재처리공정 외에 Pu계 연료의 가공공정에서도 발생한다. 저준위 폐기물로서는 이것들 이외의 방사성폐기물이 해당되고 수 백년 격리하면 비방사능량이 1,000분의 1 이하로 감소되어 장해도가 천연의 방사성 광물 정도까지 내려가는 것으로 되어 있다.

미국은 맨하탄계획 이래 핵병기 생산에 의해 약 78만 m^3(1974년 6월말)에 이르는 고준위폐기물을 축적하고 또한 병기생산에 의해 연간 $2.8 \times 10^3\ m^3$씩의 폐기물이 발생하고 저준위 방사성 폐기물은

① 우라늄의 채굴제련

② 우라늄 연료의 제조가공(전환, 압축을 포함)

③ 원자로 운전

④ 사용이 끝난 핵연료의 재처리

⑤ 플루토늄의 재순환

⑥ 원자력시설의 폐쇄·해체

⑦ 방사성 동위원소의 이용 등이 있다.

한국에서는 ②, ③, ⑦분야와 이것에 관한 연구개발활동에서 생긴 것이 주된 발생원이며 이와 관련하여 일본의 원자력 발전소에서 1994년도까지 발생된 방사선 폐기물은 모두 200 L 드럼통으로 약 20,000드럼에 달하고 있다. 이러한 것들의 처리 · 처분방법에는 미해결의 문제가 많으며 아직도 연구가 진행 중이다.

11.2 방사성 폐기물 관리와 규제

현재의 방사성 폐기물관리의 개념은 대략 그림 11-1과 같이 이해된다. 발생단계에서는 발생량을 적게 하려는 발생원 대책도 포함하고 있으며 처리단계에서는 감용농축과 고화포장의 두 가지가 있다. 주로 감용농축의 과정에서 발생하는 기체 및 액체는 자연계로 방출하여 감용농축하고 고화포장된 것은 격리된다. 격리는 인간생태계, 자연생태계에서의 격리를 의미하며 격리의 수단으로서 저장과 처분이 있다.

방사성 폐기물의 처리 · 처분에 대한 법적규제에서 방사성 폐기물은 「핵원료 물질 및 핵연료 물질에 의해 오염되어 있어 처리 또는 계속적인 감시가 필요한 기체, 액체, 고체상태의 물질로서 폐기하려는 것」이라 정의하며 핵연료주기를 형성하는 핵 연료의 가공, 실용발전로의 운전, 사용이 끝난 연료의 재처리 사업소 및 이것들에 관한 연구개발활동을 하는 자에 대해서는 방사성 폐기물의 폐기에 있어서 필요한 조치를 강구하는 것을 의무화하며 그리고 이러한 조치에 대해서는 사업소의 구분에 따라 법령으로 정하는 것으로 되어 있다. 또한 방사성폐기 기준이 사업소에서 폐기를 하는 경우(사업소 내 폐기)와 사업소 밖에서 폐기하는 경우(사업소외 폐기)의 각각에 대하여 설정되어 있으며 그 개요를 그림 11-2 및 그림 11-3에 표시하였다.

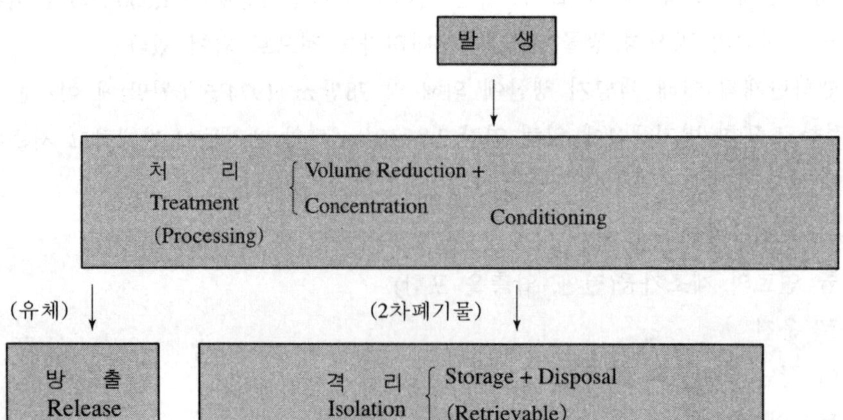

그림 11-1 방사성 폐기물 관리의 개념

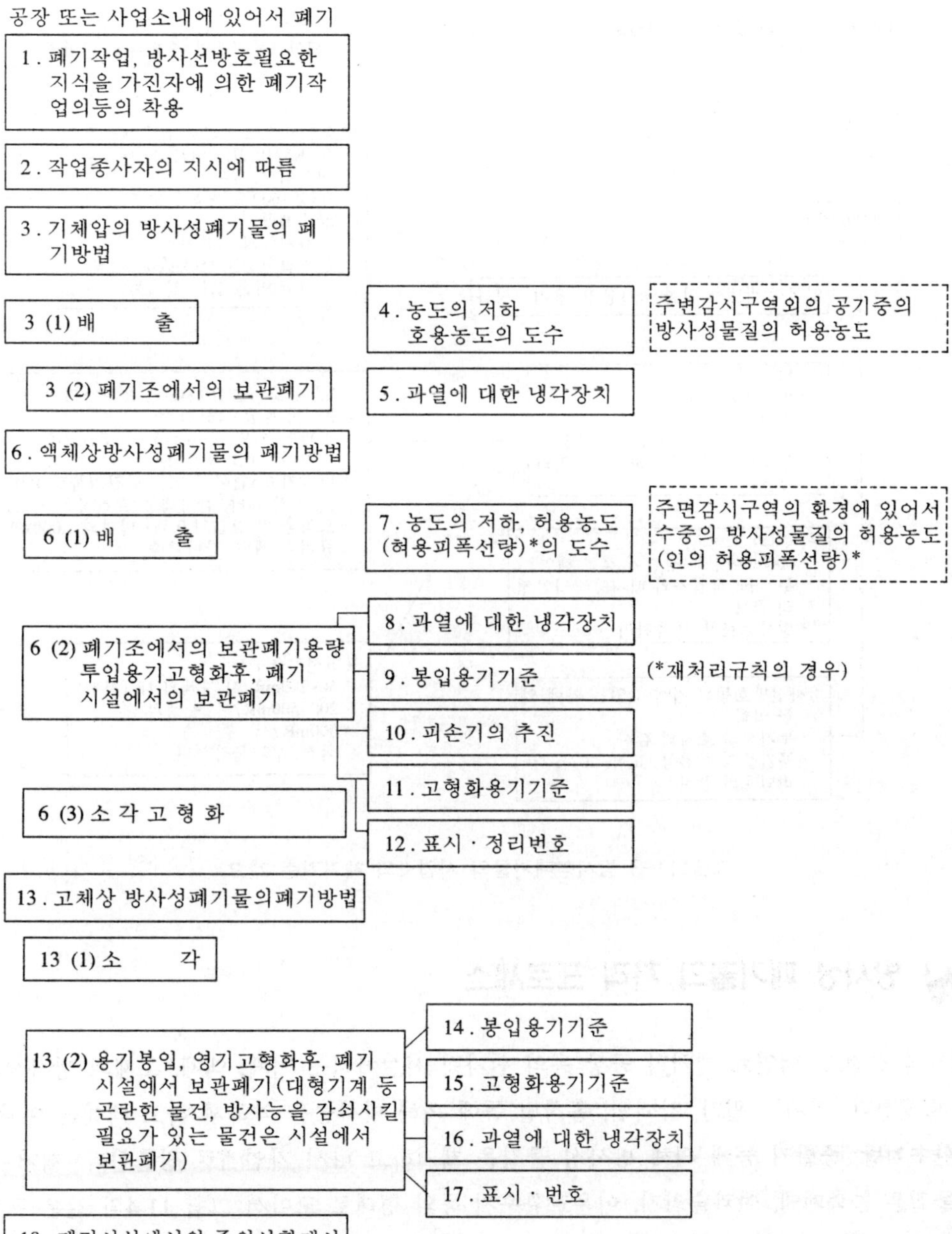

그림 11-2 방사성폐기물의 사업소내 폐기기준 개요

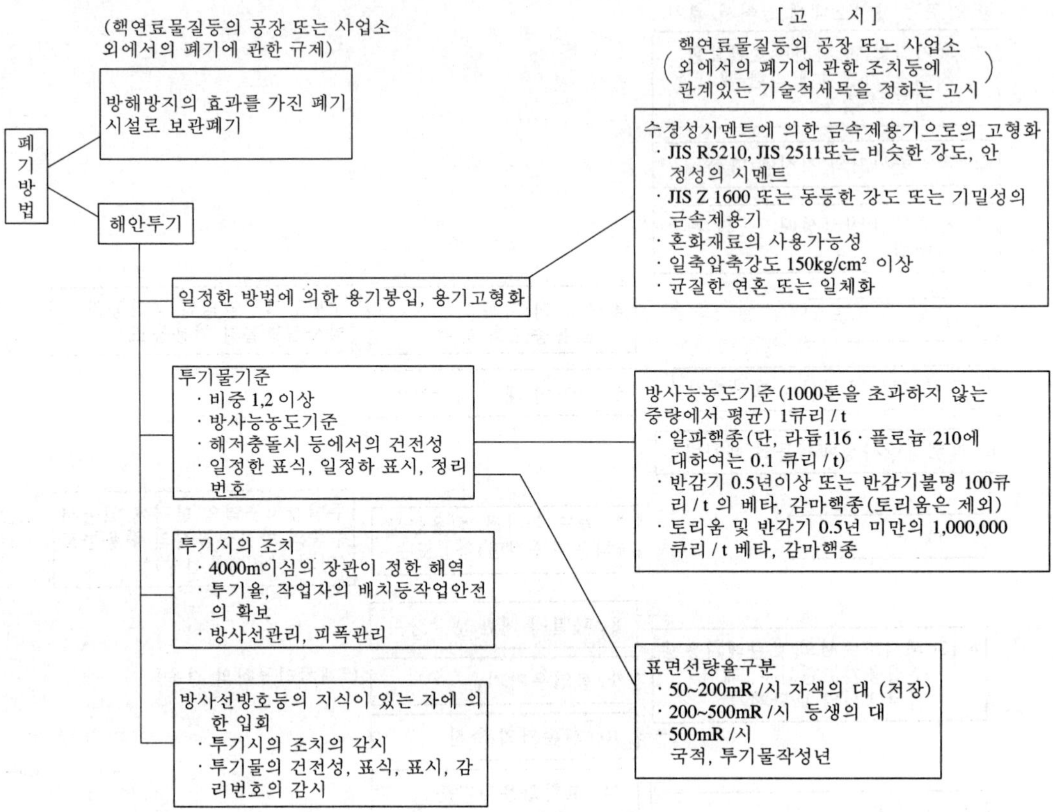

그림 11-3 방사성폐기물의 사업소외 폐기기준 개요

11.3 방사성 폐기물의 처리 프로세스

원자력 발전소, 핵연료 재처리 공장 등의 원자력 시설에서는 기체, 액체, 고체의 방사성폐기물이 발생한다. 기체는 필터, 감쇠법, 흡착법 등에 의해 방사능을 약하게 하고 액체는 여과, 이온교환수지탑, 증발기 등에 의해 방사성 물질을 제거하고 나서 자연계로 방출한다. 제거된 방사성물질은 농축폐액, 여과슬러지, 이온교환수지 등의 형태로 모아서 그림 11-4와 같은 프로세스로 중간처리 후 200 L 드럼통에 고화하던가 격납시킨다.

(가) 방사성 폐기물의 고형화법

방사성 준위가 낮은 폐기물에는 일찍부터 시멘트 고형화법을 사용하고 있다. 또 최근에는 고형화에 있어서 폐기물의 감용률이 크고, 고형화체의 방사성 물질의 침출율이 작다는 이유에서 중 · 저 준위의 폐기물의 고형화에 아스팔트 고형화법(bituminization)을 사용하고 있다.

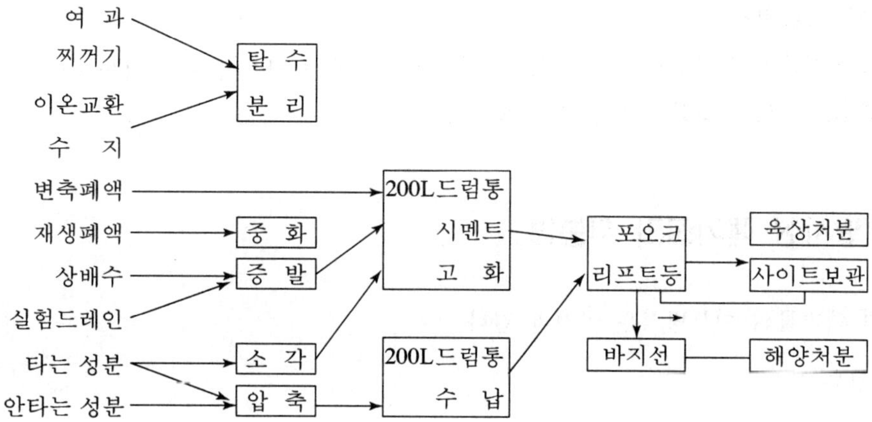

그림 11-4 저준위 폐기물 처리계통의 예(원자력발전소)

핵연료 재처리에서 발생하는 핵분열 생성폐액 가운데 방사선 준위가 높은 폐기물인 경우에는 현재 용액상으로 탱크에 저장하고 있는데 여러 가지의 고형화방법이 연구되고 있다.

(1) 시멘트 고형화법

방사성 폐기물의 시멘트 고화는 통상 200 L의 드럼통에 고형화하는 것으로

① 혼합법

② In-Drum 혼합

③ 주입법

등을 사용하고 있다. 육상처분의 경우에는 토압이나 적중(積重)에 견디는 강도가 있으면 좋으나 해양처분에는 수압, 예를 들면 5,000 m의 심해라면 500 kg/cm^{2}의 수압에 견딜 필요가 있다.

(2) 아스팔트 고형화법

폐기물을 아스팔트 고화를 하는 경우 다음의 두 가지 방법이 있다.

① 액체, 고체의 폐기물을 용융 아스팔트와 160~230℃에서 혼합하고 수분을 증발시킨 후 드럼통에 흘려 넣는 방법

② 슬러지류와 계면활성제 및 아스팔트를 혼합하여 약 125℃에서 연혼(練混)시켜 탈수하고 다시 110~130℃에서 수분을 증발시킨 후 드럼통에 넣는 방법

이러한 혼합, 연혼의 조작을 회분식으로 프로세스와 연속으로 하는 프로세스가 개발되어 있다.

(3) 기타 프로세스

고준위 폐기물을 전처리하고 유동층, 분무탑, 회전로에서 연소한 후 소각분말을 규사와 붕사 등으로 혼합, 용융, 유리화하는 방법이 개발되어 있다.

11.4 방사성 폐기물의 처분법

저준위 폐기물의 처분방식은 아래와 같다.

① 해양투기

② 육지보관

③ 심층지중이설

④ 지중압입

⑤ 심지층공동처분

우리나라에서는 저준위 고체 폐기물에 대해서는 1976년에 수립된 원자력 개발이용 장기계획에서 해양처분과 육지처분을 제시하였다.

① 저준위폐기물의 처리는 기술적으로 거의 확립되어 있으므로 처리에 관한 기준을 조속히 정비한다.

② 처분방법으로는 육지처분과 해양처분을 함께 고려한다.

③ 해양처분은 방사능 준위가 낮은 폐기물을 안전한 고화체로 처리하고 이것을 심해저에 처분하는 것으로 한다.

④ 육지처분은 해양처분에 적합하지 않는 것, 또는 회수 가능한 상태에서 처분할 필요가 있는 것 등을 시설에 저장하거나 지중에 처분하는 것으로 한다.

⑤ 해양처분 및 육지처분을 진행하는 방법은 환경에 미치는 영향에 관한 사전 안전평가를 거쳐 시험적 처분을 실시하며 그 결과를 평가하여 안전성을 확인한 후에 본격적인 처분을 실시하는 것으로 한다.

연·습·문·제

1. 방사성 폐기물의 정의에 대하여 쓰시오.

2. 방사성 폐기물의 발생과 특성 및 분류에 대하여 설명하시오.

3. 방사성 폐기물의 처리 방법에 대하여 설명하시오.

4. 방사성 폐기물의 고화 처리 방법에 대하여 설명하시오.

5. 방사성 오염 물질로부터 방사성 피폭을 감소시키는 방법에 대하여 쓰시오.

Part 2 Disposal of Sludges

슬러지의 처리

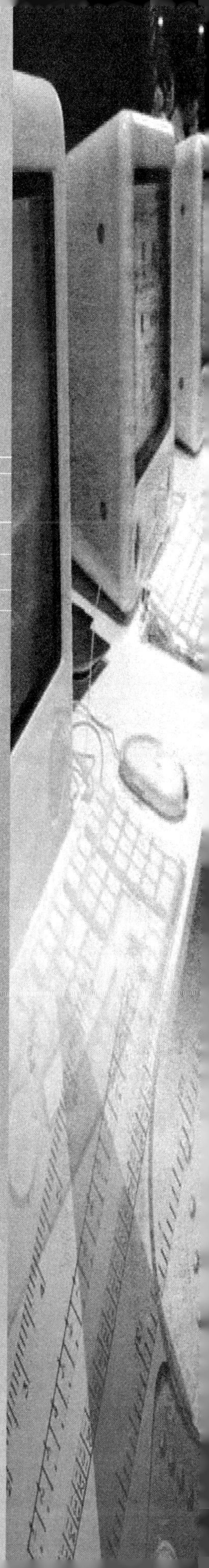

Chapter 1

서 론

1.1 슬러지의 개념

슬러지는 정수나 폐수처리를 하므로 수중의 부유물이 액체로부터 분리되어 침전된 슬러지를 말하는데 90% 이상의 많은 수분을 함유하고 있다. 한편 부력에 의해 침전지의 표면에 뜬 것을 스컴(scum)이라고 하며 스크린에 걸린 것을 스크린여과물(screenings)이라 하는데 이러한 것들도 통상 슬러지와 함께 처리되므로 넓은 뜻에서 슬러지(슬러지)에 포함시킨다. 이와 같은 슬러지는 수처리의 부산물이며 슬러지(슬러지)의 처리와 처분을 원활히 수행해야 수처리가 최종적으로 끝나게 된다.

일부 슬러지는 유용한 영양물질과 유기물질을 포함하므로 자원으로서의 가치가 있으나 대부분의 슬러지는 부패성, 병원성이 있고 유해물질을 함유하여 잠재적 위험성이 있으며 이의 안전한 처리 · 처분이 기술적으로 중요하다.

슬러지는 정수장 슬러지와 폐수처리 슬러지로 대별된다.

1.1.1 정수장 슬러지의 종류

정수장 슬러지는 폐수 슬러지에 비해 유기물의 농도가 훨씬 낮으므로 유기물의 제거보다는 최종처분을 위한 부피감소가 중요하다. 보통 응집제로서 황산알루미늄(Alum, $Al_2(SO_4)_3\ nH_2O$)이 쓰이는데 이것이 가수분해되어 생성된 수산화알루미늄($Al(OH)_3$)과 유기물, 세균, 무기물로 구성된 floc이 침전되어 슬러지를 구성한다.

(1) 1차 침전 슬러지

이것은 미사(*微砂*), 진흙 및 부유물질을 함유한다.

(2) 응집, 연수화 과정 슬러지

응집이나 연수화 과정에서 생긴 슬러지는 이 과정에서 사용된 약품이나 이들 약품으로부터 생긴 화합물을 함유한다.

1.1.2 정수장 슬러지의 처리

(가) 라군(Lagoon, 砂湖)에 의한 처리

소규모 정수장의 슬러지를 처리하는 가장 간단한 방법이 라군에 의한 방법인데 라군이 슬러지로 꽉 차게 되면 다시 이를 처분하여야 한다. 이는 주로 토지가 넓고 라군이 많은 미국 등지에서 사용할 수 있는 방법이다. 미국 Kansas주의 정수장 슬러지용 라군시설의 기준을 보면 다음과 같다.

① 최소한 2지를 설치한다.
② 수면으로부터 2 ft(0.6 m)는 깨끗한 상징수를 저류할 수 있도록 하여야 한다.
③ 경사면은 3 1/2 : 1로 하는 것이 좋다.
④ 최소한의 저류 용량은 3년이다.
⑤ 상징수를 다시 처리장으로 반송시켜 사용하는 것을 원칙으로 한다. 반송량은 정수처리시설용량의 5～10%를 넘지 않도록 한다.
⑥ 기계적으로 슬러지를 제거시킬 수 있도록 라군을 설치하여야 하며 제방을 설치할 경우에는 제방 위에 운반차량의 이동이 가능하도록 설계하여야 한다. 제방의 높이는 최고 수면으로부터 40～60 cm의 여유고를 두어 설치하여야 한다.
⑦ 연수화에 의한 슬러지의 발생량은 100 mg/L 의 경도에 대해 백만갈론(3,785 m^3)당 85 ft^3 (2.4 m^3)이다.
⑧ 연수화에 의한 슬러지의 발생량은 백만갈론당 16 ft^3(0.45 m^3)이다.
⑨ 철과 망간을 제거할 때에 생산되는 슬러지의 발생량은 1 mg/L 의 철과 망가니즈(둘 포함하여)에 대해 백만갈론당 1 ft^3(0.03 m^3)이다.

(나) 기계적 탈수방법

압력여과, basket형 원심분리기, solid bowl형(scroll type) 원심분리기, belt press, dual cell gravity(DCG) filter 등이 사용될 수 있다.

미국의 Sturgeon Point 정수장에서는 압력여과가 가장 경제적인 방법이었는데 압력여과의 경우에 농도가 낮은 역세척수가 더 탈수가 어려웠으며 alum 회수시 폐슬러지를 탈수시키기 위해서는 fly ash로 precoat를 해야 하는 것으로 나타나고 있다. 반면에 Nielsen 등의 조사결과에 의하면 solid bowl형 원심분리기가 압력여과보다 약간 비싸지만 압력여과에 비하여 장점이 많다고 주장하고 있다. 표 1-1과 표 1-2는 각종 탈수기에 있어서의 탈수된 슬러지의 고형물질 함량과 장단점을 비교한 자료이다. 이 자료들은 탈수 후의 고형물질의 농도가 트럭에 적재할 수 있는 20% 이상을 기준으로 하였을 때의 자료이다.

표 1-1 각종 슬러지의 성능

	주입슬러지 (슬러지) 농도(%)	케익의 농도 (%)	탈리액의 농도(mg/L)	사이클 시간(분)	비 고
압력여과-A제품					
응집슬러지	4	40	120	140	16%석회, 4% Fly Ash
역세척수	2	35	115	115	36%석회, 9% Fly Ash
Alum회수폐액	7	41	100	100	18%석회, 4% Fly Ash
압력여과-B제품					
응집슬러지	3.3	37	45	180	12%석회, Precoat사용안함
역세척수	2.8	31	45	230	18%석회, Precoat사용안함
Solid Bowl형 원심분리기					
응집슬러지	3	26	540	연속운전	1.5kg 폴리머/ton슬러지
역세척수	1.5	18	550	연속운전	1.5kg 폴리머/ton슬러지
Basket형 원심분리기					
응집슬러지	1.5	11	150	40	폴리머주입 없음
역세척수	1.2	10	150	80	1.5kg 폴리머/ton슬러지
로타리형 진공여과기					
응집슬러지	2	34	10	연속운전	Diatomaceous 32% Precoat
역세척수	1.5	20	15	연속운전	Diatomaceous 32% Precoat
Belt-Filter Press					
응집슬러지	2.5	12	30	연속운전	4.5kg폴리머/ton슬러지
역세척수	1.5	10	25	연속운전	6kg폴리머/ton슬러지
수평형 진공여과기					
응집슬러지	15	37	140	연속운전	60%석회
역세척수	8	30	120	연속운전	50%석회

표 1-1과 1-2에는 나타나 있지 않지만 DCG에 의한 다른 조사결과를 보면 alum은 11.7%, Fe 슬러지는 19%로 농축, 탈수시킬 수가 있으며 연수화 과정에 의한 슬러지는 16 ~46%가량 농축, 탈수가 가능한 것으로 알려지고 있다. Alum과 Fe슬러지 탈수시에는 폴리머가 사용되었다.

(다) Alum의 회수

Alum을 회수하는 방법은 그리 어렵지 않은데 불순물이 문제가 되고 있다. 1 kg의 $Al(OH)_3$에 대해 1.9 kg의 H_2SO_4가 이론적인 필요량이다. 즉 alum슬러지에 황산을 혼합시킨 후 14~20분 가량 침전시켜 Al_2O_3를 회수하는 방법이다. 회수에 사용된 H_2SO_4로부터도 불순물이 유발되는 것으로 알려지고 있다. H_2SO_4에 의한 alum의 회수효율은 약 78% 가량이다.

(라) 하수처리시설에 투입하는 방법

상수처리시에 생산되는 alum슬러지나 역세척수를 하수거에 투입하여 하수처리장에서 함께 처리시키는 경우도 많은데 대부분의 상수슬러지가 1차침전지에서 침전되며 또한 2차 설비에는 어떠한 나쁜 영향을 주지 않는 것으로 알려지고 있다.

표 1-2 각종 탈수기의 장단점

항 목	Solid Bowl형 원심분리기	압력여과	Basket형 원심분리기	진공여과
총비용	2	1	4	3
운전의 용이정도	1	2	3	4
과부하에 대한 적응능력	1	2	4	3
감시의 필요성	2	3	1	4
기계의 수명	4	1	3	2
시설비	1	4	2	3
생산된 슬러지의 균일성	1	3	4	2

(주) 숫자가 적을수록 좋은 편이다.

(마) 토지주입

농사에 용수처리장(상수처리장) 슬러지를 주입할 때에 작물의 중금속 흡수량을 감소시키기 위해서는 토양의 pH는 6.5 또는 그 이상이어야 한다. 하수슬러지와는 달리 정수슬러지의 pH가 높으며 토지개량제로 흔히 사용되는 lime이 다량 포함되어 있는 연수화과정에서 생성된 슬러지는 토양의 산도(soil acidity)를 중화시키는 데 사용될 수 있다. 표 1-3은 각종 토양의 pH를 6.5로 상승시키는 데 소요되는 석회석(lime stone)의 양을 나타내고 있으며 표 1-4는 암모니아로부터 생산되는 산도를 중화시키는 데 소요되는 석회석의 양을 나타내고 있다. pH가 5.5 이상인 경우에는 1 lb의 질소를 위하여 1.8 lb의 lime이 소요되고 있으며 pH가 5.5 이하인 경우에는 4~6 lb의 Lime이 소요되고 있다. 표 1-5는 각종 작물에 있어 허용되는 pH의 범위를 나타내고 있다. 정수슬러지를 토양에 주입할 때에 각종 중금속의 허용범위 이내에서 주입시켜야 할 슬러지의 양은 하수슬러지에서 보다 적다. 참고적으로 그림 1-2는 토양의 구성물질에 따르는 학술적인 명칭을 나타내고 있으며 표 1-6은 일반적으로 구분되는 토양의 명칭을 보여주고 있다. 식토 또는 점토의 입자가 제일 작고 토양이나 사토로 갈수록 점점 입자의 크기가 커진다.

(바) 매립

탈수나 건조시킨 슬러지를 최종적으로 처분하는 데 가장 흔히 사용되는 방법이 매립이다.

표 1-3 pH 6.5로 상승시키는 데 필요한 석회소요량(ton)

토양의 종류	pH 범위			
	4.5~4.9	5.0~5.4	5.5~5.9	6.0~6.4
Clay and silty clay	6	5	4	2 1/2
Clay loams or loams	5	4	3	2
Sandy loams	4	3	2 1/2	1 1/2 * *
Loamy sands	3	2 1/2	2	1 * *
Sands	2 1/2	2	1/2 * *	1/2 * *

*석회소요량은 100메쉬 체에 25% 통과하는 크기와 중화능력 90%를 가지는 것을 기준으로 함
**균일한 살포와 경비의 타산이 맞으려면 적어도 에이커당 2톤이 요구된다.

표 1-4 1kg의 질소로부터 생산되는 산도를 중화시키는 데 소요되는 석회 ($CaCO_3$)소요량

Nitrogen Carrier	토양의 pH*	
	5.5 이상	5.5 이하
Ammonium nitrate	1.8	4-6
Anhydrous ammonia	1.8	4-6
Urea	1.9	4-6
Nitrogen solutions	1.8	4-6
Ammonium phosphates	1.9	4-6
Ammonium sulfate	5.5	11-13

* 주 : 토양의 pH가 5.5 이하로 되면 석회 사용을 증가시켜야 한다.

표 1-5 각종작물에 따르는 허용 pH 범위

산에 약한 작물		산에 비교적 강한 작물		산에 어느정도 강한 작물	
Alfalfa	6.3-7.8			Corn	5.5-7.5
Asparagus	6.0-8.0	Buckwheat	5.0-7.0	Grasses	5.5-7.5
Barley	6.5-7.8	Oats	5.0-7.0	Trefoil	5.5-7.0
Beans	6.0-7.5	Potatoes	5.2-6.5	Wheat	5.5-7.0
Peas	6.0-7.5	Rasberries	5.0-7.0		
Red Clover	6.0-7.5	Rye	5.0-7.0	산을 좋아하는 작물	
Soybeans	6.0-7.0	Strawberries	5.0-6.5	Blueberries	4.0-5.1
Sugar Beets	6.0-7.5	Vetch	5.0-7.0	Cranberries	4.2-5.0
Sweet Clover	6.5-7.8				

표 1-6 토양의 일반적인 구분과 학술적인 구분과의 관계

일반적인 구분		재활용율(%)
명 칭	토 성	
Sandy Soils	Coarse	Sand Loamy Sand
	Moderately Coarse	Sandy Loam Fine Sandy Loam
Loamy Soils	Medium	Very Fine Sandy Loam Loam Silty Loam Silt
	Moderately Fine	Clay Loam Sandy Clay Loam Silty Clay Loam
Clayey Soils	Fine	Sandy Clay Silty Clay Clay

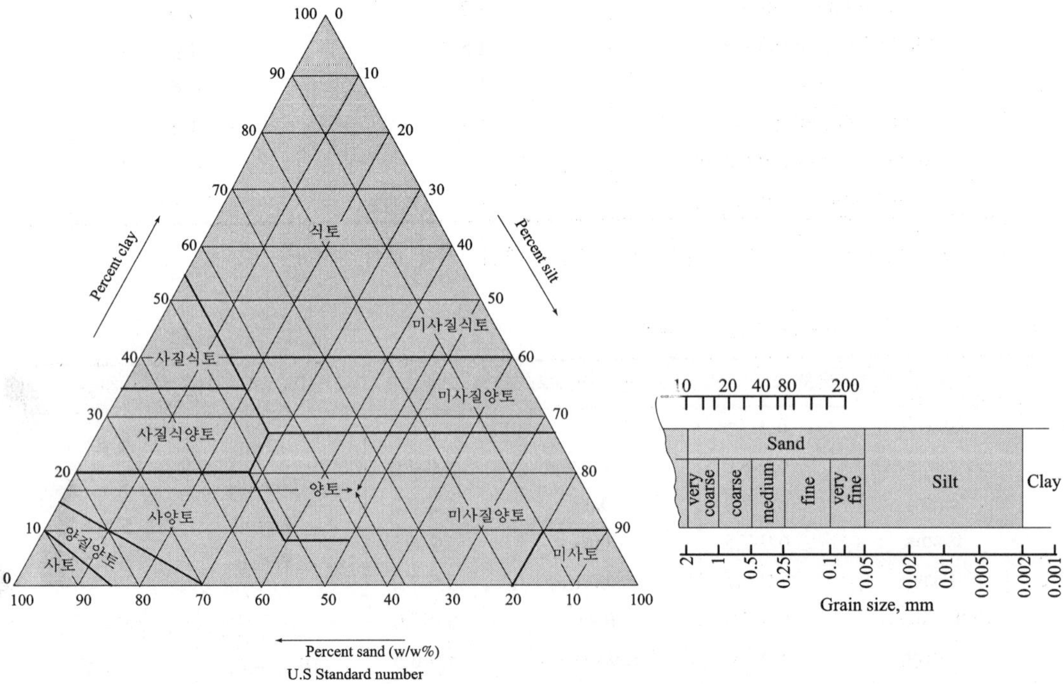

그림 1-1 토양구조에 따르는 구분

1.2 폐수처리장 슬러지

1.2.1 종류

폐수처리장 슬러지에는 다음과 같은 종류가 있다.

(가) 활성 슬러지(Sludge : 汚泥)

① 1차 슬러지

1차 슬러지는 침전가능한 고형물을 침전시킨 것으로서 고형물의 침전에 따라 BOD도 30% 정도 제거된다. 1차침전조에서 침전된 1차 슬러지는 65% 정도의 유기물을 함유하고 쉽게 부패된다. 그러나 탈수는 비교적 쉬운 편이다. 표 1-7에 1차 슬러지의 성질을 나타내었다.

표 1-7 1차 슬러지의 성질

항목	범위	대표치	비고
pH	5～8	6	-
휘발성 산	200～2,000	500	초산으로 환산한 농도
열량(kJ/kg)	15,640～23,000	-	VS함량과 슬러지의 구성성분에 따라 상이
비중		1.4	
젖은 상태의 비중		1.02	
BOD/SS	0.5～1.1		
VS 함량 %	64～93	77	슬러지 반송이 없는 경우
유지류 %	6～30		
질소 %	1.5～4.0		N으로 나타낸 값
인 %	0.8～2.8		P_2O_5로 나타낸 값
K %	0～1		K_2O로 나타낸 값

표 1-8 중량 하수처리장에서의 슬러지의 고형분 농도(%)

	1차 슬러지	2차 슬러지
분뇨주입시	2.7～4.8	1.5～2.9
정화조폐액주입시	3.7～6.3	1.1～2.0
하수만 처리시	1.5～5.6	1.3～1.5

활성슬러지법의 경우에 1차 슬러지의 양은 전체 슬러지 발생량의 약 50%이며 1차 슬러지의 고형물 농도는 1.5～6.3%이다. 표 1-8은 청계 · 중량 하수처리장에서의 슬러지의 고형분 농도(%)이다.

② 2차 슬러지

갈색을 나타내며 악취는 거의 없고 부패하기 어려우나 일단 부패하면 색깔이 검게 되고 악취를 낸다.

(나) 살수여상 슬러지

이것은 솜털 같은 슬러지 형태를 이루고 있다. 갈색을 띠며 냄새는 별로 나쁘지 않다. 또한 다른 슬러지에 비하여 쉽게 부패하지 않으나 부패하기 시작하면 쉽게 소화된다.

(다) 소화 슬러지

혐기성 소화슬러지는 어두운 갈색～검은 색이며 대량의 가스를 함유하며 곰팡이 냄새가 난다. 완전소화된 슬러지는 냄새가 없고 타르모양의 형태를 나타낸다. 호기성 소화슬러지는 고형물 농도가 낮고 생물학적 활동이 왕성하며 탈수와 처분이 곤란하다.

(라) 기타

슬러지는 아니지만 다음과 같은 것들은 슬러지와 함께 처리 · 취급된다.

① 스크린 여과물(Screenings)

스크린에 걸린 커다란 부유물로서 스크린의 구멍 크기에 따라 다양한 크기를 갖는다. 합류식 관거에서 분류식보다 많은 스크린 여과물이 발생한다. VS는 TS의 70～90%이다.

② Grit

모래, 자갈, 재, 곡물종자 등이 고형물질로, 도로변으로부터 모래 등이 유입하는 합류식 (오수+우수) 관거에서 많다. 수분함량 15～65%, VS 1～56%, SG 1.3～1.7이다.

③ Scum(부사)

유지류, 채소, 머리카락, 플라스틱 등으로 비중이 약 0.95이다.

④ 화학적 슬러지

수중에 있는 인 제거, 부유물질 제거에 이용되는 약품을 사용할 때 인 화합물($FePO_4$, $Ca_3(PO_4)_2$, $AlPO_4$, 탄산염($CaCO_3$), 수산화물($Fe(OH)_3$, $Al(OH)_3$) 등이 있고 철분이 많이 있으면 붉은 빛을 띠고 Mn 등이 많이 있으면 검은 빛을 나타내며 Al 등 수산화물이 존재하면 젤라틴상의 형태를 갖는다.

1.2.2 슬러지의 특성

(가) 비중(Specific gravity, SG)

대부분의 슬러지는 거의 1.0의 비중을 갖고 있다. 비중은 슬러지 1 L의 무게를 물의 비중으로 나눈 값이다. 만약 슬러지 1 L의 무게가 1,010g이라면 비중은 다음과 같다.

$$S.G = \frac{1,010\text{g}}{1,000\text{g}} = 1.01$$

슬러지의 비중은 1.003～1.054의 범위이며 건조되면 1.4～2.1로 증가한다. 한편 슬러지의 비중과 부피사이에는 다음과 같은 관계가 성립한다.

$$\frac{1}{(SG)_s} = \frac{WP}{(SG)_w} + \frac{SP}{(SG)_{\text{solid}}}$$

여기서, $(SG)_s$: 슬러지의 비중

WP : 수분함량, SP : 고형분 함량

$(SG)_w$: 물의 비중 $(SG)_{\text{solid}}$: 건조된 고형분의 비중

예1

건조된 고형물(dry solid)의 비중이 1.42이고 건조이전의 dry solid 함량이 38%, 건조중량이 400kg이라고 할 때 슬러지 케잌의 비중과 슬러지의 부피는 얼마인가?

풀이 ① $\frac{1}{(SG)_s} = \frac{WP}{(SG)_w} + \frac{SP}{(SG)_{solid}}$

$$\frac{1}{(SG)_s} = \frac{0.62}{1} + \frac{0.38}{1.42}$$

$$\therefore (SG)_s = 1.127$$

② $V = \frac{\text{Dry Solid}}{\text{물의 밀도} \times (SG)_s \times \text{고형물질함량}} = \frac{400}{1000 \times 1.127 \times 0.38} = 0.94\text{m}^3$

or 슬러지케잌의 양 $= 400\text{kg} \times \frac{1}{0.38} = 1,053\text{kg}$

슬러지케잌의 부피 $= \frac{1,053}{1,127} \fallingdotseq 0.934\text{m}^3$

또한 슬러지의 비중, 부피 및 질량 사이에는 다음과 같은 관계식이 성립한다.

① 건조고형물의 비중

$$\frac{P_s}{S_s \cdot \rho_w} = \frac{P_f}{S_f \cdot \rho_w} + \frac{P_v}{S_v \cdot \rho_w}$$

P_s : 건조고형물의 비율($= 2$, $P_f + P_v = P_s$)

P_f : FS(잔존고형물)의 비율, P_v=VS(휘발성 고형물)의 비율

S_s: P_s의 비중 $S_f = P_f$의 비중, $S_v = P_v$의 비중

ρ_w: 물의 비중

② 젖은 슬러지의 비중

$$\frac{1}{S} = \frac{P_s}{S_s} + \frac{P_w}{\rho_w}$$

여기서, S : 젖은 슬러지의 비중

ρ_w : 함수율

③ 젖은 슬러지의 부피

$$V = \frac{M_s}{\rho_w \cdot S \cdot P_s}$$

여기서, V : 젖은 슬러지의 부피(m^3)

M_s : 건조고형물의 양 (kg)

ρ_w : 물의 밀도 (kg/m^3)

④ 함수율 변화에 따른 부피감량률

$$\frac{V_2}{V_1} = \frac{P_1}{P_2}$$

여기서, P : 고형분의 양

V : 부피

예 2

아래와 같은 특성의 슬러지를 가정하고 (1) 건조고형물 비중 (2) 젖은 슬러지의 비중 (3) 총건조고형물이 8,604 kg/일 일 때의 젖은 슬러지 부피 (4) 함수율이 96%에서 92%로 감소될 때 젖은 슬러지의 부피감량률을 구하시오.

건조고형물의 비율 : 0.04
고형물의 열작 잔량비율 : 0.35
고형물의 열작 잔량 비중 : 2.5
고형물의 열작 감량 비중 : 1.0
물의 비중 : 1.0

풀이 ① $\dfrac{P_s}{S_s \cdot \rho_w} = \dfrac{P_f}{S_f \cdot \rho_w} + \dfrac{P_v}{S_v \cdot \rho_w}$ 에서

$$\frac{1}{S_s \times (1.0)} = \frac{0.35}{2.5 \times 1} + \frac{0.65}{1 \times 1} = 0.89$$

$$\therefore S_s = 1.123$$

② $\dfrac{1}{S} = \dfrac{P_s}{S_s} + \dfrac{P_w}{\rho_w} = \dfrac{0.04}{1.123} + \dfrac{0.96}{1.0} = 0.9957$

$$\therefore S = 1.004$$

③ $V = \dfrac{8,604\text{kg/일}}{1,000\text{kg/m}^3 \times 0.04 \times 1.004} = 200.8\text{m}^3\text{/일}$

④ $\dfrac{V_2}{V_1} = \dfrac{P_1}{P_2}$ 에서 $\dfrac{V_2}{V_1} = \dfrac{1-0.96}{1-0.92} = \dfrac{1}{2}$

(나) 고형물 농도

슬러지 고형물 농도는 mg/L 또는 %로 표시한다.

슬러지의 총 고형물은 용존고형물과 부유고형물로 구성된다. 용존고형물은 증발접시에서 105℃로 4시간 수분을 증발시켰을 때 남는 고형분이며 부유 고형물은 섬유상 여과막을 통과하지 않는 물질로 정의된다. 이와 같은 고형물(총고형물, 용존고형물, 부유고형물)은 각각 휘발성과 잔류성으로 분류하며 휘발성고형물은 600℃에서 30분간 산화되는 것으로 그리고 잔류성은 산화되지 않고 남는 것으로 정의한다. 휘발성 성분의 함량은 슬러지 내의 유기물로 간주된다.

용존상태의 고형물은 콜로이드와 이온들을 포함한다. 이와 같은 관계를 요약하면 그림 1-3과 같다.

TS → VS + FS
↓ ↓ ↓
TSS → VSS + FSS
\+ \+ \+
TDS → VDS + FDS

그림 1-3 각 성분과의 관계

TS : Total Solids(총 고형물, 증발잔류물)
VS : Volatile Solids(휘발성 고형물)
FS : Fixed Solids(강열잔류 고형물)
TSS : Total Suspended Solids(총부유성 고형물)
VSS : Volatile Suspended Solids(휘발성 부유물)
FSS : Fixed Suspended Solids(강열잔류 부유물)
TDS : Total Dissolved Solids(총 용존성 고형물)
VDS : Volatile Dissoved Solids(휘발성 용존고형물)
FDS : Fixed Dissoved Solids(강열잔류 용존성 고형물)

(다) 침전성

슬러지는 종종 침전상태에 따라 특정지어질 수 있다. 고형물이 침전될 때 고형물과 액체사이에 경계면이 나타나며, 시간에 따라 나타난다. 슬러지 침전성은 특히 활성슬러지 처리장의 운영에 있어 중요한 매개변수이다. 즉 운영상의 처리장 제어에 있어 간단하여 경비가 안 드는 슬러지 침전성 측정이 필요하기 때문이다. 이와 같은 측정법으로 S.V.I (Sludge Volume Index)가 이용된다. SVI는 1 L 실린더 내에서 슬러지가 30분간 침전되는 양을 측정하여 다음과 같이 산출한다.

$$SVI = \frac{SV \times 1000}{MLSS} = \frac{SV(\%) \times 10,000}{MLSS(mg/l)}$$

여기서, SV : 1 L 눈금실린더에서 30분간 침전시 침전된 슬러지량(mL)

MLSS : 혼합액(Mixed liquor suspended solids) (mg/L)

1000 : mg/g

활성슬러지 처리장에서 SVI가 100보다 적으면 침전상태가 양호한 것으로 간주되고 100보다 클 때는 침전상태가 나빠서 그 운영관리상 문제가 야기된다.

(라) 고형입자의 전하

입자에 있어 총전하는 "Zeta 전위"로서 측정된다. 입자에 대한 전하가 크면 응결의 저해를 일으키고 이러한 슬러지는 탈수를 할 때 또한 저해를 일으키는 경향이 있다. 일반적으로 도시슬러지는 10～20 mV의 Zeta전위를 나타내며 산업장에서 발생되는 슬러지는 80 mV가 넘는 것도 있다.

1.3 슬러지의 발생량

생물학적 폐수처리에 있어서의 슬러지의 생산량은 다음 식으로 구할 수 있다.

$$P_x = (Y)(S_r) - (K_d)(M)$$

$$W_T = P_x + I_{NV} - E_T$$

P_x : 슬러지의 생산량, kg/day

Y : 슬러지의 전환량, kg/kg

S_r : BOD제거량, kg/day

K_d : 내생호흡계수

M : 미생물 총량, kg

W_T : 폐슬러지 생산량, kg/day

I_{NV} : 비휘발성 SS유입량, kg/day

E_T : 방류수의 SS량, kg/day

호기성 처리에 있어서 일반하수의 경우에 Y는 0.7 내외이며 일반적인 활성슬러지에 있어서 20℃에서 K_d는 0.04/day 내외이다. K_d의 값은 SRT(슬러지 체류기간)에 의해서 변환되는 것으로 알려지고 있다. 즉 SRT가 짧은 경우에는 크며 SRT가 길게 되면 적어진다. Y는 폐수의 성질에 따라 변화되며 K_d는 미생물의 종류와 SRT에 의해 변화된다. 용존산소가 충분한 경우에는 비교적 슬러지 생산량이 감소되는 경향이 있는 것으로 알려지고 있으나 용존산소 농도가 2 mg/L 이상인 경우에 그 생산령에는 차이가 없다는 보고도 있다. K_d의 값은 온도에 따라 변화되는데 온도 10℃ 증가에 따라 2배 증가된다(Q_{10}).

생물학적 슬러지 생산량 P_x를 다시 쓰면

$$\frac{P_x}{M} = Y\frac{S_r}{M} - (K_d)$$

로 표시되는데 M/P_x가 SRT이므로

$$\frac{1}{\text{SRT}} = Y\frac{S_r}{M} - (K_d)$$

예 3

다음의 자료를 보고 슬러지 생산량을 구하시오.

유입수의 수질 BOD : 140 mg/L, SS : 80 mg/L
VSS : 64 mg/L, NBDUSS : 25 mg/L
유량 : 1,200 m^3/일, MLSS : 5,000 mg/L, 수온 : 20℃
포기시간 : 4시간, SRT : 10일
처리수의 수질 BOD : 20 mg/L, SS : 20 mg/L

풀이

$$\text{SRT} = \frac{M}{W_T + E_T}(E_{NV})$$

$$M(\text{미생물총량}) = 5,000\ \text{mg/L} \times \left(1,200\text{m}^3/\text{일} \times \frac{4}{24}\ \text{일}\right) = 1,000\ \text{kg}$$

$$E_T = \frac{1,000}{W_T + 24}\ \text{이므로}\quad 10W + 240 = 1,000$$

$$\therefore\ W_T = 76\ \text{kg/day}$$

예4

SS : 200 mg/L, PO_4 : 35.5 mg/L, 총경도 mg/L인 하수에 $Ca(OH)_2$를 200 mg/L 주입하였다. SS와 PO_4가 100% 제거되었으며, 처리수내의 총경도 ($CaCO_3$)는 185 mg/L 로 증가하였다. 슬러지의 생산량을 구하시오.

풀이 ① SS제거량 : 200 mg/L

② $Ca_5(OH)(PO_4)_3$로의 침전량

$$PO_4 \times \frac{Ca_5(OH)(PO_4)_3}{(PO_4)_3} = 35\ mg/L \times \frac{(200+17+285)}{285} = 62.5\ mg/L$$

③ $Ca_5(OH)(PO_4)_3$에서 Ca의 함량

$$\frac{5Ca}{Ca_5(OH)(PO_4)_3} \times 62.5 = 25\ mg/L$$

④ 총경도 증가에 의한 Ca의 함량

185 − 150 = 35 mg/L (as $CaCO_3$)

Ca의 양 $35\ mg/L \times \frac{Ca}{CaCO_3} = 35 \times \frac{40}{100} = 14\ mg/L$

⑤ $CaCO_3$로서의 생산량

Ca사용량 = $Ca_5(OH)(PO_4)_3$와 총경도 증가

= 25 + 14 = 39 mg/L

Ca 주입량 = $200\ mg/L \times \frac{Ca}{Ca(OH_2)} = 200 \times \frac{40}{74} = 108\ mg/L$

Ca 미사용량 = 108 − 39 = 69 mg/L

⑥ $CaCO_3$ 생산량

$$69 \times \frac{CaCO_3}{Ca} = \frac{69 \times 100}{40} = 172.5\ mg/L$$

총슬러지 생산량

$[SS \times Ca_5(OH)(PO_4)_3 \times CaCO_3] = 200 + 62.5 + 172.5 = 435\ mg/L$

예5

2차처리수로부터 P를 제거코자 한다. P의 농도 6.3 mg/L 로부터 0.9 mg/L로 유지시키기 위해서 Alum을 13 mg/L (Al^{+3}로서)주입하였다. 슬러지 생산량은?

풀이 ① P의 제거에 의한 $AlPO_4$로서의 슬러지 생산량

$$(6.3-0.9)\ \mathrm{mg/L} \times \frac{AlPO_4}{P} = 5.4 \times \frac{122}{31} = 21.3\ \mathrm{mg/L}$$

② $Al(OH)_3$로서의 슬러지 생산량

· $AlPO_4$를 생산하기 위해 사용된 Al의 양

$$5.4\ \mathrm{mg/L} \times \frac{Al}{P} = 5.4 \times \frac{27}{31} = 4.7\ \mathrm{mg/L}$$

$$\left(\text{또는 } 21.3\ \mathrm{mg/L} \times \frac{Al}{AlPO_4} = 21.3 \times \frac{27}{122} = 4.7\ \mathrm{mg/L}\right)$$

· Al의 주입량 : 13 mg/L

13 − 4.7 = 8.3 mg/L 는 $Al(OH)_3$로 생성

· $Al(OH)_3$의 생산량

$$8.3 \times \frac{Al(OH)_3}{Al} = 8.3 \times \frac{78}{27} = 24\ \mathrm{mg/L}$$

③ 전체슬러지 생산량

21.3 + 24 = 45.3 mg/L

예 6

같은 2차 처리에 $FeCl_3$을 15 mg/L (asFe^{+3})로 주입시켰을 때 슬러지 생산량은?

풀이 ① $FePO_4$의 슬러지 생산량

$$\underset{(56)}{Fe^{+3}} + \underset{P}{PO_4^{-3}} \rightarrow \underset{(151)}{FePO_4}$$

② $Fe(OH)_3$로서의 슬러지 생산량

· $FePO_4$에 소비된 Fe의 양은

$$26.3\ \mathrm{mg/L} \times \frac{Fe}{FePO_4} = 26.3 \times \frac{56}{151} = 9.8\ \mathrm{mg/L}$$

· Fe 주입량은 15 mg/L 이므로

미사용량 15 − 9.8 = 5.2 mg/L 은 $Fe(OH)_3$로 침전된다고 보면

$$\underset{(56)}{Fe^{+3}} + \underset{51}{3(OH)^-} \rightarrow \underset{(107)}{Fe(OH)_3}$$

$$5.2\ \mathrm{mg/L} \times \frac{Fe(OH)_3}{Fe} = 5.2 \times \frac{107}{56} = 9.9\ \mathrm{mg/L}$$

③ 총슬러지 생산량

$$= FePO_4 + Fe(OH)_3 = 26.3 + 9.9 = 36.2\ \mathrm{mg/L}$$

1.4 슬러지의 처리·처분 개요

1.4.1 처리·처분 방법

슬러지를 처리하는 목적은 다른 폐기물과 마찬가지로 감량화, 안정화, 무해화가 원칙이다. 기본적인 처리방법은 농축, 탈수, 건조, 소각이며 어느 것이나 감량화에 도움이 된다. 슬러지의 안정화에서 문제가 되는 것은 슬러지 속의 유기물로 이 유기물을 적극적으로 이용하든가(비료로서의 이용 등) 열적조작에 의해 분해·무기화할 필요가 있다. 최종처분 단계에서는 슬러지 탈수케이크나 소각잔사(재)의 유해성 판정이 필요하다.

표 1-9 슬러지의 처리 및 처분 방법

처리목적	단위조작
농축	중력식, 부상식, 원심력식, 역삼투식, 증발식
소화	혐기성, 호기성
개량(전처리) ┌ 약품	석회, 철염, 황산반토, 고분자응집체
└ 열	고온고압식, 저온가압식, 동결융해식
탈수	중력식, 진공식, 여과식, 원심력식, 가압식
건조	천일식, 회전로식, 다단로식, 기류식, 유동증식
소각	다단로, 회전로, 유동층로, 분류식소각로, AST법, 습식산화법, 열분해연소로
처분	매립, 해양투기, 비료, 자원화

1.4.2 재자원화

최근 급격한 경제발전, 도시화, 인구증가에 따른 하수도 보급량의 증가에 따라 하수슬러지량도 매년 증가하고 있다. 하수슬러지는 탈수, 소각, 소화, 고형화 등에 의해 다른 폐기물과 더불어 육지매립, 해면매립, 유효이용방법으로 처분되고 있지만 매립계획의 감소와 환경측면에 있어서의 규제 등으로 인하여 적당한 처분지를 확보하는 일이 곤란해지고 있다. 따라서 하수슬러지 또는 다른 폐기물을 안정제에 의해 고화처리함으로써 슬러지의 감량화는 물론 자원화문제로 원재료로의 제품화와 건설재료 등에 이용함으로써 처분지의 확보문제 및 재이용에 의한 자원화가 가능하다. 또한 고형화 처리된 하수슬러지는 유해물질 고정능력이 있으므로 매립재 및 지반안정재로 이용하여 환경오염문제도 해결할 수 있다.

하수슬러지는 처리형태에 따라 생슬러지, 소화슬러지, 탈수슬러지, 콤포스트슬러지, 소각재, 용융슬래그로 분류되며 하수슬러지 중 건설재료로 이용 가능한 형태로는 소각재, 용융 슬래그, 경량골재 등을 들 수 있다. 따라서 현재 일본 등의 선진국에서는 하수슬러지의 감량화를 통해 처분지의 수명연장 및 자원화하기 위해 하수슬러지 소각재에 신경을 쓰고 있는데 하수배제방법, 소각방법, 응집제의 방법중 응집제에 의한 효과가 가장 크다.

하수슬러지소각회는 석회계 소각재와 고분자계 소각재로 분류되며 석회계 소각재는 일반적으로 소각전의 탈수시에 응집제로서 염화제이철 10%, 응집보조제로서 소석회 40%를 첨가한 것이다. 석회계 소각재는 Ca 성분이 많이 함유되어 있으며 흡수발열반응과 포졸란반응에 의한 고결작용에 의해 성토재, 매립재, 토양개량재 등으로서 사용하는 경우에 효과적이며 고분자계 소각재는 입자가 입자가 미세하고 Si 성분이 많이 함유되어 있으며 자경성이 거의 없는 저급 점토에 가까운 성분으로 되어 있으므로 타일, 블럭, 암관의 원료, 특수성 포장재 등으로 이용되고 있다.

용융슬래그는 탈수 슬러지 및 소각재를 1,300～1,500℃에서 용융시켜 가열하여 수분, 가연분을 증발분해 시킨 후 가열을 계속하여 무기분이 녹아 용액으로 된 것을 냉각하여 고형화 시킨 것으로 냉각방법에 따라 수세 슬래그, 공냉 슬래그, 결정화 슬래그로 분류한다. 용융슬래그는 천연골재와 같은 수준의 강도를 지니고 있어, 노반재, 콘트리트골재, 블럭 등에 이용되고 있다.

하수슬러지의 용융처리의 특징은

① 중금속 등의 유해물질을 다량 함유한 슬러지의 안정화 처리
② 소각재에 의한 처분용량의 감소
③ 건설재료 등으로서의 유효이용 등이다.

생산가공공장에서 발생되는 무기성슬러지는 대부분 유해물질을 함유한 경우가 많으며 특히 도금공장 등에서 배출되는 슬러지는 유해한 중금속 함유도가 높기 때문에 매립 처분할 때에는 지하수를 오염시킬 수 있는 가능성이 높다. 따라서 배출특성에 따라 슬러지의 종류와 성상은 다양하며 중금속뿐만 아니라 유독가스를 발생시킬 수 있으므로 슬러지의 취급에도 주의하여야 한다.

표 1-10 하수슬러지 소각재의 유효이용 가능성

	성토재	지반 개량재	매립재	노상재	노반재 상층	노반재 하층	아스팔트
석회계	○	○	○	○	○	○	○
고분자계	△		△	△	△	△	
	시멘트 원료	콘크리트 제품	용 융 슬래그	인공 경량골재	타일	요업	하수도용 암관
석회계	○	○	○	△	○	○	△
고분자계	△	△	○	○	○		○

○ 사용가능성 大　　△ 사용가능성 小

일반적으로 무기성슬러지는 금속류나 유가물질을 회수하고 유해물질을 제거한 후 매립 처분되어 왔으나 최근에는 안정제 첨가에 의한 중금속고정능력이 있는 고화법을 이용하여 유해중금속 고정은 물론 건설재료 등에 유효 이용되고 있다.

Chapter

2 슬러지의 개량 (conditioning)

슬러지의 개량은 슬러지의 안정화 및 탈수성의 향상을 위해 행하며 주요한 방법에는 생물학적 개량(嫌氣性·好氣性消化), 약품처리, 열처리, 동결처리 등이 있다.

2.1 슬러지의 생물학적 개량(소화)

슬러지의 탈수성을 좋게 하기 위하여 이를 생물학적으로 개량하는 방법에는 피산소성소화와 친산소성 소화가 있다. 생물학적 처리, 즉 소화법의 제1차적 목적은 지방, 단백질, 탄수화물을 비롯한 유기화합물이나 병원균을 포함한 슬러지를 무해한 것으로 변환시키는 것으로서 토양환원이 가능한 경우에는 매우 유용하다.

피산소성 소화는 피산소성 과정에 의해 메탄가스를 생성하는 방법이며 친산소성 소화는 영양분의 주입없이 슬러지를 공기공급해 줌으로써 슬러지를 구성하는 미생물이 자가분해(auto oxidation)하도록 하는 것이다.

2.2 슬러지의 화학적 개량

2.2.1 약품의 종류 및 투약량

슬러지의 화학적 개량은 약품처리라고도 하며 하수슬러지의 탈수 전처리법으로서 가장 일반화되어 있는 방법이다. 무기약품으로 알루미늄염이나 철염 등과 진공탈수기나 가압탈수기가 함께 사용되는 것이 일반적이다. 무기약품투여로 안정된 탈수가 가능하게 되나 슬러지고형분의 단위중량당 30~50%의 첨가가 필요하며 슬러지량의 증대, 발열량의 저하가 문제된다. 또 전술한 바와 같이 슬러지 속에 크로뮴이 존재하는 경우에는 소각단계에서의 크로뮴(6+) 생성이 문제가 된다. 표 2-1에 약품처리에 사용되는 무기화학약품을 나타내었다.

표 2-1 무기화학약품

약품명	비 고
$Al_2(SO_4)_3 \cdot nH_2O$	대부분 현탁물, 부유물에 유효, 부식 · 자극성이 없다. 최적 pH는 4.5~5.5
$FeSO_4 \cdot 7H_2O$	pH 8~11
$Fe_2(SO_4)_3$	
$FeCl_3 \cdot nH_2O$	pH 4.0~11.0(최적 pH 6~7)
PAC	Polyaluminum chloride $[Al_2(OH)_nCl^{6-n}]_m$
PAS	Polyaluminum sulfate $[Al_2(OH)_n(SO_4)^{3-n/2}]_m$

최근 과산화수소와 철이온(황산제1철)의 첨가에 의한 탈수성 개선방법도 고안되어 실용화되고 있다(Fenton 산화처리). 과산화수소는 철이온의 존재하에서 산화작용을 하므로 슬러지 속의 유기물의 일부가 산화되어 겔(gel)구조가 파괴됨으로써 물의 분리가 촉진된다. 한편 제1철은 응집효과가 큰 제2철의 형태로 되어 슬러지입자를 응집하여 floc이 형성된다. 과산화수소의 첨가량은 하수슬러지 1 m^3당 1~2 kg, 황산제1철은 고형분량당 10~15%가 가장 적당하다고 하겠다. 무기약품투여에 따른 중량 등의 문제를 극복하기 위하여 최근 고분자 유기 응집제를 벨트프레스, 스크류프레스, 원심탈수 등과 조합하여 사용하고 있다. 고분자 응집제에는 무이온성, 음이온성, 양이온성이 있는데 하수슬러지에는 양이온성 응집제(높은 양이온가, 분자량 300만~800만)가 유효하다고 한다.

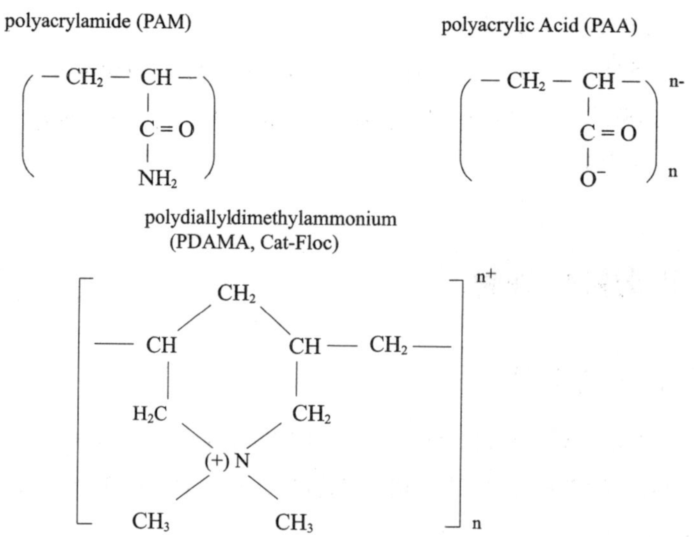

그림 2-1 유기고분자 전해질 (polymer)

이와 같은 고분자물질 등은 무기약품들과 같이 2가지 작용을 한다. 즉 중화와 입자의 가교역할이다. 양이온 고분자물질은 입자에 보통 있는 음전하와 수월하게 작용하기 때문에 폐수처리에서 가장 널리 이용되는 물질이다. 음이온 고분자물질을 수소이온과 같은 양이온의 슬러지에 첨가하면 양이온간의 반발력이 감소되고 효율이 증진된다. 표 2-2에 탈수를 위한 투약량을 나타내었다.

원심분리시에 폴리머를 주입하는 경우가 있는데 Disk Nozzle을 사용하는 경우에는 폴리머를 사용하지 않는다. Basket형인 경우에 0.5～1.5 kg/ton의 폴리머를 사용할 수 있는데 폴리머 사용으로 수리적 부하와 고형물질 회수율을 증대시킬 수 있으나 농축된 슬러지의 농도는 증가되지 않는다. Solid Bowl인 경우에 폐활성슬러지의 농축을 위하여 10 kg/ton 이하의 폴리머가 사용되는데 대체로 1～3 kg/ton의 폴리머 사용으로 85～95%의 고형물질을 회수할 수 있다. 폴리머를 원심분리기에 주입하는 위치는 슬러지 주입펌프의 전후 또는 원심분리기의 바로 앞에 주입한다.

표 2-2 탈수를 위한 투약량 (kg폴리머/ton슬러지(건조상태))

슬러지의 종류	진공여과기	Belt Press	Solid Bowl
1차 슬러지	0.2～5	2～4	1～2.5
폐활성 슬러지	4～7	4～6	4～7
피산소성 소화슬러지(1차)	0.7～2	1～3	3～5
피산소성 소화슬러지(1+2차)	2～6	1.5～4	3.5～5

2.2.2 탈수를 위한 투약량의 결정방법

(가) 비저항계수의 측정법

비저항 계수의 측정은 Büchner funnel을 이용하는 방법이 사용되는데 슬러지 여과시의 슬러지의 체적 변화율인 dV/dt는 다음과 같이 표시된다.

$$\frac{dV}{dt} = \frac{PA^2}{\mu(\gamma CV + R_m A)} \tag{2.1}$$

여기서 P는 진공압력, A는 여과넓이, μ는 슬러지의 점성계수, γ는 비저항계수, C는 슬러지의 농도, V는 탈리액의 부피, R_m은 여과지 또는 여과막의 초기 저항(일반적으로 무시할 정도의 값이다)이다.

이 식을 적분하여 다시 정리하면

$$\frac{t}{V} = \frac{\mu\gamma C}{2PA^2} V + \frac{\mu R_m}{PA} \tag{2.2}$$

로 표시되어 t/V는 Y축, V는 X축으로 한 직선식이 된다. 따라서 Y축의 절편은, $\mu R_m / PA$ 직선의 기울기 $b = \mu\gamma C / 2PA^2$으로 실험에 의하여 비저항계수를 구할 수 있게 된다. 그림 2-2는 Büchner Funnel을 이용한 비저항계수를 측정하는 장치이다.

다시 b로부터 비저항 계수 γ을 산출하면

$$\gamma = \frac{2bPA^2}{\mu C} \tag{2.3}$$

이 되는데, 슬러지의 농도 C, 즉 슬러지내의 단위 체적당 고형물질의 무게는 식 (2.4)와 같이 구하여진다.

$$C = \frac{1}{C_i/(100 - C_i) - C_f/(100 - C_f)} \tag{2.4}$$

여기서 C_i는 슬러지의 최초의 수분함량, C_f는 탈수후의 수분함량이다.

그림 2-2의 Büchner funnel을 이용하여 비저항계수를 측정하는 방법을 약술하여 보면 먼저 ① 건조시킨 여과지에 약간의 물을 축여 funnel 위에 놓은 후, ② 진공흡입력을 조정한다. ③ 적당량의 시료에 필요한 경우에는 약품을 가하여 혼합 시킨 후 약 30초 내지 1분간 기다린다. 시료의 온도를 측정한다. ④ 시료를 여과지 위에 주입하여 케이크가 형성되도록 5~10초간 기다린다. ⑤ 진공을 가하여 경과시간에 따르는 탈리액을 기록한다. ⑥ 예제와 같이 그림을 그려서 b를 구한 후 γ을 계산한다.

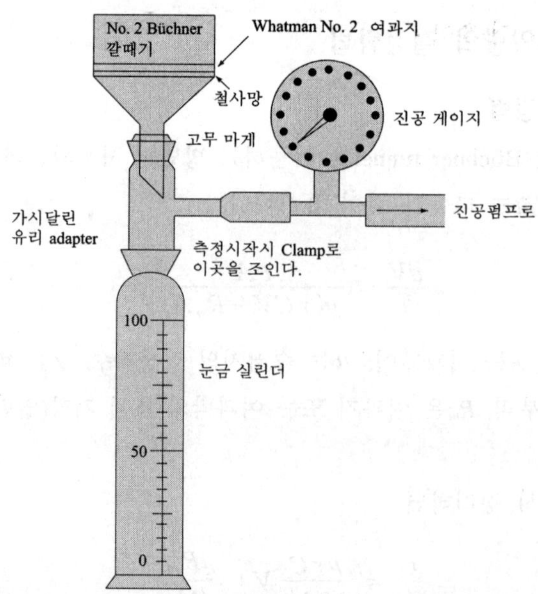

그림 2-2 Büchner Funnel에 의한 비저항계수의 측정

예 I

Büchner Funnel에 의한 슬러지의 탈수 시험 결과가 다음과 같았을 때에 비저항 계수를 구하라.

시간(초)	탈리액(mL)	$\frac{시간}{탈리액}\left(\frac{t}{V}\right)$	시간(초)	탈리액(mL)	$\frac{시간}{탈리액}\left(\frac{t}{V}\right)$
5	78	0.064	35	212	0.165
10	114	0.088	45	224	0.201
15	142	0.106	50	228	0.220
26	178	0.140			

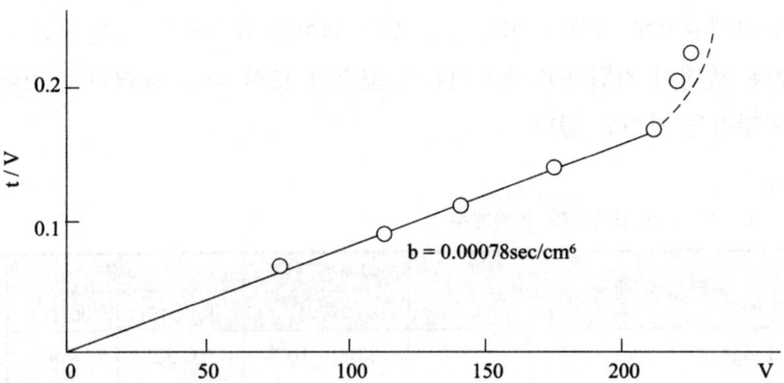

풀이 비저항계수의 측정시에 사용한 여과지의 넓이는 176.5 cm^3이었으며 슬러지의 온도는 29℃, 진공흡입력은 704 g/cm^2였다. 또한 슬러지 내의 초기수분함량은 97.6%, 탈수후의 수분함량은 77.4%였다.

① t/V와 V의 관계를 아래와 같은 그림으로 그려서 식 (2)에서 직선의 기울기 b를 구하면

b = 0.00078 sec/cm^6으로 산출된다.

② 식 (4)에 C_e와 C_f를 대입하여 C를 산출하면

$$C=\frac{1}{97.6/2.4-77.4/22.6}=0.0268\ g/mL$$

③ 식 (3)으로부터 γ을 산출한다.

$$\gamma=\frac{(2)(0.00078)(704)(176.5)^2}{(0.01)(0.0268)}=12.7\times10^7 sec^2/g$$

(나) 압축계수의 측정법

여과시의 저항은 진공압력에 따라 증가하는데 이를 식으로 표시하면

$$\gamma = \gamma' P^s \tag{2.5}$$

으로 여기서 γ은 비저항계수 γ'는 상수, P는 진공압력, S는 압축에 따르는 계수이다. S는 진공압력을 변화시켜서 결정할 수 있는데 하수슬러지는 0.4～1.2이다. 표 2-3은 각종 슬러지의 비저항계수와 압축계수를 보여주고 있다.

(다) 모세흡입시간(Capillary Suction Time ; CST)

이 방법은 영국의 Water Research Center(WRC)의 Stevenage Lab에서 개발되었는데 각종 슬러지에 있어서 모세현상에 의하여 여과지가 젖는 넓이를 비교하는 방법으로서 비저항계수와 상관관계가 높다. 측정이 간편하고 측정시간이 짧으며 또한 같은 슬러지에 있어서 거의 같은 값을 나타내는 장점을 가지고 있다.

표 2-3 각종 슬러지의 비저항계수와 압축계수

슬러지의 종류	비저항계수 (S^2/g)	압력		압축계수
		(kg/cm^3)	(lb/in^2)	
Activated sludge	2.88×10^{10}	0.52	7.4	0.81
Thixotropic mud	1.5×10^{10}	11.46	153	-
Digested domestic sludge	1.42×10^{10}	0.52	7.4	0.74
Raw domestic sludge	4.7×10^{10}	0.52	7.5	0.54
Alum coagulation sludge	5.3×10^{9}	1.02	14.5	-
Gelatinous $Al(OH)_3$	2.2×10^{9}	3.59	51	-
Gelatinous $Fe(OH)_3$	1.5×10^{9}	3.59	51	-
Reservoir benthos	7.7×10^{8}	1.34	19	0.82
Water coagulation sludge	5.1×10^{8}	0.70	10	-
Colloidal clay	5×10^{8}	3.59	51	-
Lime neutralized mine drainge	3×10^{8}	1.02	14.5	-
Gelatinous $Mg(OH)_2$	3×10^{8}	3.59	51	-
Conditioned activated sludge	1.65×10^{8}	0.52	7.4	0.80
Vegetable tanning	1.5×10^{8}	1.02	14.5	-
Conditioned, digested primary and activated sludge	1.46×10^{8}	0.52	7.4	1.10
Conditioned digested sludge	1.05×10^{8}	0.52	7.4	1.19
Ferric oxide	8×10^{7}	3.59	51	-
Conditioned raw domestic sludge	3.1×10^{7}	0.42	7.4	1.00
Calcium carbonate	2×10^{7}	3.59	51	-

2.2.3 전기 유동상태의 측정

(1) 전기 유동상태의 측정

이 방법은 슬러지의 전기부하를 측정하여 투약에 따르는 최소의 부하, 즉 최소의 zeta potential을 결정하여 약품량을 결정하는 방법이다.

(2) Jar Test

이 방법은 투약량을 변화시키면서 슬러지의 침전상태 및 상징액의 청정상태를 비교하여 최적 약품량을 결정하는 방법이다.

(3) 실험실 모형실험 및 실제 처리장 적용시험

이 방법은 실험실에 농축조의 모형을 설치하거나 또는 현장시설에 투약량을 변화시키면서 농축상태를 비교하여 최적 투약량을 결정하는 방법이다.

2.3 열처리

열처리법은 슬러지에 열을 가하여 무기약품으로 탈수하는 방법이다. 슬러지에 열을 충분히 가하면 세포가 파괴되어 세포내의 수분이 나오게 된다.

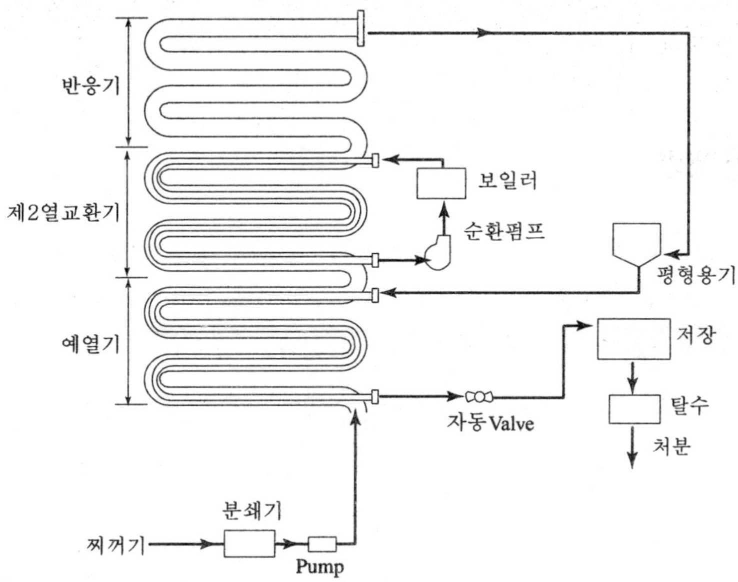

그림 2-3 슬러지 열처리 장치

종래의 피산소성 열처리에서는 180~210℃ 범위에서 20~30분간 처리하였다. 그리하여 슬러지속의 유기물이 용해되어 분리액의 오염강도가 높고 분리액의 착색이나 pH 및 악취가 문제로 되어왔다. 유출수의 BOD는 1%의 고형물에서 약 6,000 mg/L 정도 발생한다.

그러나 최근 슬러지 속에 공기를 불어 넣어 열처리하는 친산소성 열처리법이 개발되어 조작온도를 145~165℃까지 낮출 수 있고 앞에서 기술한 여러 가지 문제점을 완화할 수 있다. 열처리된 슬러지에 가압탈수기를 조합시킨 경우에는 함수량이 45~55%인 저함수율 케이크를 얻을 수 있으며 발열량도 높게 된다.

2.4 슬러지 세척(Water Elutrication)

세척은 슬러지의 탈수공정을 방해하는 물질을 제거하기 위하여 이용된다. 슬러지에 씻는 세척수와 슬러지의 비는 약 2 : 1로서 다단계식, 역류식 등이 있다. 탱크는 농축조로 설계되어야 하고 소화된 슬러지 세척탱크는 약 2 kg/hr/m^{2}으로 설계된다. 세척조에 있어서 수리적인 부하율은 69~104 L/d/m^2, 고형물질 부하율로는 39~72 kg/m^2/d가 흔히 사용된다.

세척은 슬러지로부터 질소가 제거되는 경향이 있어 비료가치가 상실되기도 한다. 즉, 슬러지를 토양개량제로 사용할 때는 세척을 하면 안 된다.

소화된 슬러지는 알칼리성이 강한데 물로 씻음으로써 알칼리를 줄이고 슬러지의 탈수에 사용되는 응집제를 줄일 수 있다. 슬러지세척은 소화된 슬러지 내의 가스 방울을 없애주므로 부력을 제거시켜 농축이 잘된다.

2.5 동결융해법

동결융해법은 슬러지 속에 있는 유리수의 결빙, 고형물의 농축, 세포막의 파괴에 의해 탈수성을 향상시키는 것으로 상수슬러지에는 유효하지만 하수슬러지의 경우에는 보조적으로 응집제가 필요하는 등 현 단계에서는 유효성에 의문이 있다.

Chapter

3 슬러지의 탈수

3.1 탈수(Dewatering)의 목적

슬러지를 탈수시키는 목적은 슬러지내의 수분을 제거시켜 처분시켜야 할 슬러지의 양을 감소시키기 위함이다. 5% 고형물질인 슬러지를 20%로 그 농도를 증가시키면 처분시켜야 할 슬러지 양은 3/4 가량 감소된다.

슬러지를 탈수시키면 다음과 같은 장점이 있다.

① 슬러지 체적이 감소되어 운반 및 처리비용 감소
② 운반 등의 취급 용이
③ 슬러지, 소각처리 용이
④ 침출수량(매립) 감소

3.2 슬러지 내 물의 존재

슬러지 중에는 다음과 같은 형태로 물이 존재한다.

(가) 간극수(Cavernous Water)

큰 고형물질입자 간극에 존재하는 수분으로, 가장 많은 양을 차지하며, 고형물과 직접 결합해 있지 않기 때문에 농축 등의 방법으로 용이하게 분리할 수 있다.

(나) 모관결합수(Capillary Water)

미세한 슬러지 고형물의 입자 사이에 존재하는 수분으로 모세관 현상을 일으켜서 모세관압으로 결합되어 있는 수분이다. 모세관 표면장력의 합력과 역으로 작용하는 같은 힘을 가하면 제거가 가능하다(원심력, 진공압 등 기계적 압착으로 분리)

(다) 부착수(Adhesion Water)

콜로이드상 입자의 결합수가 생물학적 처리로 생기는 미세슬러지에 부착되어 있는 수분이다. 이 수분은 제거하기 어려우며, 콜로이드상 입자의 결합수는 응집제로 응집시켜 분리할 수 있다.

(라) 내부수

슬러지중의 수분은 미생물 세포막에 둘러쌓여 있는 것도 있는데 (가)~(다)는 외부수분임에 반하여 세포액은 내부수분이다. 이것을 제거하기 위해서는 세포막을 파괴해야 하므로 제거가 어렵다. 친산소성 또는 피산소성 분해를 하던지, 고온가열이나 냉동조작을 가하면 내부수가 외부수로 된다.

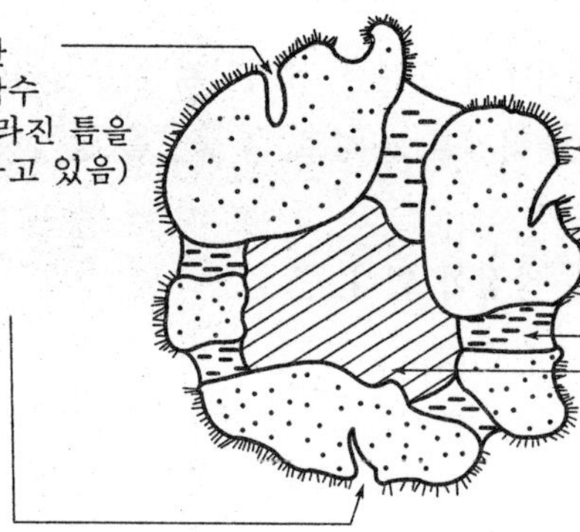

그림 3-1 수분의 결합상태

위의 4가지 수분형태의 탈수성과 결합강도를 살펴보면 다음과 같다.

1) 탈수성이 용이한 정도는 다음과 같다.

① 모관결합수 ② 간극모관결합수 ③ 쐐기상의 모관결합수 ④ 표면부착수 ⑤ 내부수

2) 결합강도는 탈수성이 용이한 정도와는 반대로 다음과 같다.

① 내부수 ② 표면부착수 ③ 쐐기상의 모관결합수 ④ 간극모관결합수 ⑤ 틈새의 모관결합수의 순서가 된다.

3.3 자연을 이용한 탈수방법

3.3.1 슬러지 건조상 (Sludge Drying Bed)

그림 3-2에 전형적인 건조상의 단면도를 나타내었다. 이것은 20～40 cm 깊이의 자갈층(0.3～2.5 cm 직경의 자갈) 위에 10～23 cm 깊이의 모래층(0.3～1.2 mm 직경의 모래로 균등계수는 5이하)이 설치되어 있는데 슬러지를 주입시켜 아래로는 탈수, 위로는 건조시키는 구조로 되어 있다. 자갈층에는 최소 직경 10 cm 이상의 배수관이 최소 1% 이상의 기울기로 설치되어 탈리액을 처리장으로 보낸다. 건조상의 주위는 0.32 m 높이의 콘크리트벽으로 둘러싸여져 있다. 건조상의 폭은 4.5～15 m, 길이는 15～ 47 m이며 소화시킨 슬러지가 생슬러지보다 건조가 더 잘되는 것으로 알려지고 있다. 어느 정도로 슬러지를 건조할 수 있느냐는 강우량, 일사량, 온도, 습도 및 풍속 등의 기상조건과 슬러지의 성상, 탈수보조제의 사용여부 등에 따라 크게 상이하다. 슬러지 건조상은 ① 운전비용이 적게 소요되며 ② 특별한 기술이 필요치 않고 ③ 슬러지 성상에 따라 크게 민감하지 않으며 ④ 생산된 케이크에 수분이 그리 많지 않은 장점이 있지만 ① 소요부지가 넓으며 ② 기상조건에 따라 소요면적이 변화되어 적정설계가 어려운 단점을 내포하고 있다. 연간 고형물질의 부하율을 보면 1차 슬러진인 경우에는 148 $kg/m^2/yr$, 1차 및 살수여상 슬러지는 118 $kg/m^2/yr$, 1차 및 폐활성슬러지는 81 $kg/m^2/yr$, 화학적으로 침전된 슬러지는 118 $kg/m^2/yr$을 표준으로 하고 있다.

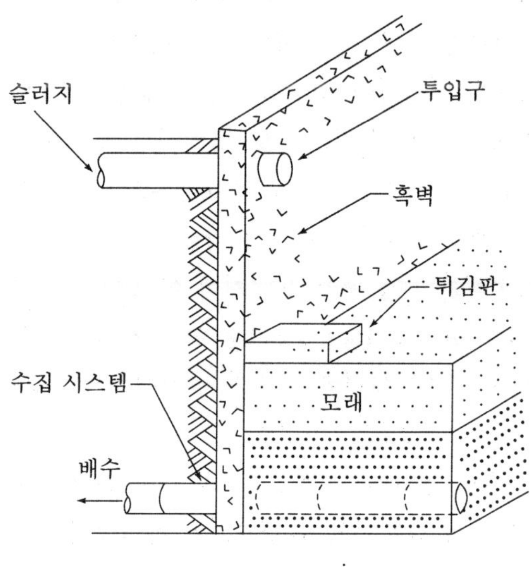

그림 3-2 건조상의 단면도

3.3.2 건조용 라군(Drying Lagoons)

이 방법은 라군에 슬러지를 주입하여 침전시킨 후 상징액을 다시 처리시설로 보내고 슬러지 깊이를 0.7～1.4 m로 하여 수분을 증발시켜 건조하는 방법이다. 슬러지가 건조된 후에는 바닥 흙의 수분을 건조하기 위하여 3～6개월간 슬러지 주입없이 라군을 비워놓았다가 다시 주입하여 건조한다. 기상조건에 따라 상이하지만 20～40%의 TS로 건조하기 위해서는 약 3～12개월이 소요되며 건조후에 라군을 비워놓는 3～6개월의 기간을 합하여 1회 건조시키는 데 1～3년의 기간이 필요하다. 건조용 라군은 에너지 소요가 없으며, 약품주입이 필요없는 것 등의 장점이 있지만 부지소요가 크며 냄새, 지하수 오염, 모기 등의 발생 가능한 문제가 있다. 적절한 설계를 위해서는 강우량, 강우빈도와 분포, 증발량, 온도, 슬러지의 성질, 토양의 투수성 등에 대한 자료가 필요하다. 미국의 10개주 기준에 의하면 라군의 밑바닥은 지하수위로부터 최소한 45 cm 이상 떨어져 있어야 하며, 강우시 빗물이 라군으로 들어가지 않도록 하여야 하며, 최소한 2池의 라군을 설치하도록 되어 있다. 슬러지 부하율은 40～48 $kg/m^2/yr$이다.

3.4 기계적인 탈수방법

3.4.1 진공 탈수(Vacuum Filtration)

진공탈수기에는 로타리 드럼형, 벨트형, 코일형이 있는데 로타리 드럼형은 여과막이 드럼에 밀착되어 있어 드럼이 회전할 때 함께 회전되나, 벨트나 코일형은 여과막이 드럼 주위를 회전하는 차이가 있다. 따라서 여과막을 청소하기 위해서 드럼형은 운전을 중지하여야 하며 벨트나 코일형의 경우에는 연속적으로 여과막이 청소되도록 설계하고 있다. 따라서 드럼형의 경우에 여과효율을 증대시키고 여과막이 폐쇄되는 것을 방지하기 위하여 1일 1회 diatomite, perite, cellulose 등과 같은 filter aid로 여과막을 미리 피복(precoat)시켜 사용하는 경우가 있다. 진공여과는 1970년대 중반까지 미국에서 흔히 사용되던 방법이다.

그림 3-3은 드럼형의 진공여과기로, 전체 표면적의 약 40% 가량이(깊이로는 약 25%가량) 슬러지 주입 및 케잌형성(pick up 또는 form zone)을 위하여 수면에 잠겨 있다. 또한 drum 표면적의 40～60%가량이 슬러지 건조지역이며 나머지 면적이 케잌 배출지역으로 구분되는데 드럼의 회전에 따라 진공흡인력이 조절된다. 진공흡입력이 너무 크면 케잌에 균열이 생겨서 효과적이 못하므로 적절한 흡인력이 필요하다. 진공펌프는 최소한 12～15 m의 총 배출수두와 7.5 m 이상의 총 흡입수두에 대해서 설계되며 69 kN/m^2의 압력에서 1.5～2.0 m^3/m^2의 공기흡인량으로 설계된다.

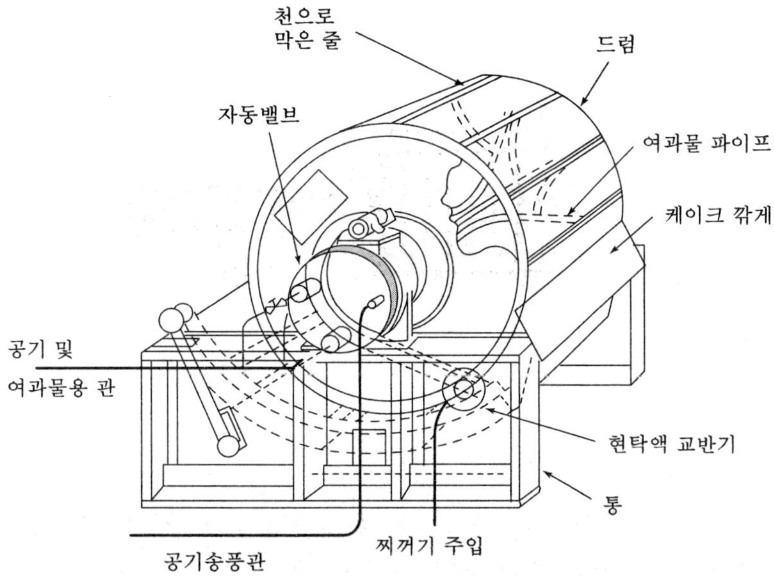

그림 3-3 로타리드럼형 진공여과기의 모양

여과막을 통하여 생산되는 탈리액의 유량 Q는 다음과 같이 Darcy 법칙에 의하여 정의된다.

$$Q = \frac{KA\Delta P}{\mu L}$$

여기서 Q는 여과율 또는 탈리액의 유량, K는 투수계수, A는 여과면적, ΔP는 여과막을 통한 압력손실, μ는 점성계수, L은 여과막의 두께이다.

3.4.2 가압탈수

여과막을 통해서 슬러지의 압력으로 탈수시키는 방법으로 물은 여과되고 슬러지는 막에 남게 된다. 가압여과기는 진공여과기에 비해 구조와 조작이 간단하다. 유효여과압력은 진공여과의 약 30배 정도이기 때문에 고압으로 여과하더라도 안정하다. 케익의 두께는 선정한 여과실 또는 여과 틀의 두께로 정해져 케익의 함수율은 낮고 50% 정도이다. 여과상 넓이가 협소해도 큰 여과넓이를 얻을 수 있다. 일반적으로 배치식(batch type) 운전이므로 유지관리비가 비싸고 여과능률이 불연속작업이므로 불편하다. 가장 널리 이용되고 있는 것은 필터프레스이다.

필터프레스(Filter Press)는 여과천으로 덮여 있는 판사이로 슬러지를 공급시켜 가동된다. 액체는 여과천을 통해 스며 나와 판 사이에 고형물이 남게 된다. 판 사이에 공간이 채워질 시점에 판을 분리시키고 고형물을 제거한다. 일반적인 필터프레스가 그림 3-4에 나타나 있다.

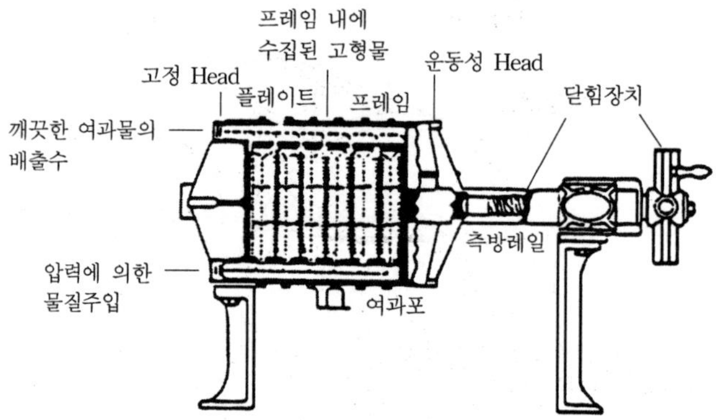

그림 3-4 필터프레스

가압여과의 불편한 점 하나는 여과가 완료된 후 고형물의 제거이다. 이것의 자동제거 방법은 여과수관을 통해 압축공기를 보내어 케잌을 제거하는 것과 다른 방법은 여과막을 움직이는 벨트를 조작하여 케이크를 떨어뜨리는 방법이다.

3.4.3 원심분리 탈수

이것은 액체로부터 고체를 분리시키기 위하여 화학공정에서 오랫동안 이용되었으며 최초로 1902년 독일에서 슬러지 원심분리를 하였다. 형태에는 **basket**형, **disk nozzle**형, **solid bowl**형이 있으며 후자가 많이 사용된다. 원심분리탈수를 이용하기 위해서는 슬러지의 고형물의 비중이 물보다 가능한 큰 것이 좋다. 원심분리는 중력보다 더 큰 힘에 의한 침전작용이 일어나는 것이다. 따라서 원심분리는 침전조를 겸하는 역할이 되고 슬러지 중의 고형물이 둘레부분으로 침전되게 하고 있다.

침전조를 회전시키므로 입자에 작용하는 침전력을 극대로 증가시킬 수 있다. 원심분리 탈수시 응집제는 고분자의 것이 주로 사용되고 있으며 기기의 효율은 단위시간당 처리 슬러지 양 또는 고형물 회수율로 나타내기도 한다. 즉 회수율은 다음과 같이 구한다.

$$n = \frac{y(x-z)}{x(y-z)} \times 100$$

여기서, n : 회수율

y : 케잌의 고형물양(%)

x : 원액의 고형물양(%)

z : 분리액의 고형물양(%)

회수율이 높은 경우에는 다음 식을 이용한다.

$$n' = \frac{y-z}{90} \times 100$$

3.4.4 벨트 프레스

이 여과방법은 그림 3-5에서와 같이 1개 또는 2개의 이동되는 벨트에 의해서 슬러지를 연속적으로 탈수시키는 방법이다.

약품으로 개량된 슬러지가 벨트 프레스에 주입되면 일단 중력으로 탈수가 이루어지며 벨트의 이동에 따라 롤러사이의 압력으로 탈수가 이루어진다. 슬러지에 적용되는 압력의 크기는 벨트의 연결방법에 따라 조절될 수 있으며 또한 진공흡인력을 가하여 압력을 증대시키는 경우도 있다. 슬러지의 성질에 따라 운전결과가 매우 다르기 때문에 약품주입은 벨트 프레스에 있어서 거의 필수적이다. 필터 프레스보다는 못하지만 높은 TS의 케익이 생산된다.

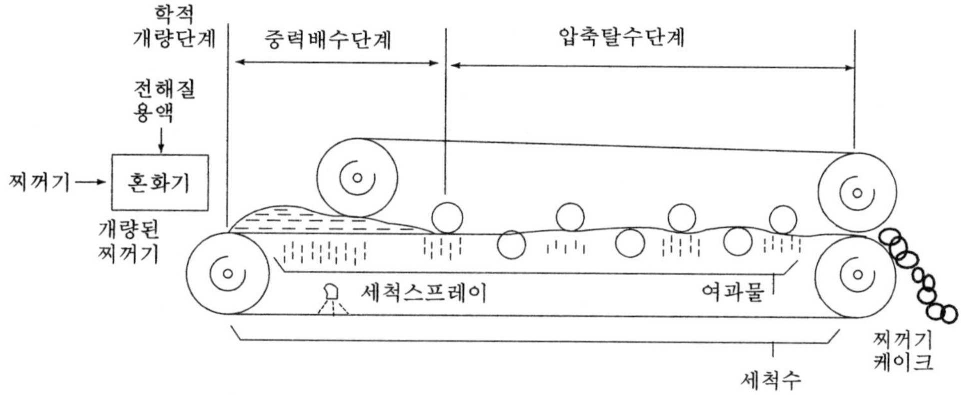

그림 3-5 Belt Press 운전의 3단계

3.5 탈수방법의 선택

적절한 탈수방법을 선택하는 일은 매우 어려운 일이다. 특히 기계를 사용하는 경우에는 같은 종류의 탈수기라도 제작회사마다 그 기능이 다르다. 또한 효율이 다를 수 있기 때문이다. 표 3-1은 각 탈수방법에 있어서의 에너지 사용량, 소음, 진동, 냄새, 미관상의 문제의 대소 등을 서로 비교한 것이다. 기계적 탈수법에 있어서 소요가 가장 적은 것이 벨트 프레스이며 basket형 원심분리가 가장 크다. 벨트 프레스는 냄새 문제가 좀 있는 것 같다.

표 3-1 각종 탈수방법에 있어서의 주위환경에 주는 영향의 비교

	에너지 소요정도	소음	진동	냄새	미관문제	지하수 오 염
Basket형 원심분리기	높음	중간	높음	낮음	없음	없음
Solid Bowl 분리기	비교적높음	비교적높음	높음	낮음	없음	없음
Belt Press 분리기	낮음	낮음	낮음	중간	없음	없음
진공탈수	비교적높음	중간	낮음	중간	없음	없음
가압탈수	비교적높음	중간	낮음	중간	없음	없음
건조상	낮음	없음	없음	높음	많음	많음
라군	낮음	없음	없음	높음	많음	많음

Chapter

4 슬러지의 화학적 안정화

1. 석회사용 안정화

석회사용은 ① 냄새 등을 제거하는 데 사용하여 왔다. 생석회는 다음의 반응에 의해 ② 슬러지의 탈수능이 있다.

석회는 산화만 되지 않으며 위험물을 생성치 않기 때문에 슬러지 안정화에 좋은 물질이다. pH 11～11.5, 온도 15℃, 4시간 지속시간에 ③ 대장균군과 *Salmonella typhosa* 등 병원성 미생물이 사멸한다. ④ 생슬러지에 석회를 첨가하면 비저항이 감소하고 탈수효과가 증가한다. (표 4-1)

석회는 슬러지 성분 중 칼슘염 등으로 전환된다. 급격한 pH 저하와 공해조건의 개시를 피하기 위하여 최소 14일간 슬러지의 pH를 11.0 이상으로 유지하는 것이 필요하다. 표 4-2에 이 같은 조건을 필요로 하는 석회의 양을 나타내었다.

$$CaO + H_2O \rightarrow Ca(OH)_2$$

표 4-1 슬러지의 석회안정화

		pH	Specific resistance ($m/kg \times 10^{12}$)
Alum Sludge	Before	6.7	19.0
	After	11.5	3.8
Iron(Ⅲ) Sludge	Before	6.5	14.9
	After	11.5	7.0

표 4-2 14일간 pH 11.0 이상 유지하기 위한 석회량

슬러지의 유형	석회의 양 (kg $Ca(OH)_2$ per ton sludge solids)
1차 슬러지	100～150
정화조 슬러지	100～300
2차 슬러지	300～500
명반(2차 침전)	400～500
철(2차 침전)	350～600

2. 염소 사용 안정화

약 20,000 mg/L 의 염소를 첨가하여 슬러지 안정화에 이용한다. 이렇게 하면 슬러지가 건조상에서 탈수가 잘되고 장기간에 걸쳐 안정성이 탁월하다. 염소안정화 슬러지는 여과기형 탈수에 곤란한 점이 있다. 왜냐하면 pH가 낮아서 화학적 개량법에 방해를 일으키기 때문이다. 따라서 적어도 pH를 4.0 이상으로 유지해야 한다. 이와 같은 슬러지는 pH가 낮고 염소화합물이 많이 포함된 화합물이 다양하게 있기 때문에 최종처분에 주의를 기울여야 한다.

3. 산소 안정화

산소에 의한 생물학적 안정화는 공기대신 순수한 산소를 이용하는 것 외에는 친산소성 산화방법과 유사하다. 고온, 고압하에서 적당한 시간을 유지시키면 유기물은 산소에 의해 화학적으로 안정화 된다. *Zimpro*법은 200～250℃의 고온과 20～200 atm의 기압의 압력에서 순수한 산소를 사용한다. 이렇게 처리된 슬러지는 멸균이 되고 탈수능이 좋아지며 슬러지는 압축성이 좋아진다. 이런 슬러지를 진공여과기로 여과하면 고형물이 50% 정도가 된다. 그리고 여기에서 나온 여액의 BOD는 약 2,500 mg/L 로 처리가 필요하다.

4. 방사선 조사(Irradiation)

슬러지에 방사선을 조사하면 슬러지의 온도가 상승하고 병원성 미생물이 사멸한다. 이 방법은 또한 PCB(polychlorinated biphenyl)와 같은 난분해성 물질을 파괴시키는 데도 유용하다. 방사선 조사에 사용되는 방사원은 Co^{60}, Cs^{137}, γ선 등을 사용한다. 회충류는 500 krad (kilo-rad, 1rad는 1g에 대해 100 erg의 흡수에너지를 주는 방사선량), 세균은 300～400 krad, 바이러스는 400～1,000 krad의 조사량이 필요하다. 그림 4-1은 방사선 조사에 의한 병원미생물들의 파괴를 나타내고 있다. 이 그림을 보면 *E.coil*는 바이러스나 살모넬라보다 더욱 감수성이 있음을 알 수 있다.

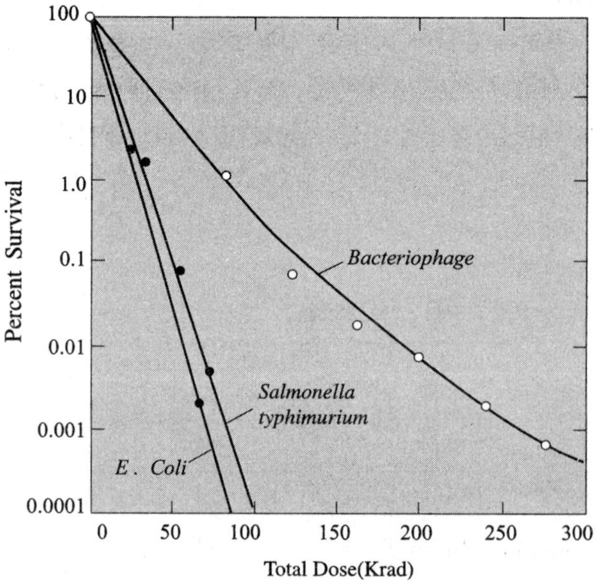

그림 4-1 방사선(radiation)에 의한 미생물의 생존력

Chapter

5 슬러지의 연소

5.1 서 론

5.1.1 발열량 계산식

슬러지의 연소기들은 일반적으로 보조연료를 필요로 하며 슬러지의 열량과 그 성분은 중요한데 일례로 하수슬러지의 성분분석표는 표 **5-1**과 같다. 대부분 슬러지의 열량값은 소각에 불충분하고 보조연료가 필요하게 되는데 이 값은 연소효율에 영향을 미친다. 열량값을 구하는 방법으로서 **Dulong**식이 있다. 이것은 성분 중 탄소와 수소, 그리고 산소의 구성에 근거를 두고 있다.

Dulong식은 다음과 같다.

$$\text{Btu/lb} = 145\text{C} + 620\left(\text{H} - \frac{\text{O}}{8}\right) + 41\ \text{S} \tag{5.1}$$

표 5-1 하수슬러지의 원소 구성

Elemental Composition	Sludge			
	No.1	No.2	No.3	No.4
Carbon (%)	63.4	65.6	55.0	51.8
Hydrogen(%)	8.2	9.0	7.4	7.2
Oxygen(%)	21.0	20.9	33.4	38.0
Nitrogen(%)	4.3	3.4	3.1	3.0
Sulfur(%)	2.2	1.1	1.1	Trace
Volatile(%)	47.9	72.5	51.4	82.0
VSS (Btu/lb)	12,840	12,510	10,940	8,990
SS (Btu/lb)	6,160	9,080	5,620	7,380

즉, $kcal/kg = 81C + 342.5\left(H - \frac{O}{8}\right) + 22.5\,S$

여기서 C, H, O, S는 슬러지 중의 무게%이다.

Pair 등은 슬러지 연료량에 관한 경험식을 다음과 같이 나타냈다.

$$Q_H = A\left(\frac{100C_V}{100-D}\right) - B\left(\frac{100-D}{100}\right) \tag{5.2}$$

여기서, Q_H : 고형물 열량값(Btu/lb)

C_V : 휘발성고형물%

D : 슬러지 무게의 %로서 탈수에 사용된 무기응집제(유기고분응집제 사용시 (D = 0)

A : 상수(활성슬러지 = 107, 생슬러지 = 131)

B : 상수(활성슬러지 = 5, 생슬러지 = 10)

Shanon 등은 휘발성 고형물의 열량값이 아래식에 근접되는 것을 밝혔다(그림 5-1).

$$Btu/lb = 112(C_V) - 660 \tag{5.3}$$

여기서, C_V = 휘발성고형물의 %, 가능하면 열량값을 정하는 데는 봄브식 열량계(bomb calorimeter)를 사용한다.

일반적인 슬러지의 VS와 발열량과의 관계를 Liao는 51.6×VS함량(%) = kcal/kg VS로 나타

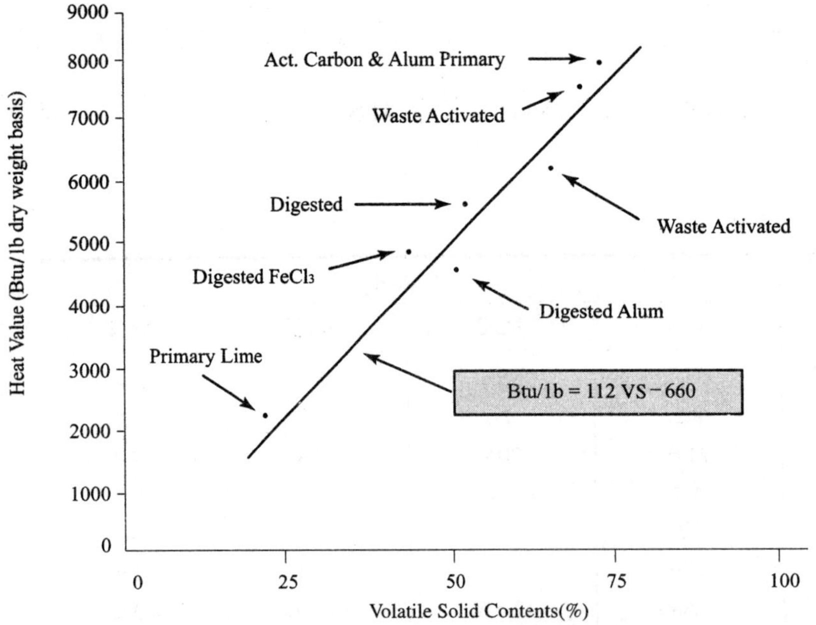

그림 5-1 슬러지들의 열량값

내고 있다. VS와 연소가능물질과의 차이를 보면 VS는 550℃에서 측정되고 연소가능물질은 725℃에서 측정되므로 이 두 온도 차이에서 연소되는 fixed carbon 만큼의 차이가 있는 것으로 보면 될 것이다.

표 5-2 각종물질의 열용량(Btu/lb/°F)

물질	열용량
건조공기	0.26
고형물질	0.25
물	1.0
수증기	0.5

연소기의 설계에 있어서의 각종물질의 열용량(heat capacity)을 보면 표 5-2와 같은데 물이 1Btu/lb/°F이면, 수증기가 0.5 Btu/lb/°F, 공기와 고형물이 0.25 Btu/lb/°F내외, 수분을 증발시키는데 소요되는 열량은 970.3 Btu/lb/°F이다. 각종 물질에 있어서 완전연소를 위한 이론적인 공기와 산소 소요량을 나타내 주는 것이 표 5-3인데 10,000 Btu당 7.5 lb(3.4kg)의 공기가 소요되는 것으로 일반적으로 계산된다, 또한 실제 소요되는 공기량은 이론치에 비해서 약 50~150%의 여분의 공기(excess air)가 추가로 필요하다.

표 5-3 완전연소를 위한 이론적인 산소와 공기량

물질(kg/kg연료)	공 기	산 소
탄소	11.53	2.66
CO	2.47	0.57
수소	34.34	7.94
S	4.29	1.00
H_2S	6.10	1.41
CH_4	17.27	3.99
NH_3	6.10	1.41

여분의 공기가 연소기를 냉각시키기 위해서도 필요한 경우가 있는데 여분의 공기를 많이 사용할수록 더 많은 보조연료가 소요된다. 또한 슬러지 내의 수분은 보조연료의 필요성을 증대시키는 요소로 1 lb의 수분을 증발시키는 데는 2,000 Btu가 소요된다. 이 자료를 이용하여 어느 슬러지의 열량을 Q(Btu/lb), 슬러지내의 고형물의 함량(%)을 P, 수분증발에 소요되는 열량을 W라고 하면 다음과 같은 관계가 성립된다.

$$PQ = (100 - P)W \tag{5.4}$$

여기서 W를 3,500 Btu/lb, Q를 7,700 Btu/lb라고 할 때에 슬러지의 열량으로 자체 연소되기 위한 슬러지내의 고형물 함량 P는 아래와 같다.

$$P = \frac{100\,W}{Q+W} = \frac{100 \times 3,500}{7,700+3,500} = 31.3\%$$

5.1.2 개략적인 발열량

소각에 의해 탈수케잌은 대부분 재로 된다. 즉 슬러지 중의 수분은 증발해서 수증기로, 유기질은 연소가스로, 무기물질은 재로 된다. 또한 연소가스는 약 1,000℃의 고온이므로 슬러지 중의 미생물은 사멸되어 안전무해하게 된다. 보통건조와 연소는 대체로 동일한 소각로내의 전반부에서 행하여진다.

① 80~100℃ : 총수분 증발
② 180℃ : 내부결합수 증발
③ 300~400℃ : 가연성가스 인화
④ 1,000~2,000℃ : 슬러지 중의 타는 성분 고형물의 인화 연소

슬러지의 함수율, 타는 성분 물질 함유율 및 열량이 소각의 중요한 인자이나 발열량은 슬러지 고형물을 기준으로 한다. 그 값은 슬러지의 유기질 함유량 특히 탄소함유량에 좌우되며 슬러지의 종류에 따라서도 다르다. 그림 5-2와 같이 각각의 슬러지 종류에 따라 발열량이 다르다.

그림 5-3은 슬러지와 다른 연료와의 발열량을 비교한 것이다. 생슬러지의 경우 고형물 1kg 당 발열량이 2,000~4,000 kcal/kg으로, 석탄으로 보면 약 25~50%이다. 탈수슬러지의 발열량은 대

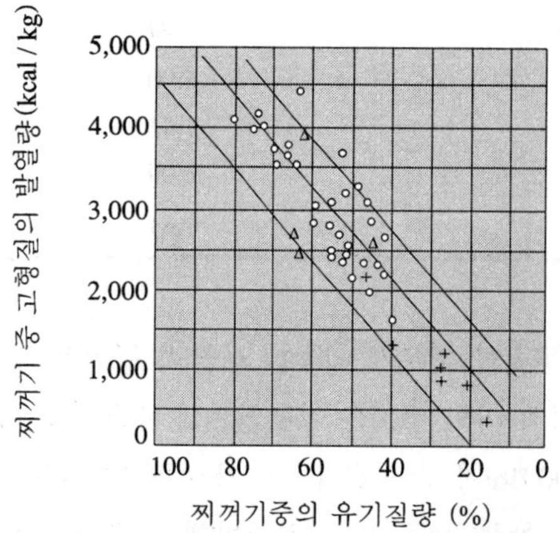

그림 5-2 슬러지 중의 유기물량과 발열량

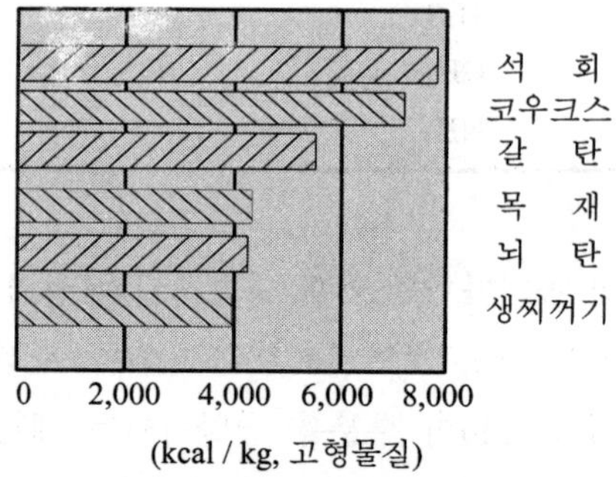

그림 5-3 슬러지와 타연료와의 비교(발열량)

략 1 kg당 500∼2,000 kcal이다. 함수율과 건조슬러지의 발열량에 따라서는 그대로 타는 슬러지도 있으나 일반적으로 보조연료가 필요하며 보조연료로 중유나 폐유를 사용한다. 슬러지의 함수율 55% 이하는 유동층 소각로를 이용할 때 자연연소하며 함수율 60%에서는 연소공기를 300℃로 예열하여야 한다. 또한 함수율 70%의 경우에는 슬러지의 100 kg 고형물당 약 8 kg 중량의 보조연료가 필요하다.

예 I

시간당 14,000 lb의 슬러지를 연소시키고자 한다. 슬러지의 함유량은 80%, VS는 TS의 77%, 슬러지의 온도는 16℃(60°F), 연소온도는 1,400°F, 연소후의 슬러지의 온도는 200°F, 여분의 공기는 100%가 필요하며, 건조공기 lb당 수분함량은 0.013 lb로 가정한다. 이 경우에 있어서 에너지 수지(balance)를 계산하시오.

풀이 먼저 보조연료의 소요여부를 검토하면 슬러지 lb당 발열량이 10,000 Btu이며, TS의 77%기 VS이므로 lb슬러지당 발열량은 7,700 Btu가 된다. 따라서

$$P = \frac{100W}{Q+W} = \frac{100 \times 3,500}{7,700+3,500} = 31.25\%$$

로 자체 연소를 위해서는 고형물의 농도가 31.25%가 되어야 하나 20%에 불과하므로 보조연료가 필요한 것으로 계산된다.

단계 1 슬러지의 열량

$$14,000\frac{\text{lb}}{\text{hr}} \times \frac{0.2\text{ lbSolid}}{\text{lb찌꺼기}} \times \frac{0.77\text{ lbVS}}{\text{lbSolid}} \times 10,000\frac{0.77\text{ lbVS}}{\text{lbVS}} = 21.10^6\text{Btu/hr}$$

단계 2 소요 공기량

$$21.56 \times 10^6\frac{\text{Btu}}{\text{hr}} \times \frac{7.5\text{ lb건조공기}}{10,000\text{Btu}} \times 2(\text{여분의공기}) = 32,340\text{ lb건조공기/hr}$$

단계 3 공기를 연소온도까지 가열시키는 데 소용되는 열량

$$Q(\text{열 소요량}) = \text{Mass} \times \text{열량} \times \text{온도}$$

· 공기를 60°F에서 1,400°F로 하는 데 소요되는 열량

$$Q = 32,340\frac{\text{lb}}{\text{hr}} \times \frac{0.26}{\text{lb}^\circ\text{F}} \times (1,400^\circ\text{F} - 60^\circ\text{F}) = 11.27 \times 10^6\text{Btu/hr}$$

· 공기 내의 수분을 60°F에서 1,400°F로 상승시키는 데 소요되는 열량

$$Q = 32,340\frac{\text{lb}}{\text{hr}} \times \frac{0.013\text{lbH}_2\text{O}}{\text{lb공기}} \times \frac{0.5\text{Btu}}{16^\circ\text{F}} \times (1,400^\circ\text{F} - 60^\circ\text{F}) = 0.28 \times 10^6\text{Btu/hr}$$

단계 4 고형물을 가열하는 데 소요되는 열량

· VS

$$Q=\frac{14,000\text{ lb}}{\text{hr}}\times\frac{0.2\text{ lbTS}}{\text{lb찌꺼기}}\times\frac{0.77\text{ lbVS}}{\text{lbTS}}\times\frac{0.25\text{Btu}}{\text{lb°F}}(1,400\text{°F}-60\text{°F})$$

· 무기물질(재 온도를 200°F로 함)

$$Q=\frac{14,000\text{ lb}}{\text{hr}}\times\frac{0.2\text{ lbTS}}{\text{lb찌꺼기}}\times\frac{0.23\text{ lbVS}}{\text{lbTS}}\times\frac{0.25\text{Btu}}{\text{lb°F}}(200\text{°F}-60\text{°F})$$

단계 5. 슬러지 내의 수분을 가열하는 데 소요되는 열량

· 수분의 온도를 60°F로부터 212°F로 상승시키는 데 필요한 열량

$$Q=\frac{14,000\text{ lb}}{\text{hr}}\times\frac{0.8\text{ lbH}_2\text{O}}{\text{lb찌꺼기}}\times\frac{1.0\text{ Btu}}{\text{lb°F}}(221\text{°F}-60\text{°F})=1.70\times10^6\text{Btu/hr}$$

· 수분을 증발시키는 데 소요되는 열량

$$Q=\frac{14,000\text{ lb}}{\text{hr}}\times\frac{0.8\text{ lbH}_2\text{O}}{\text{lb찌꺼기}}\times\frac{970.3\text{Btu}}{\text{lb}}=10.87\times10^6\text{Btu/hr}$$

· 수증기를 760℃로 가열하는 데 소요되는 열량

$$Q=\frac{14,000\text{ lb}}{\text{hr}}\times\frac{0.8\text{ lbH}_2\text{O}}{\text{lb찌꺼기}}\times\frac{0.5\text{ Btu}}{\text{lb°F}}(1,400\text{°F}-212\text{°F})=6.65\times10^6\text{Btu/hr}$$

단계 6. 연소과정에서 생성되는 수분을 가열하는 데 소요되는 열량

슬러지와 보조연료를 연소시킬 때 생성되는 수분의 양은 10,000 Btu당 0.5 lb이다. 따라서 열 소요량을 합하여 보면

항목	열소요량(Btu/hr×10^6)
건조공기	11.27
슬러지	0.28
VS	0.72
Ash	0.02
수분	1.70
증발	10.87
수증기	6.65
계	31.51

따라서 연소 과정중에 생성되는 수분은

$$\frac{1.5\text{ lb}}{10,000\text{ Btu}}\times\frac{31.51\times10^6\text{Btu}}{\text{hr}}=1.576\text{ lb/hr}$$

이 생성된 수분을 증발시키기 위한 열량

$$Q=\frac{1.576\text{ lbH}_2\text{O}}{\text{hr}}\times\frac{970.3\text{Btu}}{\text{lb}}=1.53\times10^6\text{Btu/hr}$$

이 수증기를 1,400°F로 가열하는 데 소요되는 열량

$$Q = \frac{1.576\ \text{lbH}_2\text{O}}{\text{hr}} \times \frac{0.5\ \text{Btu}}{\text{lb°F}}(1,400°\text{F} - 212°\text{F}) = 0.94\times10^6\text{Btu/hr}$$

단계 7. 열손실을 보충시켜 주기 위한 열량

단계 6까지의 전체열량 31.51×10^6 Btu/hr

연소과정으로부터 생성되는 수분에 의한 열량

	증발	1.53×10^6
	가열	0.94×10^6
합계		33.98×10^6 Btu/hr

5%의 열손실을 고려하면 보충시켜야 할 열량은

$$\frac{33.98\times10^6\text{Btu/hr}}{\text{hr}} \times 0.05 = 1.70 \times 10^6\text{Btu/hr}$$

단계 8. 소요 보조연료의 산정

총 소요열량 $= (33.98+1.70)\times10^6 = 35.68\times10^6$Btu/hr

총 소요보조열량 $= 35.68\times10^6 - 21.56\times10^6 = 14.12\times10^6$ Btu/hr

보조연료를 연소시키기 위해서는 추가로 공기를 주입시켜야 하는데 소요 공기량은 이론치의 1.25배가량이다. 따라서

$$\text{공기량} = \frac{14.12\times10^6\text{Btu}}{\text{hr}} \times \frac{7.5\ \text{lb공기}}{10,000\text{Btu}} \times 1.25\ (\text{여분의 공기포함})$$

이 공기는 1,400°F로 가열시켜 주어야 하며 또한 연소과정 중에 수분이 생성되므로 이 공기량에 대한 소요열량을 단계 1로부터 8까지의 과정에서와 같은 계산으로 구하여 보정하여야 하는데 보조열량의 80% 가량을 가산한 값이다. 즉

$$\text{총소요보조열량} = \text{소요보조열량} \times \frac{1}{1-\gamma}$$

여기서, 일반적으로 $\gamma = 0.45$이므로

$$\text{총소요보조열량} = 14.12\times\frac{1}{0.55} = 25.67\times10^6\text{Btu/hr}$$

단계 9. 총소요공기량

$$\text{총소요보조연소에 의한 소요공기량} = \frac{13,240\ \text{lb}}{\text{hr}} \times \frac{1}{1-0.45} = 24,072\ \text{lb/hr}$$

따라서 총소요공기량은 32,340 +24,072 = 56,412 lb/hr

공기의 밀도를 32,340+24,072 = 56,412 lb/hr

공기의 밀도를 0.0749 lb/ft^{3}로 가정하면 분당 소요공기량은 다음과 같다.

$$\frac{56,413\ \text{lb/hr}}{0.0749} \times \frac{\text{hr}}{60\,\text{min}} = 12,552\ \text{ft}^3/\text{min}$$

5.2 다단로(Multiple Hearth)

다단로는 그림 5-4에서와 같이 상부로부터 건조, 연소, 고정탄소(fixed carbon) 연소지역 및 냉각지역으로 나뉘어 설명될 수 있는데 상부에 주입된 슬러지가 600～900°F(320～480℃)나 되는 뜨거운 공기에 의해서 건조되며 상부로 이동되면서 760～980℃의 온도에서 연소된다.

다단로의 형상은 그림 5-5와 같은데 0.5～3 rpm으로 중앙의 수직샤프트(shaft)가 회전함에 따라 샤프트에 연결된 rabble arm이 회전하면서 주입된 슬러지를 부수며 하부로 이동한다. 다단로는 운전이 쉽고 슬러지의 성질의 변화에 그리 민감하지 않아 흔히 사용되나 rabble arm이 회전하지 않거나 rabble arm의 이빨(teeth)이 작동치 않는 경우가 있으며, 온도의 급상승이나 급강하에 의해서 내화재가 파괴되어 운전을 할 수 없는 경우가 있다. 약 1,800°F(980℃)이상의 온도로는 운전시켜서는 안 되는데 스캄과 같은 물질을 태울 때에는 특히 주의를 요한다. 샤프트의 중앙부에는 냉각용 공기가 주입된다.

하수슬러지를 연소시키는 경우에 있어서 소요되는 다단로의 유효넓이(Effective Hearth Areas ; EHA)은 건조된 슬러지 주입률이 0.501배일 경우이다. 여기서 유효넓이이라 함은 중앙부의 샤푸트 등과 같이 연소에 이용되지 않는 넓이는 제외시킨 것을 말한다. 이 값은 HLR(Hearth Loading Rate)로는 9.7 kg/m^3/hr에 해당되는 값이다. 표 5-4는 다단로의 각종 슬러지중 젖은 슬러지의 부하율도 건조된 슬러지의 부하율로 환산해 보면 먼저 언급한 HLR이 포함되는 값이다. 대규모 시설일수록 큰 부하율을 사용한다.

연소를 위한 공기량과 냉각을 위한 공기량은 각각 42～66 m^3/m^3 · hr인데 이 값은 슬러지 1ton/day 의 연소를 위한 값이다. 또한 연소용 공기 압력으로는 60～70 cm, 냉각 공기의 경우에는 20 cm의 수두가 소요된다.

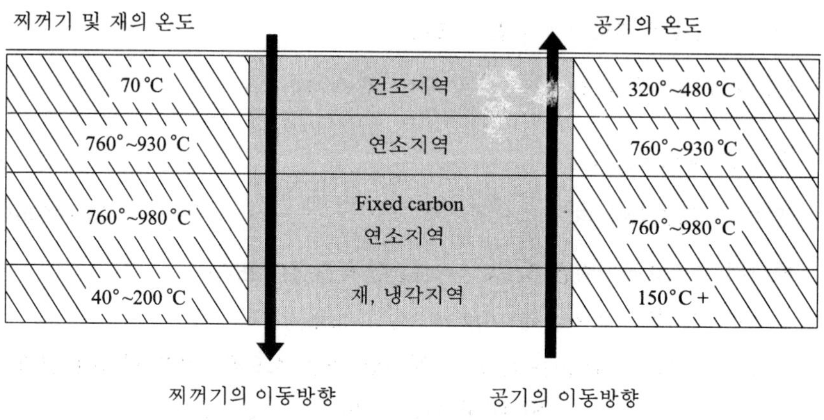

그림 5-4 다단로의 지역구분

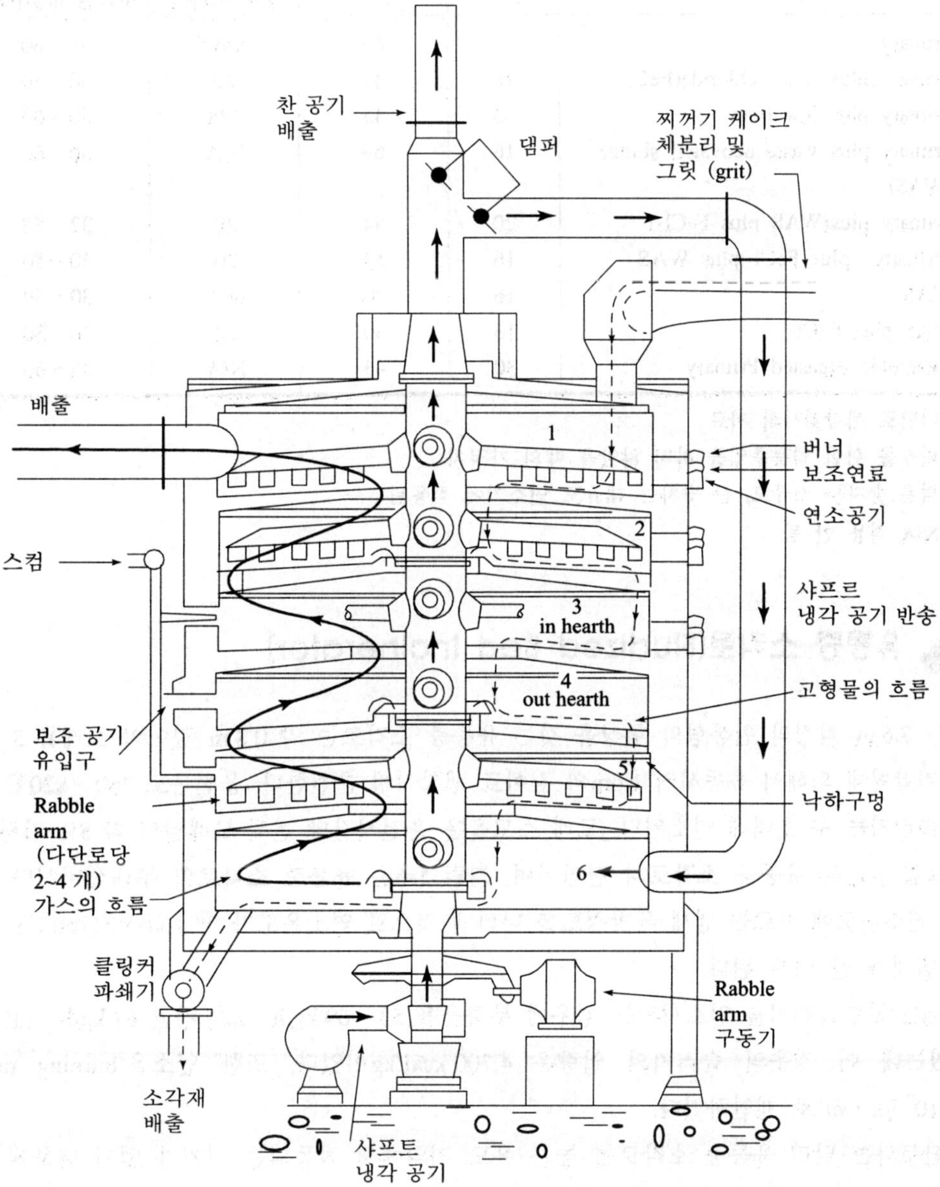

그림 5-5 다단로의 단면도

표 5-4 다단로의 슬러지 부하율[a)]

슬러지의 종류	고형물 (%)	연소가능물질 (%)	화학약품의 농도[b)](mg/L)	적은슬러지의 부하율[c)](kg/m²/hr)
Primary	30	60	N/A[d)]	35~60
Primary plus ferric chloride($FeCl_3$)	16	47	20	30~50
Primary plus low lime	35	45	298	40~60
Primary plus waste activated sludge (WAS)	16	69	N/A	30~60
Primary plus(WAS plus $FeCl_3$)	20	54	20	32~55
(Primary plus $FeCl_3$)plus WAS	16	53	20	30~50
WAS	16	80	N/A	30~50
WAS plus $FeCl_3$	16	50	20	30~50
Anaerobic digested Primary	30	43	N/A	35~60

a) 다단로 제작회사의 자료
b) 탈수를 위한 약품주입을 하지 않았을 때의 가정치
c) 적은 숫자는 소규모, 큰 숫자는 대규모 연소기에 적용됨
d) N/A 적용 안 됨

5.3 유동층 소각로(Fludized Bed Incinerator)

2.7~7.6 m 직경의 원통형의 형상을 갖는 유동층 소각로는 약 0.8 m 깊이의 모래를 3~5psi의 공기압력에 의해서 유동시켜 1.6m의 깊이로 팽창시켜 운전한다. 운전온도 760~820℃로 주입된 슬러지는 수 초내에 연소된다. 모래 소모율은 운전시간당 전체 모래양의 약 5% 가량이다. 1부 그림 5-12는 유동층 소각로의 단면이며, 그림 5-6은 유동층 소각로의 부대설비이다. 그림 5-8은 연소온도에 따르는 냄새 유발정도를 나타낸 것으로 연소온도가 약 1,400°F(760℃)가량이 되면 냄새가 안 나게 된다.

Liao는 하수슬러지를 연소시키는 경우에 부하율을 53~69 kg/h · m², 평균 67 kg/h · m²로 제안하였는데 이 경우의 슬러지의 열량은 4,700 kcal/kg이었다. 또한 연소율(burning rate)은 1.75×10^9 J/h · m²로 제안하였다.

다단로와는 달리 유동층 소각로는 높은 온도 지역에서 작동되는 기기가 없기 때문에 유지관리가 쉬울 수가 있으나, 상부로부터 주입된 슬러지가 높은 온도에 의해서 급속히 건조되어 큰 덩어리를 이루면 문제가 야기될 수 있을 것이다. 또한 유출되는 모래에 의해서 후속처리의 기기류에 마모가 발생될 수도 있을 것이다.

5.4 습식산화(Wet Air Oxidation)

이 방법은 고온과 고압으로 슬러지를 수중에서 산화시키는 방법이다. 크기가 0.64 cm 이하로 슬러지를 분쇄시킨 후 10,000 Btu 당 7.5 lbs의 공기와 함께 슬러지를 열교환기에 주입하여 260℃에서 68～122 atm(1,000～1,800 psi)의 압력으로 40～60분간 산화 시킨다(Zimmerman Process). 산화되는 정도는 운전온도, 압력, 체류시간 및 공기량, 주입슬러지의 농도에 따라 달라진다. 보조 연료없이 연소시킬 수 있는 슬러지의 농도는 4～6%로 알려지고 있으며 산하율은 VS나 COD제거율과 밀접한 관계를 가진다. 습식산화를 통해서 독성이나 유해물질이 제거될 가능성도 있으나 냄새가 나며 높은 압력이 소요되고 연소후의 액체처리문제 때문에 잘 사용되지 않는다.

5.5 회전로(Rotary Kiln)

화상(grate)자체가 연소실을 형성한 원통을 수평축 중심으로 회전하도록 된 구조이다. 폐기물은 원통의 후부인 투입구로 투입되어 전방을 향해서 회전로 하부에서 혼합 소각되면서 전방으로 이동 배출된다. 수분이 많은 처리에 있어서는 연소가스와 폐기물의 이동을 향류(向流)하면서 보다 쉽게 연소할 수 있는 폐기물과 같이 이용하면 효과적인 소각을 할 수 있다. (그림 5-8)

① 전처리가 거의 필요 없다.

② 소각로의 구조는 회전연소구동방식이다.

③ 화상연소율은 370 kg/m^3 · hr 정도이며 재의 열작감량은 3% 이내이다. 소각재의 상태는 완전연소회분상태이다.

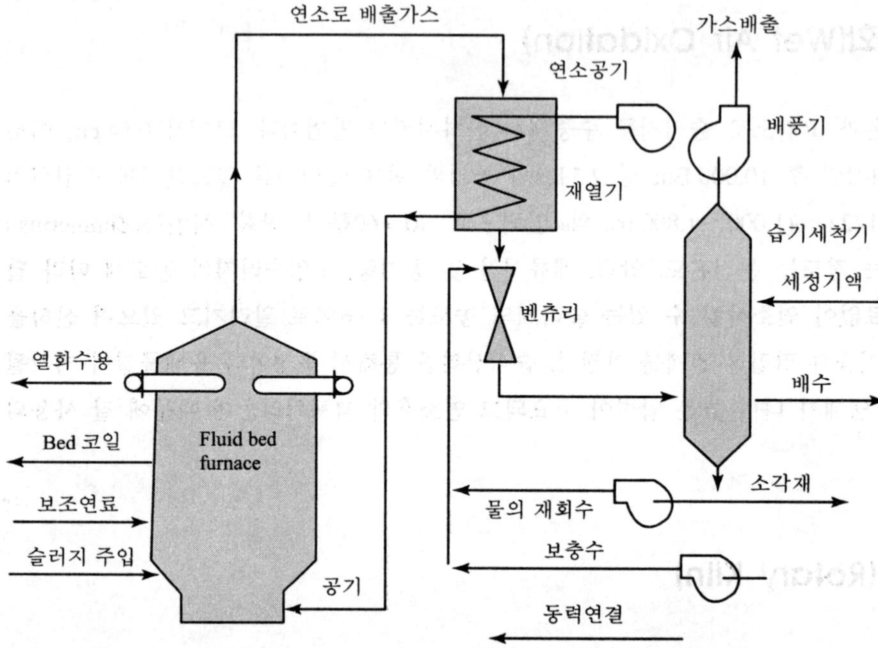

그림 5-6 유동층 소각로의 부대설비

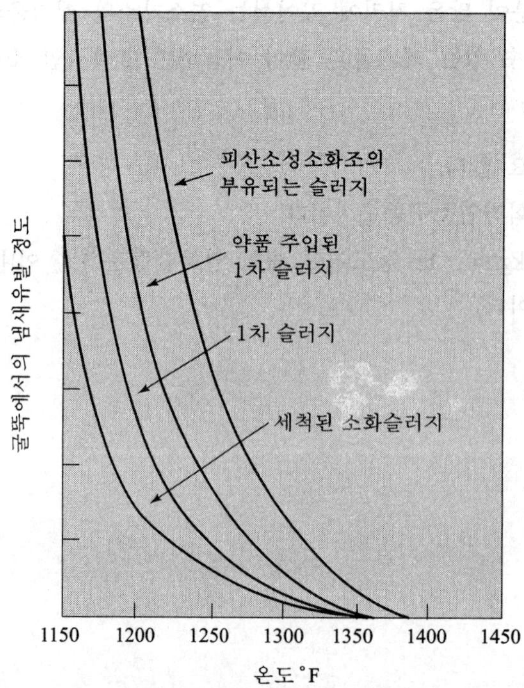

그림 5-7 온도와 냄새유발 정도

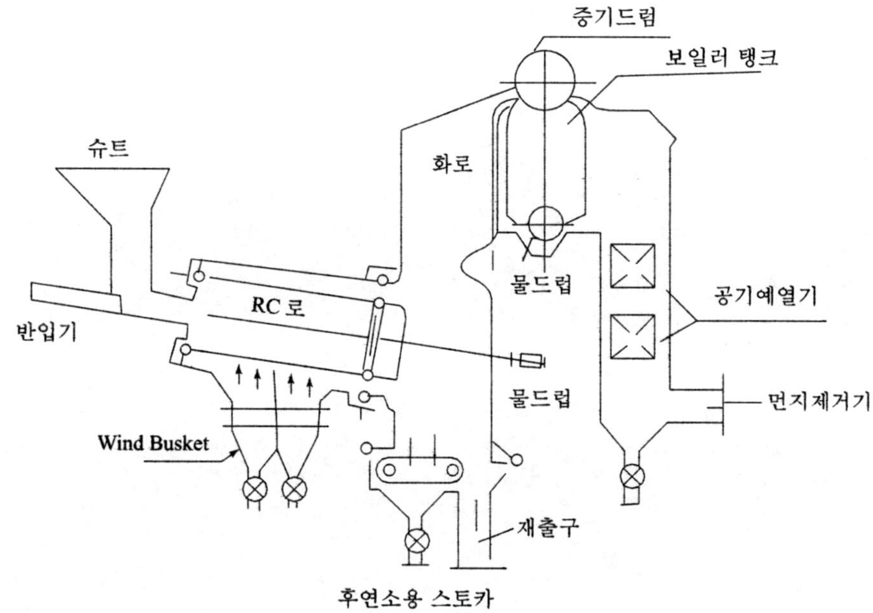

(a) 훌로우 시트

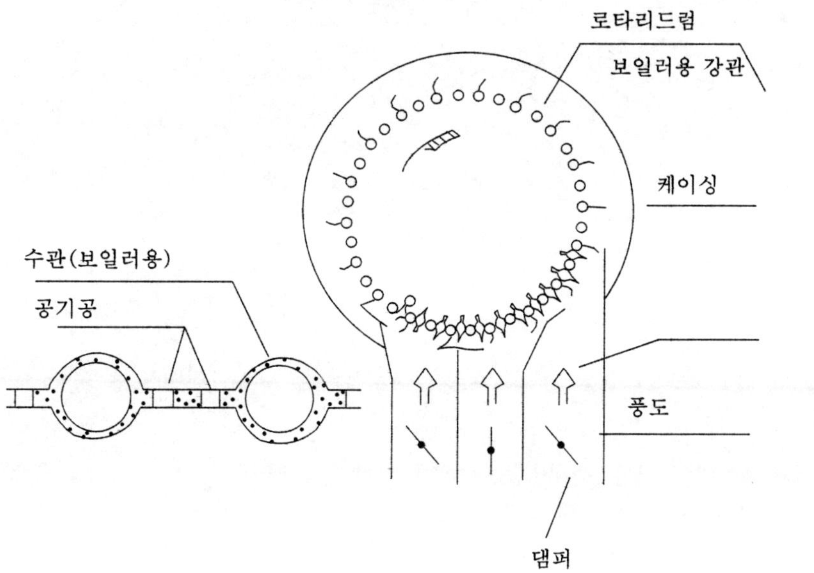

(b) 로체의 구조

그림 5-8 회전로의 모식도

Chapter

6 슬러지의 토지주입

6.1 서 론

폐기물이나 슬러지를 매립에 의하여 처분하기 위한 충분한 부지의 확보가 어려울 때 경작지나 산림에 이를 투여하여 처분하는 방법을 토지주입이라고 한다. 토지주입방법은 비용이 적게 소요될 가능성이 있으며 또한 작물성장에 필요한 영양소나 유기물질을 토양에 공급시켜 주는 장점이 있다. 반면에 기생충이나 virus로 토양을 오염시킬 가능성도 있다. 또한 생물학적으로 분해가 되지 않는 중금속이나 유기화학물질이 토양에 축적될 가능성을 내포하고 있음은 두 말할 필요가 없다. 이러한 이유로 미 EPA는 슬러지로 경작한 작물은 동물의 사료로 이용하도록 규제하고 있다.

일반적으로 중금속류는 어느 정도의 농도까지 토양과 단단히 결합되어 지하수를 오염시키지도 않으며 작물에 의해 흡수되지도 않는 형태가 된다. 이러한 농도한계는 토양에 따라 상이하며 또한 작물에 따라 상이하다.

예를 들면 토양 내에 주입된 중금속류는 크게 두 가지 즉, 작물에 흡수 가능한 형태와 불가능한 형태로 존재하는데 흡수 가능한 형태는 물이나 또는 약산에 용해되는 부분을 말하며, 흡수 불가능한 형태는 주입된 중금속이 CO_3, Fe, Mn, sulfide, 유기물질, Si 및 Clay와 결합되어 있는 상태를 말한다. 이러한 흡수 가능한 형태를 측정하기 위하여 사용되는 산으로는 HCl, 아세트산, 질산암모늄, 아세트산암모늄 등이 있는데 어느 방법도 실제 작물에 흡수 가능한 양을 측정하지는 못하고 있는 것 같다.

한편 흡수 불가능한 중금속은 토양에 흡착되거나 또는 다른 금속과 결합하여 침전상태로 대부분 지표층에 존재하는 것으로 알려지고 있는데 이는 토양의 성질과 밀접한 관계를 가지고 있다. 입자가 큰 토양인 경우에는 중금속의 이동이 비교적 큰 것으로 알려지고 있다. 또한 슬러지를 주입하는 경우에 있어서 환경조건에 따라서 토양 내에서 작물에 의하여 흡수 불가능한 중금속이 흡수 가능한 형태로도 되고 또한 흡수 가능한 형태가 불가능한 형태로도 변화되는 경우가 있다. 즉 밀폐된 실험장치를 통하여 볼 때 피산소성 슬러지를 주입하는 경우에 토양내의 흡수 가능한 중금속이 증가되는 것이 관측되었다. 만약 친산소성으로 토양을 유지시켜준다면 중금속이 산화되어 침전될 것으로 생각된다. 그림 6-1은 상기 설명을 요약한 것이다.

- 토양내의 중금속의 형태
  - 작물에 직접 흡수 가능한 형태
    - 물에 용해 가능한 형태
    - 치환 가능한 형태
  - 흡수 불가능한 형태
    - 흡수 가능한 형태로 변환 가능한 형태
      - CO_2 결합물질
      - Fe나 Mn산화물
      - S^{-2}와의 결합물
      - 유기물질과의 결합물
    - 흡수 불가능한 형태 - silicate로 결합된 물질

그림 6-1 토양내 중금속의 존재형태

6.2 토양의 성질

6.2.1 토양자체내의 광물질

토양내의 많은 광물질을 순서대로 보면 Si, Al, Fe, Mn, Ti, Ba, Ca, Mg, K, Na인데 각 광물질의 성질을 살펴보면 다음과 같다. SiO_2는 거의 불용성이며 작물에 해를 주지 않으나 Al은 작물에 소요되지 않으면서도 독성을 준다. 그러나 pH가 5.5 이상인 경우에는 문제가 없으며 그 이하가 되면 대부분의 작물에 독성을 준다. 철분은 불용성이며 귀중한 영양소이다. TiO_2는 토양 내에 약 1% 가량 있는데 대체로 불용성으로 존재하여 독성문제를 야기하지도 않지만 영양소로 취급되지도 않는다. Mn은 중성과 알칼리성의 토양 내에서 MnO_2로, 불용성이나 물이 고여 있는 산성 토양에서는 용해상태가 되어 작물에 독성을 준다. Ba는 쥐나 사람에 유독하나 작물 체내로는 그다지 흡수되지 않는다.

6.2.2 토양 내에서의 반응

(가) 생물학적 반응

토양내의 주요 미생물은 수중 미생물과 같이 친산소성, 피산소성 및 임의성 미생물로 구성되며 슬러지나 폐기물내의 유기물질은 박테리아, 균류, 방선균, 토양 동물 등에 의하여 분해된다. 토양내의 미생물의 반응은 pH, 온도, 영양소의 유무, 수분함량 등에 영향을 받는다. 수분이 많은 경우 특히 배수가 잘 안되는 경우에는 용존산소가 불충분해져서 actinomycetes가 더 잘

성장한다. 주입되는 유기물질의 성질에 따라 분해되는 정도가 다르게 되는데 일반적으로 용해성 당분, 아미노산, 지방, 단백질, 셀룰로오스, 리그닌의 순서로 분해가 된다. C/N비가 매우 큰 경우에는 미생물의 성장에 필요한 질소분이 적으므로 분해속도가 느려지며 C/N비가 감소되면 분해속도가 빨라진다. 그러나 C/N비가 너무 적은 경우, 즉 필요이상의 질소가 있는 경우에는 질소가 NO_3-N형태로 자연환경 내로 유출되어 문제를 야기시킬 수 있다(methemoglobinemia 청색증).

주입된 유기물질은 토양 내에서 분해되는데, Mathers와 Stewart에 의한 조사결과에 의하면 유기물질을 토양에 주입하는 경우에 그 분해속도는 주입량과는 관계없이 일정한 것으로 나타났으며 좋은 친산소성 조건하에서는 90일내에 CO_2로 전부 분해되는 것으로 나타나고 있다. 그러나 Ryan 등에 의하면 질소의 경우에 있어서는 투여량이 크면 유기질소가 분해되어 NH_3-N이 되는 기간이 길어지며 다시 NH_3-N이 질산화되는 소요기간도 길어지는 것으로 나타나고 있다. 토양에 주입 가능한 유기물질의 양은 주입되는 유기물질의 자체 또는 이 유기물질에 의하여 생성되는 미생물에 의하여 토양의 배수가 저해되거나 또는 냄새가 유발되어서는 안 될 것이다. 토양내의 미생물의 반응속도는 온도와 관련되며 결국 기후와 유관하다. 높은 온도는 반응을 가속시킨다.

(나) 화학적 반응

토양 내에 주입된 물질은 ① 아무 변화없이 토양을 통과하거나 ② 가스 상태로 대기로 유실되거나 ③ 작물에 흡수되거나 또는 ④ 토양 내에 흡착되어 있거나 하는 4가지 경로를 밟게 된다. 예를 들면 염소이온은 토양 내에 축적되지 않고 대부분 그대로 통과되며 질소분은 질산화, 탈질소화 과정을 통하여 유실될 수 있다. 작물에 의해서 질소, 인산, 칼륨과 같은 영양소와 인체에 유해한 Cd, Pb, Zn 등이 흡수되는데 특히 중금속의 흡수는 토양내의 물리적인 성질과 유기물질의 함량, 작물의 종류 등에 따라 증감되는 것으로 알려지고 있다. 토양내의 중금속의 축적능력은 토양의 양이온교환능력(Cation Exchange Capacity)의 크기에 따라 달라지는데 이 능력은 토양내의 유기물질의 함량에 따라 또한 변화된다.

표 6-1 토양의 성질에 따르는 CEC의 변화

토입입자의 크기(mm)	CEC(mg/100g)
모래 > 0.02	0
Silt 0.02 ~ 0.002	3 ~ 7
Clay < 0.002	22 ~ 63
유기물질	200 ~ 400

주입된 양이온은 토양내의 음이온이 중성이 될 때까지 치환 흡착되어 토양 내에 축적된다. 그러나 토양 내에 유기물질이 함유되어 있는 경우에는 chelation에 의해서 양이온이 토양에 흡착된 상태로부터 유기물질과 결합되어 작물이 흡수하지 못하는 상태로 변화되며 또한 전체적으로 (−)전하를 띠게 된다. 따라서 PO_4^{-3}나 CO_3^{-2}에 의해서 침전되지 않고 토양 내를 이동한다. 유기물질과 쉽게 결합되는 경향을 갖는 중금속을 순서대로 나열해보면 $Cu^{+2} > Ni^{+2} > Co^{+2} > Fe^{+2} > Mn^{+2} = Zn^{+2}$이다. Cd은 Zn보다 유기물질과 잘 결합되지 않는 것으로 알려지고 있으며 유기물질이 시간에 따라 감소되면 중금속이 토양으로부터 누출되기 때문에 다시 유기물질을 보충시켜 주어야 한다.

표 6-2 토양의 유기물질의 함량에 따르는 CEC의 변화

토양의 종류	유기물함량(%)	Clay(%)	CEC(mg/100g)
Sand	1.7	7	6
Sandy Loam	3.2	13	13
Loam	4.9	17	20
Silt Loam	5.4	18	24
Clay Loam	5.5	31	27

(다) 생리적 반응

토양의 물리적 성질은 흔히 토양 내에서 슬러지나 폐기물을 주입시킬 수 있는지의 여부를 결정시키는 역할을 한다. 토양의 투수성은 토양입자의 크기가 증대됨에 따라 증대되며 토양입자의 크기가 감소되면 투수성이 감소된다. 아울러 슬러지에 의하여 폐쇄될 수도 있다. 투수성이 너무 큰 경우에는 쉽게 지하수를 오염시킬 수 있게 된다. 투수성이 너무 적은 경우에는 강우에 의해서 주입된 슬러지나 폐기물이 그대로 유출될 수 있다. 토양내의 수분함량은 유기물질의 주입에 의해 증가되는 것으로 알려지고 있으나 슬러지와 같은 폐기물을 주입하는 경우는 수분함량이 그리 증가되지 않는다는 주장도 있다. 토양내의 공극은 토양수분과 공기로 채워져 있는데 공기와 수분의 함량에 따라 토양 내에 공기가 잘 통하는지가 결정된다.

6.3 슬러지나 폐기물이 주입에 의해 가능한 이익

슬러지나 폐기물의 토양주입에 의한 이익은 퇴비주입에서와 같이 슬러지나 폐기물 내의 영양분이 작물에 공급되는 것을 들 수 있으며 또한 폐기물내의 유기물질에 의하여 토양의 물리적 성질이 개량되는 점이라고 할 수 있다. 즉 토양의 투수성, 수분함량이 증가되며 이에 따라 강수

시에 유출량이 감소되고 아울러 토양의 침식(erosion)이 감소된다. 또한 폐기물을 방치하는 것보다 토지주입을 함으로써 농경지와 같은 비점원 오염원으로부터의 오염물질의 배출량이 감소될 가능성이 있다.

① 질소 : 너무 많이 투여하면 질소과다에 의하여 열매를 얻을 수 없다. 또한 자연계로의 유출이 될 수 있기 때문에 이를 방지시키기 위해서는 적당량을 필요한 시기에 투여하는 것이 좋다.

② 인산염 : 너무 많이 투여하면 유출되어 하류에 조류를 번성시키며 또한 N, Zn, Fe 등의 결핍현상을 작물에 줄 수가 있다. 일반적으로 토양내의 인산염은 대체로 100～13,000 ppm 가량 되는데 용해상태의 농도는 0.1～1.0 ppm에 불과하며 또한 유입되는 폐기물이나 슬러지 내에 용해상태의 인산염의 농도가 크더라도 토양내에서 비용해상태의 인산염으로 변하므로 지하수나 지표수내로 인산염이 침출되지는 않는다. 중성이나 알칼리성의 토양 내에서 인산염은 calcium hydroxyapatite로 존재하며 산성토양 내에서는 철분이나 알루미늄의 산화물과 결합하여 불용성이 된다. 그러나 물에 장기간 잠겨져 있는 환원성 환경 내에서는 용해성이 되는 경우도 있다.

③ Ca, Mg, K : 토양의 CEC에 따라 흡착정도가 달라진다.

④ 유황 : SO_4^{-2}로 흡수되나 HS^-로 물에 녹아 있는 경우에는 독성을 준다.

⑤ Cu : 산성토양에서 Cu^{+2}로 존재하며 중성이나 알칼리성 토양에서는 $Cu(OH)^+$로 존재한다. Cu-organic Complex를 형성한다.

⑥ Zn : 산성토양에서 Zn^{+2}, 알칼리성 토양에서는 $Zn(OH)^+$, Zn-organic complex를 형성한다.

⑦ Fe과 Mn : 작물에 필수불가결한 영양소이며 토양 내에 많이 존재한다.

⑧ 붕소(Boron) : 더운 물에 용해되는 농도가 1ppm으로 필요 농도는 1ppm 이하이다. 관개용수에 주입하여 공급하는 경우도 있다.

⑨ Mo : 작물에는 매우 소량이 필요하며 세포내에 0.1ppm 이하가 되면 부족현상이 나타난다. 작물에는 수백 ppm까지도 그리 유독한 것 같지는 않다.

6.4 주입에 의한 가능한 위해

6.4.1 질소과잉

슬러지나 폐기물을 통해서 질소가 과잉으로 주입되는 경우에는 과잉질소가 질소화 과정에 의해서 NO_3-N으로 산화되어 농경지의 가축에 영향을 줄 수 있으며 또한 지표수나 지하수로 유출되는 경우에는 보다 심각한 문제를 유발할 수 있다. 되도록 슬러지나 폐기물은 비가 안 오는 기간 내에 필요할 때에 주입하여 강우에 의하여 유출되는 것을 예방하여야 할 것이다.

6.4.2 염분과잉

염분이 토양 내에 너무 많으면 작물의 발아와 성장을 감소시킬 수 있는데 특히 Na가 많을 경우에는 수분보유력이 높아져 토양의 투수력을 절감시킨다. 염분과잉으로 작물에 문제가 되는 경우에는 파종 수주일전에 슬러지나 폐기물을 주입하여 뿌리깊이 이하로 염분이 유출되도록 하는 것도 생각해 볼만한 방법이다.

6.4.3 작물의 중금속 축적

Zn, Cu, Ni는 작물성장에 영향을 주는 것으로 알려지고 있다. 특히 그 영향의 정도는 토양의 CEC와 pH에 따라 상이한데 pH가 5.5 이하인 경우와 CEC가 적은 경우에 증가된다. 미국 EPA에 의하면 pH 6.5 이상에서 토양의 CEC의 10%에 해당되는 만큼의 중금속의 주입을 허용하고 있다. 슬러지나 폐기물의 주입시에 중요한 중금속류의 성질을 보면 다음과 같다.

① Cd : 모래를 제외한 토양에 대체로 영구적으로 흡착되어 소량이 침출되나 침출되는 정도는 Co, Ni보다 크다. 작물에 섭취되는 경로는 Ca^{+2}과 유사하다. Cd는 작물 자체에는 영향을 주는 것 같지는 않으나 사람에게는 영향을 줄 정도로 작물에 농축된다. Food chain을 통해 사람에게 영향을 주는 가장 위험한 중금속이다.

② Cr : Cr^{+3}은 거의 불용성으로 토양 내에서 존재한다.

③ Co : Ni과 같이 작물에 독성을 주며, 소량이 하수슬러지에 포함되어 있으며 토양에 의해 불활성화된다.

④ Cu : 모래를 제외한 일반적인 토양에 영구적으로 흡착되며 일반적인 작물에 잘 흡수가 되지 않으나 초식동물에 영향을 줄 정도로 사료용 작물에 흡수되는 경우가 있다.

⑤ Fe : 작물의 성장에 필수불가결한 영양소이다.

⑥ Pb : 토양내에 침전되어 있어 작물에 거의 흡수되지 않는다. 대기 중으로부터 Pb가 토양내로 유입되는 수가 있으나 마찬가지로 작물에 거의 흡수되지 않는다.

⑦ Mn : 토양 내에 Mn이 많으므로 슬러지나 폐기물로 인해 토양 내에 유입되는 것은 그리 큰 문제가 안 된다. 그러나 용해상태로 유입되는 경우에는 문제가 될 수 있다. Hawaii에서 pineapple을 재배할 때 $FeSO_4$를 살포하는 경우가 있는데 이로 인해서 pH가 6.5 이하로 되면서 Mn이 용해되어 작물에 흡수되어 문제가 되었다. 이 경우에는 석회를 주입하여(pH를 높인다) 문제를 해결하면 된다.

⑧ Hg : 토양 내에서 불활성 상태로 있기 때문에 작물에 의해 흡수되지도 않으며 또한 강우에 의해 지표로 용해되어 나오지도 않는다.

⑨ Mo : 토양 내에서 음이온으로 존재하는 유일한 중금속이다. 가축에 영향을 줄 정도로 목초에 축적되는 경우가 있으나 슬러지 내의 농도는 이 농도보다 매우 낮다. 산성토양 내에서 침전되어 Mo결핍현상이 작물에 나타날 수 있으며 이 경우에는 석회를 투입하여 결핍현상을 제거한다.

⑩ Ni : 모래를 제외한 일반적인 토양에 영구적으로 흡착되어 소량만 침출된다. Zn보다 독성이 크지만 슬러지내의 Zn양은 Ni보다 적다. Ca^{+2}이 Ni의 독성을 감소시킨다.

⑪ Sn : 토양에 의해 불활성화 된다.

⑫ Zn : 모래를 제외한 대부분의 토양에 영구적으로 흡착되나 Cu나 Ni보다 장기간 용해상태로 존재한다. Zn은 작물성장에 중요한 영양소이기 때문에 비료와 함께 농지에 투여되기도 한다. pH가 5.5 이하가 되면 작물의 생산량이 감소하므로 석회를 투여하여 이 문제를 절감시킨다.

슬러지나 폐기물을 통하여 토양에 투여된 중금속류는 일반적으로 주입 후 기간이 경과하게 되면 토양 내에서 비용해성 상태로 변화되는 성질을 가지고 있다. 또한 토양내의 콜로이드(0.0002 mm 이하)는 중금속을 흡착하게 되는데 유기성 콜로이드인 humus가 clay와 같은 무기성 콜로이드 보다 약 5배가량 중금속을 더 흡착하는 것으로 알려지고 있으며 pH 6 이하에서는 토양의 흡착력이 저하되는 것으로 알려지고 있다. 토양 내의 유기물질은 일반적으로 토양의 흡착력을 2～4배로 증대시키는 것으로 알려지고 있으나 미생물에 의해서 유기물질이 분해되므로 계속적인 흡착을 위해서는 이를 보충시켜 주어야 함은 물론이다. 또한 이미 언급한 바와 같이 유기물질은 작물의 중금속 흡수를 억제하는 역할을 한다.

그림 6-2와 6-3은 콩, 토마토, 당근, 오이, 참외, 옥수수에 있어서 Zn과 Cd의 축적상태를 참고적으로 보여 주는데 같은 토양에 있어서 작물의 종류에 따라서 작물의 잎과 열매에서의 중금속 농도가 상이하다. 당근을 제외하고 잎의 농도가 열매의 농도보다 4배가량 높다. 당근의 경우에는 다른 작물과는 달리 뿌리에서의 중금속 농도가 열매보다는 높게 나타나고 있다. 그림 6-2와 6-3에서 괄호내의 숫자는 토양내의 중금속의 농도에 대한 비율(%)이다. 예를 들면 콩의 잎에서의 Zn의 농도는 토양의 Zn농도의 172%를 함유하고 있다는 뜻이다. 이러한 축적비율은 Cd의 경우에 옥수수잎이 1,000%로 매우 크며 열매의 경우에는 140%가량이다. 다른 금속 Ni, Pb, Cu에 있어서의 축적 현상을 보면 Zn과 같이 잎에 많이 축적되며 열매에는 적게 축적된다.

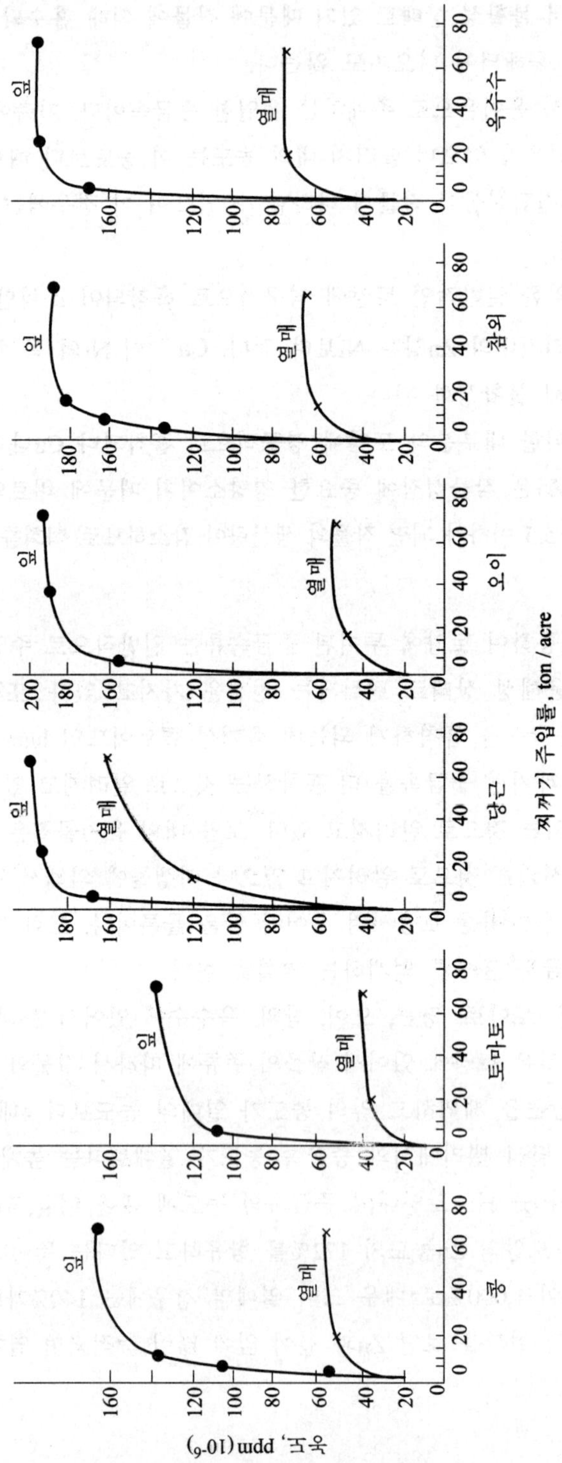

그림 6-2 작물 내의 Zn의 축적상태

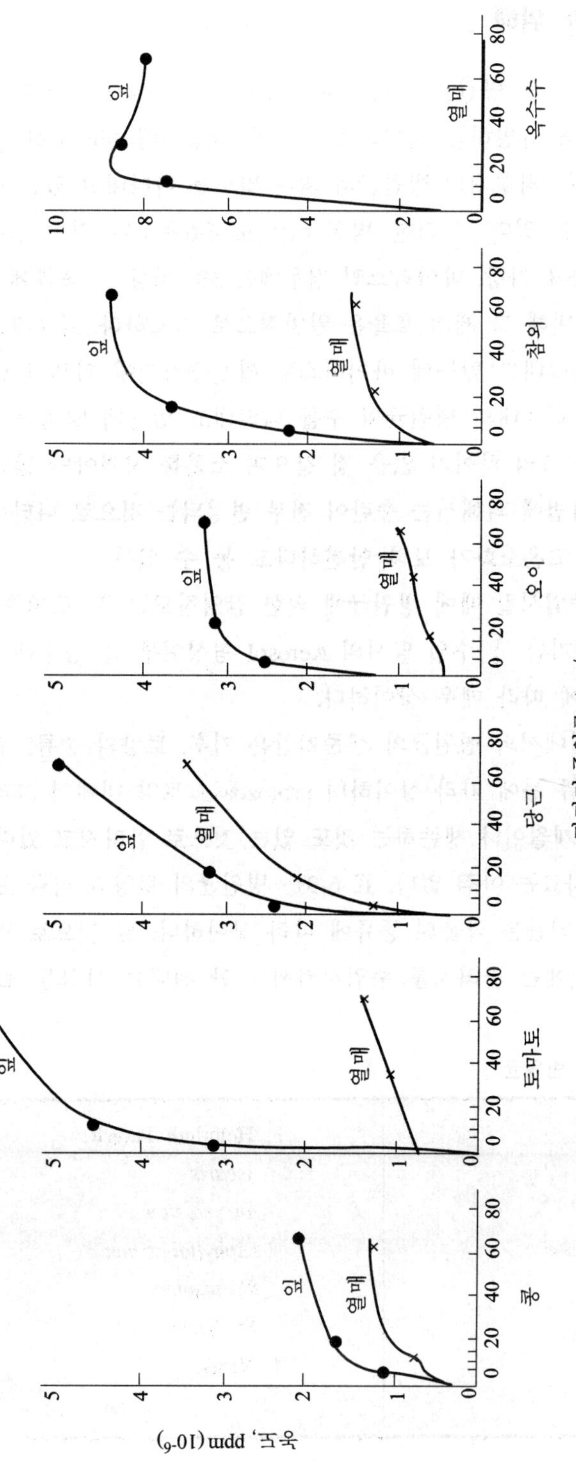

그림 6-3 작물 내의 Cd의 축적상태

6.4.4 병원균에 의한 위해

표 6-3은 하수내의 주요 병원균을 나타내고 있으며 표 6-4는 바이러스 종류를 나타내고 있다. 바이러스 중 간염을 유발하는 바이러스는 아직 실험실배양을 못하고 있기 때문에 그 종류를 알 수 없다. 표 6-5는 하수내의 병원균의 최대 밀도를 나타내고 있는데 대체로 갤론당 10^2～10^4의 범위를 보여주고 있다. 이러한 병원균은 표 6-6에서와 같이 1차 처리에 의해서 *salmonella*인 경우에는 15% 가량, 바이러스인 경우에는 3% 이상 그 종류에 따라 제거되는 효율이 상이하나 2차 처리에 비해 그 제거 효율은 일반적으로 저조하다. 표 6-7은 2차 처리에 의한 병원균의 제거효율을 나타내고 있는데 바이러스도 활성슬러지에 의해서 많이 제거되고 있다.

표 6-8은 처리된 슬러지내의 병원균의 수를 나타내고 있는데 일차 슬러지나 이차 슬러지에 있어서 병원균의 수는 그리 차이가 없을 것 같으며 소화를 시켜야만 많이 감소되는 것으로 나타났다. 특히 고온소화법에 의해서는 충란이 전부 변성되는 것으로 나타나고 있어 슬러지를 토지주입하기 위해서는 고온소화가 보다 안전하다고 볼 수 있다.

슬러지를 토지에 주입시킬 때에 병원균에 의한 감염정도는 ① 토지주입후의 병원균이 토양이나 작물에서의 생존기간 ② 주입 당시의 Aerosol 형성여부 ③ 강우에 의한 병원균의 유출이나 지하수 침투 정도에 따라 매우 상이하다.

토양이나 작물 표면에서의 병원균의 생존기간은 기후, 토양의 종류, 수분함량, 온도, 일조시간, 토양 미생물의 종류 등에 따라 상이하며 protozoa는 토양 내에서 그리 오래 생존하지 못하나 어떤 바이러스는 6개월이나 생존하는 것도 있는 것으로 알려지고 있다. 그러나 이러한 바이러스에 대한 충분한 자료는 아직 없다. 표 6-9는 병원균의 토양과 작물 표피에서의 생존기간을 보여 주고 있는데 그 기간은 작물의 종류에 따라 상이하다. 날 것으로 먹는 채소는 추수 이전 최소한 2～3개월 이내에는 슬러지를 주입시켜서는 안 된다는 사실을 보여 주고 있다.

표 6-3 하수내의 주요 병원균

1. Bacteria	3. Helminth Parasites
Salmonella	*Ascaris*
Shigella	*Ancyclostoma*
Mycobacterium	*Diphyllobotrium*
2. Protozoa	*Shistosoma*
Entamoeba	*Trichuris*
Giardia	4. Viruses
Naegleria	

표 6-4 하수내의 바이러스

Group	No.of Types	병 명
Enterovirus	3	
Polio	30	Poliomyelitis
Coxackie	31	Aseptic Meningitis, Mycarditis
Echo	3	Aseptic Meningitis, Enteritis
Reovirus	31	Enteritis
Adenovirus		Jaundice
Infectious Hepatitis		Resipiratory Illness
"Viral" Gastroenteritis		Gastroenteritis

표 6-5 하수내의 병원균의 최대 밀도

병원균	밀도(No./gallon)
Salmonella	2.0×10^4
E. histolytica	1.5×10^1
Helminth Ova	2.5×10^2
Mycobacterium	2.0×10^2
Enteric Viruses	4×10^4

표 6-6 1차 처리에 의한 하수로부터의 병원균의 제거효율

병균	효율(%)
Salmonella	15[a)]
Mycobacterium	18～57
Amoebic Cysts	약간
Helminth Ova	72～98
Virus	3이상 많이 제거되는 경우도 있다.[b)]

a) Based on frequency of isolation
b) 고형물과 관계되는 Virus는 침전시에 상당히 제거된다.

표 6-7 2차 처리에 의한 병원균의 제거효율

병원균	제거효율(%)	
	활성슬러지	살수여상
Salmonella	96 ～ 99	84 ～ 99.9
Mycobacterium	약간 ～ 87	66 ～ 99
Amoebic Cysts	거의 제거 안된다	11 ～ 99.9
Helminth Ova	〃	62 ～ 76
Virus	76 ～ 99	0 ～ 84

표 6-8 하수슬러지대의 bacteria 수

종류	분변성대장균군 $\times 10^6$/100 mL	*Salmonella* /100 mL	*Pseudomonas* /100 mL
1차 슬러지	11.4	460	46,000
살수여상	11.5	93	110,000
활성슬러지(A)	2.8	74	1,100
(B)	20.0	9,300	2,000
(C)	2.0	2,300	24,000
피산소성 소화슬러지－1차슬러지	0.4	29	34
친산소성 소화슬러지－활성슬러지	0.3	7	1,000

표 6-9 토양과 작물 표피에서의 병원균 생존기간

균의 종류	양생지점	생존기간
대장균	토양	30일
	토마토	35일
Salmonella typhosa	토양	2～85일
	채소	7～53일
Shigella	토마토	2～7일
Vibrio cholerae	시금치, 상추	22～23일
	비산성 채소	2일
Tubercle bacilli	토양	최대 2년
	무	3개월
Entamoeba histolytica	채소	3일
	토양	8일
Ascaris ova	토양	최대 7년
	채소	27～35일
Poliovirus	토양	100일
	무, 상추	36일

슬러지를 살포하여 주입할 때에 발생되는 에어로졸(aerosol)의 크기는 0.01～50 ㎛인데 이 중 0.2～2㎛의 크기의 병원균을 포함한 입자는 사람의 폐로 흡입이 가능하다. 대기 중에서 병원균이 어느 정도 생존하는지에 대한 충분한 자료는 없지만 poliovirus는 온도가 높은 경우에 약 23시간가량 대기 중에 생존이 가능한 것으로 알려지고 있어 되도록 살포방식에 의한 슬러지 주입을 지양하고 Over Land Flow 방식이나 고랑을 이용하여 주입시키는 것이 바람직하다.

강우에 의한 슬러지의 지표수로의 이동이나 지하수로의 침투정도는 토양의 입경, 토양의 형태, 기타 성질에 따라 상이하다. 토양 내에는 충분한 산소가 없으므로 이러한 환경이 병원균을 죽이는 역할을 하며 또한 토양내부의 온도, 미생물, 흡착능력도 병원균을 제거시키는 역할을 한다. 박테리아는 입상형태의 토양에서 30 m 가량 이동 가능한 것으로 알려지고 있다. 대체로 1.5~3 m 이내를 이동하며 일반적으로 60 cm 이내를 이동하리라고 생각된다. 따라서 박테리아는 주로 토양의 표면에 서식하는 것으로 보면 될 것이다.

결론적으로 하수나 슬러지를 토지에 주입할 때에 보건상의 위해는 충분히 있을 수 있으나 잘 소화된 슬러지를 주입하는 경우에 문제가 되었다는 보고는 전혀 문헌상에서 찾을 수 없었다. 따라서 주입지점을 잘 선택하고 잘 관리하는 경우에는 토지를 이용한 슬러지 처분은 매우 효과적인 방법이 되는 것이다.

만약 하수슬러지를 퇴비로 만드는 경우 각종 병원균과 충란이 퇴비화 과정중에 대폭 감소되어 병원균의 위해로부터의 감염은 적어지나 표 6-10에서와 같이 100% 완전한 방법은 아니다. 또한 퇴비를 만드는 과정 중에 표 6-11에서와 같이 질소분이 대량 유실되며 퇴비가치가 떨어지나 중금속은 거의 그대로 있어 하수 슬러지를 일부러 퇴비화시켜 토양에 주입하는 것은 별 이익이 없는 것 같다.

표 6-10 하수슬러지를 퇴비로 만든 후의 병원균과 충란의 수

Organism	Cells/s	
	Raw Sludge	Composted
Salmonella	87	5
Fecal Coliform	2.7×10^7	8
Total Coliform	4.4×10^8	8

표 6-11 미국 Washington, D.C의 Blue Plains 하수처리장의 슬러지의 성질 변화

	소화된 슬러지	소화된 슬러지를 퇴비로 만든 경우	소화시키지 않은 슬러지	소화시키지 않는 슬러지를 퇴비로 만든 경우
pH	6.5	6.8	5.7	6.8
수분(%)	76	35	78	35
유기탄소(%)	24	13	31	23
총질소(%)	2.3	0.9	3.8	1.6
NH_4-N(mg/L)	1,210	190	1,540	235
P(%)	2.2	0.6	0.9	0.5
K(%)	0.2	0.1	0.2	0.2
Ca(%)	2.0	2.0	1.4	1.4
Zn(mg/L)	1,760	1,000	980	770
Cu(mg/L)	725	250	420	300
Cd(mg/L)	19	9	10	8
Pb(mg/L)	575	320	425	290

6.5 하수슬러지의 토지 주입시 부하율의 산정

작물의 경작에 사용되는 표층 6인치(15 cm)의 무게는 2×10^6 lb/acre 또는 2.2×10^6 kg/ha이며 친산소성 상태로 간주된다. 토양에 슬러지의 주입률의 결정에 관한 많은 문헌이 있지만 주입률이 서로 상이하다. 슬러지 주입률의 단위는 주로 단위 표넓이당 슬러지 건조무게인 ton/ha로 표시되는데 연간 혹은 전체 사용기간의 부하율로 표시된다.

부하율 결정에 중요한 인자는 ① 토양의 종류 ② 작물의 종류 ③ 지형 ④ 기후 ⑤ 냄새유발 여부 ⑥ 적용방법 등이며 또한 슬러지의 특성면에서 ① 병원성 미생물 ② 중금속 ③ 영양소 ④ 독성물질 등의 함유량이 중요한 요소인데 이 중에서도 중금속과 영양소로서 질소의 함유량이 보다 중요한 요소이다. 특히 주입되는 슬러지는 잘 소화된 것이어야 하므로 중금속에 의한 위해가 없다면 결과적으로 슬러지의 유기물질 함량에 의하여 토양이 피산소성으로 변화될 우려도 적으며 아울러 병원균에 의한 위해도 적게 된다.

6.5.1 영양소에 의한 허용부하율

슬러지 내에는 영양소인 질산, 인, 칼륨, 및 미량 영양소 등이 함유되어 있다. 주입되는 질소의 양이 작물의 영양소 소요량보다 크면 잉여 질소는 지하수 및 지표수로 유출되어 NO_3인 경우에는 infant methemoglobinemia(유아 청백증)를 유발시키며 호수에서는 부영양화를 가속화시키기도 한다.

Sommers는 슬러지의 유기질소의 무기화(mineralize)되는 속도에 대해 다음과 같은 제안을 하였다.

① 슬러지를 적용시키는 첫해에는 유기질소의 20%가 작물에 유용한 형태로 변하고,

② 둘째, 셋째 및 넷째 해에는 남아 있는 유기질소의 3%가 작물에 유용한 형태로 변한다. 그리고 토양에 주입시킨 슬러지 내에 있는 유용한 질소의 양은 다음과 같다.

$$\text{건조슬러지 ton당 유용한 질소량(lb)} = (N_i \times 20) + (N_o \times 4) \tag{6.1}$$

여기서, N_i : % 무기질소=(% NH_4-N)+(% NO_3-N)

N_o : % 유기질소=(% 총질소)−(% 무기질소)

계수 20은 유기질소 1 ton중 200 lb가 유용한 형태의 질소로 변화된 값으로 N_i가(%)로 나타난 값이며 계수 4는 20%가 변화된 값이다. 이를 고려하여 질소에 의한 슬러지 주입량을 구하면 다음과 같다.

$$\text{슬러지 부하율(건조무게 tons/acre)} = \frac{\text{작물의 N요구량} - \text{잔존하는 N}}{\text{ton당 유용한 질소함량}} \quad (6.2)$$

여기서, 작물의 N 요구량 : lb/acre

잔존하는 N : 슬러지 주입 당시의 토양내의 질소량, lb/acre

슬러지 투입 후 잔존하는 N의 양을 Sommers가 계산하여 놓은 것이 표 6-12이다. 한편 P와 K는 토양 내에 고정되어 누출되지 않는 성질 때문에 주로 질소만 부하율의 결정에 관계 된다.

표 6-12 슬러지 투입 후 토양 내에 잔존하는 N의 양

슬러지 주입후의 경과기간(년)	슬러지내의 유기질소 함량, %						
	2.0	2.5	3.0	3.5	4.0	4.5	5.0
	주입된 슬러지 ton당 N 잔존량, lb						
1	1.0	1.2	1.4	1.7	1.9	2.2	2.4
2	0.9	1.2	1.4	1.6	1.8	3.1	2.3
3	0.9	1.2	1.3	1.5	1.7	2.0	2.2

1kg = 2.2 lb

6.5.2 중금속에 의한 허용부하율

슬러지내의 중금속의 함량을 기준으로 슬러지 부하율을 산정하는 방법은 크게 4가지로 구분이 되는데 ① Zinc Equivalent (ZE) (1975년 미 EPA제안)를 기준으로 하는 방법 ② 토양의 CEC의 몇 %를 흡착가능한 양으로 보는 방법 ③ Cd/Zn 비를 기준으로 하는 방법 그리고 ④ 1979년 9월 13일 미 EPA가 설정한 Interim Final Regulation에 의한 방법이다. 어느 방법이나 완전한 방법은 아니며 작물에 따라, 또한 토양에 따라, 그리고 기후나 강우량 등에 따라 실제의 부하율이 상이하게 나타난다.

슬러지의 부하율 결정을 중금속에 의하여 산출하는 방법은 슬러지 내의 중금속이 작물 자체와 동물이나 사람에게 피해를 주는 한계농도를 기준으로 하는 것으로서 작물의 광합성작용에 영향을 주는 중금속으로 Zn, Cu, Ni, B 등이 있으며 동물이나 사람에게는 Cd이 영향을 준다. Cd의 독성은 식물체 또는 토양 내에 축적되어 사람에게 영향을 주고 있는데 일본에서는 Jintsu 강 유역에서 Itai-Itai병이 발생한 것이 한 예이다. Friberg는 Cd에 의해 뼈의 석회질이 감소하여 뼈의 구조가 약화된다고 하였다.

광합성작용에 영향을 주는 Zn, Cu, Ni 등에 의한 영향을 Zinc Equivalent(ZE)로 나타낼 수

있는데 Chumbley에 의하면 Cu는 Zn의 2배, Ni은 Zn의 8배의 독성이 있는 것을 기준으로 하여 다음과 같이 표시할 수 있다.

$$ZE(\mu g/g) = (Zn^{+2}\mu g/g) + 2(Cu^{+2}\mu g/g) + 8(Ni^{+2}\mu g/g) \tag{6.3}$$

Chumbley는 pH가 6.5 이상 되는 토양에서 ZE가 250 ppm 이상이면 슬러지를 주입시킬 수 없다고 하였다. 이 기준은 pH가 6.5 이하인 경우에 대부분의 중금속은 용해되어 작물에 영향을 주기 때문이다. pH가 6.5 이하의 토양은 Lime 등의 주입으로 pH를 올려 주어야 할 것이다.

한편 Leeper에 의하면 허용 가능한 독성물질 부하는 CEC(Cation Exchange Capacity : 양이온 교환능력)와 관련이 있는데 pH 6.5 이상의 토양에서 CEC의 5% 이하로 부하가 가능하다고 하였는데 토양의 CEC는 보통 Sand의 2 me/100 g에서부터 유기토양의 400 me/100 g까지 변화가 심하다. 대표적인 토양의 CEC는 15 me/100 g이다.

Chumbley는 Leeper의 제안에 따라 최대 Zn(ZE) 부하를 계산했는데 아래와 같다.

$$\frac{15\text{meq ZE}}{100\text{g Soil}} \times \frac{0.033\text{g Zn}}{\text{meqZE}} \times 5\% = \frac{0.025\text{g Zn}}{100\text{gSoil}} = \frac{250\mu\text{g Zn}}{\text{gSoil}} \tag{6.4}$$

$$\frac{250\mu\text{g Zn}}{\text{g Soil}} \times \frac{10^{-6}}{\mu\text{g}} \times \frac{2\times10^{6}\text{lb의 토양}}{\text{acre}\times\text{6inch깊이}} = \frac{500\text{lb Zn}}{\text{acre-6in Soil}} = \frac{560\text{kg Zn}}{\text{ha-15cm Soil}} \tag{6.5}$$

최대 Zn의 부하율은 560 kg/ha-15 cm이며 사용년한을 고려한 매년 부하율은 다음과 같이 결정된다.

$$\frac{\text{dry tons sludge}}{\text{acre-yr}} = \frac{500\text{lb Zn}}{\text{acre-6inch Soil}} \times \frac{1}{L} \times \frac{1\text{g}}{\text{ZE}\mu\text{g}} \times \frac{1\text{ ton}}{2{,}000\text{ lb}} \times \frac{10^{6}\mu\text{g}}{\text{g}} \cdots \tag{6.6}$$

여기서, L : 사용년한(년)

Znμg/g : 슬러지의 특성에 의한 ZE(μg/g)

그런데 식 (6.6)은 토양내의 유기물이 독성작용을 감소시킬 수 있다는 사실을 무시한 것이었기 때문에 Chaney는 토양내의 유기물질의 작용을 고려하여서 다음과 같은 식을 제안하였다.

$$\frac{\text{dry tons sludge}}{\text{acre-yr}} = \frac{16{,}300\times\text{CEC}}{(\text{Zn}\,\mu\text{g/g})\text{-}300} \times \frac{1}{\text{Lyr}} \tag{6.7}$$

여기서 300은 슬러지 내의 유기물질에 의해 치환될 수 있는 ZE이다.

Kenney는 Nickel은 Zn의 4배가량 독성이 있으며 CEC의 10%만 초과하지 않으면 되며 유기물질의 영향을 고려하지 않아도 된다는 가정으로 다음과 같은 계산식을 제안하였다.

$$\frac{\text{dry tons sludge}}{\text{acre-yr}} = \frac{32{,}000\times\text{CEC}}{(Zn^{+2}\mu g/g) + 2(Cu^{+2}\mu g/g) + 4(Ni^{+2}\mu g/g)} \times \frac{1}{\text{Lyr}} \tag{6.8}$$

한편 성질이 상이한 슬러지를 바꾸어 적용시키는 경우에 부하율은 Chembley에 의하여 다음과 같이 제안되었다.

$$\frac{\text{dry tons sludge}}{\text{acre-yr}}=\left[\left(\frac{500\text{ lb Zn}}{\text{acre}\cdot 6\text{ inch}}-2(\text{ZE Soil})\right)-2(\text{T}\times 10^{-3})\right]\times\text{K} \qquad (6.9)$$

여기서, ZE Soil : 토양을 0.1N HCl에 축출시킨 용액의 중금속 농도로 결정 $\left(\frac{\mu\text{gZn}}{\text{gSoil}}\right)$

ZE sludge : 3년 전부터 지금까지 적용시킨 슬러지의 ZE $\left(\frac{\mu\text{gZn}}{\text{g찌꺼기}}\right)$

T : 3년 전부터 지금까지 적용시킨 슬러지의 무게(ton/acre)

K : $\frac{10^3}{2\times\text{ZE}\mu\text{g/g}}\times\frac{1}{\text{Lyr}}$

여기서 L은 같은 장소에서 남아 있는 사용년한을 표시한 것이며 ZE(μg/g)는 앞으로의 사용연한동안 투입될 슬러지의 zinc equivalent의 값이다.

Chaney는 식 (6.9)에서 3년 전에 주입한 슬러지는 고려할 필요가 없다고 생각하고 다음과 같이 성질이 상이한 슬러지로 바꾸어 적용시키는 경우의 최대 년간 주입량을 제안하였다.

$$\frac{\text{dry tons sludge}}{\text{acre-yr}}=\frac{\text{CEC}\times 32.7\times 10^4\times\left(0.05-\frac{\text{ZE Soil}}{327\times\text{CEC}}\right)}{\text{Zn }\mu\text{g/g-300}}\times\frac{1}{\text{Lyr}} \qquad (6.10)$$

Kenney는 중금속 독성물질의 영향에 대한 대표적인 항목으로 metal equivalent라는 이름을 사용하여 주입량을 결정하였는데 즉,

$$\text{Metal Equivalents}\left(\frac{\text{lb metal}}{\text{ton sludge}}\right)=\frac{\text{Zn}^{+2}\mu\text{g/g}+2(\text{Cu}^{+2}\mu\text{g/g})+4(\text{Ni}^{+2}\mu\text{g/g})}{500} \qquad (6.11)$$

여기서 500은 Chumbley의 Zn의 최대유입량 $\frac{500\text{ lbZn}}{\text{acre-6inch}}$ 에서 나온 숫자이다. Kenney는 토양의 구조나 토양유기물의 함량을 고려하여 계산된 허용 가능한 metal equivalent loading의 값을 표 6-13과 같이 제시하였는데 이러한 자료를 이용하여 주입 가능한 슬러지 양은 다음 방정식에 의해 산정할 수 있다.

$$\frac{\text{dry tons sludge}}{\text{acre-yr}}=\frac{\alpha-\beta}{\gamma}\,\frac{1}{\text{Lyr}} \qquad (6.12)$$

여기서, α : 표 6-13에 주어진 최대 허용 가능한 metal equivalent loading

β : 적용시킬 토양을 0.1N HCl로 축출시킨 용액의 metal equivalent

γ : 다음 L년간 동안 주입시킬 슬러지의 metal equivalent

표 6-13 토양종류 및 유기물의 함량에 따른 허용 가능한 Metal Equivalent loading(kg/ha)

토양의 종류	유기물함량(ton/acre)						
	5~10	11~20	21~30	31~40	41~50	51~70	70
Sand	260	360	490	630	750	940	1,140
Loamy sand	330	440	570	700	830	1,020	1,220
Sandy loam	420	520	650	780	910	1,110	1,300
Loam	590	680	810	940	1,070	1,200	1,330
Silt loam	750	850	980	1,110	1,110	1,370	1,500
Silty clay loam	1,240	1,330	1,460	1,590	1,720	1,850	1,980
Clay loam	1,400	1,500	1,630	1,760	1,890	2,020	2,150
Clay	2,050	2,150	2,280	2,410	2,510	2,670	2,800

표 6-14 EPA에 의한 Cd주입허용량

토양의 CEC(meq/100g)	최대 허용부하량(kg/ha)	
	토양의 pH < 6.5	토양의 pH > 6.5
<5	5	5
5~15	5	10
>15	5	20

Cd에 의한 슬러지주입량은 미 EPA에 의하면 pH 6.5 이상의 토양에서 슬러지 중 Cd 함량이 2 mg/kg(건조무게)을 초과해서는 안 되는 것으로 되어 있으며 CEC에 따르는 주입율이 표 6-14에 주어져 있다.

한편 Chaney에 의하면 Zn농도의 1% 이상을 넘는 Cd농도를 함유하는 슬러지는 주입이 적당하지 않다고 하였으며 2.06 kg Cd/ha가 최대 주입량이고 20년간을 사용연한으로 가정하면 연간 허용주입량은 0.1 kg Cd/ha · yr가 되며 Kenney는 22 kg Cd/ha(총사용연수에 대해) 또는 2.24 kg Cd/ha · yr가 최대 주입량이라고 하였다.

한편 Illinois Protection Agency에 의하면

① 최대 연간 주입량은 0.33 kg Cd/ha · yr이고

② Zn : Cd의 비가 100 : 1이 넘는 슬러지인 경우에 있어서 총 사용연한에 대해 최대주입량은 6.7 kg Cd/ha이다.

③ Zn : Cd의 비가 100 이하인 경우는 총 사용년한에 대해서 3.4 kg Cd/ha이다.

한편 Ontario주의 경우 NH_4-N : Cd = 500 : 1이상으로서 Cd의 최대 주입량은 1.6 kg Cd/ha −

사용연한으로 제안하였다. 최대 Cd주입량을 슬러지 부하율로 바꾸면 다음과 같은 식으로 한다.

$$\frac{\text{dry tons sludge}}{\text{acre-yr}} = \frac{\text{Maximun lb Cd}}{\text{acre-yr}} \times \frac{10^6}{\text{Cd}\mu g/g} \times \frac{\text{tons}}{2,000\text{ lb}} \quad (13)$$

여기서, Max lb Cd/acre · yr : 토양에 적용시킬 수 있는 Cd의 최대 주입량

Cd μg/g : 슬러지내의 Cd의 농도(건조무게)

부언해서 EPA에 의한 이 규정에 의하면 경작된 작물은 사람을 위한 식용으로는 사용되는 것을 불허하고 있으나 동물의 사료로는 허용하고 있다. 또한 이 규정에는 Pb, Ni, Cu, Zn에 대한 언급은 없다.

6.5.3 질소와 중금속에 의한 허용 부하율

Ontarion주에서 NH_3 : Cd의 비를 이용하여 Cd의 허용부하율을 결정한 바와 같이 질소와 중금속 농도를 함께 고려하여 미국 EPA에서는 다음과 같은 5단계의 허용부하율의 계산순서를 제안하였다.

1단계 : 작물의 N요구량을 찾는다.

2단계 : 작물의 N요구량을 충족시키는 슬러지량을 계산한다.

① 슬러지 내의 작물에 유용한 N의 산정(식 (6.1) 참조)

% 무기N(N_i) = (% NH_3 − N) + (% NO_3 − N)

% 유기N(N_o) = (% total N) − (% inorganic N)

i) 토양표면에 슬러지를 적용시킬 경우

건조슬러지 ton당 질소함량, lb = (%NH_3-N×10) + (%NO_3-N×20) + (%N_o×4)

ii) 토양 내에 적용시킬 경우

건조슬러지 ton당 질소함량, lb = (%NH_3-N×20) + (%NO_3-N×20) + (%N_o×4)

② 토양 내에 남아 있는 N의 산정

③ 연간 슬러지 부하율의 산정

i) $$\text{tons sludge/acre} = \frac{\text{작물의 N요구량} - \text{토양내에 남아있는 N}}{\text{건조찌꺼기 ton당 질소함량(lb)}} \quad (6.14)$$

ii) $$\text{tons sludge/acre} = \frac{\text{lbCd/acre}}{\text{ppmCd}\times 0.002} \quad (6.15)$$

3단계 : 중금속 허용부하율을 계산한다.

① 토양의 CEC에 따른 Pb, Zn, Cu, Ni 등의 최대 주입량을 찾는다.

② 주어진 슬러지 분석자료에 의한 중금속 부하율의 산정

$$\text{tons Sludge/acre} = \frac{\text{lb 중금속/acre}}{\text{ppm 중금속} \times 0.002} \tag{6.16}$$

(주) 중금속의 단위인 ppm은 건조물질중당 중금속무게 즉 mg 중금속/kg 건조물질중)

4단계 : 슬러지 주입에 따른 P 및 K의 주입량을 계산한다.

슬러지량(ton)×슬러지내의 P(%)×20 = P주입량(lb)

슬러지량(ton)×슬러지내의 K(%)×20 = K주입량(lb)

5단계 : P와 K의 비료 요구량

작물의 P요구량(lb) − 슬러지내의 P함량(lb) = 비료로서 P요구량(lb)

작물의 K요구량(lb) − 슬러지내의 K함량(lb) = 비료로서 K요구량(lb)

6.5.4 주입지점의 선정

슬러지를 주입하고자 하는 농경지의 위치와 토양의 성질 그리고 주위의 환경(Landscape)은 매우 중요한 요소이다. 되도록 슬러지를 주입하고자 하는 농경지의 넓이는 넓을수록 좋으며 인근 주택지로부터 500 ft(200 m) 정도 떨어져야 하며 상수도관을 비롯한 기타 상수도시설로부터 200 ft (78 m) 이상 떨어져야 한다. 슬러지를 주입하는 농경지로부터 지하수를 취수하여 음료수를 공급하고자 하는 경우에는 지면 3 m 이하에서 취수하여야 한다(미국 Kansas주 규정). 또한 슬러지 주입지역은 10년에 1회 이상 홍수범람인 지역이어서는 안 되며 지표면의 경사는 5% 이하라야 한다. 토양은 투수가 잘되는 토양이어야 하며 많은 수분을 함유하는 입경이 작은 토양으로 공기공급이 잘되며 배수가 잘되는 토양이어야 할 것이다. 토양의 pH는 작물의 중금속의 흡수를 절감시키는 6.5 이상(주입 후)이어야 하며 유기물질을 함유하고 양이온 교환능력(CEC)이 큰 토양이 좋다.

6.5.5 작물의 선정

이미 언급한 바와 같이 EPA는 사람에게 공급되는 작물은 슬러지를 주입하여 재배하는 것을 금하고 있다. 밀, milo, 콩, 옥수수 등은 중금속을 열매에 축척하지 않고 잎에 축척하므로 슬러지를 주입하여 경작시키는 작물은 열매가 있는 것이 좋을 것이다(그림 6-2와 그림 6-3 참조). 또한 이미 언급한 바와 같이 채소류를 재배하는 경우에는 가능한 병원균의 감염을 억제시키기 위해서 추수 2~3개월 전에 슬러지를 주입시키는 것이 좋다.

연·습·문·제

1. 1차슬러지의 특징은?

풀이

유기물의 함량이 65% 정도이며 회색을 띤다.

2. 부패된 슬러지의 흑변요인이 되는 물질은?

풀이

소화가스중의 H_2S와 Fe의 결합으로 흑변한다.

$Fe + H_2S \rightarrow FeS + H_2$

3. 아래의 조건으로 최초침전지에서 1일 발생하는 슬러지의 부피는?

폐수유입량 : 15,000 m^3/d, 유입폐수의 BOD : 300 mg/L, 유입폐수의 SS:300 mg/L, 침전지의 SS제거율 : 50% 슬러지의 비중 : 1.15

풀이

제거되는 SS량 : $15{,}000\ m^3/d \times 300\ mg/L \times 0.5 \times 10^3 L/m^3 \times 10^{-6}\ kg/mg = 2250\ kg/d = 2.25\ t/d$

비중 1.15이므로 1차 슬러지 부피 : $(2.25\ t/d)(1.15\ t/m^3) = 1.96\ m^3/d$

4. 폐수유입량 5,000 m^3/d, 유입 SS 250 mg/L를 alum 200 mg/L로 처리시 건조고형물량은? (단, 응집침전시 유입 SS의 80%가 제거되며 생성된 수산화알루미늄은 100%침전하고 황산칼슘은 용존상태로 본다.

$Al_2(SO_4)_3 \cdot 18H_2O$의 분자량 : 666, $Al(OH)_3$의 분자량 : 78

반응식 : $Al_2(SO_4)_3 + 18H_2O + 3Ca(HCO_3)_2 \rightarrow 2Al(OH)_3 + 3CaSO_4 \downarrow + 6CO_2 + 18H_2O$

풀이

총건조고형물 발생량 : 침전 SS + 침전 수산화알루미늄 이므로

① 침전 SS량 : $5000\ m^3/d \times 250\ mg/L \times 0.8 \times 10^3\ L/m^3 \times 10^{-6}\ kg/mg = 1000\ kg/d$

② 침전 수산화알루미늄량 : $2Al(OH)_3$: alum = 2×78 : 666

$$x \qquad 200\ mg/L$$

$$x : 200 = 2\times 78 : 666,$$

$$x = \frac{200\times 2\times 78}{666} = 47\ mg/L$$

∴ 침전수산화알루미늄량 : $5000\ m^3/d \times 47\ mg/L \times 10^3 L/m^3 \times 10^{-6} kg/mg = 235\ kg/d$

∴ 총건조고형물량 : ① + ② = 1000 kg/d + 235 kg/d = 1235 kg/d

5. 1차침전지로 유입되는 생활하수의 유량이 520,000 m^3/g이고 SS 350 mg/L이다. 유출수의 SS가 150 mg/L 일 때 슬러지의 비중을 1로 보고 1차침전지의 슬러지 함수율이 96%라면 1차침전지에서 발생되는 슬러지의 양은 얼마인가?

풀이

유입 SS량 : 520,000 $m^3/d \times 350\ mg/L \times 10^3 L/m^3 \times 10^{-9}\ t/mg = 182\ t/d$

유출 SS량 : 520,000 $m^3/d \times 150\ mg/L \times 10^3 L/m^3 \times 10^{-9}\ t/mg = 78\ t/d$

1차 침전지 SS량 : 유입 SS − 유출 SS = 182 − 78 = 104t/d

∴함수율 96%이므로 슬러지의 양은 $\dfrac{104t/d}{0.04t/m^3} = 2600m^3/d$

6. 어느 슬러지의 구성이 아래와 같을 때 이 슬러지의 비중은 얼마인가?

	비중	중량(%)
휘발성 고형물	1.0	5
강열잔류 고형물	2.5	2
수분	1.0	90

풀이

1/S = 0.05/1.0 + 0.02/2.5 + 0.90/1.0

∴S = 1.03

7. 고형물의 비중이 1.42, 이 고형물의 슬러지중의 함량은 38%, 고형물의 건조 중량이 400 kg이라면 이 슬러지 cake 비중은?

풀이

$$\frac{1}{S} = \frac{\text{수분 함량}}{\text{물의 비중}} + \frac{\text{고형물 함량}}{\text{건조고형물 비중}} = \frac{0.62}{1.0} + \frac{0.38}{1.42}$$

∴ $S = 1.127$

8. 위 문제 7번의 조건하에서 슬러지의 부피는 얼마인가?

풀이

$$V = \frac{W}{D} \text{ 이므로 } V = \frac{\text{건조 찌꺼기 중량}}{\text{물의 밀도}\times\text{비중}\times\text{찌꺼기고형물함량}} = \frac{400kg}{1000kg/m^3 \times 1.127 \times 0.38}$$

∴ $V = 0.94\ m^3$

9. 슬러지의 성분분석 결과 유기물이 2/3, 무기물 1/3, 유기물 비중 1/0, 무기물 비중 2.5이었다. 이 슬러지의 함수율이 90%라면 비중은 얼마인가?

풀이

$$\frac{W_s}{S_s \cdot D} = \frac{W_t}{S_t \cdot D} + \frac{W_o}{S_o \cdot D}$$

S_s : 고형물 비중 S_t : 무기물의 비중 S_o : 유기물의 비중 W_s : 고형물의 함수율 W_t : 무기물 함량 W_o : 유기물 함량

$$\frac{1}{S_s} = \frac{1/3}{2.5} + \frac{2/3}{1.0} \quad \therefore S_s = 1.25$$

함수율 90%인 슬러지의 비중은 물의 비중을 1로 보면

$$\frac{1}{S_s} = \frac{0.1}{1.25} + \frac{0.9}{1.0} \quad \therefore \ S = 1.02$$

10. 함수율 94%인 폐수에 응집제를 가한 결과 상징액과 floc의 용적비가 1:1이었다. 이 floc의 함수율은? (단, 폐수내 고형물은 전량 floc화 한다고 보며 폐수와 floc의 비중은 1이다)

풀이

$V_1P_1 = V_2P_2$, 함수율 94%일 때의 용적을 13보면

$1 \times (1 - 0.94) = 0.5 \times P2 \quad \therefore P_2 = 0.12$

상징액 : floc = 1 : 1이므로

$\therefore$ 함수율$(1 - 0.12) \times 100 = 88\%$

11. 함수율 94%인 폐수를 약품처리한 후 상징액과 침전슬러지의 용적비가 2:3이었다. 응집제의 양을 무시하고 침전슬러지의 비중을 1로 보았을 때 침전슬러지의 함수율은?

풀이

$V_1P_1 = V_2P_2 \qquad 1 \times (1-0.92) = \frac{3}{5} \times P_2 \qquad P_2 = 0.13$

$\therefore$ 함수율 $= (1 - 0.13) \times 100 = 87\%$

12. 어느 폐수의 분석 결과가 아래와 같다. 고형물의 비중은 얼마인가?

무기성고형물 비중 : 2.5	무기성고형물의 구성비(중량) : 1/3
유기성고형물 비중 : 1.0	유기성고형물의 구성비(중량) : 2/3
함수율 : 90%	

풀이

고형물 전체의 부피 : V_s $\qquad V_s = V_1 + V_2$

무기성 고형물의 부피 : V_1 $\qquad$ 유기성 고형물의 부피 : V_2

$V = \frac{M}{\rho_w \cdot S}$ (V : 부피, M : 질량, ρ_w : 물의 밀도, S : 비중이므로)

$$\frac{M_s}{\rho_w \cdot S_s} = \frac{M_1}{\rho_w \cdot S_1} + \frac{M_2}{\rho_w \cdot S_2}, \quad \frac{1}{S_s} = \frac{1/3}{2.5} + \frac{2/3}{1}$$

∴ 고형물비중 $S_s = 1.25$

13. 위의 보기에서 슬러지의 비중은 얼마인가?

풀이

$$V_{SL} = V_S + V_W$$

- V_{SL} : 슬러지 부피
- V_s : 고형물 부피
- V_W : 수분의 부피

$$\frac{M_{SL}}{\rho_W \cdot S_{SL}} = \frac{M_S}{\rho_W \cdot S_S} + \frac{M_W}{\rho_W \cdot S_W}$$

$$\frac{1}{S_{SL}} = \frac{0.1}{1.25} + \frac{0.9}{1.0}$$

∴ 슬러지의 비중 $S_{SL} = 1.02$

14. 슬러지를 건조하여 농토로의 이용 목적으로 살포하기에 적당한 함수율은?

풀이

30% 정도의 함수율이 적당하다.

15. 슬러지 연소시 가연성 고형물에서 인화연소가 일어날 수 있는 소각로 내의 온도는?

풀이

80～100℃ : 전수분 증발
180℃ : 내부 결합수 증발
300～400℃ : 가연성 가스 인화

16. 고형물농도 75kg/m^{3}의 농축슬러지를 1시간에 6m^3 탈수시키려 한다. 슬러지중의 고형물당 소석회 첨가량 10%(중량)로 함수율 80%의 탈수 cake이 얻어졌다. 이 탈수 cake의 부피는 얼마인가?

풀이

1시간당 탈수되는 슬러지중의 고형물량 : $75\ \text{kg/m}^3 \times 6\ \text{m}^3 = 450\ \text{kg}$

소석회 첨가량 : $450\ \text{kg} \times 0.1 = 45\ \text{kg}$이므로 탈수 cake중의 고형물량 : $450 + 45 = 495\ \text{kg}$

이것을 함수율 80%의 탈수 cake로 환산하면 $\frac{495}{0.2} = 2{,}475\ \text{kg/hr}$

∴ 발생 cake량 : $\frac{2{,}475\text{kg/hr}}{1{,}000\text{kg/m}^3} \fallingdotseq 2.48\text{m}^3/\text{hr}$

17. 진공여과기로 슬러지를 탈수하여 cake의 함수율을 70%로 할 때 여과속도 20kg/m^{2}hr, 여과넓

이 $50m^2$ 조건에서 시간당 cake발생량은?

풀이

탈수량 : $20\ kg/m^2 \cdot hr \times 50\ m^2 = 1{,}000\ kg/hr$

함수율 75%의 cake량 : $\dfrac{1{,}000\ kg/hr \times 10^{-3}t/kg}{0.3} = 3.33\ t/hr$

18. 여과기로 유입되는 슬러지량이 1,000 m^3/d, BOD 800 mg/L이며 잉여슬러지가 유입량의 5% (함수율 95%) 발생된다. 이 조건에서 10 kg BOD/m^2·hr로 진공여과기에 의해 탈수하려 한다면 진공여과기의 넓이는? (단, 탈수기 운전시간 10 hr/d, 슬러지의 비중은 1로 본다)

풀이

$$A(m^2) = 1{,}000(1-W)\ \frac{Q}{R}$$

$W = 0.95$ R(여과율) $= 10\ kg/m^2 \cdot hr$ $Q = \dfrac{1{,}000m^3/d \times 0.05}{10hr/d} = 5m^3/hr$

$\therefore\ A = 1{,}000(1-0.95)\ \dfrac{5}{10} = 10m^2$

19. 여과넓이 20 m^2인 전공여과기로 고형물 농도 120 g/L인 농축슬러지를 50 m^3/d로 탈수하려고 한다. 여과전 고형물당 20%의 응집제를 첨가한 경우 여과율(kg/m^2·hr)은 얼마인가? (고형물 회수율 100%)

풀이

탈수되는 고형물량은 슬러지내의 고형물과 응집제첨가량이다.

따라서 고형물량 : $\dfrac{120\ kg/m^3 \times 50\ m^3/d}{24\ hr/d} \times 1.2 = 300\ kg/hr$

$\therefore$ 여과율 : $\dfrac{300\ kg/hr}{20\ m^2} = 15\ kg/m^2 \cdot hr$

20. 아래의 조건에 의하여 슬러지 여과기 1대의 1일당 운전시간(hr/d)을 구하라.

유입량 : 20,000 m^3/d SS : 150 mg/L SS제거율 : 90% 약품 첨가율 : 고형물당 20%
여과속도 : 18 kg/m^2·hr 여과넓이 : 20 m^2 슬러지 고형물 회수율 : 100%

풀이

제거되는 SS량 : $20{,}000\ m^3/d \times 150\ mg/L \times 0.9 \times 10^3\ L/m^3 \times 10^{-6}\ kg/mg = 2{,}700\ kg/d$

약품첨가율 20%이므로 총고형물량 : $2{,}700\ kg/d \times 1.2 = 3{,}240\ kg/d$

$\therefore$ 운전시간 $= 3{,}240\ kg/d \cdot (18\ kg/m^2 \cdot hr \times 20m^2) = 9\ hr/d$

21. 진공탈수를 위한 leaf test 결과가 아래와 같다. 이 진공 탈수기의 여과속도는 얼마인가?

leaf유효여과넓이 : $100\ cm^2$	cake함수율 : 70%
침액시간 : 1분	탈수시간 : 2분
cake제거시간 : 1분	1회 cake량 : 100g

풀이

1회 운전시간 : $1+2+1=4min$

여과속도 : $\dfrac{[100\ g \times (1-0.7)]}{100\ cm^2 \times 4\ min} = 0.075\ g/cm^2 \cdot min$

∴ 여과속도 : $0.075\ g/cm^2 \cdot min \times 10^{-3}\ kg/g \times 10^4\ cm^2/m^2 \times 60\ min/hr = 40\ kg/m^2 \cdot hr$

22. 함수율 95%의 슬러지를 함수율 75%의 탈수 cake로 하였을 때의 체적비는 얼마인가? (단, 분리액으로 유출된 슬러지량은 무시한다)

풀이

최초의 부피를 V라 하면

95% 함수율일 때의 부피 $V_1 = \dfrac{1}{(1-0.95)}V = 20V$

75% 함수율일 때의 부피 $V_2 = \dfrac{1}{(1-0.75)}V = 4V$

$\therefore \dfrac{V_2}{V_1} = \dfrac{4V}{20V} = \dfrac{1}{5}$

23. 고형물의 농도 $80\ kg/m^3$의 농축슬러지를 시간당 $10m^3$ 탈수시키려 한다. 실험결과 슬러지 중의 고형물당 소석회 첨가량 15%(중량)로 함수율 75%(중량)의 탈수 cake이 얻어진다면 이 농축 슬러지에서는 얼마의 cake이 얻어지겠는가? (단, cake의 겉보기 비중량은 $1,000\ kg/m^3$로 한다)

풀이

1시간당 탈수되는 슬러지중의 고형물량 : $800\ kg/m^3 \times 10\ m^3/hr = 800\ kg/hr$

소석회 첨가율 15%이므로 : $800\ kg/hr \times 1.15 = 920\ kg/hr$

함수율 75%의 탈수케이크량 : $920 \times \dfrac{100}{100-75} = 3,680\ kg/hr$

24. 고형물의 농도 80 g/L 인 슬러지를 하루에 $100\ m^3$ 탈수시키고자 한다. 엽상여과시험에 의하면 소석회를 슬러지 중의 고형물에 대하여 25% 첨가한 때의 겉보기 여과속도는 $15\ kg/m^2 \cdot hr$이며 케익의 함수율은 80%이었다. 시험과 같은 조건으로 조작한다면 이 슬러지를 탈수하는 데 필요한 최소 진공 여과기의 넓이는 얼마인가?

풀이

슬러지 생산량 : $80\ g/L \times 100\ m^3/d \times 1d/24hr \times 10^3\ L/m^3 \times 10^{-3}\ kg/g = 333.3\ kg/hr$

소석회 첨가율 25%이므로 총슬러지량 $= 333.3\ kg/hr \times 1.25 = 416.6\ kg/hr$

$\therefore$ 여과기 넓이 $= \dfrac{416.6\ kg/hr}{15\ kg/m^2/hr} \fallingdotseq 27.8\ m^2$

찾아보기

낮은 양이온교환능력 ······ 496
내부수 ······ 542
냉각 ······ 284
냉각파쇄기 ······ 87
노변수거 ······ 58

환경시리즈-15

폐기물처리

정가 25,000원

인 쇄 1998년 7월 25일 초판 1쇄
발 행 2014년 3월 10일 9 판 2쇄
저 자 정재춘·김교근·김남찬·김정대·박석환·양태두·이남훈
이성기·이의상·장성호·전기일·정일현·조진규
발행인 정우용
발행처 도서출판 동화기술
경기도 파주시 광인사길 201(문발동, 파주출판도시)
Tel (031)955-4211~6 donghwae@kornet.net
Fax (031)955-4217 www.donghwapub.co.kr
(등록) 1977년 12월 19일/9-16호

Printed in Korea
ISBN 978-89-425-1761-9